新编高等职业教育电子信息、机电类规划教材 · 机电一体化技术专业

机械制造基础

（第3版）

祁红志 主 编

陈景春
李美芳 副主编
齐爱霞

孙康宁 主 审

電子工業出版社
Publishing House of Electronics Industry
北京 · BEIJING

内 容 简 介

本书是根据教育部“高职高专技能型人才培养方案”的教学要求编写的。书中介绍了常用工程材料的性能、适用场合及加工工艺，热处理基础知识，金属材料成形工艺、金属切削加工的各种加工方法及其工艺装备，公差配合与测量技术，机械加工工艺规程的编制，典型零件的结构工艺性和加工工艺等。本书内容精炼，注重用图表来表达叙述相关内容；编写时注意简化基本理论的叙述，注意联系生产实际，加强应用性内容的介绍；根据现代制造技术的发展趋势更新有关教学内容，尽量反映技术发展的新成果；贯彻国家最新标准。全书分为工程材料及金属材料成形工艺、互换性与测量技术、机械加工工艺基础、机械制造工艺设计4篇，共计14章。每章后面附有思考题和习题，每篇后面配有实训大纲。

本书适用于高职高专机械类、机电类专业（机电一体化、数控技术应用、模具设计制造等）或近机类专业使用；并可作为成人教育学院、职工大学、业余大学等有关专业学生的教学用书；也可供有关专业技术人员参考。

图书在版编目（CIP）数据

机械制造基础 / 祁红志主编 . —3 版 . —北京：电子工业出版社，2016. 9
ISBN 978-7-121-29802-8

Ⅰ. ①机…　Ⅱ. ①祁…　Ⅲ. ①机械制造 - 高等职业教育 - 教材　Ⅳ. ①TH

中国版本图书馆 CIP 数据核字（2016）第 202741 号

策　　划：陈晓明
责任编辑：郭乃明　　特约编辑：范　丽
印　　刷：北京虎彩文化传播有限公司
装　　订：北京虎彩文化传播有限公司
出版发行：电子工业出版社
　　　　　北京市海淀区万寿路 173 信箱　邮编 100036
开　　本：787 × 1 092　1/16　印张：22. 25　字数：570 千字
版　　次：2005 年 10 月第 1 版
　　　　　2016 年 9 月第 3 版
印　　次：2024 年 1 月第 8 次印刷
定　　价：48. 00 元

凡所购买电子工业出版社图书有缺损问题，请向购买书店调换。若书店售缺，请与本社发行部联系，联系及邮购电话：（010）88254888，88258888。

质量投诉请发邮件至 zlts@ phei. com. cn，盗版侵权举报请发邮件至 dbqq@ phei. com. cn。

本书咨询联系方式：010-88254561。

第 3 版前言

《机械制造基础》是一本改革力度较大的教材，是根据教育部制定的《高职高专技能型人才培养方案》的教学要求编写而成，涵盖了过去课程体系中的金属工艺学、公差配合与技术测量、金属切削原理与刀具、金属切削机床、机械制造工艺学和机床夹具设计等课程的内容，于2005年出版后，至今经历了10余年的教学实践，得到了很多兄弟院校的大力支持，提出了许多宝贵意见和建设性的建议。

本次修订是在总结10余年教学实践经验的基础上，汲取了使用该教材院校提出的建设性意见，为了适应科学技术和本学科的发展，进一步满足教学的需要，在第2版的基础之上进行了修订。主要是：修改了第2版中的错误及不妥当之处；在有关章节及相关插图中采用我国新的公差标准和其他新的技术标准。

本次修订由常州大学祁红志教授为主编，陈景春、李美芳、齐爱霞为副主编。全书由祁红志负责统稿。山东大学孙康宁教授对全书进行了审阅，并提出了许多宝贵的意见，在此表示衷心的感谢。

本书在编写过程中得到了常州大学、济宁职业技术学院的领导和同行们的大力支持和帮助，在此表示衷心的感谢。

本次修订过程中，由于编者水平所限，疏漏和不妥之处在所难免，恳请各兄弟院校师生、读者以及同仁多提宝贵意见，以求不断完善本教材内容。

编　者

2016年6月

目　　录

第三篇 机械加工工艺基础

绪　　论

一、机械制造工业和制造技术的发展

随着现代科学技术的迅猛发展，特别是由于微电子技术、电子计算机技术的迅猛发展，机械制造工业的面貌和内容都发生了并且仍在发生着极其深刻的变革，具有各种特殊性能的新材料不断涌现；各种特种加工和特种处理工艺技术不断发展；传统的机械制造工艺过程发生变化，铸造、压力加工、焊接、热处理、胶接、切削加工、表面处理等生产环节采用高效专用设备和先进工艺，普遍实现工艺专业化和机械生产自动化；以适应产品更新换代周期短、品种规格多样化的需要。

制造技术由数控化走向柔性化、集成化、智能化。数控技术已由硬件数控进入软件数控的时代，实现了模块化、通用化和标准化，用户只要根据不同要求，选择不同模块，编制所需程序，就能很方便地达到加工要求。数控技术使机床结构发生了重大变化，传动结构大大简化，主轴实现无级变速；采用交流变频技术，其调速范围可达 1∶10000 以上；主轴和进给超高速化，以满足高速（或超高速）切削的需要。数控机床的可靠性不断提高，数控装置平均无故障工作时间可达 10000h 以上。

随着加工设备的不断完善，机械制造精度不断提高。20 世纪初，加工精度已达 μm 级（称为精密加工）；到 20 世纪 50 年代末，由于生产集成电路的需要，出现了各种微细加工技术。近 20 年来，机械加工精度已提高到 0.001μm，即纳米（nm，$1nm = 10^{-9}m = 10^{-3}\mu m$）级；最近已达到 0.1～0.01nm（原子级的加工），即超精密加工，如量规、光学平晶和集成电路的硅基片的精密研磨抛光。纳米技术的应用，促进了机械学科、材料学科、光学学科、测量学科和电子学科的发展，21 世纪将是微型机械、电子技术和微型机器人的时代。

建国 60 多年来，我国的机械制造业也取得了很大的成就。在解放初几乎空白的工业基础上，建立起了初步完善的制造业体系，生产出了我国的第一辆汽车、第一艘轮船、第一台机车、第一架飞机、第一颗人造地球卫星等，为我国的国民经济建设和科技进步提供了有力的基础支持，为满足人民群众的物质生活需要做出了很大的贡献。“八五”计划以来，我国机械工业努力追赶世界制造技术的先进水平，积极开发新产品、研究推广先进制造技术，我国的机械制造技术水平在引进吸收国外先进技术的基础上有了飞速的发展。从国际机床博览会上可以看出，我国的机床产品有了长足的进步：为航天等国防尖端、造船、大型发电设备制造、机车车辆制造等重要行业提供了一批高质量的数控机床和柔性制造单元；为汽车、摩托车等大批量生产行业提供了可靠性高、精度保持性好的柔性生产线；已经可以供应实现网络制造的设备；五轴联动数控技术更加成熟；高速数控机床、高精度精密数控机床、并联机床等已走向实用化；国内自主开发的基于 PC 的第六代数控系统已逐步成熟，数控机床的整机性能、精度、加工效率等都有了很大的提高；在技术上已经克服了长期困扰我们的可靠性问题。

根据预测，未来20年我国制造业发展将呈现以下特点：我国制造业增长率将略高于我国GDP增长率。我国制造业的增加值在GDP中的比重将有所上升，将从2000年的34.3%上升到2010年的35.2%和2020年的36%。装备制造业将继续高速增长，在制造业中的比重将有明显提高，从2000年的28%，提高到2020年的35%。

同时，我们也必须认识到，我国目前的制造技术与国际先进技术水平相比还有不小的差距。数控机床在我国机械制造领域的普及率仍不高，国产先进数控设备的市场占有率还较低，刀具、数控检测系统等数控机床的配套设备仍不能适应技术发展的需要，机械制造行业的制造精度、生产效率、整体效益等都还不能满足市场经济发展的要求。这些问题都需要我们继续努力去攻克。

二、本课程的性质和主要内容

“机械制造基础”是机电类专业的主干专业基础课。

机械制造工艺过程常分为热加工工艺过程（铸造、压力加工、焊接、热处理等）和冷加工工艺过程（金属切削加工），它们能够直接改变（或获得）零件（或毛坯）的形状、尺寸、相对位置和性质，使之成为成品或半成品的过程。本课程主要研究机械制造热加工和冷加工方面的基本理论知识及其应用。

本课程的主要内容有：工程材料及热加工工艺、互换性与测量技术、机械加工工艺基础、机械制造工艺设计。

三、本课程的特点及目的要求

本课程的特点是：

（1）理论与实践密切结合。学生在学习过程中易于将理论知识与生产实际相结合，并有利于实践知识的学习和积累。

（2）涉及面广。包括了原机械制造专业的《金属工艺学》、《金属切削原理及刀具》、《金属切削机床》、《公差配合与测量技术》、《机械制造工艺学》、《机床夹具设计》等多门课程的知识，学习时要融会贯通。

（3）灵活性大。工艺理论与工艺方法的应用具有很大的灵活性，特别是工艺方法，它不是一成不变的，在不同的条件甚至在相同的条件下可以有不同的处理方法，因此必须根据具体情况进行辨证的分析，学会灵活应用。

学习本课程应达到的基本要求是：

（1）掌握工程材料和热处理基本知识，具有合理选用常用机械工程材料和热处理方法的初步能力。

（2）掌握公差配合与检测方面的基本知识，具有合理选用公差配合的能力及常用量具、量仪的使用能力。

（3）掌握金属切削的基本原理和知识、金属切削机床的工作原理及传动；熟悉常用设备的性能和工艺范围以及所用的工装，能根据工艺要求合理选择机床、刀具等。

（4）掌握热加工工艺与机械加工工艺的基本知识，初步分析和处理与加工过程有关的工艺技术问题；具有合理选用毛坯种类、确定零件加工方法、编制零件机械加工工艺过程的初步能力；获得机床夹具的基本原理和知识；初步具备综合分析工艺过程中质量、生产率和经济性问题的能力。

必须指出，机械制造技术是通过长期生产实践和理论总结而形成的。它源于生产实践，服务于生产实践。因此，本课程的学习必须密切联系生产实践，在实践中加深对课程内容的理解，在实践中强化对所学知识的应用。

本课程的教学需要与金工实训、现场教学、实训、课程设计等多种教学环节密切配合，并努力运用现代化的教学手段与教学方法，这样才能获得较理想的教学效果。

第一篇 工程材料及金属材料成形工艺

在机械制造业中，机械工程人员遇到的首要问题是如何合理选择材料并对材料进行初步加工。本篇根据工程技术人员的实际要求，介绍常用工程材料的性能和应用、热处理、铸造、压力加工、焊接等知识，为合理选择材料和制定加工工艺打下基础。

第1章 金属材料的性能

工程材料包括金属材料和非金属材料。金属材料因其有良好的使用性能（包括力学性能、物理性能、化学性能及工艺性能），在机械制造业中得到广泛应用。因此，在设计和制造机器零件时，必须先熟悉金属的各种主要性能，才能根据零件的技术要求，合理地选用所需的金属材料。

1.1 金属的力学性能

一般机器零件常以力学性能作为设计和选材的依据，金属材料的力学性能指金属材料在载荷（外力）作用下抵抗变形或破坏的能力，主要有强度、刚度、硬度、塑性、韧性、疲劳强度等。载荷按其性质分为静载荷（拉力、压力、扭转力等）和动载荷（冲击力、交变应力等）。材料在不同的载荷作用下会呈现不同的特性，可用相应的试验法来测定材料的各项力学性能指标。

1.1.1 强度和刚度

1. 强度

强度是指材料在外力作用下，抵抗塑性变形和断裂的能力。金属材料受外力作用时，会引起其形状和尺寸的改变，称为变形。如果去掉外力后材料能恢复原来的形状和尺寸，则称为弹性变形；如果去掉外力材料不能恢复原来的形状和尺寸，则称为塑性变形。

材料受外力作用时，在其内部产生一个与外力相平衡的抵抗力，称为内力。材料单位面积上的内力称为应力，用符号“σ”表示，有如下关系：

$$\sigma = \frac{F}{A_0}\ \text{MPa}$$

式中，F——外加载荷，单位为N；

A_0——受力截面积，单位为mm^2。

强度可以通过材料拉伸试验来测定。把标准拉伸试样（见图1.1）装夹在试验机上，对试样逐渐施加拉力载荷，直至试样被拉断。根据试样在拉伸过程中所受载荷F和伸长量Δl

的关系，测出该金属的拉伸曲线，见图 1.2 所示。在拉伸曲线上可确定以下性能指标：

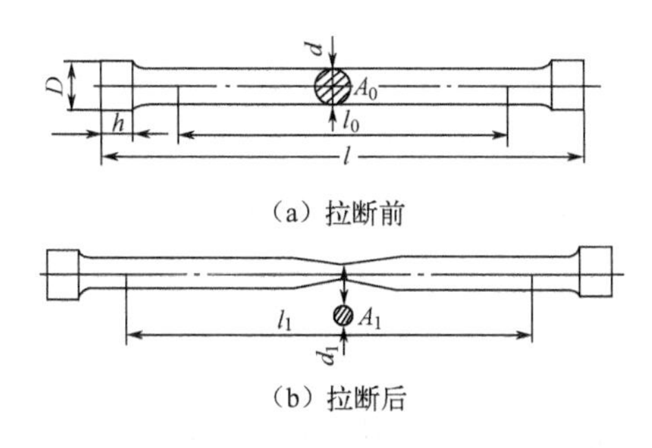

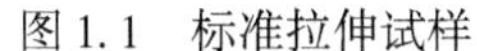

图 1.1　标准拉伸试样

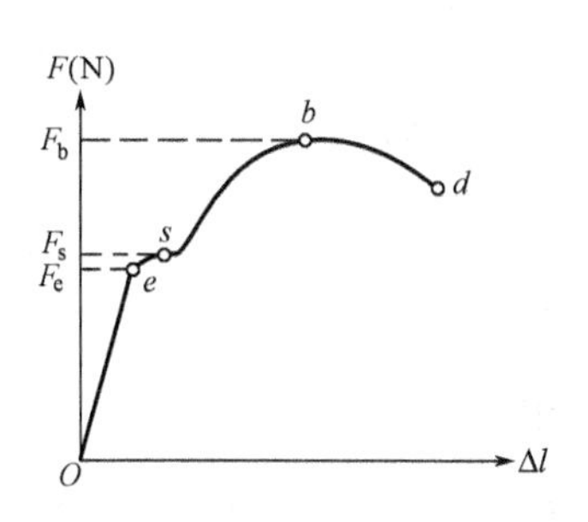

图 1.2　低碳钢的拉伸曲线

（1）弹性极限。在图 1.2 的拉伸曲线图中，Oe 段的伸长量随载荷增加而增加，为弹性变形阶段。e 点对应的极限值称为弹性极限，用“σ_e”表示：

$$\sigma_e = \frac{F_e}{A_0}\ \text{MPa}$$

式中，F_e——试样 e 点所承受外力，单位为 N。

对于在工作条件下不允许产生塑性变形的零件，设计时弹性极限是选材的主要依据，如弹簧。

（2）屈服强度与条件屈服强度。图 1.2 的拉伸曲线中，载荷达到 s 点时，材料产生屈服现象，此时的应力称屈服强度，用“σ_s”表示：

$$\sigma_s = \frac{F_s}{A_0}\ \text{MPa}$$

式中，F_s——试样屈服时所承受的外力，单位为 N。

有不少金属拉伸时不出现明显的屈服现象，如铸铁、铜合金等。工程上规定以试样残余伸长量为 0.2% 时的应力来表示，称为条件屈服强度（$\sigma_{0.2}$）。

屈服强度代表金属抵抗塑性变形的能力。大部分的零件和结构要求在弹性状态下工作，不允许有过量塑性变形出现，此时，σ_s 或 $\sigma_{0.2}$ 是设计和选材的主要依据，如缸盖螺栓、炮筒等的选材。

（3）抗拉强度。在图 1.2 中，载荷超过 F_s 后，试样继续变形。载荷达 F_b 后，试样在薄弱部分形成“缩颈”（注：脆性材料在拉伸时无“缩颈”现象），最后断裂。F_b 为试样断裂前所能承受的最大载荷，对应的应力为抗拉强度，用“σ_b”表示：

$$\sigma_b = \frac{F_b}{A_0}\ \text{MPa}$$

σ_b 测定比较容易，且与硬度、疲劳强度有着一定关系，所以 σ_b 也是衡量材料强度的一个重要指标，但要求零件的最大工作应力必须低于材料的抗拉强度，否则会导致机件破坏。

2. 刚度

在工程上，材料受外力作用时，抵抗弹性变形的能力称为刚度。刚度大小可以用弹性模量来衡量。材料在弹性变形阶段内，应力与应变的比值称为弹性模量，弹性模量反映了材料弹性变形的难易程度，用“E”表示：

$$E = \frac{\sigma}{\varepsilon}\ \text{MPa}$$

弹性模量越大，弹性变形越不容易进行。设计机械零件时，要求刚度大的零件，应选弹性模量高的材料。

1.1.2 塑性

塑性指材料在外力作用下，产生塑性变形但不断裂的能力。塑性的衡量指标有伸长率和断面收缩率。

1. 伸长率

即拉伸试样断裂后的标距长度与原始标距长度的百分比，用“δ”表示：

$$\delta = \frac{l_1 - l_0}{l_0} \times 100\%$$

式中，l_0——试样原始标距长度，单位为 mm；

l_1——试样断裂后的标距长度，单位为 mm。

必须指出，δ 的大小与试样尺寸有关。根据 GB228—87 规定，试样有 $l_0 = 5d$ 和 $l_0 = 10d$ 两种长度，分别用 δ_5 和 δ_{10} 表示。对同种材料而言，测得的 δ_5 比 δ_{10} 大一些，所以不同符号的伸长率不能进行比较。

2. 断面收缩率

即试样断裂后断口处的横截面积与原始横截面积的百分比，用“ψ”表示：

$$\psi = \frac{A_0 - A_1}{A_0} \times 100\%$$

式中，A_0——试样原始横截面积，单位为 mm^2；

A_1——试样断口处的横截面积，单位为 mm^2。

δ 和 ψ 越大，表示材料的塑性越好，良好的塑性是材料进行压力加工的必要条件。另外，万一零件超载，材料产生塑性变形并伴随形变强化，一定程度上保证了零件的安全性。

1.1.3 硬度

硬度是衡量材料性能的一个综合工程量或技术量，它是指材料表面上局部体积内抵抗塑性变形的能力。材料硬度越高，耐磨性越好，强度也比较高。

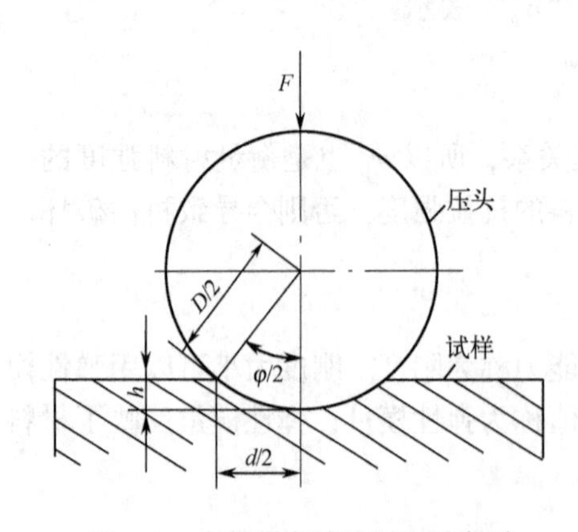

图 1.3 布氏硬度试验原理示意图

测定硬度的试验操作简便迅速，不破坏工件，设备也比较简单，而且硬度与其他的性能（如抗拉强度）之间存在着一定关系，所以硬度测试在生产中得到广泛应用。测定硬度的方法很多，目前常用的有布氏硬度、洛氏硬度和维氏硬度试验等。

1. 布氏硬度

布氏硬度的试验原理如图 1.3 所示。将直径为 D 的淬硬钢球或硬质合金球，在规定载荷 F 的作用下压入被测材料表面，经规定保压时间后，卸除压力，然后测量压痕直径 d，压痕单位表面积上所承受的平均压力即为布氏硬度值，用符号“HBS（压头为钢球）”或“HBW（压头为硬质合金球）”表示。

试验时，压头直径 D、载荷 F 及其保压时间要根据被测金属的种类和试样厚度，按GB231—84《金属布氏硬度试验方法》选择。硬度值也不需计算，只要测出压痕直径 d，查金属布氏硬度数值表即可得到相应的硬度值。布氏硬度由数值、硬度符号和试验条件组成，例如，120 HBS10/1000/30，表示用10mm直径的钢球在1000kgf（9807N）试验力作用下保压30s测得的布氏硬度值为120。若保压时间为10～15s，可省略标注。

布氏硬度试验测得的硬度值比较准确、稳定，目前主要用于退火、正火和调质处理的钢、铸铁和非铁金属。

2. 洛氏硬度

洛氏硬度试验原理如图1.4所示。用顶角为120°的金刚石圆锥体或直径为1.588mm（1/16英寸）的淬硬钢球压头，在初载荷和主载荷的作用下压入被测材料表面，经规定保压时间，卸除主载荷，测得压痕深度来计算硬度值。洛氏硬度用每0.002mm压痕深度为一硬度单位，用符号“HR”表示。

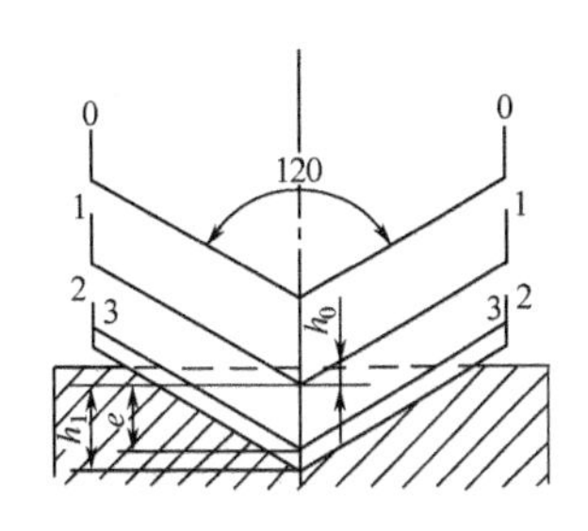

图1.4　洛氏硬度试验原理示意图

实际测量时，洛氏硬度不必计算，可直接在洛氏试验机的刻度盘上读出硬度值。根据压头和外加载荷的不同，洛氏硬度值有三种不同标尺，分别用符号“HRA、HRB、HRC”表示，见表1-1。

表1-1　洛氏硬度试验规范

符　号	压　头	总载荷（N）	硬度值有效范围	应用举例
HRA	120°金刚石圆锥体	588	70～85 HRA	硬质合金、氮化层、渗碳层等
HRB	ϕ1.588mm钢球	980	25～100 HRB	非铁金属、退火钢、正火钢等
HRC	120°金刚石圆锥体	1470	20～67 HRC	淬火钢、调质钢等

注：表中，总载荷=初载荷（98N）+主载荷。

与布氏硬度试验相比，洛氏硬度试验简单、迅速，且压痕小，几乎不损伤工件表面，所以在工件的质量检查中应用最广。但由于压痕小，得到的硬度值重复性差一些，需在被测体的不同部位测量数点，取其平均值。

3. 维氏硬度

维氏硬度试验原理与布氏硬度试验基本相同，不同点在于维氏硬度的压头为136°金刚石正四棱锥体，所加载荷较小（10～1000N）。试验时压头在被测件表面压出正方形压痕，测量压痕两对角线的平均长度 d，即可求出硬度值，用符号“HV”表示。

维氏硬度试验测得数值较准确，测量范围广（10～1000HV）。采用较小压力时特别适于测量热处理表面层的硬度，如渗碳层、氮化层和硬质合金层等，不过测量过程比较麻烦。

1.1.4 冲击韧性

有许多机器零件和工具在工作时会受到冲击载荷作用，如冲床的冲头、锻锤的锤杆、内燃机活塞销与连杆等。这种瞬间的冲击力引起的变形和应力比静载荷大得多，因此，在设计承受冲击载荷的零件和工具时，必须考虑材料的冲击韧性。

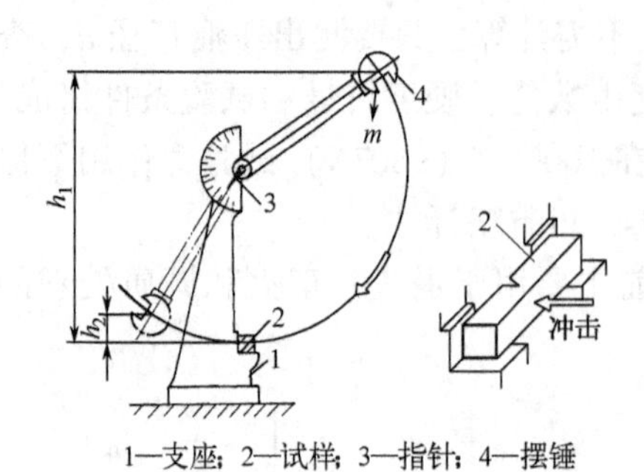

1—支座；2—试样；3—指针；4—摆锤

图 1.5 冲击试验原理示意图

冲击韧性指金属材料在冲击载荷作用下抵抗破坏的能力。常用摆锤式一次冲击试验测定冲击韧性，如图 1.5 所示。将被测材料制成标准试样，放在试验机机架上，由置于一定高度的摆锤自由落下而一次冲断。摆锤冲断试样所做的功称为冲击吸收功，试样缺口处单位面积上所消耗的冲击吸收功称为冲击韧性，用“a_k”表示：

$$a_k = \frac{A_k}{A}\mathrm{J/cm^2}$$

式中，A_k——冲击吸收功，单位为 J；

A——试样缺口处的原始截面积，单位为 $\mathrm{cm^2}$。

a_k 值越高，材料的韧性越好，而且相应的塑性指标也较高，但塑性好的材料，其 a_k 值不一定高。

生产实践证明，冲击韧性值受温度、试样形状、表面质量和内部组织等因素的影响，故通常不用于设计计算，但广泛用于检验材料冶炼和热加工后的质量。

必须指出，在冲击载荷作用下工作的机器零件，很少受大能量一次冲击而破坏，而是经受小能量多次重复冲击而破坏。因此，在一次冲断条件下测得的冲击韧性值，对判断材料抵抗大能量冲击能力方面有一定作用，但不适合承受小能量重复冲击的机件。研究表明，在冲击能量不大时，材料承受多次重复冲击的能力，主要取决于材料的强度和塑性的良好配合。

1.1.5 疲劳强度

弹簧、齿轮、连杆、轴承等许多机器零件，长期在交变载荷作用下工作，很多情况下零件发生断裂时的工作应力低于材料的弹性极限，这种现象称为疲劳。据统计，有 80% 的机件失效是由疲劳引起。

疲劳强度是指材料经无数次交变载荷作用而不致引起断裂的最大应力值。在弯曲循环载荷下测得的疲劳强度用符号“σ_{-1}”表示。材料所受交变应力 σ 与断裂前的应力循环次数 N 有关系。循环次数增加，应力降低。实际试验时不可能进行无数次应力循环，一般黑色金属的循环次数取 $N=10^7$；有色金属取 $N=10^8$。

材料发生破坏的原因，一般认为是由于材料内部缺陷、表面划痕和零件结构设计不当等引起应力集中，导致微裂纹产生，而且裂纹随应力循环次数的增加而逐渐扩展，致使零件不能承受所加载荷而突然破坏。为提高零件的疲劳强度，除改善其结构形状避免应力集中外，还可采取表面强化方法，如渗碳、渗氮、喷丸、表面滚压等。

1.1.6 材料的物理性能

材料的物理性能属于材料的固有属性，主要包括材料的熔点、密度、导电性、导热性、热膨胀性、磁性等。

1. 熔点

材料在缓慢加热时由固态转变为液态时的熔化温度称为熔点。金属有固定的熔点，合金的熔点取决于成分。熔点低的金属（如 Pb 的熔点 327.4℃，Sn 的熔点 231.9℃）可以用来制造焊接用钎料、印刷用铅字及电源上的保险丝等。熔点高的金属（如 Cr 的熔点 1855℃，W 的熔点 3410℃，Mo 的熔点 2622℃，V 的熔点 1919℃）可以用来制造高温零件，如加热炉构件、喷气发动机的燃烧室、电热元件等。

非金属材料中碳、硼等有一定的熔点，塑料和玻璃等非晶态材料则只有软化点，而无熔点。

2. 密度

密度指某种材料单位体积的质量。材料的密度直接关系到制成零件或构件的重量，对要求减轻机械自重的航空和宇航工业制件，常用密度小的钛合金和铝合金等制作。在非金属材料中，陶瓷密度较大，塑料密度较小。

3. 导电性

导电性指材料传导电流的能力。纯金属中，银的导电性最好其次是铜和铝，合金的导电性比纯金属差。工程中常采用纯铜或纯铝制作导电材料，导电性差的材料制作电热元件。

4. 导热性

导热性是指材料传导热量的能力。材料导热性能的好坏用热导率衡量，热导率越大，导热性越好。合金的导热性比纯金属差，纯金属中银和铜的导热性最好，铝次之。合金钢的导热性比碳钢差，因此合金钢锻造和热处理加热时速度应慢一些，防止因内应力而产生裂纹。非金属中，碳的导热性最好。

5. 热膨胀性

热膨胀性指材料随温度变化而产生的体积膨胀或收缩的现象。常温下工作的普通机械零件可以不考虑材料的热膨胀性，但工程中许多场合必须考虑材料热膨胀性的影响，如滑动轴承材料、内燃机活塞的材料、精密仪器仪表的材料都要求热膨胀系数要小。

6. 磁性

磁性指材料在磁场中导磁或被磁化的能力。磁性材料从材质和结构上分为金属及合金磁性材料和铁氧体磁性材料两大类，电机的铁芯所用的磁性材料一般用硬磁铁氧体，磁化后不易退磁。对磁通的阻力小。

1.1.7 材料的化学性能

材料的化学性能指材料在室温或高温时抵抗周围介质侵蚀的能力，包括耐腐蚀性、抗氧化性等。

1. 耐腐蚀性

耐腐蚀性指材料在室温时抵抗其周围介质腐蚀破坏的能力。不同介质中工作的材料其耐腐蚀性要求不同，如海洋设备要耐海水和海洋大气的腐蚀，储存和运输酸类的容器和管道要有较高的耐酸性。

2. 抗氧化性

抗氧化性指材料在高温下抵抗氧化的能力。在高温下工作的锅炉、加热炉、内燃机零件等要求具有良好的抗氧化性。

1.1.8 材料的工艺性能

工艺性能指金属材料对零件制造工艺的适应性，包括铸造性、锻造性、焊接性、切削加工性和热处理等。

在设计零件和选择工艺方法时，材料的工艺性能好，则产品产生缺陷的倾向性小，产品质量容易保证。例如铸铁有很好的铸造性和切削加工性，但锻造性极差，所以只能铸造，不能锻造。各种加工方法的工艺性能，将在以后介绍。

1.2 金属的晶体结构与结晶

固态物质按其原子排列的特征分为晶体和非晶体两大类。非晶体的原子呈不规则排列，如松香、玻璃等；晶体的原子呈规则排列，如固态金属，其特点是具有一定熔点、规则的几何外形和各向异性。

1.2.1 纯金属的晶体结构

晶体结构是晶体内部原子排列的方式及特征。在金属晶体中，由于金属键的存在，使原子的排列趋于最紧密的方式，从而使大多数金属元素具有简单的晶体结构。

1. 体心立方晶格

如图1.6（a）所示。在立方体的中心及八个角上各分布一个原子，属于这种晶格的金属有α-Fe、Cr、Mo、W、V等。

2. 面心立方晶格

如图1.6（b）所示。立方体的八个角上及六个面的中心各分布一个原子，属于这种晶格的金属有γ-Fe、Al、Cu、Ni、Ag等。

3. 密排六方晶格

如图1.6（c）所示。在正六方柱体的十二个角上和上、下正六边形底面中心各分布一个原子，另外柱体的中间还有三个原子，属于这种晶格的金属有Mg、Zn、γ-Ti、Be等。

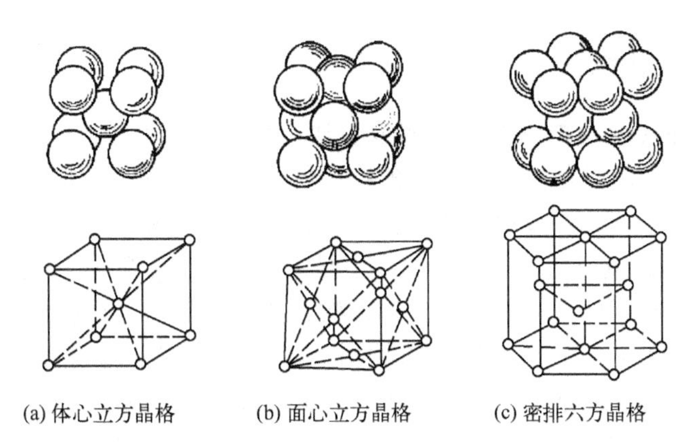

(a) 体心立方晶格　　(b) 面心立方晶格　　(c) 密排六方晶格

图 1.6　常见的晶格类型

1.2.2　纯金属的结晶

结晶是指原子由无序状态（液态）转变为按一定几何形状作有序排列（固态）的过程。

1. 金属的结晶过程

金属在结晶过程中，实际结晶温度 T_1 低于金属的平衡温度 T_0，这种现象称为过冷。二者温度之差称为过冷度，用 ΔT 表示，$\Delta T = T_0 - T_1$。

液态金属结晶时，先形成一些极小的晶体，这些小晶体称为晶核，然后液体中的原子不断向晶核聚集，晶核就不断长大。同时液体中不断有新的晶核形成并长大，直到所有的晶体相互接触，液态金属全部耗尽为止。

金属结晶后的晶粒大小对金属力学性能影响很大。一般情况下，晶粒越细，金属的强度、塑性和韧性越好，所以在生产中控制晶粒的大小已成为提高金属力学性能的重要途径之一。

2. 金属的同素异构转变

多数金属结晶后的晶体结构不再发生变化，但有些金属（如 Fe、Co、Ti、Mn 等）在结晶结束后，随晶体温度的继续下降，还会发生晶体结构的变化，这种现象称为金属的同素异构转变。

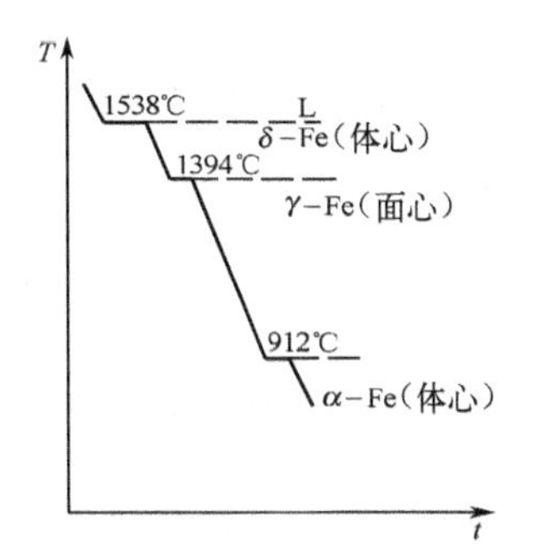

图 1.7　纯铁的冷却曲线

图 1.7 是纯铁的冷却曲线。液态纯铁在 1538℃结晶得到体心立方晶格的 δ－Fe，缓慢冷却到 1394℃时，δ－Fe 转变为面心立方晶格的 γ－Fe，继续冷却到 912℃时，γ－Fe 又转变为体心立方晶格的α－Fe，再继续冷却至室温，α－Fe 晶格类型不再发生变化，整个转变过程可概括如下：

$$\text{LFe} \xrightleftharpoons{1538℃} \delta-\text{Fe} \xrightleftharpoons{1394℃} \gamma-\text{Fe} \xrightleftharpoons{912℃} \alpha-\text{Fe}$$

金属的同素异构转变与液态金属的结晶过程很相似，遵循结晶的一般规律，称为重结晶。纯铁具有同素异构转变现象，因此在生产中可以通过相变热处理来改变钢和铸铁的组织和性能。

1.2.3 合金的相结构

合金是指将两种（或两种以上）金属或金属与非金属熔合在一起，形成的具有金属特性的新物质。组成合金的最基本的、独立的物质称为组元，组元一般指化学元素，但稳定的化合物也可看成是一个组元。按组元数目多少，合金可以分为二元合金、三元合金或多元合金，如黄铜是 Cu 和 Zn 组成的二元合金，硬铝是 Al、Cu、Mg 组成的三元合金。

相是指合金中具有相同化学成分和晶体结构，并与其他部分有明显界面分开的均匀组成部分。例如，$\alpha-Fe$ 和 $\gamma-Fe$ 是两种不同的相。合金中的相结构指合金组织中相的晶体结构。合金的结构比纯金属复杂，根据合金中各组元在结晶时的相互作用不同，形成固溶体和金属化合物两大类合金结构。

1. 固溶体

合金中各组元在固态下具有互相溶解的能力，形成均匀的固相，称为固溶体。固溶体仍保持了溶剂的晶格类型，如铁素体就是溶质碳溶入到溶剂铁中形成的固溶体。

溶质原子溶入溶剂中时，会造成溶剂的晶格畸变，导致合金变形，阻力增加，从而使固溶体的强度、硬度提高，这种现象称为固溶强化。固溶强化是提高金属材料力学性能的重要途径之一。

2. 金属化合物

合金中各组元的原子按一定比例化合生成的一种 e 与 C 组成的金属化合物。

金属化合物一般具有复杂的新相称为金属化合物。它的晶格和性能不同于构成它的任一组元。例如，钢中渗碳体（Fe_3C）是由铁原子和碳原子所组成的金属化合物。其熔点高，硬而脆。当合金中存在金属化合物时，强度、硬度和耐磨性提高，塑性和韧性降低。

1.3 金属的塑性变形与再结晶

塑性是金属重要的性能之一。金属依靠其良好的塑性变形能力，可以通过压力加工成为各种形状和尺寸的零件，同时改变金属的内部组织结构及性能。

1.3.1 金属的塑性变形

塑性变形是指材料在外力作用下发生变形，去除外力后，变形不能完全恢复。属于永久性变形。

塑性变形的实质是金属在切应力作用下，金属晶体内部产生大量位错运动的宏观表现。晶体缺陷及位错相互纠缠会阻碍位错运动，产生冷变形强化。

1.3.2 加工硬化与再结晶

1. 加工硬化

金属冷态下塑性变形后，强度和硬度提高，塑性和韧性降低，即产生加工硬化。在生产上可以利用加工硬化强化金属，例如，对一些不能用热处理强化的金属材料（奥氏体不锈钢、防锈铝合金等），可以用加工硬化来提高强度。另一方面，加工硬化的产生使压力加工设备的功率增大，材料塑性变形能力降低，变形难度增加，而恢复塑性进行的中间退火工艺，使生产率下降，成本增加。

此外，冷塑性变形后，金属的导电性、导热性、导磁性和抗蚀性都会降低，金属内部有残余应力存在。

2. 回复与再结晶

金属冷塑性变形后，产生了加工硬化和内应力，为恢复或改善金属的性能，可以对其进行加热。随加热温度的升高，变形金属将相继发生回复、再结晶和晶粒长大的过程。

（1）回复　指加热温度不高时，原子扩散能力低，变形金属的组织不发生明显变化，其力学性能变化也不大，但电阻力和内应力显著下降。

（2）再结晶　指加热温度较高时（纯金属的再结晶温度 $T_{再}$ 与深熔点温度 $T_{熔}$ 之间的大致关系为 $T_{再} \approx 0.4T_{熔}$），原子扩散能力增大，被拉长和破碎的晶粒转变为均匀细小的等轴晶粒，加工硬化消除，金属的性能基本上恢复到变形以前。生产中为消除加工硬化，继续冷变形加工，常采用再结晶退火。

冷变形金属再结晶退火后，一般会得到细小均匀的等轴晶，如果继续升高温度或延长保温时间，则晶粒又会继续长大形成粗大晶粒，使金属的强度、硬度和塑性下降。

1.3.3　冷变形与热变形的区别

金属的变形分为冷变形和热变形。在再结晶温度以下的变形称为冷变形，得到的产品保留了加工硬化，产品表面质量好。而在再结晶温度以上的变形称为热变形，热变形引起的加工硬化被随即发生的再结晶过程所消除，金属始终处于良好的塑性状态，所以大多数产品，特别是厚大或变形量大的产品，常采用热变形加工。实际生产中，为保证热变形能够充分进行，选用的热变形温度要比再结晶温度高得多。

1.4　铁碳合金

铁碳合金是钢铁材料的总称，也是工业上应用最广泛的合金。铁碳合金由铁和碳两种基本元素构成，合金中组织和成分随温度变化的规律是制定各种热加工工艺的依据。为了熟悉和正确使用钢铁材料，必须先了解铁碳合金相图。

1.4.1　铁碳合金的基本组织

铁碳合金中，碳可以溶入铁形成固溶体，超过溶解度后，铁和碳形成化合物。因此，铁碳合金形成以下五种基本组织。

1. 铁素体

碳溶入 α－Fe 中形成的间隙固溶体称为铁素体，用“F 或 α”表示。铁素体在 727℃ 时溶碳量最大，为 0.0218%，其力学性能与工业纯铁大致相同，即强度、硬度低，塑性好。

2. 奥氏体

碳溶入 γ－Fe 中形成的间隙固溶体称为奥无体，用“A 或 γ”表示。奥氏体在 1148℃时溶碳量最大，达 2.11%，727℃时为 0.77%。奥氏体的强度、硬度低，变形抗力小。大多数钢的热压加工都要求在奥氏体区内进行。

3. 渗碳体

铁与碳形成的稳定化合物称为渗碳体，用符号 Fe_3C 表示，含碳量为 6.69%。渗碳体硬（≈800HBW）而脆，在钢中起强化作用，根据生成条件不同有条状、网状、片状、粒状等形态。

4. 珠光体

铁素体与渗碳体组成的机械混合物称为珠光体，用“P”表示，平均含碳量为 0.77%。珠光体是在温度降到 727℃时由奥氏体转变得到，它的力学性能介于两相之间。

5. 莱氏体

在 727℃以上，奥氏体与渗碳体组成高温莱氏体，用“L_d”表示；727℃以下的莱氏体由珠光体和渗碳体组成，称低温莱氏体（L_d'），它的平均含碳量为 4.30%。莱氏体的性能与渗碳体相似，硬度高（≈700HBW），塑性很差。

1.4.2 Fe－Fe_3C 相图分析

工业生产中，钢铁材料的含碳量一般不超过 5%，因为碳含量超过 5% 的铁碳合金脆性很大，无实用价值，所以实际研究的铁碳合金是碳含量小于 6.69% 的 Fe－Fe_3C 部分，称为 Fe－Fe_3C 相图。简化的 Fe－Fe_3C 相图如图 1.8 所示。

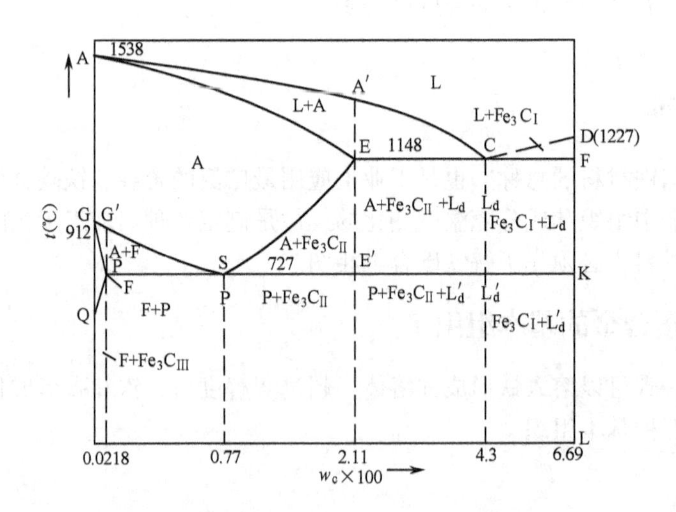

图 1.8 简化的 Fe－Fe_3C 相图（标注组织）

Fe－Fe3C 相图中的主要特性点和特性线

Fe－Fe_3C 相图中的主要特性点和特性线的含义见表 1-2 和表 1-3。

表 1-2　Fe－Fe_3C 相图中的特性点

符　号	温度（℃）	C%	含　　义
A	1538	0	纯铁的熔点
C	1148	4.30	共晶点，$L_c \rightleftharpoons A_E + Fe_3C$
D	1227	6.69	Fe_3C 的熔点
E	1148	2.11	碳在 γ－Fe 中的最大溶解度
G	912	0	$\alpha - Fe \rightleftharpoons \gamma - Fe$ 同素异构转变点
P	727	0.0218	碳在 α－Fe 中的最大溶解度
S	727	0.77	共析点，$A_s \rightleftharpoons F_p + Fe_3C$

表 1－3　Fe－Fe_3C 相图中的特性线（见图 1.8）

特性线	含　　义
ACD	液相线。合金冷却到此线，从液态中分别结晶出奥氏体（AC 线）和二次渗碳体（CD 线）
AECF	固相线。液态合金冷却到此线全部结晶为固态
ECF	共晶线。含碳量在 2.11%～6.69% 之间的碳合金在此线发生转变，得莱氏体组织，即 $L_{4.30} \xrightleftharpoons{1148℃} A_{2.11} + Fe_3C$
GS（A_3）	合金冷却时，奥氏体转变为铁素体的开始线
ES（A_{cm}）	碳在奥氏体中的溶解度曲线
PSK（A_1）	共析线。含碳量在 0.0218%～6.69% 的铁碳合金在此线发生共析转变，得珠光体组织，即 $A_{0.77} \xrightleftharpoons{727℃} F_{0.0218} + Fe_3C$
GP	合金冷却时，奥氏体转变为铁素体的终了线
PQ	碳在铁素体中的溶解度曲线

1.4.3　铁碳合金的组织及其对性能的影响

根据 Fe－Fe_3C 相图中含碳量的多少，铁碳合金分为以下三大类。

1. 工业纯铁（$w_c \leqslant 0.0218\%$）

室温组织为 F（忽略 $Fe_3C_{Ⅲ}$）。

2. 钢（$0.0218\% < w_c \leqslant 2.11\%$）

根据室温组织不同分为：亚共析钢（$0.0218\% < w_c < 0.77\%$），室温组织为 F 和 P；共析钢（$w_c = 0.77\%$），室温组织为 P；过共析钢（$0.77\% < w_c \leqslant 2.11\%$），室温组织为 P 和 $Fe_3C_{Ⅱ}$。

3. 白口铸铁（$2.11\% < w_c < 6.69\%$）

根据室温组织不同分为：亚共晶白口铸铁（$2.11\% < w_c < 4.30\%$），室温组织为 P、L'_d 及 $Fe_3C_{Ⅱ}$；共晶白口铸铁（$w_c = 4.30\%$），室温组织为 L'_d；过共晶白口铸铁（$4.30\% < w_c <$

6.69%)，室温组织为 L'_d 和 Fe_3C_I。

铁碳合金室温下的组织由 F 与 Fe_3C 两相构成，其中 Fe_3C 是合金中的强化相。随合金中含碳量的不断增加，平衡组织中 F 量不断减少，而 Fe_3C 量不断增多，合金的性能也将发生明显变化，随含碳增加，Fe_3C 量增多，硬度呈直线增大，强度也相应增大，但含碳量超过共析成分后，Fe_3C_{II} 沿晶界出现，$w_c \geq 0.90\%$ 时，Fe_3C_{II} 沿晶界形成完整的网，强度会迅速下降。碳钢的塑性、韧性由 F 量决定，随含碳量增加，F 量不断减少，则塑性、韧性连续下降。

1.4.4 Fe－Fe_3C 相图的应用

Fe－Fe_3C 相图在钢铁材料的选用和加工工艺的制定上具有重要的指导意义。

1. 在选材方面的应用

根据 Fe－Fe_3C 相图中成分—组织—性能的规律，可以为钢铁材料的选用提供依据。例如，建筑结构和各种型钢选塑性和韧性好的低碳钢，各种机械零件选用强度、塑性和韧性好的中碳钢，各种工具要用硬度高而耐磨的高碳钢等。

2. 在铸造方面的应用

由 Fe－Fe_3C 相图可以看出，纯铁和共晶白口铸铁的凝固温度区间最小，流动性好，可以获得致密铸件，所以铸铁的成分总是选在共晶点附近。另外，由相图可以确定合金的浇注温度（浇注温度一般在液相线以上 50℃～100℃）。

3. 在锻造、热轧方面的应用

钢在奥氏体状态时，强度低，塑性较好，所以锻造、热轧等选在单相奥氏体区内进行。一般始锻（轧）温度控制在固相线以下 100℃～200℃范围内，可以防止钢材过热和过烧；终锻（轧）温度不能过低，以免产生裂纹。

4. 在热处理方面的应用

根据 Fe－Fe_3C 相图，可以制定各种热处理的加热温度。

以上各方面的应用将在后面相关章节中详细阐述。但须注意，Fe－Fe_3C 相图反映的是铁、碳二元合金平衡条件下的相状态，实际生产中钢铁材料往往含有其他元素，合金的冷却和加热速度也较快，因此不能完全用相图来分析，必须借助其他的知识。

习　题　1

一、填空题

1.1　合金结晶的基本规律，即在过冷的情况下通过（　　）与（　　）来完成。

1.2　纯铁在 1200℃时晶体结构为（　　），在 800℃时晶体结构为（　　）。

1.3　碳溶解在（　　）中形成的（　　）称为铁素体。

1.4　Fe_3C 的结构属于（　　），它具有（　　）的性能。

1.5　加工硬化是指金属随内部组织变形程度的增加，其（　　）和（　　）上升，而（　　）和

(　　) 下降的现象，加工硬化可通过（　　）加热消除。

1.6　常用金属的晶体结构有（　　）、（　　）和（　　）三种。

二、选择题

1.7　表示金属材料屈服强度的符号是（　　），疲劳强度的符号是（　　）。

A. σ_5　　B. σ_b　　C. σ_{-1}　　D. σ_e

1.8　测量淬火钢硬度的方法是（　　）。

A. HBS 法　　B. HRB 法　　C. HRC 法　　D. HRA 法

1.9　金属结晶的必要条件是（　　）。

A. 过冷度　　B. 形核率　　C. 成长率　　D. 自由能差

1.10　在 Fe－Fe_3C 相图中，钢与白口铸铁的分界点的含碳量为（　　）。

A. 2%　　B. 0.77%　　C. 2.11%　　D. 4.3%

1.11　在 Fe－Fe_3C 相图中，ECF 线为（　　）。

A. 共晶线　　B. 共析线　　C. A_1线　　D. A_3线

1.12　（　　）成分的铁碳合金熔点最低，流动性最好。

A. A 点　　B. C 点　　C. E 点　　D. S 点

三、问答题

1.13　金属冷、热塑性变形后的组织和性能有何不同？

1.14　用冷拔钢丝缠绕的螺旋簧，经低温回火后，其弹力比未经回火的好，为什么？

1.15　现有两只同材料、同尺寸的齿轮，一只用圆钢机加工得到，另一只用圆钢热锻后再机加工得到，哪只齿轮的性能好？使用寿命长？为什么？

1.16　画出简化的 Fe－Fe_3C 相图，指出图中 S、C、E、G 点及 GS、SE、ECF、PSK 线的含义，并标出各相区的组织组成物。

1.17　为什么含碳 1.2% 的钢比含碳 0.8% 的钢硬度高？强度低？

1.18　Fe－Fe_3C 相图在实际生产中有何指导意义？

第2章　钢的热处理

热处理指将固态合金加热到一定温度后，保温一段时间，再以适当的速度进行冷却，以改变其内部组织结构，从而获得所需性能的工艺方法。热处理与其他加工工艺不同，它只改变材料的组织和性能、而不改变其形状和大小。热处理方法很多，但工艺过程都包括了加热、保温和冷却三个阶段，通常用温度—时间的坐标图来表示，称为热处理工艺曲线，如图2.1所示。

由图1.8与图2.2可知，各类钢在室温时具有不同的组织，这些室温组织加热到A_1（PSK线）、A_3（GS线）、A_{cm}（SE线）时可转变为单一奥氏体。但临界点A_1、A_3、A_{cm}是在平衡状态下测得的，实际生产中的加热或冷却速度较快，临界点会产生偏移，加热时的实际转变温度高于平衡临界点，冷却时的实际转变温度低于平衡临界点，所以在加热时用Ac_1、Ac_3、Ac_{cm}；冷却时用Ar_1、Ar_3、Ar_{cm}表明钢的实际临界点。共析钢加热到Ac_1线以上，保温一段时间，得到均匀奥氏体后，分别用炉冷、空冷、油冷、水冷，则奥氏体依次转变得到珠光体、索氏体、马氏体和屈氏体、马氏体和残余奥氏体。冷却速度越快，得到组织的硬度越高。

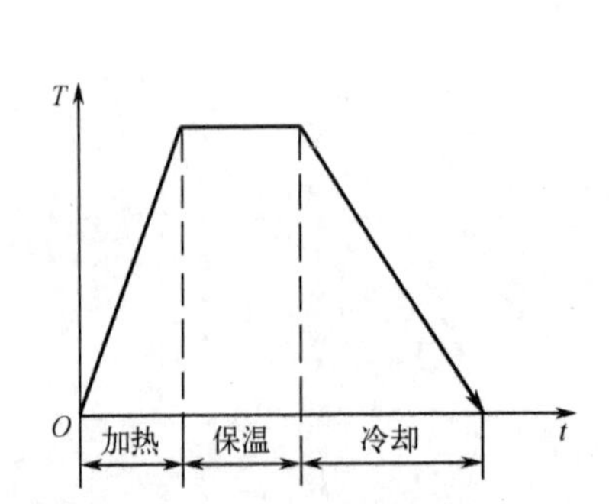

图2.1　热处理的工艺曲线示意图

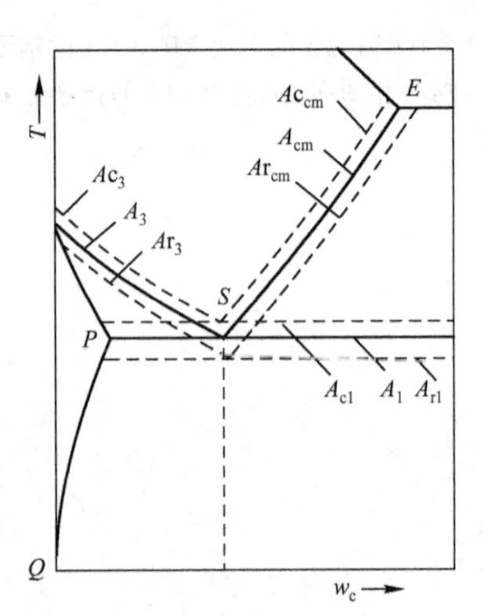

图2.2　加热和冷却时钢的临界点位置

根据热处理的目的和工艺方法不同，常用热处理可分为以下几类：

（1）普通热处理。包括退火、正火、淬火和回火。

（2）表面热处理。包括表面淬火（感应加热，火焰加热）。

（3）化学热处理。包括渗碳、氮化、碳氮共渗、渗铬、渗铝等。

（4）其他热处理。包括形变热处理、可控气氛热处理、真空热处理等。

2.1 钢的热处理工艺

2.1.1 退火与正火

1. 退火

将钢加热到一定温度，保温一定时间，然后随炉缓慢冷却的热处理工艺称为退火。

根据退火的目的和要求不同，退火工艺可分为多种。

（1）完全退火。也称重结晶退火，是将钢加热到 Ac_3线以上 30℃ ~50℃，保温一定时间后，随炉缓慢冷却的热处理工艺。

完全退火的目的是细化晶粒，消除内应力，降低硬度，改善切削加工性。完全退火主要用于亚共析钢的锻件、铸件和轧件。

（2）球化退火。即将钢加热到 Ac_1线以上 20℃ ~40℃，保温后缓慢冷却的热处理工艺。球化退火可使钢中的碳化物球化。

球化退火主要用于共析钢和过共析钢的锻件、轧件等。目的是使网状渗碳体及片状渗碳体球化（粗大网状渗碳体可先用正火破碎），降低硬度，改善切削加工性，并为以后的淬火作组织准备。

为缩短退火时间，提高生产率，更好的控制转变组织，在生产中可以采用等温退火。等温退火的加热工艺与普通退火相同，只是冷却工艺不同。

（3）扩散退火。又称均匀化退火，加热温度在 Ac_3线以上 150℃ ~200℃，长时间保温后随炉冷却。主要用于消除合金钢铸件和铸锭的枝晶偏析，使成分均匀。扩散退火后，需进行完全退火或正火来细化晶粒。

（4）去应力退火。将钢件加热至 Ac_1线以下温度（约 500℃ ~650℃），保温后随炉冷却的热处理工艺。目的是消除铸件、锻件、焊件、机加工及形变加工件内的残留应力。去应力退火可消除内应力约 50 ~80%，且不引起组织变化。

2. 正火

将钢件加热到 Ac_3（亚共析钢）或 Ac_{cm}（过共析钢）以上 30℃ ~50℃，保温一定时间后，在空气中均匀冷却的热处理工艺称为正火。

正火的目的与退火相似，即细化晶粒，调整钢的硬度，消除网状碳化物，为淬火做组织准备。但正火的冷却速度比退火快，能获得更高的强度和硬度。且正火工艺简单，成本低，因而得到广泛应用。例如，正火用于改善低碳钢或低碳合金钢的切削加工性；对普通结构钢件、大型件与复杂件，正火可以作为最终热处理；正火用于高碳钢，可消除网状渗碳体，方便退火。

2.1.2 淬火与回火

1. 淬火

（1）淬火工艺及目的。将钢加热到 Ac_3（亚共析钢）或 Ac_1（共析钢和过共析钢）线以上30℃～50℃，保温一定时间，然后快速冷却，以获得马氏体组织的热处理工艺称为淬火。淬火的目的是为了提高钢的硬度、强度和耐磨性。

马氏体（M）是奥氏体快速冷却后得到的一种碳在$\alpha - Fe$中的过饱和固溶体。马氏体的性能与含碳量有关，低碳含量的马氏体具有高强度和好的韧性，随含碳量的增加，马氏体的硬度增加，脆性加大。马氏体组织稳定性很差，受热会发生转变。

（2）淬火冷却介质。淬火冷却介质的选择，既要保证得到马氏体组织，又要尽量减小淬火变形和开裂。常用的冷却介质有水、水溶液和油。

水的冷却能力大，使用方便，但易造成零件的变形和开裂，生产上主要用于形状简单的碳钢件淬火，也可在水中加入NaCl、NaOH、Na_2CO_3等，改变其冷却能力，适应一定淬火要求。

油为各类矿物油，它在300℃～200℃范围冷却能力低，有利于减小工件的变形，一般用作合金钢件的淬火。

另外，盐浴、碱浴、硝盐也可作冷却介质，它们的冷却能力介于水和油之间，常用于形状复杂、变形要求严格的小型件的淬火。

（3）淬火方法。

① 单液淬火。加热到淬火温度的工件，放入单一淬火介质中冷却到室温，如碳钢的水淬，合金钢的油淬。其操作简单，淬火应力大，用于形状简单的工件。

② 双液淬火。加热到淬火温度的工件，先放入冷却能力较强的介质中冷却到Ms点附近，再迅速转入到冷却能力较弱的介质中继续冷却到室温，如水淬油冷，油淬空冷。工件组织转变应力小，但操作复杂，用于形状复杂的碳钢件及较大尺寸的合金钢件。

③ 分级淬火。加热到淬火温度的工件，迅速投入Ms点附近的硝盐浴或碱浴中，停留一段时间，取出空冷或油冷。能有效减少淬火应力，防止工件变形和开裂，适于形状复杂和截面不均匀的小件的淬火。

④ 等温淬火。加热到淬火温度的工件，先淬入温度稍高于Ms的盐浴或碱浴中，停留到奥氏体全部转变为下贝氏体后，取出空冷。淬火应力极小，适于形状复杂和精度要求高的小件的淬火。

（4）钢的淬透性。钢的淬透性是指在规定条件下淬火时，获得淬硬层深度的能力，淬硬层越深，钢的淬透性越好。

钢的淬透性由其临界冷却速度（v_k）的大小决定，工件的截面尺寸和淬火冷却介质对淬透性也有影响。v_k越小，淬透性越好。同一种钢，水淬比油淬的淬透深度大；小截面的工件比大截面的工件易淬透。因此，在选材和制定热处理工艺时必须充分考虑钢的淬透性。

2. 回火

将淬火后的钢，加热到Ac_1线以下某一温度，保温一定时间后，冷却到室温的热处理工艺称为回火。

淬火钢一般不直接使用，需要进行回火，其目的是：消除或减小淬火应力，降低组织的脆性；获得工件所需要的力学性能；稳定工件尺寸。

钢淬火回火后的性能主要决定于回火温度，回火温度越高，工件的硬度越低。按回火温度及工件性能要求不同，回火分为以下三类：

（1）低温回火（150℃～250℃）。得到回火马氏体组织，目的是降低淬火应力和脆性，保持淬火后的高硬度（58～64HRC）和高耐磨性。主要用于处理各种工具、模具、滚动轴承及表面处理的零件。

（2）中温回火（350℃～500℃）。得到回火屈氏体组织，具有高的弹性极限和屈服强度，并有一定韧性及硬度（35～45HRC），主要用于处理各类弹簧、刀杆、发条等。

（3）高温回火（500℃～650℃）。得到回火索氏体组织，其综合力学性能好，硬度一般为25～35HRC。习惯上把淬火加高温回火的处理工艺称为调质处理。调质处理广泛用于各种重要零件的处理，如连杆、轴、齿轮等，也可作为量具、模具等精密零件的预先热处理。

淬火钢回火时，随回火温度的升高，硬度降低，塑性、韧性提高。但有些钢在250℃～400℃和450℃～650℃回火后冲击韧性明显下降，这种现象称为回火脆性。

在250℃～400℃回火产生的脆性称为低温回火脆性（又称为不可逆回火脆性），生产中一般不在这一温区回火，而采用等温淬火。

在450℃～650℃回火产生的脆性称为高温回火脆性（又称为可逆回火脆性），防止此类回脆性产生的方法是：钢回火后快速冷却或在钢中加入Mo、W等合金元素。

2.1.3 冷处理和时效处理

1. 冷处理

高碳钢及一些合金钢淬火后组织中有大量残留奥氏体，影响零件的尺寸稳定性、硬度和耐磨性。要促使残留奥氏体继续转变为马氏体，必须将钢冷却到0℃以下（约－70℃～－80℃），这种方法称为冷处理。冷处理实际上是淬火的继续，一般用于要求尺寸稳定性很高的精密零件，如量具、枪杆、精密轴承和丝杆等。

2. 时效处理

金属材料经冷、热加工或热处理后，在室温下放置一段时间或适当加热，会发生材料力学性能随时间变化的现象，称为时效。在室温下进行的时效处理称为自然时效，它不消耗能源，不需设备，但周期长，一般需要放置几十天甚至一、二年。在加热（100℃～200℃）条件下进行的时效处理称为人工时效，人工时效时间短（几至几十小时），但需要加热设备。

时效处理可以消除工件的部分内应力，稳定工件尺寸。一些铸、锻、焊的复杂件或精密量具和轴承等要求高硬度的零件常采用时效处理。

2.1.4 表面淬火

在生产中有不少零件是在动载荷和摩擦条件下工作，如齿轮，凸轮等，这时零件表层承受着比心部高的应力，而且表面还要不断被磨损。因此，零件表层必须具有高硬度、高耐磨性和疲劳强度，心部保持足够的塑性与韧性。在这种情况下，普通热处理很难满足其要求，必须采用表面热处理，即表面淬火和化学热处理。

表面淬火是利用快速加热和迅速淬火冷却，使工件表层获得马氏体组织，而心部仍保持原来退火、正火或调质状态组织的热处理工艺。根据加热方法不同，常用的表面淬火分为以下两种。

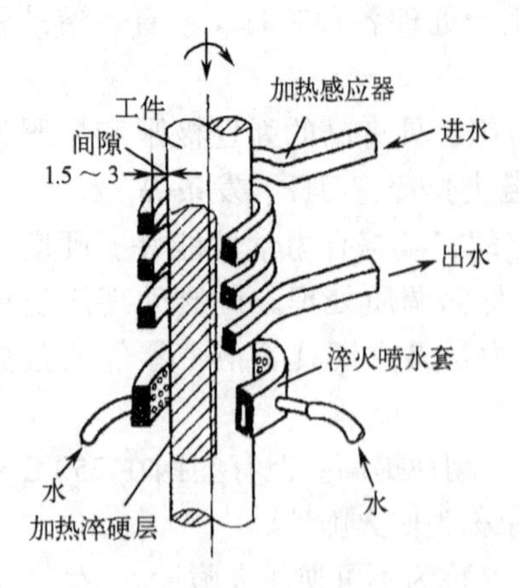

图 2. 3　感应加热表面淬火示意图

1. 感应加热表面淬火

感应加热表面淬火如图 2. 3 示。将工件放入感应器内，感应器通过一定频率的交流电产生交变磁场，从而在工件内形成频率相同，方向相反的感应电流，感应电流的“集肤效应”及电阻的作用，使工件表层迅速加热到淬火温度，随即喷水（合金钢浸油）冷却，工件表层被淬硬。

感应加热时的淬硬层深度由电流频率决定，频率越高，则淬硬层越浅。生产中常用的感应加热方法见表 2–1。

感应加热表面淬火获得的表层组织质量好，操作过程易于实现机械化和自动化，但感应器昂贵。感应加热表面淬火主要用于大批量生产。

表 2–1　常用感应加热方法

加 热 名 称	常 用 频 率	淬硬层深度	应 用 举 例
高频加热	200～300kHz	0. 5～2mm	小模数齿轮，中小型轴
中频加热	500～10000Hz	2～10mm	大、中模数齿轮，较大直径轴
工频加热	50Hz	10～20mm	冷轧辊，火车车轮等

2. 火焰加热表面淬火

火焰加热表面淬火指用气体火焰加热工件表面到淬火温度，立即喷水冷却的操作工艺。

火焰加热表面淬火设备简单，成本低，但工件表层易过热，质量控制较困难，且生产率低。主要用于单件、小批生产及大型零件的表面淬火。

表面淬火一般用于中碳钢和中碳合金钢（如 45 钢、40Cr 等）的工件，一定条件下也用于高碳钢及铸铁的工件。经过表面淬火的零件，其表层能承受的应力比心部高，因此，能满足零件在动载荷及摩擦条件下工作的要求。

2. 1. 5　化学热处理

化学热处理是将工件放入一定的化学介质中加热和保温，使活性介质渗入工件表层，改变其表面成分和组织，从而改变性能的热处理工艺。化学热处理按表面渗入元素的不同分为渗碳、氮化、碳氮共渗、渗铬、渗铝等。

目前，生产上应用最多的是渗碳、氮化及碳氮共渗三种。

1. 渗碳

将钢件置于渗碳介质中加热和保温，使碳原子渗入钢件表层的热处理工艺称为渗碳。

渗碳的目的是提高低碳钢件及低碳合金钢件的表层含碳量（约 1. 0%），再经过淬火和低温回火处理，使工件表层具有高硬度、高耐磨性和疲劳强度，心部仍保持良好的塑性和韧性。

按渗剂不同，渗碳分为气体渗碳、液体渗碳和固体渗碳三种，生产中常用的是气体渗碳。

气体渗碳是将工件放入密封的渗碳炉内，加热到900℃ ~950℃，向炉内通入煤油、煤气等渗剂，形成活性碳原子，并向工件表面渗入的工艺。其生产率高，渗层质量和力学性能较好。气体渗碳主要用于大批量生产的渗碳件。

渗碳主要用于同时承受磨损和较大冲击的零件，如各种齿轮、凸轮活塞销等。

2. 氮化

氮化是向钢件表面渗入氮原子的过程。其目的是提高钢件的表面硬度、耐磨性、耐蚀性及疲劳强度。

生产中广泛应用的是气体氮化。即把工件放入氨气流中加热到500℃ ~600℃，氨分解出活性氮原子，被工件表面吸收，并向内扩散形成氮化层。

与气体渗碳相比，气体氮化的温度低，工件变形极小，但氮化时间长，要得到0.3 ~0.5mm 氮化层，需要20 ~50 小时。为保证工件心部力学性能及氮化质量，氮化前应先进行调质处理。

碳钢氮化时形成的氮化物不稳定，受热易分解，因此氮化用钢是含有 Cr、Mo、Al、V 等稳定氮化物元素的中碳合金钢，如38CrMoAlA、38CrWVAlA 等。氮化处理主要用于耐磨和精度要求较高的零件，或耐热、耐蚀的耐磨件，如精密机床丝杆、镗床主轴、汽轮机阀门、阀杆、发动机汽缸、排气阀等。

为缩短氮化周期，扩大氮化材料的种类，近代发展了离子氮化。离子氮化是利用稀薄气体的辉光放电现象进行，它明显提高了氮化层的韧性和疲劳强度，且变形小，适于处理精密零件及复杂零件。

3. 碳氮共渗

碳氮共渗是同时向工件表面渗入碳原子和氮原子的过程，也称为氰化。碳氮共渗的零件变形小，渗入速度快，成本低。目前应用较多的是中温和低温气体碳氮共渗。

（1）中温气体碳氮共渗。中温气体碳氮共渗以渗碳为主，常用方法是在气体渗碳炉中同时滴入煤油，同时通入氨气，在共渗温度（820 ~860)℃下保温，使工件表面得到一定深度共渗层。工件共渗后经过淬火、低温回火，可以获得更高的硬度、耐磨性、耐蚀性和疲劳强度。主要用于处理形状较复杂的汽车、机床上各种齿轮、蜗轮、蜗杆及轴等。

（2）低温气体碳氮共渗（也称气体软氮化)。常用尿素作为共渗介质，在500℃ ~570℃下进行的氮碳共渗，以渗氮为主。工件共渗层韧性好而不易剥落，有高的疲劳强度和耐磨性，在润滑不良和高磨损条件下，抗咬合、抗擦伤，耐蚀性也有明显提高。

气体软氮化不受钢种限制，目前广泛用于模具、量具、刃具及曲轴、汽缸套等耐磨零件的表面处理。

2.1.6 热处理新技术简介

1. 可控气氛热处理

可控气氛热处理是指控制炉气成分进行的热处理工艺。控制炉气成分可以防止工件表层的氧化和脱碳，还可以控制渗碳和碳氮共渗的表面碳浓度，对已经脱碳的工件表面进行复碳处理等。

目前常用的可控气氛种类有吸热式气氛、放热式气氛、氨分解气氛、滴注式气氛四种。

滴注式气氛比较容易获得，只需将液体有机化合物（如甲醇、丙酮、甲酰胺等）混合滴入加热炉内，控制两种滴入液体的比例，即可控制炉内气氛，保证渗碳、碳氮共渗、软氮化等的质量。

2. 真空热处理

在（1.3 ~ 0.0133）Pa 的真空度中进行的热处理称为真空热处理。它包括真空淬火、真空退火、真空回火和真空化学热处理等。

真空热处理可以减少工件变形，防止氧化和脱碳，有利于净化工件表面（去氧化物、脱脂、脱气），提高工件力学性能，减少或省去清洗和磨削工序，改善劳动条件，实现自动控制。

3. 形变热处理

将塑性变形和热处理有机结合起来，以提高工件力学性能的综合热处理工艺称为形变热处理。工件同时获得形变强化与相变强化的效果。

根据形变与相变的关系，形变热处理分为在相变前形变、相变中形变和相变后形变三种类型，典型的形变热处理工艺有高温和低温形变热处理。

（1）高温形变热处理。指钢加热到奥氏体稳定区域进行塑性变形，然后立即淬火和回火的工艺。

高温形变热处理显著提高钢的塑性和韧性，降低脆性，同时也提高疲劳强度。利用锻造和轧制的余热进行淬火，简化工艺，节约能源，降低成本。它适用于形状简单的锻件或轧件的处理，如连杆、曲轴等。

（2）低温形变热处理。将钢加热到稳定奥氏体状态后，迅速冷却到过冷奥氏体的亚稳定区（约 500 ~ 600）℃进行塑性变形，然后淬火和回火的工艺。此工艺的强化效果好，可以在保持塑性、韧性的条件下，显著提高强度和抗磨能力。但由于形变温度低，需要用大功率的压力加工设备进行快速形变。目前用于强度要求很高的零件或工具的处理，如弹簧、飞机起落架、高速刃具、轴承等。

4. 激光热处理

利用高功率密度的激光迅速把工件表层加热到高温，然后依靠工件自身的传热，实现快速冷却的热处理工艺，称为激光热处理。

激光热处理的加热速度快，加热时间短，淬火后工件表面得到全部极细马氏体组织，表面硬度高，残余应力大，因此提高了耐磨性和疲劳强度。另外，激光处理对工件的尺寸及表面平整度无严格要求，处理后零件变形小，能对形状复杂的零件进行处理。由于不需淬火冷却介质，工件表面清洁，防止了环境污染，也便于实现自动化生产。

5. 离子注入

离子注入是将被注入元素的原子进行电离，经高压电场加速成几万甚至几百万电子伏特能量的载能束，射入工件表面并停留在表层晶体内的工艺方法。

与其他表面处理方法相比，离子注入技术有以下特点：离子注入是一个非平衡过程，可将任何材料注入到任何基体材料中；注入层与基体间没有界面，系冶金结合，结合强度高，附着性好；高能离子强行射入工件表面，使表面强化，疲劳强度提高；离子注入在真空和较低温度下进行，工件不产生氧化脱碳现象，不存在变形问题。

离子注入除用于半导体材料的掺杂外，也用于模具、刀具、轴承和人工关节的表面处理。

2.2 热处理技术条件的标注

根据零件的性能要求，设计者应在零件图上标出热处理技术条件。标注内容包括最终热处理方法及处理后应达到的力学性能指标。对于一般零件，力学性能仅需标出硬度值，因为硬度检验方便，又可近似反映出材料的其他性能。但对于一些力学性能要求高的重要零件，还应标出强度、塑性、韧性值的要求。对于渗碳零件还应标明渗碳、淬火、回火后表面和心部的硬度、渗碳部位、渗层深度等。表面淬火零件应标明淬硬层的硬度和深度、淬硬部位。对重要零件应提出金相组织及限制变形的要求。

图纸上标注的热处理技术条件，可以用文字说明，也可以采用下面的热处理工艺代号来表示。热处理工艺标准代号见附录 B。

热处理代号标记规定如下：

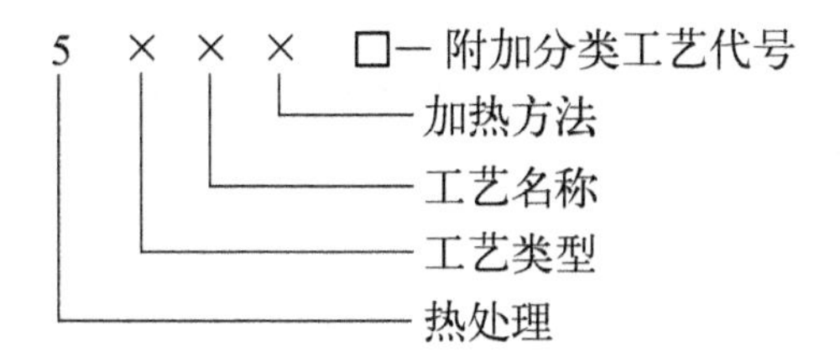

例如，5111s 表示球化退火工艺，5131Ls + m 表示盐浴加热盐浴分级淬火。

多工序热处理工艺代号标记为：用破折号将各工艺代号连接组成，但除第一个工艺外，后面的工艺均省略第一位数字“5”，如 5151 - 331G 表示调质和气体渗碳。

习　题　2

一、填空题

2.1　钢的热处理是通过钢在（　　）下的（　　）、（　　）和（　　），改变钢的内部组织，从而改变其性能的工艺方法。

2.2　珠光体加热到 727℃以上会转变成（　　），然后用水很快冷却下来又会转变成（　　）。

2.3　钢的冷处理可以促使残余奥氏体继续转变为（　　），提高零件的尺寸稳定性。

2.4　时效处理的目的是（　　）。

2.5　材料在一定的淬火介质中能被淬透的（　　）越大，表示（　　）越好。

2.6　碳氮共渗是将（　　）、（　　）同时渗入零件表层的一种化学热处理方法。

2.7　20Cr 钢制造的齿轮，齿面要得到深 1.0 ~ 1.2mm 的耐磨硬化层，应进行的热处理是（　　）。

2.8　手工锯用 T10 钢制造，要求硬度 60 ~ 62HRC，应采用（　　）热处理方法。

二、选择题

2.9 完全退火主要用于（　　）。

A. 亚共析钢　　B. 共析钢　　C. 过共析钢　　D. 所有钢

2.10 过共析钢淬火时，其常规的加热温度为（　　）。

A. $Ac_3+(30\sim50)$℃　　B. $Ac_1+(30\sim50)$℃　　C. $Ac_1\sim Ac_3$　　D. $Ac_m+(30\sim50)$℃

2.11 高碳钢最佳切削性能的热处理工艺方法是（　　）。

A. 完全退火　　B. 球化退火　　C. 去应力退火　　D. 正火

2.12 气体氮化处理的最大缺点是（　　）。

A. 处理所需温度太高　　B. 处理所需时间太长

C. 处理后需淬火　　D. 处理后零件变形较大

2.13 钢的化学热处理使零件表层的（　　）发生变化，从而提高了零件表层的力学性能。

A. 组织　　B. 成分　　C. 组织和成分　　D. 都不是

三、问答题

2.14 含碳量分别为 $w_c=0.2\%$ 的20钢和 $w_c=1.0\%$ 的T10钢水冷后得到的马氏体组织在性能上有什么区别？

2.15 现有一批丝锥，原定由T12钢（$w_c=1.2\%$）制成，要求硬度为60～64HRC，但生产时材料中混入45钢（$w_c=0.45\%$），问混入的45钢按T12钢进行淬火处理后能否达到要求？为什么？

2.16 指出下列工件淬火后应选择何种回火方法？为什么？

（1）45钢小轴。

（2）60钢弹簧。

（3）T12钢锉刀。

2.17 现有20CrMnTi钢（$w_c=0.2\%$）齿轮和45钢（$w_c=0.45\%$）齿轮各一只，为使齿轮得到外硬内韧的性能。问各应怎样进行热处理？

第3章　常用金属与非金属材料

常用金属材料指碳钢、合金钢、铸铁、有色金属等。这类材料种类多，性能好，在工业生产中得到广泛应用。非金属材料指除金属材料以外的一切材料，包括高分子材料、陶瓷和复合材料等。非金属材料有着一些特别的性能，而且原料来源广，资源丰富，已经成为工程材料中不可缺少的部分。

3.1　碳钢

碳钢指含碳量小于2.11%的铁碳合金。它不仅冶炼简便，价格低廉，而且在一般情况下能满足使用性能的要求，是工业上用量最多的金属材料。

3.1.1　杂质元素对钢性能的影响

碳钢中除铁和碳两种元素外，还含有少量的硅、锰、磷、硫等在冶炼时带入的杂质元素，它们对钢的性能有一定影响。

1. 硅

硅是炼钢时用硅铁脱氧而残留在钢中的元素。硅可以消除FeO对钢的影响，溶入铁素体中的硅能提高钢的强度。作为杂质存在时，硅在钢中的含量一般不超过0.4%。

2. 锰

锰也是脱氧时残留在钢中的元素。锰的脱氧能力比硅稍弱，能使钢中的FeO还原，降低钢的脆性。锰与硫化合成MnS减轻了硫的有害作用，改善了钢的热加工性能。另外，大部分锰溶入铁素体，会产生固溶强化，因此，锰是有益元素。作为杂质存在时，锰在钢中的含量一般为0.25%～0.80%。

3. 硫

硫是炼钢时由矿石和燃料带入的杂质。硫不溶于铁，而是以FeS（熔点1190℃）的形式存在，FeS与Fe形成低熔点的共晶体（Fe＋FeS，熔点985℃）分布在晶界上，会导致钢在热加工时（1150℃～1250℃）的开裂，即形成热脆。钢中的含硫量必须严格控制。

4. 磷

磷也是由矿石带入钢中的杂质。磷部分溶入铁素体，部分形成脆性化合物Fe_3P，使钢的塑性、韧性急剧下降，脆性转化温度升高，这种现象称为冷脆。因此钢中的含磷量应严格控制。

3.1.2 碳钢的分类

碳钢的分类方法主要有以下几种。

（1）按含碳量分：低碳钢 $w_c \leq 0.25\%$；中碳钢 $0.25\% < w_c \leq 0.60\%$；高碳钢 $0.60\% < w_c < 2.11\%$。

（2）按质量分：普通碳素钢（$w_s \leq 0.050\%$，$w_p \leq 0.045\%$）；优质碳素钢（$w_s \leq 0.035\%$，$w_p \leq 0.035\%$）；高级优质碳素钢（$w_s \leq 0.020\%$，$w_p \leq 0.030\%$）。

（3）按用途分：碳素结构钢、碳素工具钢。

（4）按冶炼方法分：平炉钢、转炉钢（氧气转炉、空气转炉）、电炉钢。

（5）按钢的脱氧程度分：沸腾钢、镇静钢、半镇静钢。

3.1.3 碳钢的牌号、主要性能及用途

钢铁产品的种类繁多，为了正确选择和合理使用，必须熟悉碳钢的牌号、性能和用途。下面按用途和质量介绍碳钢的牌号、性能和用途

1. 碳素结构钢

这类钢冶炼容易，工艺性好，价廉。通常热轧成板料、带料、型钢等，可供焊接、铆接、栓接的构件使用，一般使用时不再进行热处理。

碳素结构钢的牌号由代表屈服点的字母 Q 和屈服点数值、质量等级符号（共分 A、B、C、D 四级）及脱氧方法符号四个部分按顺序组成。例如，Q235 - A · F 钢，表示 $\sigma_s \geq$ 235MPa 的 A 级沸腾钢。常用碳素结构钢的牌号和用途见表 3-1。

2. 优质碳素结构钢

这类钢硫、磷含量较少，并可进行热处理，常用于制造机械零件。优质碳素结构钢的牌号用两位数字表示，该数字表示钢中平均含碳量的万分数。例如，45 钢，平均 $w_c = 0.45\%$。根据钢中含锰量的不同，优质碳素结构钢分两组，第一组为正常含锰量（$w_{Mn} < 0.8\%$），第二组为较高含猛量（$w_{Mn} = 0.7 \sim 1.2\%$），为了区别，第二组在牌号后加上“Mn“的符号。例如，60Mn。常用优质碳素结构钢的牌号及用途见表 3-1。

3. 铸钢

对于形状复杂，力学性能要求高的零件，铸铁难以满足其性能要求，常用铸钢来制造。

铸钢的牌号是用字母“ZG”加上两组数字组成。“ZG”是“铸钢”的汉语拼音字首，第一组数字表示最小屈服强度值，第二组数字表示最小抗拉强度值。例如，ZG200 - 400，表示 $\sigma_s \geq 200$MPa、$\sigma_b \geq 400$MPa 的铸钢。常用铸钢的牌号见表 3-1。

4. 碳素工具钢

这类钢经淬火和低温回火后，具有高硬度和耐磨性，主要用于制造刃具、模具和量具。

碳素工具钢的牌号用字母“T”加数字表示。“T”是“碳”字汉语拼音字首，数字表示钢中平均含碳量的千分数，若为高级优质工具钢，在牌号后加“A”。如 T12、T12A 分别表示平均 $w_s = 1.2\%$ 的优质碳素工具钢和高级优质碳素工具钢。常用碳素工具钢牌号见表 3-1。

表 3-1　常用碳钢的牌号、性能及用途举例

分类	牌号	试样尺寸	力学性能						用途举例
			σ_5 或 $\sigma_{0.2}$（MPa）	σ_b（MPa）	δ_5（或 δ）（%）	a_k（J/cm^2）	退火（HB）	淬火（HRC）	
			不小于				不大于	不小于	
碳素结构钢	Q195	≤16	195	315－430	33				制造薄板、钢丝、钢管、地脚螺丝、铆钉等
	Q215		215	335－450	31				
	Q235		235	375－500	26				钢筋、型钢、中厚板、铆钉、道钉、拉杆、螺栓等
	Q255		255	410－550	24				型钢、条钢、套环、轴、销钉、连杆等
	Q275		275	490－630	20				鱼尾板、农业机械用型钢及异型钢等
铸钢	ZG200－400		200	400	(25)	30			各种机座、变速箱壳体等
	ZG230－450		230	450	(22)	25			砧座、外壳、轴承盖、箱体、阀体、底板等
	ZG270－500		270	500	(18)	22			轧钢机机架、横梁、缸体、飞轮、蒸汽锤等
	ZG310－570		310	570	(15)	15			大齿轮、曲轴、轧辊、制动轮、联轴器等
	ZG340－640		340	640	(10)	10			棘轮、齿轮、联轴器等
优质碳素结构钢	08F	25	175	295	35				塑性好，可制薄板、冷冲压零件
	10		205	335	31				制造冲压件及焊接件，经渗碳处理后，也可制作轴、活塞销等零件
	15		225	375	27				
	20		245	410	25				
	25		275	450	23	71			
	30		295	490	21	63			调质后综合机械性能良好，用于制造齿轮、轴类、套筒、连杆、活塞杆等
	35		315	530	20	55			
	40		335	570	19	47	187		
	45		355	600	16	39	197		
	50		375	630	14	31	207		
	55		380	645	13		217		淬火、中温回火后，具有较高弹性和屈服强度及一定韧性，主要用于各类弹簧，如螺旋簧、板簧等，也可制造轧辊、凸轮等耐磨件
	60		400	675	12		229		
	65		410	695	10		229		
	70		420	715	9		229		
碳素工具钢	T7						187	62	硬度高、韧性较好，可制造扁铲、改锥、手钳、大锤等工具
	T8						187	62	制造冲头、手锯条、剪刀、压缩空气工具及木工工具等
	T9						192	62	硬度高、韧性适中，制作冲模、凿子等工具

续表

分类	牌号	试样尺寸	力学性能						用途举例
			σ_5 或 $\sigma_{0.2}$ (MPa)	σ_b (MPa)	δ_5 (或 δ) (%)	a_k (J/cm^2)	退火 (HB)	淬火 (HRC)	
			不小于				不大于	不小于	
碳素工具钢	T10						197	62	冲模、钻头、丝锥、车刀、拉丝模等
	T11						207	62	
	T12						207	62	硬度高、韧性较低，制作锉刀、刮刀、剃刀等
	T13						217	62	刃具以及量规等

3.2 合金钢

由于生产和科学技术的不断发展，碳钢的性能已经不能满足零件各方面更高的要求，如高淬透性、高屈强比、耐蚀、耐热、耐磨性和电磁性等。于是，人们在碳钢中有目的地加入一些元素，形成了合金钢。常加入的合金元素有 Si、Mn、Cr、Ni、Mo、W、V、Ti、Al、B、RE 等。

3.2.1 合金元素在钢中的作用

合金元素在钢中的作用大致可以分成两个方面，即对铁、碳的作用和对热处理的影响。

1. 合金元素对铁和碳的作用

大多数合金元素能溶入铁素体，使铁素体发生晶格畸变，强度、硬度升高，塑性、韧性下降，即产生固溶强化。

有些合金元素，如 W、Mo、V、Ti、Cr 等，它们能与碳作用形成碳化物。当钢中存在弥散分布的特殊碳化物时，能提高钢的硬度、强度和耐磨性，且对塑性影响不大。这对提高刃具、模具、量具及耐磨零件的使用性能极为有利。

2. 合金元素对热处理的影响

除 Mn、P 外，大多数合金元素都能阻碍加热时奥氏体晶粒的长大，细化奥氏体晶粒，使钢的强度和韧性显著提高。

另外，除 Co 元素外，所有熔入奥氏体的合金元素，都能提高过冷奥氏体的稳定性，临界冷却速度减小，提高了钢的淬透性，同时也使 Ms、M_f点下降（除 Co、Al 外），淬火后残余奥氏体量增多，影响工件尺寸的稳定性。残余奥氏体可用冷处理或多次回火消除。

淬火后的钢在回火时，熔入马氏体的合金元素阻碍马氏体分解，碳化物不易析出及长大，提高了钢对回火软化的抗力（热硬性），即提高了钢的回火稳定性。一些含 W、Mo、V 较高的钢回火时，随回火温度的升高，钢中沉淀出弥散稳定的难熔碳化物，使硬度提高。此外回火冷却时残余奥氏体转变为马氏体，也使钢的硬度升高，这种现象称为二次硬化。

在钢中，加入多种合金元素比单独加入一种合金元素对钢的性能影响更显著，所以一般合金钢属多元素合金。

3.2.2 合金钢的分类与牌号表示方法

1. 合金钢的分类

合金钢的分类方法有以下几种：

（1）按所含合金元素总量分：低合金钢 Me≤5%；中合金钢 5%<Me≤10%；高合金钢 Me>10%。

（2）按钢中主要合金元素分：铬钢、铬镍钢、锰钢、硅锰钢等。

（3）按组织状态分：珠光体钢、马氏体钢、铁素体钢、奥氏体钢和莱氏体钢等。

（4）按用途分：合金结构钢、合金工具钢、特殊性能钢。

2. 合金钢的牌号表示方法

合金钢的牌号是采用数字加元素符号及其含量的方法来表示。在牌号首位用数字标明钢的平均碳含量，结构钢用万分数为单位的数字（两位数）表示，工具钢和特殊性能钢用千分数为单位的数字（一位数）表示，而工具钢的 $w_c \geq 1\%$ 时不标出。在钢中加入的主要合金元素的符号及其含量标在碳含量的数字之后，合金元素的平均含量 Me<1.5% 时不标出，Me≥1.5% 时用整数标出。例如，20CrMnTi 钢为合金渗碳钢，平均 $w_c = 0.20\%$，Cr、Mn、Ti 含量皆小于 1.5%；Cr12MoV 钢为工具钢，平均 $w_c \geq 1.0\%$，$w_{Cr} = 12\%$，Mo、V 含量小于 1.5%。

对于高级优质钢，在牌号尾部加“A”表示，例如 38CrMoAlA 钢。另外，少数钢的牌号表示有例外，如热强钢 15CrMo 的牌号与结构钢相同，W18Cr4V 的 $w_c < 1\%$，并未标出。

专用钢在牌号的头或尾部加其用途的汉语拼音字首，如 GCr15 表示 $w_c \approx 1\%$、$w_{Cr} \approx 1.5\%$（Cr 含量用千分数表示）的滚动轴承钢。Y40Mn 表示 $w_c = 0.40\%$，$w_{Mn} < 1.5\%$ 的易切削钢等。

3.2.3 合金结构钢

合金结构钢指用于制造重要工程结构和机器零件的钢。根据其含碳量、热处理特点及性能、用途的不同，常用合金结构钢有以下几种。

1. 低合金结构钢

低合金结构钢是结合我国资源条件而发展的钢种。钢中 $w_c < 0.2\%$，Me≤5%，成本较低，通常在热轧空冷状态下使用。

这类钢具有较高强度和韧性，良好的焊接性能、冷成形性能和耐蚀能力。目前广泛应用于桥梁、车辆、建筑、船舶、容器等工程结构。例如，用 Q345 代替 Q235 制造工程结构时，重量可减轻 20%~30%，耐大气腐蚀性提高 20%~38%。常用牌号有 Q295（09MnNb）、Q345（16Mn）、Q390（16MnNb）、Q420（15MnVN、14MnVTiRE）等。

2. 合金渗碳钢

合金渗碳钢通常是指经渗碳淬火及低温回火后使用的合金钢，是在低碳钢的基础上加入

Cr、Mn、Ti、V 等元素形成的钢种，主要用于制造汽车、拖拉机中的变速齿轮、内燃机的凸轮轴、活塞销、飞机及坦克的曲轴等零件。经渗碳、淬火和低温回火后，零件表面获得高硬度及耐磨性，心部抗冲击能力好。常用牌号：20Cr、20MnV（低淬透性钢）；20CrMnTi、20SiMnVB（中淬透性钢）；18Cr2Ni4WA、20Cr2Ni4A（高淬透性钢）等。

3. 合金调质钢

合金调质钢指含碳量在 0.25% ~0.50% 之间，经调质处理后使用的合金钢。钢中加入的 Si、Mn、Cr、Ni、B 等元素提高了淬透性，Mo、W 的加入消除回火脆性。钢经调质后具有良好的综合力学性能，广泛用于制造机器上的各种重要零件，如齿轮、轴类件、连杆、高强螺栓等。常用牌号：40Cr、40MnB（低淬透性钢）；35CrMo（中淬透性钢）；40CrNiMoA、37CrNi3（高淬透性钢）等。

4. 合金弹簧钢

弹簧是利用弹性变形吸收能量或储存能量，以缓和振动和冲击。因此要求弹簧具有高的弹性极限及疲劳强度，足够的塑性和韧性。合金弹簧钢是指用于制造各种弹簧及其他零件的合金钢，其含碳量一般在 0.45% ~0.70% 之间，加入 Si、Mn、Cr、V、W 等合金元素，提高淬透性，强化铁素体。

这类钢通常经淬火、中温回火后使用，主要用于制造各种弹簧及弹性元件，如板簧、螺旋簧、气阀簧等，为进一步提高弹簧的使用寿命，可利用形变热处理或喷丸处理进行表面强化。对小直径（$d<8$mm）弹簧，用冷拉钢丝冷卷成形，经 200℃ ~300℃ 去应力处理后使用，不需淬火。常用牌号有 65Mn、55Si2Mn、50CrVA、60Si2CrVA 等。

5. 滚动轴承钢

滚动轴承钢是用于制造滚动轴承的滚动体（滚珠、滚柱、滚针）、内外套圈等的专用钢，也可用于制造精密量具、冷冲模、机床丝杆等耐磨件。根据轴承的工作条件，要求轴承钢具有高硬度和耐磨性，高的接触疲劳强度，足够的韧性和淬透性，在大气或润滑介质中有一定耐蚀性能和良好的尺寸稳定性。因此，轴承钢是高碳铬钢，含碳量为 0.95% ~1.10%，含铬量为 0.5% ~1.65%。

滚动轴承钢的热处理为球化退火、淬火和低温回火。常用牌号：GCr9、GCr15、GCr15SiMn、GCr9SiMn 等（“G”为“滚”字汉语拼音字首）。

3.2.4 合金工具钢

合金工具钢按用途分为刃具钢、模具钢和量具钢三类。

1. 合金刃具钢

刃具工作时，受到复杂切削力作用，刃部与切屑间还产生大量切削热，因此刃具钢要求高硬度和高耐磨性，良好的热硬性，足够的强度和韧性。

合金刃具钢分为低合金刃具钢和高速钢两种。

（1）低合金刃具钢。这类钢的最高工作温度不超过 300℃，经淬火和低温回火后，具有高硬度和耐磨性，且热处理变形小。主要用于制造形状复杂的低速切削工具，如丝锥、板牙、铰刀、拉刀等，也常用于冷冲模、量规等。常用牌号：9SiCr、CrWMn、9Mn2V 等。

（2）高速钢。这类钢加入大量 W、Mo、Cr 等元素，经高温淬火和多次回火后，具有很高硬度、耐磨性和红硬性，高速切削时刃部温度可达 600℃，主要用于制造各种高速切削刃具，如铣刀、车刀、钻头、齿轮刀具等。常用牌号：W18Cr4V、W6Mo5Cr4V2、W18Cr4V2Co8 等。

2. 模具钢

（1）冷模具钢。用于制造各种冷冲模、冷镦模、冷挤压模和拉丝模等，工作温度不超过 200℃ ~300℃。冷模具钢经淬火和回火后，应具有高硬度和高耐磨性，足够韧性和疲劳强度，热处理变形小。常用牌号：9Mn2V、9SiCr 和 CrWMn，用于要求不高的冷模具；Cr12、Cr12MoV，用于大型冷模具或重载、复杂的模具。

（2）热模具钢。用于制造各种热锻模、热压模、压铸模等。工作时型腔温度可达 600℃以上。这类钢经淬火和回火后应具有高的抗氧化性和热疲劳抗力，高的热强性和足够的韧性，对大型模具，必须有好的淬透性和导热性。常用牌号：5CrMnMo 和 5CrNiMo，用于热锻模；3Cr2W8V，用于热压模、压铸模等。

（3）塑料模具钢。塑料制品可以通过压塑、注射、挤压、浇铸等模具制造方法成形，按成形方法可将塑料模具分为热固性塑料模具和热塑性塑料模具两大类。塑料模具在工作过程中受温度、压力和摩擦作用，同时也承受一定腐蚀，因此，塑料模具钢要求具有足够的强度和韧性，保证模具使用过程中不致早期开裂；较高硬度和耐磨性，不至于很快磨损，长期保持尺寸精度和抛光表面粗糙度；良好的耐热性、耐蚀性、导热性和尺寸稳定性，并满足工艺要求。

常用牌号：20CrMnTi、12CrNi3A、0Cr4NiMoV（LJ）、Y55CrNiMnMoV（SM1）等用于通用型塑料模具；Cr18MoV、18Ni、4Cr13、1Cr17Ni2 等用于接触聚氯乙烯、氟化塑料等腐蚀介质的塑料模具；9Mn2V、Cr12、CrWMn、GCr15 等用于热塑性塑料注射成型模具和热固性塑料挤压成形模具；18Ni、PMS、SMI、Y82 等用于透明塑料制品的模具。

3. 合金量具钢

量具钢用于制造卡尺、塞规、块规、千分尺等测量工具。量具在使用过程中主要受磨损，要求有高硬度和耐磨性、高的尺寸稳定性。因此量具钢淬火后要进行冷处理，高精度量具在低温回火后要进行时效处理。量具钢没有专用钢，常用牌号见表 3-2。

表 3-2　常用量具钢的牌号及用途举例

牌　　号	用途举例
15、20、20Cr、50、55、60、60Mn、65Mn	简单样板、卡规、大型量具
T10A、T12A、9SiCr	低精度的塞规、块规和卡尺
CrMn、CrWMn、Cr2、GCr15	高精度量规、块规、千分尺、螺旋塞头及形状复杂的样板
4Cr13、9Cr18、	耐蚀量具

3.2.5　特殊性能钢

特殊性能钢指具有特殊的物理、化学性能的钢。它的种类很多，常用的有不锈钢、耐热钢和耐磨钢等。

1. 不锈钢

不锈钢指在大气、酸碱类溶液中具有高的抗腐蚀能力的钢。

常用不锈钢按组织状态分为以下四类。

(1) 马氏体型不锈钢。其含铬量 $w_{Cr} \geqslant 13\%$，在氧化性介质中有足够高的耐蚀性，有较高的强度、硬度和耐磨性。常用钢号：1Cr13 和 2Cr13，这类钢具有良好的抗大气、海水、蒸汽等介质腐蚀的性能，适于制作在这些腐蚀条件下要求韧性较高与受冲击载荷的零件。如汽轮机叶片、水压机阀、螺栓、螺母等耐蚀结构件；3Cr13 和 4Cr13，适用于制作在弱酸腐蚀条件下，要求较高强度的耐蚀零件。如医疗器械、弹簧、刃具、量具、滚动轴承等。这类钢是在淬火、回火处理后使用的。

(2) 铁素体型不锈钢。这类钢铬含量高（$17\% \leqslant w_{Cr} \leqslant 30\%$），空冷后为单相铁素体组织，故不能用热处理强化，通常在退火状态下使用。其耐蚀性好，塑性好，但强度低。常用钢号：1Cr17，主要用于制作要求较高耐蚀性而受力不大的构件。如化工设备中的容器、管道、食品工厂的设备等。

(3) 奥氏体型不锈钢。属铬镍不锈钢，镍的加入使钢在常温下得到单相奥氏体组织，具有良好的耐蚀性和塑性、韧性，且无磁性。但切削加工性较差，一般用冷变形进行强化。常用钢号：1Cr18Ni9Ti，主要用作耐酸碱的零件和设备、抗磁仪表等。

(4) 铁素体-奥氏体不锈钢。这类钢是在奥氏体型不锈钢的基础上，加入 Mo、Si 等元素而形成，其抗晶间腐蚀能力、强度、韧性和焊接性能均较好，可用作化工设备及零件等。常用钢号：1Cr18Ni11Si4AlTi、00Cr18Ni5Mo3Si2 等。

2. 耐热钢

耐热钢是指在高温下具有高温抗氧化性和高温强度的特殊钢，高温抗氧化性是通过加入 Cr、Si、Al 等元素，在钢表面生成致密氧化膜，阻碍氧化的继续进行来达到。如果在钢中加入 Mo、W、Nb 等元素，可以提高再结晶温度或形成稳定化合物，阻碍蠕变发展，提高高温强度。

耐热钢分抗氧化钢和热强钢两大类。抗氧化钢的高温抗氧化性好，最高工作温度可达 1100℃，多用于制造长期在高温下工作的零件，如加热炉的受热构件。常用牌号：3Cr18Mn12-Si2N、1Cr13SiAl 等。

热强钢的高温强度好，按组织状态不同分为三类。

(1) 珠光体钢。工作温度低于 600℃，合金元素含量少，用于锅炉、石油裂化设备、气阀等，常用牌号：15CrMo、12CrMoV。

(2) 马氏体钢。工作温度低于 620℃，热强性比珠光体钢高，用于制造汽轮机叶片、汽车发动机排气阀等。常用牌号：1Cr13、1Cr11MoV、4Cr9Si2、4Cr10Si2Mo 等。

(3) 奥氏体钢。工作温度可达到 750℃ ~ 800℃，常用于制造锅炉的过热器、汽轮机的主要零件、内燃机排气阀等。常用牌号：1Cr18Ni9Ti、4Cr14Ni14W2Mo。

3. 耐磨钢

耐磨钢是指在巨大压力或强烈冲击载荷作用下才能硬化的高锰钢。这类钢具有很高耐磨性和韧性。主要用于制造承受严重磨损和强烈冲击的零件，如车辆履带、碎石机牙板、挖掘机铲斗、防弹钢板等。

高锰钢的典型钢号是ZGMn13，钢中$w_c=1.0\%\sim1.3\%$、$w_{Mn}=11\%\sim14\%$。这类钢加热到1000℃～1100℃，水淬（水韧处理）后得到单相奥氏体组织，此时硬度约为180～220HBS，韧性达147J/cm^2。当工作时受到很大压力与摩擦及强烈冲击时，表面因塑性变形会产生加工硬化，并伴随着马氏体转变，使表面硬度提高，心部仍保持原来的高韧性状态。但是在工作中受力不大时，高锰钢并不耐磨。

高锰钢极易加工硬化，切削加工困难，一般是采用铸造成形。

3.3 铸铁

铸铁是含碳量大于2.11%的铁碳合金，并且含有较多的硅、锰、磷、硫等杂质元素，是工业生产中广泛应用的铸造合金。它的生产设备和工艺简单，价格便宜，使用性能和工艺性能好。

3.3.1 铸铁的石墨化及其影响因素

铸铁中的碳能以石墨（G）或渗碳体两种独立相的形式存在。渗碳体为亚稳定相，在一定条件下能分解为铁和石墨（$Fe_3C\rightarrow3Fe+G$），石墨为稳定相。因此液态铁碳合金中的碳原子在充分扩散的条件下，以石墨的形式析出，这个过程称为石墨化。铸铁的石墨化主要与铁碳合金的化学成分和冷却速度有关。

铁碳合金中，碳和硅是强烈促进石墨化的元素，碳还影响石墨的数量、大小和分布。调整碳和硅的含量，可以控制铸铁组织与性能。锰和硫阻碍石墨化过程，其中硫强烈促进白口化，并使力学性能和铸造性能变差，因此，硫含量一般控制在0.15%以下。

在实际生产中，铸铁的缓慢冷却或在高温下长时间的保温，都有利于碳原子的充分扩散，形成石墨。如果冷却较快，石墨来不及析出，则形成白口组织（Fe_3C）。

3.3.2 铸铁的分类及性能

铸铁的组织（白口铸铁除外）可以看成是在钢的基体组织上（F、P、F+P）分布着不同数量、形状和大小的石墨。由此将铸铁分成不同类型。

1. 按碳的存在形式分

（1）白口铸铁。碳以渗碳体形式存在，断口呈银白色，硬而脆，很难切削加工，主要用作炼钢原料和生产可锻铸铁毛坯。

（2）灰口铸铁。碳以片状石墨形式存在，断口呈暗灰色，是应用最广的铸铁。

（3）麻口铸铁。碳以石墨和渗碳体的混合形式存在，断口呈灰白色，具有较大硬脆性，工业上很少用。

2. 按石墨的形态分

（1）灰口铸铁：石墨呈片状。

（2）球墨铸铁：石墨呈球状。

（3）可锻铸铁：石墨呈团絮状。

（4）蠕墨铸铁：石墨呈蠕虫状。

3. 按化学成分分

（1）普通铸铁。

（2）合金铸铁：加入 Cr、Ni、Pb、V、Cu 等元素，使其具有一些特殊性能的铸铁。

铸铁中由于石墨的形态不同，其力学性能也有很大差别。片状石墨对基体割裂严重，相当于钢基体上的裂纹或空洞，减少了基体的有效截面积，并引起应力集中，所以灰口铸铁的抗拉强度和塑性较低；蠕虫状石墨端部较钝，应力集中有所降低，因此蠕墨铸铁的抗拉强度和塑性明显提高；团絮状石墨对基体割裂作用降低，应力集中减轻，则可锻铸铁的强度增大，塑性明显改善；球状石墨对基体割裂作用最小，因而球墨铸铁的性能最好。

同时，石墨也赋于铸铁一些特殊性能。如良好的铸造性能；铸件凝固时形成石墨所产生的膨胀可补偿铸件收缩，减少收缩应力；石墨有良好的润滑作用，并造成脆性切屑，使铸铁有良好的耐磨性和切削加工性；松软的石墨，吸收振动，因而铸铁有良好的减振性能；石墨的割裂作用，降低了铸铁的缺口敏感性。

3.3.3 灰口铸铁

灰口铸铁铸造性能优良，生产工艺简单，是应用最广的铸铁，约占铸铁总量的80%。

1. 灰口铸铁的成分和组织

灰铸铁的化学成分大致为：2.7% ~ 3.6% C、1.0% ~ 2.2% Si、0.5% ~ 1.2% Mn、<0.3% P、<0.15% S。它的组织是：铁素体基体、珠光体基体、铁素体和珠光体混合基体上分别分布片状石墨。

2. 灰铸铁的孕育处理

灰铸铁中片状石墨的存在，导致了它的力学性能较低。且石墨片越粗大，分布越不均匀，其性能就越差。为改善灰铸铁的性能，在浇注前向铁水中加入一些孕育剂（如硅铁、硅钙合金等），使铁水以大量均匀分布的人工晶核结晶，获得细珠光体和细小均匀的片状石墨组织，提高灰铸铁的强度和硬度。经孕育处理的灰铸铁称孕育铸铁。

孕育铸铁的冷却速度对其组织性能的影响很小，可使铸件厚大截面上的性能均匀，故常用于铸造厚大铸件或截面尺寸变化较大的大型铸件，如汽缸、凸轮、机床床身等。

3. 灰铸铁的牌号、用途和热处理

灰铸铁的牌号由字母“HT”及一组数字组成。“HT”是“灰铁”的汉语拼音字首，数字表示最小抗拉强度，例如，HT200，表示 $\sigma_b \geqslant 200$MPa 的灰铸铁。常用牌号及用途见表3-3。

表 3-3　常用灰口铸铁的牌号、性能及用途

牌　号	铸件壁厚 mm	σ_b，MPa ≥	HBS	用途举例
HT100	10 ~ 20	100	143 ~ 229	适用于低载荷和不重要的零件，如端盖、外罩、手轮、重锤、底板、支架、油盘等
HT150	10 ~ 20	150	163 ~ 229	适用于承受中等载荷的零件，如支柱、带轮、铸铁管、工作台、底座、刀架、轴承座等
HT200	10 ~ 20	200	170 ~ 241	适用于承受较大载荷的零件，如机床床身、汽缸体、汽缸盖、齿轮等
HT250	10 ~ 20	250	170 ~ 241	适用于承受大载荷和重要的零件，如活塞、泵体、泵壳、液压缸等
HT300	10 ~ 20	300	187 ~ 255	适用于承受高载荷、耐磨的重要零件，如齿轮、凸轮、车床卡盘、剪床及压力机机身、机座、高压液压筒等
HT350	10 ~ 20	350	197 ~ 269	

铸铁的热处理不能改变石墨的形状和分布，对提高灰铸铁力学性能的作用不大，一般只用来消除内应力和改善切削加工性。常用方法有：

（1）消除内应力退火（又称人工时效）。目的是消除铸件内应力，保证铸件质量。铸件加热温度约 500℃ ~600℃。

（2）软化退火。目的是消除铸件表层和薄壁处产生的白口组织，降低硬度。加热温度为 850℃ ~900℃。

另外，机床导轨、缸体内壁等铸件，硬度和耐磨性要求较高，可以进行表面淬火。

3.3.4　其他铸铁

1. 球墨铸铁

球墨铸铁是在铁水中加入球化剂（Mg、RE 等）和孕育剂处理后而得到的铸铁，它的组织是在钢的基体上分布球状石墨。由于石墨呈球状，对基体的割裂作用很小，不易产生应力集中，所以力学性能比灰铸铁高，屈强比（$\sigma_{0.2}/\sigma_b \approx 0.7 \sim 0.8$）比钢高。

球墨铸铁的牌号由字母“QT”加两组数字表示。“QT”是“球铁”汉语拼音字首，第一组数字表示最低抗拉强度，第二组数字表示最小伸长率，例如，QT500－7，表示 $\sigma_b \geq 500MPa$、$\delta \geq 7\%$ 的球墨铸铁。常用球墨铸铁见表 3-4 。球墨铸铁的力学性能主要由钢的基体决定，所以可通过热处理改变钢的基体组织，得到所需力学性能。根据需要球墨铸铁可以进行退火、正火、调质、等温淬火等处理。

表 3-4　球墨铸铁的牌号、性能及用途

牌　号	σ_b，MPa	$\sigma_{0.2}$，MPa	δ，%	HBS	用途举例
	≥				
QT400－18	400	250	18	130 ~ 180	农机具的犁铧、犁柱、犁托、牵引架；汽车、拖拉机的牵引框、轮毂、驱动桥壳、离合器壳、拨叉、底盘；通用机械的阀体、阀盖；压缩机上的高低压汽缸、输气管等
QT450－10	450	310	10	160 ~ 210	
QT500－7	500	320	7	170 ~ 230	内燃机油泵齿轮、水轮机阀门、铁路机车车辆、轴瓦、机器座驾、传动轴链轮、飞轮等

续表

牌　　号	σ_b，MPa	$\sigma_{0.2}$，MPa	δ,%	HBS	用途举例
	≥				
QT600－3	600	370	3	190～270	内燃机曲轴、凸轮轴、汽缸套、连杆；农机具的脚踏脱粒机齿条、轻负荷齿轮；通用机械的曲轴、缸体、缸套；球磨机齿轮、矿车轮、起重机滚轮等
QT700－2	700	420	2	225～305	
QT800－2	800	480	2	245～335	
QT900-2	900	600	2	280～360	农机具犁铧、耙片、农用轴承套圈；汽车螺旋伞齿轮、转向节、减速器齿轮；内燃机凸轮轴、曲轴等

2. 可锻铸铁

可锻铸铁是由白口铸铁经长时间石墨化退火而得到的一种高强度铸铁，其强度、塑性和韧性比灰铸铁好。

可锻铸铁有铁素体和珠光体两种基体。它的牌号用“KTH”或“KTZ”加两组数字表示。其中“KT”是“可铁”汉语拼音字首，“H、Z”分别表示黑心和珠光体基体，两组数字分别表示最低抗拉强度和最小伸长率。例如，KTH330－08，表示 $\sigma_b \geqslant 330$MPa、$\delta \geqslant 8\%$ 的黑心可锻铸铁。

可锻铸铁常用来铸造形状复杂、承受冲击和振动的零件，如汽车、拖拉机的前后轮毂、管接头、低压阀门、连杆、曲轴、万向接头等。常用牌号：KTH300－06、KT330－08、KTH350－10、KTZ450－06、KTZ550－04、KTZ650－02 等。

3. 蠕墨铸铁

蠕墨铸铁是近几十年发展起来的一种新型铸铁材料。它是在铁液中加入蠕化剂（FeSiRE21、FeSiRE27）及孕育剂处理后得到，石墨呈蠕虫状，强度接近于球墨铸铁，具有一定韧性，铸造性能接近灰铸铁，耐热性较好。

蠕墨铸铁的牌号用“RuT”和一组数字表示。“RuT 表示“蠕铁”，数字表示最低抗拉强度。常用牌号：RuT420、RuT380、RuT340、RuT300、RuT260。主要用于铸造汽缸套、刹车鼓、龙门铣横梁、排气管、汽缸盖、液压阀等铸件。

4. 耐磨铸铁

耐磨铸铁按工作条件分为两类：一类是在干摩擦条件下工作，如轧辊、车轮、犁铧等，这类铸件应有均匀的高硬度，常用冷硬铸铁生产，如 LTCrMoR（“LT”表示冷硬铸铁，“R”是稀土代号）。另一类是在润滑条件下工作，如汽车发动机缸套、活塞环、轴套等，这类铸件要求在软的基体上牢固地嵌有硬的组织组成物，可以在铸铁中加入一定量的 P、Mo、Cu、Cr、W 等元素，提高耐磨性，如 MTCu1PTi－150（“MT”表示耐磨铸铁）。

5. 耐热铸铁

耐热铸铁是在灰铸铁中加入一定量的 Si、Al、Cr 等元素，在铸件表面形成一层致密氧化膜，使铸件内部不再被氧化，以提高铸铁的耐热性及抗氧化性。

常用耐热铸铁：RTAl5Si5、RQTAl22 用于生产加热炉底板、渗碳罐、炉子传送链构件；

RQTSi5 用于生产加热炉底板、电阻炉坩埚；RQTSi15 用于生产烟道挡板、热交换器；RT-Cr16 用于生产退火罐、化工机械零件等。牌号中“RT”表示耐热铸铁，“RQT”表示耐热球墨铸铁。

6. 耐蚀铸铁

耐蚀铸铁主要用于化工机械，制作容器、管道、阀门、耐酸泵、反应锅等。在普通铸铁中加入 Cu、Ni、Cr、Al、Si 等元素，在铸件表面形成保护膜，同时提高基体电极电位，可以提高铸铁的耐蚀性能。常用耐蚀铸铁有高硅、高硅钼、高铝、高铬等耐蚀铸铁，最常用的是普通高硅耐蚀铸铁，如 STSi11Cu2CrR、STSi15R、STSi15Mo3R。牌号中“ST”表示耐蚀铸铁。

3.4 有色金属及其合金

有色金属及其合金具有某些钢铁材料没有的特殊性能，如 Mg、Al、Ti 密度小，Cu、Al 导电性好等，因而成为工业生产中不可缺少的金属材料。有色金属及其合金的种类很多，下面只介绍工业中广泛使用的铝、铜、轴承合金和硬质合金。

3.4.1 铝及其合金

纯铝密度小，导电、导热性好，耐大气腐蚀，但强度低，只用于制造电线、电缆等。在铝中加入 Cu、Mg、Mn、Zn、Si、Ni 等元素后，形成的铝合金在强度、耐蚀性和导热性等方面有显著提高，可用于承受较大载荷的机器零件。

铝合金按成分和工艺特点分为变形铝合金和铸造铝合金两大类。

1. 变形铝合金

这类合金塑性好，可以通过压力加工成形，淬火和时效处理强化。变形铝合金按性能特点及用途又分为防锈铝、硬铝、超硬铝和锻铝合金四种。

（1）防锈铝。此类合金塑性好，强度低，有良好耐蚀性，易于压力加工和焊接，但不能热处理强化。适于制造受力不大的结构零件，如油箱、油管、焊条、铆钉等。常用代号：5A05、5A11、3A21。

（2）硬铝。硬铝合金退火状态有良好的冷弯和冲压性能，淬火和时效处理后有较高的强度和硬度，但耐蚀性较低，需进行包铝处理。主要用于制造铆钉、骨架、螺旋浆叶片等。常用代号：2A01、2A11。

（3）超硬铝。此类合金淬火和人工时效后，具有很高的强度和硬度，是强度最高的铝合金。超硬铝也要进行包铝以提高耐蚀性。这类合金多用于飞机上的主要受力件，如大梁、桁架、加强框、起落架等。常用代号：7A04。

（4）锻铝。锻铝性能与硬铝相近，但耐蚀性和热塑性好，适于锻造形状复杂的锻件和模锻件，如内燃机活塞、轮盘、压气机叶轮等，常用代号：2A50、2B50、2A70。

2. 铸造铝合金

用来制作铸件的铝合金称为铸造铝合金。按组成元素的不同，分为 Al－Si、Al－Cu、Al

-Mg 和 Al-Zn 合金。其代号用字母“ZL”加三位数字表示，“ZL”是“铸铝”的汉语拼音字首，ZL 后第一位数表示合金类别（1 为 Al-Si 系、2 为 Al-Cu 系、3 为 Al-Mg 系，4 为 Al-Zn 系），后两位数字为合金顺序号，顺序号不同，其化学成分也不同。

（1）Al-Si 系合金。铸造性能好，在工业生产中应用最广。这类合金用于低、中强度形状复杂的铸件，如水泵壳体、汽缸体、机匣、活塞等。常用代号：ZL101、ZL104、ZL109。

（2）Al-Cu 系合金。这类合金耐热性较好，主要用于制造工作温度在 300℃以下、形状较简单的零件，如内燃机汽缸头、支臂等。常用代号：ZL201、ZL202、ZL203。

（3）Al-Mg 系合金。这类合金比强度高、耐蚀性好，主要用于制造在大气或海水中工作、承受中等载荷的零件，如海轮配件和各种壳体、汽冷发动机缸头等。常用代号：ZL301、ZL302。

（4）Al-Zn 系合金。这类合金强度较高，价格低廉。主要用于结构复杂的汽车、拖拉机的发动机零件及形状复杂的仪器零件、医疗器械等。常用代号：ZL401、ZL402。

3.4.2 铜及其合金

纯铜呈紫红色，常称紫铜。它具有优良的导电、导热性，耐蚀性好。工业纯铜用于制作电线、电缆等导电材料，还有一类无氧铜用于制作电真空器件。由于纯铜强度低，不用作结构材料，受力零件使用的是铜合金。

铜合金按加入元素分为黄铜、青铜和白铜三类，常用的是黄铜和青铜。

1. 黄铜

黄铜是以锌为主要合金元素的铜合金，按化学成分分为普通黄铜和特殊黄铜两种。

（1）普通黄铜。是 Cu-Zn 二元合金，它具有良好的变形加工性能、铸造性与耐蚀性。其代号用“黄”字汉语拼音字首“H”和铜的百分数含量表示，如 H68。工业生产中，H96、H80、H68 用于制造各种线材、板材及复杂的深冲压件，如散热器、弹壳、薄壁管等；H62、H59 制作承受中等载荷的零件，如铆钉、螺钉、电气零件等。

（2）特殊黄铜。是在铜锌合金的基础上加入 Si、Al、Pb、Sn、Mn、Ni 等元素形成的合金。这些合金元素的加入提高了合金的强度、耐蚀性及切削加工性。其代号是在普通黄铜的代号上加上主加元素的化学符号及其百分数含量，如 HPb59-1。若为铸造生产，在代号前加字母“Z”，如 ZHSi80-3。特殊黄铜可用于制作船舶零件、蜗轮、轴承衬套等耐磨零件。

2. 青铜

青铜指除黄铜、白铜以外的所有铜合金，一般分为锡青铜和无锡青铜两类。青铜代号用“青”字汉语拼音字首“Q”加主加元素符号及除铜外的各元素的百分数含量组成，如 QSn4-3 表示含 4%Sn，3%Zn，其余为铜的锡青铜，若为铸造青铜在代号前加“Z”，如 ZQSn10-2。

工业上使用的锡青铜含锡量在 3%～14%之间。$w_{Sn} \leq 5\% \sim 6\%$ 的锡青铜塑性好，适于冷热变形加工；$w_{Sn} > 6\%$ 的锡青铜强度高，但塑性下降，适于铸造。

锡青铜在大气、海水、蒸气中的耐蚀性比黄铜好，耐磨性也高，有良好的减摩、抗磁性。但锡青铜铸件易形成分散性缩孔，高压下易渗漏。因此，主要用于制造耐磨和耐蚀零件、抗磁元件和弹性元件，如轴承、轴套、蜗轮、蜗杆齿轮、弹簧、水管附件等。常用代号：QSn4－3、QSn6.5－0.4、ZQSn10－2 等。

无锡青铜指铝青铜、铅青铜、铍青铜、硅青铜等。铝青铜的强度、耐磨性、耐蚀性比锡青铜高，并能得到致密铸件，主要用于制造齿轮、轴承、弹簧、蜗轮等耐磨耐蚀零件及弹性元件。铍青铜具有高强度、高硬度和高弹性极限，而且抗磁，受冲击时不产生火花，主要用于制作精密仪器仪表的弹性元件、钟表齿轮，以及轴承和衬套、航海罗盘等机件。常用代号：QAl9－4、QBe2、ZQAl9－4、ZQPb30 等。

3.4.3 滑动轴承合金

轴承合金是制造滑动轴承中的轴瓦及其内衬的合金。轴承支承着轴，当轴旋转时，轴瓦和轴之间有剧烈摩擦，因此轴承合金要求有足够的力学性能，良好的磨合能力、耐蚀性、导热性和较小的膨胀系数。

为满足轴承合金的性能要求，必须有适合的合金组织，即在软的基体上分布硬质点，硬质点突出于表面承受载荷，软基体有较好的磨合性和抗冲击振动的能力，但这种组织不能承受高载荷。属于这类组织的有锡基、铅基轴承合金（巴氏合金），其牌号是“ZCh”（“轴承”的汉语拼音字首），如 ZChSnSb11－6、ZChPbSb16－16－2 等。其中锡基轴承合金适于制作汽轮机、发动机、内燃机等大型机器的高速轴承；铅基轴承合金适于制造中、低载荷的轴承，如汽车、拖拉机曲轴连杆上的轴承等。

另一种轴承合金组织是在硬基体上分布软质点。这种组织的轴承承载能力较大，但磨合性差。铜基轴承合金、铝基轴承合金属于此类。铜基轴承合金（如 ZCuPb30、ZCuSn10Pb1）可制造高速高压的航空发动机、柴油机轴承、轧钢机轴承等。铝基轴承合金则适于高速、重载的发动机轴承。

3.4.4 硬质合金

硬质合金是用高熔点、高硬度的碳化物（如 WC、TiC、TaC 等）粉末，加入黏结剂钴混合均匀后压制成形、烧结而成，是重要的刀具材料。其特点是硬度高（86～93HRA）、耐磨性优良、热硬性好（达 1000℃）、抗压强度高，但硬质合金韧性差，怕冲击振动。

由于硬质合金性脆，一般是将其制成各种规格的刀片或薄片，用焊接、黏结或机械紧固的方法安装在钢制的刀具和模具上使用。主要用于车刀、铣刀、刨刀、钻头等，也可用于模具、量具及不受冲击振动的耐磨零件。

硬质合金按成分和性能特点的不同分为三类。

1. 钨钴类硬质合金

由 WC 和 Co 组成，牌号用“YG”加钴的百分数含量表示，如 YG3、YG6、YG8、等。钴的含量越高，合金的韧性越好。钨钴类硬质合金有较好的强度和韧性，制作的刀具适于切削铸铁、有色金属等脆性材料。

2. 钨钛钴类硬质合金

由 WC、TiC 和 Co 组成，牌号用“YT”加 TiC 的百分数含量表示，如 YT30、YT5 等。TiC 比 WC 有更高的硬度、耐磨性和耐热性，但也更脆。因此，这类硬质合金的刀具适于加工各类钢件。

3. 钨钛钽（铌）钴类硬质合金

用 TaC 或 NbC 取代部分 TiC 而得到。它的力学性能比钨钛钴的高，又称为通用硬质合金。主要用于加工不锈钢、耐热钢、高锰钢等难加工材料。常用牌号：YW1、YW2。

*3.4.5 新型材料

新型材料指那些新发展或正在发展的具有优异性能和特殊功能的材料，它们以科学技术的最新成就为基础，性能超群，应用广泛。

1. 非晶态金属

非晶态金属也称玻璃钢，它是以 Fe－Ni、Si－Au、Pd－Si－Cu、Fe－P－C 等为基本成分，有时以 P－Cr－C 为添加物熔炼而成的非晶态物质。这种材料强韧兼备，并有高电阻、低温度系数的电学性能，高导磁、低铁损、耐强酸、强碱腐蚀等性能。

非晶态金属可以作为结构加强材料、高电阻材料、磁芯材料、刀具材料、电极材料、表面保持材料使用，如制造高强度火箭壳体、橡胶轮胎增强带、功率变压器、磁头、磁屏蔽罩等。

2. 形状记忆合金

形状记忆合金指某些金属材料在一定条件下，虽经变形但仍然能够恢复到变形前原始状态的能力。

各种形状记忆合金在一定温度范围内可以根据需要改变它们的形状，到一个特定温度后，它们又“记忆”起自己的模样而恢复原状。这个“唤醒”合金“记忆”并使它们发生改变的温度叫“转变温度”。在转变温度以上，形状记忆合金的晶体结构是稳定的，而转变温度以下用外力改变合金形状时，合金的结构处于一种不稳定状态，只要温度达到合金的转变温度，晶体结构由不稳定变成稳定，于是合金的形状得到恢复。

形状记忆合金有 Ni－Ti 系、Cu 系、铁系三大类，应用于管接头、紧固体、脊柱矫形棒、接骨板、人工关节、人造心脏及各种自动调节和控制装置。20 世纪 70 年代初美国 F－14 飞机油路连接系统大量使用 Ni－Ti 合金的管接头。

3. 超塑性合金

超塑性指金属或合金在特定条件下（变形温度约为 $0.5T_{熔}$、晶粒平均直径为 0.2～0.5μm）进行拉伸试验，其伸长率超过 100% 以上的特性。通常情况下，金属的伸长率不超过 90%，而超塑性材料的最大伸长率可达 1000%～2000%，个别也有达到 6000%。

超塑性合金加工时，需要的成形压力小，成形性能好，可以使低塑性甚至脆性材料进行变形。在超塑性状态压接材料时，只需很小的压力，且产品质量好。金属的超塑性变形是在细晶粒状态下进行的，所得产品的组织细密、均匀，力学性能比非超塑性加工的好。

最初发现的超塑性合金是锌合金（含 22% Al），变形温度为 250℃～270℃，其成形性、耐蚀性好，用于制作各种形状复杂的容器。其他有：铝合金，其比重轻，适于强度较高、形状复杂、要求轻量化的结构件；镍基耐热合金，其高温强度大，可制作涡轮盘、压气机盘、燃烧室火焰筒等；钛合金，其比强度大，可制作飞机隔架、舱门、骨架等。

4. 超高温合金

人们常常把在700℃以上能承受150～200MPa应力，在燃烧气氛中寿命不低于100小时的高温合金称为超高温合金。超高温合金有Fe基、Ni基、Co基、Mo基、Cr基、W基等多种，它们适于制作喷气发动机涡轮盘、涡轮叶片、固体燃料火箭的喷嘴及喷嘴内衬等。

另外，用高熔点的金属或合金制成的高温金属陶瓷，具有高的力学性能，抗氧化性好，是制造火箭发动机的各种超高温工作零件的材料。

5. 减振合金

像钢材能承受较高工作温度，并具有较高强度，又像橡胶一样能吸收振动的金属材料称为减振合金，也称“无声合金”。目前常用的减振合金有：复相型合金，如铸铁、Al－Zn合金等，一般是在强度高的基体上分布软的第二相；铁磁型合金，如Fe－Al、Fe－W等，磁致伸缩大，振动能随磁畴壁移动和磁矩转动而消耗；孪晶型合金，如Mn－Cu、Ti－Ni等合金，振动时，孪晶界移动，并产生静滞作用而造成能量损失；位错型合金，主要是镁及镁合金，利用位错和杂质原子之间的相互作用而吸收振动能。

减振合金广泛用于宇航、汽车、建筑、电器、船舶、仪器等各个领域。可以制造卫星、导弹、火箭中精密仪器的防振台架、汽车车体、制动器、链式输送机导板、发动机转动部件、变压器隔音罩、打字机、穿孔机、演出转动台、扩音器框架、X射线管支持件等。

6. 纳米材料

纳米（nm）是一种物理概念，也就是一个尺寸单位（$1\text{nm}=10^{-9}\text{m}$）。纳米材料是指由纳米颗粒构成的固体材料，其中纳米颗粒的尺寸为0.1～100nm。当材料加工到纳米级时，其物理反应十分活跃，声、光、磁、热、力学性能等都会产生变化，从而可以制造出各种性能优良的特殊材料。

例如，由6nm的铁晶压制成的纳米铁，比普通钢强度提高12倍；直径为1.4nm的纳米碳管，强度是钢的100倍。而且纳米材料的熔点随纳米颗粒尺寸的减小而下降，这使高熔点的脆性陶瓷也能加工成为发动机零件。纳米敏感材料，可以制成气、湿、光敏等传感器，极大地减小传感器的体积。

目前，纳米技术广泛应用于光学、医药、半导体、信息通信等领域。科学家们认为二十一世纪纳米技术将是科技发展的重点，会是一次技术革命，一次产业革命。

3.5 常用非金属材料

常用非金属材料指高分子材料、陶瓷及复合材料等。他们具有各种特异性能，如塑料的重量轻，橡胶的高弹性，陶瓷耐高温、耐腐蚀等，使得非金属材料在工程技术上的应用日益广泛，已发展成为独立的材料体系。

3.5.1 高分子材料

高分子材料是以高分子化合物为主要成分组成的非金属材料，是由低分子化合物通过聚合反应形成，也称高聚物。高分子材料包括塑料、橡胶等。

1. 工程塑料

塑料是以合成树脂为主要成分，加入填充剂、增塑剂、稳定剂、固化剂等制成的高分子有机物。塑料具备许多优良性能：如比重小，比强度高，耐蚀性、电绝缘性好，减振、耐磨、隔音性能好，而且原料来源丰富，生产工艺简单，成本低。但塑料也有一些缺点，如强度低，耐热性差，易老化，易燃烧等，还有待进一步改进。

塑料品种繁多，通常按热性能分为热塑性塑料和热固性塑料两大类。热塑性塑料加热时软化、熔融，成形冷却后固化，此过程可反复进行。其电绝缘性、耐蚀性优良，并具有较好的耐磨、隔热、耐热性，有的还具备较高力学性能。热固性塑料加热后软化，可塑造成形，但固化后不因再度受热而软化，也不溶入溶剂。工程塑料的主要特性及用途见表 3–5 。

表 3–5　工程塑料的主要特性及用途

类　别	名称（代号）	主 要 特 性	用 途 举 例
热塑性塑料	聚乙烯（PE）	优良的耐蚀性和电绝缘性。高压 PE 柔软，透明性好；低压 PE 硬度和强度较高	高压 PE 用于薄膜、电缆包覆；低压 PE 用于耐腐蚀件、绝缘件、涂层
	聚氯乙烯（PVC）	优良的耐蚀性和电绝缘性。硬聚氯乙烯强度高；软聚氯乙烯强度低，易老化；泡沫聚氯乙烯质轻、隔音、隔热、防振	硬 PVC 可制造油管、酸碱泵阀、容器等化工零件；软 PVC 用于薄膜、电线、电缆的绝缘层、密封件；泡沫 PVC 用于衬垫、包装件
	聚苯乙烯（PS）	优良的电绝缘性，无色透明，质脆，不耐热及有机溶剂；泡沫 PS 质轻、隔热、隔音、消振	适于做仪表外壳、管道等绝缘件、透明件及装饰件；泡沫 PS 用于包装件、铸造模样、管道保温
	聚丙烯（PP）	密度小，耐蚀性和高频绝缘性优良，不耐磨，易老化	用于制造齿轮、接头、泵叶轮、管道、容器等，也用于绝缘涂层和录音带
	丙烯腈 - 丁二烯 - 苯乙烯共聚体（ABS）	耐冲击，综合性能好，质硬，电绝缘性好	用于凸轮、齿轮等减摩、耐磨传动件，也用于一般机械零件和电机外壳
	聚碳酸酯（PC）	优良的透明性，冲击强度高，耐热性、耐寒性、阻燃性和绝缘性好，不耐磨	适于制作中、小载荷的齿轮、涡轮、曲轴；绝缘管套、接插件、电话机壳体、防护玻璃等
	聚甲醛（POM）	优良的耐疲劳性、耐磨性、耐热性、绝缘性、耐蚀性，强度高	用于轴承、垫圈、齿轮、叶轮、阀、化工容器、配电盘、塑料弹簧等
	聚酰胺（PA）（尼龙）	坚韧，耐磨、耐疲劳、耐油、耐水、抗菌，无毒	用于轴承、齿轮、涡轮、铰链等一般零件；做尼龙纤维布
	聚氟乙烯（PTFE）（塑料王）	优良的耐蚀性、耐老化和绝缘性，摩擦系数小，可在 –180℃ ~ +250℃长期使用	用于电容、容器等耐蚀件、耐磨件和密封件
	聚砜（PSF）	高强度、耐热、抗蠕变	用于钟表零件、热水阀等
	聚甲基丙烯酸甲酯（PMMA）（有机玻璃）	透明性、着色性好，耐热性差	广泛用于仪表、光学等工业中，制造汽车座窗、仪表护罩、光学元件、电视和雷达屏幕等
热固性塑料	酚醛塑料（PF）（电木）	耐热，耐蚀，绝缘，强度较高，但较脆	广泛用于各种电气绝缘件及一般机械零件，如插头、开关、齿轮、轴承等，但不宜用做食物器皿
	环氧塑料（EP）	强度较高，化学稳定性及电绝缘性好，成形工艺简便	主要用于制作塑料模具、罐封电气和电子元件装置

续表

类　别	名称（代号）	主 要 特 性	用 途 举 例
热固性塑料	聚氨酯塑料（PUR）	柔韧、耐油、耐磨、易成形，耐氧及臭氧、耐辐射及许多化学药品；泡沫聚氨酯有优良的弹性及隔热性	用于密封件、传送带；泡沫聚氨酯用于隔热、隔音及吸振材料
	有机硅塑料（SI）	高温下有良好的电绝缘性，电阻高，耐酸和有机溶剂	用于制造电气绝缘零件、耐热件

2. 橡胶

橡胶是一种具有高弹性的高分子材料，在较小的外力作用下能产生很大变形（一般在100% ~1000%之间），去掉外力又能很快恢复原状。另外，橡胶还有良好的耐磨性、隔音性和阻尼特性，耐蚀，绝缘，吸振，能与金属、纤维、石棉、塑料等黏结。

工业上使用的橡胶是生胶经硫化处理后得到的产品。根据原料来源不同，橡胶分为天然橡胶和合成橡胶两大类。

天然橡胶（NR）是从天然植物的浆汁中制取，主要成分为聚异戊二烯。天然橡胶弹性高，耐低温性、耐磨性、介电性能良好，易加工，不耐臭氧和油，不能在100℃以上使用，主要用于制造轮胎、胶带、胶管、垫圈等通用制品。

合成橡胶是用丁二烯等低分子化合物经过聚合反应而制成。常用合成橡胶的特点和用途见表3-6 。

表3-6　常用合成橡胶的特点及用途

名　　称	特　　点	用途举例
丁苯橡胶（SBR）	良好的耐磨、耐热、耐油、耐老化性能，自黏性差	用于制造轮胎、胶板、胶布和通用制品等
顺丁橡胶（BR）	弹性和耐磨性优于天然橡胶，但加工性能差，抗撕裂性差	用于制造胶管、减振器、刹车皮碗、电绝缘制品等
氯丁橡胶（CR）（万能橡胶）	力学性能与天然橡胶相似，耐油，耐臭氧，耐热，但电绝缘性、加工性能较差	用于制造胶管、胶带、胶黏剂、各种压制品及汽车门窗嵌条等
丁基橡胶（HR）	气密性优良，耐热，耐老化，电绝缘性优于天然橡胶，但弹性较差	用于制造车轮内胎、软管、垫圈、防振制品等
丁腈橡胶（EBR）	耐油性优良，耐溶剂、耐老化、耐磨、耐热性均较高，气密性好	用于制造输油管、密封垫圈、耐热及减振零件、一般耐油制品
聚氨酯橡胶（UR）	耐磨性高于其他橡胶，耐油性优良，但耐蚀、耐热性较差	用于制作胶辊、实心轮胎、同步齿形带等
丙烯酸酯（AR）	耐老化和耐候性良好，耐热性较好，耐低温性较差，不耐水	用于汽车上的油封、胶碗等

3.5.2　陶瓷

陶瓷是用天然或人工合成的化合物为原料烧结而成的一种无机非金属材料。陶瓷的内部结构一般由晶相、玻璃相和气相组成，它具有高硬度，抗压强度高，耐高温、耐腐蚀、抗氧化性好，但质脆，不能承受冲击载荷，急冷急热易碎裂。

陶瓷按习惯分为普通陶瓷和特种陶瓷两大类。它们的性能和用途如下。

1. 普通陶瓷

采用黏土、长石、石英等原料烧结而成，质地坚硬，可耐1200℃高温。普通陶瓷包括日用陶瓷及工业用陶瓷两部分。日用陶瓷生产餐具、茶具等；工业用瓷生产卫生洁具、地板砖、耐蚀容器、管道、反应塔、瓷套等。

2. 特种陶瓷

指具有各种特殊力学、物理或化学性能的陶瓷。按性能特点和应用分为高温陶瓷、电容陶瓷、压电陶瓷、磁性陶瓷、金属陶瓷等。机械工程中应用最多的是高温陶瓷，其应用如下：

（1）氧化物陶瓷。是以纯氧化物（Al_2O_3、ZrO_2、MgO、CaO、BeO等）为晶相的陶瓷，熔点超过2000℃，强度比普通陶瓷高。目前应用最多的是氧化铝陶瓷，它的强度、硬度、化学稳定性、介电性能高，广泛用于制造高速切削刃具、量规、拉丝模等使用工具，以及高温炉使用的容器和坩埚、内燃机火花塞等。

（2）非氧化物陶瓷。常用的是碳化硅陶瓷和氮化硅陶瓷。碳化硅陶瓷（Si_2C）具有良好的抗氧化性，硬度高，热硬性好，用于制作热电偶套管、炉管、热交换器材料以及砂轮磨料。

氮化硅陶瓷（Si_3N_4）有良好的耐磨性，硬度高，耐蚀（除氢氟酸外），耐高温。常用于制造耐蚀水泵、密封环、管道、阀门热电偶套等。

3.5.3 复合材料

复合材料是由两种以上性质不同的材料经人工制成的一种多相体材料。复合材料的相可分两类：一类为基本相，起黏结作用；另一类为增强相，起提高强度或韧性的作用。复合材料中的每一组成相，保留了它们各自的优点，从而得到比单一材料更优越的综合性能。

1. 复合材料的性能特点

复合材料是一种各向异性的非均质材料。与传统材料相比，复合材料有以下优点：

（1）比强度（σ_b/ρ）和比模量（E/ρ）大。比强度大，零件自重小；比模量大，零件刚性好。

（2）抗疲劳性能好。复合材料的纤维及基体能有效防止疲劳裂纹的扩展。

（3）减振性能好。复合材料不易发生共振，基体和纤维的界面阻尼特性好。

此外，复合材料还有好的高温性能，高的断裂安全性，热稳定性、减摩性、耐蚀性和工艺性都较好。但复合材料的各向异性，使材料横向的抗拉强度和层间剪切强度降低，伸长率和冲击韧性也较低，成本高。

2. 复合材料的分类

（1）按增强相形态分。有纤维增强复合材料、细粒增强复合材料、夹层增强复合材料和骨架增强复合材料。

（2）按基体材料分。有树脂基复合材料、金属基复合材料和陶瓷基复合材料。

3. 常用复合材料

（1）玻璃纤维复合材料。即玻璃钢。是用玻璃纤维增强工程塑料得到，分热塑性和热固性两种。玻璃钢的抗拉、抗压、抗弯强度比塑料高。主要用于轴承、齿轮、汽车仪表盘、前后灯、收音机壳体、管道、泵阀等零件及耐蚀、耐压容器。

（2）碳纤维复合材料。碳以石墨的形式出现，碳纤维比玻璃纤维有更高的强度和弹性模量，并在2000℃以上高温仍能保持不变，耐寒性好，线膨胀系数小，耐磨，是一种理想的增强材料。碳纤维可以与树脂、碳、金属、陶瓷复合，在航天、航空、化工等工业生产中用于制造宇宙飞行器的外层材料、卫星和火箭的支架、壳体、核燃料包覆管、汽车转动轴、涡轮发动机活塞连杆、销子、涡轮叶片等。

（3）硼纤维复合材料。硼纤维－环氧树脂、硼纤维－金属复合，强度及弹性模量比玻璃纤维高，疲劳强度高，主要应用于航空、航天工业，制造仪表盘、转子、压气机叶片、直升飞机螺旋浆的传动轴等。

习　题　3

一、填空题

3.1　牌号ZG200－400中，字母“ZG”表示（　　），数字“400”表示（　　）。

3.2　高速工具钢经淬火和多次回火后，具有很高的（　　）和较好的（　　）。

3.3　普通灰铸铁中的碳大部分是以（　　）的形态分布于基体内，对基体的割裂作用最（　　）；而可锻铸铁中的碳大部分是以（　　）的形态存在，它是通过（　　）得到的。

3.4　QT400－18中，“QT”表示（　　），“400”表示（　　），“18”表示（　　）。

3.5　根据铝合金的成分及加工成形特点，可分为（　　）和（　　）两大类。

3.6　硬质合金是以一种或几种（　　）的粉末为主要成分，再加入起（　　）作用的粉末混合，经成型，高温烧结而成的新型材料。

3.7　塑料按受热后表现的性能不同，可分为（　　）和（　　）两大类。

3.8　常用的复合材料有（　　）和（　　）。

二、选择题

3.9　45钢属于（　　），其含碳量（　　）。

A. 工具钢　B. 结构钢　C. 铸钢　D. 4.5%　E. 0.45%　F. 0.045%

3.10　选择下列零件材料：车床主轴（　　）；汽车变速齿轮（　　）；弹簧（　　）。

A. Q345　B. 40Cr　C. 60Si2Mn　D. GCr15　E. 20CrMnTi　F. 1Cr13　G. 20

3.11　选择下列工具材料：锉刀（　　）；车刀（　　）；冷冲模（　　）。

A. T12　B. 4Cr13　C. 9Mn2V　D. W18Cr4V　E. 5CrNiMo　F. T8　G. 45

3.12　大型复杂热锻模的材料应选用（　　）。

A. 5CrNiMo　B. 5CrMnMo　C. 9SiCr　D. 3Cr2W8V

3.13　机床床身的材料一般为（　　）。

A. 可锻铸铁　B. 灰口铸铁　C. 球墨铸铁　D. 耐热铸铁

3.14　生产柴油机曲轴应选材料是（　　）。

A. HT200　B. QT700－2　C. KTH330－08　D. Q345

3.15　下列金属属于轴承合金的是（　　）。

A. 铅青铜　B. 硅青铜　C. 铝镁合金　D. 铝锌合金

3.16 淬火加热时效处理是（　　）合金强化的主要途径。

A. 形变铝合金　　B. 铸造铝合金　　C. 黄铜　　D. 青铜

三、问答题

3.17 合金元素对钢的性能有何影响？

3.18 为什么形状复杂的钢件及重要的大截面钢件必须用合金钢制造？

3.19 为什么碳素工具钢制造的刃具没有低合金刃具钢制造的刃具寿命长？

3.20 量具在保存和使用过程中为什么会发生尺寸变化？如何保证量具尺寸的长期稳定？

3.21 试分析铸铁件表层或薄壁处容易形成白口的原因。白口组织造成切削加工困难，应如何消除？

3.22 什么是孕育处理？孕育处理后，铸铁的组织和性能有何变化？

3.23 滑动轴承材料必须具备什么特性？对轴承合金的组织有什么要求？常用滑动轴承合金有哪些？

3.24 与高速钢相比，硬质合金有何特点？

3.25 陶瓷的组成物有哪些？陶瓷具有哪些性能特点？

3.26 何谓复合材料？与传统材料相比，复合材料有何特点？

第4章　金属材料成形工艺

在机械制造工业中，铸造、锻造和焊接是三种常用的热加工方法。据统计，在机床、内燃机中，铸件约占整机重量的70%～90%；90%以上的钢材和有色金属及其合金均需经过压力加工；在石油、化工容器、车辆、飞机、船舶、建筑构件的制造中广泛应用焊接结构。随着铸造、压力加工和焊接工艺技术的不断提高，它们的应用将更加广泛。

4.1　常用金属铸造工艺

将熔化的金属液浇注到具有与零件形状相适应的铸型型腔中，待其凝固、冷却后，获得零件或毛坯的生产方法称为铸造。用铸造方法得到的毛坯或零件称为铸件。

铸件之所以在生产实践中被广泛使用，是因为铸造与其他加工方法相比较具有如下特点：

（1）可以制造各种形状的铸件，且铸件形状和尺寸与零件很接近，节约金属，节省工时。

（2）铸件的尺寸和重量几乎不受限制。

（3）可以适应各种材料，特别是低塑性及不能锻造和焊接的材料。

（4）铸造用原材料来源广，价格低廉，可回收利用。

目前铸造生产还存在着一些问题，例如，铸造成型工艺过程复杂，铸件质量较低，生产工序多，生产率低，生产条件差等。随着现代铸造技术的不断发展，这些缺点正在逐步得到改善。

铸造生产方法很多，主要可分为砂型铸造和特种铸造两类。其中砂型铸造是铸造生产中的最基本的方法。

4.1.1　砂型铸造工艺

砂型铸造是指用模样（型芯）在型（芯）砂制造的砂型中注入金属液，获得铸件的方法。砂型在取出铸件时被破坏，属一型一铸。其工艺过程如图4.1所示。

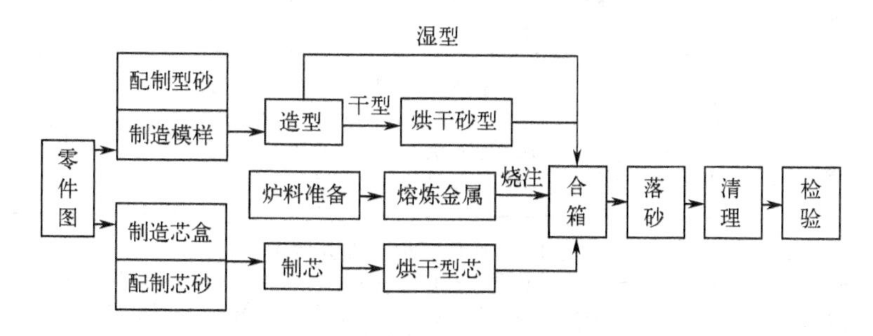

图4.1　砂型铸造的工艺过程示意图

1. 造型材料

造型材料指用于制造砂型和型芯的材料，包括型砂、芯砂和涂料等。它们用砂、水、黏结剂和附加物配制而成。型（芯）砂的性能好坏，直接影响到铸件的质量，因此配制好的型（芯）砂，必须具备良好的可塑性，能满足各种形腔的制造；足够的强度，使铸型在制造、搬运和浇注过程中不变形和不毁坏；好的透气性，避免铸件产生气孔；高的耐火性，避免铸件黏砂；为避免铸件冷却收缩受阻而产生裂纹，还要有一定的退让性。此外，还必须考虑型（芯）砂的回用性、发气性和出砂性等。

型（芯）砂的组成物中，原砂的圆整度好，石英（SiO_2）含量高，则耐火性提高；黏结剂量增加，提高了强度，但透气性下降；附加物的加入是为了提高透气性、退让性和耐火性。

根据黏结剂的种类不同，型（芯）砂分为黏土砂、水玻璃砂、油砂、合脂砂和树脂砂。其中，黏土砂应用最广，油砂、合脂砂和树脂砂主要用于制作型芯。

2. 造型

制造铸型的工艺过程称为造型，造型分手工造型和机器造型两大类。

(1) 手工造型。手工造型时紧砂和起模用手工完成，操作灵活，适应性强，模样成本低，但铸件质量较差，生产率低，劳动强度大，主要用于单件、小批生产。

手工造型的方法很多，实际生产中可以根据铸件的形状尺寸、生产批量、使用要求以及生产条件等合理选择。表4-1为各种手工造型方法的特点及适用范围。具体的造型过程可参阅《金工实训》。

表4-1　各种手工造型方法的简图和特点及适用范围

造型方法	简图	主要特点	适用范围
整模造型		模样是整体的，铸件的型腔在一个砂箱中，分型面为平面。造型简单，不会错箱	最大截面在端部，且为平面的铸件
分模造型		模样在最大截面处分开，型腔位于上、下两箱中。造型方便，但模型制造复杂	最大截面在中部的铸件
挖砂造型		整模造型，将阻碍起模的型砂挖掉，分型面是曲面。造型费时，生产率低，对工人的技术水平要求高	单件、小批量，分型面不是平面的铸件
假箱造型		在造型前预制一个底胎（假箱），然后在底胎上造下型，底胎不参加浇注。比挖砂造型简便。不需挖砂且分型面整齐	批量生产需挖砂的铸件
活块造型		将妨碍起模的部分做成活块，起模时先起出主模，再从侧面起出活块。造型费工，活块不易定位，操作水平要求高	单件、小批量，带有小凸台等不易起模的铸件

续表

造型方法	简　　图	主要特点	适用范围
刮板造型		用刮板刮制出砂型，可节省制模材料，缩短生产准备期，但操作费时，对工人的技术水平要求高，铸件精度低	单件、小批量，等截面的回转体铸件
三箱造型		模型由上、中、下三型组成，中箱的上、下两面均为分型面，且中箱高度与中箱中的模型高度相适应。操作复杂，生产率低，且需要合适的砂箱	单件、小批量，具有两分型面的铸件
地坑造型		利用地坑作为下箱，节约生产成本。但造型费工，生产率低，要求工人的技术水平高	单件、小批量，质量要求不高的大、中型铸件
组芯造型		用砂芯组成铸型。可提高铸件精度，但生产成本高	大批量、形状复杂的铸件

（2）机器造型。机器造型是用模板和砂箱在专门的造型机上进行造型。它使填砂、紧砂和起模等操作实现机械化。其生产率高，铸型质量好，改善了工人劳动条件，适于大批生产。但机器造型不能进行三箱造型，同时也应避免使用活块，以免降低生产率。机器造型过程如图 4.2 所示。

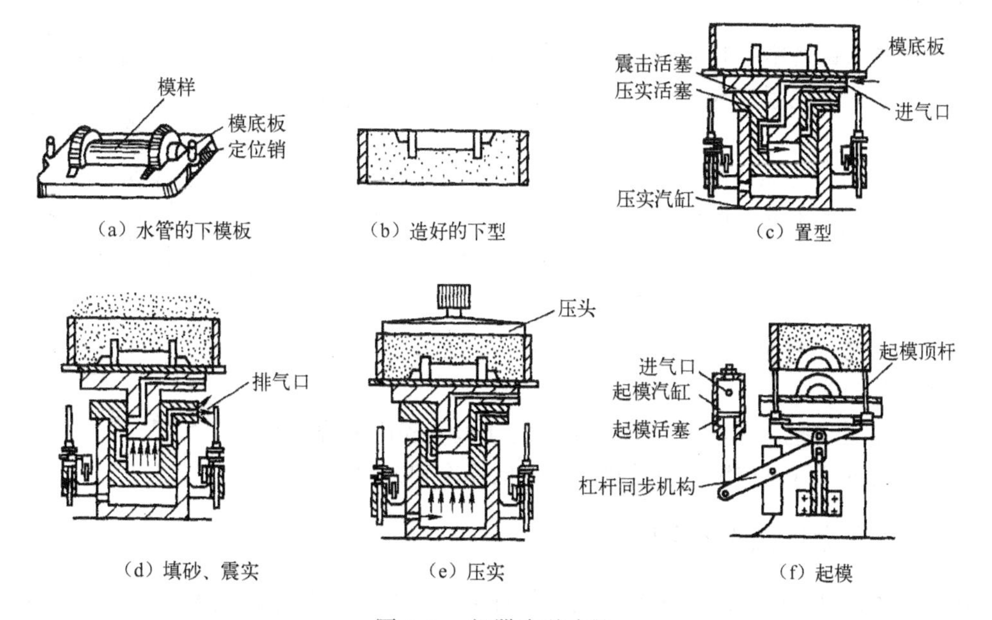

图 4.2　机器造型过程

3. 造芯

当铸件有内腔时，一般需制作型芯。型芯用芯盒制成，芯盒结构有整体式、对开式和拆开式三种，如图 4. 3 所示。造芯方法也分手工造芯和机器造芯两种。

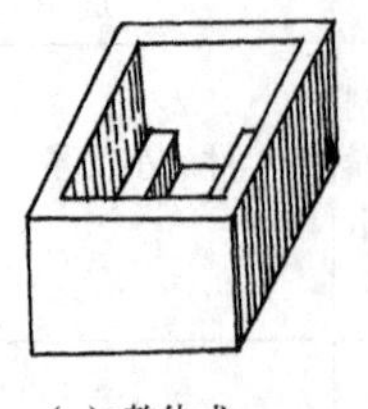
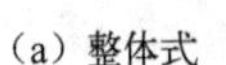
（a）整体式

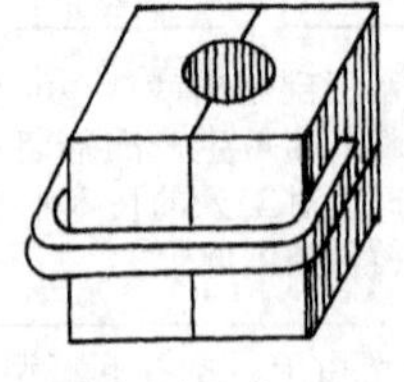
（b）对开式

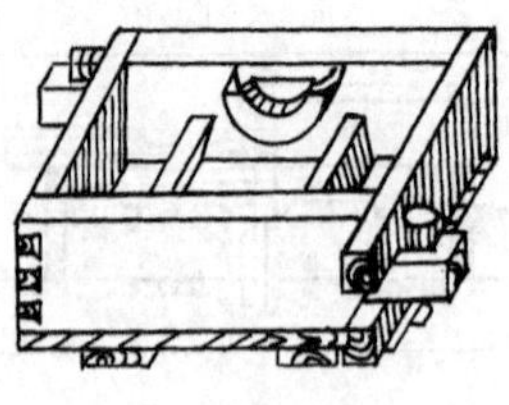
（c）拆开式

图 4. 3　芯盒结构型式示意图

（1）手工造芯。手工将芯砂填入芯盒，经紧实修整后制成型芯。形状简单、高度不大的型芯用整体式芯盒；回转体及形状对称的型芯用对开式芯盒；形状复杂的大、中型型芯采用拆开式芯盒。具体的造芯过程可参阅《金工实训》。

（2）机器造芯。机器造芯用于成批、大量生产的型芯，常用方法有振压式造芯和射芯法。

为进一步提高型芯的强度和刚度，可在型芯内放入芯骨。小的芯骨一般用铁丝或细钢棍制成，大、中型芯骨用铸铁铸成的骨架作为芯骨。

型芯在高温金属液的作用下，会产生大量气体，因此需要在型芯中设置通气孔，顺利排气。形状简单的小砂芯，用通气针在型芯内轧出通气孔；而形状复杂的型芯，可用蜡线或松香线作通气道；对大型芯，在开通气道的同时，还可在型芯中埋入焦碳或炉渣，同时提高透气性和退让性。通气孔应贯穿型芯内部，将气体从芯头引出。

4. 浇注系统

金属液进入铸型型腔时所经过的一系列彼此相连的通道称为浇注系统。完整的浇注系统包括外浇口、直浇道、横浇道和内浇道，如图 4. 4 所示。

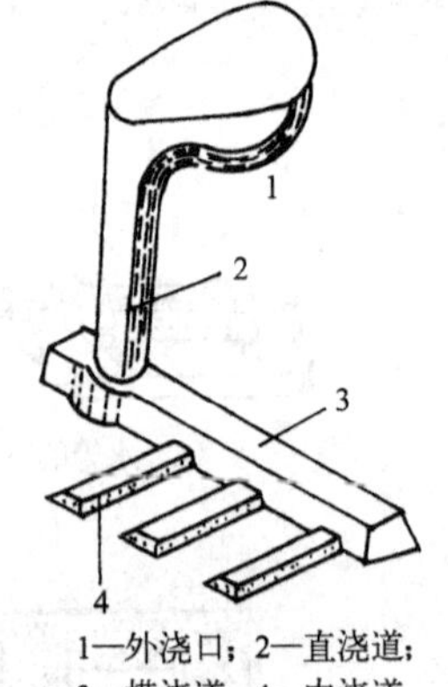

1—外浇口；2—直浇道；
3—横浇道；4—内浇道

图 4. 4　浇注系统的组成

（1）外浇口。金属液的直接注入处。作用是减轻液流对铸型的直接冲击，阻拦熔渣流入直浇道。

（2）直浇道。外浇口下一段圆锥形垂直通道。作用是使金属液产生一定静压力，改善铸型的填充性。

（3）横浇道。将金属液引入内浇道的水平通道。作用是挡渣，并向内浇道分配液流。

（4）内浇道。把金属液直接导入型腔的通道。利用内浇道的位置、大小和数量，可以控制金属液进入型腔的速度和方向。

4. 1. 2　合金的铸造性能

合金在铸造过程中表现出来的工艺性能称为铸造性能。包括流动性、收缩、偏析倾向、吸气性和氧化性等。

1. 流动性

合金的流动性是指液态金属的流动能力。合金流动性越好，液态金属填充铸型的能力越强，易于浇注出轮廓清晰、薄而复杂的铸件，还有利于液态金属中熔渣和气体的上浮和排除，以及进行补缩。如果流动性不足，则会产生浇不足、冷隔等缺陷。

影响合金流动性的因素主要是化学成分、浇注温度和铸型的填充性等。共晶成分的合金在恒温下凝固且凝固温度低，所以流动性好；合金的结晶范围越宽，其流动性越差。浇注温度对合金流动性的影响很大。浇注温度越高，合金液的黏度越低，冷却速度减缓，合金流动性提高。但浇注温度过高，会使铸件产生缩孔、缩松、气孔、黏砂等缺陷，因此，在保证流动性的前提下，尽量采用“高温出炉，低温浇注”。通常灰铸铁的浇注温度为1250℃～1450℃，铸钢为1520℃～1620℃。

铸型型腔过窄，直浇道过低，浇口布置不合理，排气不畅，型砂含水过多等，均能降低流动性。

2. 合金的收缩

（1）收缩概念及影响因素。铸件在凝固和冷却过程中，其体积和尺寸减小的现象称为收缩。合金液从浇注温度冷却到室温要经历三个阶段：液态收缩、凝固收缩和固态收缩。液态收缩和凝固收缩表现为合金体积的缩小，用体收缩率表示，是铸件产生缩孔、缩松缺陷的原因。固态收缩只引起铸件外部尺寸的变化，用线收缩率表示，它是铸件产生内应力、变形和裂纹等缺陷的主要原因。在常用合金中灰铸铁收缩率最小，铸钢收缩率最大。

影响收缩的因素有：化学成分、浇注温度、铸件结构和铸型条件等。

（2）缩孔的形成及防止措施。金属液在铸型内凝固时，由于液态和凝固收缩造成体积减小，若得不到金属液补足，将在铸件最后凝固部位形成孔洞，称为缩孔。缩孔分为集中缩孔和分散缩孔两类。

集中缩孔是容积较大的孔洞，通常出现在铸件上部或最后凝固部位，内表面不光滑。纯金属或共晶成分的合金，易形成缩孔。分散缩孔常称为缩松，隐藏于铸件内部，分布面广，既难以补缩又难以发现，合金的结晶温度范围越大，产生缩松的倾向性越大。

缩孔和缩松使铸件的力学性能显著下降，缩松还影响铸件的气密性和物理、化学性能，因此必须予以防止。实践证明，合理控制铸件的凝固过程，建立良好的补缩条件，就能获得致密铸件。

（3）铸造内应力、变形和裂纹。

① 铸造内应力。铸件在凝固和冷却过程中由于收缩不均匀和相变等因素而引起的内应力，称铸造应力。铸造应力是铸件产生变形、裂纹等缺陷的主要原因。

铸造应力分为收缩应力、热应力和相变应力。收缩应力是由于铸型、型芯等阻碍铸件收缩而产生的内应力；热应力是由于铸件各部分冷却、收缩不均匀而引起的；相变应力是由于固态相变，造成各部分体积发生不均衡变化而引起的。

为了预防或减少铸件产生收缩应力，应提高铸型和型芯的退让性，如在型砂中加入适量的锯末或在型砂中加入高温强度较低的特殊粘结剂等，都可减少收缩应力的产生。

预防热应力的基本途径是尽量减少铸件各部分的温差，使其尽可能均匀地冷却。设计铸件时，尽可能使其壁厚均匀，避免铸件产生较大的温差。此外，在铸造工艺上可采用同时凝固原则。

为了减小相变应力，应合理设计铸件的结构，力求铸件壁厚均匀，形状对称；合理设计浇冒口、冷铁等，使铸件冷却均匀；采用退让性好的型砂和芯砂；浇铸后不要过早落砂；铸件在清理后应及时去应力退火。

② 变形。当铸件中存在着内应力时，其厚的部分受拉应力，薄的部分受压应力，铸件将自发地通过变形来减少或消除内应力。

消除铸造应力的措施。对变形量较大的铸件，可用反变形法或开设拉筋。重要铸件，可用时效处理彻底去除残余应力。

③ 裂纹。当铸造应力超过合金的强度极限时，铸件便产生裂纹。裂纹分热裂纹与冷裂纹两种。在铸件凝固末期收缩受阻产生的裂纹称为热裂纹，其特征为裂纹较短，形状曲折，缝隙宽，缝内呈氧化色。为防止热裂纹的产生，除合理设计铸件结构外，还应提高型（芯）砂的退让性，严格控制铁水中的含硫量，以免合金的高温强度降低。

铸件在固态收缩过程中，若收缩应力过大，超过合金在相应温度下的强度极限，则在应力集中的部位产生冷裂纹，其裂纹小，形状光滑，缝内干净。壁厚差别大、形状复杂的铸件易产生冷裂纹。防止铸件冷裂的方法基本上与减少热应力的措施相同。另外，铁水中磷会加大冷裂倾向，因此，合金熔炼时必须严格控制磷的含量。

4.1.3 铸钢件的铸型工艺特点

铸钢熔点高，流动性差，收缩率大，易产生浇不足、冷隔、黏砂、缩孔（松）、裂纹等缺陷。因此，除合理设计铸件外，还应采取相应的工艺措施。

首先，加大浇注系统的截面尺寸，设置冒口，采用顺序凝固，对少数薄壁均匀件，可采用同时凝固，多开内浇口，快速浇注。其次，采用颗粒大而均匀的石英砂，在铸型表面涂石英粉涂料，铸型用干型或快干型，以提高铸型的透气性、耐火性和退让性。此外，浇注温度要严格控制，不能过高或过低。

4.1.4 有色金属件的铸型工艺特点

铸造铜合金和铝合金的熔点低，流动性好，热裂倾向小，但容易氧化和吸气，因此浇注时要求金属液能平稳地浇入型腔，并防止飞溅。多用底注式浇注系统，还常设集渣口、过滤网等用以挡渣。

对于铝青铜、锰黄铜和铝黄铜等容易产生缩孔的铝合金，要设置冒口、冷铁，使铸件顺序凝固，防止缩孔。对锡青铜、磷青铜等易产生缩松的铸件，可以少设或不设冒口，采用同时凝固原则。不同铸造合金具有不同的铸造性能，在对零件进行铸造工艺分析时，应充分考虑不同铸造合金的特点。表 4-2 为常用合金铸件的结构特点。

表 4-2　常用合金铸件的结构特点

合金种类	铸造性能	结构特点
灰铸铁件	流动性好，收缩率小，吸振性好，缺口敏感性小	对铸件壁厚的均匀性、壁的过渡形式等要求不严格，适于铸造薄壁件
球墨铸铁件	流动性和线收缩与灰铁相似，体收缩较大，易生产缩孔（松）	一般设计成均匀壁厚，壁免厚大截面，厚大件可用空心结构
可锻铸铁件	流动性较差，收缩率大，退火后，线收缩小	一般为均匀薄壁件，为增加刚性，截面形状多设计成 T 形或 I 形，避免十字形，突出部分用筋条加固
铸钢件	流动性差，收缩率大，缺口敏感性大，吸振性差	铸件壁不能太薄，壁厚要均匀，尽量减少热节，采用顺序凝固，相连壁的圆角和不同壁的过渡尺寸要比铸铁大

续表

合金种类	铸造性能	结构特点
锡青铜和磷青铜件	铸造性能与灰铸铁相似，但结晶间隔大，易产生缩松	铸件形状宜简单，壁不能过厚，零件凸出部分用筋条加固
无锡青铜和黄铜件	流动性好，收缩较大，易产生缩孔	结构特点类似铸钢件
铝合金件	铸造性能类似铸钢	壁不能太厚，其余结构特点类似铸钢件

4.1.5 铸件的质量检验与缺陷分析

清理完的铸件要进行质量检验。对于发生的废品及铸件上产生的缺陷要进行分析，以便找出主要原因，采取措施，在以后的生产中防止再发生。

由于铸造工序繁多，因此每一缺陷的产生原因也很复杂，对于某一铸件，可能同时出现多种不同原因引起的缺陷：或者同一原因在生产条件不同时，会引起多种缺陷的发生。常见铸件缺陷的特征及缺陷产生原因见下表：

表 4-3 常见铸件缺陷特征及产生原因

类别	缺陷名称和特征	简 图	主要原因分析
孔洞	气孔 铸件内部出现的孔洞，常为梨形、圆形，孔的内壁较光滑		(1) 砂型紧实度过高 (2) 型砂太湿，起模、修型时刷水过多 (3) 砂芯未烘干或通气道堵塞 (4) 浇注系统不正确，气体排不出去
	缩孔 铸件厚截面处出现的形状极不规则的孔洞，孔的内壁粗糙 缩松 铸件截面上细小而分散的缩孔		(1) 浇注系统或冒口设置不正确，无法补缩或补缩不足 (2) 浇注温度过高，金属液收缩过大 (3) 铸件设计不合理，壁厚不均匀无法补缩 (4) 和金属液化学成分有关，铸铁中C、Si含量少、合金元素多时易出现缩松
	砂眼 铸件内部或表面带有砂粒的孔洞		(1) 型砂强度不够或局部没舂紧，掉砂 (2) 型腔、浇注系统内散砂未吹净 (3) 合型时砂型局部挤坏，掉砂 (4) 浇注系统不合理，冲坏砂型（芯）
	渣气孔 铸件浇注时的上表面充满熔渣的孔洞，常与气孔并存，大小不一，成群集结		(1) 浇注温度太低，熔渣不易上浮 (2) 浇注时没挡住熔渣 (3) 浇注系统不正确，挡渣作用差
表面缺陷	机械粘砂 铸件表面粘附着一层砂粒和金属的机械混合物，使表面粗糙		(1) 砂型舂得太松，型腔表面不致密 (2) 浇注温度过高，金属液渗透力大 (3) 砂粒过粗，砂粒间空隙过大

续表

类别	缺陷名称和特征	简　图	主要原因分析
表面缺陷	夹砂　铸件表面产生的疤片状金属凸起物。表面粗糙，边缘锐利，在金属片和铸件之间夹有一层型砂		(1) 型砂热湿强度较低，型腔表层受热膨胀后易鼓起或开裂 (2) 砂型局部紧湿度过大，水分过多，水分烘干后易出现脱皮 (3) 内浇道过于集中，使局部砂型烘烤厉害 (4) 浇注温度过高，浇注速度过慢
	偏芯　铸件内腔和局部形状位置偏错		(1) 型芯变形 (2) 下芯时放偏 (3) 型芯没固定好，浇注时被冲偏
形状尺寸不合格	浇不到，铸件残缺，或形状完整但边角圆滑光亮，其浇注系统是充满的 冷隔铸件上有未完全融合的缝隙，边缘呈圆角		(1) 浇注温度过低 (2) 浇注速度过慢或断流 (3) 内浇道截面尺寸过小，位置不当 (4) 未开出气口，金属液的流动受型内气体阻碍 (5) 远离浇注系统的铸件壁过薄
	错型　铸件的一部分与另一部分在分型面处相互错开		(1) 合型时上、下型错位 (2) 定位销或泥记号不准 (3) 造型时上、下模有错动
裂纹	热裂　铸件开裂，裂纹断面严重氧化，呈暗蓝色，外形曲折而不规则 冷裂　裂纹断面不氧化并发亮，有时轻微氧化。呈连续直线状		(1) 砂型（芯）退让性差，阻碍铸件收缩而引起过大的内应力 (2) 浇注系统开设不当，阻碍铸件收缩 (3) 铸件设计不合理，薄厚差别大

4.2　特种铸造简介

特种铸造指有别于砂型铸造的其他铸造方法，如金属型铸造、熔模铸造、离心铸造、压力铸造、磁型铸造等。特种铸造一般都能提高铸件质量和金属利用率，改善合金性能，改善劳动条件，提高生产率，便于自动化生产。

4.2.1　金属型铸造

将金属液浇入到金属铸型中，依靠重力作用而获得铸件的铸造方法称为金属型铸造。金属型可以重复使用，所以又称为“永久型铸造”。

1. 金属型铸造的特点及应用范围

与砂型铸造相比，金属型铸造有如下特点：金属型使用寿命长，节约造型工时，提高生产率；铸件尺寸精度高（IT12～IT14），表面粗糙度小（R_a＝12.5～6.3μm）；铸件冷却快，晶粒细小，力学性能好；铸件工艺利用率高，金属液消耗量少。缺点是金属型生产周期长，成本高；铸型无退让性和透气性；铸件易形成白口，不易生产大型、复杂铸件。

金属型铸造适于大批量生产有色金属合金铸件，如汽车、拖拉机、内燃机的铝活塞、汽缸体、缸盖、油泵壳体等，有时也用于生产铸铁件、铸钢件。

2. 金属型的构造及铸造工艺特点

根据分型面位置的不同，金属型一般分为垂直分型式、水平分型式和复合分型式等。如图4.5所示。其中垂直分型式便于设置浇冒口及取出铸件，易于实现机械化，所以应用最多。图4.6是铝活塞金属型铸造的结构简图，采用绞链开合式金属型，分块组合的金属型芯，垂直与水平分型相结合的结构，既能保证质量，又便于操作。

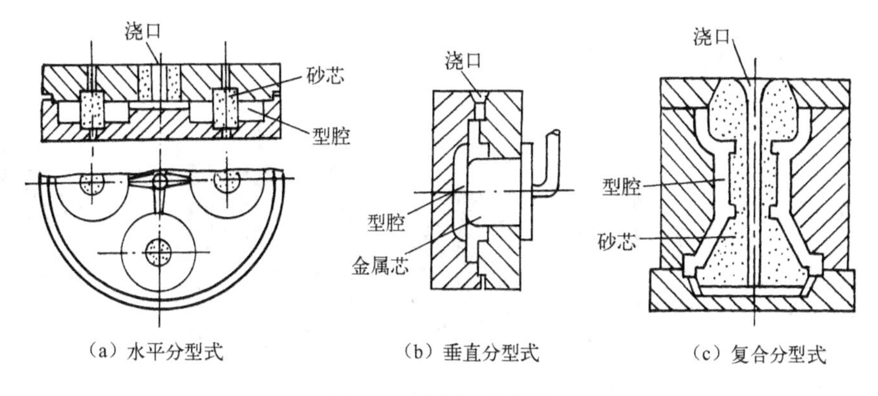

图4.5　金属型的结构

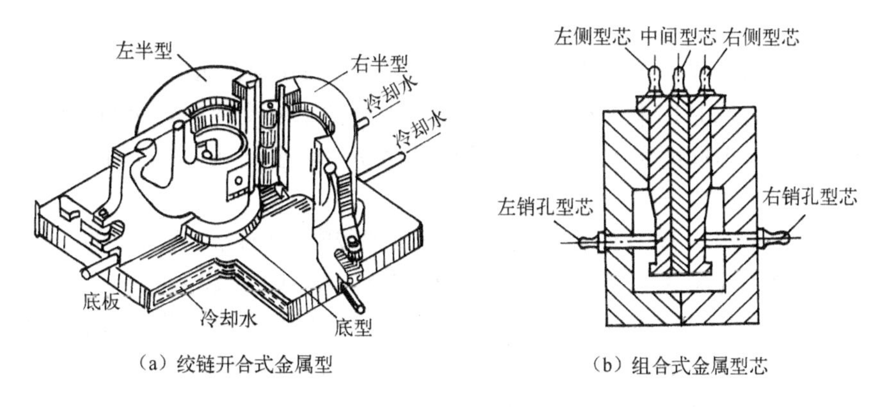

图4.6　金属型铸造铝活塞及金属型芯

金属型一般用铸铁或钢制成，铸件内腔用金属型芯或砂芯制成。金属型芯一般只用于有色金属件，分为整体和组合两种型芯，图4.6（b）中的铝活塞用的是组合型芯。

金属型导热快，无退让性，铸件易形成浇不足、冷隔、裂纹等缺陷，灰铸铁还常出现白口。高温金属液对型腔的冲刷也影响金属型的寿命和铸件表面质量。因此，金属型铸造时应采取以下一些工艺措施：

（1）金属型腔要涂0.2～1.0mm厚的耐火衬料与表面涂料，避免高温金属液对型腔表面冲蚀。表面涂料每浇一次喷涂一次，以形成隔热气膜。

（2）喷刷涂料和浇注前金属型要预热，以使铸件冷却速度降低，有助于金属液的充填和铸铁的石墨化，还能延长铸型的使用寿命。

（3）掌握好铸件出型温度和出型时间，防铸件产生裂纹和白口，提高生产率。铸铁件的出型温度约为780℃～950℃，出型后埋于砂坑中，利用自身余热退火。小型铸铁件的出型时间约为10～60s。

4.2.2 熔模铸造

熔模铸造是一种精密铸造方法。它是用易熔材料制成模型，在模型上涂若干层耐火涂料，经干燥硬化后，再将模型熔失，获得无分型面的型壳，将金属液浇入型壳中，冷凝后即成铸件，由于熔模广泛采用蜡质材料来制造，故又称为“失蜡铸造”。

1. 熔模铸造的工艺过程

熔模铸造的工艺过程见图4.7所示。

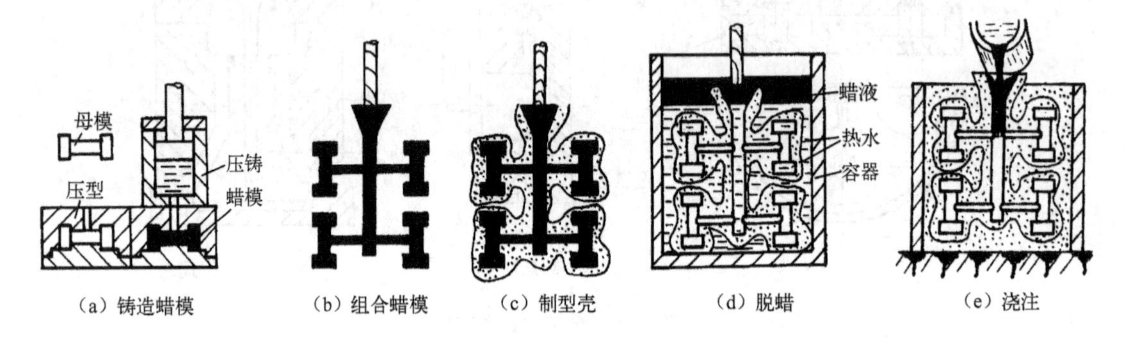

图4.7 熔模铸造工艺过程

(1) 制母模。母模是用钢或黄铜制成的标准铸件，用来制造压型。

(2) 制压型。压型是用来制造蜡模的铸型。当铸件精度高或生产批量大时，用钢和铝合金加工制成；中、小批量生产小型零件的压型用易熔合金（锡、铅、铋合金）铸出。此外，还有石膏压型，塑料压型。

(3) 制模。蜡模材料常用50%石蜡和50%硬脂酸配制而成。将熔化的蜡料压入压型，冷凝后得单个蜡模。为提高生产率，将多个蜡模黏合在蜡制的浇注系统上，组成蜡模组。

(4) 制壳。在蜡模表面涂挂耐火涂料，涂挂层上撒砂，充分干燥和硬化（NH_4Cl水溶液），形成一层型壳，如此涂挂4～10次，型壳总厚度为12～18mm。

(5) 脱蜡、焙烧。热水熔模法是常用的方法。将型壳放入90℃～95℃的热水中，使蜡模熔化流出，得铸型空腔。为排出残留挥发物和水分，提高型壳的强度和质量，需放入850℃～950℃的电炉内焙烧。

(6) 浇注。型壳焙烧后，放入填有干砂的砂箱中进行浇注。

2. 熔模铸造的特点及应用

熔模铸件精度高（IT11～IT14），粗糙度小（$Ra=6.3\sim1.61\mu m$）；可以浇注形状复杂的各种合金铸件，如合金钢件、碳钢件、耐热合金件；生产批量没有限制，可以从单件到成批大量生产。但熔模铸造的生产工序多，周期长，只能铸造中小型铸件。一般铸件重量不超过25kg。

熔模铸造主要适于生产各种形状复杂的小型零件，如汽轮机和涡轮发动机上的叶片及其他小型零件。

4.2.3 压力铸造与低压铸造

1. 压力铸造

压力铸造是在高压下，快速将液态或半液态金属压入金属型中，并在压力下充型、凝固的一种铸造方法。常用压力从几兆帕至数十兆帕，金属的填充速度达10～50(m/s)，充型时间极短（0.03～0.20s）。压铸生产中，压铸型（也称压模或压型）是最重要的工艺装备，工作中要经受高温和高速金属液的冲刷和冲击。因此，压型型腔常用耐热合金钢3Cr2W8V制造，其他零件可用45钢或T10A、T8A钢制造。压型的锻坯经机加工后，还必须进行严格的热处理。

压铸过程是利用压铸机产生的高压将金属液压入压型中。主要工序有，闭合压型、压入金属、打开压型和顶出铸件等。压铸机主要由压射机构和合型机构组成，按压射部分的特征分为热压室和冷压室两类；按压射冲头的运动方向又可分为立式和卧式两类，其中卧式生产率高，结构简单，便于自动化生产，应用广泛。图4.8为卧式冷压室压铸机工作原理图。金属液注入压室后，压射冲头向前推进，将金属液压入型腔，并在冷却过程中一直施加压力，开型后，余料与铸件一起顶出。

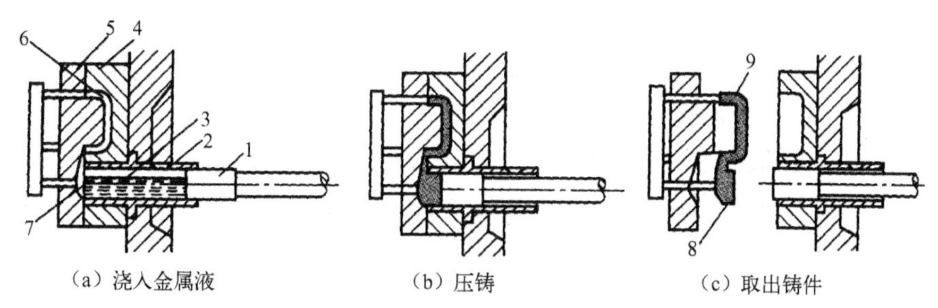

1—压射活塞；2—压室；3—金属液；4—定型；5—动型；6—型腔；7—浇道；8—余料；9—铸件

图4.8 压铸过程示意图

压铸是目前铸造生产中先进的工艺方法之一，与其他铸造方法相比有如下优点：

(1) 压铸件可获得高的尺寸精度（IT11～IT13），粗糙度小（R_a=0.8～3.2μm），铸件晶粒细密，强度和硬度比砂型铸造提高了25%～40%。

(2) 在高速高压下充型，可铸出薄壁复杂件及各种孔眼、螺纹及花纹等。铝合金最小壁厚可达0.5mm，最小铸出孔径约0.68mm左右，最小螺距为0.75mm。

(3) 生产率高。我国生产的压铸机其生产能力已达50～240(次/h)，且易于实现自动化生产。

(4) 经济效益好。压铸件一般不再进行机加工，直接装配，省料，省工时，省设备。

压铸也存在一些缺点：如压力设备及压型投资大，只适于定型产品的大量生产；型腔中气体难以完全排出，铸件易产生细小的气孔和缩松；压铸件不能热处理，以免加热时气体膨胀使铸件变形；压铸件的塑性低，不宜在冲击和振动的情况下工作。

压力铸造适于有色金属的中小型薄壁件的大量生产。

2. 低压铸造

低压铸造是介于一般重力铸造（金属型、砂型、壳型等）与压力铸造之间的一种铸造方法。其基本原理如图4.9所示，在储有一定温度金属液的密封坩埚中通入干燥的压缩空气

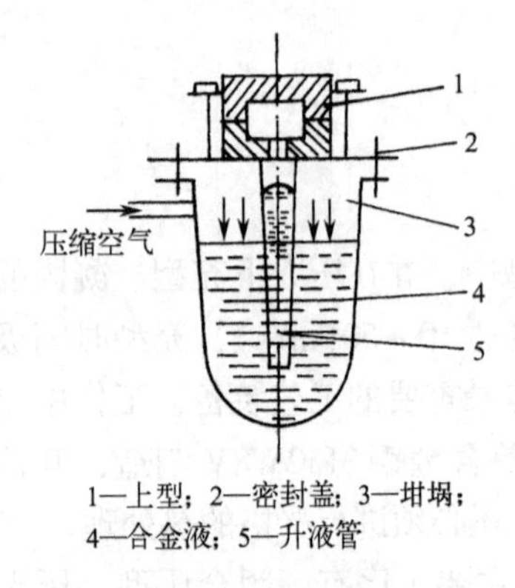

1—上型；2—密封盖；3—坩埚；
4—合金液；5—升液管

图 4.9　低压铸造原理示意图

或惰性气体，使坩埚内的金属液在气体压力作用下自下而上地通过升液管和浇道压入型腔内，继续保持一定的压力，直到型腔内的金属液全部凝固为止，然后撤除液面上的压力，使升液管和浇道中没有凝固的金属液由于重力作用而流回容器中，这样就完成了低压铸造过程。低压铸造一般充型压力为 0.02 ~ 0.07MPa。

低压铸造时，充型压力、速度和时间易于控制，充型平稳，适用于各种不同铸件；铸件在压力下结晶，顺序凝固，铸件组织致密；金属利用率和铸件合格率高，劳动条件好，设备投资少。因此，低压铸造在国内外得到广泛应用，目前主要用于形状复杂的大、中型有色金属件，如汽油机汽缸体、汽缸盖、曲轴和风扇皮带轮等铝铸件、铜合金螺旋浆铸件等。

4.2.4　离心铸造

将金属液浇入高速旋转的铸型中，使金属液在离心作用下充满铸型并形成铸件，这种铸造方法称为离心铸造。

离心铸造的铸型有金属型和带砂型的金属型两种，它们既适合浇注中空铸件，又能铸造成形铸件。离心铸造机根据转轴在空间位置的不同分为立式、卧式和倾斜式三种。

立式离心铸造机的转轴垂直放置，如图 4.10（a）所示。由于重力的影响，铸件内表面呈抛物线形状，壁上薄而下厚，但铸型的固定和浇注方便，一般适于铸造高度不大的铸件，如蜗轮缘、轴套等。

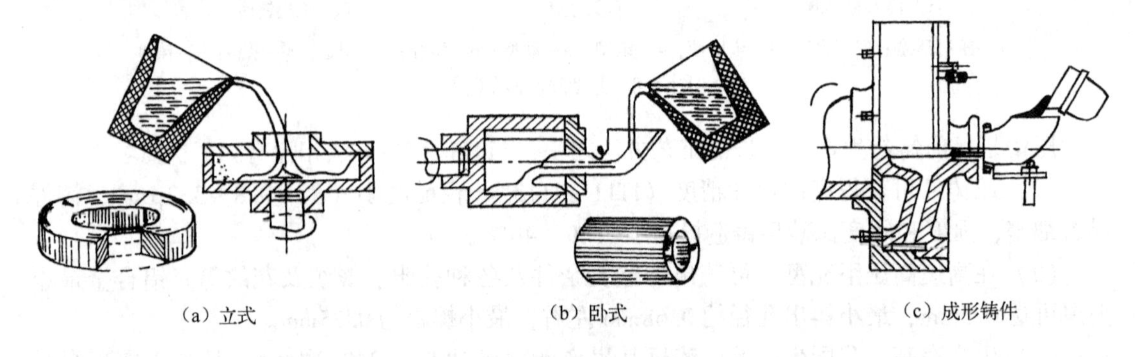
（a）立式　　（b）卧式　　（c）成形铸件

图 4.10　离心铸造示意图

卧式离心铸造机的转轴水平放置，如图 4.10（b）所示。铸出的铸件壁厚均匀。因此，长、短铸件均可铸造，如汽缸套、水管、轴套等。

与重力下浇注相比，离心铸造具备以下优点：

（1）铸件组织致密，力学性能好。

（2）不用设置冒口和浇注系统。铸造圆柱形内腔的回转体铸件时，不用型芯。

（3）便于铸造“双金属”铸件，如钢套镶铜轴承等。

其缺点是铸件内表面质量较差，内孔孔径不准确，不适于浇注易产生比重偏析的合金。

离心铸造主要用于成批大量生产一般形状的黑色金属和铜合金的回转体，如铸铁管，内燃机缸套和轴套、滑动轴承等。

4.2.5 磁型铸造

磁型铸造是一种新型的铸造方法，其基本原理如图 4.11 所示。用可挥发性聚苯乙烯珠粒制成泡沫塑料模样，涂一层涂料，放入磁丸箱中，填入磁丸（0.1～1.2mm 的铁丸或钢丸），并轻微震实。将磁丸箱推入 500～3000 高斯的强磁场中，磁丸相互吸引，形成具有一定强度，又有良好透气性的磁型。往磁型中浇入金属液，泡沫塑料模逐渐消失，金属液占据泡沫塑料模的位置，冷凝后形成与模样形状相同的铸件。此时除去磁场，磁丸自动溃散，得到铸件。

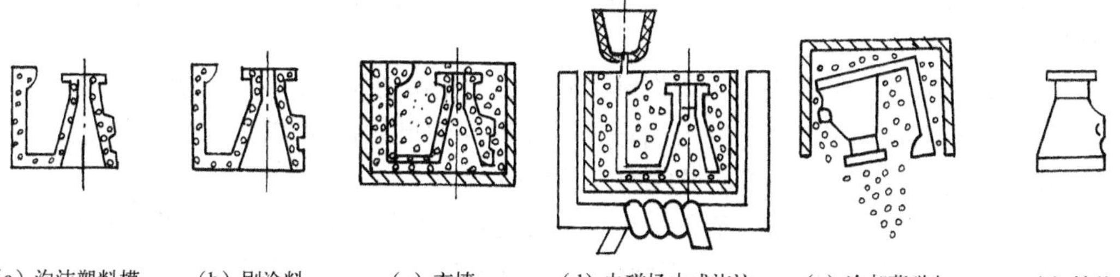

（a）泡沫塑料模　（b）刷涂料　（c）充填　（d）电磁场中成浇注　（e）冷却落磁丸　（f）铸件

图 4.11　磁型铸造示意图

磁型铸造使用的铁丸的流动性、透气性好，不发气，可以反复使用；改善了造型、落砂和清理的劳动条件；铸件冷却快，组织致密；铸件开箱时间便于控制，成本比一般砂型铸造低。但磁型铸造对铸件的结构和形状有特殊要求，不适于复杂铸件和薄壁铸件。

磁性铸件主要用于大批量生产的中、小型铸件，也可用于单件、小批生产。

4.2.6 陶瓷型铸造

陶瓷型铸造是将金属液浇注到陶瓷铸型中获得铸件的方法，是在砂型铸造和熔模铸造基础上发展起来的一种精密铸造。

1. 陶瓷型铸造的工艺过程

（1）陶瓷型的制造。陶瓷型的制造方法有两种：一种是全陶瓷浆料灌制的陶瓷型，另一种是底套式的陶瓷型。底套可以是砂套，也可以是金属套。金属套经久耐用，获得铸件尺寸精度稳定，适合于大批量铸件的生产。

（2）陶瓷型的焙烧和合箱。浇注前，陶瓷型应在 350℃～550℃下焙烧 2～5 小时，以去除残存的乙醇和水分，并使陶瓷型的强度进一步提高。

（3）浇注金属液，凝固后获得铸件。

2. 陶瓷型铸造的特点及应用

（1）铸件的尺寸精度高、表面粗糙度低，与熔模铸造铸件的相近。

（2）可以铸出大型的精密铸件，重量可达十几吨。

（3）投资少、生产周期短。

（4）由于有灌浆工序，不适合生产批量大、重量轻和形状复杂的铸件，且工艺过程难以实现机械化和自动化。

由于以上特点，陶瓷铸造已成为铸造大型厚壁、精密铸件的重要方法。如铸造冲模、锻模、玻璃器皿模、压铸模和模板等，可以大大节约加工工时，也可用于生产中型精密铸钢件。

4.3 锻造

锻造是利用外力，通过工具或模具使金属材料发生塑性变形，获得一定形状、尺寸和性能的毛坯或零件的加工方法。根据所用设备和工具的不同，锻造分为自由锻造、模型锻造、胎模锻造和特种锻造四类。

与其他加工方法相比，锻造具有以下特点：

(1) 改善金属的组织，提高力学性能。在承受同样大小冲击力的情况下，可减小零件截面尺寸，减轻产品重量。

(2) 生产率较高。例如生产六角螺钉，模锻成形比切削加工的生产率提高约50倍。

(3) 节省材料和加工工时。除自由锻外，模锻件的尺寸精度和表面粗糙度已接近成品零件，只需少量或无需切削加工即可成为成品零件。

(4) 适用范围广。可以锻造简单锻件（如齿轮坯、主轴等），也可锻制精密锻件（如曲轴、精锻齿轮等）。锻件的重量最小不到1克，大的可达几百吨；既可单件小批生产，又可大批大量生产。

锻造的不足之处是不能获得形状很复杂的锻件。

4.3.1 金属的锻造性能

金属的锻造性能是指金属材料锻造的难易程度。锻造性常用金属的塑性和变形抗力来综合衡量。塑性越好，变形抗力越小，则金属的锻造性越好；反之则差。

影响金属锻造性能的因素有以下几方面。

1. 金属的化学成分和组织

一般纯金属及其固溶体的锻造性最好，化合物的锻造性最差。例如，纯铁及奥氏体钢的塑性好，变形抗力小；高速钢含碳高并含有大量碳化物，故塑性较差，变形抗力大。

钢中的Cr、W、Mo、V等碳化物形成元素，会降低锻造性，而S、Cu、Sn、Pb等元素分布于晶界，也降低锻造性。铸态的粗晶结构比细晶粒组织的锻造性差。

2. 变形温度

提高金属锻造时的温度，塑性增加，变形抗力减小，改善了金属的锻造性。如果变形温度选择不当，可能会引起锻件开裂报废。低碳钢加热到200℃~400℃之间时，由于脆性组成物的析出，钢的塑性下降。碳钢如果加热到1200℃~1300℃以上，也会由于过烧而变脆。因此，碳钢锻造温度必须严格控制在一定的温度范围内，如图4.12所示。始锻温度要不发生过热过烧现象，终锻温度要在Ar_1线以上，保证锻后能获得再结晶组织。

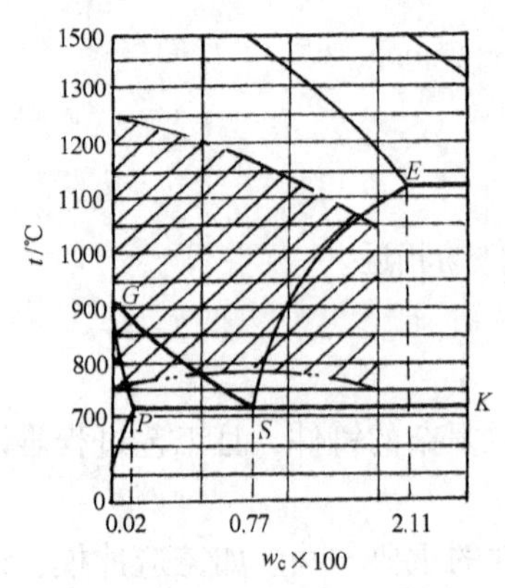

图4.12 碳钢锻造温度范围

3. 变形速度

变形速度指单位时间内的变形程度。变形速度对金属塑性的影响有两方面：一方面变形速度增加，加快了加工硬化速度，降低了塑性。另一方面变形速度增加时，变形过程中的热效应使金属软化，塑性增加。

对于不同的金属，其塑性对变形速度的敏感性也不同。高合金钢对变形速度敏感性最大，铝合金和低合金钢对变形速度敏感性小。

4. 应力状态

金属的变形方法不同，所产生的应力大小和性质也不同。拉应力有助于晶间变形发生，金属的塑性下降；压应力阻碍晶间变形发生，提高了金属的塑性。

综上所述，选择锻造材料时，不仅要考虑金属的化学成分和组织，还要选用合适的变形条件和变形方式，充分发挥金属的塑性，降低变形抗力，达到加工的目的。

4.3.2 常用合金的锻造性能

1. 碳钢

低碳钢的塑性较好，锻造温度范围较宽，很适宜用锻造方法制造毛坯。随着钢中含碳量的增加，钢的可锻性逐渐变差，锻造温度范围也变窄，所以锻造高碳钢时应注意防止过热和锻裂。

2. 合金钢

与碳钢相比，合金钢中合金元素的固溶强化现象明显，且硬而脆的合金碳化物较多，所以可锻性较差。特别是高合金钢，其导热性、可锻性均差，加热时要注意预热，防止骤然升至高温时产生过大的热应力和组织应力。由于合金钢塑性较差，锻造时的终锻温度应适当提高。

3. 铝合金

铝合金的锻造温度低，锻造温度范围狭窄，为了防止坯料降温过快，自由锻设备的砧面和钳口等均要预热至150℃ ~200℃。铝合金的塑性受变形速度的影响较大，锤击时要轻、快，变形量不能太大，否则容易产生裂纹。

4. 铜合金

铜合金的始锻温度比铝合金高一些，锻造温度范围也比较窄。

4.3.3 自由锻造

自由锻造指采用通用工具或直接在锻造设备（锻锤或水压机）的上、下砧之间进行锻造。原材料用钢锭或轧材，主要用于单件和小批生产，是特大型锻件唯一的生产方法。

自由锻造应用广泛，可以锻小至几克、大至数百吨的锻件，且工艺灵活，工具简单，成本低。但与其他锻造方法相比，其生产率较低，锻件质量由锻工操作水平保证。

自由锻设备根据作用力性质分为锻锤和水压机两大类。锻锤施加在坯料上的是冲击力。锻锤又分空气锤和蒸汽－空气锤，空气锤利用电力直接驱动，安装费用低，操作方便，广泛用于中小型锻工车间。蒸汽－空气锤用6 ~9 个大气压的蒸汽或压缩空气作动力源，用于中型或较大型锻件的锻造。水压机施加的是静压力，相对于锻锤的劳动条件好，工作时振动小，容易将锻件锻透，对锻造低塑性的材料有利。水压机效率比锻锤高，锻件高度不受限制，适合大型锻件的锻造。不过水压机设备庞大，造价较高。

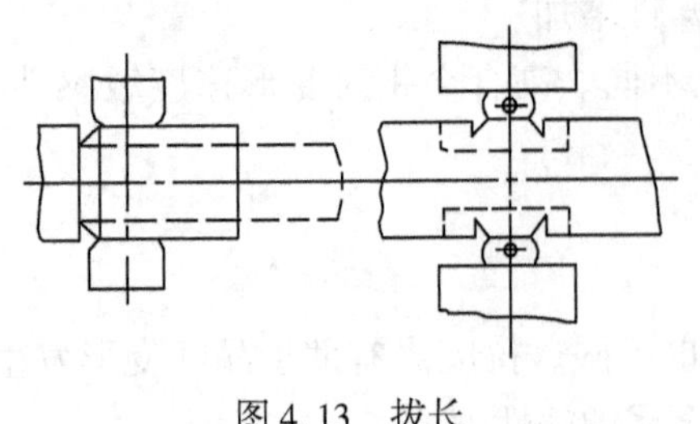

图 4.13　拔长

自由锻造的基本工序有拔长、镦粗、冲孔、扩孔、切割、弯曲、扭转和错移等八种。

1. 拔长

使金属坯料的横截面积减少，长度增加的工序。如图 4.13 所示，得到具有长轴线的锻件，如光轴、曲轴、台阶轴、拉杆、连杆等。

2. 镦粗

使金属坯料的横截面积增大，高度减小的工序。用来锻齿轮坯、圆盘等；也可以作为环、套类空心件冲孔前的预备工序；还可以增加拔长的锻造比。见图 4.14。

3. 冲孔

用冲头在坯料上冲出通孔或不通孔的工序。用于锻造空心工件，如齿轮坯、圆环、套筒等。如图 4.15 所示。

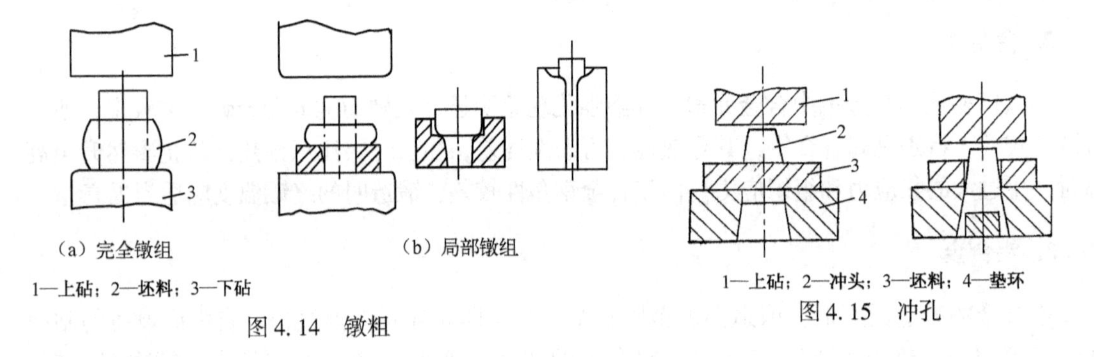

（a）完全镦组　　（b）局部镦组

1—上砧；2—坯料；3—下砧

图 4.14　镦粗

1—上砧；2—冲头；3—坯料；4—垫环

图 4.15　冲孔

4. 扩孔

减小空心坯料壁厚，增加其内、外径的工序。用于锻造各种圆环锻件。如图 4.16 所示，冲头扩孔用于扩孔量不大的空心件，芯棒扩孔用于薄壁空心件。

5. 弯曲

将坯料弯曲成一定形状的工序，可以锻造吊钩、角尺、U 形弯板等锻件。弯曲变形的锻件，金属的纤维组织沿锻件轮廓连续分布，锻造质量好。弯曲方法见图 4.17。

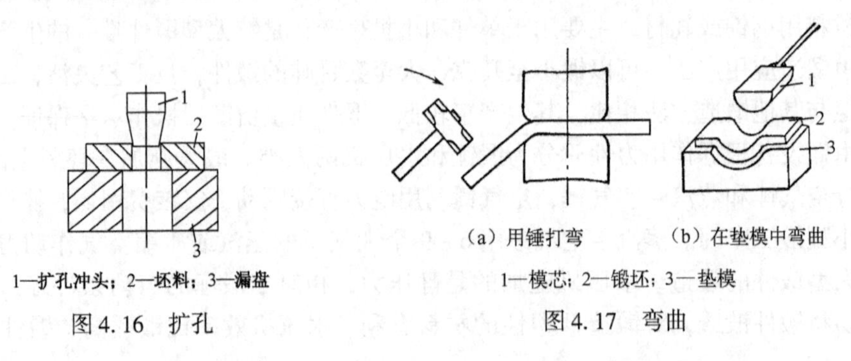

1—扩孔冲头；2—坯料；3—漏盘

图 4.16　扩孔

（a）用锤打弯　　（b）在垫模中弯曲

1—模芯；2—锻坯；3—垫模

图 4.17　弯曲

6. 切割

用剁刀切去坯料上一部分坯料的工序，主要用于下料和切除料头等。

7. 扭转

将坯料的一部分相对另一部分绕其共同轴线转过一定角度的工序。用来锻造曲轴、连杆等锻件，也可校正锻件。

8. 错移

将坯料的一部分相对于另一部分错开，但仍保持这两部分轴线平行的工序。

4.3.4 模型锻造

模型锻造是把加热的金属坯料放入固定于模锻设备上的锻模内，施加压力使其变形，得到所需形状和尺寸的锻件的锻造工艺。

模锻与自由锻相比有以下优点：

（1）生产率高。有时比自由锻高十几倍。

（2）模锻件表面质量高，尺寸精确，加工余量小，节省材料和机加工工时。

（3）能锻造出形状比较复杂的锻件。

（4）操作简单，对工人技术要求较低，劳动强度较低。

模锻也存在一些缺点：锻模成本高，受设备吨位限制，模锻件重量不能太大，一般在150kg以下。模锻只适用于中、小型锻件的大批量生产。

模锻按使用设备的不同分为：锤上模锻、压力机上模锻和平锻机上模锻等。模锻在机械制造、国防、电力和交通运输等工业部门得到广泛应用。

1. 锤上模锻

锤上模锻是目前广泛采用的一种模锻方法，它所用设备主要是蒸汽－空气模锻锤，吨位为1.5～16t，能锻造的锻件重量为0.5～150kg。

锻模的外形和结构见图4.18。锻模分上模和下模，上、下模通过燕尾和斜楔固定在模座式锤头上，键槽和键配合防止锻件前后移动。为防止锤击时上、下模产生偏移，在上、下模上做出锁扣。检验角是锻模上相互垂直的两个侧面。制造模具时，作为模膛划线加工的基准面，也可用来检验上、下模有无偏移。钳口供操作时放置部分棒料或钳子用，制造模具时则是检验模膛用浇型的浇口。

模膛根据其作用分为制坯模膛、模锻模膛和切割模膛三大类。

（1）制坯模膛。是用来改变坯料尺寸和形状，以适应锻件尺寸和形状的模膛。它可以分为以下几种：

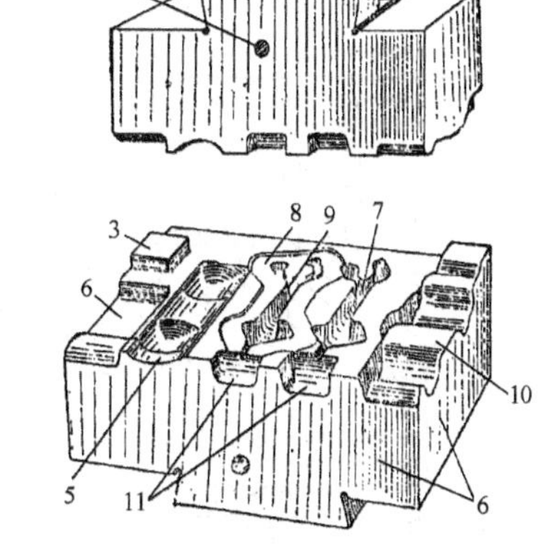

1—燕尾；2—起重孔；3—锁扣；4—拔长模膛；5—滚挤模膛；6—检验角；7—预锻模膛；8—飞边槽；9—络锻模膛；10—弯曲模膛；11—钳口；12—键槽

图4.18 锤锻模图

① 镦粗平台和压扁平台：镦粗平台用于回转体锻件的制坯；压扁平台用于扁平锻件。

② 拔长模膛：用于减小坯料局部的横截面积，适于长型杆件的制坯。

③ 弯曲模膛：用于轴线弯曲的锻件模锻成形前的弯曲。

④ 滚挤模膛：作用是使坯料某些部位横截面积增大，另一些部位横截面积减小，满足下一步锻造的要求。

⑤ 成形模膛：与弯模膛相似，即使坯料在成形模膛中锻一次，得到符合锻件平面形状的制坯，再放入预锻或终锻模膛中，以保证锻件充满。用于有丫叉或枝芽的模锻件的制坯。

（2）模锻模膛。有预锻模膛和终锻模膛两种。

① 预锻模膛：其作用是使坯料预先变形得到与锻件相近的形状和尺寸，减少在终锻模膛中的变形量，提高终锻模膛的寿命。

预锻模膛与终锻模膛的区别是：预锻模膛不设飞边槽，圆角半径和模锻斜度比终锻模膛大，锻件上细小的结构不制出。

② 终锻模膛：是获得锻件形状与尺寸的模膛，其形状与锻件图一致，尺寸比锻件尺寸大一个收缩量，设有飞边槽、圆角及模锻斜度。

（3）切割模膛。用来切断已锻好的带飞边锻件，继续在坯料上模锻另一锻件。

2. 绘制模锻件图

模锻件图是制定模锻工艺规程，设计和制造锻模，验收锻件的依据。模锻件图根据零件图绘制，绘制时应考虑下列问题。

（1）分模面位置。分模面指上、下模的分界面，分模面的选择要保证锻件能从模膛中取出，并使模膛高度最小。一般情况下，分模面选在锻件最大截面上，为防止上、下模错移，最好在最大截面的中部；分模面尽量为平面，以简化模具的制造。

（2）确定机加工余量和公差。由于模锻件尺寸较精确，表面粗糙度小，其机加工余量和公差比自由锻件小。机加工余量（单边）一般为1～4mm，公差在±0.5～3mm之间。

（3）模锻斜度。为方便锻件从模膛中取出，锻件在垂直于分模面的壁上应有一定斜度，称为模锻斜度。由于锻件冷却收缩时易夹紧模膛凸出部分，所以内壁斜度比外壁斜度大。一般外壁斜度取 $\alpha=3°\sim7°$，内壁斜度取 $\beta=5°\sim12°$。模膛越深，模锻斜度越大。

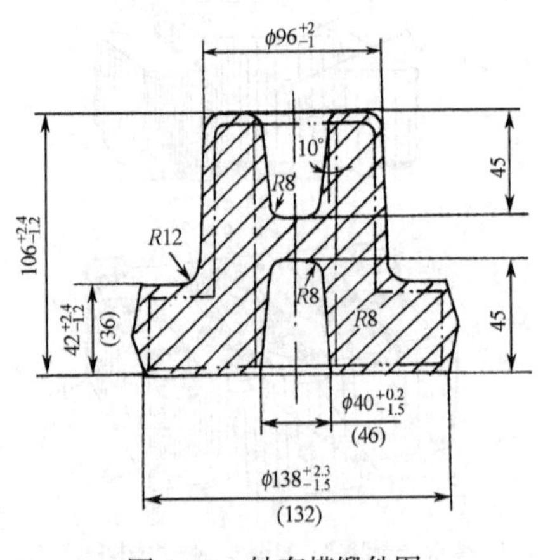

图4.19 轴套模锻件图

（4）圆角半径。锻件上所有壁的交接处均需做成圆角，以提高金属在模膛内的流动性，避免应力集中产生裂纹，并延长锻模寿命。锻件上向外凸出的为外圆角，向内凹的为内圆角。一般内圆角半径比外圆角半径大2～3倍，同一锻件尽可能采用相同的圆角半径，以方便加工。

（5）冲孔连皮。锻件上直径 $d<25$mm 的孔，模锻时不能冲透，在孔内留有一定厚度的冲孔连皮，待切边时冲透或机加工时切除。轴套模锻件图见图4.19。

3. 摩擦压力机上模锻

摩擦压力机上可以锻造带头的杆类锻件和一些较为复杂的小锻件，如螺栓、铆钉、法兰盘、进排气阀等。

与模锻锤相比，摩擦压力机的锤击速度较低，为 0.5 ~ 1(m/s)，有利于低塑性材料（如耐热合金、铜合金等）的变形；冲击力小，可以采用顶杆装置及小模锻斜度或无模锻斜度，实现精密模锻。另外，摩擦压力机结构简单，价格较低，无砧座，震动小，劳动条件好，但其生产率不如模锻锤。目前摩擦压力机广泛用于各中、小型工厂，以中、小批量生产为主。

4. 平锻机上模锻

平锻机的锻模由两块凹模和一块凸模组成，有两个相互垂直的分模面。因此，扩大了模锻范围，可以做出带法兰的半轴类和有两个凸缘的锻件，生产率高（400 ~ 900 件/h），锻件模锻斜度小或无斜度，无冲孔连皮，能节省大量金属，而且锻件精度高。平锻机可以模锻形状复杂的锻件，特别是带头部的杆件及有孔的锻件，但对非回转体件及不对称的锻件较难锻造。平锻机上模锻广泛用于大批量生产的锻件。

4.3.5 锻压新工艺简介

在锻压生产中，随着工业技术的不断发展，对锻件质量的要求越来越高，一些新的锻压工艺迅速发展并得到广泛应用。

1. 精密模锻

精密模锻是在普通模锻设备上锻造形状复杂的高精度锻件的一种先进模锻工艺。它能锻造一些形状复杂、使用性能要求高且难机械加工的零件。如锥齿轮、叶片、航空零件和电器零件等。锻造公差可在 ±0.02 以下。图 4.20 为一直齿圆锥齿轮的精密模锻实例。精锻后，零件的切削加工部分仅为其内孔和背锥面，形状最复杂的齿形部分通过锻造成形，从而大大提高了生产效率。

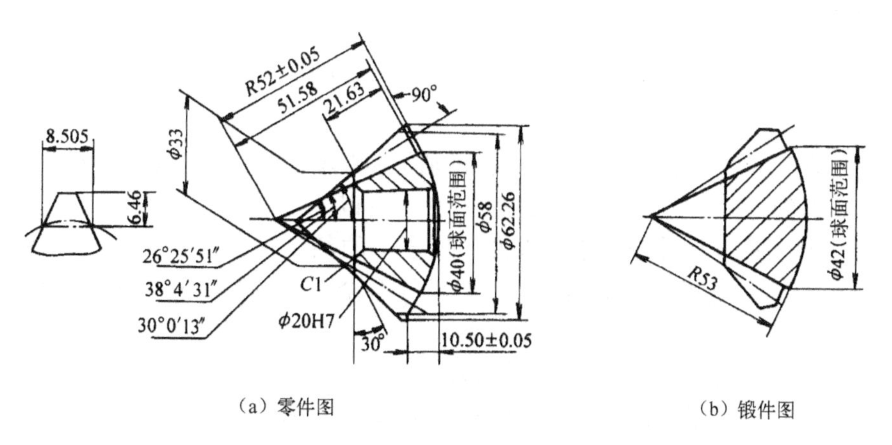

（a）零件图　　（b）锻件图

图 4.20　直齿圆锥齿轮的精密模锻

为保证精密模锻件的尺寸精度及表面质量，在工艺上要考虑以下要求：

（1）精密模锻设备上需设置顶料装置，以提高锻件精度和模具寿命。为防止上、下模错移，模具上要安装导柱、锁扣等。

(2) 对较复杂的锻件，需用预锻和终锻两套锻模。为保证锻件轮廓清晰，凹模模膛中无法排气的部位要开设 ϕ2mm 的排气孔。锻模使用前要进行润滑和预热。

(3) 坯料要求尺寸精确，并去除表面氧化皮、油污、锈斑等，以提高模具寿命，得到少飞边或无飞边锻件。

(4) 采用少氧化、无氧化加热，减少氧化皮。

(5) 精锻后的锻件要在保护介质中冷却。

2. 辊锻

辊锻是使冷态或热态的坯料在装有扇形模块的一对旋转的轧辊中通过，借助模槽对金属的压力使坯料产生塑性变形，获得所需锻件或锻坯的锻造新工艺。其工作情况与轧钢相似。如图 4.21 所示。辊锻按型槽作用分制坯辊锻和成形辊锻两类。

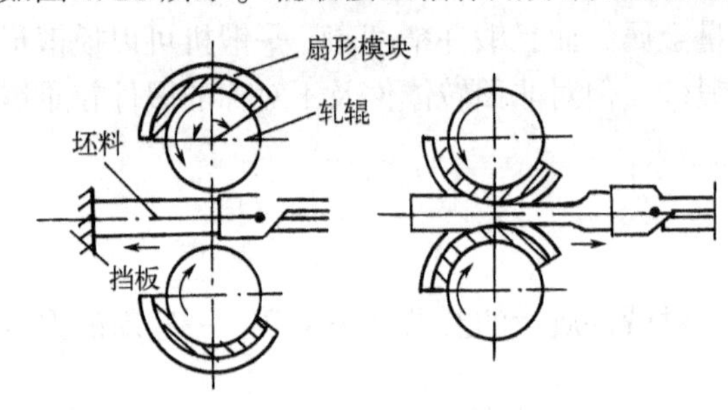

图 4.21　辊锻

(1) 制坯辊锻。用作模锻前的制坯工序，可以提高模锻生产率及锻件质量，节省材料。辊锻制坯已用在各类扳手、汽车中的连杆、后桥半轴等锻件的生产中。

(2) 成形辊锻。对于轴杆类截面变化不太复杂的中小型锻件如拖拉机履带节、叶片、调节臂、麻花钻、钢叉等，可以在辊锻机上辊锻成形。

与模锻相比，辊锻工艺基本上是连续生产，生产率高，无冲击和振动，设备吨位小，且结构简单，容易实现机械化和自动化。锻件内金属流线沿轮廓连续分布，提高了锻件质量。同时辊锻模具可以用球墨铸铁或冷硬铸铁制造，节省模具钢及机加工工时。

辊锻一般用于大批、大量生产的长轴类锻件。

4.4　板料冲压

板料冲压是在冲床上用冲模使板料产生分离或变形的加工方法。这种加工方法通常是在冷态下进行的，所以又叫冷冲压。

板料冲压在工业生产中有着广泛应用，特别是在车辆、航空、电器、仪器及国防等工业中占有极其重要的地位。它与其他加工方法相比，有以下特点：

(1) 加工范围广。可冲压复杂的零件、仪表上的细小件和重型汽车上的纵梁等大制件。可加工低碳钢、高塑性合金钢、铜、铝及镁合金，也可加工石棉板、纤维板等非金属材料。

(2) 产品有足够高的精度和较小的表面粗糙度。

(3) 材料消耗少，能得到重量轻、强度和刚度较高的零件。

(4) 生产率高，产品成本低，操作简单，便于机械化和自动化生产。

其缺点是冲模制造复杂，成本高，并且成形工序不能加工低塑性金属，所以板料冲压一般只用于大批量生产。

4.4.1 冲压设备及冲压模具

1. 冲压设备

常用的冲压设备是曲柄压力机，按床身形式分为开式和闭式两种。

开式压力机的床身为整体型，可以从前、左、右三个方向送进坯料，结构简单，操作方便。但床身刚度较小，容易变形，因此多为100吨以下的小型压力机。

闭式压力机为大、中型压力机，床身两侧封闭，强度和刚度都比较大。

2. 冲压模具

冲模按工序的组合特点分为简单模、连续模和复合模三种。

(1) 简单冲模。指在冲床的每次行程中只能完成一道基本工序的冲模。如落料模、冲孔模、切边模、弯曲模、拉深模等。

(2) 复合冲模。在冲床的一次行程中，一个模具内的同一位置上能完成几个不同冲压工序的冲模，称为复合冲模。复合冲模结构紧凑，制件精度高，生产率高，孔与制件外形的同心度容易保证，但模具构造复杂，成本高，适于大批量生产及精度要求高的冲压件。

(3) 连续冲模。指在冲床的一次行程中，按一定顺序在模具的不同位置完成两道以上的冲压工序的冲模。连续冲模生产率高，制件精度较高，操作方便，便于实现自动化生产。但模具制造复杂，成本高，适于精度要求不高的中、小型制件的大批量生产。

4.4.2 板料冲压的基本工序

板料冲压基本工序分为分离工序与变形工序两大类。

1. 分离工序

分离工序是使板料与制件沿要求的轮廓线分离，获得一定断面质量的冲压方法。包括剪切、冲裁、切口、修边等工序。如图4.22所示。

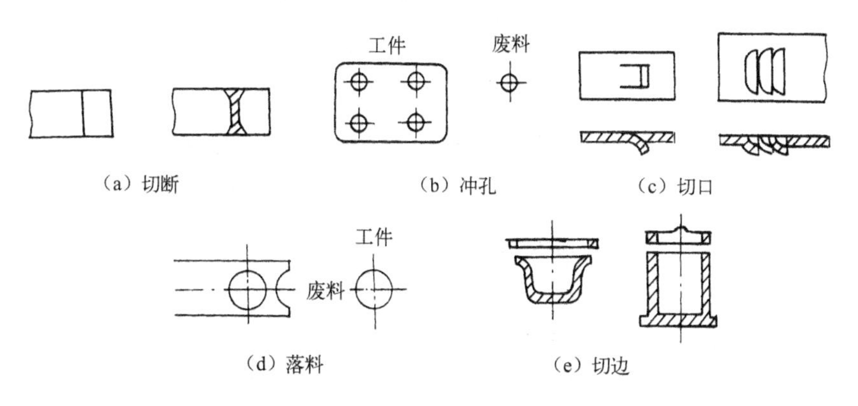

图4.22　分离工序示意图

(1) 剪切。剪切工序主要用于下料。由剪床完成。

（2）冲裁。指板料沿封闭的轮廓线分离的工艺，包括落料和冲孔两个工序。

冲裁时，板料分离的过程如图 4.23 所示。凸模下压，板料产生弹性压缩和弯曲，与凸、凹模接触处形成很小圆角。凸模继续下压，材料内应力超过屈服极限，部分金属被挤入凹模洞口，产生塑剪变形，形成光亮带，板料也发生弯曲和拉伸。凸、凹模刃口处由于应力集中出现细微裂纹。随着凸模的压下，裂纹不断向材料内部扩展，当上、下裂纹重合时，板料被剪断分离，形成粗糙断裂带。

冲裁时，凸、凹模的刃口必须锋利，凸、凹模的间隙要合理（一般为板料厚度的 6% ~ 12%）。设计模具时，落料用凹模刃口尺寸等于制件尺寸，凸模刃口尺寸等于制件尺寸减去双边间隙；冲孔用凸模刃口尺寸等于孔的尺寸，凹模刃口尺寸等于孔径尺寸加双边间隙。

为提高材料利用率，冲裁时应合理排样。如果制件切口的精度要求较高，可用有搭边的排样，见图 4.24（a）；反之，则用无搭边排样，可节省金属，见图 4.24（b）。

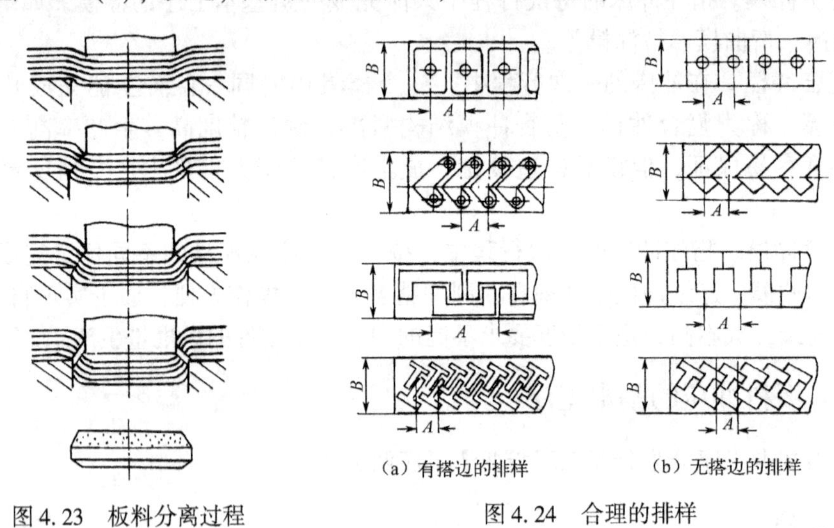

（a）有搭边的排样　（b）无搭边的排样

图 4.23　板料分离过程　　图 4.24　合理的排样

2. 变形工序

使冲压毛坯在不被破坏的条件下发生塑性变形，获得要求的制件形状和尺寸精度的冲压方法，它包括弯曲、拉深、成形三类，见图 4.25。

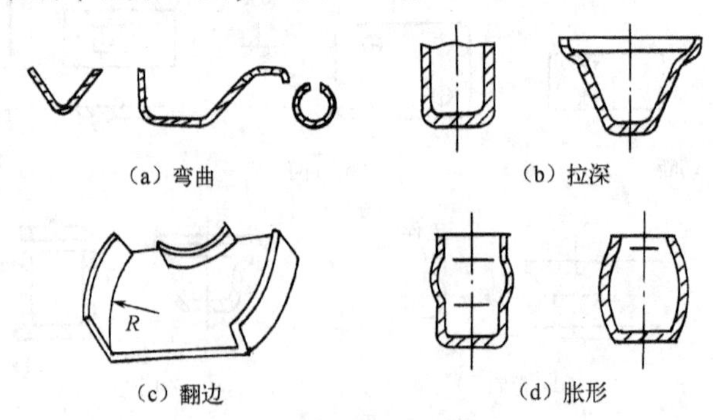

（a）弯曲　（b）拉深　（c）翻边　（d）胀形

图 4.25　变形工序示意图

（1）弯曲。弯曲是将板料弯成一定角度或形状的冲压方法。如图 4.26 所示，弯曲时坯料内侧受压，外侧受拉，弯曲变形程度由弯曲件的内角半径 r 与材料厚度 t 之比（即弯曲系

数 $K=r/t$）来衡量。比值越小，弯曲变形量越大。为防止外层金属被拉裂，弯曲件的内角半径不能太小，一般 $r_{min}=0.25\sim2t$。塑性好的材料，弯曲半径取小值。

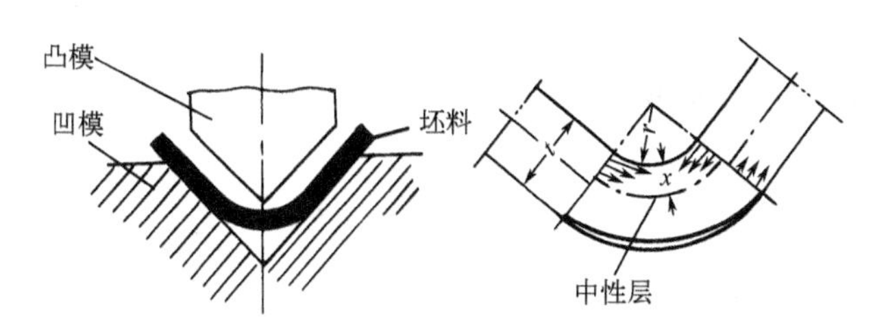

图 4.26　弯曲过程

板材的纤维组织使材料的性能呈各向异性。因此当弯曲线垂直于纤维方向时，可用较小的最小弯曲半径；若弯曲线平行于纤维方向，则用较大的最小弯曲半径，以防破裂。

弯曲件变形结束后，由于弹性变形的存在，弯曲件的弯曲角度和弯曲半径会向弯曲时相反的方向回弹，影响弯曲件的尺寸精度。为消除回弹的影响，在设计模具时，将凸模角度减去一个回弹角或将凸模壁做出等于回弹角的倾斜度，使弯曲件回弹后恰好等于所需的弯曲角度。

（2）拉深。拉深是利用模具使板料变为开口空心件的冲压方法，也称压延或拉延。拉深分不变薄拉深和变薄拉深两种。拉深件的尺寸精度高，可以制造形状复杂的零件。

图 4.27 所示为板料拉深成空心筒形件的过程。拉深凸、凹模的工作部分没有锋利的刃口，而是做成圆角（$R_{凸}=0.7\sim1R_{凹}$）。其单边间隙稍大于坯料厚度（$Z=1\sim1.5t$）。凸模向下运动，将坯料经凹模孔口压下，形成空心筒形件。拉深件的变形程度用拉深系数 m（$m=d/D$）表示。m 越小，拉深变形程度越大。为避免拉深件底部被拉穿，一般取 $m=0.5\sim0.8$。板料塑性好，材料相对厚度 t/D 较大及拉深模圆角半径较大时，m 可取小值。如果拉深系数过小，坯料不能一次拉深成形，则可进行多次拉深。多次拉深中间要进行退火处理，消除加工硬化，恢复材料较好的塑性。

拉深过程中，由于坯料边缘在切线方向受压缩，拉深件容易产生折皱。坯料厚度越小，拉深深度越大，越容易产生折皱。为防止折皱形成，可用压边圈将坯料压紧在凹模表面。

（3）成形。成形是通过毛坯的局部变形来改变毛坯的形状，包括翻边、扩口、缩口、旋压、整形、校平、压印等工序。如图 4.28 所示，翻边可增加拉深件的高度，代替先拉深后切底的工序，也可将空心件翻成凸缘。翻边时，为防孔边缘裂口，必须控制翻边前孔径

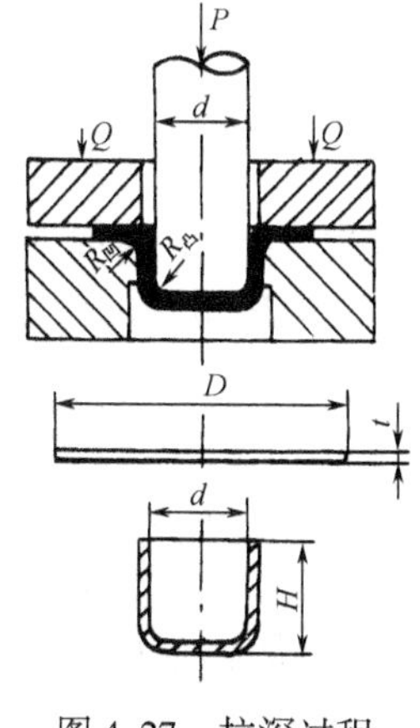

图 4.27　拉深过程

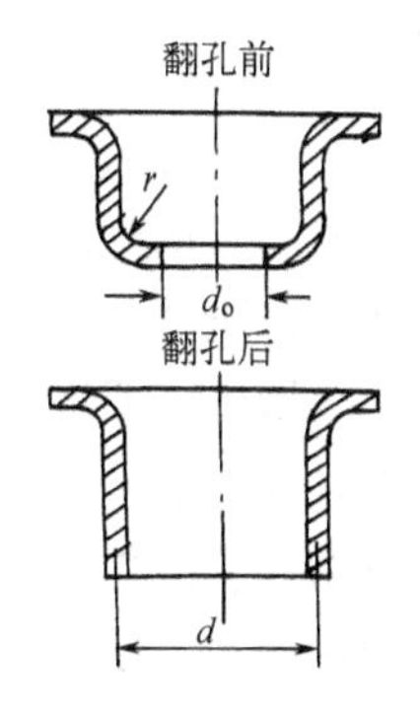

图 4.28　翻边简图

d_0和翻边后孔径 d 的比值，即控制翻边系数 $K = d_0/d$ 的大小。一般白铁皮 $K = 0.65 \sim 0.7$，碳钢 $K = 0.65 \sim 0.87$。

4.5　其他压力加工方法简介

4.5.1　零件的轧制

轧制是使金属坯料在轧机上旋转的轧辊下辗压，并进行变形的加工方法。轧制是生产型材、板材和管材的主要方法。它具有生产率高，产品质量好，成本低，金属消耗少等优点，所以近年来在零件的制造中也得到了广泛应用。

根据轧辊轴线与坯料轴线方向的不同，轧制分为纵轧、横轧和斜轧三大类。

1. 纵轧

纵轧时两轧辊线平行、旋转方向相反，轧辊轴线与坯料轴线相垂直。零件的纵轧有辊锻轧制与辗环轧制。

辊锻工作过程见 4.3.4 节锻压新工艺简介。

2. 横轧

横轧时轧辊轴线与坯料轴线平行。轧制前将毛坯外层加热（约 950℃ ~1050℃），然后将带齿的轧轮作径向进给，同时轧轮与毛坯对辗。对辗过程中，毛坯上一部分金属被压入形成齿谷，相邻部分金属被轧轮“反挤”而上升形成齿顶。齿轮热轧可以制造直齿轮和斜齿轮，它是一种无切削加工齿形的新工艺。

3. 斜轧

斜轧时轧辊同向旋转，轴线在空间交错，并与坯料轴线相交一定角度，坯料在轧辊的作用下边旋转边前进，作螺旋运动，也称螺旋斜轧。

4.5.2　零件的挤压

挤压是将坯料放在挤压模中，在强大压力作用下从型腔中挤出，获得所需挤压件的加工方法。根据坯料的温度不同，挤压分为冷挤压、温挤压、热挤压三种。

1. 冷挤压

指在室温下进行的挤压。冷挤压件的尺寸精度较高，表面粗糙度较小。加工硬化提高了挤压件的强度，与切削加工相比，其生产率大幅提高，且成本低。但冷挤压的变形抗力非常大，这限制了挤压件的尺寸。

目前，冷挤压主要用于有色金属以及中、低碳钢的小型零件的挤压加工。

冷挤压时为降低挤压力，防止模具磨损和破坏，必须对坯料进行退火及润滑处理。常用润滑剂有植物油、矿物油、硬脂酸和四氯化碳等。对钢质材料，必须先把坯料放入磷酸盐中进行表面磷化处理，使坯料表面呈多孔性结构，储存润滑油，以保证在高压下也不易被挤掉，起到良好的润滑效果。

冷挤压工艺按金属流动方向与加压方向可以分为正挤压、反挤压、复合挤压、径向挤压、减径挤压等。原理图如下：

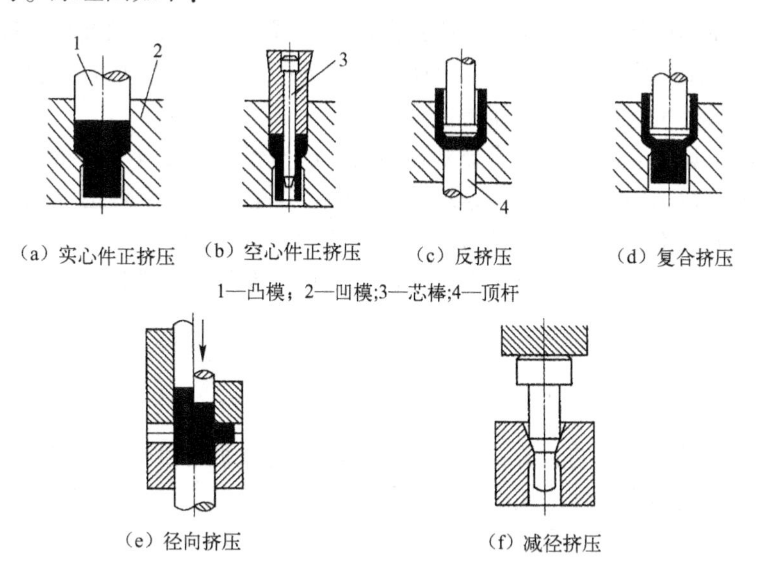

图 4. 29　冷挤压的基本工艺类型

2. 温挤压

将毛坯加热到金属再结晶温度以下某个适当的温度范围内进行挤压。与冷挤压相比，温挤压降低了变形抗力，成形容易，提高了模具寿命。温挤压的毛坯不需预先软化退火、工序间退火和表面磷化处理，有利于实现机械化、自动化生产。温挤压不仅用于中碳钢，还可用于合金钢。温挤压件的性能接近于冷挤压件。

3. 热挤压

将毛坯加热至热锻温度范围内进行挤压。热挤压变形抗力小，但挤压件的尺寸精度和表面质量较低。热挤压广泛地用于冶金部门生产铝、铜、镁及其合金的型材和管材等。也用于生产机械零件及其毛坯。

按挤压时金属流动方向与凸模运动方向之间的关系，挤压又可分为：正挤压、反挤压、复合挤压和径向挤压四种。

（1）正挤压。挤压时金属的流动方向与凸模的运动方向一致。零件断面形状可以是圆形、椭圆形、扇形、矩形或棱柱形等。

（2）反挤压。挤压时，金属的流动方向与凸模的运动方向相反。适用于截面是圆形、方形、长方形等的空心件。

（3）复合挤压。挤压时一部分金属的流向与凸模的运动方面相同，另一部分金属的流向则与凸模运动方向相反。复合挤压适于制造双杯类、杯杆类零件。

（4）径向挤压。挤压时，金属的流动方向与凸模的运动方向相垂直。径向挤压可以制造十字轴类零件、花键轴的齿形等。

4.5.3 零件的拉拔

拉拔是将金属坯料从模孔中拉出，使其横截面积减少，得到与模孔尺寸形状相同的制品的加工方法。拉拔多在室温下进行，主要用于生产各种钢、有色金属及其合金的棒材、线材和管材。拉拔产品的尺寸精度及表面质量较好。

拉拔模可用工具钢、硬质合金或金刚石制成。润滑锥锥角 $\beta = 40° \sim 60°$，便于润滑剂进入模孔，工作锥锥角 $2\alpha = 6° \sim 14°$，金属在此段发生塑性变形。为防止拉拔件出模孔时被划伤，模孔后端制成倒锥，当坯料直径与成品直径差值比较大时，需要通过几道模孔来拉拔，两次拉拔之间坯料需进行再结晶退火来消除加工硬化，恢复金属塑性。

4.6 焊接

焊接的实质就是将分离的金属，通过局部加热或同时加热和加压等方式，借助于原子间的扩散和结合，以达到永久性连接的一种工艺方法。

根据原子间结合的方式不同，焊接方法可以分为三大类。

1. 熔化焊

将焊件接头处加热至熔化状态，通常还需另加填充金属（焊丝、电焊条）以形成共同的熔池，冷却凝固后便形成一整体。此类焊法有电弧焊、气焊、电渣焊等。

2. 压力焊

将焊件接头处局部加热至高温塑性状态或接近熔化状态，然后施加压力，使接头处紧密接触并产生一定的塑性变形，通过原子间的结合而形成一整体。此类焊法有电阻焊、摩擦焊、爆炸焊等。

3. 钎焊

将填充金属（低熔点钎料）熔化后，渗入到焊件的接头处，通过原子间的扩散和溶解将两固态金属连成一个整体。此类焊法有软钎焊和硬钎焊。

焊接与铆接相比有以下特点：

（1）节省材料与工时。采用焊接结构通常可节省材料 10% ~ 20%，既减轻结构自重，且工序简单，生产周期短，可提高生产效率，降低成本。

（2）用铸——焊、锻——焊、冲——焊复合工艺，能实现化大为小，以小拼大，生产出大型、复杂的结构，以克服铸造或锻造能力不足的困难。

（3）能连接异种金属。如硬质合金刀片和碳钢刀杆的焊接。

焊接工艺的不足点是：焊接应力较大，易引起变形，对某些材料的焊接尚有一定困难。

目前，焊接已成为制造金属结构和机器零件的一种重要工艺方法，广泛应用于大型船舶船体、高压容器、锅炉、桥梁桁架、汽车、电器、飞机等各个行业。

4.6.1 手工电弧焊

手工电弧焊是利用焊条与焊件间产生的电弧热，将焊件和焊条熔化而进行的手工操作焊接方法，如图 4.30 所示。

手工电弧焊设备简单，使用灵活，可在室内、室外、高空和各种位置施焊，是焊接生产中应用最广的一种方法。

1. 焊接电弧

焊接电弧是电极与工件间的气体介质中强烈持久的放电现象。如图 4.31 所示，电极可以是碳棒、钨极或焊条，手工电弧焊一般使用焊条。

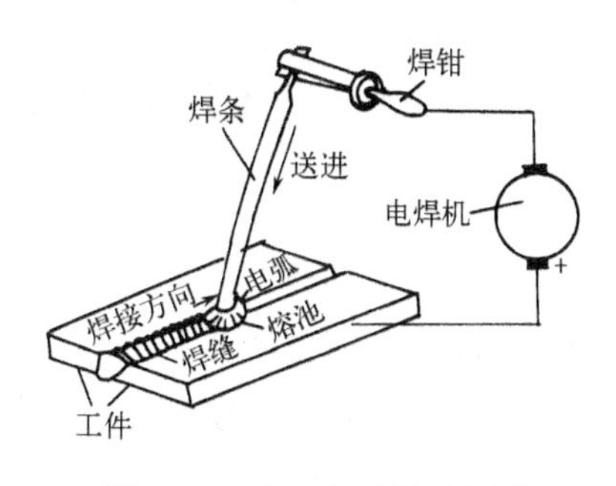

图 4.30　手工电弧焊示意图

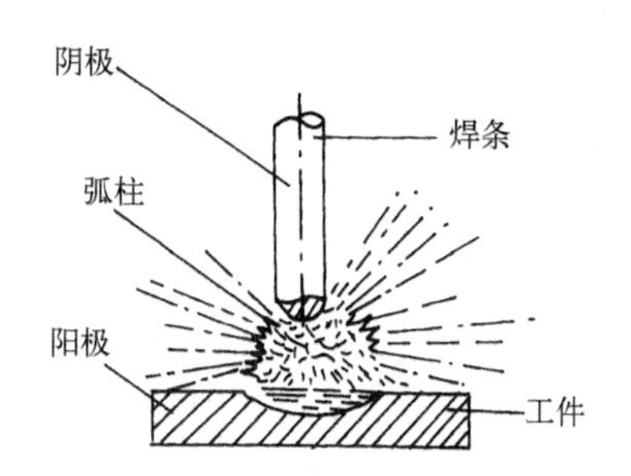

图 4.31　直流正接法的焊接电弧

焊接时，先使焊条与焊件瞬间接触，造成短路并产生金属蒸气，然后迅速提起焊条离焊件 2～4mm，在极间电场力作用下，高温金属从阴极放出电子并冲击气体介质，使气体介质电离成正、负离子，正离子流向阴极，负离子流向阳极，冲击能量变为热能，在两极表面放出大量的光和热，这样就形成了焊接电弧。

电弧热量的多少与焊接电流和电压的乘积成正比。电流越大，电弧产生的总热量就越大。电弧热量的分布并不均匀，电弧的阳极区、阴极区、弧柱区放出的热量分别占总热量的 43%、36% 和 21%。

用直流电焊接时，由于阳极和阴极上的热量不同，有正极性和反极性两种不同的接线方法。正接法是把焊件接电源正极，焊条接电源负极，电弧中的大部分热量集中在焊件上，可以加快焊件熔化速度，多用于焊接厚的焊件。反接法是焊件接电源负极，焊条接电源正极，常用于焊接较薄的焊件及有色金属、不锈钢、铸铁等。

当电弧稳定燃烧时，电弧电压主要与电弧长度（焊条与焊件间的距离）有关。电弧越长，电弧电压越高。一般电弧电压在 16～35V 范围内。

2. 手工弧焊机

手工电弧焊主要设备是弧焊机。按电流种类不同分为直流弧焊机和交流弧焊机。

直流弧焊机引弧容易，电弧燃烧稳定，可以自由选择极性。但直流弧焊机结构复杂，制造成本高，维护修理不便，噪声较大。近年来发展起来的整流弧焊机具有噪音小，重量轻，成本低，效率高等优点。

交流弧焊机实际上是一台特殊的降压变压器。这种焊机的电弧燃烧稳定性较差，但其结构简单，成本低，维修保养方便，节省电力，工作时噪音小，因而被广泛应用。

3. 焊条

焊条是作为熔化电极用的焊接材料。由焊芯和涂敷在焊芯外的药皮两部分组成。

（1）焊芯。焊芯起导电和填充焊缝的作用，是形成焊缝和调整焊缝成分的主要材料。

（2）药皮。药皮的主要作用是使电弧稳定燃烧和获得优质的焊缝。根据药皮种类不同，焊条可分为酸性焊条和碱性焊条两类。酸性焊条药皮中含有较多酸性氧化物，焊接时易氧化，合金元素烧损多，焊缝韧性差，但对铁锈、油脂、水分的敏感性不大，易引燃，电弧稳定性好，交直流均适用，工艺性好，适于低碳钢或低合金钢的焊接。碱性焊条药皮中含有较多碱性氧化物，有较好的脱氧、除硫、磷和去氢作用，焊缝机械性能高，抗裂性好，常用作重要结构件的焊接。

按 GB980—76 规定，焊条又分为：结构钢焊条、钼和铬钼耐热钢焊条、低温钢焊条、不锈钢焊条、堆焊焊条、铸铁焊条、镍及镍合金焊条、铜及铜合金焊条、铝及铝合金焊条、特殊用途焊条等。

4. 焊接工艺

手工电弧焊的焊接工艺包括接头形式与坡口、焊缝空间位置、焊接规范的选择等。

（1）接头形式与坡口。根据焊件厚度和工件工作条件、结构形式的不同，接头形式有对接接头、角接接头、搭接接头、T 字形接头四种，如图 4.32 所示，其中对接接头应用最多。为使焊件焊透，手工电弧焊的焊件厚度大于 6mm 时，要开坡口，常见坡口形式有：V 形、U 形、K 形和 X 形四种。

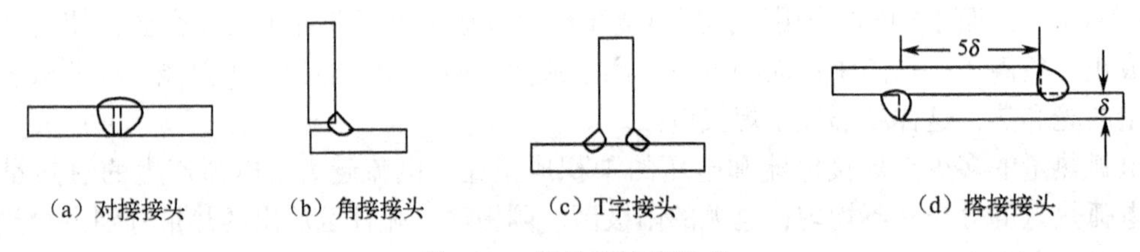

图 4.32　常见的接头形式

（2）焊缝的空间位置。如图 4.33 所示，按焊缝在空间的位置不同，分为平焊、横焊、立焊和仰焊四种。平焊操作容易，焊缝质量易保证，一般应尽量使焊缝处于平焊位置。立焊、横焊和仰焊位置施焊困难，应尽量避免。

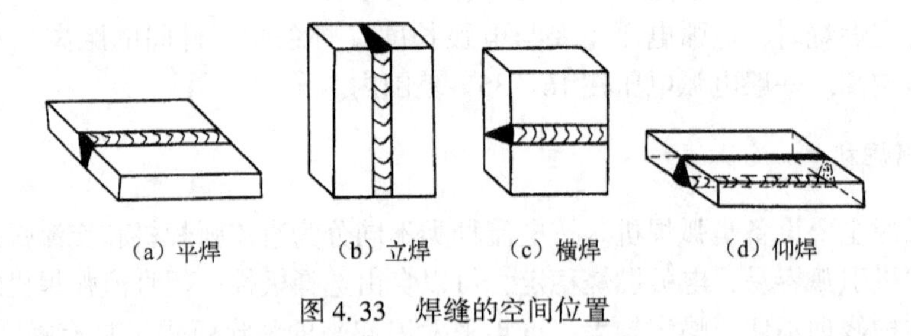

图 4.33　焊缝的空间位置

（3）焊接规范。手工电焊的焊接规范是选择焊条直径、焊接电流、焊接速度和电弧长度等。

① 焊条直径 d。焊条直径的选择主要取决于焊件的厚度。平焊时，焊件厚度与焊条直径的关系见表 4-4。

为减少金属液的下滴，立焊时焊条直径不超过 5mm，仰焊和横焊时焊条直径不超过 4mm。

表 4-4　焊件厚度于焊条直径关系

焊件厚度 δ（mm）	≤1.5	2	3	4~5	6~12	≥13
焊条直径 d（mm）	1.5	2	3.2	3.2~4	4~5	5~6

② 焊接电流 I。焊接电流是影响焊缝质量的主要因素之一。电流过大，易造成焊缝咬边、烧穿等缺陷；电流过小，电弧不稳定，易造成焊不透，且生产率低。

③ 焊接平焊缝可选较大电流，而其他焊缝位，焊接电流比平焊小 10% ~15%。使用碱性焊条焊接电流应比酸性焊条小一些。

④ 焊接速度和电弧长度。焊接速度一般由焊工根据焊缝质量要求自行掌握，以焊缝外观、内在质量均能达到要求为宜。电弧长度一般为 2 ~4mm。

5. 焊接应力与变形

焊接过程中，由于焊接接头区域受不均匀的局部加热和冷却，其膨胀和收缩受到周围金属的牵制而不能自由进行，就在焊件中产生焊接应力与变形。焊接应力存在使焊件的结构强度与冲击韧性下降，易引起裂纹和脆断。同时焊接应力导致的焊接变形，使焊件尺寸、形状改变，给装配造成困难。变形的焊件矫正后使用，成本高而性能差，过量变形则导致焊件报废。因此，对焊接应力与变形必须予以重视。

焊接变形的基本形式有收缩变形、角变形、弯曲变形、波浪式变形、扭曲变形等，见图 4.34 所示。

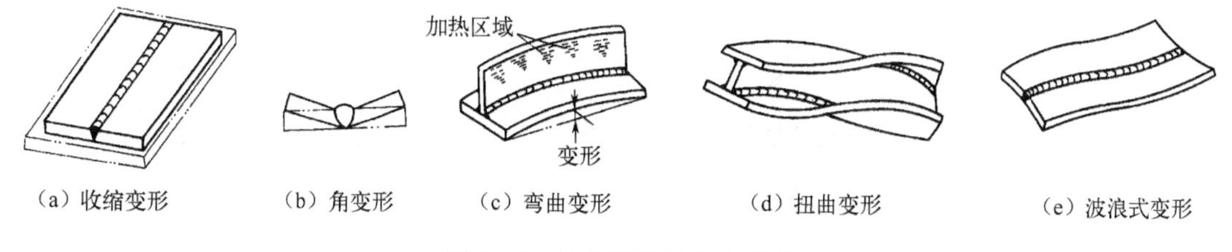

（a）收缩变形　（b）角变形　（c）弯曲变形　（d）扭曲变形　（e）波浪式变形

图 4.34　焊接变形的基本形式

生产中可以采用适当的工艺措施减少焊接应力和变形，常用的方法有如下几种：

反变形法、刚性固定法、合理安排焊接顺序、强制冷却、焊前预热和焊后缓冷、合适的焊接方法和焊接规范等。

焊后去应力退火可消除 80% ~90% 的残余应力，以防止切削加工中继续变形，并可提高承载能力。另外，焊接过程中用锤击热态下的焊缝以产生一定量的塑性变形而减小焊接应力。如果焊接变形超过技术要求范围则应进行矫正。

6. 焊件的结构工艺性

焊接结构的设计，除考虑结构的使用性能要求外，还应考虑结构的工艺性能，以力求生产率高、成本低。满足经济性的要求。焊接结构工艺性一般包括焊接结构材料选择、焊缝布置和焊接接头设计等方面内容。

（1）焊接结构材料的选择。随着焊接技术的发展，工业上常用的金属材料一般均可焊接。但材料的焊接性不同，焊后接头质量差别很大。因此，应尽可能选择焊接性良好的焊接材料来制造焊接结构件。特别是优先选用低碳非合金钢和低合金高强度钢等材料，其价格低廉，工艺简单，易于保证焊接质量。

（2）焊缝布置。焊缝布置的一般工艺原则如下：

① 焊缝布置应尽量分散，避免过分集中和交叉。焊缝密集或交叉，会加大热影响区，使组织恶化，性能下降。如图 4. 35 所示。

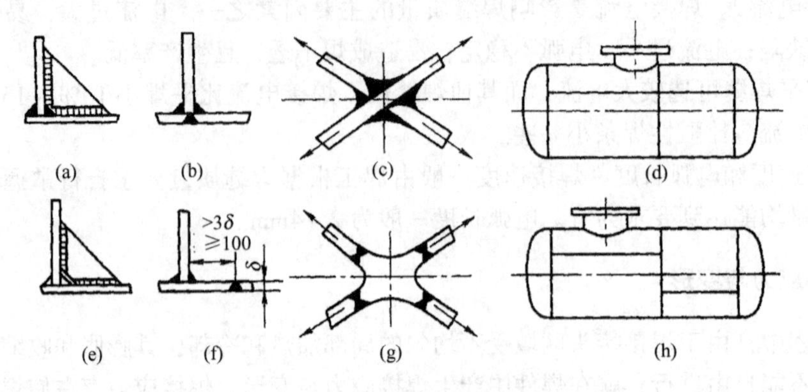

图 4. 35　焊缝分散布置的设计

② 焊缝应避开应力集中部位。焊接接头往往是焊接结构的薄弱环节，存在残余应力和焊接缺陷。因此，焊缝应避开应力较大部位，尤其是应力集中部位。

③ 焊缝布置应尽可能对称。焊缝对称布置可使焊接变形相互抵消。如果焊缝偏于截面重心一侧，焊后会产生较大的弯曲变形。图 4. 36 焊缝对称分布，焊后不会产生明显变形。

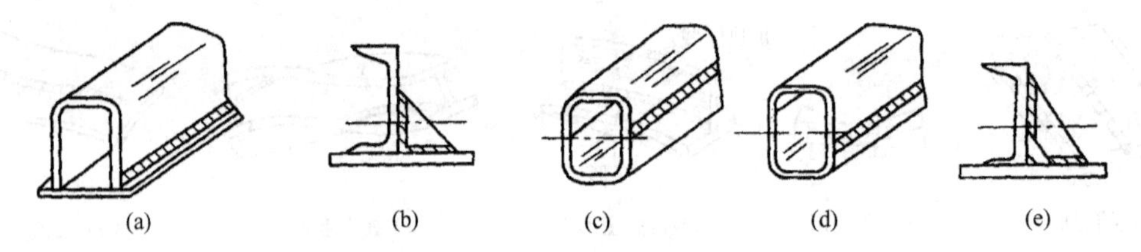

图 4. 36　焊缝对称布置的设计

④ 焊缝布置应便于焊接操作。焊条电弧焊时，要考虑焊条能到达待焊部位。点焊和缝焊时，应考虑电极能方便进入待焊位置。如图 4. 37 和 图 4. 38 所示。

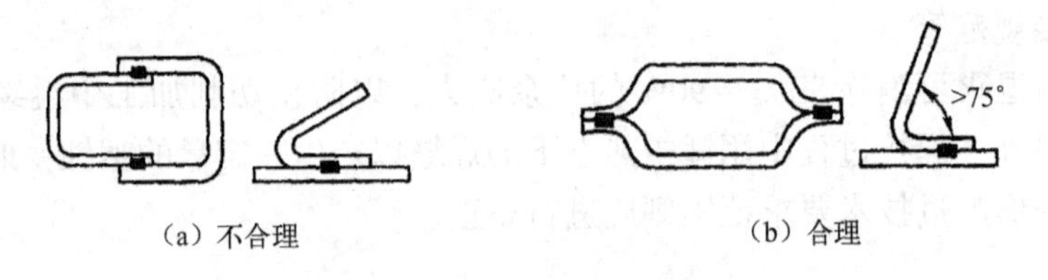

图 4. 37　焊条电弧焊焊缝设置

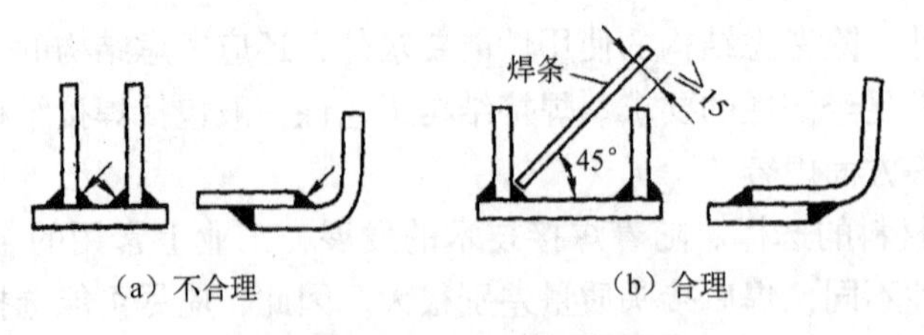

图 4. 38　点焊和缝焊焊缝设置

⑤ 尽量减少焊缝长度和数量。因为减少焊缝长度和数量，可减少焊接加热，减少焊接应力和变形，同时减少焊接材料消耗，降低成本，提高生产率。图 4. 39 是采用型材和冲压件减少焊缝的设计。

⑥ 焊缝应尽量避开机械加工表面。有些焊接结构需要进行机械加工，为保证加工表面精度不受影响，焊缝应避开这些加工表面。

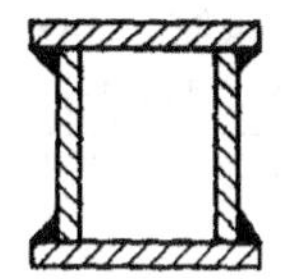

(a) 用四块钢板焊成

(b) 用四块钢板焊成

(c) 用两根槽钢焊成

(d) 用两块钢板弯曲后焊成

图 4. 39　减少焊缝数量

7. 焊件的质量检验与缺陷分析

(1) 焊件的质量检验。

① 外观检验。外观检验是用肉眼或借助样板，或用低倍放大镜及简单通用的量具检验焊缝外形尺寸和焊接接头的表面缺陷。

② 密封性检验。密封性检验是检查接头有无漏水、漏气和渗油、漏油等现象的试验，常用的有煤油试验、载水试验、气密性试验和水压试验等。

③ 耐压试验。耐压试验是将水、油、气等充入容器内徐徐加压，以检查其是否泄漏、耐压、破坏等的试验，通常采用水压试验。水压试验常用于锅炉、压力容器及其管道的检验，既检验受压元件的耐压强度，又可检验焊缝和接头的致密性（有无渗水、漏水）。

④ 焊缝无探伤。常用方法有渗透探伤、磁粉探伤、射线探伤和超声探伤等。

(2) 焊接缺陷分析。焊件质量问题主要包括焊件的宏观变形与焊接接头可能出现的各种缺陷，关于焊接应力和变形前面已介绍，下面重点介绍一下常见的焊接缺陷（见表4–5）。

表 4–5　常见的焊接缺陷及产生原因

缺陷名称	特　征		产生的原因
焊缝外形尺寸不符合要求		焊缝表面形状高低不平，焊缝宽度不均匀，余高过高或过低	1. 焊件坡口角度不当或装配间隙不均匀 2. 焊接电流过大或过小 3. 焊条的角度选择不合适和运条速度不均匀
咬边（咬肉）		焊缝与焊件交界处凹陷	1. 焊接电流太大，电弧过长或运条速度不合适 2. 焊条角度或电弧长度不适当
气孔		焊缝内部（或表面）有孔穴	1. 熔化金属凝固太快 2. 电弧太长或太短 3. 焊接材料化学成分不当 4. 焊接材料不干净

续表

缺陷名称	特征		产生的原因
夹渣	夹渣 夹渣	焊缝或熔合区内部存在的非金属夹杂物	1. 焊件边缘及焊层之间清理不干净 2. 焊接电流太小，熔化金属凝固太快 3. 焊条角度和运条方法不当 4. 焊接材料成分不当
未焊透		焊缝金属与焊件之间或焊缝金属之间的局部未熔合	1. 焊接电流太小，焊接速度太快 2. 焊条角度不当 3. 坡口角度太小，钝边太厚、间隙太小等
裂纹		焊缝、热影响区内部或表面因开裂而形成的缝隙	1. 焊接材料化学成分不当 2. 熔化金属冷却太快 3. 焊接顺序和措施不当 4. 焊件设计不合理
焊瘤		熔化金属流敷在未熔化的焊件或凝固的焊缝上所形成的金属瘤	1. 焊接电流太大 2. 电弧过长 3. 焊接速度太慢 4. 焊件装配间隙太大 5. 操作不熟练，运条不当
焊穿及塌陷		液态金属从焊缝背面漏出凝成疙瘩或在焊缝上形成穿孔	1. 焊接电流过大 2. 焊接速度太慢 3. 焊件装配间隙太大 4. 气保焊时保护气流量过大

4.6.2 其他熔化焊

1. 气焊与气割

气焊是利用氧气和可燃气体混合燃烧时产生的大量热量，将焊件和焊丝局部熔化，而进行焊接的一种方法。

气焊设备简单，操作灵活方便，能进行多种金属的焊接。但气焊火焰温度低，加热慢，焊件受热区大，生产率低，因此应用不如电弧焊广泛。目前主要用于焊接薄钢板、有色金属及其合金，以及钎焊刀具和铸铁的补焊等。

(1) 气焊用气体和设备。气焊用气体是氧气和乙炔的混合物。气焊设备有氧气瓶、乙炔瓶、减压器、回火防止器、焊炬（焊枪）等。

(2) 气焊火焰。气焊时，调节焊炬中乙炔和氧的体积比例，可获得三种性质的气焊火焰。如图 4.40 所示。

中性焰。氧气与乙炔的体积比为 1 ~ 1.2，乙炔能充分燃烧。中性焰使用较多，常用于焊接低、中碳钢、低合金钢、紫铜及铝合金等。

碳化焰。氧气与乙炔的体积比小于 1，由于氧气少，燃烧不完全。一般轻微碳化焰常用于焊接高碳钢、高速钢、铸铁、硬质合金等。

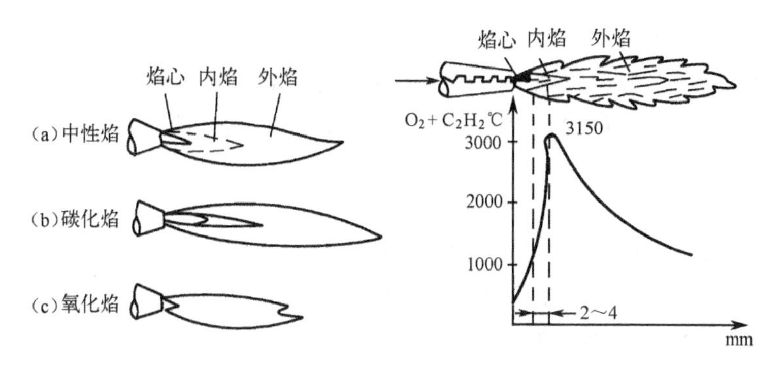

图 4.40　气焊火焰及中性焰的温度分布

氧化焰。氧气与乙炔的体积比大于1.2，通常只用于焊接黄铜，以防锌的蒸发。

(3) 气割。气割是利用气体火焰将金属预热到燃点温度，然后开放切割氧，将金属剧烈氧化成熔渣，并从切口中吹掉，从而将金属分离的过程。

气割用气体和设备与气焊相同，只需把焊炬换成割炬。气割灵活方便，适应性强，设备简单，操作方便，生产率高。但对金属材料有一定限制，它要求金属材料满足以下两个条件：

① 材料的燃点和生成氧化物的熔点低于金属的熔点。

② 材料的导热性要低，燃烧时应是放热反应。

符合以上两个条件的只有低碳钢和低合金结构钢。

气割被广泛用于钢板下料、铸钢件浇冒口的切割、焊件开坡口等。

2. 埋弧焊

埋弧焊也称熔剂层下电弧焊。它可以分为自动和半自动埋弧焊两种。埋弧焊的工作过程如图4.41所示，焊接时，自动焊机头将光焊丝自动送入电弧区并保证选定的弧长，电弧在焊剂层下燃烧，并靠焊机控制均匀地向前移动（或焊机不动，工件匀速移动）。在焊丝前面，焊剂从漏头中不断流出撒在工件表面。

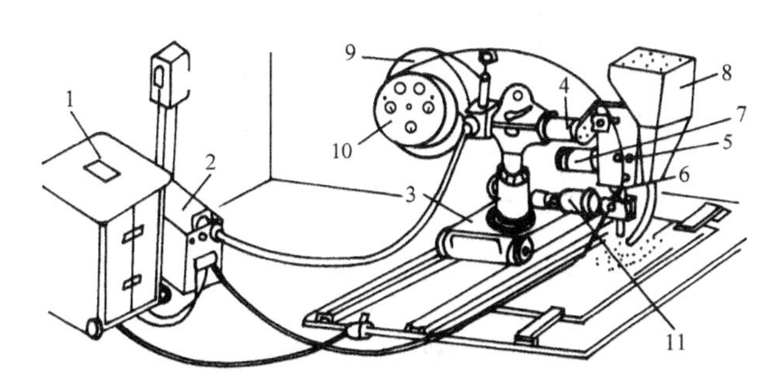

1—电源；2—控制箱；3—车架；4—横梁；5—矫直轮；6—机头；7—送丝电动机；8—焊剂漏斗；9—焊丝盘；10—操作盘；11—小电动机

图 4.41　埋弧自动焊原理图

埋弧自动焊的电流比手工电弧焊高6~8倍，且不需要更换焊条，生产率比手工电弧焊提高5~10倍；焊剂保护性好，焊接质量高且稳定，焊缝表面成形美观；埋弧焊没有焊条头，20~25mm以下的工件可以不开坡口，因此能节省大量焊接金属材料；焊接过程中看不见弧光，放出的有害气体少，可以实现机械化操作。

埋弧焊一般总是在平焊位置施焊，对接头加工与装配要求严格。埋弧焊常用来焊接长的直线焊缝和较大直径的环形焊缝，当工件厚度增加和批量生产时，其优点尤为显著。

3. 氩弧焊

氩弧焊是以氩气作为保护气体的一种电弧焊接方法。氩气是惰性气体，它不和金属起化学反应，也不熔于金属，保护效果很好，焊接后焊逢质量较高。氩弧焊的电极分为熔化极和不熔化极（钨极）两种，如图 4.42 所示。

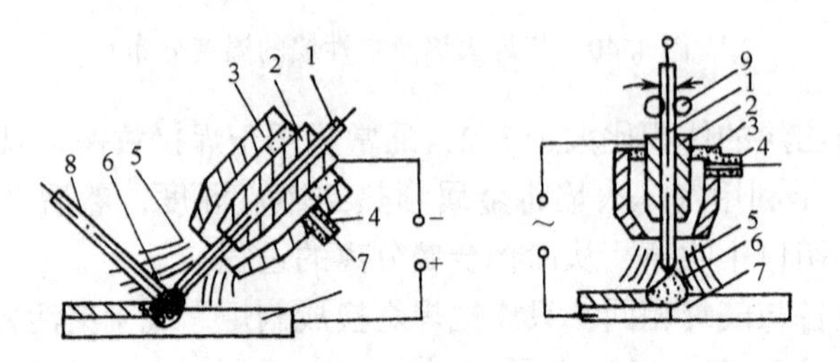

1—电极或焊丝；2—导电嘴；3—喷嘴；4—进气管；5—氩气流；6—电弧；7—工件；8—填充焊丝；9—送丝滚轮

图 4.42　氩弧焊示意图

氩弧焊电弧稳定，飞溅小，焊缝致密，表面无熔渣，成形美观；电弧在气流压缩下燃烧，热量集中，熔池较小，焊接速度快且热影响区窄，工件焊后变形小。氩弧焊是明弧，便于操作，容易实现全位置的自动化焊接。

目前，氩弧焊主要用于焊接铝、镁、钛及其合金、低合金钢、耐热钢、不锈钢等。

4. 二氧化碳气体保护焊

二氧化碳气体保护焊是以 CO_2 作为保护气体的电弧焊。它用焊丝作电极，靠焊丝和焊件之间产生的电弧熔化金属，以自动或半自动方式进行焊接，如图 4.43 所示。

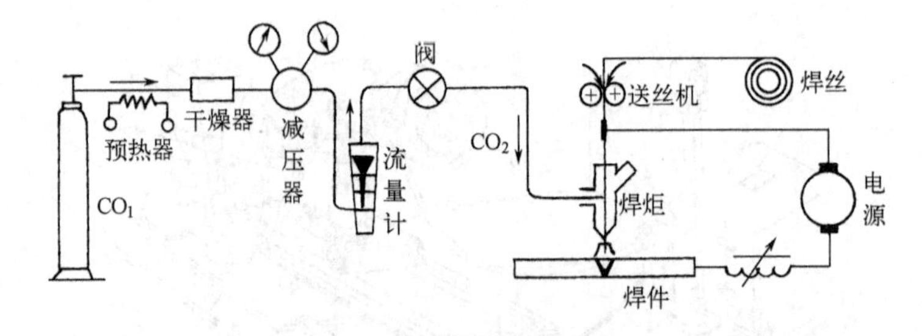

图 4.43　二氧化碳气体保护焊示意图

CO_2 保护焊的电弧在气流压缩下燃烧，热量集中，热影响区小，工件变形小，焊接质量较好；而且焊丝自动送进，焊接速度快，生产率高；用 CO_2 气体代替焊剂，降低了成本。但 CO_2 保护焊的焊缝表面成形性差，飞溅较大，焊接设备复杂，维修不便。

CO_2 保护焊目前已广泛用于造船、汽车、机车车辆、农业机械等工业部门，主要用于焊接低碳钢和低合金结构钢薄板。

5. 电渣焊

电渣焊是利用电流通过液态熔渣所产生的电阻热作为热源来进行焊接的。其焊接过程如图 4.44 所示。

焊件处于垂直位置，相距 25 ~ 35mm，待焊端面两侧装有冷却滑块，使熔池金属和熔渣不会外流。焊接时，在引弧板上撒上焊剂，利用电弧热使焊剂熔化，形成液态熔渣池，电流通过渣池产生大量电阻热，使渣池温度保持在 1700℃ ~ 2000℃，送入焊丝，焊丝和焊件被渣池加热熔化形成金属熔池。在焊接过程中，不断送进焊丝并进行熔化，使渣池逐渐上升，下面的液态金属在焊缝冷却滑块的强制冷却下凝固，形成焊缝。

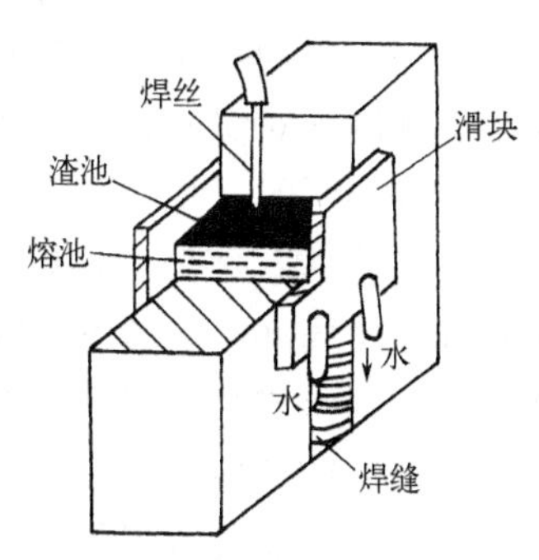

图 4.44　电渣焊示意图

电渣焊的特点是：生产率高，任何厚度的工件都不需开坡口，焊接材料消耗少；焊缝金属纯净，不易产生夹渣和气孔，很厚的工件也可以一次焊成。由于焊缝区在高温下停留的时间较长，热影响区较大，晶粒粗大，易产生过热组织，使近缝区的力学性能下降，故对重要工件，焊后需进行处理。

电渣焊主要用于焊接厚度大于 40mm 的工件，我国已在水轮机、水压机、轧钢机、重型机械等大型设备制造中广泛应用电渣焊。

4.6.3　电阻焊与钎焊

1. 电阻焊

电阻焊又称接触焊，它是利用电流通过两焊件接触处所产生的电阻热作为焊接热源，将焊件局部加热至高温塑性状态或熔化状态，并在压力作用下形成牢固接头的焊接方法。因为两焊件接触处电阻有限，为使焊件在极短时间（0.01 秒至几秒）内达到高温，以减少散热损失，所以要采用大电流（几千安至几万安）、低电压（几伏至十几伏）的大功率电源。电阻焊具有高生产率、焊接变形小、劳动条件好、不需添加填充金属、易于实现自动化等优点。但设备较复杂，耗电量大，对焊件厚度与截面形状有一定限制，通常用于成批大量生产。

电阻焊按接头形式不同，分为点焊、对焊、缝焊三种，如图 4.45 所示。

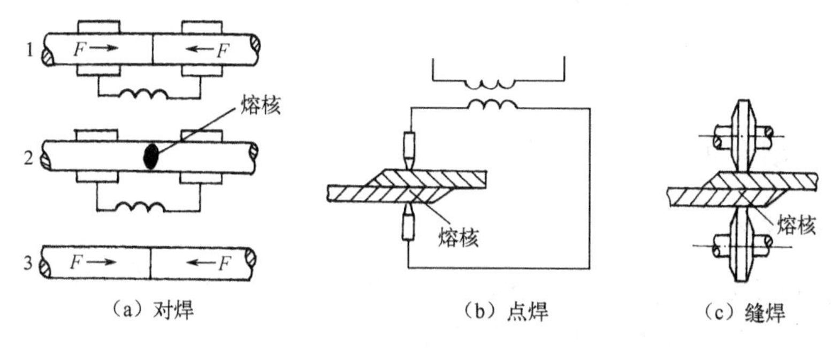

（a）对焊　（b）点焊　（c）缝焊

图 4.45　电阻焊

（1）对焊。对焊是以对接形式，利用两焊件接触的电阻热把焊件焊接起来的一种焊接方法。根据焊接工艺过程不同，对焊又分为电阻对焊和闪光对焊。

电阻对焊操作简单，接头外形光滑，不需要去毛刺，但焊前对焊件接触表面的清理工作要求高。主要用于焊接截面简单，直径或边长小于20mm和强度要求不高的工件。

闪光对焊的焊件焊边有毛刺（可去毛刺），夹渣少，并能防止空气侵入，焊接接头质量较高。常用于对焊刀具、发动机、排气阀、钢筋、铁链、钢轨等重要焊件以及异种金属的对焊，焊件端面的尺寸与形状应相同或相近。

（2）点焊。将两薄板焊件置于上、下两个圆柱形电极之间，压紧后通电加热，两焊件接触处金属局部熔化形成熔核，然后断电，保持或增大电极压力，熔核金属在压力作用下冷却结晶，即形成组织致密的焊点。

点焊适用于各种薄板冲压件，工件厚度一般为0.5～4mm，目前广泛用于汽车、飞机、机车车辆及农业机械等各部门。

（3）缝焊。缝焊又称滚焊，电极为圆盘状，焊接时，滚轮电极对焊件加压通电，滚轮电极的转动又带动焊件向前送进。结果便在焊件接触处形成一连串相互重叠的焊点组成的连续焊缝。

缝焊时，由于各焊点互相重叠，因而密封性较好，主要用于制造密封性要求较高而厚度在3mm以下的薄壁容器，如油箱、水箱、化工容器等。

2. 钎焊

钎焊是利用熔点比焊件金属低的钎料作填充金属，经适当加热后，钎料熔化进入焊缝间隙，借助毛细管的作用被吸入和充满工件间隙之内，由于被焊金属原子与钎料原子间的相互扩散作用，凝固后形成钎焊接头。

根据钎料熔点不同，钎焊分为硬钎焊与软钎焊两种。

（1）硬钎焊。钎料熔点高于450℃，接头强度为400～500MPa，适于焊接受力较大或工作温度较高的工件。常用钎料有铜基、银基、铝基、镍基等合金。

（2）软钎焊。钎料熔点低于450℃，接头强度 <70MPa，故只用于焊接受力不大或工作温度较低的工件。常用钎料是锡铅合金（焊锡）。

钎焊加热温度较熔化焊低，故热影响区小，变形小，能保持工件性能、尺寸与形状，接头光滑、平整，无须再加工；可焊接同种或性能差异很大的异种金属，以及厚薄悬殊、结构复杂的工件。钎焊的不足之处是接头强度低，承动载荷能力差；钎料用有色或贵重金属，成本较高。目前钎焊主要用于硬质合金刀具、精密仪表、电气零部件、异种金属焊件及空间技术领域。

4.6.4 常用金属材料的焊接

1. 金属的可焊性

金属材料的可焊性是指被焊金属材料在一定的焊接工艺方法、焊接材料、工艺参数及结构型式的条件下，获得优质焊接接头的难易程度。

金属材料的可焊性不是一成不变的，同一种金属材料，采用不同的焊接方法及焊接材料，其可焊性有很大的差别。例如，铸铁件选用镍基铸铁焊条，焊接性能良好，若采用低碳钢焊条，难以保证质量。在制造焊接结构时，了解材料的可焊性，是产品设计、施工准备及正确制定焊接工艺的重要依据。

2. 常用金属材料的焊接特点

（1）碳钢。

① 低碳钢。含碳量小于0.25%，塑性好，一般无淬硬倾向，可焊性良好，各种焊接方法均可适用。在常温下焊这类钢，不需采取特殊的工艺措施，焊后也不需热处理。

② 中碳钢。含碳量在0.25%～0.60%左右，可焊性较差，含碳越高，可焊性越差，近缝区易产生淬硬组织和冷裂纹。因此焊前必须预热，预热温度为150℃～400℃之间，焊后缓冷，进行去应力退火，尽可能选用抗裂性好的低氢型焊条。焊接时采用细焊条、小电流、开坡口、多层焊。中碳钢主要用于各种铸件、锻件的焊接。

③ 高碳钢。含碳量大于0.60%，可焊性更差，焊接时焊缝与热影响区产生裂纹的倾向更大，因此，只用于高碳钢工件的修补。

（2）合金钢。

① 低合金钢。由于合金元素的影响，焊接性能较低碳钢差。低合金钢一般按屈服强度分级，强度等级低的，可焊性较好，可以采用与低碳钢相似的焊接工艺。强度等级较高的低合金钢（$C_{当量}>0.4\%$），可焊性较差，淬硬和冷裂倾向加大，焊接时需采取严格的工艺措施，如焊前预热（150℃以上），选用低氢型焊条，焊后550℃～650℃去应力退火。

② 中、高合金钢。这两类钢合金元素含量较高，可焊性差，焊接时，要针对不同的钢种和不同的要求，采取适当的工艺措施，才能获得满意效果。

（3）铸铁。铸铁的碳、硅含量高，可焊性很差，容易出现白口组织及气孔、裂纹等缺陷，主要用于铸铁件的焊补。由于铸铁熔点低，铁水流动性好，所以一般只适于在平焊位置施焊。常用手弧焊或气焊焊接，焊接方法有以下两种。

① 热焊法。焊前将工件整体或局部预热到600℃～700℃，并在焊接过程中保持预热温度，焊后缓慢冷却。热焊法使焊件受热均匀，冷却速度慢，可防止产生白口及裂缝，焊补质量好，焊后易于机械加工。但生产率低，成本较高，焊工劳动条件差，故一般用于小型及焊后需要加工的复杂和重要铸件。

② 冷焊法。焊前不预热或预热温度低于400℃，依靠焊条来调整焊缝化学成分以防止或减少白口和裂缝。冷焊法生产率高，成本低，劳动条件较好，但有时质量不易保证。冷焊法一般用于焊后不需机械加工的铸件。

（4）铜及铜合金。铜及铜合金的导热性很好，为保证焊透，焊接时需较大的热量，一般需预热；铜的热胀冷缩性大，易产生较大的焊接应力与变形，焊件应力大时易产生裂纹；铜液态时吸气性强，凝固时易生成气孔，氧化性强，生成的氧化物会引起热裂及夹渣。

目前焊接铜、青铜多采用氩弧焊，黄铜用轻微氧化焰气焊。此外，还可以采用钎焊。

（5）铝及铝合金。铝及铝合金容易氧化，生成高熔点的致密氧化铝，阻碍金属的熔合，易使焊缝夹渣；铝的导热系数大，焊厚度较大的工件时需预热；它的热胀冷缩性大，易产生焊接应力与变形，甚至产生裂缝；吸气性强，易产生气孔，且液态和固态时的表面颜色无明显变化，不易判断熔池温度的变化，使焊接操作产生困难。

目前焊接铝及铝合金的较好方法是氩弧焊、电阻焊和钎焊，也可采用中性焰气焊。

习 题 4

一、填空题

4.1 浇注系统通常由（　　）、（　　）、（　　）和（　　）四部分组成。

4.2 影响合金流动性的因素主要有（　　）、（　　）、（　　）、（　　）。

4.3 冒口的主要作用是（　　）、（　　）。

4.4 型砂、芯砂应具备的性能（　　）、（　　）、（　　）、（　　）和退让性。

4.5 铸造时，影响合金收缩的因素有（　　）、（　　）、（　　）、和（　　）。

4.6 合金的收缩可分为三个阶段（　　）、（　　）、（　　）。

4.7 焊接方法很多，按焊接过程的特点可分为（　　）、（　　）和（　　）。

4.8 板料冲压的基本工序可分为（　　）和（　　）两大类。

4.9 自由锻的工序可分为（　　）、（　　）和（　　）三大类。

4.10 自由锻常用的基本工序有（　　）、（　　）、（　　）、（　　）、（　　）、（　　）、（　　）。

4.11 常见的焊接变形形式有（　　）、（　　）、（　　）、（　　）和（　　）。

二、选择题

4.12 在常用材料中，灰铸铁铸造性能（　　）

A. 好　　B. 差　　C. 较差

4.13 无须填充金属，焊接变形小，生产率高的焊接方法是（　　）

A. 埋弧焊　　B. 电阻焊　　C. 电弧焊

4.14 锻造大型工件常用的设备是（　　）

A. 空气锤　　B. 冲床　　C. 水压机

4.15 下列材料中（　　）的焊接性能最差

A. 低碳钢　　B. 高碳钢　　C. 铸铁

4.16 铸造时，影响合金收缩的因素有化学成分、铸件结构、铸型条件和（　　）。

A. 浇注速度　　B. 浇注系统的结构　　C. 充型结构　　D. 浇注温度

4.17 区别冷变形与热变形的界限是（　　）。

A. 再结晶温度　　B. 常温　　C. 723℃　　D. 1148℃

三、简答分析题

4.18 什么是铸造？为什么形状复杂件常用铸件毛坯？

4.19 提高金属液流动性的措施有哪些？如何理解铁水的“高温出炉，低温浇注”？

4.20 试分析缩孔、缩松产生的原因及防止措施。

4.21 铸件产生变形和裂纹的原因是什么？如何防止？

4.22 试比较铸铁、铸钢、铸铜合金和铸铝合金的铸造工艺特点。

4.23 下列铸件在大批量生产时，采用哪一种铸造方法最好？

车床床身、铝活塞、汽轮机叶片、铸铁水管、照相机机身。

4.24 什么是金属的锻造性能？影响锻造性的因素有哪些？

4.25 试述自由锻造的基本工序及应用范围。

4.26 锤锻模的模膛分为哪几类？各有何作用？

4.27 如何选择锻模分模面？能否锻出通孔？

4.28 板料冲压的基本工序有哪些？说明落料和孔的尺寸与凸、凹模尺寸的关系。

4.29 什么是金属的焊接？金属的焊接分为几类？各有何特点？

4.30 试述焊接电弧的形成原理，并说明直流电焊接时电源极性的选择依据。

4.31 电焊条由哪几部分组成？实际生产中如何选择电焊条？

4.32　什么是气焊？如何选择气焊火焰？

4.33　试比较点焊、对焊、缝焊的应用范围。

4.34　什么是金属的可焊性？试比较低碳钢、低合金结构钢、铸铁的焊接性能及采用的工艺措施。

4.35　焊接梁，尺寸如图4.46所示，材料为15钢，单件生产，现有钢板最大长度为2500mm，要求：（1）决定腰板、翼板接缝位置；（2）选择焊接方法及接头形式；（3）确定各条焊逢的焊接次序。

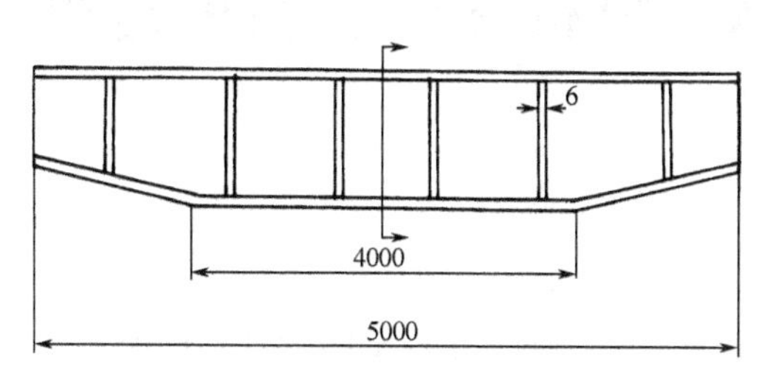

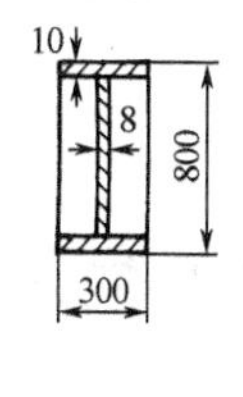

图4.46　焊接梁

第5章　机械零件材料的选择

5.1　机械零件的失效

每种机器零件都有自己一定的功能，如完成规定的运动，传递力、力矩或能量。当零件由于某些原因丧失预定功能时，即发生了失效。具体表现为：

(1) 零件完全破坏，不能继续工作。

(2) 严重损伤，不能安全地继续工作。

(3) 虽能安全工作，但不能起到预定的作用。

零件的失效，特别是那些事先没有明显征兆的失效，往往会带来巨大的损失，甚至导致重大事故。因此，对零件失效进行分析，找出失效原因，并制定出防止或减缓失效的措施，具有十分重要的意义。

5.1.1　失效形式

根据零件破坏特点、所受载荷的类型及外在条件，零件失效形式可归纳为变形失效、断裂失效和表面损伤失效三大类。

1. 变形失效

变形失效可分为弹性变形失效与塑性变形失效两类失效。

(1) 弹性变形失效。由于发生过大的弹性变形而造成的零件失效。分为两种形式：一种为一般弹性失效，如一根轴在外力作用下发生过大弹性挠曲，结果同与它相配合的零件相撞而遭破坏；发电机或电动机转子轴因刚度不足，发生过大弹性变形，使转子与定子相撞而折断。另一种为弹性失稳失效，这种失效大多发生在细长件或薄壁筒件受轴向压缩时，此时零件产生很大的侧向弹性弯曲变形，丧失工作能力。

(2) 塑性变形失效。受静载荷的零件产生过量的塑性变形，位置相对于其他零件发生变化，致使整个机器运转不良，导致失效。

2. 断裂失效

断裂失效指疲劳断裂、快速断裂、蠕变断裂、应力腐蚀断裂等几类。

(1) 疲劳断裂。零件在交变应力作用下发生的突然断裂，断裂时的工作应力远远低于零件的屈服应力。

(2) 快速断裂。受单调载荷的零件可发生韧性断裂或脆性断裂。屈服变形过大产生韧性断裂；而脆性断裂则无明显的塑性变形，常在低应力下突然发生。它的情况比较复杂，最常见的是有尖锐缺口或有裂纹的构件，在低温或受冲击载荷时发生的低应力断裂。

（3）蠕变断裂。受长期固定载荷的零件，特别是在高温下工作时，蠕变量超出规定范围，因而处于不安全状态，严重时可能与其他零件相碰，造成断裂。

（4）应力腐蚀断裂。零件在某些环境中工作时，由于应力和腐蚀介质的双重作用，发生低应力脆断。

3. 表面损伤失效

表面损伤失效分为磨损失效、表面疲劳失效和腐蚀失效三类。此类失效是指两相互接触的零件相对运动时，表面发生磨损、疲劳、腐蚀现象，零件尺寸变化，精度降低，甚至发生咬合、剥落、配合破坏而不能继续工作。

以上各类失效中，蠕变失效和磨损失效等在失效前一般都有尺寸的变化，有明显征兆，可以预防，断裂可以避免。而低应力脆断、疲劳断裂和应力腐蚀断裂往往事先无明显征兆，断裂突然发生，因此特别危险，会造成严重后果。必须指出，实际零件在工作中往往并不只是一种失效方式作用。如一根轴，轴颈与滑动轴承相对摩擦发生磨损，应力集中处发生疲劳，两种方式同时起作用。但在一般情况下，造成一个零件失效总是一种方式起主导作用。失效分析的目的就是要找出主要的失效形式及失效原因，制定出防止或减缓失效的措施。

5.1.2　失效原因

零件的失效可以由多种原因引起，大体上可分为设计、材料、加工和安装四个方面。

1. 设计不合理

最常见原因是零件的结构或形状不合理，在零件的各种夹角、缺口、过小的过渡圆角处等存在明显的应力集中；另一原因是对零件的工作条件估计错误，如对工作中可能的过载估计不足，或者对环境的恶劣程度估计不足，忽略或低估了温度、介质等因素的影响，因而设计的零件承载能力不够。现在，由于应力分析水平的提高和对环境条件的重视，设计不合理造成的事故已大大减少。

2. 选材错误

选材不当是材料方面导致失效的主要原因。最常见的情况是，设计者仅根据材料的常规性能指标做出决定，而这些指标不能反映材料对实际失效类型的抗力；另一种情况是，尽管预先对零件的失效形式有较准确的估计，并提出了相应的性能指标作为选材的依据，但由于考虑到其他因素（如经济性、加工性能等），使得所选用材料的性能数据不符合要求，因而导致了早期失效。材料本身的缺陷也是导致零件失效的一个重要因素，常见的缺陷是夹杂物太多、过大，杂质元素太多，或者有夹层等宏观缺陷。因此，对原材料加强检验是非常重要的环节。

3. 加工工艺不当

零件加工成形过程中，由于加工工艺不当，也会造成各种缺陷。例如，锻造不良可造成带状组织、过热或过烧组织等；冷加工不良时粗糙度过大，产生过深的刀痕、磨削裂纹等；热处理不良会造成过热、脱碳、淬火裂纹、回火不足等。这些都可能导致零件早期失效。

应该注意，加工不良造成的缺陷，尤其是热处理时的某些缺陷，与零件的设计有很大关系。零件外形和结构设计不合理，会增加热处理缺陷发生的可能性。要避免零件淬火时的变形和开裂，可参考第2章热处理零件的结构工艺性。

4. 安装使用不当

零件安装时配合过紧、过松、对中不良、固定不紧、使用维护不当等均可使零件不能正常工作或工作不安全，造成失效与事故。

当然，零件失效还可能有其他的原因，在进行失效分析时，一般必须从以上四个方面逐一考查，才能找出真正失效的原因。现在失效分析已成为一门学科，它包括逻辑推理和实验研究两个方面，在实际应用时应把两者结合起来。

5.2 零件材料的选择

金属机械零件的生产，一般要经过结构设计、选择材料、毛坯生产、机械加工和热处理多道工序，而各道工序都直接影响着产品质量。一个合理的设计，要求材料选用合理，便于加工制造，且成本低，保证零件在使用过程中具有良好的工作能力。正确选料一直是零件设计的一项重要任务。

5.2.1 零件选材的一般原则

选材多发生在设计新产品、改变原设计、原材料缺乏需更换新材料等情况下，至于标准化的零件，如轴承、弹簧，只需按规格选用。选材一般应考虑以下几个方面。

1. 材料的力学性能

材料性能应满足零件的工作需求，尽量使零件经久耐用，安全可靠。为此，必须根据零件的功用、受力状况、工作环境等，分析零件失效的形式与原因来确定材料抵抗失效应具备的重要性能，根据主要性能选择材料。

对于一般机械零件和工模具来说，它们的失效是在各种载荷下产生了过量的变形、断裂和表面损伤。因此，它们选材的依据是力学性能，并制定出相应的热处理或其他强化措施，以便满足零件工作要求。

2. 材料的工艺性

材料工艺性指的是零件在制作过程中，材料适应冷、热加工的性能，这些性能包括：

（1）铸造性。指材料的熔点、流动性、收缩率、偏析倾向和吸气性等。常用铸造合金中，灰口铸铁的铸造性能最好，铸钢最差，铸铜合金和铸铝合金较好。

（2）锻造性。材料的塑性好，变形抗力小，则锻造性好。在碳钢中，低碳钢锻造性最好，中碳钢次之，低合金钢近于中碳钢，而高碳钢、高合金钢最差。

（3）焊接性。包括焊缝产生裂纹、气孔等工艺缺陷的倾向及在使用过程中的可靠性。焊接的主要材料是碳钢，低碳钢与低强度合金钢有较好的焊接性能，高碳钢与高合金钢的焊接性能差，铸铁只用于焊补。

（4）切削加工性。用允许的切削速度、加工后的表面粗糙度、断屑能力和刀具耐用度衡量。铝、镁合金切削加工性最好，而奥氏体不锈钢、高速钢等因含高碳、高合金，则不易切削。

（5）热处理工艺性。包括淬透性、变形开裂倾向、过热敏感性、回火脆性及氧化脱碳倾向等。热处理工艺是作为改善切削加工性和使零件获得使用性能而安排在有关工序中，热处理工艺性能对钢非常重要。

零件单件生产或小批量生产时，工艺性能的影响并不很突出，而在成批大量生产的条件下，工艺性能有时可能成为决定因素。例如，用24SiMnWV钢替代18CrMnTi钢制作齿轮，24SiMnWV钢力学性能优于18CrMnTi钢，但正火处理后，切削加工性很差，则不能适应大量生产要求。生产各种工模具及机械零件时，一般都要安排热处理工序，因此，除了合理设计零件外形，选材时还应考虑淬透性的因素。当制造大截面、形状复杂的高强度淬火零件时，应选用淬透性好、强度高的合金钢才能满足使用性能的需求。

在生产实践中，用改变工艺规范，改进刀具和设备，变更热处理等方法可以改善金属材料的工艺性能。

3. 材料的经济性

经济性是指所选用的材料加工成零件后，应使零件产生和使用的总成本最低，经济效益最好。零件的总成本包括零件材料本身的价格和与生产有关的其他一切费用。

在满足使用性能要求的前提下，应尽量采用便宜的材料，把零件的总成本降到最低，以获取最大的经济利益。例如，钢与铁都具有较好的工艺性能，而铁的价格便宜，钢的力学性能较铁高，在满足使用性能的条件下，能选铸铁则不选钢，能用碳钢则不选合金钢。另外还应考虑材料的加工费用，考虑材料供应条件，考虑国情与资源状况。为便于管理和生产，降低成本，提高生产率，选用的钢种应尽量少而集中。

综上所述，选材时应从材料的力学性能、工艺性能和经济性能着手，以便获得最佳的技术与经济效果。

5.2.2 选材的方法

零件的选材应以最主要的性能要求为依据。下面介绍非标准结构件的选材方法。

1. 以综合力学性能为主时的选材

在机器制造业中，相当的机械零件，如轴类、杆类及套类，工作时均受到不同程度的静载荷与动载荷的作用，要求零件应具备较高的强度和良好塑性。因此根据它们的受力大小，常选用中碳钢或中碳合金钢材料（如45钢、40Cr钢等），进行正火或调质处理即可满足使用需求。零件受力越大，所选材料的综合力学性能应越高。

2. 以疲劳强度为主时的选材

交变载荷作用下的零件，最易出现疲劳破坏，同时应力集中也是导致零件疲劳破坏的重要因素。所以，在交变载荷作用下的机器零件，如发动机的曲轴、齿轮、弹簧、滚动轴承等零件，应选用疲劳强度高的材料制作，并合理设计结构形状，制定正确的加工工艺，以减少应力集中的影响。

一般来讲，材料的强度极限高，则疲劳强度也越大。在强度极限相同的条件下，调质后的组织比正火、退火的组织具有更高的塑性和韧性，对应力集中的敏感性小，具有较高的抗疲劳破坏的能力。因此，制作承受较大载荷的零件，应选淬透性好的钢材，以便通过调质处理增加钢材疲劳强度。

改善零件的结构形状能避免应力集中，表面强化处理（喷丸、冷轧、滚压）及表面热处理（渗碳、氮化、表面淬火等）使工件表层存在压应力，可抵消零件工作时承受的部分拉应力，明显提高零件的抗疲劳破坏能力。

3. 以磨损为主时的选材

（1）在工作条件下，磨损较大、受力小的零件，如各种量具、钻套、顶尖等，选用高碳钢或高碳合金钢，进行淬火、低温回火以获得高硬度的回火马氏体组织，能满足耐磨需求。

（2）同时受磨损及交变应力的零件，为了耐磨及具有较高的抗疲劳强度，应选适合表面淬火、渗碳或氮化的钢材，热处理后，使零件外硬而内韧，既耐磨又能承受较大的应力。

对于承受载荷较大、速度较高、有一定冲击并要求表面有一定耐磨性的零件，如机床齿轮和主轴，可选用中碳钢或中碳合金钢，先正火或调质后再表面淬火处理，可获得较高的表面硬度（50～55HRC）和心部较好韧性的综合力学性能。

某些表面既受到摩擦磨损，又承受冲击载荷并在交变应力作用下工作的零件，如拖拉机、汽车中的变速箱齿轮，需采用低碳钢或低碳合金钢进行渗碳、淬火、低温回火处理，表面硬度高达58～63HRC，耐磨性好，而心部为低碳成分，韧性好，能承受较大冲击和交变应力。要求耐磨性更高、热处理变形小、精度高的零件，如磨床主轴、镗床主轴，常选用专门的氮化钢（38CrMoAlA）调质后氮化处理。

大多数零件均是在多种应力条件下工作，因此生产人员必须熟练掌握不同零件的选材方法。

5.3 典型零件的选材

5.3.1 轴类

1. 轴类零件的工作条件、失效方式及性能要求

轴是各种机器中最基本的零件，往往也是非常关键的零件，它的质量优劣直接影响机器的精度和寿命。虽然轴类零件的尺寸和受力大小有很大的差别，但从工作条件及所起的作用看，大多数轴具有相同的特点：传递一定的扭矩，受交变扭转载荷，一定的交变弯矩，或拉-压载荷；承受一定的过载或冲击载荷作用；需用轴承支承。

轴的失效方式主要有：

（1）断裂失效。由于大载荷或冲击载荷的作用，轴发生折断或扭断。

（2）疲劳失效。由于交变载荷长期作用造成疲劳断裂，这种失效方式占轴损坏总数的大部分。

（3）磨损失效。主要发生在轴颈处，一般多为黏着磨损。

此外，还可能因强度不足而发生过量塑性变形失效，或由于介质的作用而造成腐蚀失效等。

根据轴的工作条件及失效方式，要求材料具备优良的综合力学性能，以防断裂；高的疲劳强度，防止疲劳破坏；良好的耐磨性，防止轴径磨损。在特殊条件下工作的轴件，还应有一些特殊性能要求，如抗蠕变、耐腐蚀等。

2. 轴类零件的选材方法

传统上，轴类零件是按照强度设计来选材的，同时考虑冲击韧性和表面的耐磨性。强度设计一方面可以保证轴的承受能力，防止变形失效；另一方面由于疲劳强度与抗拉强度有一定比例关系，因此，具有一定的强度，就可以保证轴的耐疲劳性能。此外，强度高对耐磨性也有利。

为了兼顾强度和韧性，使用时考虑疲劳抗力，轴一般选用中碳钢或合金调质钢制造。主要承受交变弯曲、扭转载荷的轴，整个截面上应力分布不均，表面处应力大，心部应力小，因此不需要选用淬透性很高的钢；而同时承受交变弯曲应力（或扭转应力）及拉－压载荷的轴，心部的受力也较大，应选用具有较高淬透性的钢。典型轴的选材见表5-1。

表5-1　不同工作条件下轴的选材及热处理

工作条件	材料	热处理要求	应用举例
与滚动轴承配合，低速、轻载，精度不高，冲击小	45钢	正火或调质220～250HB	一般简易机床主轴
与滑动轴承配合，有冲击载荷	45钢	正火、轴颈表面淬火、回火，52～58 HRC	C620车床主轴
与滚动轴承配合，中速、中载，精度较高，冲击小	40Cr	整体或局部淬火、回火，42～52HRC	摇臂钻床、组合机床主轴
与滑动轴承配合，中速、中载，精度较高，冲击较大	40Cr	调质、轴颈及配件装拆处表面淬火、回火，50～52 HRC	车床主轴、磨床砂轮主轴
与滑动轴承配合，中载、高速，要求高精度	38CrMoAlA	调质、氮化250～280HB	高精度磨床及精密镗床主轴
与滑动轴承配合，重载、高速，冲击较大	20CrMnTi	渗碳、淬火、回火，56～62HRC	载荷较大的组合机床
高温、高速、重载	40CrNiMoA	调质、氮化250～280HB	发动机涡轮轴
与滚动轴承配合，承受冲击和扭转载荷	40CrMnMo 40Cr	调质，杆部37～44HRC、盘部24～34HRC	汽车半轴

5.3.2　齿轮类

1. 齿轮的工作条件、失效方式及性能要求

齿轮也是一种应用很广的机械零件，主要传递扭矩，有时也起换挡变速或改变传力方向的作用，有的齿轮仅起分度定位作用，受力不大。大多数重要齿轮的工作条件有以下特点：

传递扭矩，齿根部承受较大的交变弯曲应力，齿表面承受很大的接触应力、摩擦和磨损；由于换挡、启动或啮合不均，轮齿受一定的冲击载荷作用。

齿轮的失效方式主要有以下几种：

(1) 疲劳断裂。主要是从根部起源的疲劳断裂。

(2) 表面损伤。包括表面疲劳(麻点和剥落)和磨损。

(3) 过载断裂。主要是冲击载荷过大造成断齿。

根据有关资料介绍，断裂是齿轮失效的最主要的方式，其次是表面损伤。

根据齿轮的工作条件及失效方式的分析，要求齿轮材料有高的弯曲疲劳强度，防止疲劳断裂；足够高的强度及韧性，防止过载断裂；齿面有很高的接触疲劳强度和高的耐磨性，防止表面损伤。另外，要求热处理变形小或变形有一定规律。

2. 齿轮类零件的选材方法

齿轮材料的特点是要求有很高的齿面硬度和强度，以防止疲劳断裂和表面损伤，同时应有足够的心部强度及韧性，以进一步提高疲劳抗力，防止冲击断裂。因此齿轮材料大量采用钢件并进行表面强化处理。要求较低时，进行表面淬火强化；要求高时，采用化学热处理(渗碳、氮化等)强化。

在低速或中速、低应力、低冲击载荷条件下的齿轮，可用球墨铸铁制造。对于受力不大，在无润滑条件下工作的齿轮，选用塑料(如尼龙、聚碳酸脂、夹布层压热固性树脂等)来制作齿轮有一定优点。首先是重量轻，可减轻设备自重；其次是摩擦系数小，在干摩擦条件下，磨损也不严重。此外，塑料有很好的减振性，齿轮工作时噪音小。所以某些仪表齿轮、轻载传动齿轮可用塑料制作。典型齿轮选材见表5-2。

表5-2 不同工作条件齿轮的选材及热处理

工作条件	材料	热处理要求	应用举例
低速、低载，工作平稳，无强烈冲击	45钢	正火156~217 HB或调质200~250 HB	机床变速箱和挂轮箱齿轮或溜板箱齿轮
中速、中载，要求齿面硬度高	45钢	高频淬火、回火45~50HRC	车床变速箱中的次要齿轮
高速、中载，要求齿面硬度高	45钢	高频淬火、回火54~60HRC	磨床砂轮箱齿轮
高速、中载、受冲击	20Cr 20Mn2B	渗碳、直接淬火、回火58~63HRC	机床变速箱齿轮、龙门铣床的电动机齿轮
中速(2~4m/s)、中载	40Cr 42SiMn	调质后高频淬火、回火50~55HRC	高速机床走刀箱、变速箱齿轮
高速、重载、受冲击，模数>6	20CrMnTi 20SiMnVB	渗碳、淬火、回火58~63HRC	立式车床上的重要齿轮
高速、重载，受冲击振动，齿面硬度要求高	20CrMnTi 20CrMnMo	渗碳、直接淬火、回火58~64HRC	汽车、拖拉机传动装置中的圆柱齿轮、圆锥齿轮
高速、重载、工作条件极差，要求高耐疲劳及高强韧性	12CrNi3A 12Cr2Ni4A	渗碳、二次淬火、回火58~63HRC	航空发动机齿轮
低速、低载、耐磨	HT200	去应力退火170~229HB	汽车发动机凸轮轴齿轮、农用机齿轮

5.3.3 箱体类

箱体类零件是机器的基础零件，其作用是连接各个零部件，并使各零部件之间保持正确的位置。箱体在机器工作时起支承、封闭作用，因此，要求箱体具有足够的抗压强度和刚度，良好的减振性。

箱体的形状复杂，尺寸较大，壁薄而不均匀，一般选用铸造毛坯。工作平稳，承载不大的箱体用灰铸铁，如 HT150、HT200、HT300 等；承载较大并受冲击的箱体，可用球墨铸铁及铸钢制造，在单件小批生产时，也可用 Q235、20、Q345 等钢板焊成；对于飞机发动机汽缸体等要求质轻、散热好的箱体，一般采用铝合金制造。

箱体零件铸造或焊接后存在较大的内应力，会造成零件的变形失效，因此，机械加工之前应进行去应力退火或时效处理，承载大的箱体在粗加工后还要再进行退火或时效处理。

以上介绍了几种典型零件的选材情况，实际生产中应根据具体情况，通过大量试验及计算来作出比较合理的决策。

习　题　5

一、填空题

5.1　一般机械零件常见的失效形式有（　　）、（　　）、（　　）三种形式。

5.2　材料的工艺性包括（　　）、（　　）、（　　）、（　　）和（　　）。

5.3　选材时应从材料的（　　）、（　　）和（　　）着手，以便获得最佳的技术与经济效果。

二、选择题

5.4　材料的质量检验方法主要有：（　　）

A. 成分分析法　　B. 光谱分析法　　C. 火花鉴别

5.5　一般机械零件常见的失效形式有（　　）

A. 断裂失效　　B. 腐蚀破裂　　C. 高温蠕变

三、简答分析题

5.6　什么是机器零件的失效？失效的类型及原因是怎样的？分析零件失效的意义何在？

5.7　什么是零件选材的一般原则？试分析非标准结构零件的选材方法。

5.8　C616 变速箱齿轮，工作时转速较高，齿面要求 50～55HRC，齿心部 22～25HRC，请合理选择材料。可供选用的材料为：35 钢、45 钢、20CrMnTi、38CrMoAl、T12、0Cr18Ni9Ti、W18Cr4V。

5.9　载重汽车后桥传动齿轮，使用中承受冲击，负荷较重，齿表面要求 55～63HRC，心部 33～45HRC，$\sigma_b > 100MPa$，请从题 5.8 中给出的材料中选择合适钢种。

第二篇　几何量公差与检测

任何机械产品的设计，总是包括运动设计、结构设计、强度设计和精度设计。前三个方面是机械设计等课程的内容，精度设计是本篇要研究的主要内容。

所谓的精度设计，是指在设计时，要根据使用要求和制造的经济性，恰如其分地给出零件的尺寸公差、几何公差和表面粗糙度数值，以便将零件的制造误差限制在一定的范围内，使机械产品装配后能正常工作。

零件加工后，是否符合精度要求，只有通过检测才能知道，所以检测是精度要求的技术保证，是本篇要研究的另一个重要的问题。

总之，通过本篇内容的学习，学生可以学到有关精度设计和几何量检测基础理论知识和基本技能。

第6章　极限与配合基础

6.1　概述

现代化的机械工业，要求零件具有互换性。为了保证零件具有互换性，必须保证零件的尺寸、几何形状和相互位置以及表面粗糙度等在一个合理的范围内。就尺寸而言，这个合理的范围既要保证相互结合的尺寸之间形成一定的关系，以满足不同的要求，又要在制造时是经济合理的，因此就形成了“极限与配合”的概念。

本章主要介绍机械制造中的互换性和GB/T《极限与配合》国家标准的基本概念、主要内容及其应用。

6.1.1　互换性的概念

现代化的生产是按专业化、协作化组织生产的，这就提出了一个如何保证互换性的问题。在人们的日常生活中，有大量的现象涉及到互换性，例如，机器或仪器上掉了一个螺钉，按相同的规格换一个就行了；汽车、拖拉机乃至自行车、缝纫机、手表某个机件磨损了也可以换个新的，便能满足使用要求。

1. 互换性的含义

所谓互换性是指机械产品中同一规格的一批零件或部件，任取其中一件，不需要作任何挑选、调整或辅助加工（如钳工修配），就能进行装配，并能满足机械产品使用性能要求的一种特性。

2. 互换性的种类

按互换性的程度可分为完全互换和不完全互换。

若零件在装配或更换时，不需选择、不需调整或辅助加工（修配），则其互换性为完全互换性。当装配精度要求较高时，采用完全互换性将使零件制造公差很小，加工困难，成本很高，甚至无法加工，这时，可将零件的制造公差适当地放大，使之便于加工，而在零件完工后，再用测量器具将零件按实际尺寸的大小分为若干组，使每组零件间实际尺寸的差别减小，装配时按相应的组进行（例如，大孔组零件与大轴组零件相配，小孔组零件与小轴组零件相配）。这样，既可保证装配精度和使用要求，又能解决加工困难，降低加工成本。此种仅组内零件可以互换，组与组之间不能互换的特性，称之为不完全互换性。

一般地说，使用要求与制造水平、经济效益没有矛盾时，可采用完全互换；反之采用不完全互换。不完全互换通常用于部件或机构的制造厂内部的装配，而厂外协作往往要求完全互换。

6.1.2 互换性的作用

互换性对机器的设计、制造、装配和使用等方面都具有十分重要的意义。

从设计方面看，按互换性进行设计的零部件，将简化设计工作量，缩短设计周期。

从制造方面看，互换性有利于组织大规模的专业化生产，提高生产效率，降低生产成本。

从装配方面看，有利于装配过程连续顺利地进行，提高了装配效率。

从使用方面看，方便维修，缩短修理时间和降低了费用。

6.2 极限与配合的基本术语及定义

6.2.1 有关孔和轴的定义

1. 孔

通常指工件的圆柱形内表面，也包括非圆柱形的内表面（由两平行平面或切面形成的包容面）。

2. 轴

通常指工件的圆柱形外表面，也包括非圆柱形的外表面（由两平行平面或切面形成的被包容面）。

孔和轴的定义明确了《极限与配合》国家标准的应用范围。在极限与配合中，孔和轴多是由单一尺寸确定的，例如，圆柱体的直径、键与键槽的宽度等。如图 6.1 所示，由单一尺寸 A 所形成的内外表面。

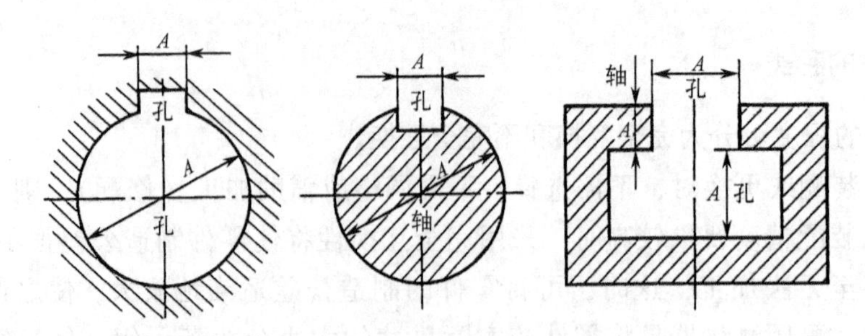

图 6.1　孔和轴的定义示意图

6.2.2　有关尺寸的术语及定义

（1）线性尺寸。尺寸通常分为线性尺寸和角度尺寸两类。线性尺寸（简称尺寸）是指两点之间的距离，如直径、半径、宽度、高度、深度、厚度及中心距等。

（2）公称尺寸（D、d）。设计时给定的尺寸称为公称尺寸。

（3）实际尺寸（D_a、d_a）。通过测量获得的某一孔、轴的尺寸。

（4）极限尺寸。一个孔或轴允许的尺寸的两个极端值。

如图 6.2 所示。允许的最大尺寸称为上极限尺寸（最大极限尺寸），孔和轴的上极限尺寸分别用符号 D_{max} 和 d_{max} 表示。允许的最小尺寸称为下极限尺寸（最小极限尺寸），孔和轴的下极限尺寸分别用符号 D_{min} 和 d_{min} 表示。

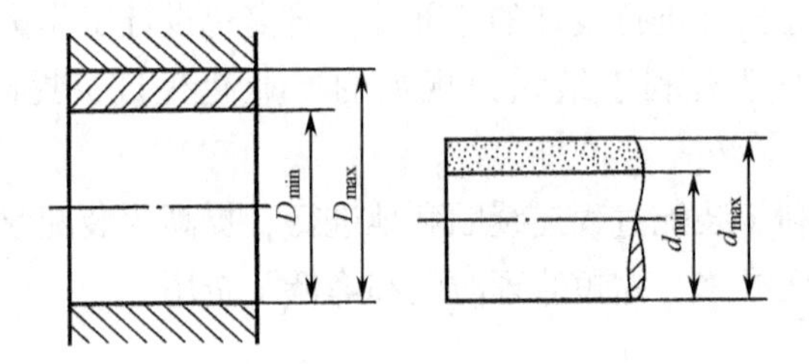

图 6.2　极限尺寸

6.2.3　有关偏差和公差的术语及定义

（1）尺寸偏差。某一尺寸（极限尺寸、实际尺寸等）减其公称尺寸所得到的代数差称为尺寸偏差。

（2）极限偏差。分为上偏差和下偏差。

上偏差（ES、es）：最大极限尺寸减其公称尺寸所得代数差。

下偏差（EI、ei）：最小极限尺寸减其公称尺寸所得代数差。即：

孔的上、下偏差：$$ES = D_{max} - D，EI = D_{min} - D \tag{6-1}$$

轴的上、下偏差：$$es = d_{max} - d，ei = d_{min} - d \tag{6-2}$$

（3）实际偏差。实际尺寸减其公称尺寸所得代数差称为实际偏差。

（4）尺寸公差（简称公差）。是允许尺寸的变动量。公差等于最大极限尺寸与最小极限尺寸之差，也等于上偏差与下偏差之差，是一个没有符号的绝对值。

孔的公差：$$T_h = D_{max} - D_{min} = ES - EI \tag{6-3}$$

轴的公差：$$T_s = d_{max} - d_{min} = es - ei \tag{6-4}$$

以上所述有关尺寸、偏差、公差之间的关系示意图如图 6.3 所示。

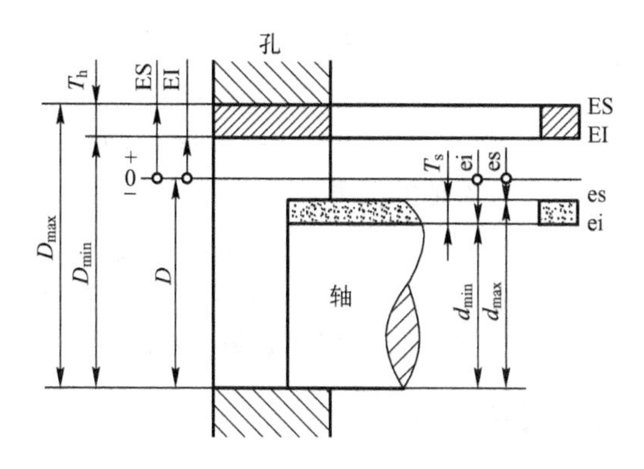

图6.3 公称尺寸、极限尺寸和极限偏差、尺寸公差

6.2.4 尺寸公差带图

以基本尺寸为零线，用适当的比例画出两极限偏差，以表示尺寸允许变动的界限及范围，称为尺寸公差带图（简称公差带图）。图6.4所示就是图6.3的公差带图。

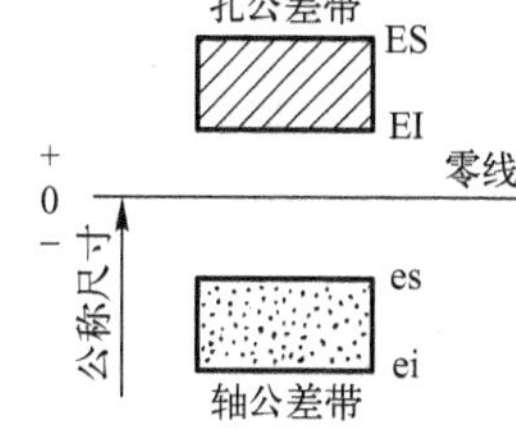

图6.4 孔、轴公差带示意图

1. 零线

零线是在公差带图中，表示公称尺寸并确定偏差的一条基准直线，通常零线按水平方向绘制，正偏差位于其上，负偏差位于其下，如图6.4所示。

2. 公差带

在公差带图中，由代表上偏差和下偏差或最大极限尺寸和最小极限尺寸的两条直线所限定的一个区域称为公差带。

3. 基本偏差

确定公差带相对于零线位置的那个极限偏差称为基本偏差。它可以是上偏差，也可以是下偏差，一般为靠近零线或位于零线的那个极限偏差。

公差带示意图中，公称尺寸的单位用mm表示，极限偏差及公差的单位可用mm表示，也可用μm表示。习惯上极限偏差及公差的单位用μm表示。

例6.1 有一孔、轴配合，已知基本尺寸$D=25$mm，孔的极限尺寸为$D_{max}=25.021$mm，$D_{min}=25$mm；轴的极限尺寸$d_{max}=24.980$mm，$d_{min}=24.967$mm。求：（1）孔、轴的极限偏差；（2）孔、轴的公差；（3）画出公差带图。

解：（1）求孔的极限偏差：

$$ES=D_{max}-D=25.021-25=+0.021(\text{mm})$$
$$EI=D_{min}-D=25-25=0(\text{mm})$$

求轴的极限偏差：

$$es=d_{max}-d=24.980-25=-0.020(\text{mm})$$
$$ei=d_{min}-d=24.967-25=-0.033(\text{mm})$$

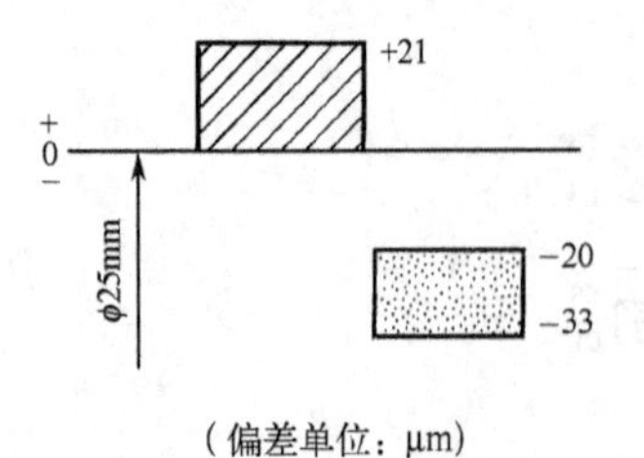

图 6.5　公差带图

（2）求孔的公差：

$$T_h = D_{max} - D_{min}$$
$$= 25.021 - 25 = 0.021(\text{mm})$$

求轴的公差：

$$T_s = d_{max} - d_{min}$$
$$= 24.980 - 24.967 = 0.013(\text{mm})$$

（3）公差带图如图 6.5 所示。

6.2.5　有关配合的术语及定义

1. 配合

配合是指公称尺寸相同的、相互结合的孔和轴公差带之间的关系。根据孔和轴公差带之间的不同关系，配合可分为间隙配合、过盈配合和过渡配合三大类。

2. 间隙或过盈

孔的尺寸减去相配合的轴的尺寸所得的代数差为正时是间隙，用符号 X 表示；该代数差为负时是过盈，用符号 Y 表示。

3. 间隙配合

间隙配合是具有间隙（包括最小间隙等于零）的配合，此时，孔的公差带位于轴的公差带之上，如图 6.6 所示。

间隙配合的性质用最大间隙 X_{max}，最小间隙 X_{min} 和平均间隙 X_{av} 表示：

$$X_{max} = D_{max} - d_{min} = \text{ES} - \text{ei} \quad (6\text{-}5)$$

$$X_{min} = D_{min} - d_{max} = \text{EI} - \text{es} \quad (6\text{-}6)$$

$$X_{av} = \frac{X_{max} + X_{min}}{2} \quad (6\text{-}7)$$

4. 过盈配合

具有过盈（包括最小过盈为零）的配合，此时，孔的公差带位于轴的公差带之下，如图 6.7 所示。

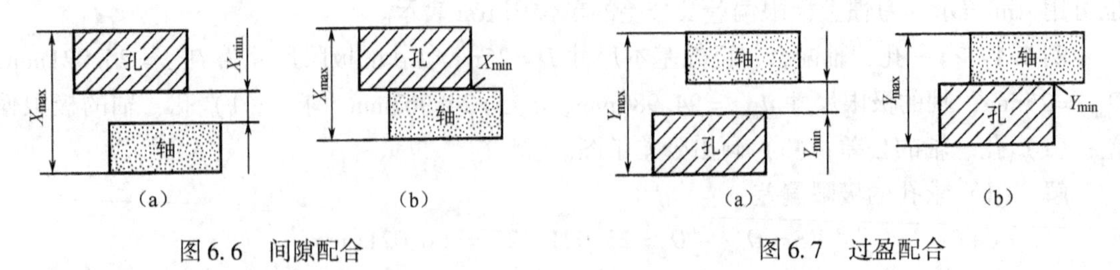

图 6.6　间隙配合　　　　图 6.7　过盈配合

过盈配合的性质用最大过盈 Y_{max}，最小过盈 Y_{min} 和平均过盈 Y_{av} 表示：

$$Y_{min} = D_{max} - d_{min} = \text{ES} - \text{ei} \quad (6\text{-}8)$$

$$Y_{max} = D_{min} - d_{max} = \text{EI} - \text{es} \quad (6\text{-}9)$$

$$Y_{av}=\frac{Y_{max}+Y_{min}}{2} \tag{6-10}$$

5. 过渡配合

可能具有间隙或过盈的配合。此时，孔的公差带与轴的公差带相互交叠，如图 6.8 所示。它是介入间隙配合和过盈配合之间的一类配合，但其间隙或过盈都不大。

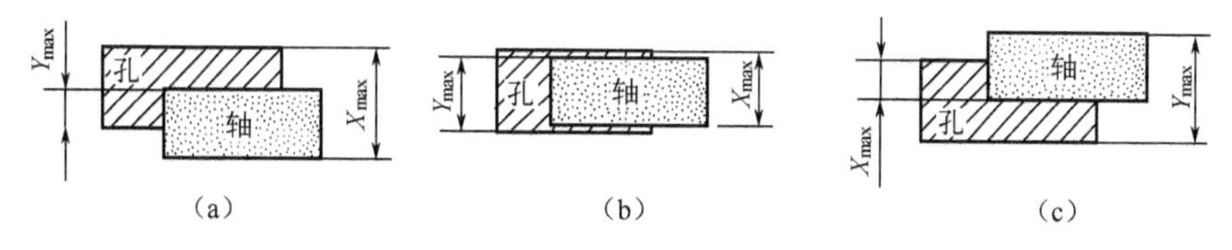

图 6.8　过渡配合

过渡配合的性质用最大间隙 X_{max}、最大过盈 Y_{max} 和平均间隙 X_{av} 或平均过盈 Y_{av} 表示：

$$X_{av}(\text{或 } Y_{av})=\frac{X_{max}+Y_{max}}{2} \tag{6-11}$$

按上式计算，若得的值为正时是平均间隙，表示是偏松的过渡配合；若得的值为负时是平均过盈，表示是偏紧的过渡配合。

6. 配合公差（T_f）

组成配合的孔、轴公差之和，它是允许间隙或过盈的变动量。配合公差是一个没有符号的绝对值，用代号 T_f 表示。

对于间隙配合：　$T_f=T_h+T_s=X_{max}-X_{min}$　(6-12)

对于过盈配合：　$T_f=T_h+T_s=Y_{min}-Y_{max}$　(6-13)

对于过渡配合：　$T_f=T_h+T_s=X_{max}-Y_{max}$　(6-14)

7. 配合公差带

配合公差带是指在配合公差带图中，由代表极限间隙或极限过盈的两条直线所限定的区域。如图 6.9 所示。

通常，零线水平放置，零线以上表示间隙，零线以下表示过盈。

配合公差带的大小取决于配合公差的大小；配合公差带相对于零线的位置取决于极限间隙或极限过盈的大小。前者表示配合的精度，后者表示配合的松紧。

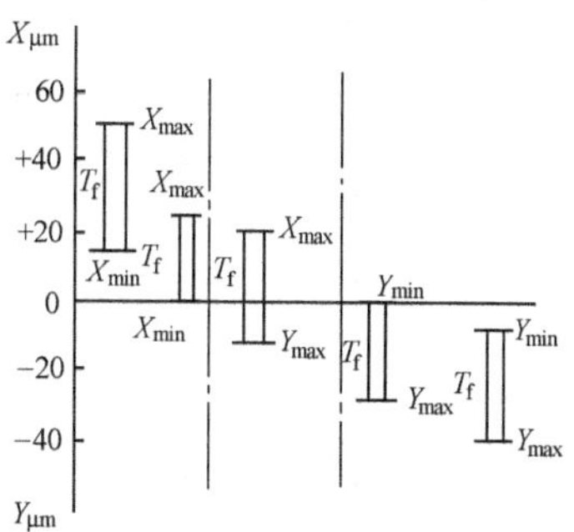

图 6.9　配合公差带图

例 6.2　若已知某配合的公称尺寸为 ϕ60mm，配合公差 $T_f=49\mu m$，最大间隙 $X_{max}=+19\mu m$，孔的公差 $T_h=30\mu m$，轴的下偏差 ei = +11μm。试画出该配合的尺寸公差带图和配合公差带图。

解：（1）求孔和轴的极限偏差。

由 $T_f=T_h+T_s$，得：　$T_s=T_f-T_h=49-30=19(\mu m)$

由 $T_s=es-ei$ 得：　$es=T_s+ei=19+(+11)=+30(\mu m)$

由 $X_{max}=ES-ei$ 得：$ES=X_{max}+ei=+19+(+11)=+30(\mu m)$

由 $T_h = ES - EI$ 得：　　　$EI = ES - T_h = +30 - 30 = 0(\mu m)$

(2) 求最大过盈。由 ES > ei，且 EI < es 可知，此配合为过渡配合。则由 $T_f = X_{max} - Y_{max}$ 得：

$$Y_{max} = X_{max} - T_f = +19 - 49 = -30(\mu m)$$

(3) 画出尺寸公差带图和配合公差带图，如图 6.10 所示。

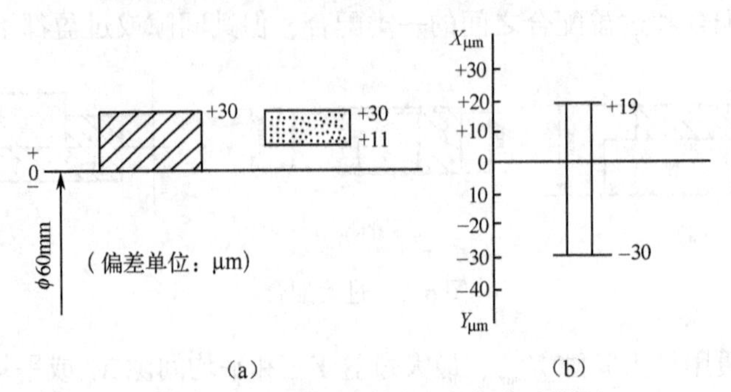

图 6.10　尺寸公差带图和配合公差带图

6.3　极限与配合国家标准的主要内容简介

为了实现互换性生产，极限与配合必须标准化。《极限与配合》国家标准适用于圆柱形和非圆柱形光滑工件的尺寸、公差、尺寸的检验以及由它们组成的配合。

6.3.1　标准公差系列

标准公差是国家标准极限与配合制中所规定的任一公差。GB/T 1800.1—2009 规定的标准公差数值如表 6-1、表 6-2 所列。

表 6-1　标准公差数值表（摘自 GB/T 1800.1—2009）

公称尺寸 (mm)	标准公差等级																	
	IT1	IT2	IT3	IT4	IT5	IT6	IT7	IT8	IT9	IT10	IT11	IT12	IT13	IT14	IT15	IT16	IT17	IT18
大于　至	μm											mm						
≤3	0.8	1.2	2	3	4	6	10	14	25	40	60	0.1	0.14	0.25	0.4	0.6	1	1.4
>3~6	1	1.5	2.5	4	5	8	12	18	30	48	75	0.12	0.18	0.3	0.48	0.75	1.2	1.8
>6~10	1	1.5	2.5	4	6	9	15	22	36	58	90	0.15	0.22	0.36	0.58	0.9	1.5	2.2
>10~18	1.2	2	3	5	8	11	18	27	43	70	110	0.18	0.27	0.43	0.7	1.1	1.8	2.7
>18~30	1.5	2.5	4	6	9	13	21	33	52	84	130	0.21	0.33	0.52	0.84	1.3	2.1	3.3
>30~50	1.5	2.5	4	7	11	16	25	39	62	100	160	0.25	0.39	0.62	1	1.6	2.5	3.9
>50~80	2	3	5	8	13	19	30	46	74	120	190	0.3	0.46	0.74	1.2	1.9	3	4.6
>80~120	2.5	4	6	10	15	22	35	54	87	140	220	0.35	0.54	0.87	1.4	2.2	3.5	5.4
>120~180	3.5	5	8	12	18	25	40	63	100	160	250	0.4	0.63	1	1.6	2.5	4	6.3
>180~250	4.5	7	10	14	20	29	46	72	115	185	290	0.46	0.72	1.15	1.85	2.9	4.6	7.2
>250~315	6	8	12	16	23	32	52	81	130	210	320	0.52	0.81	1.3	2.1	3.2	5.2	8.1
>315~400	7	9	13	18	25	36	57	89	140	230	360	0.57	0.89	1.4	2.3	3.6	5.7	8.9
>400~500	8	10	15	20	27	40	63	97	155	250	400	0.63	0.97	1.55	2.5	4	6.3	9.7
>500~630	9	11	16	22	32	44	70	110	175	280	440	0.7	1.1	1.75	2.8	4.4	7	11

续表

公称尺寸（mm） 大于 至	标准公差等级																	
	IT1	IT2	IT3	IT4	IT5	IT6	IT7	IT8	IT9	IT10	IT11	IT12	IT13	IT14	IT15	IT16	IT17	IT18
	μm											mm						
>630～800	10	13	18	25	36	50	80	125	200	320	500	0.8	1.25	2	3.2	5	8	12.5
>800～1000	11	15	21	28	40	56	90	140	230	360	560	0.9	1.4	2.3	3.6	5.6	9	14
>1000～1250	13	18	24	33	47	66	105	165	260	420	660	1.05	1.65	2.6	4.2	6.6	10.5	16.5
>1250～1600	15	21	29	39	55	78	125	195	310	500	780	1.25	1.95	3.1	5	7.8	12.5	19.5
>1600～2000	18	25	35	46	65	92	150	230	370	600	920	1.5	2.3	3.7	6	9.2	15	24
>2000～2500	22	30	41	55	78	110	175	280	440	700	1100	1.75	2.8	4.4	7	11	17.5	28
>2500～3150	26	36	50	68	96	135	210	330	540	860	1350	2.1	3.3	5.4	8.6	13.5	21	33

注：① 公称尺寸大于500mm的IT1至IT5的标准公差数值为试行的。

② 公称尺寸小二或等于1mm时，无IT14至IT18。

表6-2　IT01和IT0的标准公差数值表（摘自GB/T 1800.1—2009）

公称尺寸（mm）	标准公差等级	
	IT01	IT0
>3	0.3	0.5
>3～6	0.4	0.6
>6～10	0.4	0.6
>10～18	0.5	0.8
>18～30	0.6	1
>30～50	0.6	1
>50～80	0.8	1.2
>80～120	1	1.5
>120～180	1.2	2
>180～250	2	3
>250～315	2.5	4
>315～400	3	5
>400～500	4	6

1. 公差等级

用以确定尺寸精确程度的等级称为公差等级。

标准公差分为20级，用IT与阿拉伯数字组成各公差等级的标准公差代号，例如，IT01、IT0、IT1、……、IT17、IT18；IT7表示7级标准公差；从IT01到IT18，等级依次降低。公差数值依次增大，加工也依次容易。

2. 公称尺寸分段

为了减少公差带数目，简化表格，便于应用，在公称尺寸≤500mm范围内将公称尺寸分成13个尺寸分段，参看表6-1。查表时注意尺寸分段的交界尺寸，如30mm属于>18～30mm尺寸段，而不属于>30～50mm这个尺寸段。

6.3.2　基本偏差系列

基本偏差是确定公差带相对零线位置的那个极限偏差。它可以是上偏差或下偏差，一般为靠近零线的那个偏差。

1. 基本偏差代号

GB/T1800.1—2009 对孔和轴分别规定了 28 种基本偏差，其代号用拉丁字母表示，大写的表示孔，小写的表示轴。这 28 种基本偏差代号反映 28 种公差带的位置，构成了基本偏差系列，如图 6.11 所示。

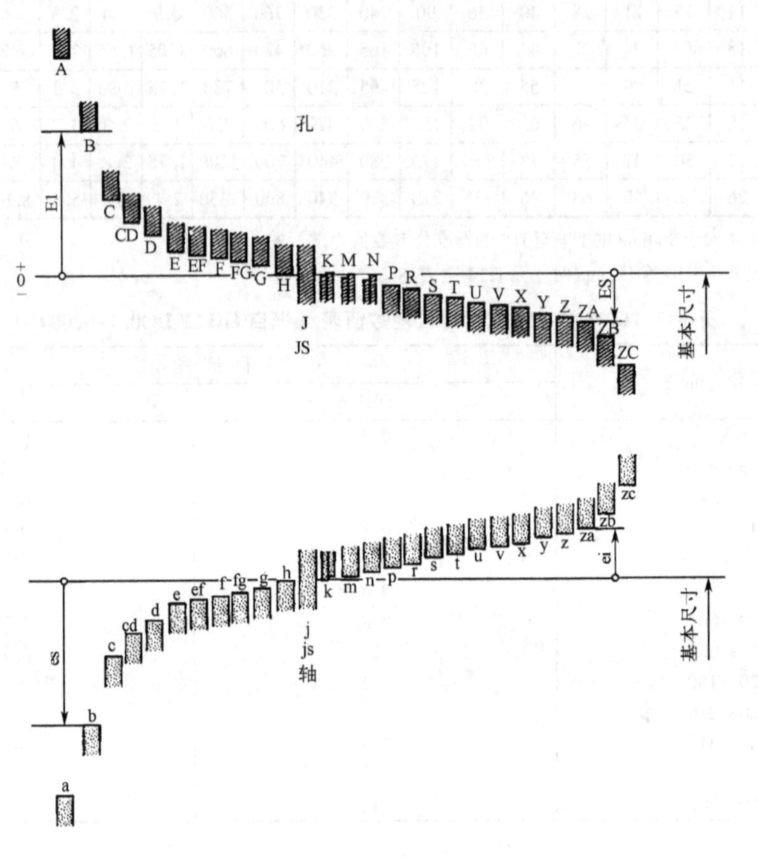

图 6.11　基本偏差系列示意图

2. 基本偏差数值

公称尺寸≤500mm 时，轴的基本偏差数值是以基孔制配合为基础用公式计算化整排列而成的。孔的基本偏差数值是根据轴的基本偏差数值换算而成的。实际应用中，孔、轴的基本偏差可直接查附录 C 中的表 C-1 和表 C-2 得出。

3. 另一极限偏差的确定

在基本偏差系列图 6.11 中，只画出公差带属于基本偏差的一端界限，另一端是开口的，界限未画出。当基本偏差确定后，按公差等级确定标准公差 IT，则另一极限偏差即可按下列关系式计算得出。

对于孔：　　　　　　　　$EI = ES - IT$　或　$ES = EI + IT$

对于轴：　　　　　　　　$ei = es - IT$　或　或 $es = ei + IT$

例 6.3　查表确定 $\phi30e7$ 的极限偏差。

解：由附表 C－1 查得轴 e 的基本偏差 es = －40μm；由表 6－1 查得标准公差IT7 =

21μm。

计算另一偏差 ei = es − IT = −40 − 21 = −61μm，故可表达为 $\phi30e7(^{-0.040}_{-0.061})$。

例 6.4 查表确定 ϕ10N7 的极限偏差。

解： 由附表 C −2 查得孔 N 的基本偏差 ES = −10μm + Δ，Δ = 6μm，所以，ES = −10 + 6 = −4μm；由表 6-1 查得标准公差 IT7 = 15μm。

计算另一偏差 EI = ES − IT = −4−15 = −19μm，故可表达为 $\phi10N7(^{-0.004}_{-0.019})$。

6.3.3 配合制

1. 极限制

经标准化的公差和偏差制度。

2. 配合制

同一极限制的孔和轴组成配合的一种制度。

极限与配合标准对孔与轴公差带之间的相互位置关系，规定了两种配合制，即基孔制与基轴制。

（1）基孔制配合。基本偏差为一定的孔的公差带，与不同基本偏差的轴的公差带形成各种配合的一种制度。如图 6.12（a）所示。基孔制配合的孔为基准孔，用基本偏差 H 表示，它是配合的基准件，而轴是非基准件。一般情况下应优先选用基孔制配合。

（2）基轴制配合。基本偏差为一定的轴的公差带，与不同基本偏差的孔的公差带形成各种配合的一种制度。如图 6.12（b）所示。基轴制配合的轴为基准轴，用基本偏差 h 表示，它是配合的基准件，而孔是非基准件。特殊情况下采用基轴制。基准孔和基准轴可统称为基准件。

在孔和轴的各种基本偏差中，A ~ H 和 a ~ h 与基准件相配时，可以得到间隙配合；J ~ N 和 j ~ n 与基准件相配时，基本上得到过渡配合（n、p、r 可能为过渡配合或过盈配合）；P ~ ZC 和 p ~ zc 与基准件相配合时，基本上得到过盈配合。

图 6.12 中，水平实线代表孔和轴的基本偏差，虚线代表另一极限，表示孔和轴之间可能的不同组合与它们的公差等级有关。

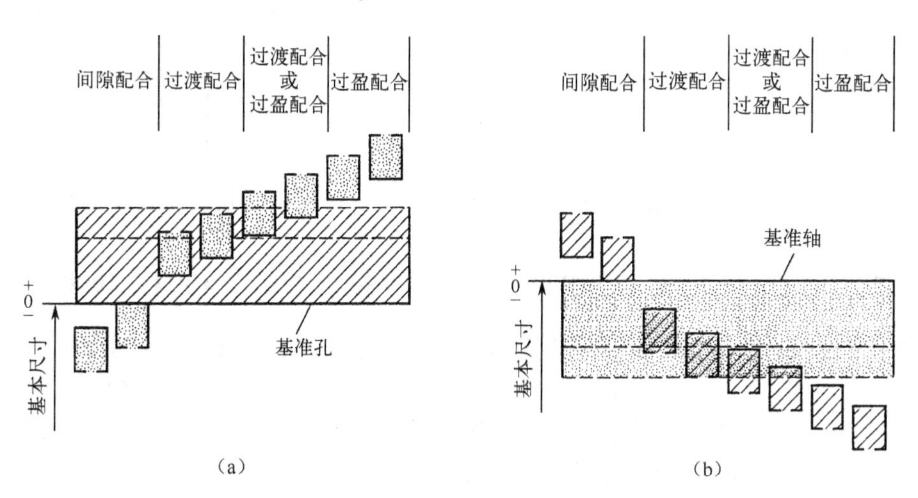

图 6.12 配合制

6.3.4　极限与配合在图样上的标注（GB/T 4458.5—2003）

1. 公差带代号与配合代号

（1）公差带代号 孔、轴的公差带代号由基本偏差代号和公差等级数字组成。例如，H8、F7、K7、P7 等为孔的公差带代号；h7、f6、r6、p6 等为轴的公差带代号。可表示如下：

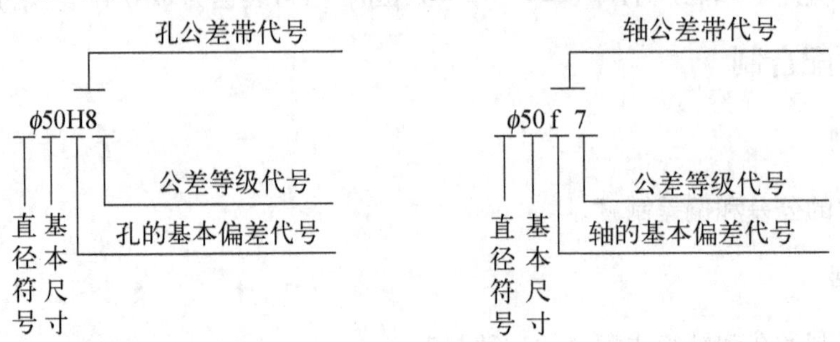

（2）配合代号 用孔、轴公差带的组合表示，写成分数形式，分子为孔的公差带代号，分母为轴的公差带代号。例如，$\frac{H7}{f6}$或 H7/f6。若指某公称尺寸的配合，则公称尺寸标在配合代号之前，如 $\phi25\,\frac{H7}{f6}$或 $\phi25$ H7/f6。

2. 零件图中尺寸公差带的三种标注形式

在零件图上，一般有三种标注形式，如图 6.13 所示。

3. 孔、轴的公差带在装配图上的标注

装配图上，在公称尺寸后标注孔、轴公差带，如图 6.14 所示。

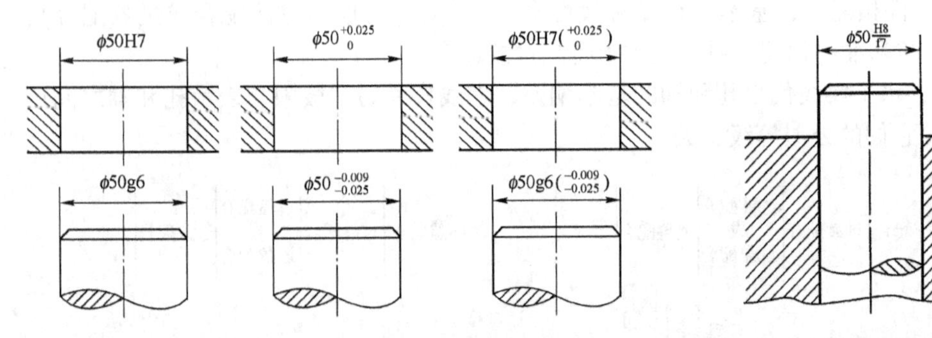

图 6.13　孔、轴公差带在零件图上的标注　　图 6.14　孔、轴公差带在装配图上的标注

6.3.5　一般公差、线性尺寸的未注公差（摘自 GB/T 1804—2000）

一般公差，又称为未注公差，是指在车间一般工艺条件下，机床设备可保证的公差。在一般情况下，图样中的尺寸有配合功能要求的是少数，大多数的尺寸为非配合尺寸。配合尺寸必须注出公差。非配合尺寸中，除特殊情况外，通常不需要在公称尺寸后注出其极限偏差数值或公差带代号，但未注尺寸公差不等于没有公差要求。

GB/T 1804—2000 规定的一般公差主要适用于金属切削加工的线性和角度尺寸，也适用于一般的冲压加工的尺寸。非金属材料和其他工艺方法加工的尺寸可参照采用。需要注意的是，它并不适用于括号内的参考尺寸和矩形框格内的理论正确尺寸。

一般公差分为四个公差等级，即精密级 f、中等级 m、粗糙级 c 和最粗级 v。GB/T 1804—2000 中规定极限偏差均采用相对于零线（基本尺寸）对称的分布方式。线性尺寸的未注公差极限偏差数值见表 6-3 所示。采用一般公差的尺寸，在图样上只注公称尺寸，不注极限偏差，而是在图样上或技术文件中用国标号和公差等级代号并在两者之间用一短划线隔开表示。例如，选用 m（中等级）时，则表示为：GB/T1804-m。这表明图样上凡未注公差的线性尺寸均按中等级 m 加工和检验。

表 6-3　线性尺寸的未注极限偏差数值（摘自 GB/T1804—2000）　(mm)

公差等级	尺寸分段							
	0.5~3	>3~6	>6~30	>30~120	>120~140	>400~1000	>1000~2000	>2000~4000
f（精密级）	±0.05	±0.05	±0.1	±0.15	±0.2	±0.3	±0.5	-
m（中等级）	±0.1	±0.1	±0.2	±0.3	±0.5	±0.8	±1.2	±2
c（粗糙级）	±0.2	±0.3	±0.5	±0.8	±1.2	±2	±3	±4
v（最粗级）	-	±0.5	±1	±1.5	±2.5	±4	±6	±8

例 6.5　某配合的公称尺寸为 ϕ40mm，要求间隙在 0.022~0.066mm 之间，试确定孔和轴的公差等级和配合种类。

解：(1) 选择基准制。因为没有特殊要求，所以选用基孔制，基孔制配合 EI=0。

(2) 选择孔、轴公差等级。由式（6-12）得：$T_f = T_h + T_s = X_{max} - X_{min}$

根据使用要求，配合公差为 $T'_f = X'_{max} - X'_{min} = 0.066 - 0.022(\text{mm}) = 0.044\ \text{mm} = 44\mu\text{m}$ 即所选孔、轴公差之和 $T_h + T_s$ 应接近 T'_f，而不大于 T'_f。

查表 6-1 得，孔和轴的公差等级介于 IT6 和 IT7 之间，因为 IT6 和 IT7 属于高的公差等级。所以一般取孔比轴大一级（工艺等价性即孔和轴的加工难易程度应基本相当）所以选为 IT7，$T_h = 25\mu\text{m}$；轴为 IT6，$T_s = 16\mu\text{m}$，则配合公差 $T_f = T_h + T_s = 25\mu\text{m} + 16\mu\text{m} = 41\mu\text{m}$，小于且接近于 T'_f，以此满足使用要求。

(3) 确定孔、轴公差带代号。因为是基孔制配合，且孔的标准公差为 IT7，所以孔的公差带为 $\phi40\text{H}7(^{+0.025}_{0})$。

又因为是间隙配合，$X_{min} = EI - es = 0 - es = -es$，由已知条件知 $X'_{min} = +22\mu\text{m}$，即轴的基本偏差 es 应接近于 $-22\mu\text{m}$。查附表 C-1，取轴的基本偏差为 f，$es = -25\mu\text{m}$，则 $ei = es - \text{IT}6 = (-25-16)\mu\text{m} = 41\mu\text{m}$，所以轴的公差带为 $\phi40\text{f}6(^{-0.025}_{-0.041})$。

(4) 验算设计结果。以上所选孔、轴公差带组成的配合为 ϕ40H7/f6，其最大间隙为

$X_{max} = [+25-(-41)]\ \mu\text{m} = +66\mu\text{m} = +0.066\ \text{mm} = X'_{max}$

最小间隙为 $X_{min} = [0-(-25)]\ \mu\text{m} = +25\mu\text{m} > X'_{min}$

故间隙在 0.022~0.066mm 之间，设计结果满足使用要求。

由以上分析可知，本例所选配合 ϕ40H7/f6 是适宜的，其中孔为 $\phi40\text{H}7(^{+0.025}_{0})$，轴为 $\phi40\text{f}6(^{-0.025}_{-0.041})$，公差带图如图 6.15 所示。

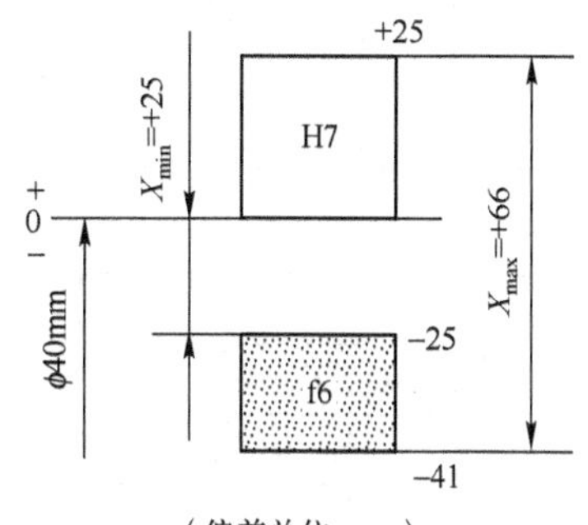

图 6.15　公差带图

习 题 6

一、判断题（正确的打√，错误的打×）

6.1　公差是零件尺寸允许的最大偏差。(　　)

6.2　公差通常为正，在个别情况下也可以为负或零。(　　)

6.3　孔和轴的加工精度越高，则其配合精度也越高。(　　)

6.4　配合公差总是大于孔或轴的尺寸公差。(　　)

6.5　过渡配合可能有间隙，也可能有过盈；因此过渡配合可以算间隙配合，也可以算过盈配合。(　　)

二、选择题

6.6　下列配合代号标注正确的有________。

A. ϕ60H7/r6　　B. ϕ60H8/k7　　C. ϕ60h7/D8　　D. ϕ60H9/f9　　E. ϕ60H8/f7

6.7　下述论述中正确的有________。

A. 孔、轴配合采用过渡配合时，间隙为零的孔、轴尺寸可以有好几个

B. ϕ20g8 比 ϕ20h7 的精度高

C. ϕ30H7 和 ϕ30h7 的精度一样高

D. 国家标准规定不允许孔、轴公差带组成非基准制配合

E. 零件的尺寸精度高，则其配合间隙必定小

6.8　决定配合公差带大小和位置的有________。

A. 标准公差　　B. 基本偏差　　C. 配合公差　　D. 孔轴公差之和

E. 极限间隙或极限过盈

6.9　下列配合中，配合公差最小的是________。

A. ϕ30H7/g6　　B. ϕ30H8/g7　　C. ϕ30H7/u6　　D. ϕ100H7/g6　　E. ϕ100H8/g7

6.10　下列有关公差等级的论述中，正确的有________。

A. 公差等级高，则公差带宽

B. 在满足使用要求的前提下，应尽量选用低的公差等级

C. 公差等级的高低，影响公差带的大小，决定配合的精度

D. 孔、轴相配合，均为同级配合

E. 标准规定，标准公差分为 18 级

三、综合题

6.11　试述互换性的含义及其作用，并列举互换性的实例。

6.12　试述完全互换和不完全互换的区别，它们各用于什么场合？

6.13　什么是基孔制配合与基轴制配合？为什么要规定配合制？广泛采用基孔制配合的原因何在？在什么情况下采用基轴制配合？

6.14　根据下列配合，求孔与轴的公差带代号、极限偏差、基本偏差、极限尺寸、公差、极限间隙或极限过盈、平均间隙或过盈、配合公差和配合类别，并画出公差带图和配合公差带图。

(1) $\phi 30\dfrac{P7}{h6}$　　(2) $\phi 20\dfrac{K7}{h6}$　　(3) $\phi 25\dfrac{H8}{f6}$

6.15　试根据表 6-4 中的数值，计算并填写该表空格中的数值。

表 6-4　　　　（单位：mm）

公称尺寸	孔			轴			最大间隙或最小过盈	最小间隙或最大过盈	平均间隙或过盈	配合公差	配合性质
	上偏差	下偏差	公差	上偏差	下偏差	公差					
ϕ25		0				0.021	+0.074		+0.057		
ϕ14		0				0.010		−0.012	+0.0025		
ϕ45			0.025	0				−0.050	−0.0295		

6.16　在某配合中，已知孔的尺寸标注为$\phi20^{+0.013}_{0}$ mm，X_{max} = +0.011 mm，T_f =0.022 mm，求出轴的上、下偏差及其公差带代号。

6.17　已知公称尺寸为$\phi40$ mm 的一对孔、轴配合，要求其配合间隙为41～116 μm，试确定孔与轴的配合代号，并画出公差带图（要求为基轴制配合）。

6.18　图6.16所示为一机床传动轴配合，齿轮与轴由键连接，轴承内外圈与轴和机座的配合采用$\phi50$k6 和$\phi110$J7。试确定齿轮与轴、挡环与轴、端盖与机座的公差等级和配合性质。

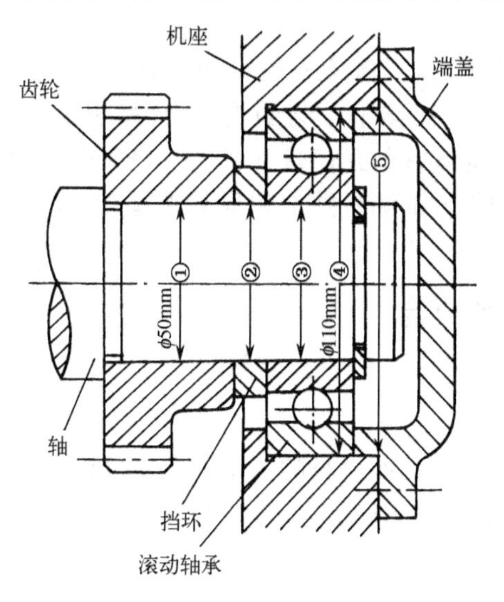

图6.16　滚动轴承装配图

第7章 测量技术基础

零件要实现互换性，除了合理地规定公差之外，还需要在加工过程中，进行正确的测量或检验，只有经测量或检验合格的零件，才具有互换性。因此，测量工作是实现互换性的重要保证之一。本章主要讨论对零件的几何量（长度、表面粗糙度、几何形状、相互位置等）测量，其内容主要涉及机械零件的测量技术和测量器具等问题。

7.1 测量技术的基本概念

1. 测量

测量是为确定被测对象的量值而进行的一系列实验过程。其实质是将被测几何量 L 与作为计量单位的标准量 E 进行比较，从而获得两者比值 q 的过程，即 $L/E=q$，或 $L=Eq$。

2. 计量单位

（1）长度单位。在国际单位制中，长度的基本单位是米（m）。即光在真空中，在 1/299792458s 时间间隔内的行程长度，它是在1983年10月第十七届国际计量大会上通过的。在机械制造中常用的长度单位有毫米（mm）和微米（μm），$1\text{mm}=10^{-3}\text{m}$；$1\mu\text{m}=10^{-3}\text{mm}=10^{-6}\text{m}$。

（2）角度单位。角度的基本单位是度，用“°”表示。一个圆为360°，$1°=60'$，“′”表示分。$1'=60''$，“″”表示秒。

3. 测量器具

测量器具包括量具和量仪。量具是指能直接表示出长度的单位和界限的计量用具。量仪是指利用机械、光学、气动、电动等原理，将被测的量值放大或细分并转换成可直接观察的指示值或等效信息的计量器具。

4. 测量误差

（1）测量误差。测量误差就是测得值与被测量的真值之差。用公式表示为

$$\delta=x-x_0 \tag{7-1}$$

式中，δ——测量误差；

x——测得值；

x_0——真值。

（2）测量误差的来源。测量误差产生的原因主要有以下几个方面：

① 计量器具误差：是指计量器具本身在设计、制造和使用过程中造成的各项误差。

② 标准件误差：是指作为标准的标准件本身的制造误差和检定误差。例如，用量块作

为标准件调整计量器具的零位时，量块的误差会直接影响测得值。

③ 测量方法误差：是指由于测量方法不完善所引起的误差。

④ 测量环境误差：是指测量时的环境条件不符合标准条件所引起的误差。测量环境条件包括温度、湿度、气压、振动及灰尘等。

⑤ 人员误差：是指测量人员的主观因素所引起的误差。例如，测量人员技术不熟练、视觉偏差、估读判断错误等引起的误差。

7.2 长度测量

7.2.1 标准量具

用来校对和调整其他计量器具或作为标准用来与被测工件进行比较测量的量具称为标准量具，如量块、标准线纹尺等，这里主要介绍量块。

如图7.1所示，量块是没有刻度的截面为矩形的平面平行端面量具。作为长度尺寸传递的实物基准，量块广泛用于计量器具的校准和鉴定，以及精密设备的调整、精密划线和精密工件的测量等。

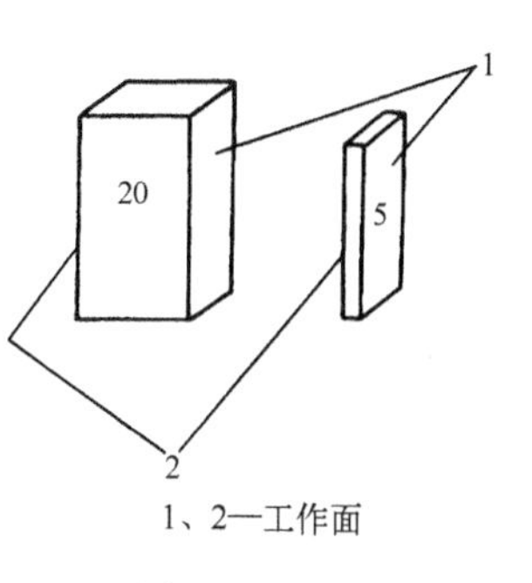

图7.1 量块

量块是用不易变形及耐磨的材料制成的一个长方形六面体。它有两个工作面和四个非工作面。工作面是一对相互平行而且尺寸极准确的光洁平面，又叫测量面。测量面具有良好的平面度、研合性、较高的硬度和尺寸稳定性。量块是成套制成的，每套具有一定数量的不同尺寸的量块，装在特制的木盒内。使用时，可以将几块量块组合成所需要的尺寸。根据GB 6093—1985的规定，我国生产的成套量块共有17种套别，每套的块数为91、83、46、38、12、10、8、6、5等。表7-1列出了83块、46块、38块，10块等套别量块的标称尺寸。

表7-1 成套量块尺寸表（摘自GB6903—1985）

总块数	级别	尺寸系列	间隔（mm）	块数
83	00，0，1，2，(3)	0.5	–	1
		1	–	1
		1.005	–	1
		1.01 ~ 1.49	0.01	49
		1.5 ~ 1.9	0.1	5
		2.0 ~ 9.5	0.5	16
		10 ~ 100	10	10
46	0，1，2	1	–	1
		1.001 ~ 1.009	0.001	9
		1.01 ~ 1.09	0.01	9
		1.1 ~ 1.9	0.1	9
		2 ~ 9	1	8
		10 ~ 100	10	10

续表

总块数	级别	尺寸系列	间隔（mm）	块数
38	0，1，2，(3)	1	–	1
		1.005	–	1
		1.01 ~ 1.09	0.01	9
		1.1 ~ 1.9	0.1	9
		2 ~ 9	1	8
		10 ~ 100	10	10
10	00，0.1	1 ~ 1.009	0.001	10

在使用量块组测量时，为了减少量块的组合误差，应尽量减少量块组的量块数目，一般不超过4块。组合时，根据所需尺寸的最后一位数字选第一块量块的尺寸的尾数，逐一选取，每选一块量块至少应减去所需尺寸的一位尾数。

例如，所要的组合的尺寸为70.453mm，从91块一组中选取，则

70.453
−1.003　……第一块量块尺寸
69.45
−1.45　……第二块量块尺寸
68
−8　……第三块量块尺寸
60　……第四块量块尺寸

即选用1.003mm、1.45mm、8mm和60mm四块量块组合。

7.2.2 通用计量器具（万用量具）

将被测量转换成可直接观测的指示值或等效信息的测量工具称为通用计量器具，又称为万用量具。按其工作原理可分为：

（1）游标类量具：如游标卡尺、游标深度尺、游标高度尺等。

（2）螺旋副量具：如外径千分尺、公法线千分尺、杠杆千分尺等。

（3）机械比较仪：如百分表、杠杆齿轮比较仪、扭簧比较仪等。

（4）光学量仪类：如光学计、光学测角仪、激光干涉仪等。

（5）电动量仪：如电感比较仪、电动轮廓仪、光栅测位仪等。

（6）气动量仪：如水柱式气动量仪、浮标式气动量仪等。

（7）微机化量仪：如微机控制的数显万能测长仪、电脑表面粗糙度测量仪等。

下面将通用计量器具作一简介。

1. 卡钳

卡钳是一种间接读数量具，因为从卡钳上是看不出尺寸读数的，所以，使用卡钳时必须与钢直尺或其他刻线量具配合测量。常见卡钳的型式和种类如图7.2所示。

2. 游标卡尺

游标卡尺是一种中等测量精度的量具，它是利用游标原理对两测量爪相对移动分隔的距

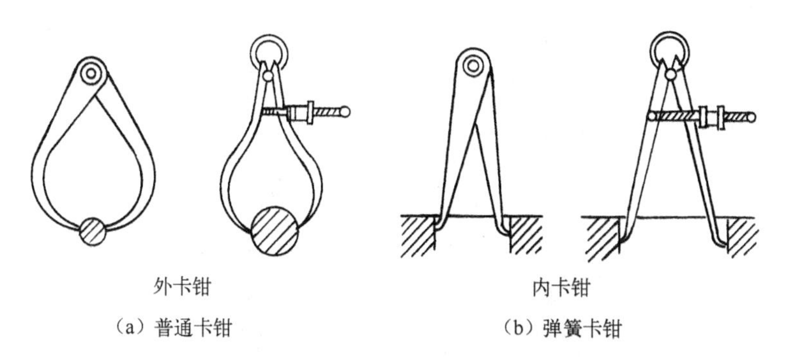

（a）普通卡钳　　（b）弹簧卡钳

图 7.2　卡钳的型式和种类

离进行读数的通用长度测量工具。

(1) 游标卡尺的结构形状。游标卡尺由尺身和游标组成。在尺身上刻有每格 1mm 的刻度，游标上也刻有刻线。当游标需要移动较大距离时，只要松开螺钉，推动游标就可以了，如见图 7.3 所示。

(2) 游标卡尺的读数值及读法。游标卡尺的读数值常用的有 0.1mm，0.02mm 和 0.05mm 三种。这三种游标卡尺的尺身刻度是相同的，即每格 1mm，所不同的是游标格数与尺身相对的格数不同。

在游标卡尺上读尺寸时，一般可分为三个步骤：

① 读出游标上零线在尺身多少毫米（mm）后面。

② 读出游标上哪一条线与尺身上刻线对齐。

③ 把尺身上和游标上读出的尺寸加起来。

图 7.4 所示是 0.02mm 游标卡尺的读数方法示例。

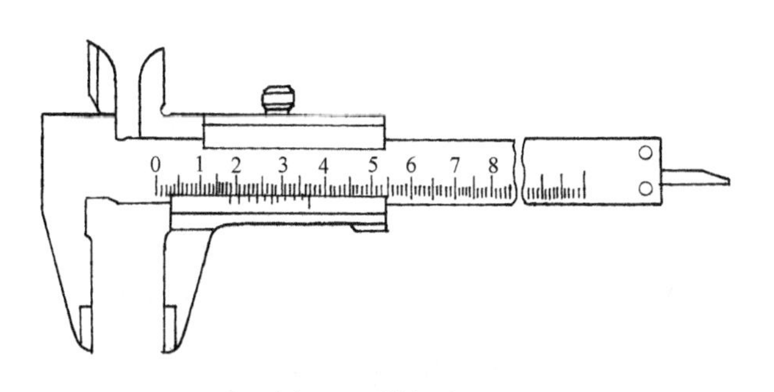

图 7.3　游标卡尺

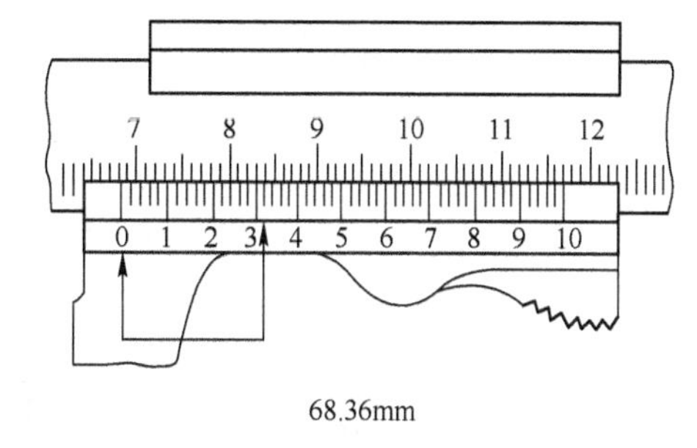

图 7.4　0.02mm 游标卡尺的读数示例

(3) 其他游标卡尺有带指示表的游标卡尺、游标深度卡尺、游标高度卡尺、测孔控中心距游标卡尺等，如图 7.5 所示。

3. 千分尺

千分尺是一种比较精密的测量量具，是利用螺旋副原理，对弧形尺架上两测量面间分隔的距离进行读数的通用长度测量工具，其测量精确度比游标卡尺高。普通千分尺的测量分度值为 0.01mm，因此常用来测量加工精度要求较高的零件尺寸。千分尺的结构形状如图 7.6 所示。

在千分尺上读数的方法可分为以下三步：

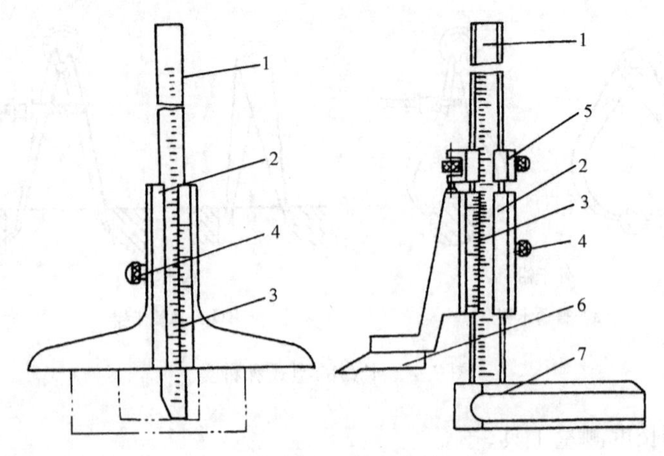

1—尺身；2—尺框；3—游标；4—紧固螺钉；5—微动装置；6—量爪；7—底座

图 7.5　游标深度卡尺和游标高度卡尺

(1) 读出微分筒边缘在固定套管多少毫米（mm）后面。

(2) 微分筒上哪一格与固定套筒上基准线对齐。

(3) 把以上两个读数值加起来。

千分尺的读数方法示例如图 7.7 所示。其他千分尺有新型千分尺、杆式内径千分尺等，如图 7.8 所示。

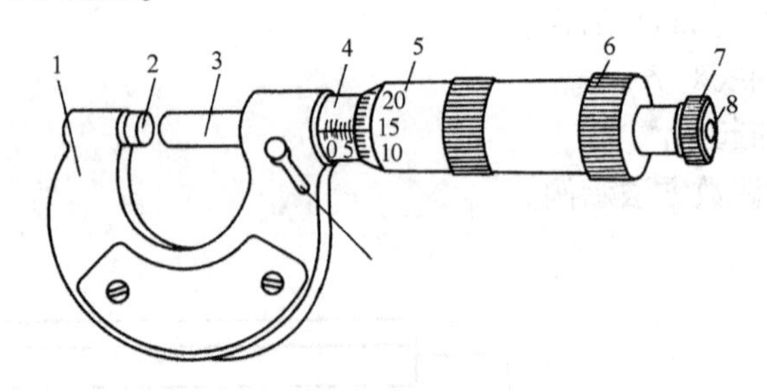

1—尺架；2—测砧；3—测微螺杆；4—固定套筒；
5—微分筒；6—罩壳；7—棘轮；8—螺钉；9—手柄

图 7.6　千分尺

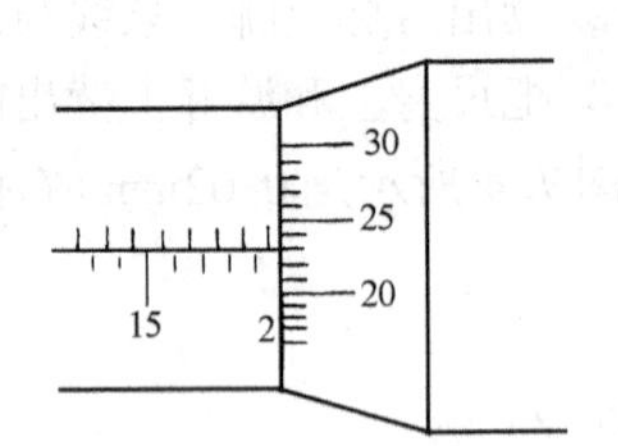

图 7.7　千分尺读数示例：19.73mm

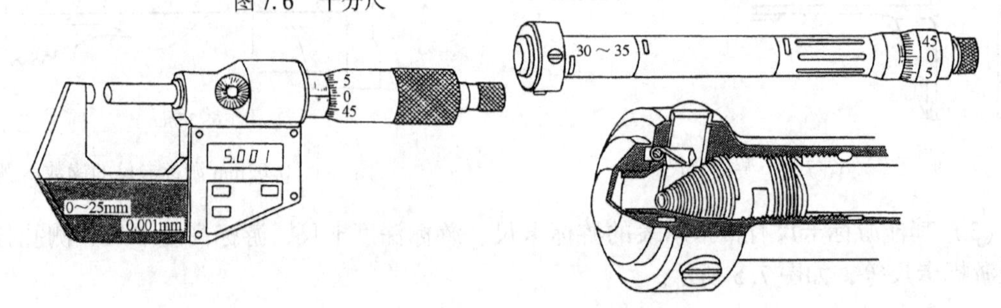

图 7.8　新型千分尺和杆式内径千分尺

4. 百分表

百分表不仅能作比较测量，也能用作绝对测量。它一般用于测量工件的长度尺寸和形位误差，也可以用于检验机床设备的几何精度或调整工件的装夹位置及作为某些测量装置的测量元件。

百分表的结构外形如图 7.9 所示。它是由表体部分、传动部分和读数装置等组成。测量时，被测尺寸的变化引起测量头 9 的微小移动，经传动装置转变成读数装置中长指针 6 的转动，被测的读数可从刻度盘上读出。百分表的分度值为 0.01mm。测量范围分为 0 ~ 3mm、0 ~ 5mm 和 0 ~ 10mm 等。

精度等级分为 0 级、1 级和 2 级。

百分表有杠杆百分表和内径百分表之分，如图 7.10 所示为杠杆百分表（内径百分表见实训 4 中的实训图 1）。

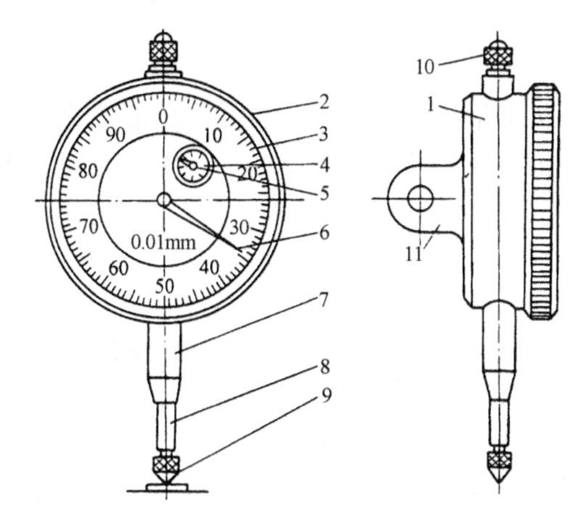

1—表体；2—表圈；3—表盘；4—转数指示盘；5—转数指针；6—指针；7—套筒；8—测量；9—测量头；10—挡帽；11—耳环

图 7.9　百分表

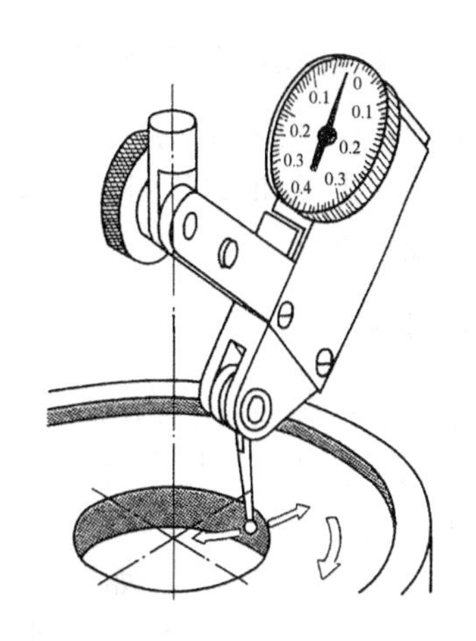

图 7.10　杠杆式百分表

5. 扭簧比较仪

扭簧比较仪是用来测量工件形状误差和位置误差的。如果先用量块调整好距离，则可测量零件尺寸。扭簧比较仪的外形如图 7.11 所示。常用的比较仪分度值为 0.01mm 和 0.002mm。在使用时，应先安装在专用架子上，然后再进行测量。

6. 长杆件测量仪

长杆件测量仪的外形如图 7.12 所示。测得的尺寸由数字显示器显示，可测量工件的厚度。

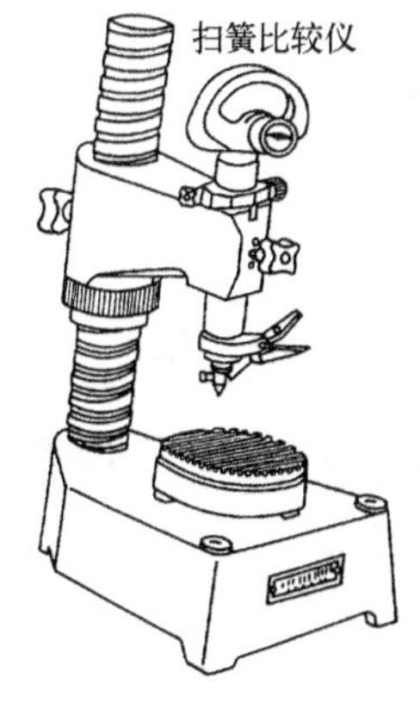

图 7.11　扭簧比较仪

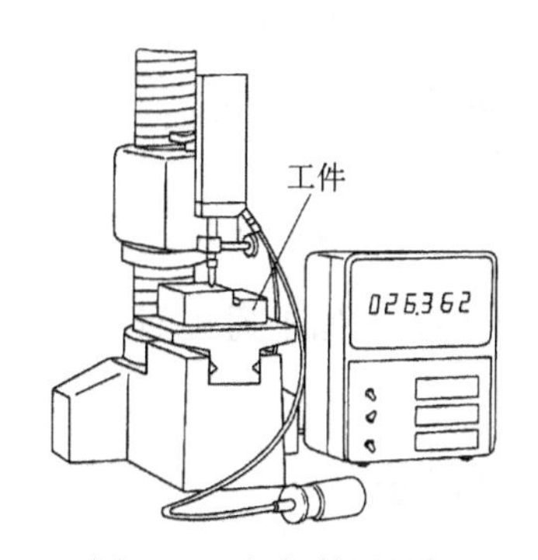

图 7.12　长杆件测量仪

此外常用的计量器具还有电感式测量仪、垂线测量仪、CNC 坐标测量仪、万能工具显微镜等。

7.3 专用量具

专用量具多用于角度、锥度、形状复杂以及有特殊要求工件或光滑工件大批量生产的测量等。

7.3.1 光滑工件测量

在大量生产中，为了检验方便和减少精密量具的损耗，一般可以用光滑极限量规。光滑极限量规分卡规和塞规两种。卡规用来测量轴径或其他外表面尺寸，塞规用来测量孔径或其他内表面尺寸。

1. 卡规

卡规的形状如图 7.13 所示。它由两个测量规组成，尺寸大的一端在测量时应通过轴颈，叫做通规，它的尺寸是按轴或外表面的最大极限尺寸来做的。尺寸小的一端在测量时应不通过轴颈，叫做止规，它的尺寸是按轴或外表面的最小极限尺寸来做的。

用卡规检验工件时，如果通规能通过，止规不能通过，这就说明这个零件的尺寸在允许的公差范围内，是合格的，否则就不合格。

2. 塞规

塞规的形状如图 7.14 所示。它也由两个测量规组成，尺寸小的一端在测量内孔或内表面时应能通过，叫做通规，它的尺寸是按被测面的最小极限尺寸来做的。尺寸大的一端在测量时应不通过工件，叫做止规，它的尺寸是按被测面的最大极限尺寸来做的。

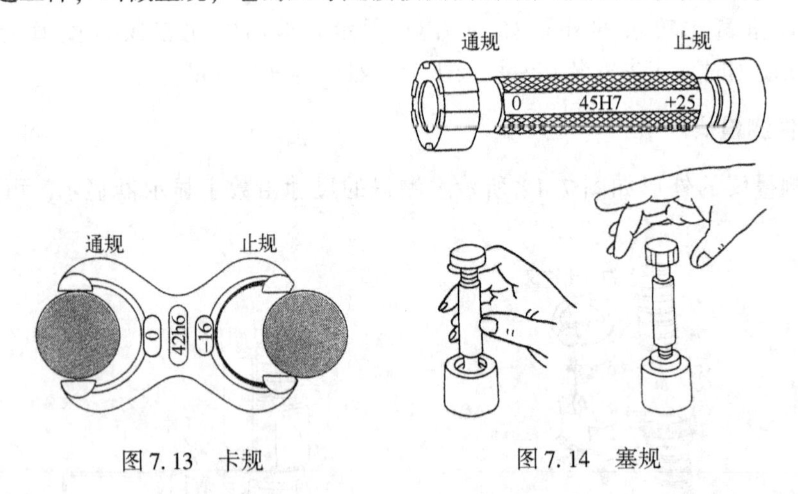

图 7.13 卡规　　图 7.14 塞规

用塞规检验工件时，如果通规能通过，止规不能通过，说明工件是合格的，否则就不合格。

7.3.2 角度测量

角度测量量具有简单量角器、万能角度尺和正弦规。

1. 简单量角器

简单量角器的量程为0°～180°，分度值为1°，如图7.15所示。

2. 万能角度尺

万能角度尺的结构原理如图7.16所示，它由直尺、游标、角尺和上尺组成。直尺可顺其长度方向在任意位置上固定，游标上有刻线。

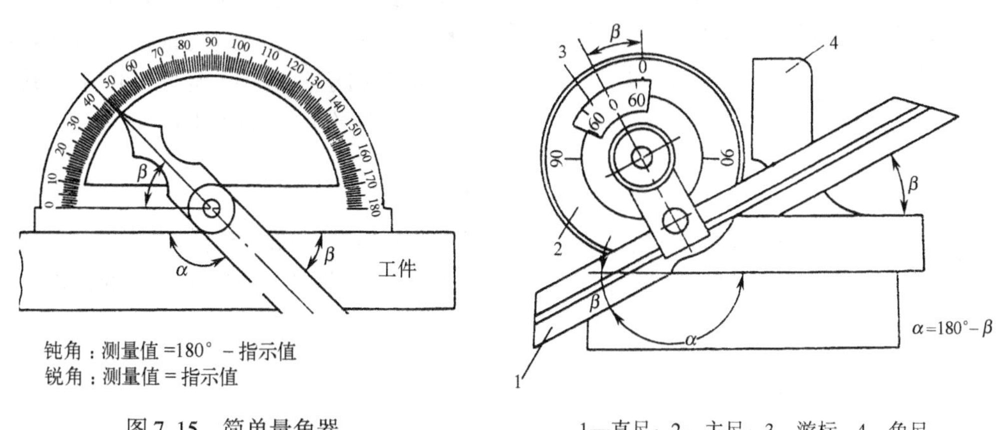

图7.15　简单量角器

1—直尺；2—主尺；3—游标；4—角尺

图7.16　万能角度尺

游标刻线的读数值如图7.17所示。主尺上每一小格刻线为1°，游标上自零线起左右各分成12格，这12格的总角度是23°，所以游标尺每格是上23°/12＝115′＝1°55′，主尺上2格与游标上1格相差2°－1°55′＝5′，即这种角度尺的读数值为5′。如图7.17中测量54°25′、119°5′的角度。

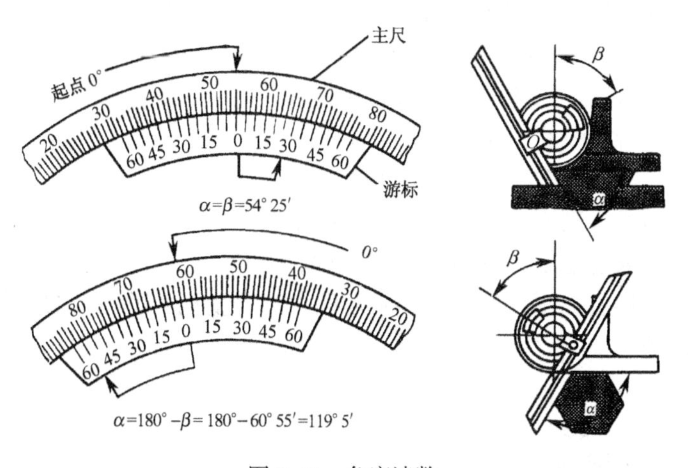

图7.17　角度读数

3. 正弦规

正弦规是利用正弦三角函数原理测量角度的一种精密量具。正弦规一般常用来测量带有锥度、斜度或角度的工件。

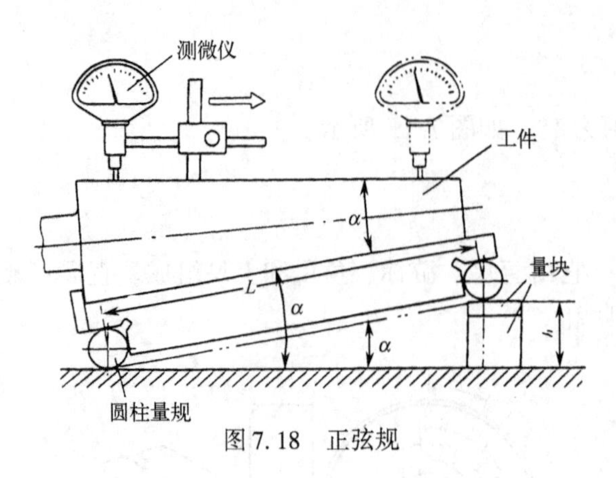

图 7.18　正弦规

正弦规由一精确的钢质长方体和两个精密圆柱体组成，如图 7.18 所示，两个圆柱体的直径相同，其中心距一般有 100mm 和 200mm 两种，并要求很精确。中心连线要与长方体平面平行。

用正弦规测量工件时，要在平板上进行，圆柱体的一端用尺寸为 h 的量块垫高，直到用千分表移动测量零件表面与平板表面平行为止。这时根据所垫量块高度尺寸 h 和正弦规中心距 L，可用下式计算工件实际锥角 α 的大小：

$$\sin\alpha = \frac{h}{L}$$

在实际应用中，由于量块高度比较难调，因此一般是用工件的准确角度值和正弦规中心距先算出量块的高度 h，然后检查工件表面与平板的平行度误差，而知道工件的角度是否正确，即 $h = L\sin\alpha$

7.3.3　锥度测量

1. 圆锥体主要参数

如图 7.19 所示。

2. 圆锥量规

圆锥量规用于检验成批生产中的工具圆锥，分为圆锥环规和圆锥塞规。检验外锥面用圆锥环规，检验内锥面用圆锥塞规，如图 7.20 所示。用圆锥量规检验时，采用涂色法检验锥度误差。其方法是在量规的表面三个均匀位置顺着母线涂一层极薄的显示剂，与被检验工件锥体套合后，轻微旋转 1/3 ~ 1/2 转，取出量规，根据接触面积来判断锥角误差。对于圆锥塞规，若只有大端涂色被擦去，说明工件的锥角偏小；反之，若小端涂色被擦去，则说明工件的锥角偏大；若量规上的涂色被均匀地擦去，则表示工件的锥角是正确的。

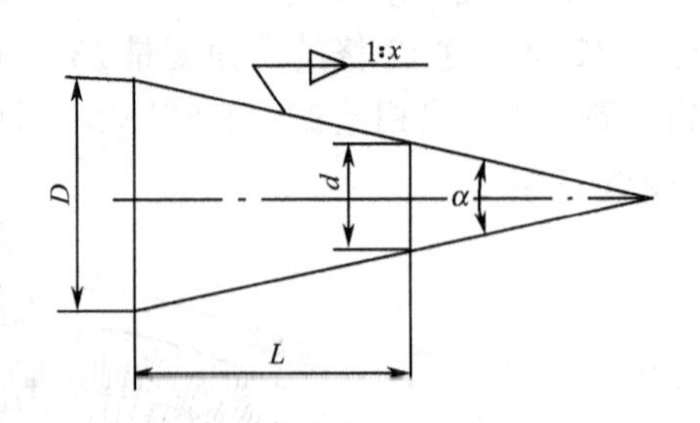

D—锥体大端直径；d—锥体小端直径；
α—锥角；L—锥体长度

图 7.19　圆锥体

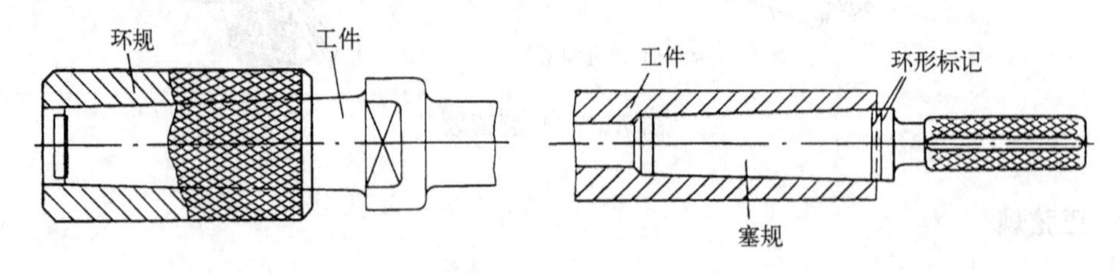

图 7.20　圆锥量规

用圆锥测量仪测量圆锥锥度的方法如图 7.21 所示。

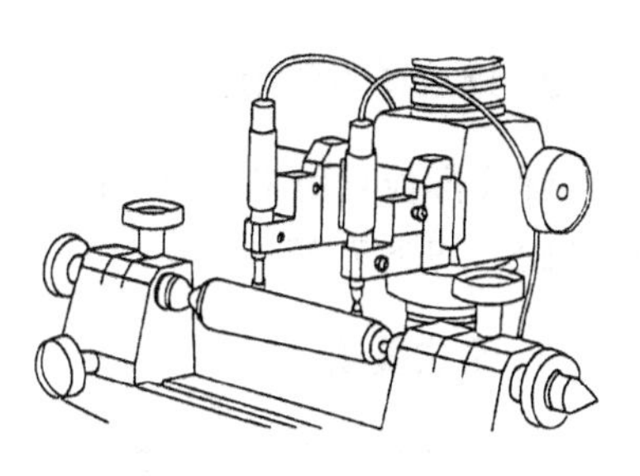

图 7.21　锥度测量仪

7.3.4　螺纹测量

螺纹主要参数如图 7.22 所示。

螺纹测量可用螺纹千分尺、三针量法、螺纹样板、带百分表的螺距测量等。

1. 用螺纹千分尺测量中径

测量外螺纹的中径时，可以使用带插入式测量头的螺纹千分尺测量。它的构造和外径千分尺相似，差别仅在于两个测量头的形状。螺纹千分尺的测量头做成和螺纹牙型相吻合的形状，即一个为 V 形测量头，与牙刑凸起部分相吻合；另一个为圆锥形测量头，与牙型沟槽相吻合，如图 7.23 所示。

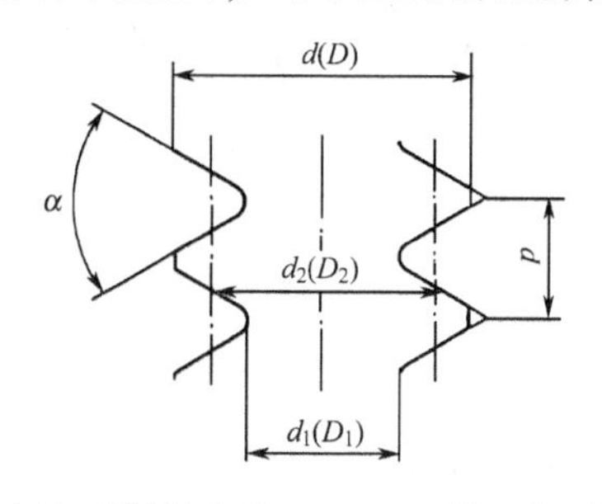

$d(D)$—外（内）螺纹的大径；$d_2(D_2)$—外（内）螺纹的中径；$d_1(D_1)$—外（内）螺纹小径；P—螺距；α—牙型角

图 7.22　螺纹

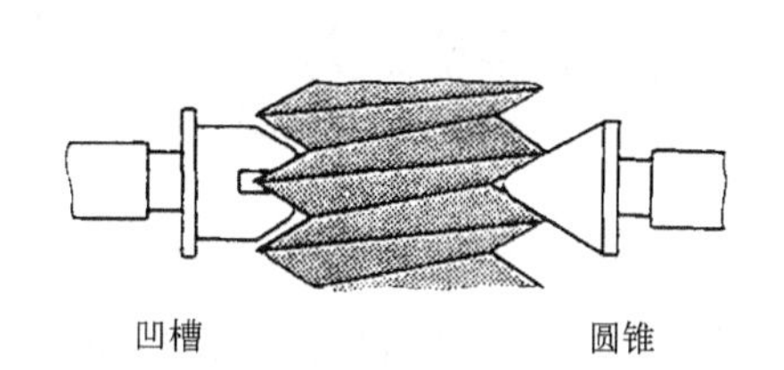

图 7.23　螺纹千分尺

2. 三针量法测量中径

三针量法是一种间接测量法，即将三根直径相同量针，放在螺纹牙型沟槽中间，如图 7.24 所示，用千分尺测出三根量针外母线之间的跨距，根据已知的螺距 P，牙型半角 $\alpha/2$ 及量针直径的数值算出中径 d_2。

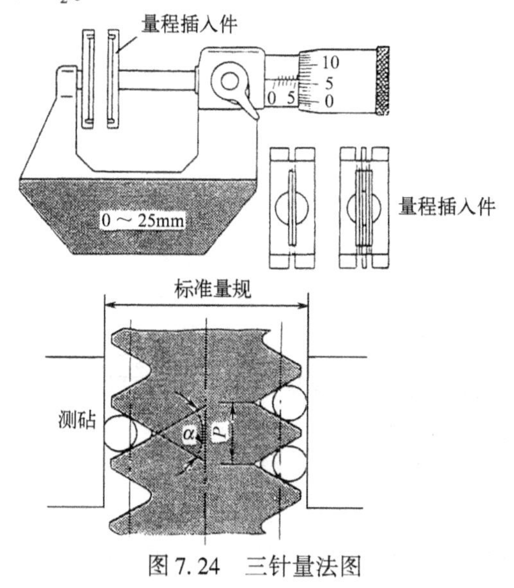

图 7.24　三针量法图

3. 螺蚊样板和带百分表的螺距测量仪

螺纹样板是用来区分工件螺纹的螺距尺寸和牙型角的。或者用带百分表的螺距测量仪测量螺距，如图 7.25 所示。

4. 螺纹量规

由于加工误差等原因螺纹会产生螺距误差和螺纹啮合角误差，如图 7.26 所示。

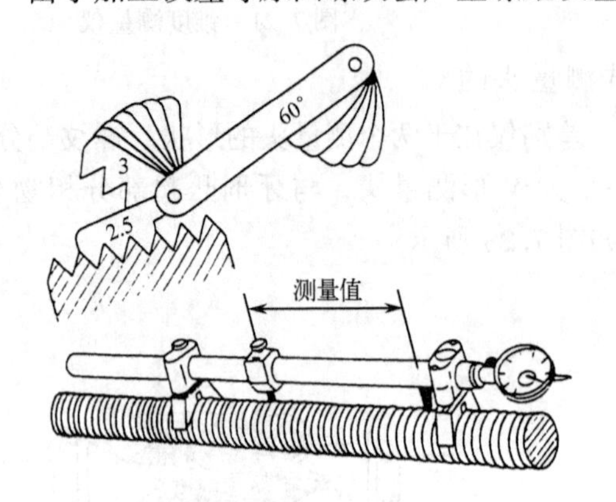

图 7.25 螺蚊样板和带百分表的螺距测量量仪

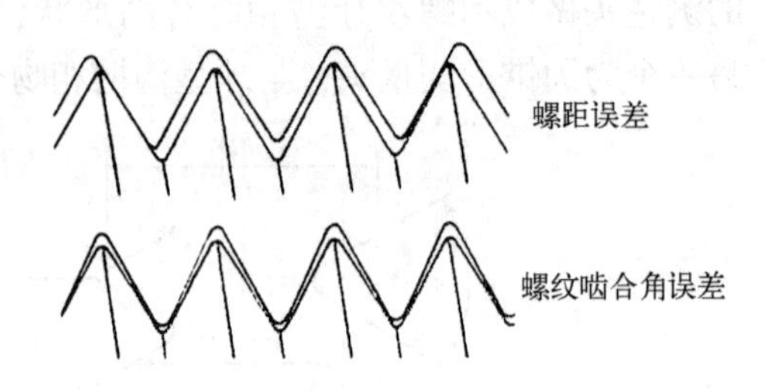

图 7.26 螺纹误差

采用螺纹极限量规按照螺纹的极限尺寸判断原则来检验内、外螺纹工件的实际牙型，以保证螺纹结合件的互换性。

螺纹量规分为螺纹环规和螺纹塞规，这些量规都有通规和止规，如图 7.27 和图 7.28 所示。

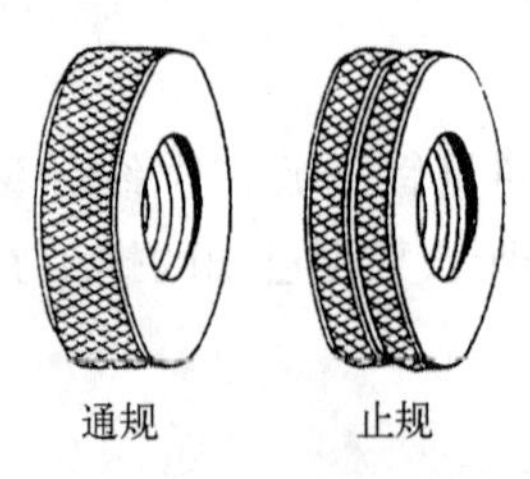

图 7.27 螺纹环规

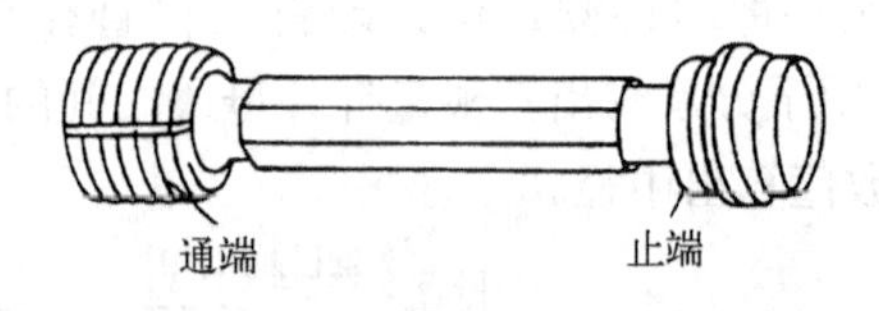

图 7.28 螺纹塞规图

7.3.5 平面测量

平面测量用刀口型直尺和水平仪。

1. 刀口形直尺

刀口形直尺是用漏光法和痕迹法来检验工件的直线度和平面的。检查时，刀口型直尺的工作面应紧靠并垂直于被测表面，然后观察被测表面与直尺之间的漏光缝隙大小，就可以判断被测表面是否平直。如图 7.29 所示。

2. 水平仪

水平仪是利用水准泡的移动来检验平面对水平或垂直位置的误差。

水平仪由框架和弧形玻璃管组成。框架的测量面制有 V 形槽，以便安置在圆柱形的表面上。玻璃管的表面有刻线，内装乙醚或酒精，但不装满，留有一个气泡，这个气泡永远停在玻璃管内的最高点。如果被测平面处在水平或垂直位置时，水平仪气泡就处于玻璃管的中央位置；若被测平面是倾斜的，气泡就向左或向右移动，根据移动距离，即可知道平面的平面度和垂直度误差的大小，如图 7.30 所示。

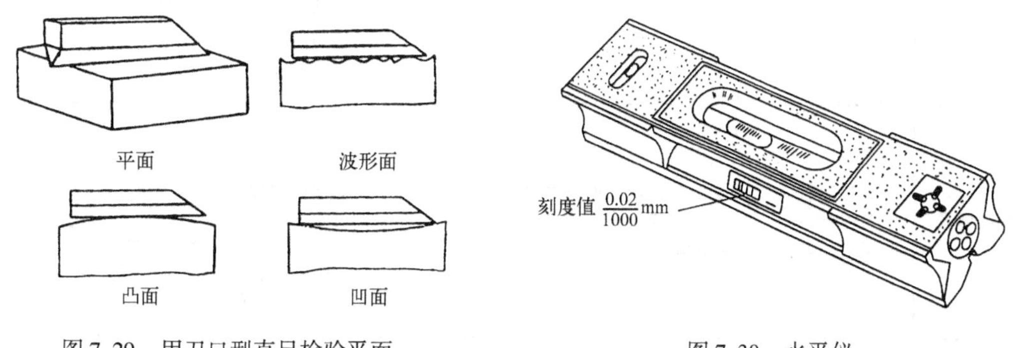

图 7.29　用刀口型直尺检验平面　　　　图 7.30　水平仪

测量刻度值为 0.02/100mm 的水平仪，当气泡移动一格时，1m 内的高度差 h 是 0.02mm。

7.3.6　齿轮公法线长度的测量

齿轮公法线长度可用公法线千分尺来测量，如图 7.31 所示。

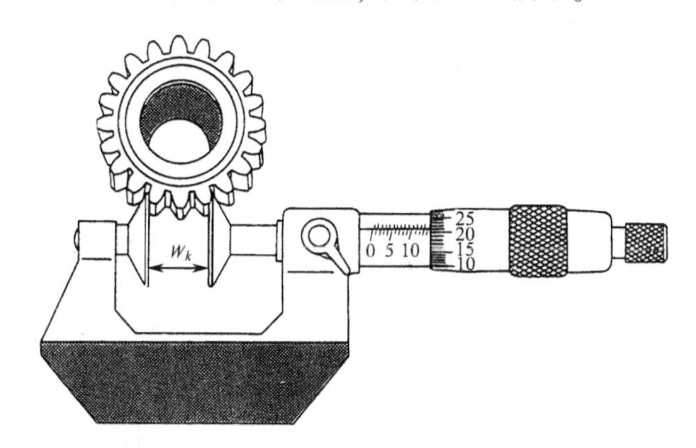

图 7.31　用公法线千分尺测量齿轮公法线长度

7.4　测量方法和度量指标

7.4.1　测量方法

根据被测件的特点和要求，测量方法主要有表 7-2 所示的几类，除此之外，还有静态测量和动态测量。

表 7–2　测量方法分类

名　称	含　义	图　例
直接测量	直接测量被测量值，测得值就是所求值，如游标卡尺测量长度	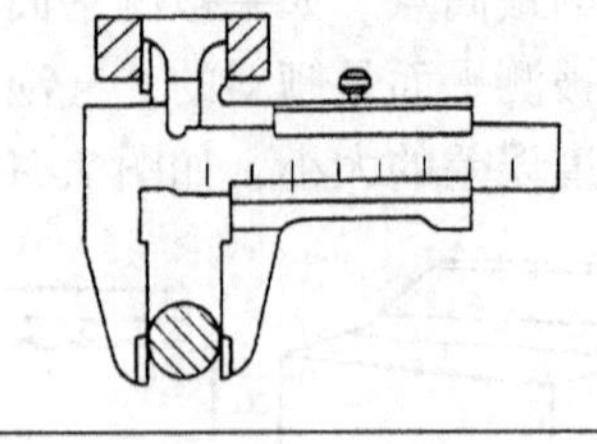
间接测量	直接测量与被测量 x 有一定的数量关系的其他量，x_1、x_2…，经过计算方能得到所求值。如正弦规测量角度 α	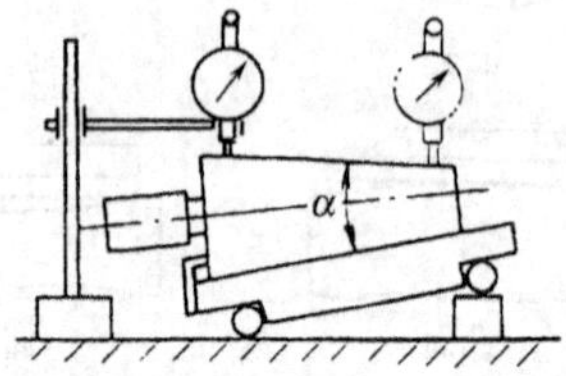
绝对测量	测量示值可直接表示出被测尺寸的全值。如外径千分尺、测长仪测轴直径	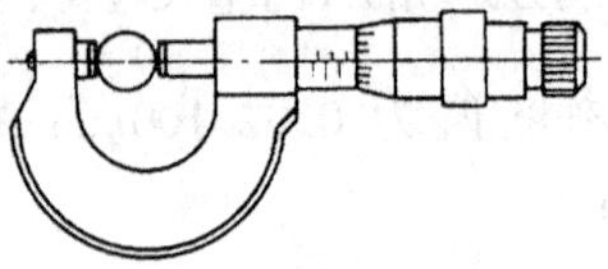
相对测量	测量示值仅表示被测尺寸对已知标准量的偏差，而测量结果为已知标准量与测量示值的代数和。如用各种比较仪测轴直径	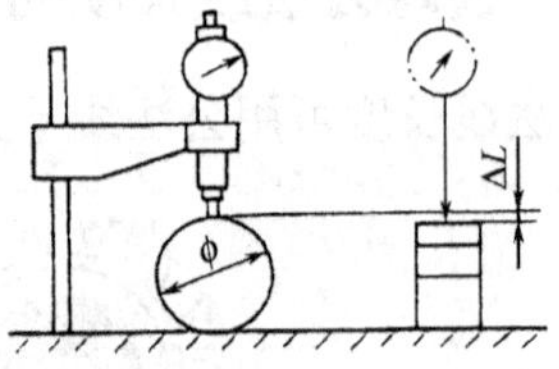
接触测量	测量工具与被测工件的表面直接接触并有机械作用的测量力存在。如用卡规测量轴径	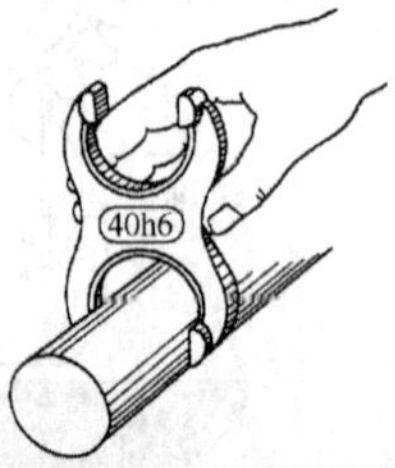
非接触测量	测量工具与被测工件间没有机械作用测量力存在。如气动测量	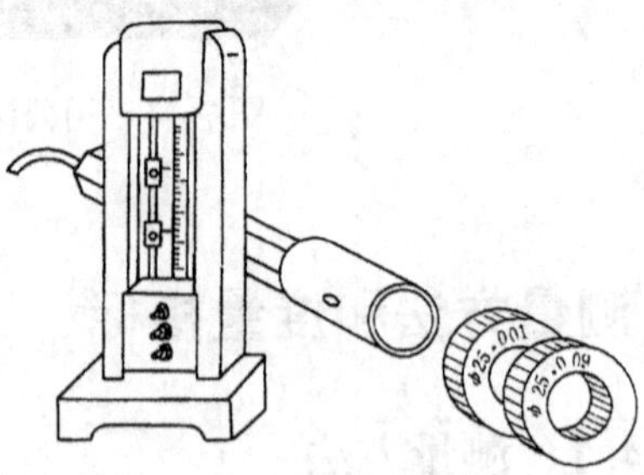
单项测量	分别地对每一个参数进行测量。如单独测量螺纹中径	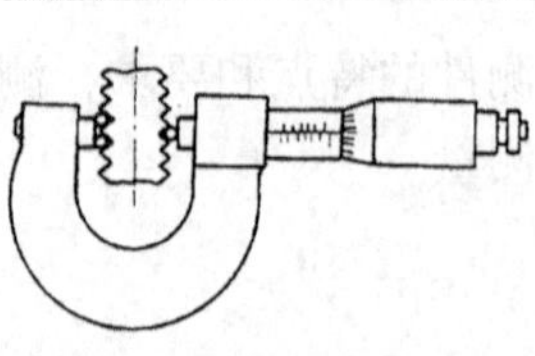

续表

名　称	含　义	图　例
综合测量	同时测量工件几个有关的参数，从而总的判断工件是否合格。如用塞规测内孔	40H7
被动测量	指工件在加工后测量。此结果仅限于发现并剔除废品	
主动测量	指工件在加工过程中进行测量。可直接用以控制加工过程	

1. 静态测量

静态测量是指在测量时被测表面与计量器具的测头处于相对静止状态的测量方法。如用千分尺测量零件的直径。

2. 动态测量

动态测量是指测量时被测表面与计量器具的测头之间处于相对运动状态的测量方法。其目的是为了测得误差的瞬时值及其随时间变化的规律，其测量效率高。如用电动轮廓仪测量表面粗糙度，在磨削过程中测量零件的直径，用激光丝杠动态检查仪测量丝杠等都属于动态测量。

7.4.2 计量器具的度量指标

1. 刻度间距（刻线间距）

刻度尺或刻度盘上两相邻刻线中心的距离称为刻度间距。为了便于目力估计，一般刻度间距在 1 ~ 2.5mm 之间。

2. 分度值（刻度值）

计量器具刻度尺或刻度盘上相邻两刻线所代表的量值之差称为分度值。如千分尺的分度值为 0.01mm，立式光学计的分度值为 0.001mm。

3. 示值范围

计量器具刻度尺或刻度盘上所指示或显示的起始值到终止值的范围称为示值范围。立式光学计的示值范围为 ±0.1mm，杠杆千分尺的示值范围为 ±0.02mm。

4. 测量范围

在允许误差限内计量器具所能测量的被测量的最小值到最大值的范围称测量范围。千分尺有 0～25mm、25～50mm 等测量范围。

5. 灵敏度（传动放大比）

计量器具对被测量变化的反应能力称灵敏度。它等于器具的刻线间距与分度值之比。如百分表的刻度间距为 1.5mm，分度值为 0.01mm，它的放大比为 1.5/0.01 = 150。

6. 示值误差

计量器具示值与被测量真值之间的差值称为示值误差。它是测量器具本身各种误差的综合反应。示值误差的大小可通过对器具的检定得到。

7. 示值稳定性（示值变动性）

在测量条件不变的情况下，对同一被测量进行多次重复测量时其指示值的变化范围称为示值稳定性。它主要由间隙、摩擦、变形等许多不稳定因素造成。

习　题　7

一、判断题（正确的打√，错误的打×）

7.1　直接测量必为绝对测量。（　　）

7.2　为减少测量误差，一般不采用间接测量。（　　）

7.3　为提高测量的准确性，应尽量选用高等级量块作为基准进行测量。（　　）

7.4　使用的量块数越多，组合出的尺寸越准确。（　　）

7.5　0～25 mm 千分尺的示值范围和测量范围是一样的。（　　）

二、选择题

7.6　下列测量中属于间接测量的有________。

A. 用千分尺测外径　B. 用光学比较仪测外径　C. 用内径百分表测内径

D. 用游标卡尺测量两孔中心距　E. 用高度尺及内径百分表测量孔的中心高度

7.7　下列测量中属于相对测量的有________。

A. 用千分尺测外径　B. 用光学比较仪测外径　C. 用内径百分表测内径

D. 用内径千分尺测量内径　E. 用游标卡尺测外径

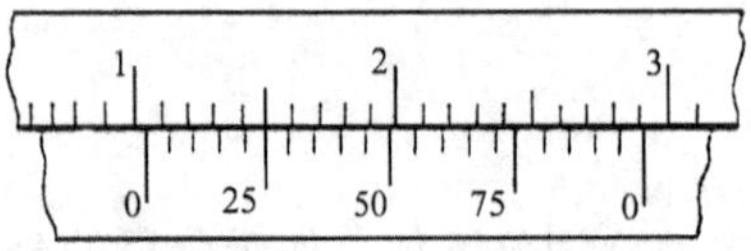

图 7.32　游标卡尺的读数

7.8　图 7.32 所示游标卡尺的读数是________。

A. 1.25 mm　B. 1.5 mm

C. 10.5 mm　D. 10.25 mm

7.9　百分表的分度值是________。

A. 0.01 mm　B. 0.01～0.05 mm

C. 0.1 mm　　　　　　　D. 0.001 mm

7.10　图7.33中________的读数是错误的？

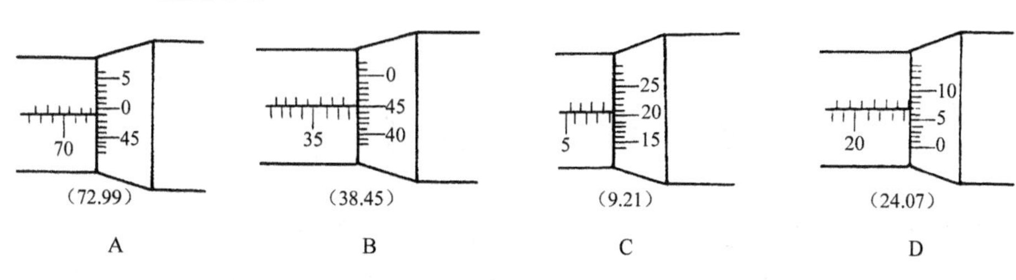

图7.33　千分尺读数

三、综合题

7.11　测量误差的主要来源有哪些？

7.12　计量器具的度量指标有哪些？

7.13　熟悉各种测量量具和量仪的用法。

7.14　试从83块一套的量块中，组合下列尺寸：48.98 mm，29.875 mm，10.56 mm。

第8章 几何公差

机械零件的几何精度（几何要素的形状、方向和位置精度）是该零件的一项主要质量指标，在很大程度上影响着该零件的质量和互换性，因而也影响整个机械产品的寿命和工作性能。为保证机械产品的质量，保证零件的互换性和使用要求，就应该在零件图上给出几何公差（以往称为形位误差），规定零件加工时的几何误差（以往称为形位误差）的允许变动范围，并按零件图上给出的几何公差来检测加工后零件的几何误差是否符合设计要求。

8.1 概述

8.1.1 零件几何要素及其分类

几何要素（简称要素）是指构成零件几何特征的点、线、面。如图8.1所示。

1. 按结构特征分类

（1）组成要素。组成要素（轮廓要素）是指构成零件外形的、能直接为人们所感觉到的点、线、面要素。如图8.1中所示的球面、圆柱面、圆锥面等。

（2）导出要素。导出要素（中心要素）是指对称要素的中心点、中心线、中心平面及回转表面的轴线。如图8.1中所示的圆心、轴线、球心等。

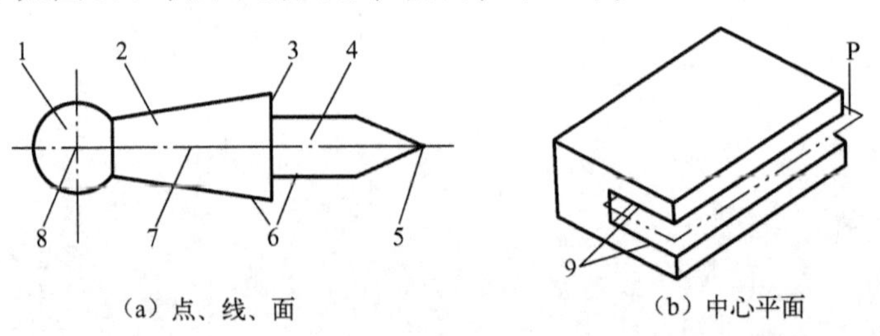

（a）点、线、面　（b）中心平面

1—球面；2—圆锥面；3—端平面；4—圆柱面；5—圆锥顶点；
6—素线；7—轴线；8—球心；9—两平行平面；P—中心平面

图8.1　零件几何要素

2. 按在形状和位置公差中所处的地位分类

（1）被测要素。图样上给出了形状或（和）位置公差的要素称为被测要素。

（2）基准要素。它是用来确定被测要素的方向或（和）位置的要素。

3. 按存在的状态分类

（1）实际要素。它是零件上实际存在的要素，通常以测得的要素来代替。

（2）理想要素。它是具有几何学意义的要素，即图样设计给定的、不存在任何误差的要素。

8.1.2 几何公差的特征项目及符号

按国家标准 GB/T1182—2008 规定的几何公差的特征项目分为形状公差、方向公差、位置公差和跳动公差四大类，共有 19 个，各项目的名称及符号见表 8–1。其中，形状公差特征项目有 6 个，它们没有基准要求；方向公差特征项目有 5 个，位置公差特征项目有 6 个，跳动公差特征项目有 2 个，它们都有基准要求。没有基准要求的线、面轮廓度公差属于形状公差，而有基准要求的线、面轮廓度公差则属于方向、位置公差。

表 8–1 几何公差的分类、特征项目及符号

公差类型	特征项目	符号
形状公差	直线度	⏤
	平面度	⏥
	圆度	○
	圆柱度	⌭
	线轮廓度	⌒
	面轮廓度	⌓
方向公差	平行度	∥
	垂直度	⊥
	倾斜度	∠
	线轮廓度	⌒
	面轮廓度	⌓
位置公差	同心度（用于中心点）	◎
	同轴度（用于轴线）	◎
	对称度	⌯
	位置度	⌖
	线轮廓度	⌒
	面轮廓度	⌓
跳动公差	圆跳动	↗
	全跳动	⌰

8.1.3 几何公差带

几何公差带是限制被测实际要素变动的区域，这个区域可以是平面区域或空间区域。除非另有要求，实际被测要素在公差带内可以具有任何形状和方位，只要实际被测要素能全部落在给定的公差带内，就表明该实际被测要素合格。

几何公差带有一定的形状、大小和方位，公差带的形状由被测要素的理想形状和给定的公差特征项目所确定。常见公差带的形状如图 8.2 所示。几何公差带的大小用它的宽度或直径来表示（如图 8.2 中所示 t、ϕt），由给定的公差值决定。几何公差带的方位则由给定的几何公差特征项目和标注形式确定。

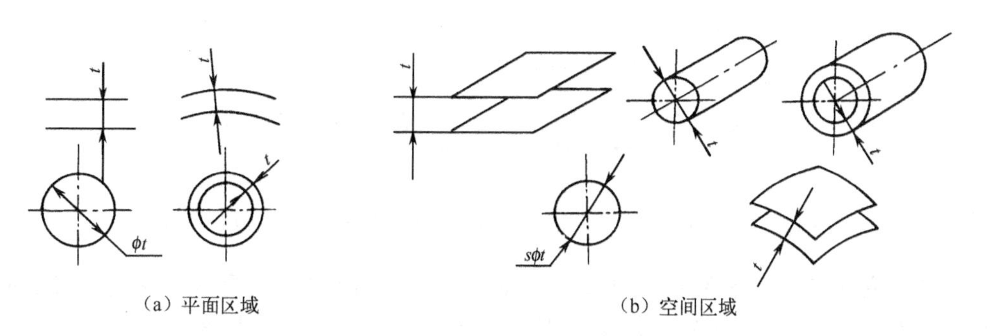

（a）平面区域　　（b）空间区域

图 8.2 几何公差带的形状

8.1.4 几何公差框格和基准符号

零件几何要素的公差要求应按规定的方法标注在图样上。对被测要素提出特定的几何公差要求时，采用水平绘制的矩形框格的形式给出该要求。这种框格由两格或多格组成。

1. 形状公差框格

形状公差框格共有两格，如图8.3所示。用带箭头的指引线将框格与被测要素相连。框格中的内容，从左到右第一格填写公差特征项目符号，第二格填写用毫米为单位表示的公差值和有关符号。

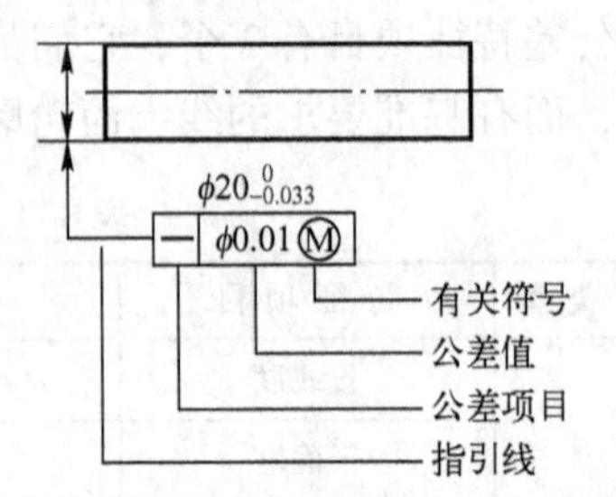

图8.3 形状公差框格中的内容填写示例（圆柱面轴线的直线度公差）

带箭头的指引线从框格的一端（左端或右端）引出，并且必须垂直于该框格，用它的箭头与被测要素相连。它引向被测要素时，允许弯折，通常只弯折一次。

2. 方向、位置和跳动公差框格

方向、位置和跳动公差框格有三格、四格和五格等几种，如图8.4和图8.5所示。用带箭头的指引线将框格与被测要素相连。框格中的内容，从左到右第一格填写公差特征项目符号，第二格填写用毫米为单位表示的公差值和有关符号，从第三格起填写被测要素的基准所使用的字母和有关符号。这三类公差框格的指引线与形状公差框格的指引线的标注方法相同。

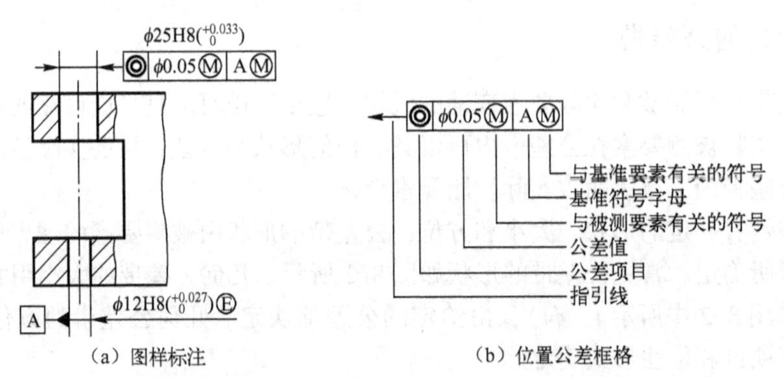

图8.4 采用单一基准的三格公差框格中的内容填写示例（圆柱面轴线的同轴度公差）

图8.5 采用多基准的四格、五格几何公差框格中的内容填写示例

方向、位置和跳动公差有基准要求。被测要素的基准在图样上用英文大写字母表示，如图8.4和图8.5所示。为了避免混淆和误解，基准所使用的字母不得采用E、F、I、J、L、M、O、P、R等九个字母。

必须指出，从几何公差框格第三格起填写基准的字母时，基准的顺序在该框格中是固定的，总是第三格中填写第一基准的字母，第四格和第五格中分别填写第二基准和第三基准的字母，而与这些字母在字母表中顺序无关。

3. 基准符号

基准符号由一个基准方框（基准字母注写在这方框内）和一个涂黑的或空白的基准三角形，用细实线连接而构成，如图 8.6 所示。涂黑的和空白的基准三角形含义相同。表示基准的字母也要注写在相应被测要素的方向、位置或跳动公差框格内。基准符号引向基准要素时，无论基准符号在图样上的方向如何，框格内的字母都应水平书写。

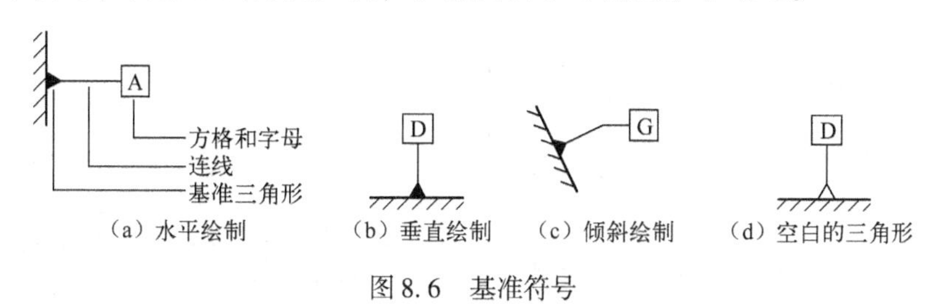

图 8.6　基准符号

8.1.5　被测要素和基准要素的标注方法

1. 被测要素的标注方法

用带箭头的指引线将几何公差框格与被测要素相连，按图 8.7 ~ 图 8.11 所示方法标注。

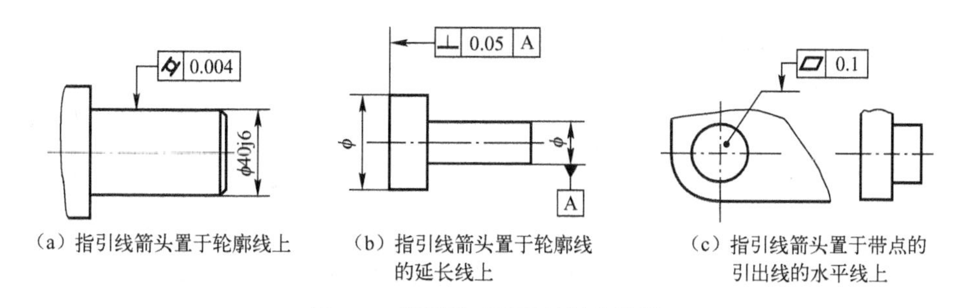

图 8.7　被测组成要素的标注示例

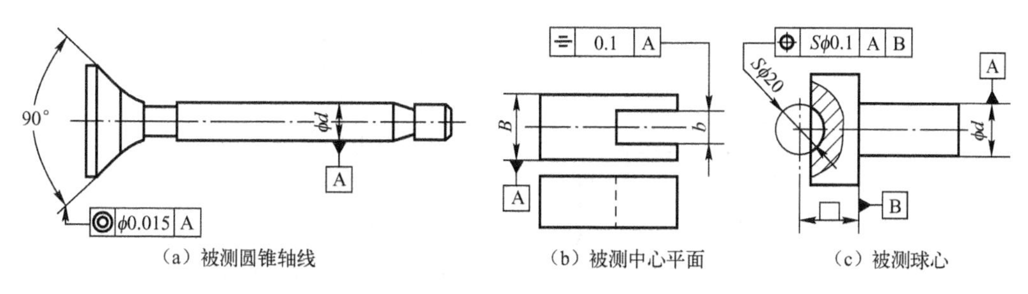

图 8.8　被测导出要素的标注示例

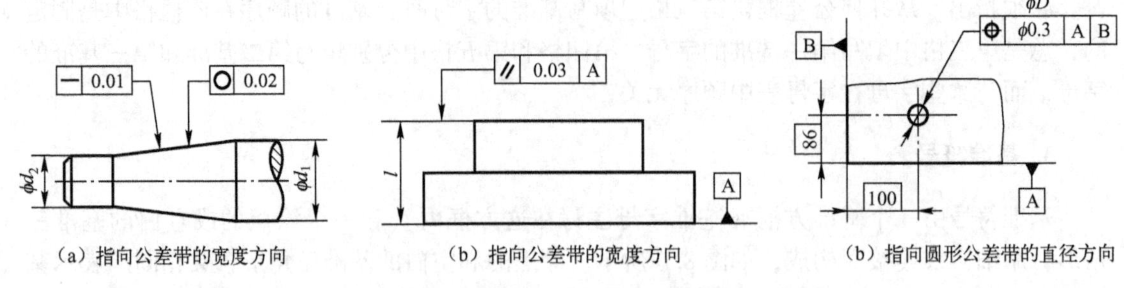

（a）指向公差带的宽度方向　（b）指向公差带的宽度方向　（b）指向圆形公差带的直径方向

图 8.9　被测要素几何公差框格指引线箭头的指向

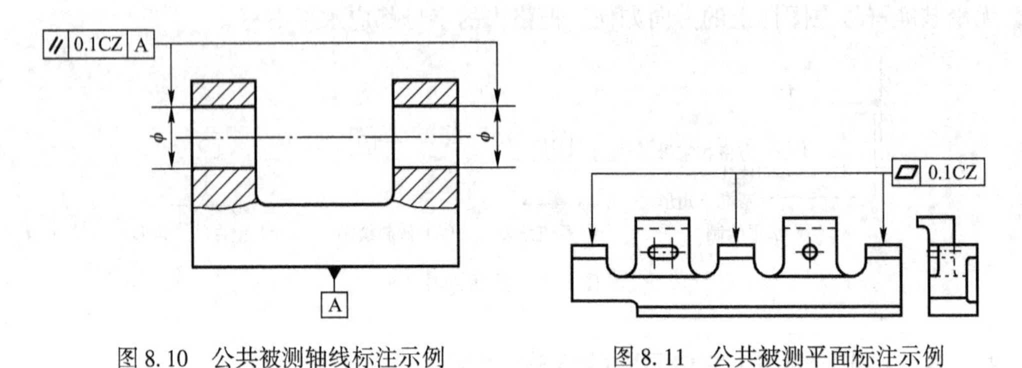

图 8.10　公共被测轴线标注示例　　图 8.11　公共被测平面标注示例

2. 基准要素的标注方法

基准要素应标注基准符号，并按图 8.12～图 8.16 所示方法标注。

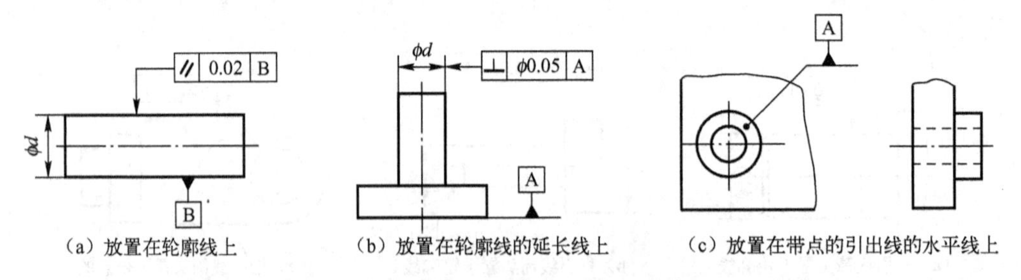

（a）放置在轮廓线上　（b）放置在轮廓线的延长线上　（c）放置在带点的引出线的水平线上

图 8.12　基准组成要素标注中基准三角形的底边的放置位置示例

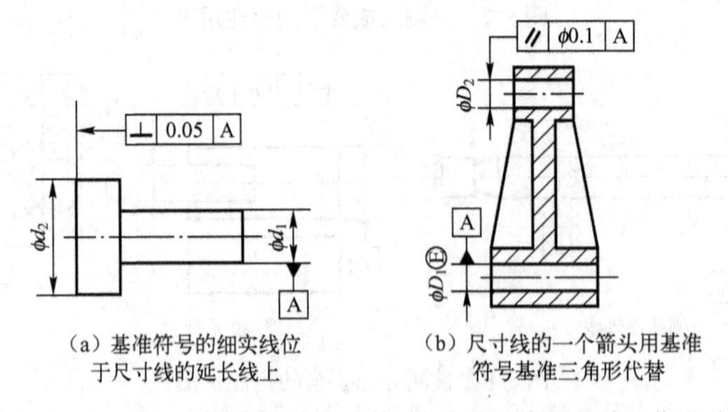

（a）基准符号的细实线位于尺寸线的延长线上　（b）尺寸线的一个箭头用基准符号基准三角形代替

图 8.13　基准导出要素标注中基准符号的基准三角形的放置位置示例

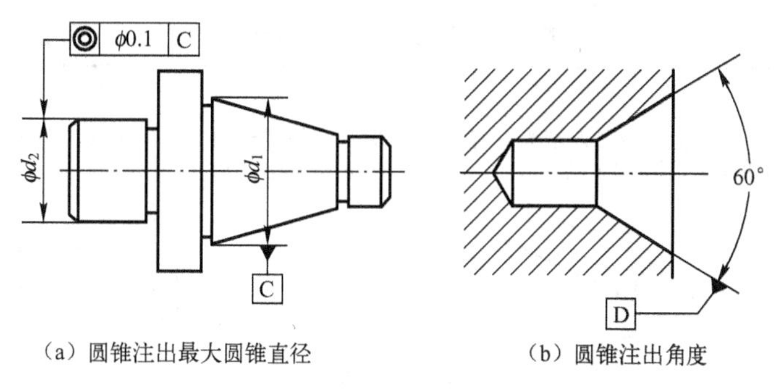

（a）圆锥注出最大圆锥直径

（b）圆锥注出角度

图 8.14　对基准圆锥轴线标注基准符号

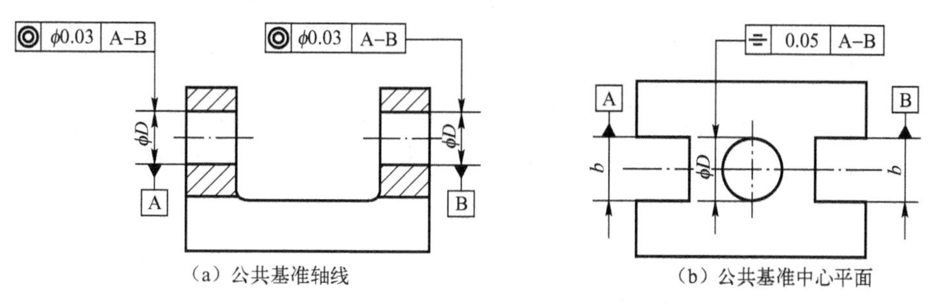

（a）公共基准轴线

（b）公共基准中心平面

图 8.15　公共基准标注示例

3. 几何公差的简化标注方法

为了减少图样上几何公差框格或指引线的数量，简化绘图，在保证读图方便和不引起误解的前提下，可以简化几何公差的标注。见图 8.16 ~ 图 8.17 所示。

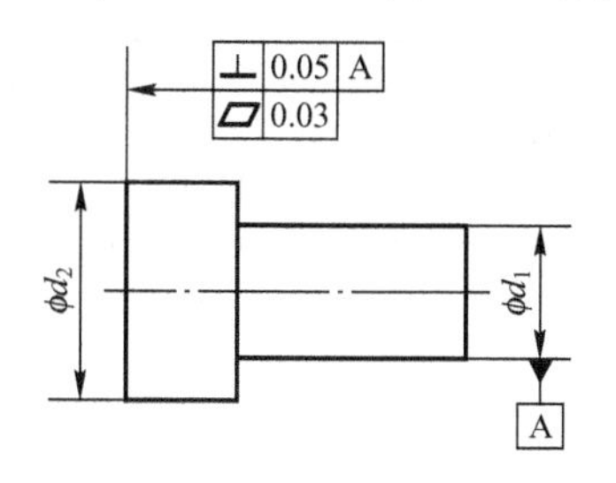

图 8.16　同一被测要素的几项几何公差简化标注示例

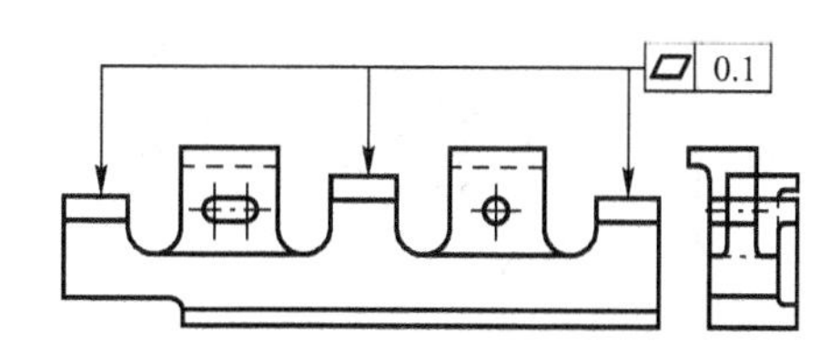

图 8.17　几个被测要素有同一几何公差带要求的简化标注示例

8.2　几何公差的标注

8.2.1　形状公差的标注

单一实际要素的形状所允许的变动全量称为形状公差。

形状公差（包括没有基准要求的线、面轮廓度）共有 6 项，随被测要素的结构特征和对被测要素的要求而不同，其中，直线度、线轮廓度、面轮廓度都有多种类型。表 8-2 仅列出了一些典型的形状公差的标注示例。

表 8–2　形状公差的标注示例

特 征 项 目	公差带定义	标注示例和解释
直线度公差	在任意方向上，公差带为直径等于公差值 ϕt 的圆柱面所限定的区域 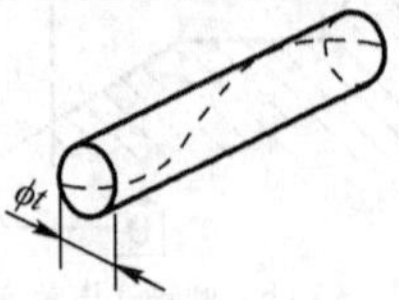	外圆柱面的实际轴线应限定在直径等于 $\phi0.08$mm 的圆柱面内 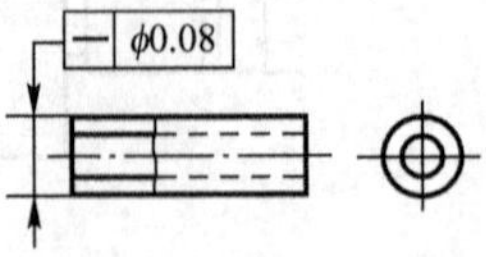
平面度公差	公差带为间距等于公差值 t 的两平行平面所限定的区域 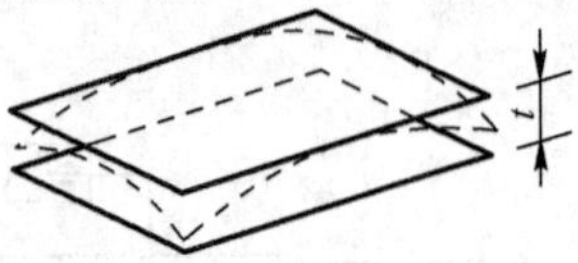	实际表面应限定在间距等于 0.08mm 的两平行平面之间 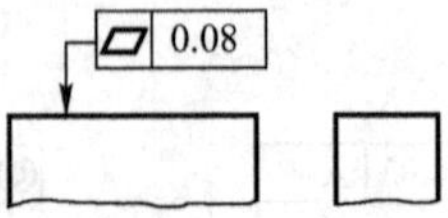
圆度	公差带为在给定横截面内，半径差等于公差值 t 的两同心圆所限定的区域 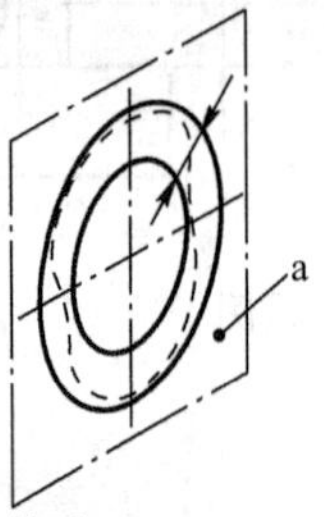 a—任一横截面	在圆柱面的任意横截面内，实际圆周应限定在半径差等于 0.03mm 的两共面同心圆之间 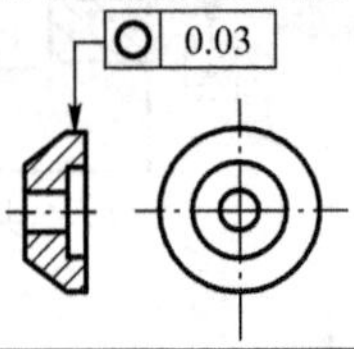 在圆锥面的任意横截面内，实际圆周应限定在半径差等于 0.1mm 的两共面同心圆之间 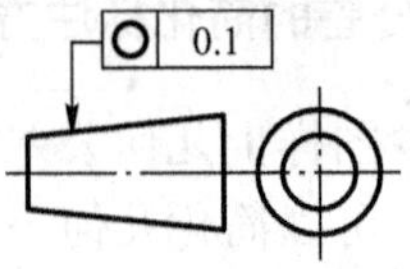
圆柱度公差	公差带为半径差等于公差值 t 的两同轴线圆柱面所限定的区域 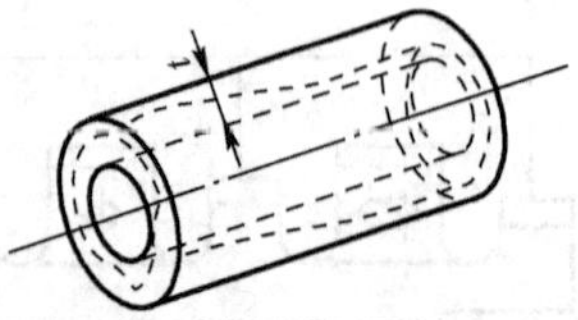	实际圆柱面应限定在半径差等于 0.1mm 的两同轴线圆柱面之间 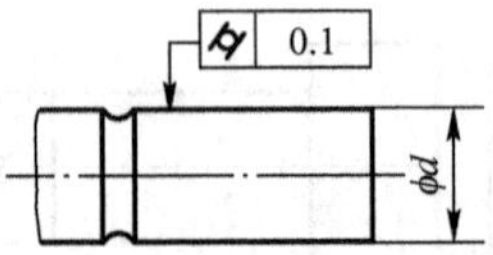
无基准的线轮廓度公差	公差带为直径等于公差值 t、圆心位于被测要素理论正确几何形状上的一系列圆的两包络线所限定的区域 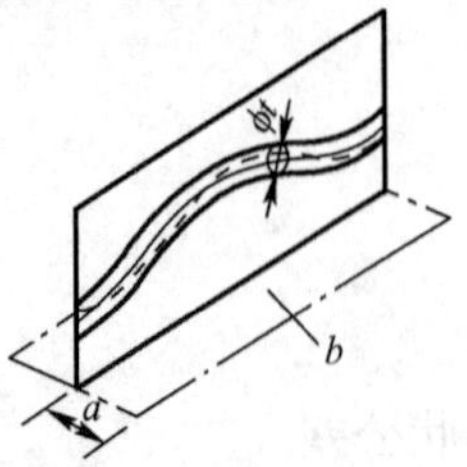 a—任一距离； b—垂直于右图视图所在平面	在任一平行于图示投影面的截面内，实际轮廓线应限定在直径等于 0.04mm、圆心位于被测要素理论正确几何形状上的一系列圆的两等距包络线之间 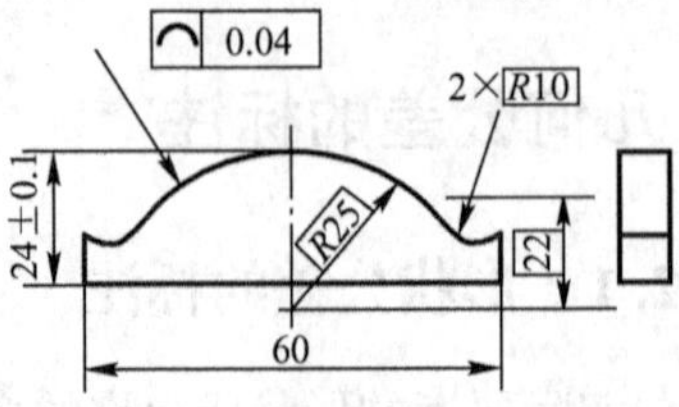

续表

特征项目	公差带定义	标注示例和解释
无基准的面轮廓度公差	公差带为直径等于公差值 t、球心位于被测要素理论正确几何形状上的一系列圆球的两包络面所限定的区域 	实际轮廓面应限定在直径等于 0.02mm、球心位于被测要素理论正确几何形状上的一系列圆球的两等距包络面之间 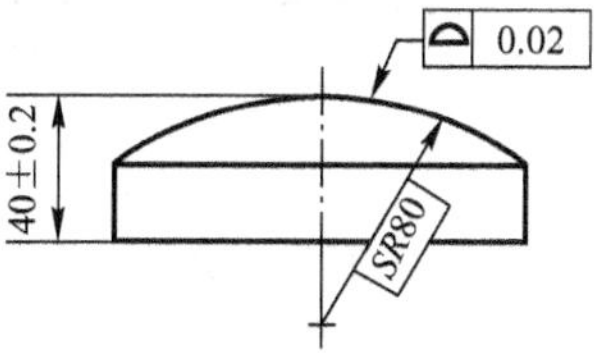

8.2.2 方向公差的标注

方向公差有平行度、垂直度、倾斜度、有基准要求的线、面轮廓公差五个项目。随被测要素和基准要素为直线或平面之分，可有“线对线”、“线对面”、“面对线”和“面对面”四种形式，表 8-3 仅列出方向公差的一种情况。

表 8-3 方向公差的标注示例

特征项目	公差带定义	标注示例和解释
面对面平行度公差	公差带为间距等于公差值 t 且平行于基准平面的两平行平面所限定的区域 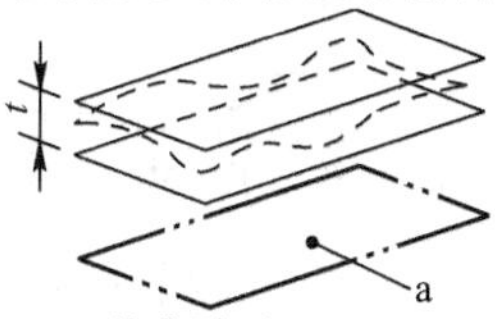 a—基准平面	实际表面应限定在间距等于 0.01mm 且平行于基准平面 D 的两平行平面之间 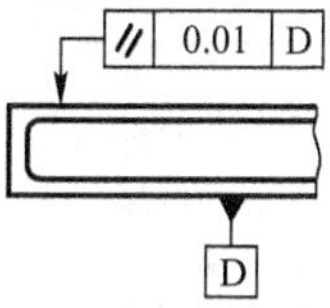
面对面垂直度公差	公差带为间距等于公差值 t 且垂直于基准平面的两平行平面所限定的区域 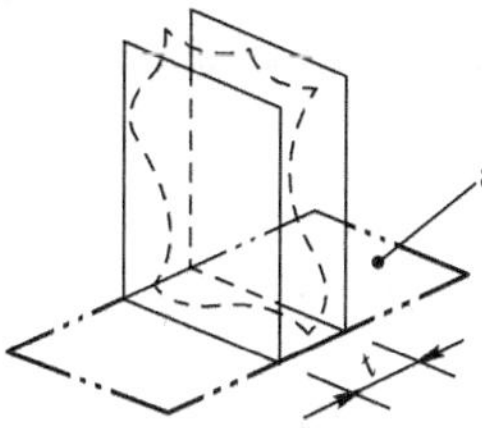 a—基准平面	实际表面应限定在间距等于 0.08mm 且垂直于基准平面 A 的两平行平面之间 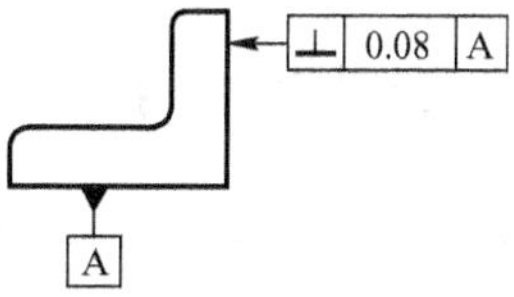
面对面倾斜度公差	公差带为间距等于公差值 t 的两平行平面所限定的区域。该两平行平面按给定角度倾斜于基准平面 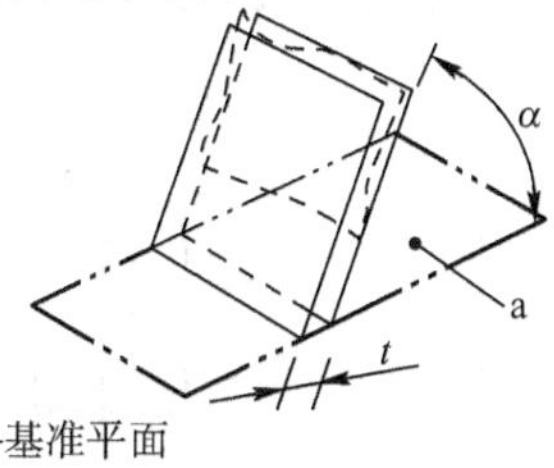 a—基准平面	实际表面应限定在间距等于 0.08mm 的两平行平面之间。该两平行平面按理论正确角度 40°倾斜于基准平面 A 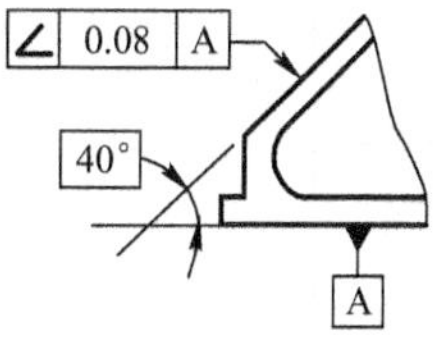

8.2.3 位置公差的标注

表 8-4 列出了位置公差一些典型的标注示例。

表 8-4 位置公差的标注示例

特征项目		公差带定义	标注示例和解释
同心度与同轴度公差	点的同心度公差	公差带为直径等于公差值 ϕt 的圆周所限定的区域。该圆周的圆心与基准点重合 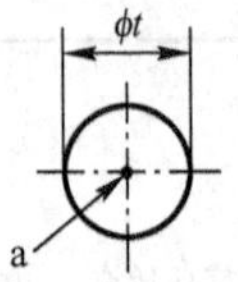 a—基准点	在任意截面内（用符号 ACS 标注在几何公差框格的上方），内圆的实际中心点应限定在直径等于 $\phi 0.1$mm 且以基准点为圆心的圆周内 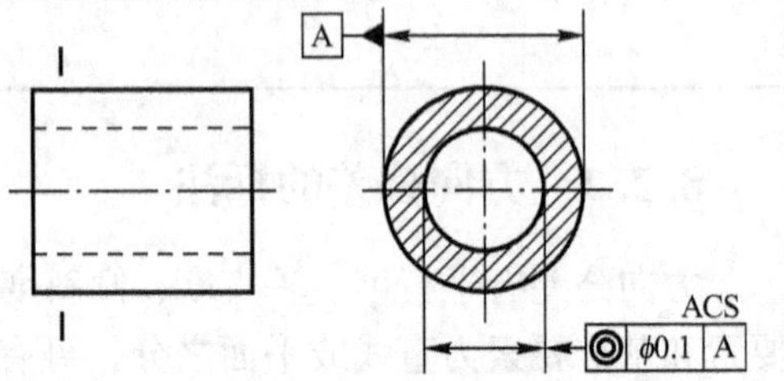
	线的同轴度公差	公差带为直径等于公差值 ϕt 且轴线与基准轴线重合的圆柱面所限定的区域 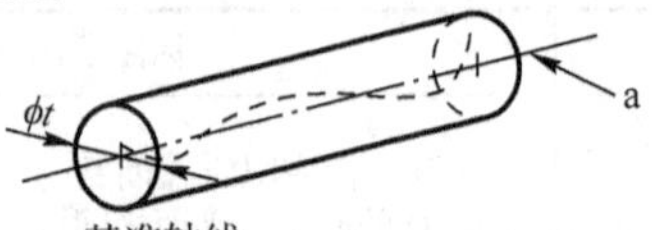 a—基准轴线	被测圆柱面的实际轴线应限定在直径等于 $\phi 0.04$mm 且轴线与基准轴线 A 重合的圆柱面内 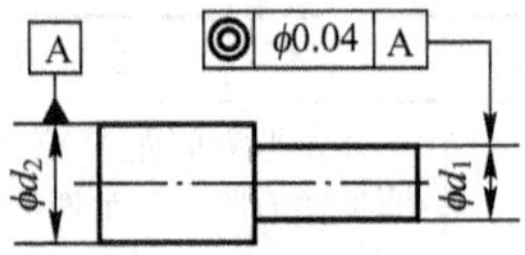
对称度公差	面对面对称度公差	公差带为间距等于公差值 t 且对称于基准中心平面的两平行平面所限定的区域 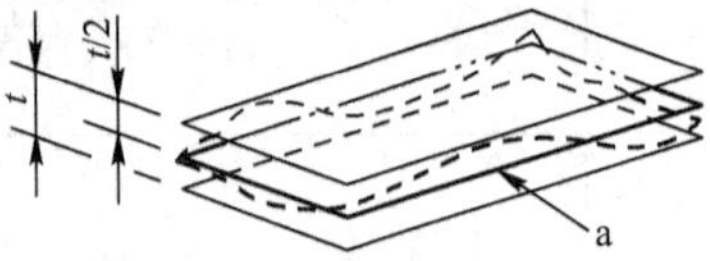 a—基准中心平面	两端为半圆的被测槽的实际中心平面应限定在间距等于 0.08mm 且对称于公共基准中心平面 A－B 的两平行平面之间 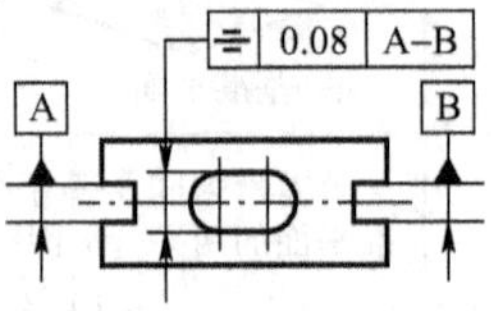

8.2.4 跳动公差的标注

跳动公差分为圆跳动和全跳动，表 8-5 列出了跳动位公差的一些典型的标注示例。

表 8-5 跳动公差的标注示例

特征项目		公差带定义	标注示例和解释
圆跳动公差	径向圆跳动公差	公差带为在任一垂直于基准轴线的横截面内、半径差等于公差值 t、圆心在基准轴线上的两同心圆所限定的区域 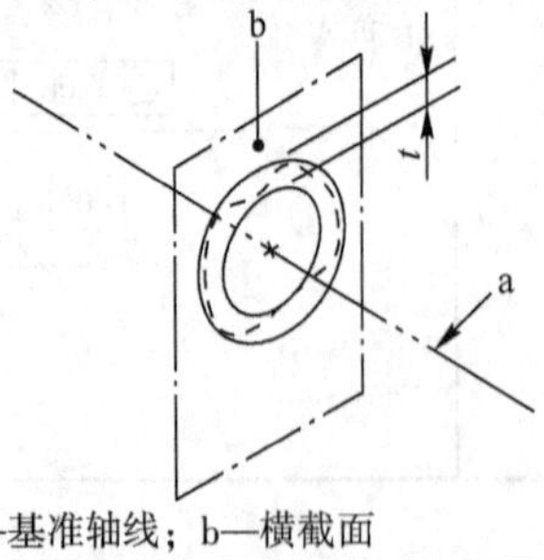 a—基准轴线；b—横截面	在任一垂直于基准轴线 A 的横截面内，被测圆柱面的实际圆应限定在半径差等于 0.1mm 且圆心在基准轴线 A 上的两同心圆之间 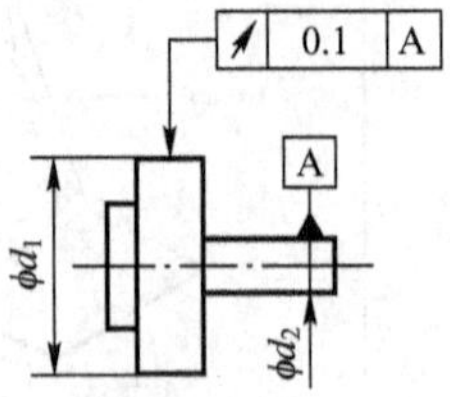

续表

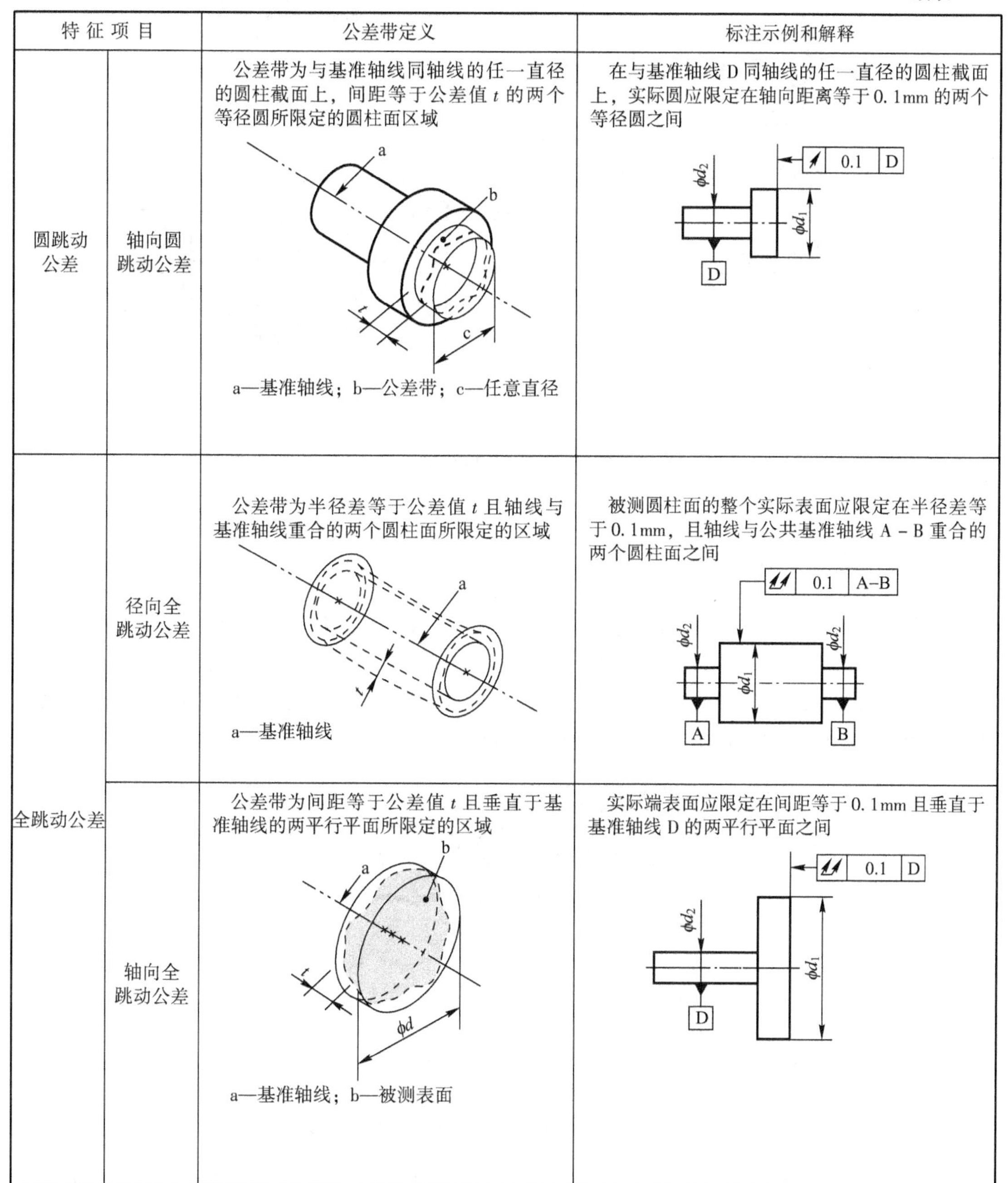

特征项目		公差带定义	标注示例和解释
圆跳动公差	轴向圆跳动公差	公差带为与基准轴线同轴线的任一直径的圆柱截面上，间距等于公差值 t 的两个等径圆所限定的圆柱面区域 a—基准轴线；b—公差带；c—任意直径	在与基准轴线 D 同轴线的任一直径的圆柱截面上，实际圆应限定在轴向距离等于 0.1mm 的两个等径圆之间
全跳动公差	径向全跳动公差	公差带为半径差等于公差值 t 且轴线与基准轴线重合的两个圆柱面所限定的区域 a—基准轴线	被测圆柱面的整个实际表面应限定在半径差等于 0.1mm，且轴线与公共基准轴线 A－B 重合的两个圆柱面之间
	轴向全跳动公差	公差带为间距等于公差值 t 且垂直于基准轴线的两平行平面所限定的区域 a—基准轴线；b—被测表面	实际端表面应限定在间距等于 0.1mm 且垂直于基准轴线 D 的两平行平面之间

8.2.5 几何公差的选择和标注

图 8.18 所示为减速器的齿轮轴。两个 ϕ40k6 轴颈分别与两个相同规格的 0 级滚动轴承内圈配合，ϕ30m7 轴头与带轮或其他传动件的孔配合，两个 ϕ48 轴肩的端面分别为这两个滚动轴承的轴向定位基准，并且这两个轴肩是齿轮轴在箱体上的安装基准。根据该轴的功能要求，有关几何公差的选择和标注如图 8.18 所示。

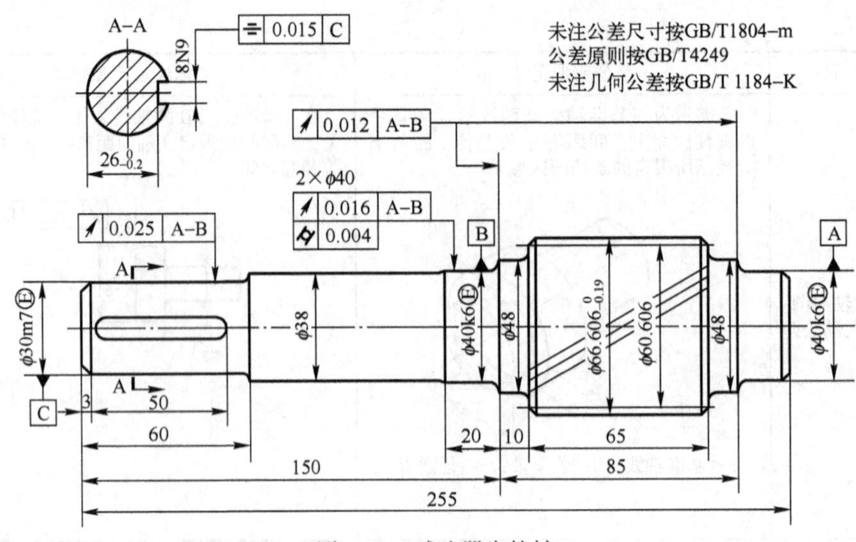

图 8.18　减速器齿轮轴

8.3　表面粗糙度

零件经过加工所获得的表面，总会存在几何形状误差。几何形状误差分为宏观几何形状误差（形状公差）、表面波纹度（波度）和微观几何形状误差（表面粗糙度）三类。目前通常是按波距的大小来划分的。波距小于 1mm 的属于表面粗糙度，波距在 1 ~ 10mm 的属于表面波度，波距大于 10mm 的属于形状误差，如图 8.19 所示。

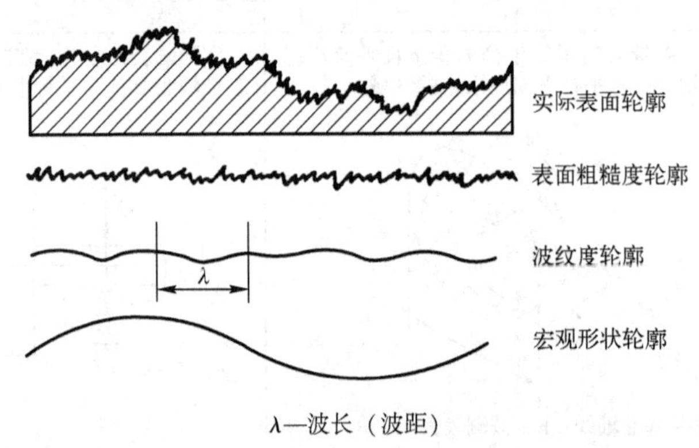

λ—波长（波距）

图 8.19　零件实际表面轮廓的形状和组成成分

表面粗糙度是表征零件表面在加工后形成的由较小间距的峰谷组成的微观几何形状特性的。表面粗糙度越小，则表面越光滑。

表面粗糙度参数值的大小对零件的使用性能和寿命都有直接影响。

8.3.1　表面粗糙度的基本术语及参数

1. 基本术语

（1）取样长度 l。为判别和测量表面粗糙度所规定的一段基准线长度。

（2）评定长度 l_n。为评定或测量表面轮廓所必需的一段长度。表面粗糙度不均匀的表面，评定长度宜取得长一些，反之应短一些。

（3）轮廓的最小二乘中线（简称中线）m。在取样长度范围内，实际被测轮廓线上的各点至该线的偏距的平方和为最小，如图 8.20 中的 O_1O_1、O_2O_2。

（4）轮廓算术平均中线。是在取样长度范围内，划分实际轮廓为上、下两部分，且使上、下面积相等的线，即 $F_1+F_2+\cdots+F_n=F_1'+F_2'+\cdots+F_n'$，如图 8.21 所示。

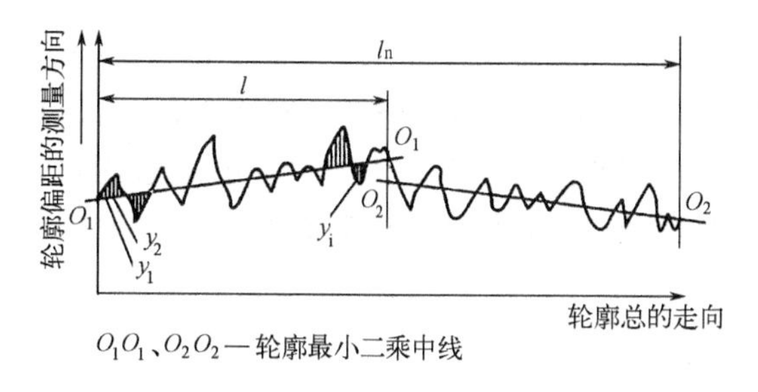

图 8.20　取样长度、评定长度和最小二乘中线

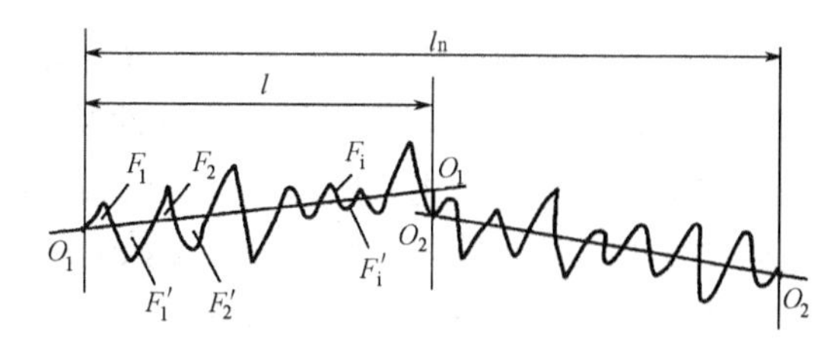

图 8.21　算术平均中线

在实际轮廓图形上，最小二乘中线位置的确定是比较困难的，常用轮廓算术平均中线，二者均为测量或评定表面粗糙度的基准，通常称为基准线。

2. 评定表面粗糙度的基本参数

为了评定实际轮廓，常需要在高度方向规定适当的参数。

（1）轮廓的算术平均偏差 R_a。在取样长度 l 内，轮廓上各点至中线的距离 y_i 的绝对值的算术平均值，如图 8.22 所示。测得 R_a 值越大，则工件表面越粗糙。R_a 能较充分地反映表面微观几何形状高度方面的特性，因此是普遍采用的评定参数。用公式可表示为：

$$R_a=\frac{1}{l}\int_0^l|y(x)|\,dx \quad 或 \quad R_a\approx\frac{1}{n}\sum_{i=1}^{n}|y_i|$$

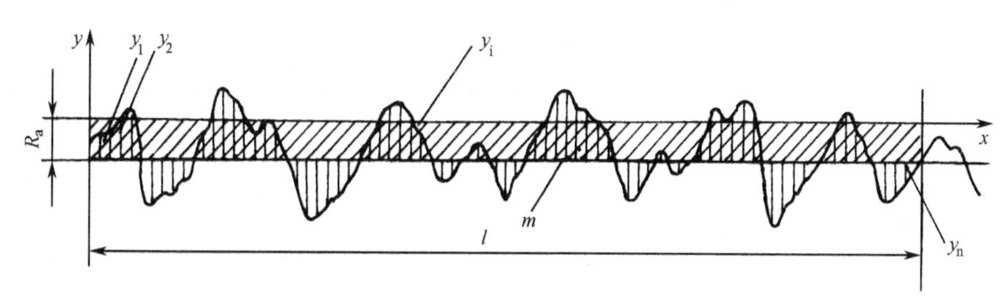

图 8.22　轮廓的算术平均偏差 R_a

R_a 用电动轮廓仪测量，运算过程由仪器自动完成。R_a 的数值系列见表 8-6，单位为 μm。

表 8-6　R_a 的数值　（μm）

第一系列	0.012	0.025	0.050	0.100	0.20	0.40	0.80
	1.60	3.2	6.3	12.5	25.0	50.0	100
第二系列	0.008	0.010	0.016	0.020	0.032	0.040	0.063
	0.080	0.125	0.160	0.25	0.32	0.50	0.63
	1.00	1.25	2.00	2.50	4.00	5.00	8.00
	10.00	16.00	20.00	32.00	40.00	63.00	80.00

（2）轮廓的最大高度 R_z。在取样长度 l 内，被评定轮廓的最大轮廓峰高与最大轮廓谷深之和的高度，用符号 R_z 表示。R_z 用于控制不允许出现较深加工痕迹的表面，常标注于受交变应力作用的工作表面，如齿轮表面等。R_z 值可用电动轮廓仪和光学仪器测得。

在零件图上，对零件某一表面的表面粗糙度要求，按需要选择 R_a 或 R_z 标注。

8.3.2 表面粗糙度的选用和标注

表面粗糙度的选用主要是确定评定参数。确定时，首先应满足零件表面的工作条件和使用要求，同时，还要考虑工艺的可行性及经济性。表面粗糙度的选择方法有类比法、计算法、试验法。一般选用类比法，以经过实践证明是合理的类似零件为依据，经分析比较具体使用性能和工作条件后，确定评定参数值。选用原则是：在满足使用性能要求的前提下，尽可能地选用较大的粗糙度的参数值。

1. 表面粗糙度评定参数和极限值的选择

对于光滑表面和半光滑表面，普遍采用 R_a 作为评定参数。对于极光滑和粗糙的表面，采用 R_z 作为评定参数。

确定表面粗糙度参数极限值，除有特殊要求的表面外，通常采用类比法。表 8-7 列出了各种不同的表面粗糙度参数值的选用实例。

表 8-7 表面粗糙度参数值的选用实例

表面粗糙度轮廓幅度参数 R_a 值（μm）	表面粗糙度轮廓幅度参数 R_z 值（μm）	表面形状特征		应用举例
>20	>125	粗糙表面	明显可见刀痕	未标注公差（采用一般公差）的表面
>10~20	>63~125		可见刀痕	半成品粗加工的表面、非配合的加工表面，如轴端面、倒角、钻孔、齿轮和带轮侧面、垫圈接触面等
>5~10	>32~63	半光表面	微见加工痕迹	轴上不安装轴承或齿轮的非配合表面、键槽底面、紧固件的自由装配表面、轴和孔的退刀槽等
>2.5~5	>16.0~32		微见加工痕迹	半精加工表面，箱体、支架、盖面、套筒等与其他零件结合而无配合要求的表面等
>1.25~2.5	>8.0~16.0		看不清加工痕迹	接近于精加工表面，箱体上安装轴承的镗孔表面、齿轮齿面等
>0.63~1.25	>4.0~8.0	光表面	可辨加工痕迹方向	圆柱销、圆锥销，与滚动轴承配合的表面，普通车床导轨表面，内、外花键定心表面，齿轮齿面等
>0.32~0.63	>2.0~4.0		微辨加工痕迹方向	要求配合性质稳定的配合表面、工作时承受交变应力的重要表面、较高精度车床导轨表面、高精度齿轮齿面等
>0.16~0.32	>1.0~2.0		不可辨加工痕迹方向	精密机床主轴圆锥孔、顶尖圆锥面、发动机曲轴轴颈表面和凸轮轴的凸轮工作表面等
>0.08~0.16	>0.5~1.0	极光表面	暗光泽面	精密机床主轴轴颈表面、量规工作表面、气缸套内表面、活塞销表面等
>0.04~0.08	>0.25~0.5		亮光泽面	精密机床主轴轴颈表面、滚动轴承滚珠的表面、高压油泵中柱塞和柱塞孔的配合表面等
>0.01~0.04			镜状光泽面	
≤0.01			镜面	高精度量仪、量块的测量面，光学仪器中的金属镜面等

2. 表面粗糙度要求的标注符号与代号

表面粗糙度符号及其意义见表8-8。

表8-8 表面粗糙度符号及其意义（摘自GB/T131—2006）

符号与代号	含　　义
	基本符号，未指定工艺方法的表面，当通过一个注释解释时可单独使用
	扩展图形符号，用去除材料的方法获得的表面；仅当其含义是“被加工表面”时可单独使用
	扩展图形符号，不去除材料的表面；也可用于表示保持上道工序形成的表面，不管这种状况是通过去除材料或不去除材料形成的
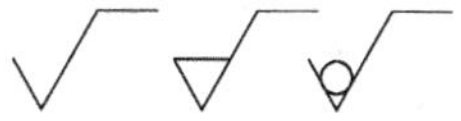	完整图形符号，当要求标注表面结构特征的补充信息时，应在上述图形符号的长边上加一段横线
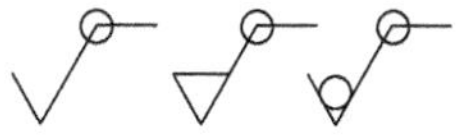	在上述一栏中三个符号上均加一个小圆，表示对投影视图上封闭的轮廓线所表示的各表面有相同的表面粗糙度要求

常见的表面粗糙度参数 R_a 值的标注方法及其含义见表8-9。

表8-9 表面粗糙度参数 R_a 值的标注及含义

代　　号	含　　义
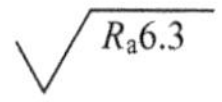 R_a6.3	表示任意加工方法，单向上限值，默认传输带，*R* 轮廓，算术平均偏差为6.3μm，评定长度为5个取样长度（默认），“16%规则”（默认）
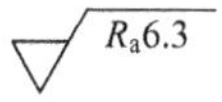 R_a6.3	表示去除材料，单向上限值，默认传输带，*R* 轮廓，算术平均偏差为6.3μm，评定长度为5个取样长度（默认），“16%规则”（默认）
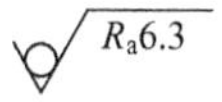 R_a6.3	表示不允许去除材料，单向上限值，默认传输带，*R* 轮廓，算术平均偏差为6.3μm，评定长度为5个取样长度（默认），“16%规则”（默认）
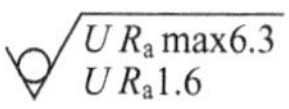 *U* $R_a$max6.3 *U* R_a1.6	表示不允许去除材料，双向极限值，两个极限值使用默认传输带，*R* 轮廓，上限值；算术平均偏差为6.3μm，评定长度为5个取样长度（默认），“最大规则”，下限值；算术平均偏差为1.6μm，评定长度为5个取样长度（默认），“16%规则”（默认）

注：表中的传输带是指滤波方式参数。

3. 表面粗糙度要求在零件图上的标注

（1）标注总则。表面结构要求对每一个表面一般只标注一次，并尽可能标注在相应的尺寸及其公差的同一视图上。除非另有说明，所标注的表面结构要求是对完工零件表面的要求。

表面结构标注总的原则是根据GB/T4458.4的规定，使表面结构的注写和读取方向与尺寸的注写和读取方向一致，如图8.23所示。

（2）标注要求。表面粗糙度要求可标注在轮廓线上，其符号应从材料外指向并接触表面。必要时，表面粗糙度符号也可用带箭头或黑点的指引线引出标注，或直接标注在延长线上，如图8.24、图8.25所示。

在不至引起误解时，表面粗糙度要求可以标注在指定的尺寸线上，如图8.26所示。

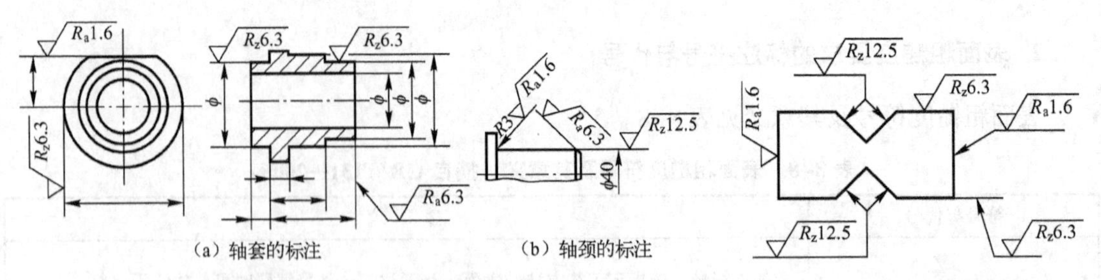

图 8.23　粗糙度代号上的各种符号和数字的注写和读取方向应与尺寸的注写和读取方向一致

图 8.24　表面粗糙度要求在轮廓线上的标注

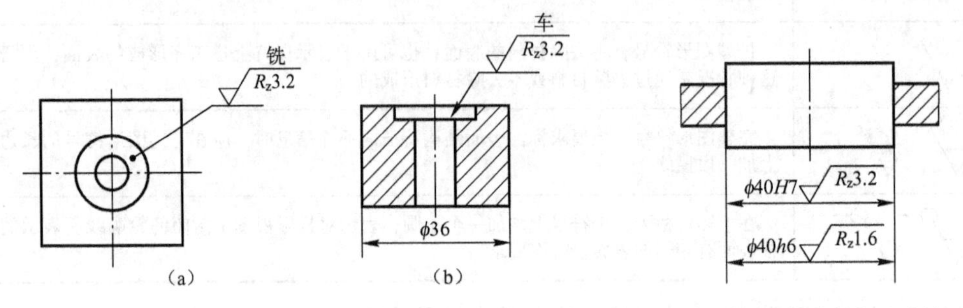

图 8.25　用指引线引出标注表面粗糙度要求　　图 8.26　表面粗糙度要求在尺寸线上的标注

(3) 表面粗糙度要求可标注在形位公差框格的上方，如图 8.27 所示。

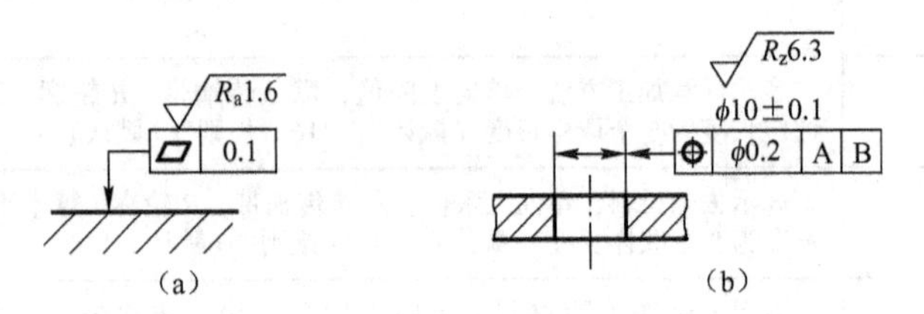

图 8.27　表面粗糙度要求在形位公差框格上方的标注

(4) 圆柱和棱柱表面的表面粗糙度要求只标注一次。如每个棱柱表面有不同的表面粗糙度要求，则应分别标注，如图 8.28 所示。

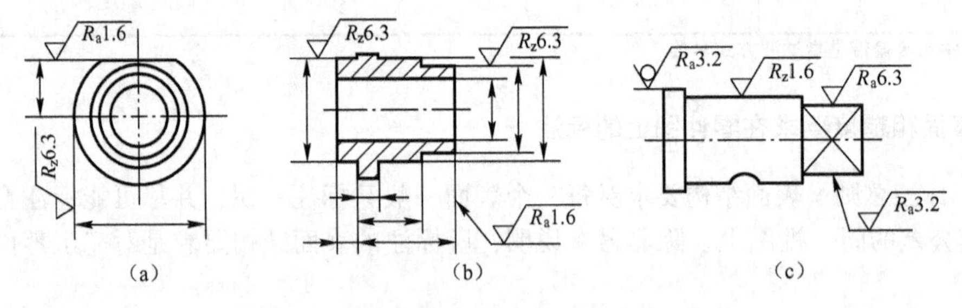

图 8.28　圆柱和棱柱上表面粗糙度要求的标注

(5) 常见的机械结构如圆角、倒角、螺纹、退刀槽、键槽的表面粗糙度要求的标注，如图 8.29 所示。

(6) 简化标注法　有以下两种方法。

① 如果零件的多数（包括全部）表面有相同的表面粗糙度要求，则其表面粗糙度要求可

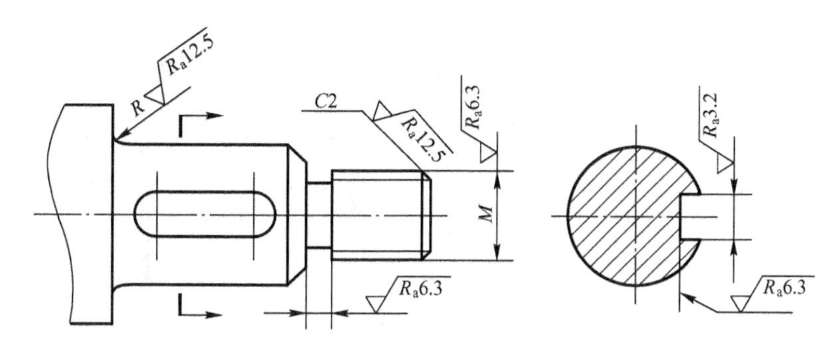

图 8.29　常见的机械结构的表面粗糙度要求的标注

统一标注在图样的标题栏附近。此时（除全部表面有相同要求的情况外），表面粗糙度要求的符号后面应该有两种情况：在圆括号内给出无任何其他标注的基本符号（见图 8.30（a））；在圆括号内给出不同的表面粗糙度要求（见图 8.30（b））。

（a）在圆括号内给出无任何其他标注的基本符号　　（b）在圆括号内给出不同的表面结构

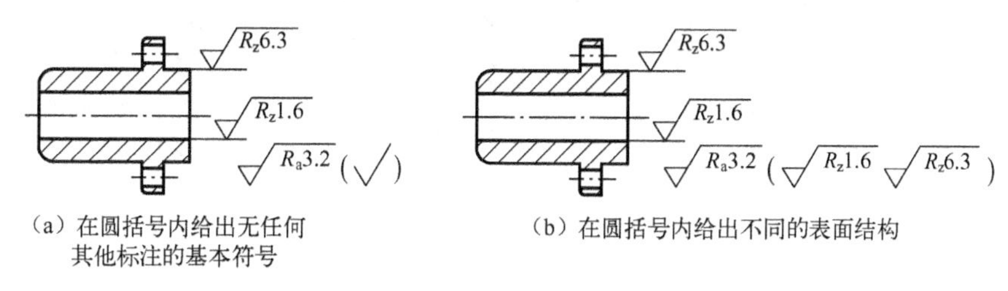

图 8.30　零件多数表面具有相同的表面粗糙度要求时的简化标注

② 当多个表面具有相同的表面结构要求或图纸空间有限时可采用图 8.31 所示的另一种简化标注法。对有相同表面结构要求的表面进行简化标注，可用带字母的完整符号指向零件表面，或表面结构符号指向零件表面，再以等式的形式在图形或标题栏附近对多个表面相同的表面结构要求进行标注。

（7）由几种不同的工艺方法获得的同一表面，当需要明确每种工艺方法的表面粗糙度要求时，可按图 8.32 所示标注。

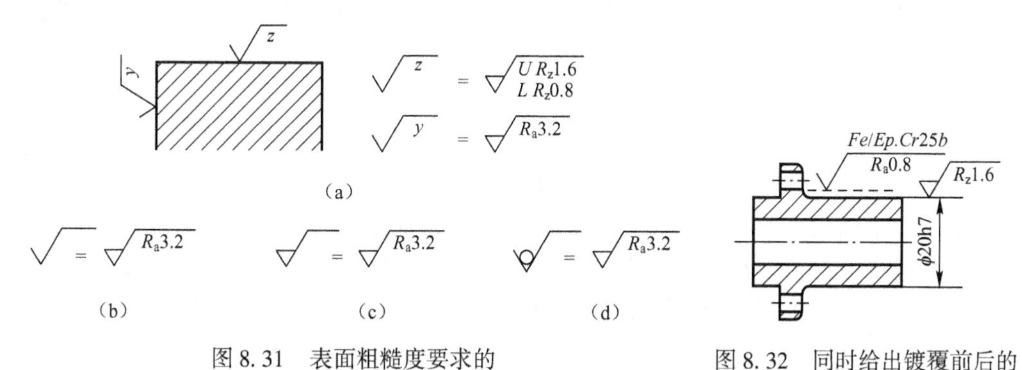

图 8.31　表面粗糙度要求的另一种简化注法

图 8.32　同时给出镀覆前后的表面粗糙度要求的标注

4. 表面粗糙度标注实例

图 8.33 为减速器的输出轴零件图，其上对各表面标注了尺寸及其公差带代号、几何公差和表面粗糙度技术要求。

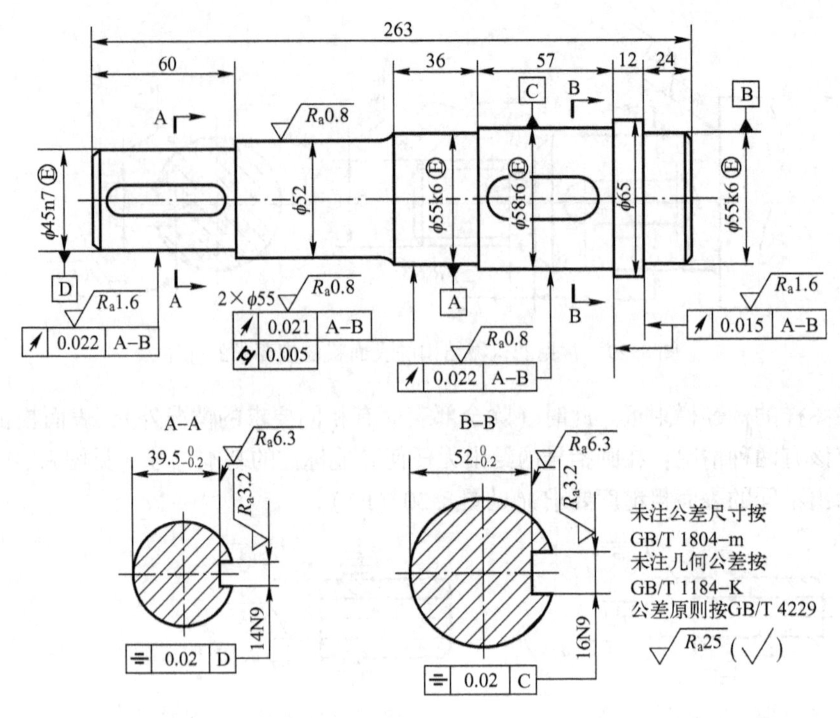

图 8. 33　输出轴

8. 3. 3　表面粗糙度的检测

测量表面粗糙度的方法很多，下面仅介绍几种常用的测量方法。

1. 比较法

比较法就是将被测零件表面与表面粗糙度样板（如图 8. 34（a）所示）通过视觉、触感或其他方法进行比较后，对被检表面的粗糙度作出评定的方法。

用比较法评定表面粗糙度虽然不能精确地得出被检表面的粗糙度数值，但由于器具简单，使用方便且能满足一般的生产要求，故常用于生产现场。

2. 光切法

光切法就是利用“光切原理”来测量零件的表面粗糙度，工厂计量部门用的光切显微镜（又称双管显微镜），图 8. 34（b）所示的显微镜就是应用这一原理设计而成的。

光切法一般用于测量表面粗糙度的 R_z 参数，它适宜测量 R_z 值为 2. 0 ~ 63μm（相当于 R_a 值为 0. 32 ~ 10μm）的平面和外圆柱面。参数的测量范围依仪器的型号不同而有所差异。

3. 干涉法

干涉法就是利用光波干涉原理来测表面粗糙度的，使用的仪器叫做干涉显微镜，如图 8. 34（c）所示，它用来测量 R_z 参数，并可测到较小的参数值，一般适宜测量 R_z 值为 0. 03 ~ 1μm（相当于 R_a 值为 0. 01 ~ 0. 16μm）的平面、外圆柱面和球面。

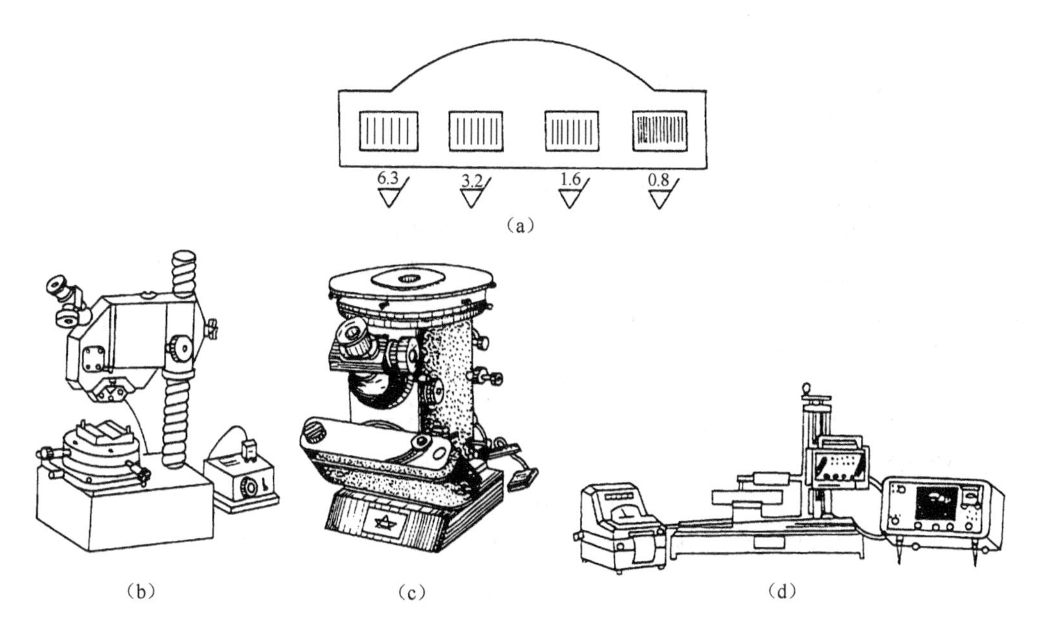

图 8.34　表面粗糙度常用测量仪器

4. 针描法

针描法又称感触法，它是利用金刚石针尖与被测表面相接触，当针尖以一定速度沿着被测表面移动时，被测表面的微观不平将使触针在垂直于表面轮廓方向上产生上下移动，将这种上下移动转换为电量并加以处理。人们可对记录装置记录的实际轮廓图进行分析计算，或直接从仪器的指示表中获得参数值。

采用针描法测量表面粗糙度的仪器叫做触针式轮廓仪，如图 8.34（d）所示，它可以直接指示 R_a 值，也可以经放大器记录出图形。它适宜测量 R_a 为 0.04 ~ 5.0μm 的内、外表面和球面。

习　题　8

一、判断题〔正确的打√，错误的打×〕

8.1　某平面对基准平面的平行度公差为 0.05mm，那么这平面的平面度误差一定不大于 0.05mm。(　　)

8.2　某圆柱面的圆柱度公差为 0.03mm，那么该圆柱面对基准轴线的径向全跳动公差不小于 0.03mm。(　　)

8.3　对同一要素既有位置公差要求，又有形状公差要求时，形状公差值应大于位置公差值。(　　)

8.4　评定表面轮廓粗糙度所必需的一段长度称取样长度，它可以包含几个评定长度。(　　)

8.5　R_z 参数由于测量点不多，因此在反映微观几何形状高度方面的特性不如 R_a 参数充分。(　　)

二、选择题

8.6　属于形状公差的有________。

A. 圆柱度　　B. 平面度　　C. 同轴度　　D. 圆跳动　　E. 平行度

8.7　几何公差带形状是半径差为公差值 t 的两圆柱面之间的区域有________。

A. 同轴度　　B. 径向全跳动　　C. 任意方向直线度　　D. 圆柱度　　E. 任意方向垂直度

8.8　几何公差带形状是距离为公差值 t 的两平行平面内区域的有________。

A. 平面度

B. 任意方向的线的直线度

C. 给定一个方向的线的倾斜度

D. 任意方向的线的位置度

E. 面对面的平行度

8.9 表面粗糙度代（符）号在图样上应标注在________。

A. 可见轮廓线上　　B. 尺寸界线上　　C. 虚线上

D. 符号尖端从材料外指向被标注表面　　E. 符号尖端从材料内指向被标注表面

8.10 表面粗糙度代（符）号在图样上应标注在________。

A. 可见轮廓线上　　B. 尺寸界线上　　C. 虚线上

D. 符号尖端从材料外指向被标注表面

E. 符号尖端从材料内指向被标注表面

三、综合题

8.11 几何公差特征项目共有几项？其名称和符号是什么？

8.12 指出图 8.35 中几何公差标注上的错误，并加以改正（不变更公差项目）。

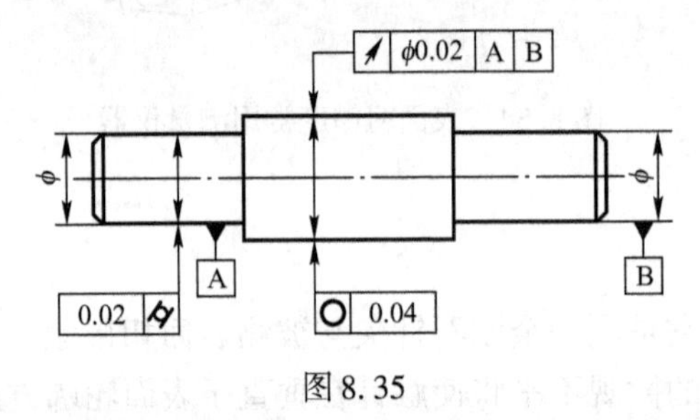

图 8.35

8.13 指出图 8.36 中几何公差标注上的错误，并加以改正（不变更公差项目）。

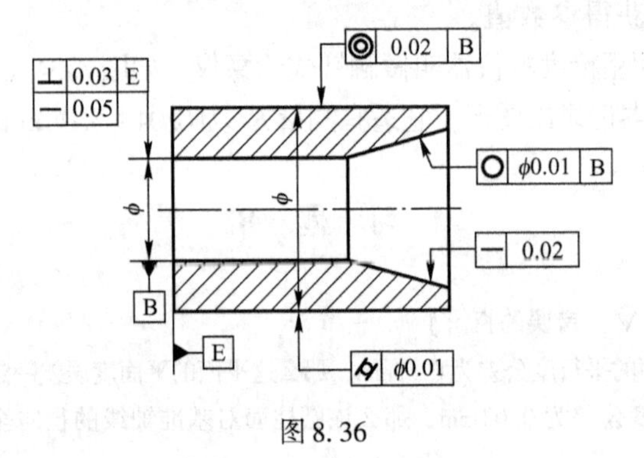

图 8.36

8.14 将下列各项公差要求标注在图 8.37 上。

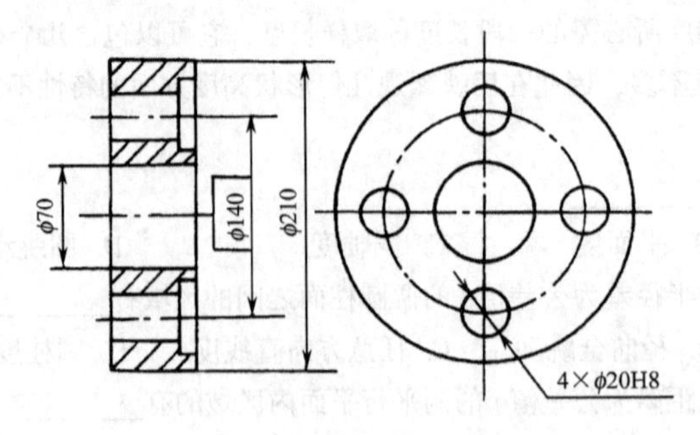

图 8.37

（1）左端面的平面度公差 0.01mm；

（2）右端面对左端面的平行度公差 0.04mm；

（3）ϕ70mm 孔对左端面的垂直度公差 ϕ0.02mm；

（4）ϕ210mm 外圆对 ϕ70mm 孔的同轴度公差 ϕ0.03mm；

（5）4 - ϕ20H8 孔对左端面（第一基准）及 ϕ70mm 孔的轴线位置度公差为 ϕ0.15mm。

8.15　评定表面粗糙度的基本参数有哪些？分别叙述其含义和代号。

8.16　表面粗糙度的含义是什么？

8.17　如图 8.38 所示的零件的各加工面均由去除材料的方法获得，将下列要求标注在图样上。

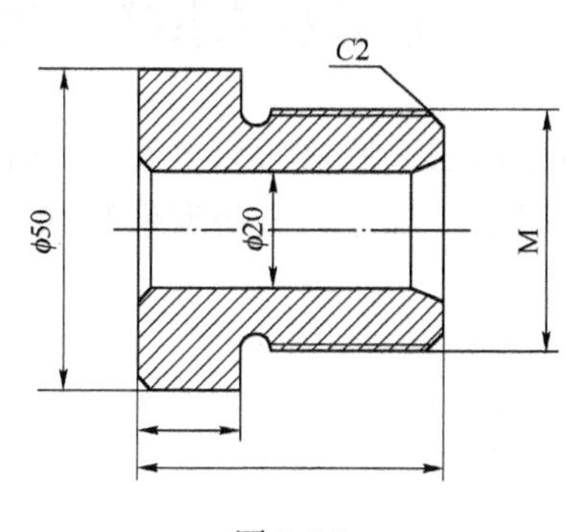

图 8.38

（1）直径为 ϕ50 的圆柱外表面粗糙度 R_a 的上限值为 3.2μm。

（2）左端面的表面粗糙度 R_a 的上限值为 1.6μm。

（3）直径为 ϕ50 的圆柱的右端面的表面粗糙度 R_a 的上限值为 3.2μm。

（4）直径为 ϕ20 的内孔的表面粗糙度 R_z 的上限值为 0.8μm，下限值为 0.4μm。

（5）螺纹工作面的表面粗糙度 R_a 的上限值为 1.6μm，下限值为 0.8μm。

（6）其余各加工面的表面粗糙度 R_a 的上限值为 25μm。

第三篇　机械加工工艺基础

第9章　金属切削的基础知识

金属切削加工虽有多种不同的形式，但在很多方面，如切削运动、切削工具以及切削过程的物理实质等都有着共同的现象和规律。这些现象和规律是学习各种切削加工方法的基础。

9.1　切削运动及切削要素

9.1.1　零件表面的形成

1. 工件的表面形状

在切削加工过程中，刀具和工件按一定的规律作相对运动，通过刀具的切削刃切除毛坯上多余的金属，从而得到具有一定几何形状、尺寸精度、位置精度和表面质量的工件。

图9.1所示的机械零件上的各种表面，不论其形状如何复杂，都可分解为几个基本表面的组合，如平面、圆柱面、圆锥面、螺旋面及各种成形表面等，这些表面都属于“线性表面”。

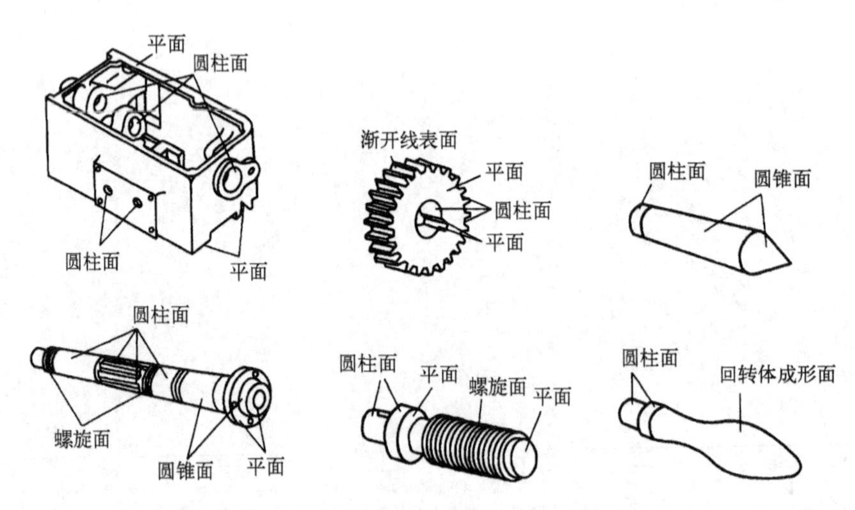

图9.1　构成机械零件外形轮廓的常用表面

2. 工件表面的形成方法

所谓线性表面指该表面是由一条线（直线或曲线）沿着另一条线（直线或曲线）运动

而形成的轨迹。前一条线称为母线，后一条线称为导线，母线和导线统称为发生线。外圆面和孔可认为是以某一直线为母线、以圆为轨迹作旋转运动所形成的表面。平面是以一直线为母线、以另一直线为轨迹作平面运动所形成的表面。成形面可认为是以曲线为母线、以圆或直线为轨迹作旋转或平移运动所形成的表面。如图 9.2 所示，分别为得到平面（见图 9.2（a））、圆柱面（见图 9.2（b））、圆锥面（见图 9.2（c））、圆柱螺纹的螺旋面（见图 9.2（d）），渐开线齿廓表面（见图 9.2（e））的形成方法。

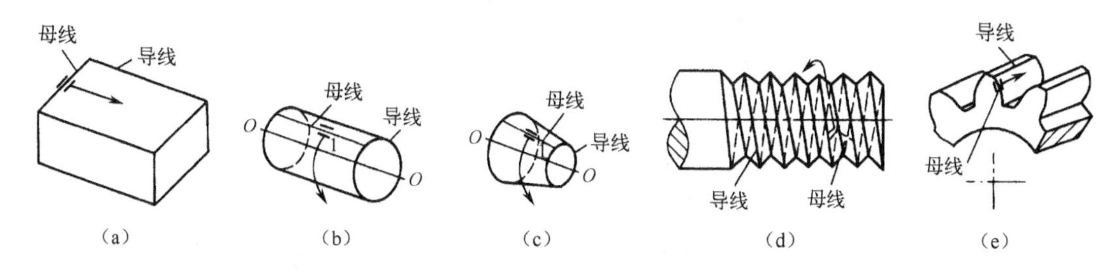

图 9.2 零件表面的形成

形成工件表面所需的成形运动，就是形成其母线和导线所需要的成形运动的总和。切削加工时，机床必须具备所需的成形运动。

在新表面的形成过程中，工件上有三个不断变化着的表面，如图 9.3 所示。

（1）待加工表面。工件上有待切除的表面称为待加工工表面。

（2）已加工表面。工件上经刀具切削后产生的新表面称为已加工表面。

（3）过渡表面（加工表面）。切削刃正在切削的表面称为过渡表面，也称为加工表面。它是待加工表面与已加工表面的连接表面。

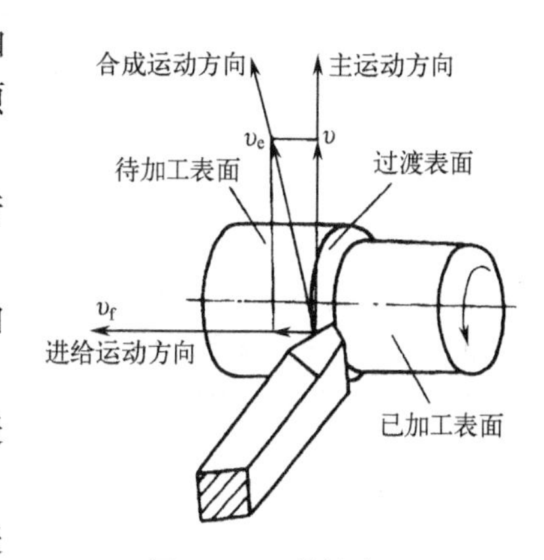

图 9.3 工件的表面

9.1.2 切削运动

在机床上为了切除工件上多余的金属，以获得形状精度、尺寸精度、位置精度和表面质量都符合要求的工件，刀具与工件之间必须作相对运动，即切削运动。切削运动包括主运动和进给运动，如图 9.4 所示。

1. 主运动

主运动是切除工件上多余金属层，形成工件新表面所必需的运动。它是由机床提供的主要运动。主运动的特点是速度最高，消耗功率最多。切削加工中只有一个主运动，可由工件完成，也可由刀具完成，如车削时工件的旋转运动、铣削和钻削时铣刀和钻头的旋转运动等都是主运动。

2. 进给运动

进给运动是把被切削金属层间断或连续投入切削的一种运动，与主运动相配合即可不断

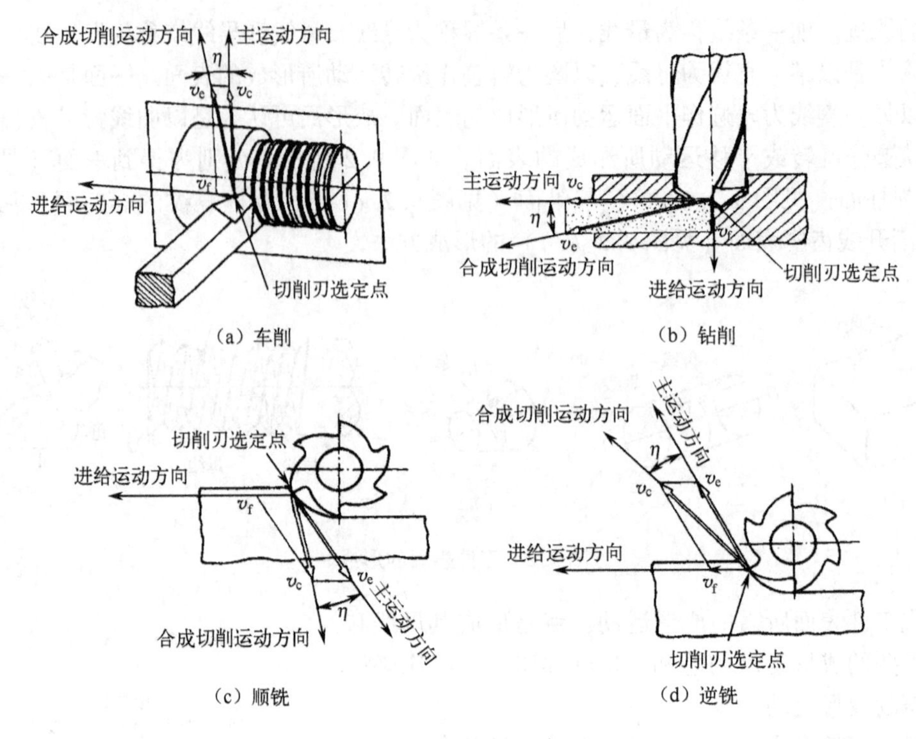

图 9.4　切削运动

地切除金属层，获得所需的表面。进给运动的特点是速度小，消耗功率少。切削加工中进给运动可以是一个、两个或多个。它可以是连续的运动，如车削外圆时，车刀平行于工件轴线的纵向运动；也可以是间断的运动，如刨削时工件或刀具的横向运动。

3. 合成切削运动

如图 9.4 所示，合成切削运动是主运动和进给运动的合成。刀具切削刃上选定点相对于工件的瞬时合成运动方向，称为合成切削运动方向。其速度称为合成切削速度。

各种切削加工方法（如车削、钻削、刨削、磨削和齿轮齿形加工等）都是为了加工某种表面而发展起来的，因此也都有其特定的切削运动。切削运动有旋转的，也有直行的；有连续的，也有间歇的。

9.1.3　切削要素

切削要素分为两大类：切削用量要素和切削层参数。

1. 切削用量要素

切削速度 v_c、进给量 f（或进给速度 v_f）和背吃刀量 a_p 称为切削用量三要素，也称为工艺切削要素。

(1) 切削速度 v_c。切削刃上选定点相对于工件主运动的瞬时速度称为切削速度，用 v_c 表示，单位为 m/s 或 m/min。

若主运动为旋转运动，切削速度一般为其最大线速度，v_c 按下式计算：

$$v_c = \frac{\pi d n}{1000} \text{（m/s 或 m/min）} \tag{9-1}$$

式中，d——工件或刀具的直径，单位为 mm；

n——工件或刀具的转速，单位为 r/s 或 r/min。

若主运动为往复直线运动（如刨削、插削等），则常以其平均速度为切削速度，v_c按下式计算：

$$v_c = \frac{2Ln_r}{1000} \text{ (m/s 或 m/min)} \tag{9-2}$$

式中，L——往复行程长度，单位为 mm；

n_r——主运动每秒或每分钟的往复次数，单位为 st/s 或 st/min。

（2）进给量f。刀具在进给运动方向上相对工件的位移量称为进给量。不同的加工方法，由于所用刀具和切削运动形式不同，进给量的表述和度量方法也不相同。

用单齿刀具（如车刀、刨刀等）加工时，进给量常用刀具或工件每转或每行程刀具在进给运动方向上相对工件的位移量来度量，称为每转进给量或每行程进给量，以f表示，单位为 mm/r 或 mm/st（见图 9.5）。

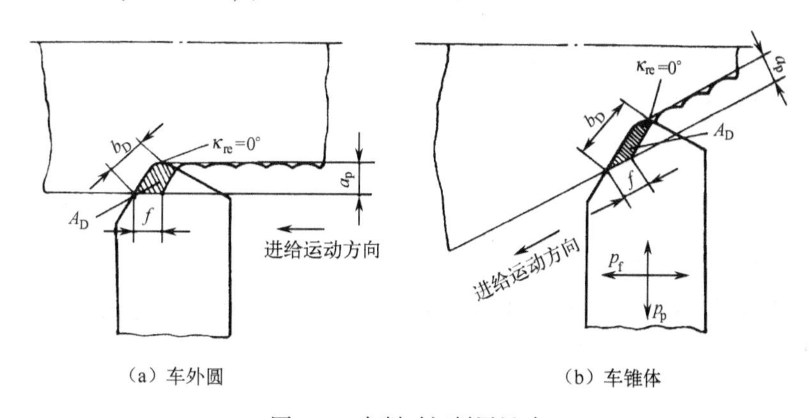

图 9.5 车削时切削层尺寸

用多齿刀具（如铣刀、钻头等）加工时，进给运动的瞬时速度称为进给速度，以 v_f表示，单位为 mm/s 或 mm/min。刀具每转或每行程中每齿相对工件在进给运动方向上的位移量，称为每齿进给量，以f_z表示，单位为 mm/z。

f_z, f, v_f之间有如下关系：

$$v_f = fn = f_z zn \text{(mm/s 或 mm/min)} \tag{9-3}$$

式中，n——刀具或工件转速，单位为 r/s 或 r/min；

z——刀具的齿数。

（3）背吃刀量 a_p。在通过切削刃上选定点并垂直于该点主运动方向的切削层尺寸平面中，垂直于进给运动方向测量的切削层尺寸，称为背吃刀量，以 a_p表示（见图 9.5），单位为 mm。车外圆时，a_p可用下式计算：

$$a_p = \frac{d_w - d_m}{2} \text{(mm)} \tag{9-4}$$

式中，d_w——工件待加工表面（见图 9.3）直径，单位为 mm；

d_m——工件已加工表面直径，单位为 rnm。

2. 切削层参数

刀具切削刃在一次进给中，从工件待加工表面上切下来的金属层称为切削层。外圆车削时，工件转一转，车刀从图 9.6 中位置Ⅰ移到位置Ⅱ，前进了一个进给量，图 9.6 中阴影部分即为切削层。其截面尺寸即为切削层参数，它决定了刀具所承受负荷的大小及切削尺寸，还影响切削力和刀具磨损、表面质量和生产率。

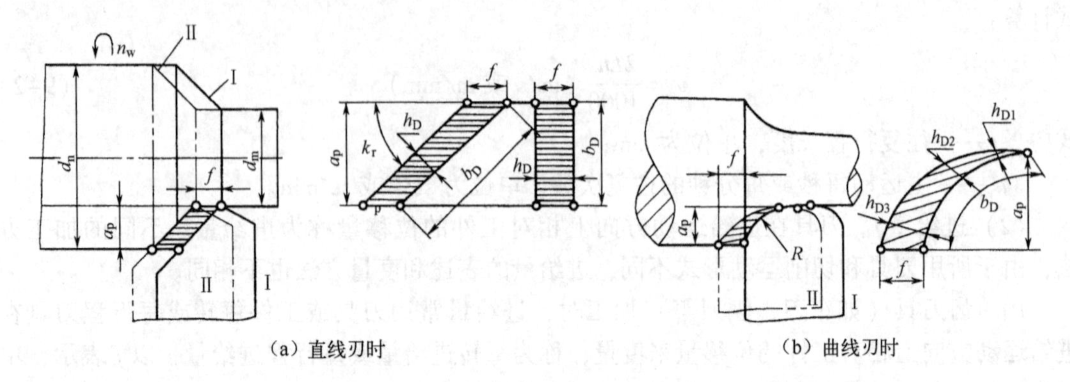

图 9.6　车外圆时切削层参数

切削层的尺寸可用以下三个参数来表示。

(1) 切削层公称宽度 b_D。沿过渡表面度量的切削层尺寸称为切削层公称宽度 b_D (mm)。车外圆时：

$$b_D = \frac{a_p}{\sin\kappa_r}$$

式中，κ_r——切削刃和工件轴线之间的夹角。

(2) 切削层公称厚度 h_D。垂直于过渡表面度量的切削层尺寸称为切削层公称厚度 h_D (mm)。车外圆时：

$$h_D = f\sin\kappa_r$$

(3) 切削层公称横截面积 A_D。切削层在切削层尺寸度量平面内的横截面积称为切削层公称横截面积 A_D (mm^2)。车外圆时：

$$A_D = b_D h_D = f a_p$$

9.2　刀具几何参数及刀具材料

切削过程中，直接完成切削工作的是刀具。无论哪种刀具，一般都由切削部分和夹持部分组成。夹持部分是用来将刀具夹持在机床上的部分，要求它能保证刀具正确的工作位置，传递所需要的运动和动力，并且夹固可靠，装卸方便。切削部分是刀具上直接参加切削工作的部分，刀具切削性能的优劣，取决于切削部分的材料、角度和结构。

9.2.1　刀具的结构几何参数

金属切削刀具有多种形式和结构，按加工方法可分为车刀、铣刀、钻头等；按切削刃可分为单刃刀具、多刃刀具、成形刀具；按刀具材料可分为高速钢刀具、硬质合金刀具、陶瓷刀具等；按结构可分为整体刀具、镶片刀具、复合刀具等；按是否标准化可分为标准刀具和非标准刀具。

切削刀具的种类虽然很多，但它们切削部分的结构要素和几何角度有着许多共同的特征。车刀的切削部分可看作是各种刀具切削部分最基本的形态。描述车刀的切削部分一般术语，也可用于其他金属切削刀具。

1. 刀具的基本结构（一尖、两刃、三面）

（1）前刀面：切削时切屑流经的表面（简称前面）。

（2）主后刀面：切削时刀具上与工件加工表面相对的表面（简称为主后面、后面）。

（3）副后刀面：切削时刀具与工件已加工表面相对的表面（简称为副后面）。

（4）主切削刃：前刀面与主后刀面的交线。

（5）副切削刃：前刀面与副后刀面的交线。

（6）刀尖：主切削刃与副切削刃的交点。通常情况下，刀尖并非一个点而是一段小的刀刃，我们称为过渡刀刃，当过渡刀刃呈圆弧状时我们称为刀尖圆弧。

需要注意的是，“一尖、两刃、三面”是普通车刀的典型结构，并非所有刀具都是如此，如切断刀就具有两尖、三刃、四面的特殊性，而圆弧刀则无刀尖。

2. 车刀切削部分的主要角度

（1）刀具静止参考系。为了明确地规定和说明车刀的切削角度，我们定义刀具设计、制造、刃磨和测量时几何参数的参考系，称为刀具静止参考系，它主要包括基面、切削平面、正交平面和假定工作平面等，见图 9.8 所示。

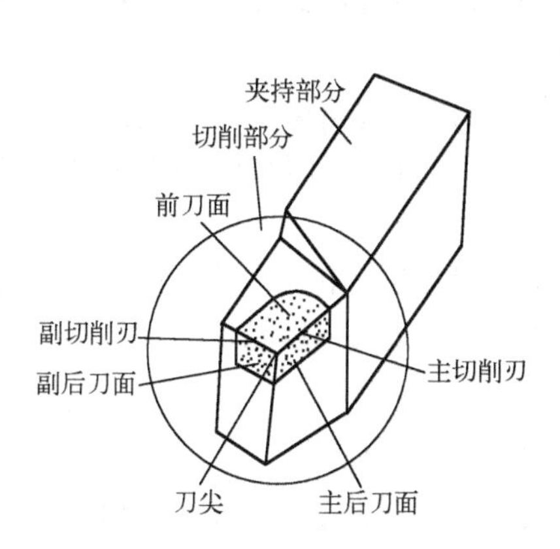

图 9.7　外圆车刀的基本结构

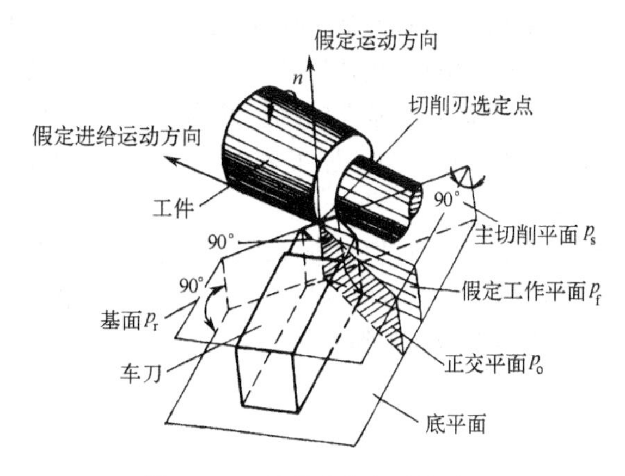

图 9.8　刀具静止参考系的平面

① 基面 P_r。通过主切削刃上选定点，并与该点切削速度方向垂直的平面，它与切削平面相互垂直。

② 切削平面 P_s。通过主切削刃上选定点并与工件加工表面相切的平面。

③ 正交平面 P_o。通过主切削刃上选定点，并同时垂直于基面和切削平面的平面。

④ 假定工作平面 P_f。通过切削刃上选定点，垂直于基面并平行于假定进给运动方向的平面。

（2）车刀的主要角度。在车刀设计、制造、刃磨及测量时，主要角度有以下几个，见图 9.9 所示。

① 前角 γ_o。在正交平面内测量的前刀面与基面之间的夹角。前角的大小决定了刀具的锋利程度，前角越大刀具越锋利。根据前刀面和基面相对位置的不同，又分别规定为正前

角、零度前角和负前角（见图9.10）。

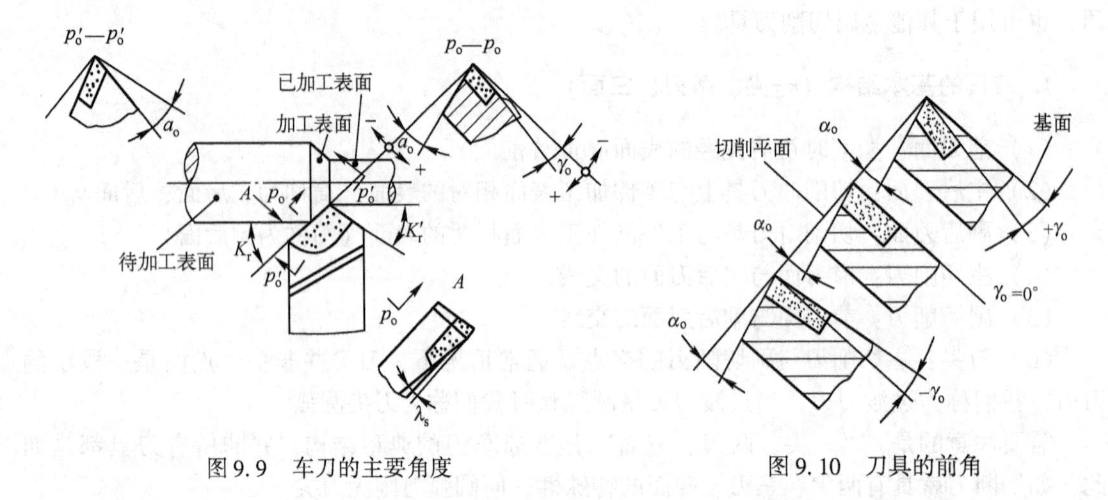

图9.9　车刀的主要角度　　　　图9.10　刀具的前角

② 后角 α_o。在正交平面内测量的主后刀面与切削平面之间的夹角。后角的大小决定了刀刃的强度，并配合前角改变切削刃的锋利程度。后角越小，刀刃的强度越高，切削刃越不锋利，刀具后面与工件的摩擦越剧烈。

③ 副后角 α_o'。在副切削刃选定点的正交平面内测量的副后刀面与副切削平面的夹角。其作用与后角相似。

④ 主偏角 κ_r。在基面内测量的主切削刃在基面上的投影与进给运动方向的夹角。主偏角的大小主要影响到切削层的形状以及切削分力的变化。

⑤ 副偏角 κ_r'。在基面内测量的副切削刃在基面上的投影与进给运动反方向的夹角。副偏角和主偏角一起影响已加工表面的粗糙度。副偏角越大，副后刀面与已加工表面的摩擦越小。

⑥ 刃倾角 λ_s。在切削平面内测量的主切削刃与基面之间的夹角。刃倾角主要影响刀尖的强度和切屑的流出方向（图9.11）。当刃倾角为正值时，刀尖的强度较低，切屑向刀架方向流出，适用于精加工类型刀具。

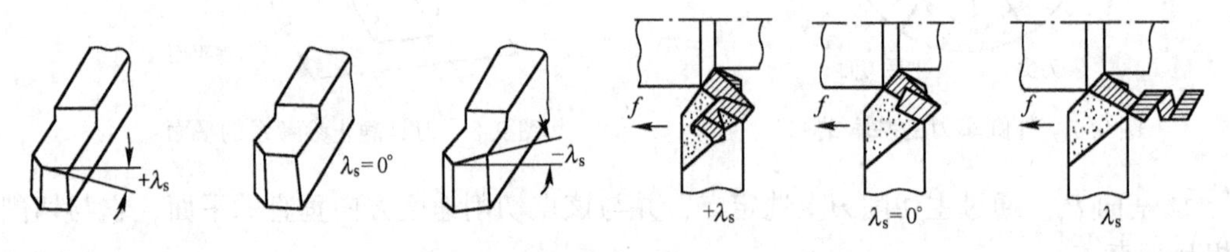

图9.11　刃倾角及其对排屑方向的影响

(3) 刀具的工作角度。刀具工作角度是指刀具在工作时的实际切削角度。由于刀具的静止角度是在假设不考虑进给运动的影响、规定车刀刀尖和工件中心等高以及安装时车刀刀柄的中心线垂直于工件轴线的静止参考系中定义的，而刀具在实际工作中不可能完全符合假设的条件。因此，刀具工作角度考虑了合成运动和刀具安装条件的影响。

一般情况下，进给运动对合成运动的影响可忽略，并在正常安装条件下，如车刀刀尖与工件回转轴线等高、刀柄纵向轴线垂直于进给方向等，这时，车刀的工作角度近似于静止参考系中的角度。但在切断、车螺纹及车非圆柱表面时，就要考虑进给运动的影响。

如图 9.12 所示，车外圆时，若刀尖高于工件的回转轴线，则工作前角 $\gamma_{oe} > \gamma_o$，而工作后角 $\alpha_{oe} < \alpha_o$；反之，若刀尖低于工件的回转轴线，则 $\gamma_{oe} < \gamma_o$，$\alpha_{oe} > \alpha_o$。镗孔时的情况正好与此相反。当车刀刀柄的纵向轴线与进给方向不垂直时，将会引起主偏角和副偏角的变化，如图 9.13 所示。

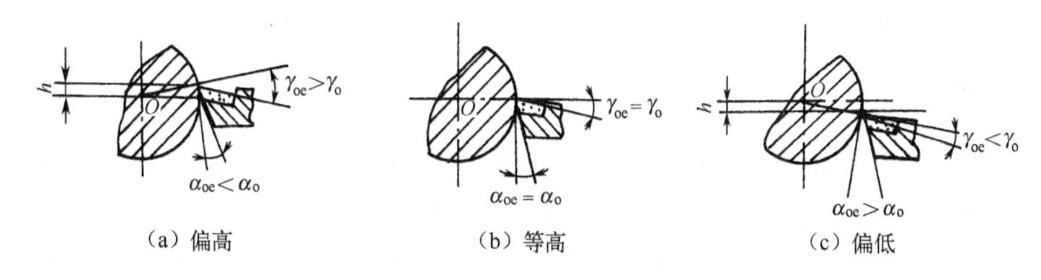

图 9.12　车刀安装高度对前角和后角的影响

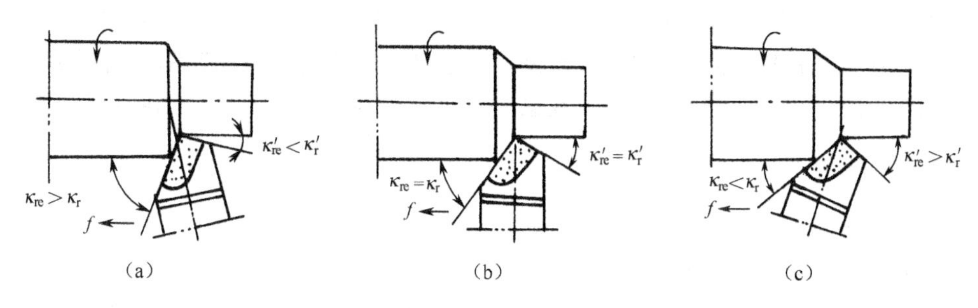

图 9.13　车刀安装偏斜对主偏角和副偏角的影响

9.2.2　刀具材料

刀具材料通常是指刀具切削部分的材料，刀具切削部分在切削过程中，承受很大的切削力和冲击力，并且在很高的温度下进行工作，连续受强烈的摩擦。因此，刀具切削部分材料必须具备以下几方面的性能。

（1）高的硬度和耐磨性。刀具材料硬度必须大于工件材料的硬度，常温硬度一般要求在 60HRC 以上。耐磨性是表示刀具材料抵抗磨损的能力。

（2）高的红硬性。是指刀具材料在高温仍能保持其高硬度、高耐磨性的能力。

（3）足够的强度和韧性。主要是指刀具材料承受冲击和振动而不破碎的能力。

（4）良好的工艺性。一般是指切削加工性、可锻性、可焊性、热处理性能等。工艺性越好，则越便于制造。

常用刀具材料有碳素工具钢、合金工具钢、高速钢、硬质合金、陶瓷、立方氮化硼以及金刚石等。

1. 碳素工具钢

碳素工具钢淬火后的硬度可达 60～64HRC，但碳素工具钢耐热性差，在 200℃～250℃便开始失去原有的硬度，而且在淬火时容易产生变形和开裂。碳素工具钢的价格不高，一般用来制造低速（v_c < 8m/min）、简单的手工工具，如锉刀、刮刀、手工锯条等。常用的牌号有 T10、T12、T12A 等。

2. 合金工具钢

合金工具钢，其硬度、耐磨性、耐热性均比碳素工具钢有所提高。其淬火后的硬度可达61～65HRC，耐热温度为350℃～400℃，而且热处理变形小，淬透性好，常用来制造低速、复杂的刀具，如丝锥、板牙、铰刀等。常用的牌号有CrWMn、9SiCr等。

3. 高速钢

高速钢又俗称为锋钢、风钢或白钢，其硬度，耐磨性、耐热性都比合金工具钢有明显提高。高速钢淬火回火后的硬度可达63～70HRC，其耐热温度为500℃～650℃，允许的切削速度为(30～50)m/min，比碳素工具钢和合金工具钢高得多，故称其为高速钢。高速钢具有较高的抗弯强度和冲击韧性。由于高速钢的使用性能好，成形性好，热处理变形小，刃磨性能较好，所以广泛用于制造钻头、铣刀、拉刀、齿轮刀具和其他成形刀具。常用的牌号有W18Cr4V，W6M$_0$5Cr4V2等。其中前者为钨系高速钢，后者为钼系高速钢。后者的韧性和高温塑性优于前者，但刃磨时易产生脱碳现象，主要用于制造热轧刀具（如麻花钻）。

4. 硬质合金

硬质合金的特点（与高速钢相比较）如下：

（1）硬质合金硬度高，红硬性好和耐磨性好，但是较脆，由于硬度高，不容易刃磨。

（2）钨钴类硬质合金坚韧性较好，抗冲击性好，适合于铸铁等脆性材料以及氧割件等不规则零件的加工。但其红硬性较差，刀刃成形困难，不适合于加工碳钢、不锈钢等材料。

（3）钨钴钛类硬质合金由于含碳化钨较多，其红硬性较好，具有较高的耐热性和耐磨性，因此适合于碳钢、不锈钢等材料的加工，也可以用于铜、铝等有色金属的粗加工和半精加工。由于其刃磨困难，刀刃很难刃磨锋利，它不适合于非金属材料的加工。

（4）硬质合金的切削速度一般选在(120～160)m/min，甚至还可以更高一些。对于提高加工效率有着重要的影响。同时，由于硬质合金采用高压成型技术，材料利用率较高，相对成本较低，因此，应尽可能地选用硬质合金作为刀具材料。

常用硬质合金的性能见表9-1。

表9-1 常用硬质合金的性能简表

<table>
<tr><th rowspan="2">类别</th><th rowspan="2">牌号</th><th colspan="3">化学成分（%）</th><th colspan="2">机械性能</th><th rowspan="2">适用对象</th></tr>
<tr><th>WC</th><th>Co</th><th>TiC</th><th>抗弯强度（kg/mm^2）</th><th>硬度（HRC）</th></tr>
<tr><td rowspan="2">钨钴类硬质合金</td><td>YG6</td><td>94</td><td>6</td><td>–</td><td>140</td><td>14.6～15</td><td>铸铁的加工、螺纹以及不锈钢的粗车</td></tr>
<tr><td>YG8</td><td>92</td><td>8</td><td>–</td><td>150</td><td>14.4～14.8</td><td>铸铁的加工、大冲击力的间断加工</td></tr>
<tr><td rowspan="4">钨钴钛类硬质合金</td><td>YT15</td><td>79</td><td>6</td><td>15</td><td>115</td><td>11～11.7</td><td>各种结构钢的加工</td></tr>
<tr><td>YT30</td><td>66</td><td>4</td><td>30</td><td>90</td><td>9.35～9.7</td><td>各种结构钢的精加工</td></tr>
<tr><td>YW1</td><td></td><td></td><td></td><td>125</td><td>12.6～13</td><td rowspan="2">特种钢（不锈钢、耐热钢）的加工以及一般钢材的加工</td></tr>
<tr><td>YW2</td><td></td><td></td><td></td><td>150</td><td>12.4～91</td></tr>
</table>

5. 其他刀具材料

刀具材料还有金刚石、陶瓷、立方氮化硼（CBN）等。他们的性能可以从表9-2中了解。

表 9-2 各种刀具材料性能对比简表

材料名称 性能 / 优越性排序	红硬性	冷硬性	韧性
1	金刚石	金刚石	碳素工具钢
2	陶瓷	陶瓷	合金工具钢
3	硬质合金	硬质合金	高速工具钢
4	高速工具钢	高速工具钢	硬质合金
5	合金工具钢	合金工具钢	陶瓷
6	碳素工具钢	碳素工具钢	金刚石

（1）陶瓷。通常是在氧化铝（Al_2O_3）基体中加入高温碳化物（如 TiC，WC）和金属添加剂（如镍、铁、钨、铝等）制成的。硬度高、耐高温，但抗弯强度和冲击韧度低，容易崩刃。加入合金元素后，抗弯强度有了提高，主要用于高硬度、高强度钢及冷硬铸铁等材料的半精加工和精加工。

（2）人造金刚石。是通过某些合金的触媒作用，在高温高压下由石墨转化而成，可以达到很高的硬度（6000～10000HV），是目前已知的最硬物质。除用于加工高硬度高耐磨性的硬质合金、陶瓷、玻璃等材料外，还可以加工有色金属及其合金。但不宜切削铁族金属。

（3）立方氮化硼。是继人造金刚石出现的第二种人造无机超硬材料，适用于高硬度、高强度淬火钢和耐热钢的精加工、半精加工，也适用于有色金属的精加工。但立方氮化硼脆性大，使用时要求机床刚性要好，主要用于连续切削，尽量避免冲击和振动。

9.3 金属的切削过程

金属切削过程的研究，对于切削加工技术的发展和进步，保证加工质量，降低生产成本，提高生产率，都有着十分重要的意义。因为切削过程中的许多物理现象，如切削力、切削热、刀具磨损以及加工表面质量等，都是以切屑形成过程为基础的，而生产实践中出现的许多问题，如振动、卷屑和断屑等，都同切削过程有着密切的关系。

9.3.1 切屑的形成与积屑瘤

1. 切屑的形成

塑性金属切削过程在本质上是被切削层金属在刀具的挤压作用下产生变形并与工件本体分离形成切屑的过程。

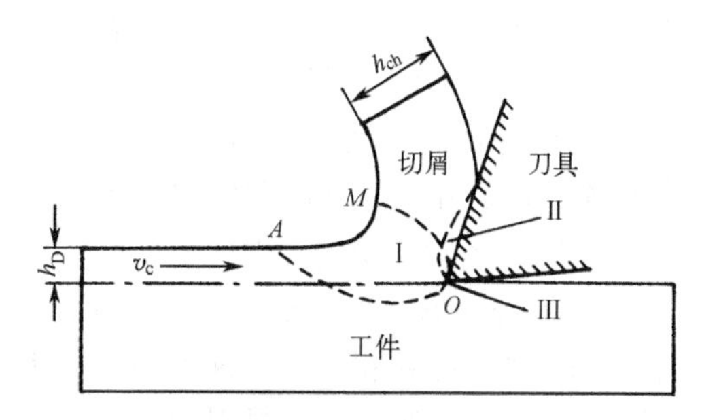

图 9.14 切削过程中的变形区

如图 9.14 所示，切削过程是伴随着切削运动进行的。随着切削层金属以切削速度 v_c 向刀具前刀面接近，在前刀面的挤压作用下，被切金属产生弹性变形，愈靠近 OA 面，弹性变形愈大，其内应力也在增加。当被切金属运动到 OA 面时，其内应力达到屈服点，开始产生塑性变形，金属内部发生剪切滑移。*OA* 称为始滑移面（始剪切面）。随着被切金属继续向前刀面逼近，塑性变形加剧，内应力进一步增加，到达 *OM* 面时，变形和应力达到最大。*OM* 称为终滑移面（终剪切面）。切削刃附近金属内应力达到金属断裂极限而使被切金属与工件本体分离。分离后的变形金属沿刀具的前刀面流出，成为切屑。

在切削过程中刀具与工件接触的区域，出现3 个变形区. *OA* 与 *OM* 之间是切削层的塑性变形区，称为第一变形区（Ⅰ）或称基本变形区。第一变形区的变形量最大，常用它说明切削过程的变形情况。切屑与前面摩擦的区域称为第二变形区（Ⅱ）或称摩擦变形区。切屑形成后与前面之间存在很大的压力，沿前面流出时必然有很大的摩擦，因而使切屑底层又一次产生塑性变形。工件已加工表面与后面接触的区域称为第三变形区（Ⅲ）或称已加工表面变形区。第三变形区是已加工表面产生加工硬化和残余应力的主要原因。

在切削过程中，变形程度越大，工件的表面质量越差，切削过程中所消耗的能量越多。

2. 切屑的种类

切削加工中，当工件材料、切削条件不同时，会形成不同的切屑。按其形态不同，可分为图 9. 15 所示的四种类型。

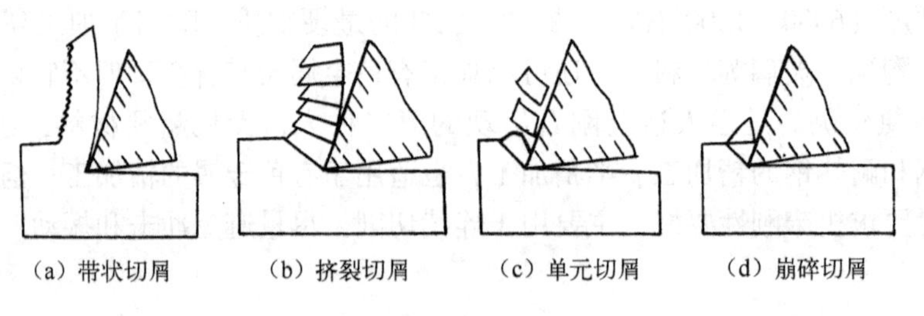

图 9. 15　切屑类型

（1）带状切屑。这是最常见的一种切屑，如图 9. 15（a）所示。切屑外形连续，呈较长的带状，底面光滑，背面呈毛茸状。这种切屑一般在加工塑性金属、切削厚度较小、切削速度较高、刀具前角较大时得到。形成带状切屑时，切削过程平稳，已加工表面粗糙度数值小，但需要采取一定的断屑措施，否则会影响正常的加工，尤其在自动化加工中。

（2）挤裂切削。见图 9. 15（b）所示。与带状切屑相比，这类切屑背面呈明显的齿状，底面有时有裂纹，但仍比较光滑。这种切屑大多在切削速度较低、切削厚度较大、刀具前角较小时加工塑性金属而产生。形成挤裂切屑时，切削力会产生一定的波动，造成切削过程不平稳，使工件的表面质量降低。

（3）单元切屑。见图 9. 15（c）所示。当用更低的切削速度、更大的切削厚度切削塑性较低的金属时，挤裂切屑的裂纹将会扩展到整个断面上，整个变形单元则被分离，成为梯形的单元切屑。此时，切削过程更不稳定，工件表面质量也更差。

（4）崩碎切屑。见图 9. 15（d）所示。切削铸铁、硬黄铜等脆性材料时，往往形成型状不规则的细小颗粒状切屑，这种切屑称为崩碎切屑。形成崩碎切屑时，切削过程不稳定，切削力集中在刀刃附近，容易引起刀具的破损，工件的已加工表面凹凸不平，表面粗糙度数值大。

3. 积屑瘤

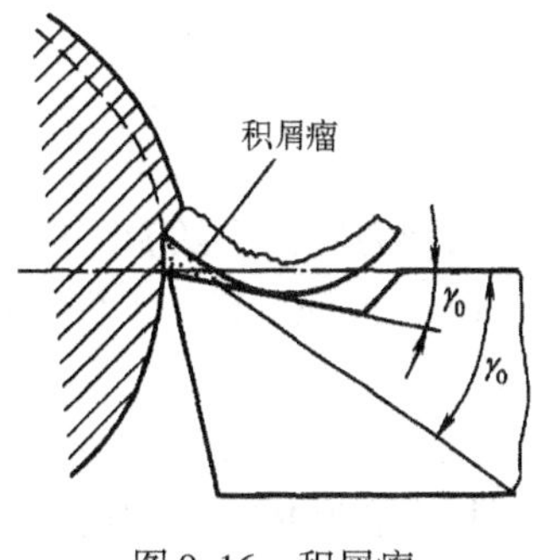

图 9.16　积屑瘤

在一定范围的切削速度下切削塑性金属时，常发现在刀具前刀面靠近切削刃的部位黏附着一小块很硬的金属，这就是积屑瘤，或称刀瘤，如图 9.16 所示。

在形成积屑瘤的过程中，金属材料因塑性变形而被强化。因此，积屑瘤的硬度比工件材料的硬度高，能代替切削刃进行切削，起到保护切削刃的作用。积屑瘤的存在，增大了刀具实际工作前角，使切削轻快，粗加工时希望产生积屑瘤。但是积屑瘤会导致切削力的变化，引起振动，并会有一些积屑瘤碎片粘附在工件已加工表面上，使表面变得粗糙，故精加工时应尽量避免积屑瘤产生。

因此，一般精车、精铣采用高速切削，而拉削、铰削和宽刀精刨时，则采用低速切削，以避免形成积屑瘤。选用适当的切削液，可有效地降低切削温度，减小摩擦，也是减少或避免积屑瘤的重要措施之一。

9.3.2　切削力

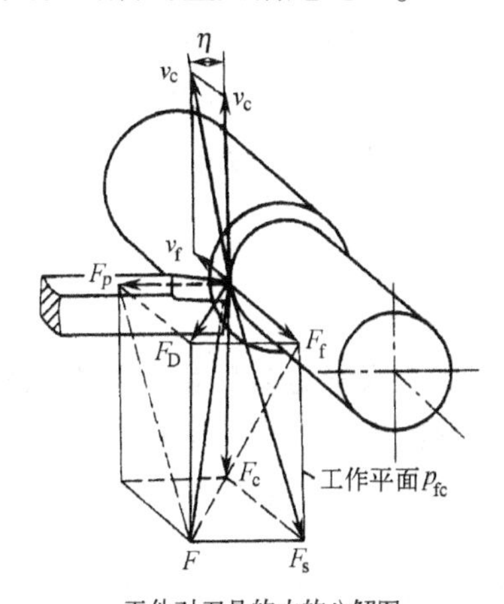

图 9.17　外圆车削时力的分解

切削过程中作用在刀具与工件上的力称为切削力。切削力来源有两个方面：即切削层金属变形产生的变形抗力和切屑、工件与刀具间摩擦产生的摩擦抗力。

切削力是一个空间力，大小和方向都不易直接测定。为了适应设计和工艺分析的需要，一般把切削力分解，研究它在一定方向上的分力。

如图 9.17 所示，切削力 F 可沿坐标轴分解为三个互相垂直的分力 F_c、F_p、F_f。

1. 主切削力 F_c

切削力在主运动方向上的分力，也称切向力。主切削力比其他两个分力要大得多，约消耗功率 95% 以上，是计算机床动力和主传动系统零件强度和刚度的主要依据。

2. 背向力 F_p

切削力在垂直于假定工作平面方向上的分力，也称径向力或吃刀分力。因为在切削时，此方向上的运动速度为零，所以 F_p 不做功。但其反作用力作用在工件上，容易使工件弯曲变形，特别是对于刚性较小的工件，变形尤为明显。这不仅影响加工精度，同时还会引起振动，对表面粗糙度产生不利影响。

3. 进给力 F_f

切削力在进给运动方向上的分力，也称轴向力。进给力一般只消耗总功率的 1% ~5%，是计算进给系统零件强度和刚度的依据。

切削力 F 分解为 F_c 与 F_D，F_D 分解为 F_p 与 F_f，它们的关系是：

$$F = \sqrt{F_c^2 + F_D^2} = \sqrt{F_c^2 + F_p^2 + F_f^2} \tag{9-5}$$

$$F_f = F_D \sin\kappa_r \tag{9-6}$$

$$F_p = F_D \cos\kappa_r \tag{9-7}$$

切削力的大小随着工件材料和加工条件不同而变化，其主要影响因素如下。

（1）工件材料。工件材料的强度、硬度愈高，韧性、塑性愈好，愈难切削，切削力也愈大。

（2）切削用量。背吃刀量和进给量增加时，切削层面积增加，切下金属增多，增大了变形抗力和摩擦力，因而切削力也增大。

（3）刀具几何参数。前角和后角对切削力影响最大，前角愈大，切屑变形愈小，愈易流出，所以切削力减小。改变主偏角的大小，可以改变轴向力和径向力的比例。当加工细长轴时，通过增大主偏角可以使径向力减小。

除上述因素外，刀具磨损、刀具材料、切削液等对切削力都有一定的影响。

9.3.3 切削热和切削温度

金属切削过程中消耗的能量除了极少部分以变形能留存于工件表面和切屑中，基本上转变为热能。大量的切削热导致切削区域温度升高，直接影响刀具与工件材料的摩擦系数、积屑瘤的形成与消退、刀具的磨损、工件的加工精度和表面质量。因此，研究切削热和切削温度对于切削加工具有重要意义。

1. 切削热

在切削过程中，由于绝大部分的切削功都转变成热量，所以有大量的热产生，这些热称为切削热。切削热产生以后，由切屑、工件、刀具及周围的介质（如空气）传出。各部分传出的比例取决于工件材料、切削速度、刀具材料及刀具几何形状等。实验结果表明，车削时的切削热主要是由切屑传出的。

用高速钢车刀及与之相适应的切削速度切削钢料时，切削热传出的比例是：切屑传出的热约为50%～86%；工件传出的热约为40%～10%；刀具传出的热约为9%～3%；周围介质传出的热约为1%。

传入切屑及介质中的热量越多，对加工越有利。传入刀具的热量虽不是很多，但由于刀具切削部分体积很小，因此刀具的温度可达到很高（高速切削时可达到1000℃以上）。温度升高以后，会加速刀具的磨损。传入工件的热可能使工件变形，产生形状和尺寸误差。

在切削加工中，如何设法减少切削热的产生、改善散热条件以及减小高温对刀具和工件的不良影响，有着重大的意义。

2. 切削温度

切削温度一般是指切屑与刀具前刀具面接触区的平均温度。切削温度的高低，除了用仪器进行测定外，还可以通过观察切屑的颜色大致估计出来。例如，切削碳钢时，随着切削温度的升高，切屑的颜色也发生相应的变化，淡黄色约200℃，蓝色约320℃。颜色越深，切屑的温度越高。

切削温度的高低取决于切削热的产生和传出情况，它受切削用量、工件材料、刀具材料及几何形状等因素的影响。切削速度对切削温度影响最大，切削速度增大，切削温度随之升高；进给量影响较小；背吃刀量影响更小。前角增大，切削温度下降，但前角不宜太大，前角太大，切削温度反而升高；主偏角增大，切削温度升高。

9.3.4 刀具磨损和刀具耐用度

一把刀具使用一段时间以后，它的切削刃变钝，以致无法再使用。对于可重磨刀具，经过重新刃磨以后，切削刃恢复锋利，仍可继续使用。这样经过使用—磨钝—刃磨锋利若干个循环以后，刀具的切削部分便无法继续使用，而完全报废。刀具从开始切削到完全报废，实际切削时间的总和称为刀具寿命。

1. 刀具磨损的形式与过程

刀具正常磨损时，按其发生的部位不同可分为三种形式，即后刀面磨损、前刀面磨损、前刀面与后刀面同时磨损（图 9.18 中 VB 代表后刀面磨损尺寸）。

随着切削时间的延长，刀具的磨损量不断增加。但在不同的时间阶段，刀具的磨损速度与实际的磨损量是不同的。图 9.19 反映了刀具的磨损和切削时间的关系，可以将刀具的磨损过程分为三个阶段，第一阶段（*OA* 段）称为初期磨损阶段，第二阶段（*AB* 段）称为正常磨损阶段，第三阶段（*BC* 段）称为急剧磨损阶段。

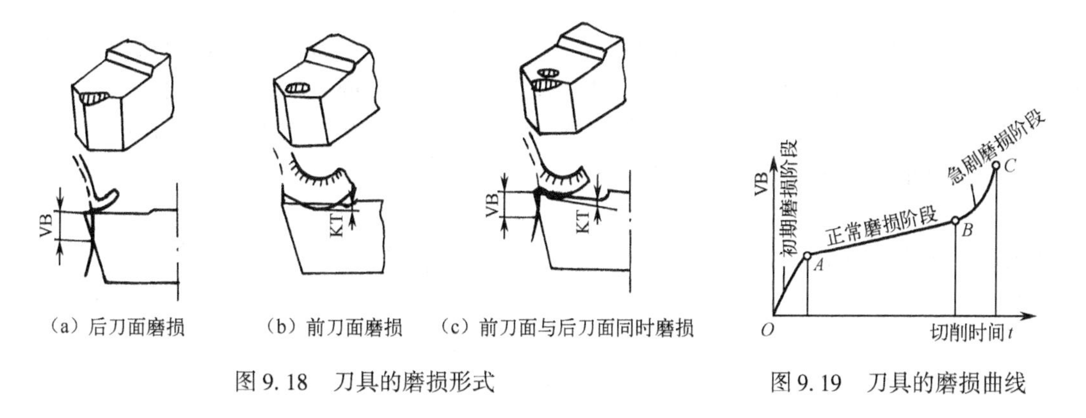

图 9.18 刀具的磨损形式

图 9.19 刀具的磨损曲线

经验表明，在刀具正常磨损阶段的后期、急剧磨损阶段之前，换刀重磨为最好。这样既可保证加工质量又能充分利用刀具材料。

增大切削用量时切削温度随之增高，将加速刀具磨损。在切削用量中，切削速度对刀具磨损的影响最大。此外，刀具材料、刀具几何形状、工件材料以及是否使用切削液等，也都会影响刀具的磨损。譬如，耐热性好的刀具材料，就不易磨损；适当加大刀具前角，由于减小了切削力，可减少刀具的磨损。

2. 刀具的磨钝标准及耐用度

刀具磨损到一定限度时就不应再继续使用，这个磨损限度称为磨钝标准。国际标准 ISO 统一规定以后刀面上测定的磨损带宽度 VB 作为刀具的磨钝标准（图 9.18（c））。磨钝标准的具体数值可查阅有关手册。

在实际生产中不可能用经常测量后刀面磨损的方法，来判断刀具是否已经达到容许的磨损限度，而常规是按刀具进行切削的时间来判断。刃磨后的刀具自开始切削直到磨损量达到磨钝标准所经历的实际切削时间，称为刀具耐用度，以 *T* 表示。

粗加工时，多以切削时间（min）表示刀具耐用度。例如，目前硬质合金焊接车刀的耐用度大致为60min，高速钢钻头的耐用度为（80~120）min，硬质合金端铣刀的耐用度为（120~180）min，齿轮刀具的耐用度为（200~300）min。

精加工时，常以走刀次数或加工零件个数表示刀具的耐用度。

9.4 切削过程基本规律的应用

切削加工是一个综合性的、复杂的过程，改善材料的切削加工性、合理选用切削液、选择刀具几何参数和切削用量是提高切削质量、效率和降低加工成本的重要措施。

9.4.1 工件材料的切削加工性

1. 工件材料切削加工性的概念和衡量指标

切削加工性是指材料被切削加工的难易程度。它具有一定的相对性。某种材料切削加工性的好坏往往是相对于另一种材料而言的。具体的加工条件和要求不同，加工的难易程度也有很大的差异。因此，在不同的情况下要用不同的指标来衡量材料的切削加工性。常用的指标主要有如下几个。

（1）一定刀具耐用度下的切削速度 v_T。即刀具耐用度为 T（min）时切削某种材料所允许的切削速度。v_T 越高，材料的切削加工性越好。若取 $T=60$min，则 v_T 可写作 v_{60}。

（2）相对加工性 K_r。即各种材料的 v_{60} 与45钢（正火）的 v_{60} 之比值。由于把后者的 v_{60} 作为比较的基准，故写作 $(v_{60})_j$，于是有：

$$K_r = v_{60}/(v_{60})_j \tag{9-8}$$

常用材料的相对加工性可分为8级（见表9-3）。凡 $K_r>1$ 的材料，其切削加工性比45钢（正火）好，反之较差。

表9-3 材料切削加工性分级

加工性等级排序	名称及种类		相对加工性 K_r	代表性材料
1	很容易切削材料	一般有色金属	>3.0	5-5-5铜铅合金、铝镁合金、9-4铝铜合金
2	容易切削材料	易切削钢	2.5~3.0	退火15Cr、自动机钢
3		较易切削钢	1.6~2.5	正火30号钢
4	普通材料	一般钢及铸铁	1.0~1.6	45号钢、灰铸铁、结构钢
5		稍难切削材料	0.65~1.0	调质2Cr13、85号钢
6	难切削材料	较难切削材料	0.5~0.65	调质45Cr、调质65Mn
7		难切削材料	0.15~0.5	1Cr18Ni9Ti、调质50CrV、某些钛合金
8		很难切削材料	<0.15	铸造镍基高温合金、某些钛合金

（3）已加工表面质量。凡较容易获得好的表面质量的材料，其切削加工性较好；反之则较差。精加工时，常以此为衡量指标。

（4）切屑控制或断屑的难易。凡切屑较容易控制或易于断屑的材料，其切削加工性较好；反之较差。在自动机床或自动线上加工时，常以此为衡量指标。

（5）切削力。在相同的切削条件下，切削力较小的材料，其切削加工性较好；反之较差。在粗加工中，当机床刚度或动力不足时，常以此为衡量指标。

v_T和 K_r是最常用的切削加工性指标，对于不同的加工条件都能适用。

2. 改善材料切削加工性的主要途径

直接影响材料切削加工性的主要因素是其物理、力学性能。若材料的强度和硬度高，则切削力大，切削温度高，刀具磨损快，切削加工性较差。若材料的塑性高，则不易获得好的表面质量，断屑困难，切削加工性较差。若材料的导热性差，切削热不易散失，切削温度高，其切削加工性也不好。

通过适当的热处理，可以改变材料的力学性能，从而达到改善其切削加工性的目的。例如，对高碳钢进行球化退火可以降低硬度，对低碳钢进行正火可以降低塑性，都能够改善切削加工性。

铸铁件在切削加工前进行退火可降低表层硬度，特别是白口铸铁，在950℃ ~1000℃的温度下长时间退火，变成可锻铸铁，能使切削加工较易进行。

改变材料的力学性能还可以用其他辅助性的加工，例如，低碳钢经过冷拔可降低其塑性，也能改善材料的切削加工性。

还可以通过适当调整材料的化学成分来改善其切削加工性。例如，在钢中适当添加某些元素，如硫、铅等，可使其切削加工性得到显著改善，这样的钢称为“易切削钢”。需要说明的是，只有在满足零件对材料性能要求的前提下，才能这样做。

9.4.2 合理选择切削液

合理地选择和使用切削液，可以改善切削条件，减少刀具的磨损，提高加工表面质量，用改变外界条件来影响和改善切削过程，是提高产品质量和生产率的有效措施之一。

1. 切削液的作用

（1）冷却作用。切削液浇注到切削区域后，通过切削液的传导、对流和汽化，一方面使切屑、刀具与工件间摩擦减小，产生热量减少；另一方面将产生的热量带走，使切削温度降低，起到冷却作用。

（2）润滑作用。切削液的润滑作用是通过切削液渗透到刀具与切屑、工件表面之间，形成润滑性能较好的油膜而达到的。

（3）清洗与防锈作用。切削液的清洗作用是清除黏附在机床、刀具和夹具上的细碎切屑和磨粒细粉，以防止划伤已加工表面和机床的导轨并减小刀具磨损。清洗作用的好坏取决于切削液的油性、流动性和使用压力。在切削液中加入防锈添加剂后，能在金属表面形成保护膜，使机床、刀具和工件不受周围介质的腐蚀，起到防锈作用。

2. 切削液的种类

（1）水溶性切削液。水溶性切削液主要有水溶液、乳化液和化学合成液三种。

① 水溶液：水溶液是以水为主要成分并加入防锈添加剂的切削液。由于水的导热系数、比热和汽化热较大，因此，水溶液主要起冷却作用，同时由于其润滑性能较差，所以主要用于粗加工和普通磨削加工中。

② 乳化液：乳化液是乳化油加95% ~98%的水稀释成的一种切削液。乳化油由矿物油、

乳化剂配制而成。乳化剂可使矿物油与水乳化，形成稳定的切削液。

③ 化学合成液：化学合成液是由水、各种表面活性剂和化学添加剂组成，具有良好的冷却、润滑、清洗和防锈性能。合成液中不含油，可节省能源。

(2) 油溶性切削液。油溶性切削液主要有切削油和极压切削油两种。

① 切削油：切削油是以矿物油为主要成分并加入一定的添加剂而构成的切削液。用作切削油的矿物油主要有机油、轻柴油和煤油等。切削油主要起润滑作用。

② 极压切削油：切削油中加入硫、氯、磷等极压添加剂后，能显著提高润滑效果和冷却作用，尤以硫化油应用较广泛。

(3) 固体润滑剂。常用的固体润滑剂是二硫化钼，其形成的润滑膜摩擦系数极小，耐高温，耐高压，切削时可涂抹在刀面上，也可添加在切削液中。

3. 切削液的合理选用

切削液应根据工件材料、刀具材料、加工方法和技术要求等具体情况进行选用。

高速钢刀具耐热性差，需采用切削液。通常粗加工时，主要以冷却为主，同时也希望能减少切削力和降低功率消耗，可采用3% ~5%的乳化液；精加工时，主要目的是改善加工表面质量，降低刀具磨损，减少积屑瘤，可以采用15% ~20%的乳化液。

硬质合金刀具耐热性好，一般不用切削液。若要使用切削液，则必须连续、充分地供应，否则因骤冷骤热，产生的内应力将导致刀片产生裂纹。

切削铸铁一般不用切削液。

切削铜合金等有色金属时，一般不用含硫的切削液，以免腐蚀工件表面。切削铝合金时一般可不用切削液，但在铰孔和攻丝时常用5∶11 的煤油与机油的混合液或轻柴油，要求不高时也可用乳化液。

4. 切削液的使用方法

切削液的合理使用非常重要，其浇注部位、充足程度与浇注方法的差异，将直接影响切削液的使用效果。切削液的组成和主要用途见表9-4。

表9-4　切削液组成和主要用途

序号	名　称	组　成	主 要 用 途
1	水溶液	以硝酸钠、碳酸钠等溶于水的溶液，用100 ~200 倍的水稀释而成	磨削
2	乳化液	矿物油很少。主要为表面活性剂的乳化油，用40 ~80 倍的水稀释而成，冷却和清洗性能好	车削、钻孔
		以矿物油为主。少量表面活性剂的乳化油，用10 ~20 倍的水稀释而成，冷却和润滑性能好	车削、攻螺纹
		在乳化液中加入添加剂	高速车削、钻削
3	切削油	矿物油（L-AN15 或 L-AN32 全损耗系统用油）单独使用	滚齿、插齿
		矿物油加植物油或动物油形成混合油，润滑性能好	精密螺纹车削
		矿物油或混合油中加入添加剂形成极压油	高速滚齿、插齿、车螺纹等
4	其他	液态的 CO_2	主要用于冷却
		二硫化钼 + 硬脂酸 + 石蜡做成蜡笔，涂于刀具表面	攻螺纹

9.4.3 切削用量的合理选择

合理地选择切削用量，对于保证加工质量、提高生产效率和降低加工成本有着重要的影响。在机床、刀具和工件等条件一定的情况下，切削用量的选择具有较大的灵活性。为了取得最大的技术经济效益，应当根据具体的加工条件确定切削用量三要素合理的组合。

1. 选择切削用量的一般原则

（1）根据工件加工余量和粗、精加工要求，选定背吃刀量。

（2）根据加工工艺系统允许的切削力，其中包括机床进给系统、工件刚度及精加工时表面粗糙度要求，确定进给量。

（3）根据刀具耐用度，确定切削速度。

（4）所选定的切削用量应该是机床功率允许的。

2. 切削用量的选择

综合切削用量三要素对刀具耐用度、生产率和加工质量的影响，选择切削用量的顺序应为：首先选尽可能大的背吃刀量 a_p。其次选尽可能大的进给量 f，最后选尽可能大的切削速度 v_c。

（1）确定背吃刀量。一般根据加工性质与加工余量确定。切削加工一般分为粗加工（R_a值为 50 ~ 12.5μm）、半精加工（R_a 值为 6.3 ~ 3.2μm）和精加工（R_a 值为 1.6 ~ 0.8μm）。粗加工时，在保留半精加工与精加工余量的前提下，若机床刚性允许，应尽可能以最少的走刀次数把粗加工余量切掉，以提高生产率。在中等功率机床上采用硬质合金刀具车外圆时，粗车取 $a_p=(2\sim6)\,\text{mm}$，半精车时取 $a_p=(0.3\sim2)\,\text{mm}$，精车时取 $a_p=(0.1\sim0.3)\,\text{mm}$。

在下列情况下，粗车要分多次走刀：

① 工艺系统刚度低。如加工细长轴和薄壁零件，或加工余量极不均匀，会引起很大振动时。

② 加工余量太大。一次走刀切掉会使切削力过大，以致机床功率不足或刀具强度不够。

③ 断续切削，刀具会受到很大冲击而造成打刀时。

即使是在上述情况下，也应当把第一次或头几次走刀的背吃刀量取得大些，若为两次走刀，则第一次走刀一般取加工余量的$\frac{2}{3}\sim\frac{3}{4}$。

（2）确定进给量。

① 粗加工时，对加工表面质量要求不高，这时切削力较大，进给量的选择主要受切削力的限制。在刀杆、工件刚度及刀片和机床进给机构强度允许的情况下，选取大的进给量。

② 半精加工和精加工时，因背吃刀量较小，产生的切削力不大，进给量的选择主要受加工表面质量要求的限制。当刀具有合理的过渡刃、修光刃且采用较高的切削速度时，进给量可适当大些，以提高生产率。但应注意进给量不可选得太小，否则不但生产效率低，而且因进给量太小而切不下切屑，影响加工质量。

在生产中，进给量常常根据经验或通过查表来选取。

粗加工时，进给量可根据工件材料、刀具结构（如车刀刀杆）尺寸、工件尺寸（如直径）及已确定的背吃刀量来选择。

半精加工和精加工时，则按加工表面粗糙度值的大小，根据工件材料和预先估计的切削速度与刀尖圆弧半径来选取进给量。

（3）确定切削速度。当刀具耐用度、背吃刀量与进给量选定后，可按有关公式计算切削速度。生产中常按经验或查有关切削用量手册确定。

切削速度确定之后即可算出机床转速。即

$$n = 1000 v_c / (\pi d_w) \tag{9-9}$$

式中，d_w——毛坯直径，mm。

所选定的转速应根据机床说明书最后确定（取较低而相近的机床转速 n），最后根据选定的转速计算出实际切削速度。

在选择切削速度时，还应注意以下几点：

① 精加工时，应避开产生积屑瘤和鳞刺的转速区域。

② 断续加工时，宜适当降低切削速度，以减小冲击和热应力。

③ 加工大型、细长、薄壁工件时，应选用较低的切削速度；端面车削应比外圆车削的速度高一些，以获得较高的平均切削速度，提高生产效率。

④ 在易发生振动的情况下，切削速度应避开机床自激振动的临界速度。

实际生产中，切削用量是根据工艺文件的规定、查手册和操作者的实际经验来选取的。

9.4.4　刀具几何参数的合理选择

所谓刀具合理几何参数，是指在保证加工质量的前提下，能够满足生产率高、加工成本低的刀具几何参数。

1. 前角及前刀面的选择

（1）前角的选择原则。

① 根据工件材料的性质选择前角。加工材料的塑性愈好，前角的数值应选得愈大。工件材料的强度、硬度愈高时，为使刀刃具有足够的强度和散热面积，防止崩刃和刀具磨损过快，前角应小些。

② 根据刀具材料的性质选择前角。使用强度和韧性较好的刀具材料（如高速钢），可采用较大的前角；使用强度和韧性差的刀具材料（如硬质合金），应采用较小的前角。

③ 根据加工性质选择前角。粗加工时，应选择较大的前角，但由于毛坯不规则和表皮很硬等情况，为增强刀刃的强度，应选择较小的前角；精加工时，选择的背吃刀量和进给量较小，切削力较小，为了使刃口锋利，保证加工质量，可选取较大的前角。

（2）前刀面形式。前刀面形式有以下几种：

① 用于精加工刀具、成形刀具、铣刀和加工脆性材料的正前角平面型，见图 9.20（a）所示。用于粗切铸锻件或断续表面加工的正前角平面带倒棱型，见图 9.20（b）所示。

② 用于粗加工或精加工塑性材料的正前角曲面带倒棱型，见图 9.20（c）所示。

③ 用于切削高硬度（强度）材料和淬火钢材料的负前角单面型，见图 9.20（d）所示。

④ 负前角双面型以保证切屑沿该棱面流出，见图 9.20（e）所示。

2. 后角、副后角及后刀面的选择

（1）后角的选择原则。后角主要根据切削厚度选择。粗加工时，进给量较大、切削厚

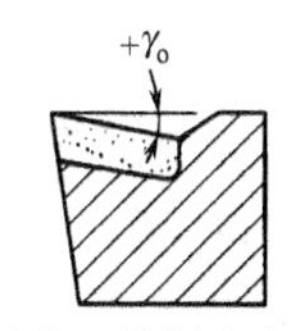

(a) 正前角平面型

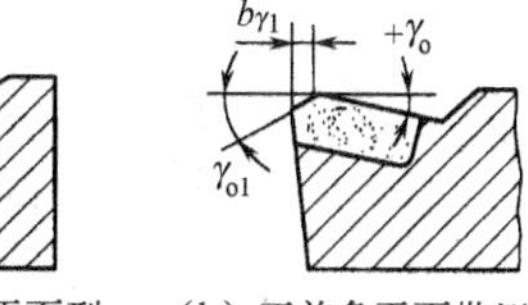

(b) 正前角平面带倒棱型

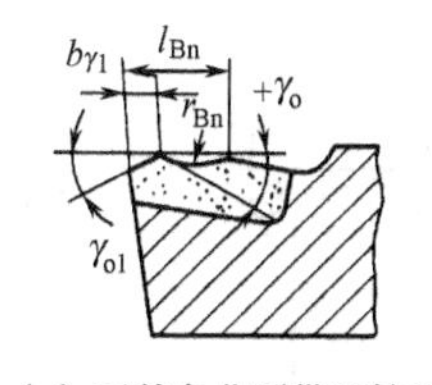

(c) 正前角曲面带倒棱型

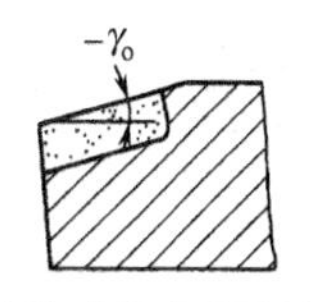

(d) 负前角单面型

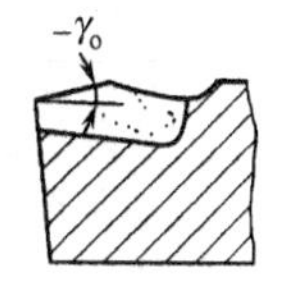

(e) 负前角双面型

图 9.20　前刀面形式

度较大，后角应取小值；精加工时，进给量较小、切削厚度较小，后角应取大值。工件材料强度、硬度较高时，为提高刃口强度，后角应取小值。工艺系统刚性差，容易产生振动时，应适当减小后角。定尺寸刀具（如圆孔拉刀、铰刀等）应选较小的后角，以增加重磨次数，延长刀具使用寿命。

（2）副后角的选择。副后角通常等于后角的数值。但一些特殊刀具，如切断刀，为了保证刀具强度，可选 $\alpha_o' = 1° \sim 2°$。

（3）后刀面的形式。后刀面的形式有双重后角（见图 9.21 所示），可在后刀面上刃磨出一条有负后角的棱面，称为消振棱，见图 9.21（b）所示。刀具上的刃带（见图 9.21（a）所示）起着使刀具稳定、导向和消振的作用。

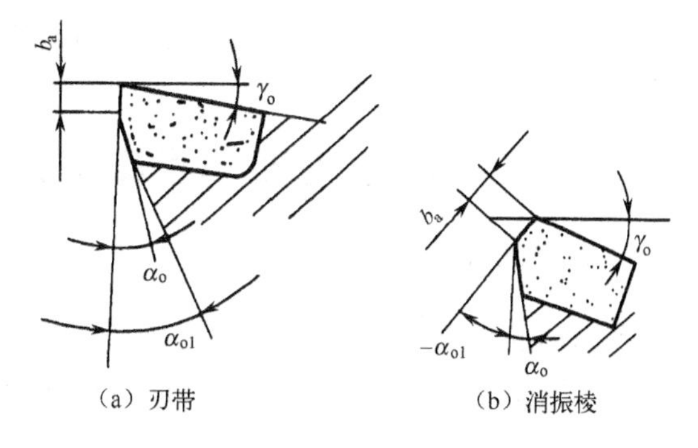

图 9.21　后刀面形式

3. 主、副偏角的选择

主偏角的选择原则是，在工艺系统刚度允许的情况下，选择较小的主偏角，这样有利于提高刀具耐用度。在生产中，主要按工艺系统刚性选取。车刀常用的主偏角有 45°、60°、75°和 90°共 4 种。

副偏角 κ_r' 主要是根据加工性质选取，一般情况下选取 $\kappa_r' = 10° \sim 15°$，精加工时取小值。特殊情况，如切断刀，为了保证刀头强度，可选 $\kappa_r' = 1° \sim 2°$。

4. 刃倾角的选择

选择刃倾角时，应按照刀具的具体工作条件进行具体分析，一般情况可按加工性质选取。精车 $\lambda_s = 0° \sim 5°$；粗车 $\lambda_s = 0° \sim -5°$；断续车削，$\lambda_s = -30° \sim -45°$；大刃倾角精刨刀，$\lambda_s = 75° \sim 80°$。

5. 刀尖形式的选择（过渡刃的选择）

直线过渡刃（见图 9.22（a）所示），多用于粗加工或强力切削的车刀上；圆弧过渡刃（见图 9.22（b）所示）可以减小加工表面粗糙度数值，且能提高刀具耐用度，但会增大背向力和容易产生振动；水平修光刃（见图 9.22（c）所示）是在副切削刃靠近刀尖处磨出一小段；大圆弧刃（见图 9.22（d）所示）是把过渡刃磨成非常大的圆弧形，它的作用相当于水平修光刃。

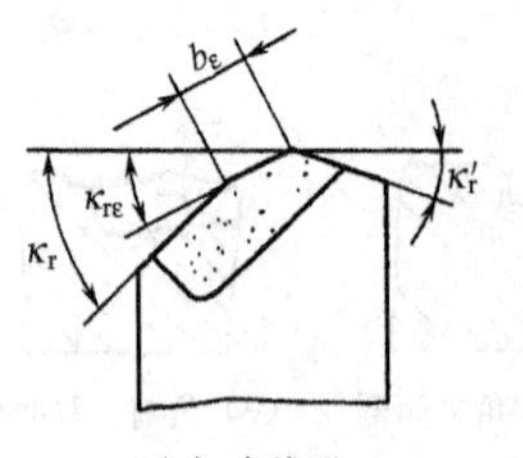

(a) 直线刃

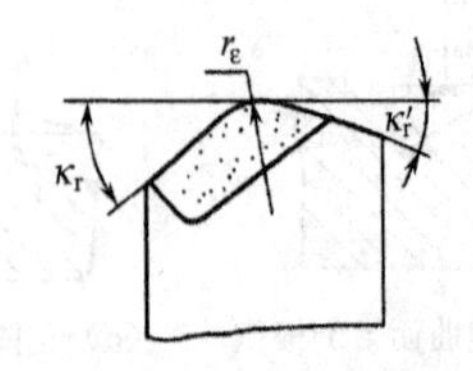

(b) 圆弧刃(刀类圆弧半径)

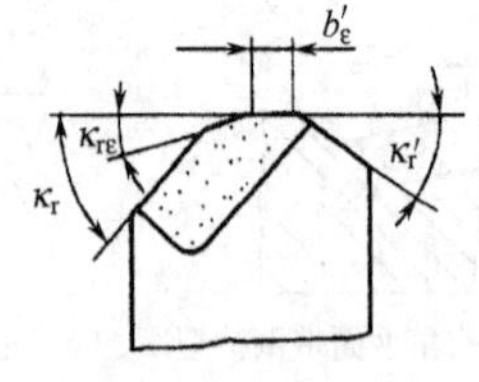

(c) 平行刃(水平修光刃)

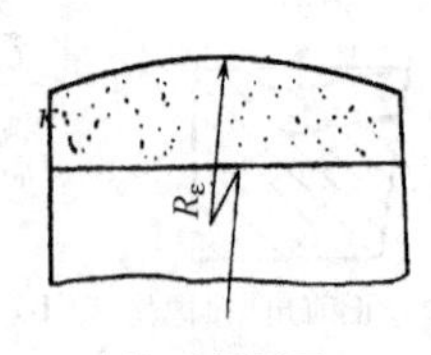

(d) 大圆弧刃

图 9.22 倒角刀尖与刀尖圆弧半径

9.5 金属切削机床的基础知识

金属切削机床是加工机器零件的主要设备，它所担负的工作量，在一般生产中约占机器总制造工作量的40% ~60%，它的先进程度直接影响到机器制造工业的产品质量和劳动生产率。

9.5.1 金属切削机床的分类及型号

1. 机床的分类

金属切削机床的种类很多，为了便于设计、制造、使用和管理，需要进行适当的分类。根据机床的运动形式、加工性质和所用刀具的不同，目前我国机床分为车床、铣床、刨床、钻床、磨床等十一大类。

除了上述基本分类方法之外，还可以按其他方法分类。如根据加工精度分类，机床分为普通机床、精密机床和高精度机床；根据使用范围分类机床分为：通用机床、专门化机床和专用机床；根据自动化程度分类，机床分为一般机床、半自动机床和自动机床；根据机床的重量分类，机床分为仪表机床、中小型机床（自重在 l0t 以下)、大型机床（自重在 10 ~30t 之间)、重型机床（自重在 30t 以上）等。

2. 机床的型号

机床型号是机床产品的代号，用以简明地表示机床的类型、主要技术参数、性能和结构特点等。我国的机床型号现在是按 1994 年颁布的标准 GB/T15375—94《金属切削机床型号编制方法》编制的。此标准规定，机床型号由汉语拼音字母和数字按一定的规律组合而成，它适用于新设计的各类通用机床、专用机床和回转体加工自动线（不包括组合机床、特种加工机床)。本书只介绍各类通用机床型号的编制方法。

（1）机床的类别代号。机床的类别用汉语拼音字母表示于型号的首位，各类机床的代号见表 9-5。

表 9-5 机床的类及分类代号

类别	车床	钻床	镗床	磨床			齿轮加工机床	螺纹加工机床	铣床	刨床	刨插床	锯床	其他机床
代号	C	Z	T	M	2M	3M	Y	S	X	B	L	G	Q
读音	车	钻	镗	磨	二磨	三磨	牙	丝	铣	刨	拉	割	其

通用机床的型号由基本部分和辅助部分组成，中间用“/”隔开，读作“之”。基本部分需统一管理，辅助部分纳入型号与否由生产厂家自定。型号的构成如下：

① 有“（ ）”的代号或数字．当无内容时则不表示，若有内容则不带括号；

② 有“○”符号者．为大写的汉语拼音字母；

③ 有“△”符号者，为阿拉伯数字；

④ 有“◬”符号者．为大写的汉语拼音字母，或阿拉伯数字、或两者兼有之。

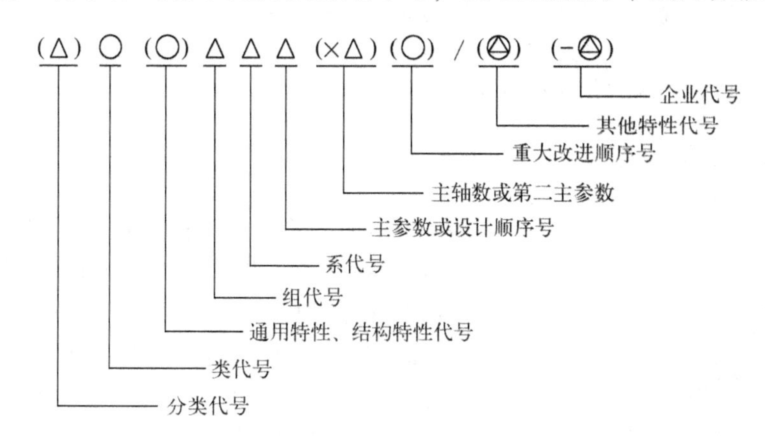

（2）机床的特性代号。为了表示某机床的结构特性和通用特性，在类别代号后加一个汉语拼音字母以区别于同类的普通型机床，特性代号见表9-6。

表9-6　机床特性代号

特性	精密	高精度	自动	半自动	轻型	万能	仿型	简式或经济型	数控	柔性加工单元	数显	高速	加工中心（自动换刀）	加重型
代号	M	G	Z	B	Q	W	F	J	K	R	X	S	H	重

（3）机床的组和系代号。随着机床工业的发展，每类机床按用途、结构、性能、划分为若干组和系，用两位阿拉伯数字表示于类别代号和或特性代号之后，首一位数字表示组，后一位数字表示系。

（4）机床的主参数。机床主参数是反映机床规格大小的参数。主参数在型号中位于组系代号之后用数字表示，其数字是用实际值（单位mm）或为实际值的1/10、1/100。

（5）机床的重大改进序号。当机床的性能和结构有重大改进，并按新的机床产品重新试制鉴定时，分别用汉语拼音字母A、B、C、…在原机床型号的最后表示设计改进的次序（但字母I和O不允许选用）。

例如，CA6140型卧式车床：

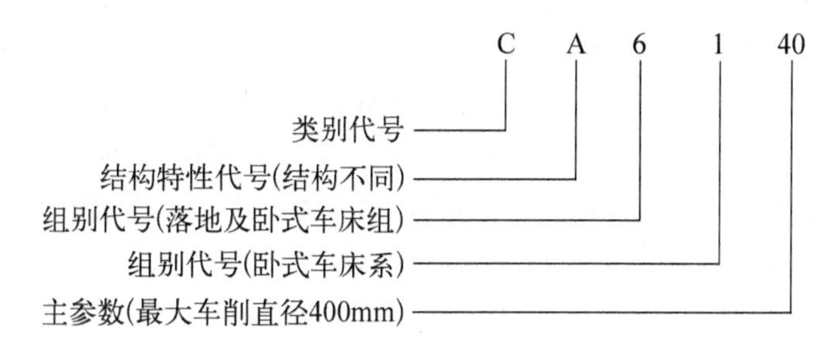

例如，MG1432A 型高精度万能外圆磨床：

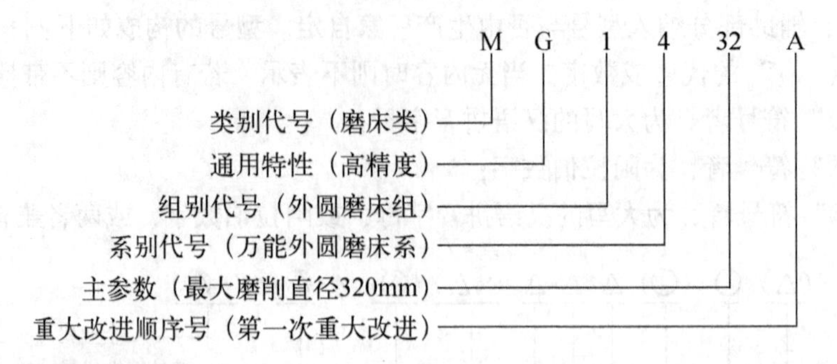

9.5.2 机床的运动

金属切削机床在进行切削加工时，为了获得所需的工件表面形状，必须使刀具和工件按一定的规律作一系列运动，以保证刀具与工件之间具有正确的相对运动。例如，在车床上车削外圆柱表面（见图9.23）时，将工件装夹于三爪自定心卡盘并起动之后，先以手动将车刀沿纵向和横向靠近工件（见图9.23中运动II和III），然后将车刀按所要求的加工直径横向切入一定深度，保证直径尺寸为d（见图9.23中运动Ⅳ），接着通过工件的旋转运动（见图9.23中运动I）和车刀的纵向直线运动（见图9.23中运动V），车削出外圆柱表面，当车刀纵向移动达到所需长度1后，沿横向退离工件（见图9.23中运动Ⅵ），并沿纵向退回至起始位置（见图9.23中运动Ⅷ）。机床在加工过程中所需的运动，可按其功用的不同分为表面成形运动和辅助运动两类。

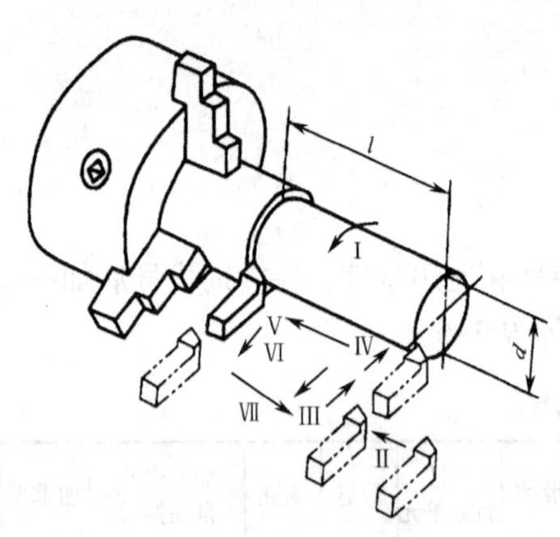

图9.23　车削外圆柱表面所需的运动

1. 表面成形运动

机床在切削过程中，为了使工件具有一定几何形状所必需的刀具和工件间的相对运动称为表面成形运动。表面成形运动是机床上最基本的运动，对工件加工表面的精度和粗糙度都有直接影响。如图9.23所示，工件的旋转运动（见图9.23中运动I）和车刀的纵向运动（见图9.23中运动V）是形成外圆柱表面所必需的运动，属于表面成形运动。各种机床加工时所需的表面成形运动的形式和数目取决于被加工表面形状以及所采用的加工方法和刀具结构。

根据切削过程中所起的作用不同，表面成形运动又可分为主运动和进给运动。例如，车床上工件的旋转运动，磨床上砂轮的旋转运动，镗床上镗刀的旋转运动及龙门刨床上工作台的直线往复运动等都是主运动。机床在进行切削加工时，只有一个主运动。进给运动如车床上车削外圆柱表面时车刀的纵向直线运动，钻床上钻孔时刀具的轴向直线运动，卧式升降台铣床加工时工作台带动工件的纵向或横向直线移动等等。进给运动可能有一个或有几个，也可能没有，例如，拉削加工就只有主运动而没有进给运动。

2. 辅助运动

机床上除表面成形运动外，其他所有的运动都属于辅助运动。辅助运动是实现机床加工过程中所必需的各种辅助动作。图 9. 23 所示的车刀纵向靠近工件（运动Ⅱ）、横向切入工件（运动 III）、横向退离工件（运动 VI）及纵向退回起始位置（运动Ⅶ）等运动都属于辅助运动。辅助运动的种类很多，例如，刀具接近工件、切入工件、退离工件、快速返回原点的运动，为使刀具与工件保持相对正确位置的对刀运动，多工位工作台和多工位刀架的周期换位以及逐一加工许多相同的局部表面时工件周期换位的分度运动等等。另外，机床的起动、停车、变速、换向以及夹具和工件的自动装卸和夹紧、松开等的操纵控制运动等也属于辅助运动。辅助运动虽然不直接参与表面成形过程，但在加工过程中也是必不可少的，它还对切削加工的生产率、加工精度和表面质量有较大影响。

9. 5. 3 机床的组成

在各类机床中，车床、钻床、刨床、铣床和磨床是五种最基本的机床。尽管这些机床的外形、布局和构造各不相同，如图 9. 24 以车床为例归纳起来，它们都是由如下几个主要部分组成的。

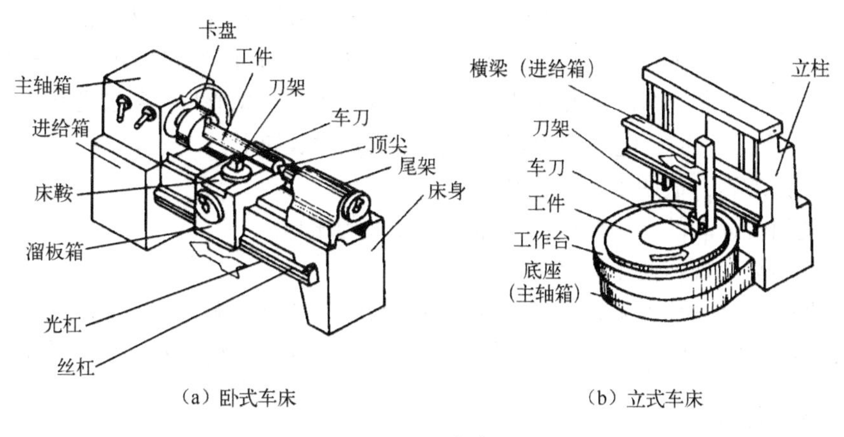

图 9. 24　车床

（1）主传动部件。用来实现机床的主运动，例如，车床、钻床、铣床的主轴箱，刨床的变速箱和磨床的磨头等。

（2）进给传动部件。主要用来实现机床的进给运动，也用来实现机床的调整、退刀及快速运动等，例如，车床的进给箱、溜板箱，钻床、铣床的进给箱，刨床的进给机构，磨床的液压传动装置等。

（3）工件安装装置。用来安装工件，例如，卧式车床的卡盘和尾架，钻床、刨床、铣床和平面磨床的工作台等。

（4）刀具安装装置。用来安装刀具，例如，车床、刨床的刀架，钻床、立式铣床的主轴，卧式铣床的刀轴，磨床磨头的砂轮轴等。

（5）支承件。用来支承和连接机床的各零部件，是机床的基础构件，例如，各类机床的床身、立柱、底座、横梁等。

（6）动力源。为机床运动提供动力，即电动机。

9.5.4 机床的传动

机床的传动，有机械、液压、气动、电气等多种传动形式，其中最常见的是机械传动和液压传动。机床上的回转运动多为机械传动，而直线运动则是机械传动和液压传动都有应用。

1. 机床的机械传动

机床机械传动主要由以下几部分组成。

（1）定比传动机构。具有固定传动比或固定传动关系的传动机构，机床上常用的传动副有带传动、齿轮传动、蜗杆传动、齿轮齿条传动和丝杆螺母传动等。

（2）变速机构。改变机床部件运动速度的机构。

（3）换向机构。变换机床部件运动方向的机构。为满足加工的不同需要（例如，车螺纹时刀具的进给和返回，车右旋螺纹和左旋螺纹等），机床的主传动部件和进给传动部件往往需要正、反向的运动。机床运动的换向，可以直接利用电动机反转，也可以利用齿轮换向机构等。

（4）操纵机构。用来实现机床运动部件变速、换向、启动、停止、制动及调整的机构。机床上常见的操纵机构包括手柄、手轮、杠杆、凸轮、齿轮齿条、拨叉、滑块及按钮等。

（5）箱体及其他装置。箱体用以支承和连接各机构，并保证它们相互位置的精度。为了保证传动机构的正常工作，还设有开停装置、制动装置、润滑与密封装置等。

机械传动与液压传动、电气传动相比较，其主要优点如下：

（1）传动比准确，适用于定比传动。

（2）实现回转运动的结构简单，并能传递较大的扭矩。

（3）故障容易发现，便于维修。

但是，机械传动一般情况下不够平稳；制造精度不高时，振动和噪声较大；实现无级变速的机构较复杂，成本高。因此，机械传动主要用于速度不太高的有级变速传动中。

2. 机床的液压传动

液压传动是以液压油为传递动力的介质，机床液压传动系统主要由以下几部分组成。

（1）动力元件。动力元件主要是油泵，其作用是将电动机输入的机械能转换为液体的压力能，是能量转换装置（能源）。

（2）执行机构。执行机构主要是油缸或油马达，其作用是把油泵输入的液体压力能转变为工作部件的机械能，它也是一种能量转换装置（液动机）。

（3）控制元件。控制元件包括各种阀，其作用是控制和调节油液的压力、流量（速度）及流动方向。

（4）辅助装置。辅助装置包括油箱、油管、滤油器、压力表等，其作用是创造必要的条件，以保证液压系统正常工作。

（5）工作介质。工作介质主要是矿物油。它是传递能量的介质。液压传动与机械传动、电气传动相比较，其主要优点如下：

（1）易于在较大范围内实现无级变速。

（2）传动平稳，便于实现频繁的换向和自动防止过载。

（3）便于采用电液联合控制，实现自动化。

（4）机件在油中工作，润滑好，寿命长。

液压传动具有上述优点，所以应用广泛。但是，由于油有一定的可压缩性，并有泄漏现象，所以液压传动不适于作定比传动。

3. 机床的气压传动和电气传动

气压传动以压缩空气作为工作介质，通过气动元件传递运动和动力。这种传动的主要特点是动作迅速，易于实现自动化，但运动不易稳定，驱动力较小。它主要用于机床的某些辅助运动（如夹紧工件等）。

电气传动应用电能，通过电气装置传递运动和动力，这种传动形式的电气系统比较复杂，成本较高，主要用于数控机床的伺服系统、大型和重型机床的驱动系统等。

习　题　9

一、填空题

9.1　切削合力可分解为＿＿＿＿＿＿、＿＿＿＿＿＿和＿＿＿＿＿＿三个分力。

9.2　刀具使用寿命是指刀具从刃磨后开始切削至磨损量达到规定的＿＿＿＿为止的＿＿＿＿。

9.3　刀具磨损的三个阶段是＿＿＿＿＿＿、＿＿＿＿＿＿和＿＿＿＿＿＿，刀具重磨和换刀应安排在＿＿＿＿＿＿和＿＿＿＿＿＿之间

9.4　刀具切削部分材料应具备的性能是＿＿＿＿、＿＿＿＿、＿＿＿＿、＿＿＿＿和＿＿＿＿。

9.5　在正交平面中测量的刀具角度有＿＿＿＿和＿＿＿＿，它们的符号分别是＿＿＿＿和＿＿＿＿。

9.6　目前生产中最常用的两种刀具材料是＿＿＿和＿＿＿，制造形状复杂的刀具时常用＿＿＿＿。

二、选择题

9.7　车削时，切削热传出途径中所占比例最大的是：(　　)

A. 刀具　　B. 工件　　C. 切屑　　D. 空气介质

9.8　ISO 标准规定刀具的磨钝标准是控制：(　　)

A. 沿工件径向刀具的磨损量　　B. 后刀面上平均磨损带的宽度 VB

C. 前刀面月牙洼的深度 KT　　D. 前刀面月牙洼的宽度

9.9　一般当工件的强度、硬度、塑性越高时，刀具耐用度：(　　)

A. 不变　　B. 有时高，有时低　　C. 越高　　D. 越低

9.10　生产中用来衡量工件材料切削加工性所采用的基准是：(　　)

A. 切削退火状态下的 45 号钢，切削速度为 60 m/min 时的刀具耐用度

B. 切削正火状态下的 45 号钢，刀具工作 60 min 时的磨损量

C. 刀具耐用度为 60 min 时，切削正火状态 45 号钢所允许的切削速度

D. 切削 Q235 钢时切削速度为 60 m/min 时的刀具耐用度

9.11　影响刀头强度和切屑流出方向的刀具角度是：(　　)

A. 主偏角　　B. 前角　　C. 副偏角　　D. 刃倾角

9.12　为减小工件已加工表面的粗糙度，在刀具方面常采取的措施是：(　　)

A. 减小前角　　B. 减小后角　　C. 增大主偏角　　D. 减小副偏角

三、综合题

9.13　在图 9.25 所示中标注出刨削、车内孔、铣端面、钻削加工方式的主运动方向、进给运动方向和合成运动方向；标注过渡表面、待加工表面、已加工表面；标注背吃刀量。

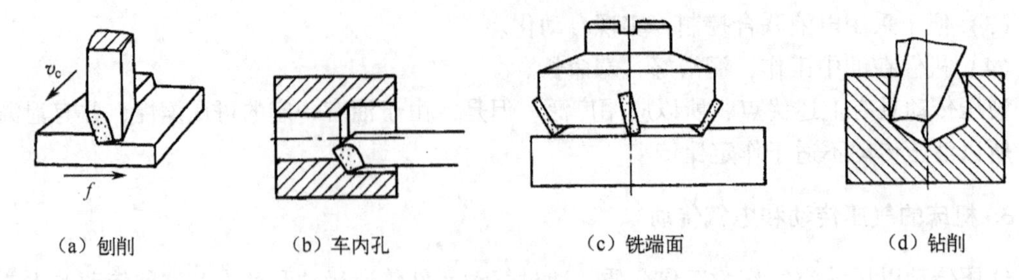

（a）刨削　（b）车内孔　（c）铣端面　（d）钻削

图 9.25　切削方式

9.14　什么是机床加工过程中的表面成形运动和辅助运动？各有何特点？

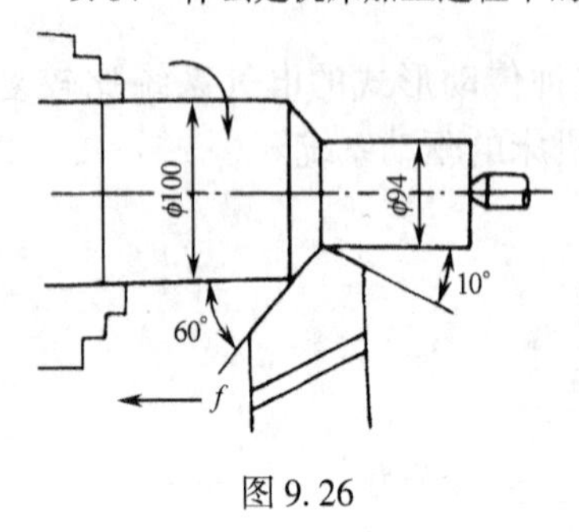

图 9.26

9.15　车外圆时，已知工件转速 $n = 320$ r/min，车刀进给速度 $v_f = 64$ mm/min，其他条件如图 9.26 所示，试求切削速度 v_c、进给量 f、背吃刀量 a_p。切削层公称横截面积 A_D、切削层公称宽度 b_D 和厚度 h_D。

9.16　画出图 9.27 所示的 $\kappa_r = 90°$ 外圆车刀、$\kappa_r = 45°$ 弯头车刀的正交平面及法剖面静止角度参考系及其相应几何角度，并指出刀具的前刀面、后刀面、副后刀面、主切削刃、副切削刃及刀尖位置：

（1）外圆车刀的几何角度：$\kappa_r = 90°$，$\gamma_o = 15°$，$\alpha_o = \alpha'_o = 8°$，$\lambda_s = 5°$，$\kappa'_r = 15°$；

（2）弯头车刀的几何角度：$\kappa_r = \kappa'_r = 45°$，$\gamma_o = -5°$，$\alpha_o = \alpha'_o = 6°$，$\lambda_s = -3°$。

9.17　如图 9.28 所示的两种情况，其他条件相同，切削层公称横截面积近似相等，试问哪种情况下切削力较小？哪种情况下刀具磨损较慢？为什么？

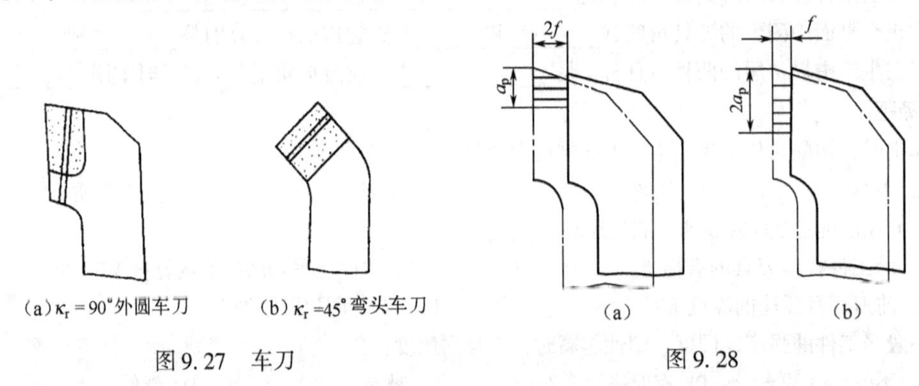

（a）$\kappa_r = 90°$ 外圆车刀　（b）$\kappa_r = 45°$ 弯头车刀　（a）　（b）

图 9.27　车刀　图 9.28

9.18　根据切屑外形，通常可把切屑分为哪几种类型？各类切屑对切削加工有何影响？

9.19　试述积屑瘤的成因、对切削加工的影响及减小或避免积屑瘤应采取的主要措施。

9.20　什么是刀具耐用度？影响刀具耐用度的因素是什么？

9.21　什么是材料的切削加工性？改善材料切削加工性的措施是什么？

9.22　切削液的作用是什么？常用切削液有哪几种？

9.23　解释下列机床型号的含义：X4325、CM6132、CG1107、C1336、Z5140、TP619、B2021A、Z3140×16、MGK1320A、X62W、T68、Z35。

9.24　机床主要由哪几个部分组成？它们各起什么作用？

第10章　机械加工方法和装备

10.1　车削加工

车削加工是适用范围最广的一种。它主要用于加工回转类零件，如：轴、盘、套、锥、滚花、螺旋弹簧等等。车床是主要用车刀对旋转的工件进行车削加工的机床。

10.1.1　车削加工的工艺类型及特点

1. 车削加工的工艺类型

在车床上利用工件的旋转运动和刀具的移动进行切削加工的方法，称为车削加工。其中工件的旋转运动是提供切削可能性的运动，并消耗了大量的动力，称为主运动，刀具在机床上使工件材料层不断投入切削的移动称为进给运动。车削加工是金属切削加工中最基本的方法，在机械制造业中应用十分广泛。

车削加工主要用来加工回转体的零件，用来加工各种回转表面以及回转体的端面，还可进行切断、切槽、车螺纹、钻孔、铰孔、扩孔等工作。车削加工的基本内容见图10.1所示。如果在车床上装上附件或夹具可加工形状更为复杂的零件，进行适当改装，还可实现镗削、磨削、研磨、抛光等加工。车削加工可以对钢、铸铁、有色金属及许多非金属材料进行加工。

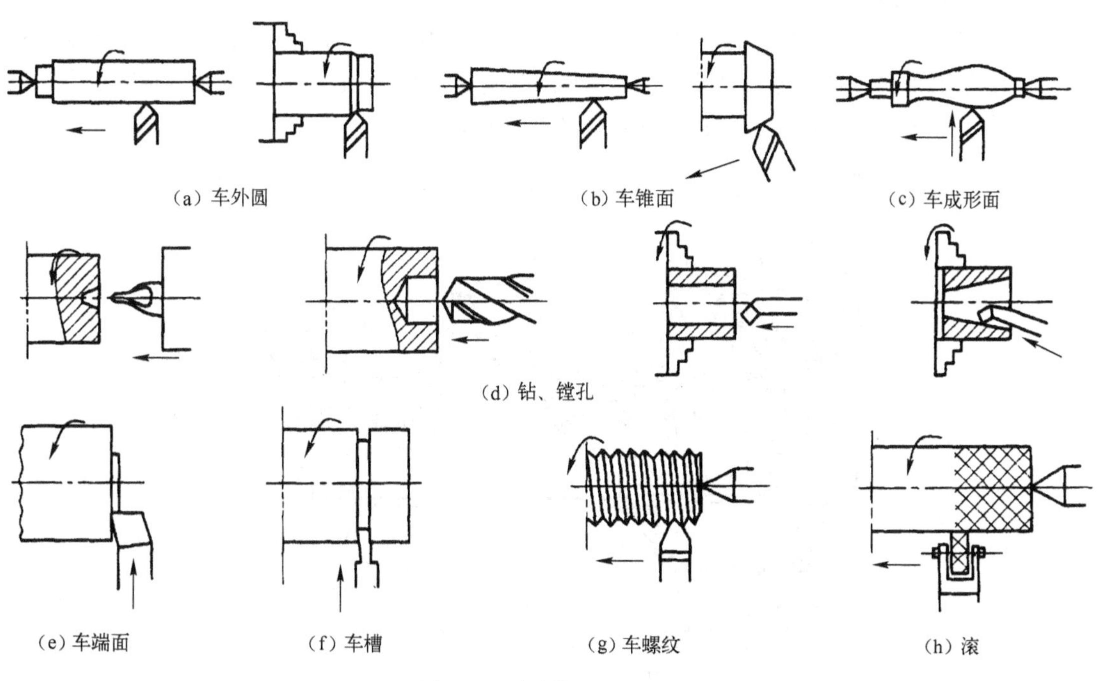

图10.1　车削加工的应用

2. 车削加工的工艺特点

（1）生产率高。车削加工时，可以采用很高的切削速度。车刀刀杆伸出的长度可以很短，刀杆尺寸可以做得足够大，可选很大的背吃刀量和进给量。由于车削时可选用大的切削用量，故生产率高。

（2）生产成本低。车刀结构简单，刃磨和安装都很方便。另外，许多车床夹具已经作为车床附件生产，可以满足一般零件的装夹需要，生产准备时间短，故车削加工与其他加工相比成本较低。

（3）精度范围大。根据零件的使用要求，车削加工可以获得低精度，一般为 1T18 ~ ITl5，表面粗糙度 R_a 值大于 80μm；中等精度尺寸精度为 ITl0 ~ IT8，表面粗糙度 R_a 值为 6. 3 ~3. 2μm；较高精度工件尺寸精度可达 IT8 ~ IT7，表面粗糙度 R_a 值为 1. 6 ~0. 8μm。

（4）切削过程比较平稳。除了车削断续表面之外，一般情况下车削过程是连续进行的，车削时切削力基本上不发生变化，车削过程比铣削和刨削平稳。又由于车削的主运动为工件回转，所以车削允许采用较大的切削用量进行高速切削或强力切削，有利于提高生产效率。

（5）适用于有色金属零件的精加工。当有色金属零件表面粗糙度 R_a 值要求较小时，不宜采用磨削加工，而要用车削或铣削等。用金刚石刀具，在车床上以很小的背吃刀量（$a_p <$ 0. 15mm）和很小的进给量（$f <$ 0. 1mm/r）以及很高的切削速度（$v_c \approx$ 300m/min）进行精细车削，加工精度可达 IT6 ~ IT5，表面粗糙度 R_a 值达 0. 1 ~0. 4μm。

10. 1. 2 车床

1. 车床的种类

车床按照用途和功能的不同，可以分为许多类型，如：卧式车床、立式车床、落地车床、半自动或自动车床等等。

（1）卧式车床。卧式车床其主轴（卡盘）的回转中心线是平行于水平面的，卡盘直径较小，主要用于加工轴类零件和小直径的盘类零件。这种车床主要由工人手工操作，生产效率低，适用于单件、小批生产和修配车间，见图 10. 2。

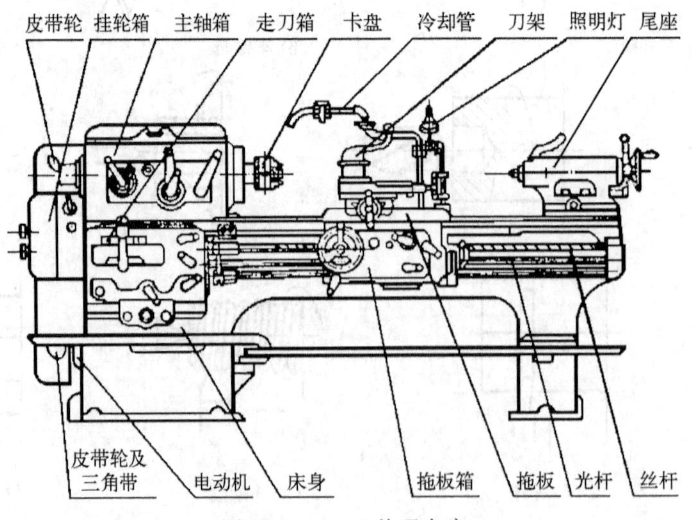

图 10. 2 C620 普通车床

（2）立式车床。立式车床其主轴（卡盘）的回转中心线是垂直于水平面的，工件装夹在水平的回转工作台上，刀架在横梁或立柱上移动。主要适用于大型盘类零件，以及较大、较重、难于在普通车床上安装的工件，见图 10.3（a），它一般分为单柱和双柱两大类。

（3）落地车床。落地车床与卧式车床相类似，其主轴（卡盘）的回转中心线也是平行于水平面的，但没有床身，主要用于大型盘类零件，见图 10.3（b）。

（4）转塔车床和回轮车床。转塔车床和回轮车床具有能装多把刀具的转塔刀架或回轮刀架，能在工件的一次装夹中由工人依次使用不同刀具完成多种工序，适用于成批生产，见图 10.3（c）。

（5）半自动、自动车床。半自动、自动车床经过调整后不需要人工操作便可以自行完成零件加工任务。不需要人工装卸工件的称为自动车床，否则称为半自动车床。

多刀半自动车床有单轴、多轴、卧式和立式之分。单轴卧式的布局形式与普通车床相似，但两组刀架分别装在主轴的前、后或上、下，用于加工盘、环和轴类工件，其生产率比普通车床提高 3 ~ 5 倍。

数控车床以计算机为控制中心，操作者按照加工零件的工艺要求编制输入相应的加工程序，由电脑按指令操作车床做出相应动作来完成加工任务。

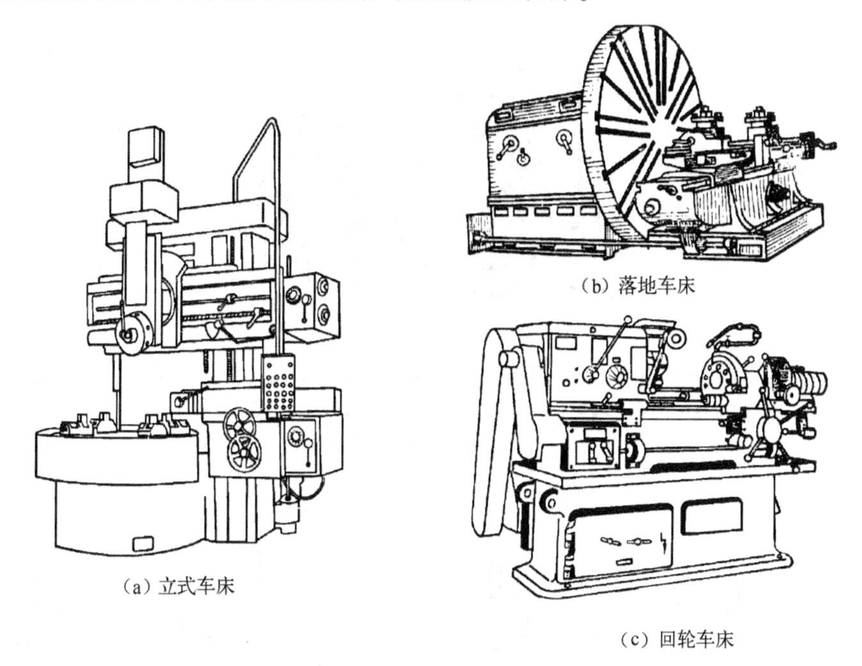

（a）立式车床

（b）落地车床

（c）回轮车床

图 10.3　车床外形

2. 车床的主要组成部件

下面以卧式普通车床为例介绍其主要组成部件。卧式普通车床的结构主要分为三箱一体：主轴箱、走刀箱、拖板箱、床体，见图 10.2 所示。

（1）主轴箱。主轴箱又称为变速箱、主轴变速箱、床头箱。它的主要作用是利用主轴与卡盘的连接从而带动工件旋转。其转速的变化可以通过主轴箱上的手柄进行调整。转速的单位是转/分。卧式普通车床的主轴箱一般采用齿轮变速，利用不同齿轮组的啮合来变换主轴的转速。

(2) 走刀箱。走刀箱又称为进给箱、送给箱。它的主要作用是通过光杆（丝杆）带动拖板箱以至刀架运动，从而进行自动加工。其速度的变化可以通过走刀箱外面的手柄进行调整。走刀速度的单位是：刀具移动的距离（mm）/主轴每转。

(3) 拖板箱。拖板箱又称为溜板箱、床鞍。它的主要作用是在光杆带动时，控制刀具作纵向或横向进给；在丝杆带动时，通过开合螺母进行螺纹的加工。

(4) 床体。床体又称为床身。它的主要作用是连接车床上的各大部件，并支撑机床完成加工任务。

另外，卧式车床一般情况下还有一个重要的部件：尾座。它的主要作用一是进行钻孔、铰孔等加工，二是安装顶尖（又称顶针）支撑长轴类零件的加工。

10.1.3 车刀

车刀是金属切削加工中应用最广的一种刀具。它可用在各种类型的车床上加工外圆、端面、内孔、倒角、切槽与切断、车螺纹以及其他的成形面等。

车刀的种类很多，按用途的不同可分为外圆车刀、内孔镗刀等多种，见图 10.4 所示。按结构不同又可分为整体式、焊接式、机夹重磨式、可转位式和成形车刀等，见图 10.5 所示。

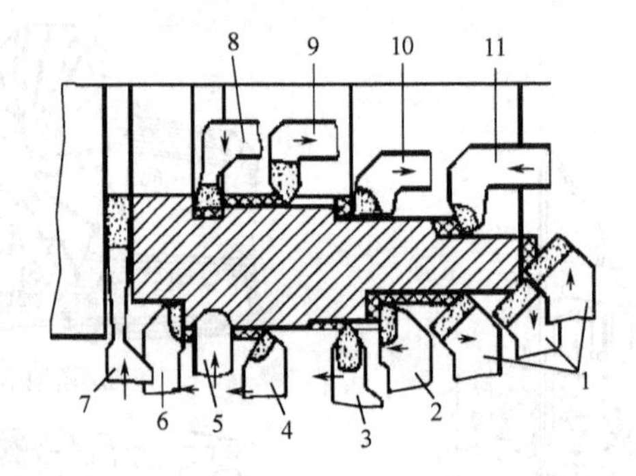

1—45°弯头车刀；2—90°外圆车刀；3—外螺纹车刀；4—75°圆车刀；5—成形车刀；6—90°左外圆车刀；7—车槽刀；8—内孔车槽刀；9—内螺纹车刀；10—闭（盲）孔车刀；11—通孔车刀

图 10.4 车刀的类型与用途

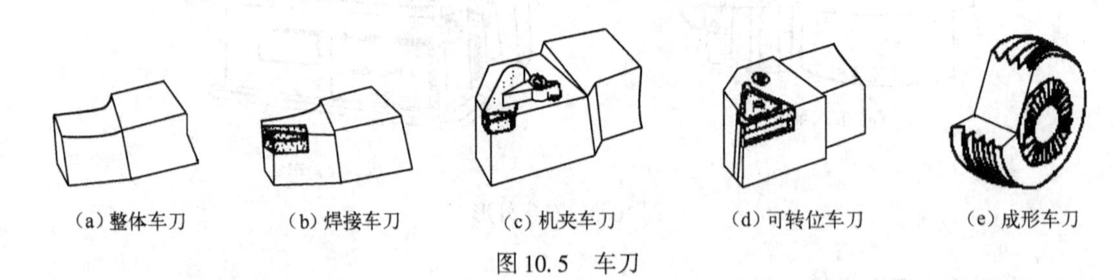

(a) 整体车刀 (b) 焊接车刀 (c) 机夹车刀 (d) 可转位车刀 (e) 成形车刀

图 10.5 车刀

1. 常用车刀的种类与应用

按照用途不同，常用车刀可分为 8 类。

(1) 直头外圆车刀。这种车刀只用来车削外圆柱表面。它有两种形式，即右偏直头外圆车刀（切削刃在左，进给方向向左）和左偏直头外圆车刀（切削刃在右，进给方向向右）。一般直头外圆车刀的主偏角 $\kappa_r = 45° \sim 75°$，副偏角 $\kappa_r' = 10° \sim 15°$。

(2) 45°弯头车刀。这种车刀用途较广，既可以车圆柱面，又可车端面，还可以进行内外倒角。完成上述加工时，不需转刀架，也不用换刀，可减少辅助时间，提高生产效率。它也分为左、右弯刀两种，常用于粗车和半精车。

（3）90°偏刀。90°偏刀的主偏角为 $\kappa_r=90°$，主要用来车削外圆柱表面以及台阶轴的台阶端面。由于主偏角大，切削时产生的背向切削力小，故很适宜车细长的轴类工件。它有左、右之分。

（4）螺纹车刀。螺纹车刀实质上是一种成形刀，刀刃的轮廓线与被加工螺纹轮廓母线相符，也就是说刀具的刀尖角等于牙形角（如米制螺纹的牙形角为60°）。螺纹车刀的角度视工件材料、螺纹精度以及刀具材料不同而有所不同。

（5）端面车刀。端面车刀只用来加工端平面。它的主切削刃与工件的轴线成5°角，副切削刃与工件的端面成15°～20°角，也分左、右端面车刀。

（6）内孔车刀。内孔车刀是在车床上加工孔的刀具。共分为三种，即通孔车刀、盲孔车刀、车内槽车刀。一般通孔车刀的主偏角 $\kappa_r=45°\sim75°$，副偏角 $\kappa_r'=20°\sim45°$；盲孔车刀的主偏角大于90°，一般镗内孔车刀的后角比外圆车刀的后角稍大些。

（7）成形车刀。它是用来加工回转成形面的车刀，其主切削刃完全与工件轮廓母线相一致。这种刀具的切削效率较高，常用在成批生产中。

（8）切断刀（或车槽刀）。这种刀主要用来切断工件或车削外圆表面上的圆环形沟槽，其刀头窄而长，强度较弱，有一个主切削刃，两个副切削刃，副偏角 $\kappa_r'=1°\sim2°$，切钢料时取前角 $\gamma_o=10°\sim20°$，切铸铁时小一些，$\gamma_o=3°\sim10°$。

2. 硬质合金焊接车刀

硬质合金焊接车刀是将硬质合金刀片放在结构钢刀杆上预先按刀片规格形状铣出的槽中，通过焊接连接而成。其优点是结构简单，制造方便，刀具刚性好，使用比较灵活，故目前在我国应用仍较为广泛。

如要购买或选用焊接车刀，首先根据刀具的用途，确定选用的刀具类型，再根据所加工工件的材料，以及要粗加工还是精加工，确定刀片材料的牌号；再根据所用车床的中心高来确定刀杆的截面尺寸。

3. 硬质合金机械夹固式车刀

硬质合金机夹式车刀分为重磨车刀和可转位车刀两种，其共同之处是刀片不经焊接，而是用机械夹固的方式将刀片夹持在刀杆上。

（1）机夹式重磨车刀（见图10.6）。机夹式重磨车刀是将普通硬质合金刀片夹固在刀杆上。切削刃用钝后，只要卸下刀片刃磨，重新安装之后即可继续使用。此种车刀的主要优点是由于刀片不经高温焊接，可避免因此而产生的硬度下降、裂纹、崩刃等缺陷，提高了刀具耐用度，刀杆可多次重复使用，刀片可集中刃磨，能保证刃磨质量，有利于生产质量和效率的提高，也降低了成本。

（2）机夹式可转位（刀片）车刀（见图10.7）。机夹式可转位车刀是把硬质合金或陶瓷可转位刀片，用机械方法进行夹持的车刀。所用的硬质合金或陶瓷刀片由专门的生产厂模压成型。刀片的种类很多，每种刀片均具有3个以上供转位切削用的刀刃和供切削时选用的几何参数。当一个刀刃用钝后，松开夹紧装置，将刀片转换一个新刃口，夹紧后即可继续切削，直到所有的刀刃都用钝后，才需更换新刀片。

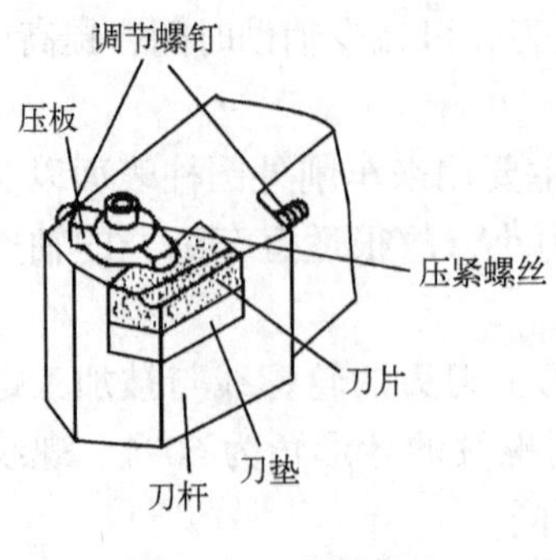

图 10.6　重磨车刀

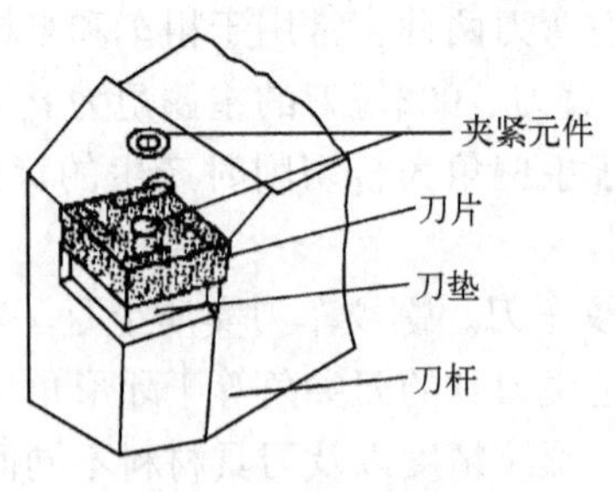

图 10.7　可转位车刀

10.1.4　车床附件

卧式普通车床的常用附件有：

1. 三爪卡盘

安装于主轴上并与主轴同步旋转，它的三个卡爪同步运动，自动定心能力较强，所以其全称为“三爪自动定心卡盘”，主要用于装夹圆形零件，是卧式普通车床最常见的附件，见图 10.8 所示。

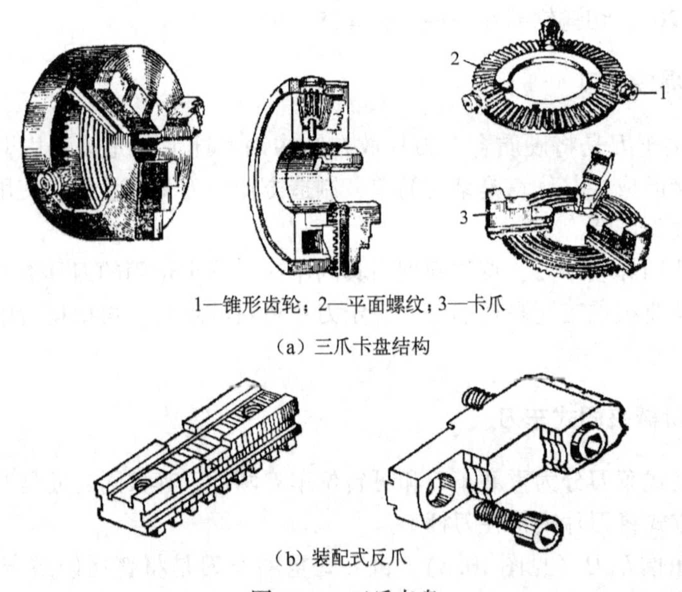

1—锥形齿轮；2—平面螺纹；3—卡爪

（a）三爪卡盘结构

（b）装配式反爪

图 10.8　三爪卡盘

2. 四爪卡盘

安装于主轴上并与主轴同步旋转，其四个卡爪是独立运动的，因此可以用于夹持偏心、方形、椭圆等异形零件。但在使用时要注意校正回转中心，见图 10.9 所示。

3. 跟刀架

安装在大拖板上并随大拖板一起作纵向运动，其主要作用是平衡切削力以减少工件的变形，见图 10.10 所示。它主要用于车削细长轴时的辅助支承。

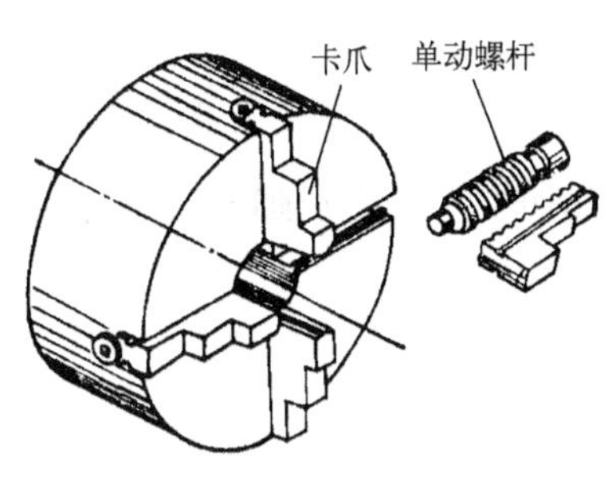

图 10.9　四爪卡盘

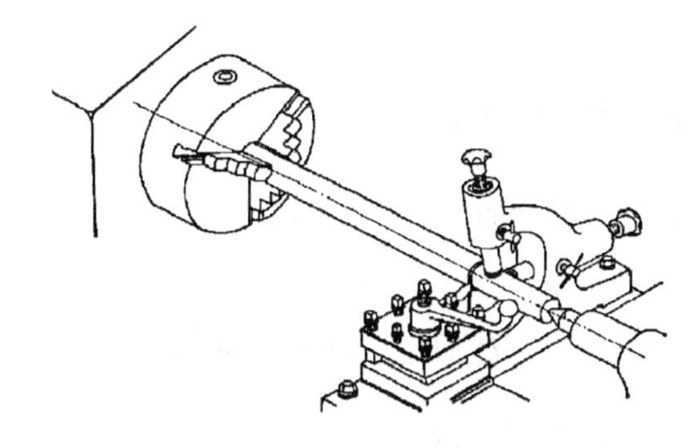

图 10.10　跟刀架及其应用

4. 中心架

固定在床身上用于支撑工件，减少加工中由于切削力以及工件的自重而造成的工件变形，见图 10.11 所示。它主要用于车削细长轴时的辅助支承。

5. 拨盘

安装于主轴上，用于双顶尖装夹工件时与鸡心夹头配合，以带动工件旋转，见图 10.12 所示。

6. 鸡心夹头

安装在工件上，其作用是与拨盘配合带动工件旋转，见图 10.13 所示。

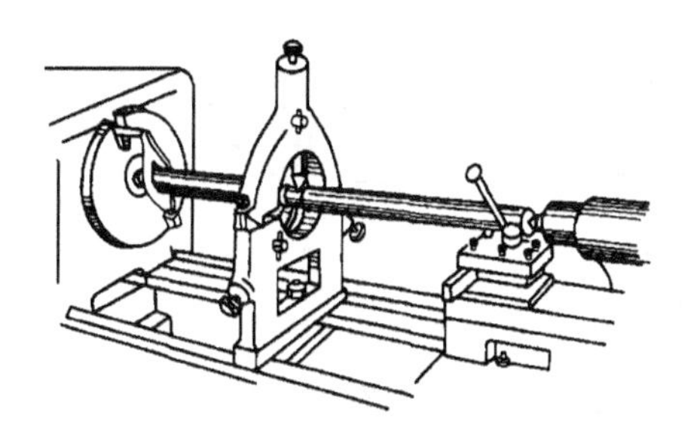

图 10.11　中心架及其应用

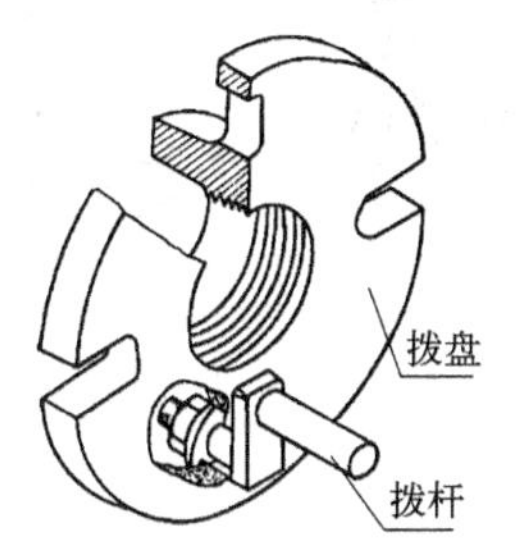

图 10.12　拨盘

图 10.13　鸡心夹头

7. 花盘

用于外形不规则、四爪卡盘也不好装夹的工件。工件装夹一般需用螺栓、压板等固定，工件较大且偏心较多时还应该配平，见图 10.14 所示。

图 10.14　花盘

8. 双顶尖

也就是在主轴和尾座上分别安装顶尖，用两个顶尖顶住工件两端的中心孔，予以支承和定位。它用于同心度要求较高的台阶轴类的加工，且往往需要与拨盘或鸡心夹头配合使用。

10.2 铣削加工

铣削是机械加工中广泛应用的切削加工方法之一。铣削时，由于切削速度高，同时工作的铣刀齿数多，故生产率高。

10.2.1 铣削加工的应用和特点

1. 铣削工艺范围

铣削加工范围很广，几乎没有一种刀具有铣刀那么多的类型和形状，如图 10.15 所示。使用不同类型的铣刀，可进行平面、台阶面、沟槽、切断和成形表面等加工。此外，在铣床上还可以安装孔加工刀具，如钻头、铰刀、镗刀来加工工件上的孔。

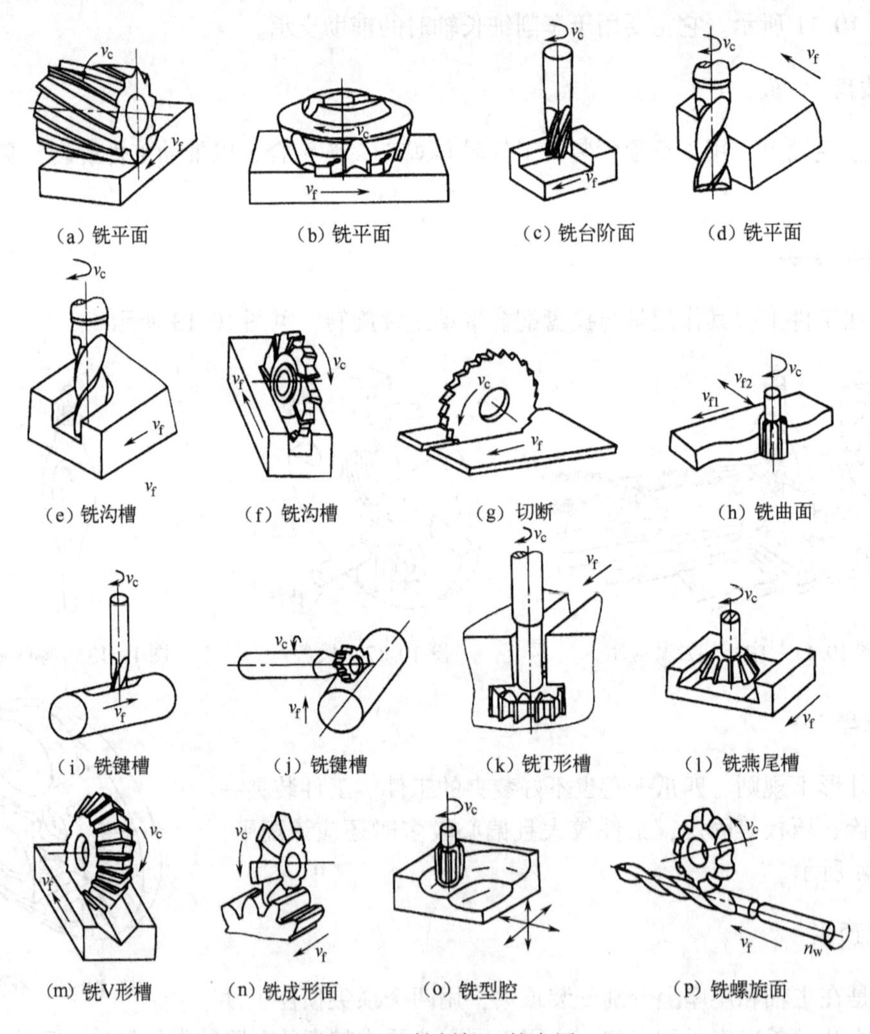

（a）铣平面　（b）铣平面　（c）铣台阶面　（d）铣平面
（e）铣沟槽　（f）铣沟槽　（g）切断　（h）铣曲面
（i）铣键槽　（j）铣键槽　（k）铣T形槽　（l）铣燕尾槽
（m）铣V形槽　（n）铣成形面　（o）铣型腔　（p）铣螺旋面

图 10.15　铣削加工的应用

铣削可对工件进行粗加工、半精加工或精加工。铣削加工的精度范围一般为 IT13 ~ IT7，表面粗糙度 R_a 值为 12.5 ~ 1.6μm。铣削既适用于单件小批量生产，也适用于大批量生产。

2. 铣削加工特点

铣削加工是在铣床上使用旋转多刃刀具，对工件进行切削加工的方法。它是对平面、沟槽加工的最基本方法。铣削加工时，铣刀的旋转是主运动，铣刀或工件沿坐标方向的直线运动或回转运动是进给运动。

铣刀的每一个刀齿相当于一把车刀，同时有多个刀齿参加切削，就其中一个刀齿而言，其切削加工特点与车削基本相同。但就整体刀具的切削过程又有其特殊之处。铣削加工的特点主要表现在以下几个方面。

（1）铣削加工生产率高。由于多个刀齿同时参与切削，切削刃的作用总长度长，金属切除率大；每个刀齿的切削过程不连续，刀体体积又较大，因此散热、传热条件较好。铣削速度可以较高，其他切削用量也可以较大，故铣削生产率较高。

（2）断续切削。铣削时，每个刀齿依次切入和切出工件，形成断续切削，而且每个刀齿的切削厚度是变化的，使切削力变化较大，工件和刀齿受到周期性冲击和振动，铣削处于振动和不平稳状态之中，这就要求机床和夹具具有较高的刚性和抗振性。

（3）容屑和排屑。由于铣刀是多刃刀具，相邻两刀齿之间的空间有限，要求每个刀齿切下的切屑必须有足够的空间容纳并能够顺利排出，否则会造成刀具损坏。

（4）同一种被加工表面可以选用不同的铣削方式和刀具。每种被加工表面的铣削有时可用不同的铣刀、不同的铣削方式进行加工。如铣平面，可以用平面铣刀、立铣刀、端铣刀或两面刃铣刀等，可采用逆铣或顺铣方式。这样可以适应不同的工件材料和其他切削条件的要求，以提高切削效率和刀具耐用度。

10.2.2 铣削要素

铣削时，铣刀上相邻的两个刀齿在工件上先后形成的两个过渡表面之间的一层金属称为切削层。铣削时切削用量决定着切削层的形状和尺寸。切削层的形状和尺寸对铣削过程有很大的影响。

铣削的切削用量称为铣削用量（见图 10.16），它主要由以下四种要素组成。

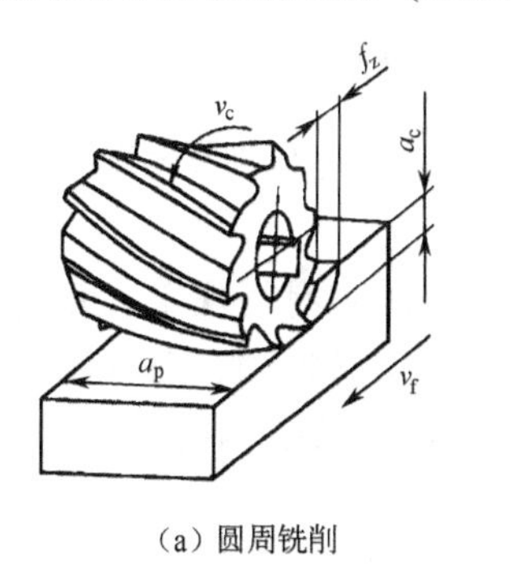

（a）圆周铣削

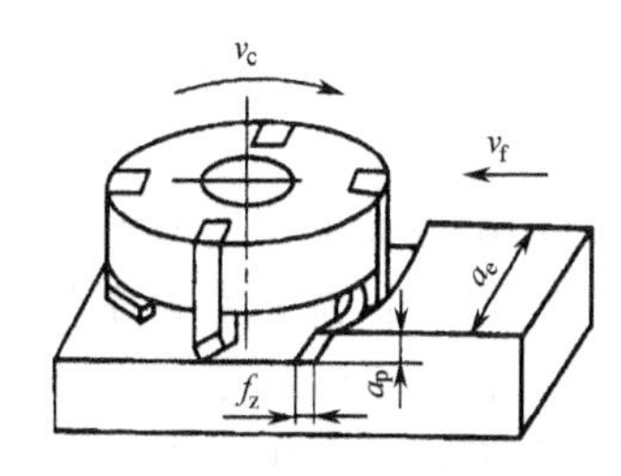

（b）端面铣削

图 10.16　铣削用量要素

1. 铣削速度 v_c

计算公式见式（9-1）。

2. 进给量

（1）每齿进给量 f_z。

（2）每转进给量 f。每齿进给量与每转进给量的关系为 $f_z = f/z$，式中 z 为刀具齿数。

（3）进给速度 v_f。

上述三者关系见式（9－3）。

3. 背吃刀量 a_p

端铣时，a_p为切削层深度；周铣时，a_p为被加工表面的宽度。

4. 铣削宽度 a_e

端铣时，a_e为被加工表面宽度；圆周铣削时，a_e为切削层深度。

10.2.3 铣削加工方法

采用合适的铣削方式可以减小振动，使铣削过程平稳，并可提高工件表面质量、铣刀耐用度以及铣削生产率。

1. 周铣法

用圆柱铣刀的圆周刀齿加工平面称为周铣法，它又可分为逆铣和顺铣，见图 10.17 所示。

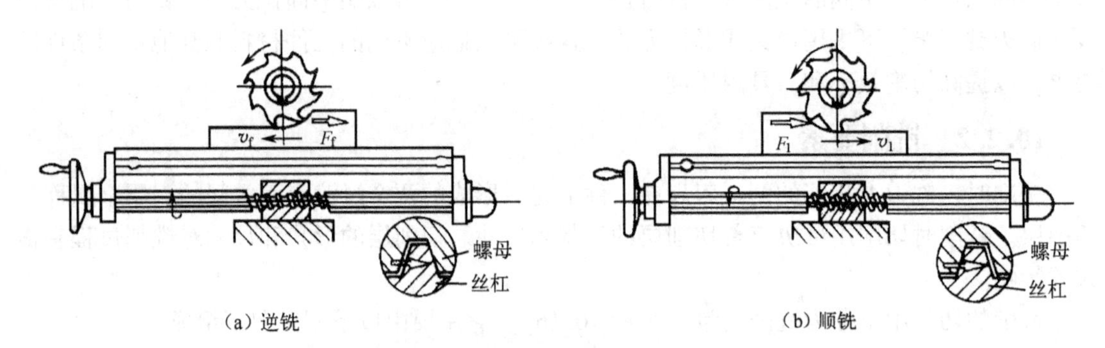

图 10.17　逆铣和顺铣时丝杠螺母间隙

（1）逆铣。如图 10.17（a）所示，铣削时，铣刀切入工件时的切削速度方向和工件的进给方向相反，这种铣削方式称为逆铣。

逆铣时，每齿切削厚度由零到最大，刀齿开始切入时有滑行现象，刀具刀齿容易磨损，会增大工件表面粗糙度值；铣削力的垂直分力向上，易引起振动，需较大夹紧力。逆铣时，纵向铣削分力与纵向进给方向相反．使丝杠与螺母间传动面始终贴紧，故工作台不会发生窜动现象，铣削过程较平稳，在生产中一般用的都是逆铣。

（2）顺铣。如图 10.17（b）所示，铣削时，铣刀切出工件时的切削速度方向与工件的进给方向相同，这种铣削方式称为顺铣。

顺铣时，每齿切削厚度由最大到零，没有逆铣时的刀齿滑行现象，已加工表面质量也较高，刀具耐用度也比逆铣时高。顺铣时，铣削比较平，但铣刀会带动丝杠向右窜动，造成工作台振动，而且会使工作台在丝杠与螺母间隙范围内纵向左、右窜动和进给不均匀，严重时会使铣刀崩刃。因此，如采用顺铣，必须要求铣床工作台进给丝杠螺母副有消除侧向间隙的机构，或采用其他有效措施。

2. 端铣法

用端铣刀的端面刀齿加工平面称为端铣法。根据铣刀和工件相对位置的不同，端铣法可以分为对称铣削法和不对称铣削法，见图 10.18 所示。

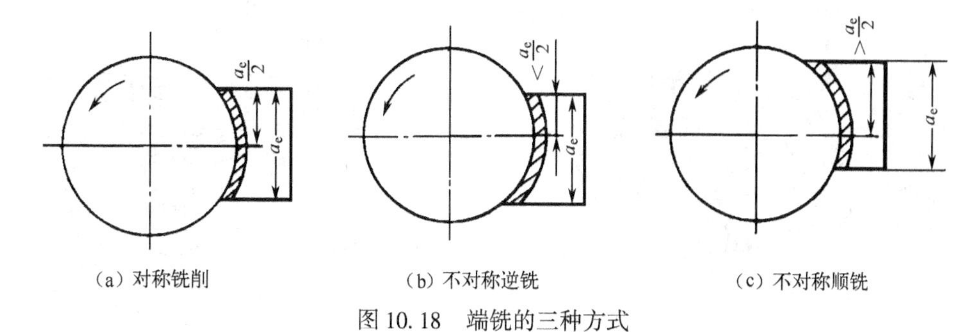

（a）对称铣削　　（b）不对称逆铣　　（c）不对称顺铣

图 10.18　端铣的三种方式

（1）对称铣削。如图 10.18（a）所示。铣削过程中，面铣刀轴线始终位于铣削弧长的对称中心位置，图中上部的顺铣部分与下部的逆铣部分对称，此种铣削方式称为对称铣削。采用此方式时，可以避免下一个刀齿在前一刀齿切过的冷硬层上工作。一般端铣多用此种铣削方式，尤其适用于铣削淬硬钢。

（2）不对称逆铣。面铣刀轴线偏置于铣削弧长对称中心的一侧，且逆铣部分大于顺铣部分，这种铣削方式称为不对称逆铣，如图 10.18（b）所示。这种铣削方式的特点是切入冲击较小，刀具耐用度较对称铣削可提高一倍以上。此外，切削过程较平稳，加工表面粗糙度值较小。这种铣削方式适用于端铣普通碳钢和高强度低合金钢。

（3）不对称顺铣。面铣刀轴线偏置于铣削弧长对称中心的一侧，且顺铣部分大于逆铣部分，这种铣削方式称为不对称顺铣，如图 10.18（c）所示。这种铣削方式的特点是可减小逆铣时刀齿的滑行、挤压现象和加工表面的冷硬程度，有利于提高刀具的耐用度。这种方式适合于铣削不锈钢等一类中等强度和高塑性的材料。

10.2.4　铣床

1. 铣床的种类

铣床的种类和形式很多，其中升降台式铣床、床身铣床和龙门铣床为基本类型。为适应不同加工对象和不同生产类型还派生出许多铣床品种，如摇臂及滑枕铣床、工具铣床、仿型铣床等。除此之外还有各种专用铣床，如钻头铣床、凸轮铣床等。

（1）升降台铣床。这类铣床的特点是具有能沿床身垂直导轨上下移动的升降台，工作台可实现在相互垂直的三个方向上调整位置和完成进给运动。这类铣床应用较广，主要用于单件、小批生产中加工中小型工件。图 10.19 所示为卧式升降台铣床，图 10.20 所示为卧式万能升降台铣床，图 10.21 所示为万能回转头铣床，图 10.22 所示为立式升降台铣床。

（2）龙门铣床。龙门铣床是一种大型高效通用铣床。主要用于加工各类大型工件上的平面、沟槽等，可以对工件进行粗铣、半精铣，也可以进行精铣。图 10.23 所示是龙门铣床的外形。

龙门铣床可用多个铣头同时加工一个工件的几个面或同时加工几个工件，所以生产率很高，在成批和大量生产中得到广泛的应用。

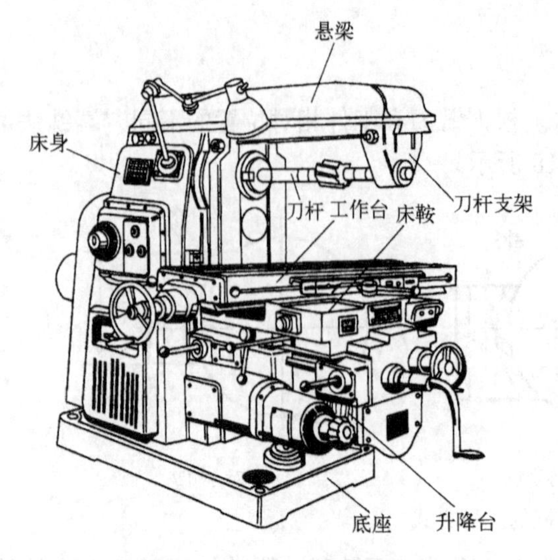

图 10.19　卧式升降台铣床

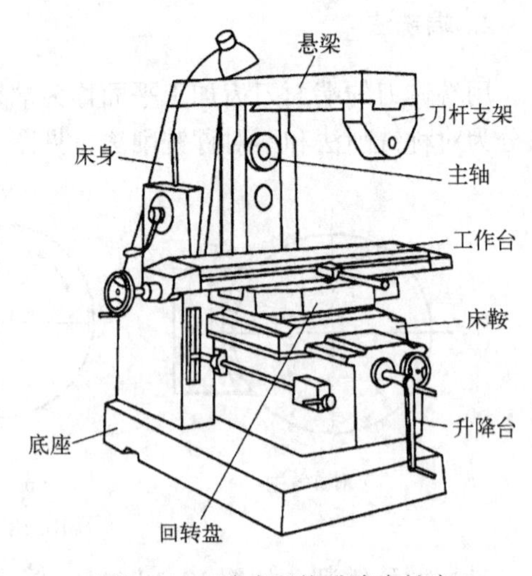

图 10.20　卧式万能升降台铣床

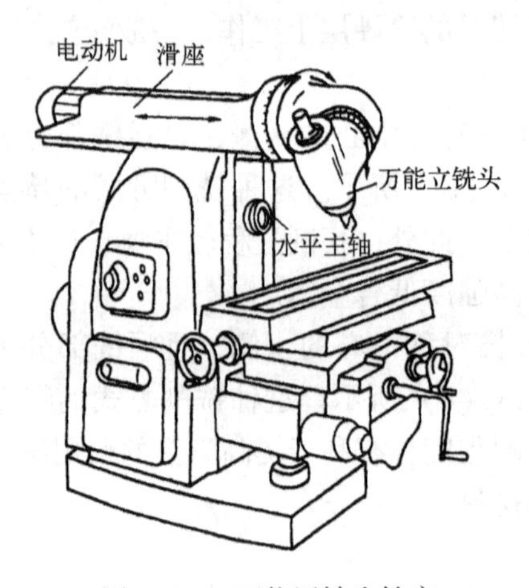

图 10.21　万能回转头铣床

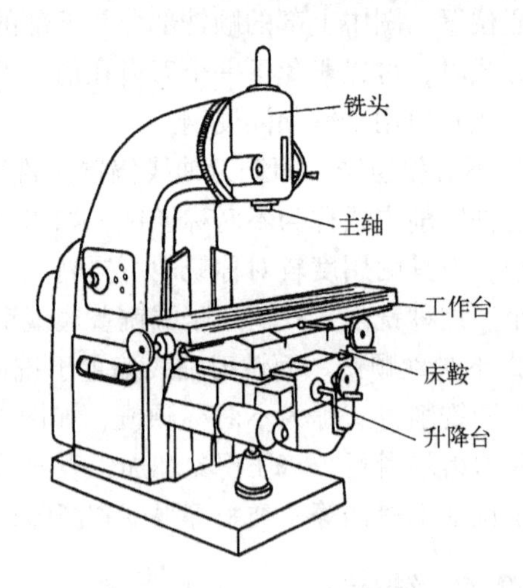

图 10.22　立式升降台铣床

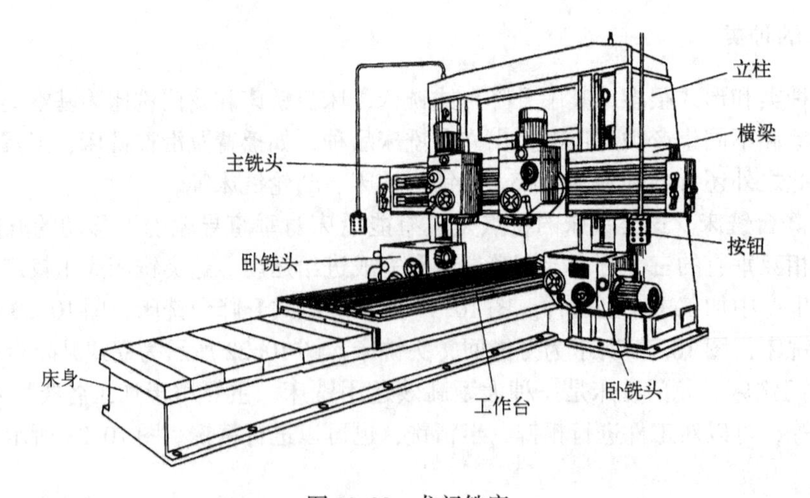

图 10.23　龙门铣床

2. 常用铣床附件

（1）万能分度头。万能分度头是铣床的重要附件（见图 10.24），用来扩大铣床的工艺范围。在铣床上加工某些工件（如齿轮、花键轴、带螺旋槽的工件等）和切削工具（如丝锥、铰刀、麻花钻等）时，都要使用万能分度头。使用时将万能分度头的基座固定在铣床工作台上。基座上有回转体，回转体侧面有分度盘，分度盘两面都有若干圈数目不同的等分小孔。转动手柄，通过万能分度头内部的传动机构带动主轴转动。主轴可随回转体在-6°～90°之间回转至任意角度，就可以将工件相对于工作台面倾斜成所需要的角度；主轴前端有标准锥孔，可插入顶尖，外部有螺纹，可以装卡盘、拨盘和鸡心夹头，用来夹持不同的工件。手柄在万能分度盘的孔圈上转过的圈数和孔数，可以根据工件加工的需要经过计算确定，从而完成等分或不等分分度。

（2）立铣头。立铣头（见图 10.25）装在卧式铣床上，可以使卧式铣床起到立式铣床的作用，扩大其加工范围。立铣头可以在垂直平面内回转 360°，其主轴与铣床主轴之间的传动比一般为 1∶1，故两者的转速相同。

（3）万能铣头。万能铣头（见图 10.26）也是装在卧式铣床上使用的，它在相互垂直的两个垂直平面内均可回转 360°。因此，它可以使铣头主轴与工作台面成任何角度，在工件的一次装夹中完成工件上各个表面的铣削加工。万能铣头主轴与铣床主轴之间的传动比也是 1∶1。

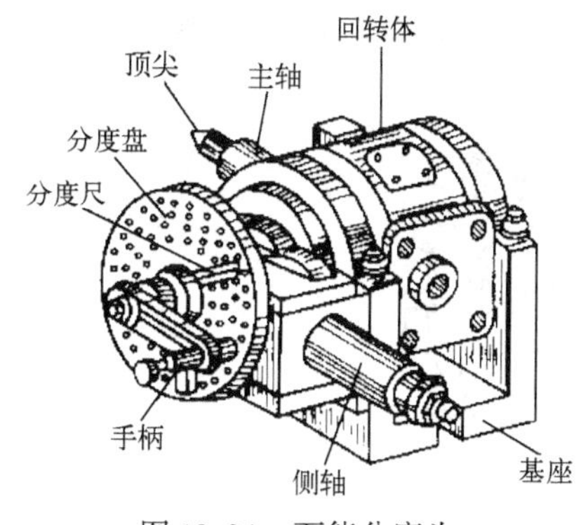

图 10.24　万能分度头

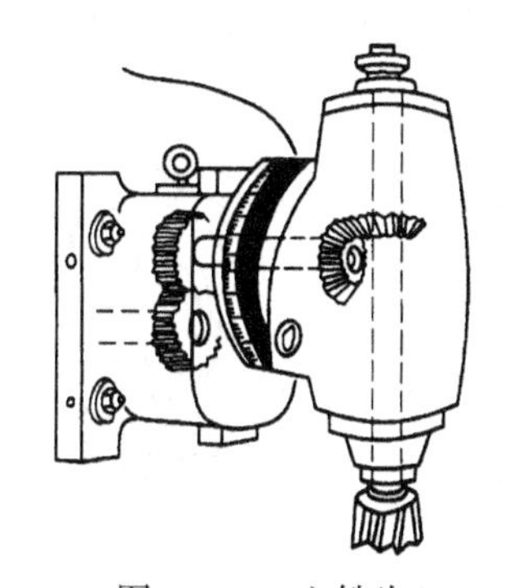
图 10.25　立铣头

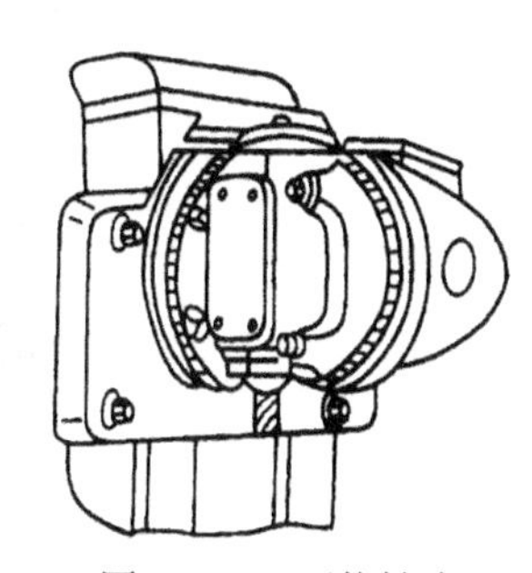
图 10.26　万能铣头

10.2.5　铣刀

铣刀是一种多齿多刃回转刀具，种类繁多。按照用途，铣刀可分类如下。

1. 加工平面用的铣刀

（1）圆柱铣刀。圆柱铣刀的形状见图 10.27，用于在卧式铣床上加工较窄平面，可用高速钢整体制造（见图 10.27（a）），也可镶焊硬质合金（见图 10.27（b））。

选择铣刀直径时，应保证铣刀心轴具有足够的刚度和强度。通常根据铣削用量和铣刀心轴来选择铣刀直径。

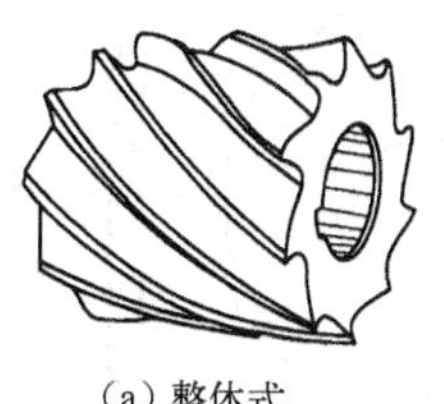
（a）整体式

（b）镶齿式

图 10.27　圆柱铣刀

（2）面铣刀。又称端铣刀，如图 10.28 所示。小直径面铣刀用高速钢做成整体式，如图 10.28（a）所示，大直径的面铣刀是在刀体上安装焊接式硬质合金刀头，如图 10.28（b）所示，或采用机械夹固式可转位硬质合金刀片，如图 10.28（c）所示。硬质合金面铣刀适用于高速铣削平面。

（a）整体式面铣刀

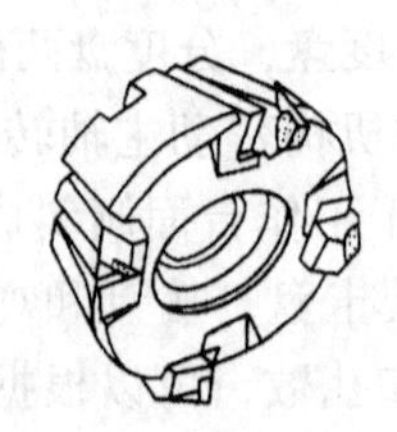
（b）焊接式硬质合金面铣刀

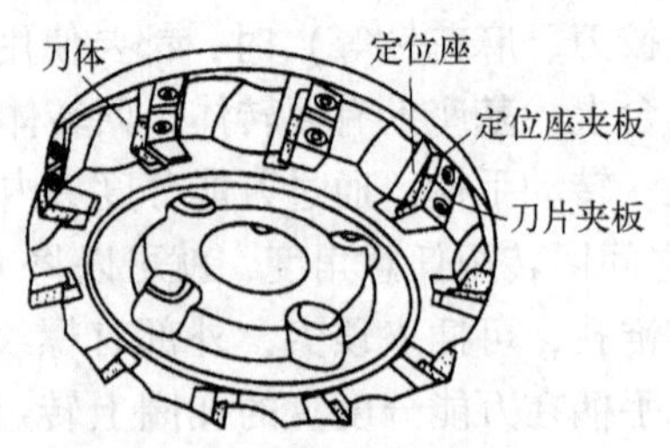

（c）机械夹固式可转位硬质合金面铣刀

图 10.28　面铣刀

2. 加工沟槽用的铣刀

（1）三面刃铣刀。三面刃铣刀除圆周表面有主切削刃外，两侧面还有副切削刃，主要用于加工凹槽和台阶面。三面刃铣刀可分为直齿三面刃铣刀、错齿三面刃铣刀和镶齿三面刃铣刀，图 10.29（a）所示为直齿三面刃铣刀，它制造简单，但切削条件较差。图 10.29（b）所示为错齿三面刃铣刀，与直齿三面刃铣刀相比，它具有切削平稳，切削力小，排屑容易等优点。直径较小的三面刃铣刀常用高速钢制成整体式，直径较大的三面刃铣刀常采用镶齿结构，如图 10.29（c）所示。

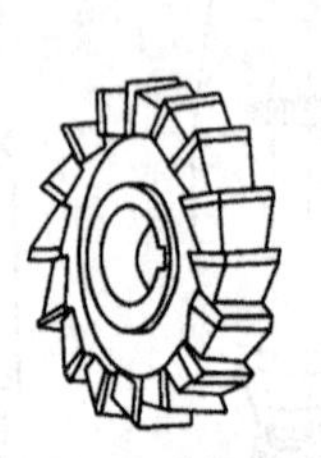
（a）直齿三面刃铣刀

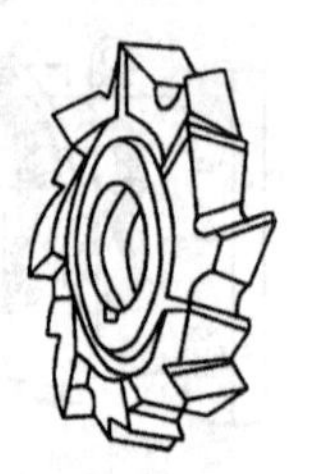
（b）错齿三面刃铣刀

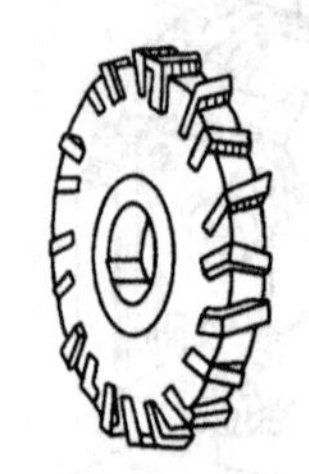
（c）镶齿三面刃铣刀

图 10.29　三面刃铣刀

（2）锯片铣刀。如图 10.30 所示，用于切削窄槽或切断。

（3）立铣刀。如图 10.31 所示，相当于带柄的小直径圆柱铣刀，既可用于加工凹槽，也可加工小的平面、台阶面，利用靠模还可加工成形表面。立铣刀的直径较小时，柄部制成直柄；直径较大时，柄部制成锥柄。

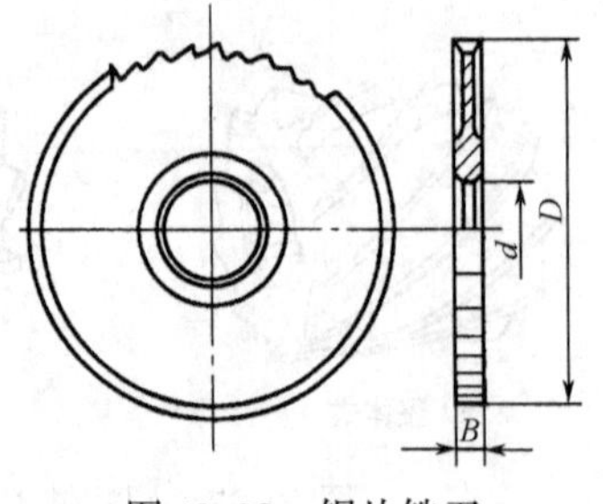

图 10.30　锯片铣刀

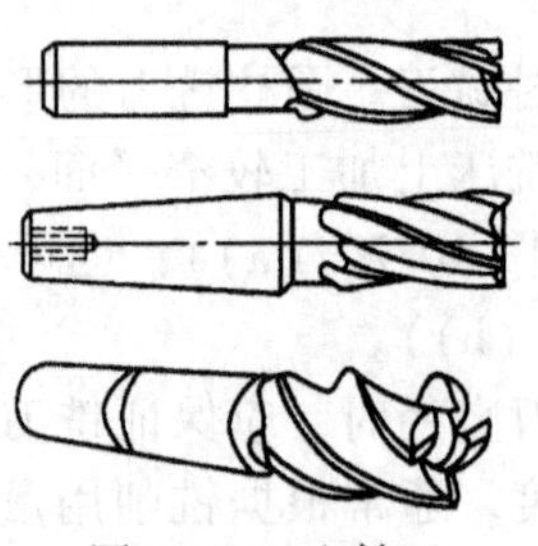
图 10.31　立铣刀

（4）键槽铣刀。如图 10.32 所示，主要用于加工轴上的键槽。图 10.32（a）所示键槽铣刀的外形与立铣刀相似，不同的是它只有两个刀齿，端面切削刃延伸至中心，因此，在加工两端不通的键槽时，能沿轴向作适量的进给。图 10.32（b）所示的键槽铣刀专用于在轴上加工半圆键槽。

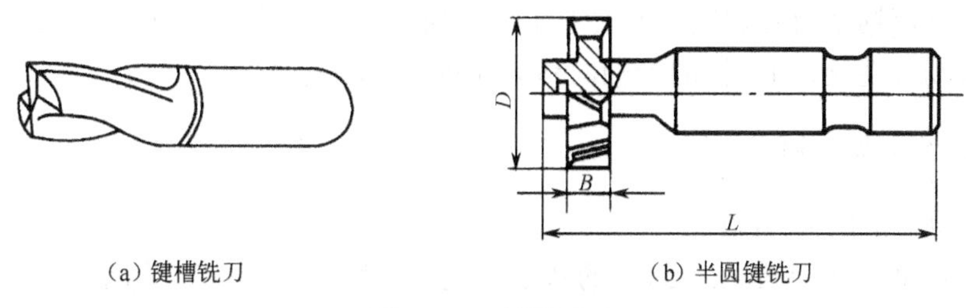

（a）键槽铣刀　　（b）半圆键铣刀

图 10.32　键槽铣刀

（5）角度铣刀。如图 10.33 所示，主要用于加工带角度的沟槽和斜面。图 10.33（a）所示为单角铣刀，圆锥面上切削刃为主切削刃，端面切削刃为副切削刃。图 10.33（b）所示为双角铣刀，两圆锥面上的切削刃均为主切削刃，分为对称双角铣刀和不对称双角铣刀。

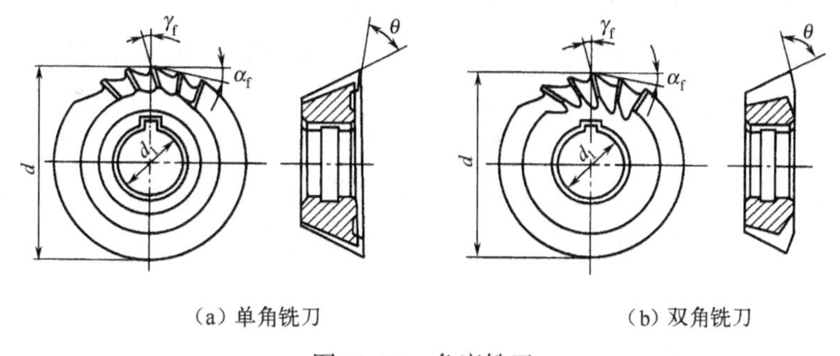

（a）单角铣刀　　（b）双角铣刀

图 10.33　角度铣刀

3. 加工成形面的铣刀

成形铣刀是在铣床上加工成形表面的专用刀具，其刀形是根据工件加工表面的廓形设计的，具有较高的生产率，并能保证工件形状和尺寸的互换性，因此得到广泛使用。图 10.34 所示为几种成形铣刀的实例。

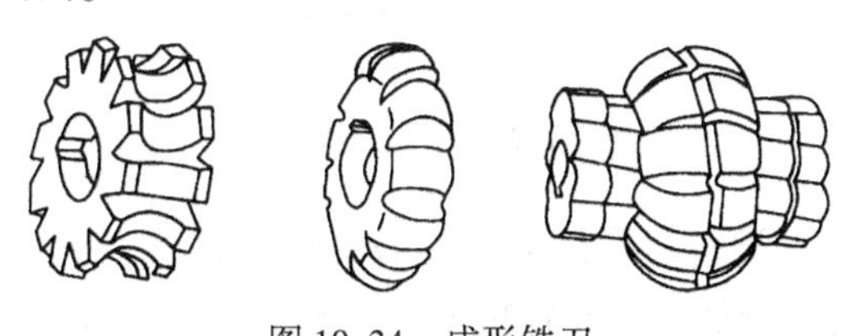

图 10.34　成形铣刀

10.3　钻削、铰削与镗削

钻削、铰削和镗削加工在机械加工中主要用来进行孔的加工。它是用相应的机床在工件实体材料上钻孔或扩大已有的孔，并达到一定技术要求的加工方法。在市场中应用非常广泛。

孔加工是内表面的加工，切削情况不易观察，不但刀具的结构尺寸受到限制，而且容屑、排屑、导向和冷却润滑等问题较为突出，在加工中应予以注意。

10.3.1 钻削加工

钻削加工是用钻削刀具在工件上加工孔的切削加工。在钻床上加工时，工件固定不动，刀具作旋转运动（主运动），同时沿轴向移动（进给运动）。

1. 钻削的特点与应用

（1）钻削加工的工艺特点。

① 钻削加工时，钻头是在半封闭的状态下进行切削的，钻头转速高，切削量大，排屑困难。

② 摩擦严重，产生热量多，但散热困难。

③ 转速高，切削温度高，致使钻头磨损严重。

④ 挤压严重，所需切削力大，容易产生孔壁的冷作硬化。

⑤ 钻削刀具细而长，加工时容易产生弯曲和振动。

⑥ 一般钻削精度低，尺寸精度为IT13 ~ IT12，表面粗糙度 R_a 值为12.5 ~ 6.3μm。

（2）钻削加工的工艺范围。钻削加工的工艺范围较广，采用不同的刀具，可以钻中心孔、钻孔、扩孔、铰孔、攻螺纹、锪孔和锪平面等，如图10.35所示。在钻床上钻孔精度低，但也可通过钻孔—扩孔—铰孔加工出精度要求很高的孔，即1T8 ~ IT6，表面粗糙度 R_a 为1.6 ~ 0.4μm的孔，可以利用夹具加工有位置要求的孔系。

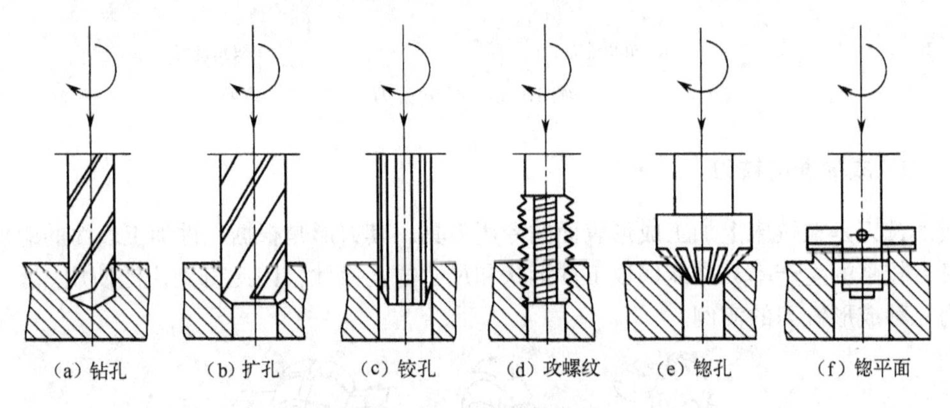

图10.35 钻削工艺范围

（3）钻削的应用。在各类机器零件上经常需要进行钻孔，因此钻削的应用还是很广泛的。但是，由于钻削的精度较低，表面较粗糙，一般加工精度在IT10以下，表面粗糙度 R_a 大于12.5μm，生产效率也比较低。因此，钻孔主要用于粗加工，例如，加工精度和粗糙度要求不高的螺钉孔、油孔和螺纹底孔等，或作为较高精度孔的预加工工序。

单件、小批生产中，中小型工件上的小孔（一般 $D < 13$mm）常用台式钻床加工，中小型工件上直径较大的孔（一般 $13\text{mm} < D < 50\text{mm}$）常用立式钻床加工；大中型工件上的孔应采用摇臂钻床加工；回转体工件上的孔多在车床上加工。在成批和大量生产中，为了保证加工精度，提高生产效率和降低加工成本，广泛使用钻模（见图10.36（a））、多轴钻（见图10.36（b））或组合机床（见图10.36（c））进行孔的加工。

精度高、粗糙度小的中小直径孔（$D<50$mm），在钻削之后，常常需要采用扩孔和铰孔进行半精加工和精加工。

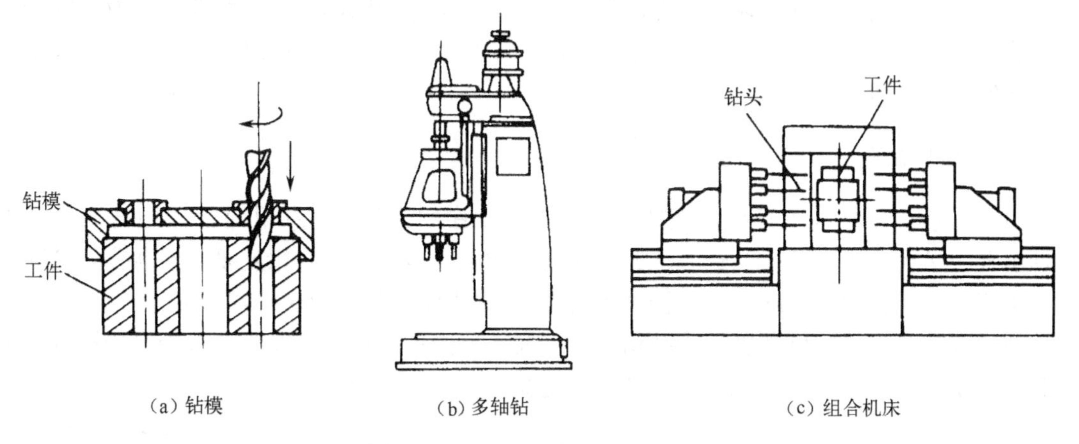

（a）钻模　（b）多轴钻　（c）组合机床

图 10.36　批量生产的孔加工方法

2. 钻孔

钻削加工使用的钻头是定尺寸刀具，按其结构特点和用途可分为扁钻、麻花钻、深孔钻和中心钻等，钻孔直径范围为 0.1～100mm，钻孔深度变化范围也很大。钻削加工广泛应用于孔的粗加工，也可以作为不重要孔的最终加工。

麻花钻是生产中应用最多的钻头。

标准麻花钻如图 10.37 所示，由柄部、颈部和工作部分组成。

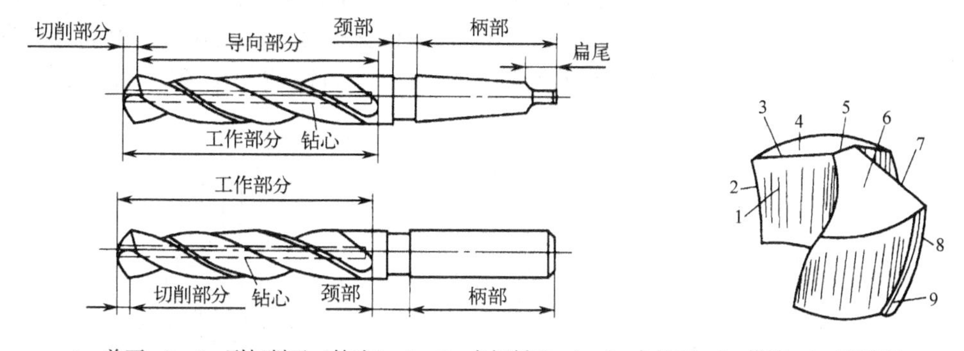

1—前面；2、8—副切削刃（棱边）；3、7—主切削刃；4、6—主后面；5—横刃；9—副后面

图 10.37　麻花钻的组成

（1）柄部。柄部是钻头的夹持部分，钻孔时用于传递扭矩。麻花钻的柄部有直柄和锥柄两种。直柄主要用于直径小于 12mm 的小麻花钻，利用钻夹头装在主轴上。锥柄用于直径较大的麻花钻，能直接插入主轴锥孔或通过锥套插入主轴锥孔中，锥柄钻头的扁尾用于传递扭矩，并通过它方便地拆卸钻头。

（2）颈部。麻花钻的颈部凹槽是磨削钻头柄部时的砂轮越程槽，槽底通常刻有钻头的规格及厂标。

（3）工作部分。麻花钻的工作部分是钻头的主要部分，由切削部分和导向部分组成。切削部分担负着切削工作，由两个前面、主后面、副后面、主切削刃、副切削刃及一个横刃组成。横刃为两个主后面相交形成的刃口。副后面是钻头的两条刃带，工作时与工件孔壁（已加工表面）相对。

导向部分是当切削部分切入工件后起导向作用，也是切削部分的备磨部分。为了减少导向部分与孔壁的摩擦，其外径磨有倒锥。同时为了保持钻头有足够强度，必须有一个钻芯，钻芯向钻柄方向做成正锥体。

3. 扩孔与锪孔

（1）扩孔。用扩孔工具扩大工件孔径的加工工序叫做扩孔。扩孔常用于已铸出、锻出或钻出孔的扩大。扩孔可作为铰孔、磨孔前的预加工，也可以作为精度要求不高孔的最终加工，常用于直径在 10 ~ 100mm 范围内孔的加工。扩孔加工余量为 0.5 ~ 4mm。

常用的扩孔工具有麻花钻、扩孔钻等。一般工件的扩孔使用麻花钻，对于生产批量较大的孔的半精加工，使用扩孔钻。扩孔钻的结构如图 10.38 所示。

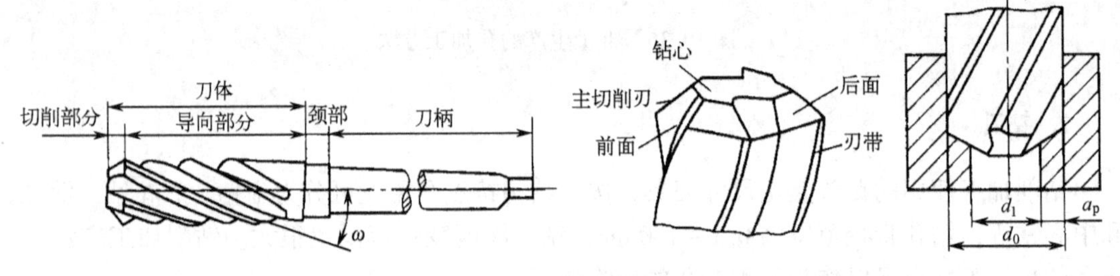

图 10.38　扩孔钻结构

（2）锪孔。锪孔是在已加工的孔上加工圆柱形沉头孔、锥形沉头孔和凸台端面等的工序。锪孔时所用的刀具统称为锪钻（见图 10.39）一般用高速钢制造，加工大直径凸台端面的锪钻，可将硬质合金刀片或可转位刀片，用镶齿或机夹的方法固定在刀体上制成。锪钻导柱的作用是保证被锪沉头孔与原有孔的同轴度精度。锥面锪钻的锥角有 60°、90°和 120°三种。

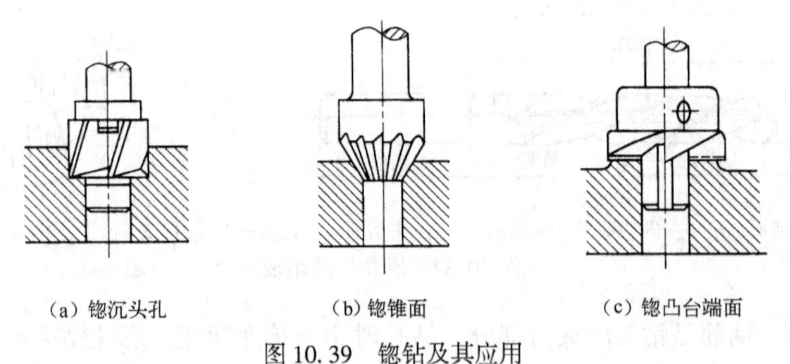

（a）锪沉头孔　　（b）锪锥面　　（c）锪凸台端面

图 10.39　锪钻及其应用

10.3.2　铰削加工

1. 铰孔

铰孔是利用铰刀从工件孔壁切除微量金属层，以提高其尺寸精度和降低表面粗糙度值的加工工序。它适用于孔的半精加工及精加工，也可用于磨孔或研孔前的预加工。由于铰孔时切削余量小（粗铰为 0.15 ~ 0.35mm，精铰为 0.05 ~ 0.15mm），所以，铰孔后其公差等级一般为 IT9 ~ IT7，表面粗糙度 R_a 为 3.2 ~ 1.6μm，精细铰的尺寸公差等级最高可达 IT6，表面粗糙度 R_a 为 1.6 ~ 0.4μm。铰削不适合加工淬火钢和硬度太高的材料。铰刀是定尺寸刀具，适合加工中小直径孔。在铰孔之前，工件应经过钻孔、扩（镗）孔等加工。

铰孔的切削力小，铰孔时的切削速度一般较低（$v_c = (1.5 \sim 10)\,m/min$），产生的切削热较少，因此工件的受力变形和受热变形小，加之低速切削，可避免积屑瘤的不利影响，使得铰孔的质量较高。

2. 铰刀

按使用方法的不同，铰刀分为手用铰刀和机用铰刀。铰刀的结构形状如图 10.40 所示。手用铰刀为直柄，工作部分较长，起导向作用，可以防止手工铰孔时铰刀歪斜。机用铰刀多为锥柄，可安装在钻床、车床和镗床上铰孔。

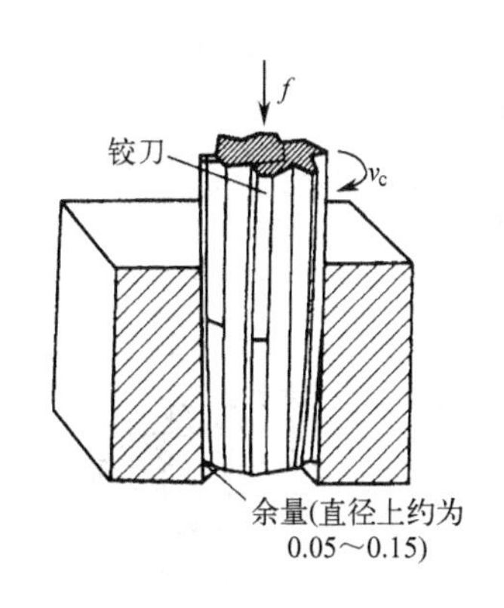

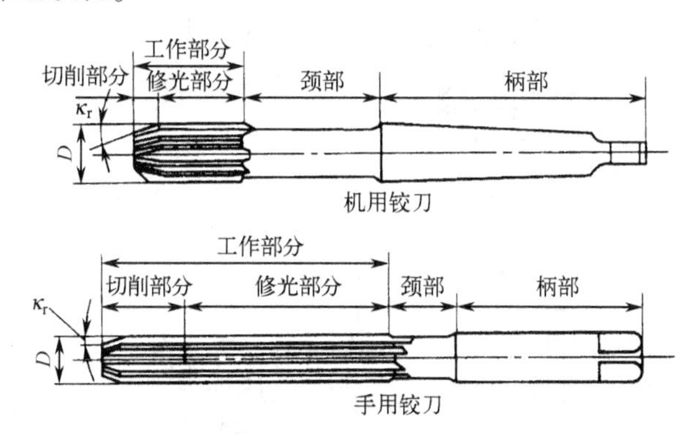

图 10.40　铰孔和铰刀

铰刀的工作部分包括切削部分和修光部分。切削部分呈锥形，担负主要的切削工作。修光部分用于矫正孔径、修光孔壁并起导向作用。修光部分的后部具有很小的倒锥，以减少与孔壁之间的摩擦和防止铰削后孔径扩大。铰刀有 6 ~ 12 个刀齿，刃带数与刀齿数相同。切削槽浅，刀芯粗壮。因此，铰刀的刚度和导向性比扩孔钻还要好。

10.3.3　镗削加工

镗削加工是用镗刀在已有孔的工件上使孔径扩大并达到加工精度和表面粗糙度要求的加工方法。

1. 镗削的特点

（1）镗削加工灵活性大，适应性强。在镗床上除可加工孔和孔系外，还可以加工外圆、端面等；加工尺寸可大亦可小；一把镗刀可以加工不同直径的孔；对于不同的生产类型和精度要求都能适应。

（2）镗削加工操作技术要求高。要保证工件的尺寸精度和表面粗糙度，除取决于所用的设备外，更主要的是与工人的技术水平有关。

（3）镗削时参加工作的切削刃少，而调整机床和刀具占用时间长，所以一般情况下，镗削加工生产效率较低。

（4）镗刀结构简单，刃磨方便，成本低。

（5）镗孔可修正上一工序所产生的孔的轴线位置误差，保证孔的位置精度。

（6）镗孔时，其尺寸精度可达 IT7 ~ 1T6 级，孔距精度可达 0.015mm，表面粗糙度 R_a 为 1.6 ~ 0.8μm。

2. 镗削的应用

镗削加工的适用性较强，它可以镗削单孔或多孔组成的孔系，锪、铣平面，镗盲孔及镗端面等，如图 10.41 所示。机座、箱体、支架等外形复杂的大型工件上直径较大的孔，特别是有位置精度要求的孔系，常在镗床上利用坐标装置和镗模加工。

当配备各种附件、专用镗杆和装置后，利用镗床还可以铣削平面、车螺纹、镗锥孔和加工球面等。

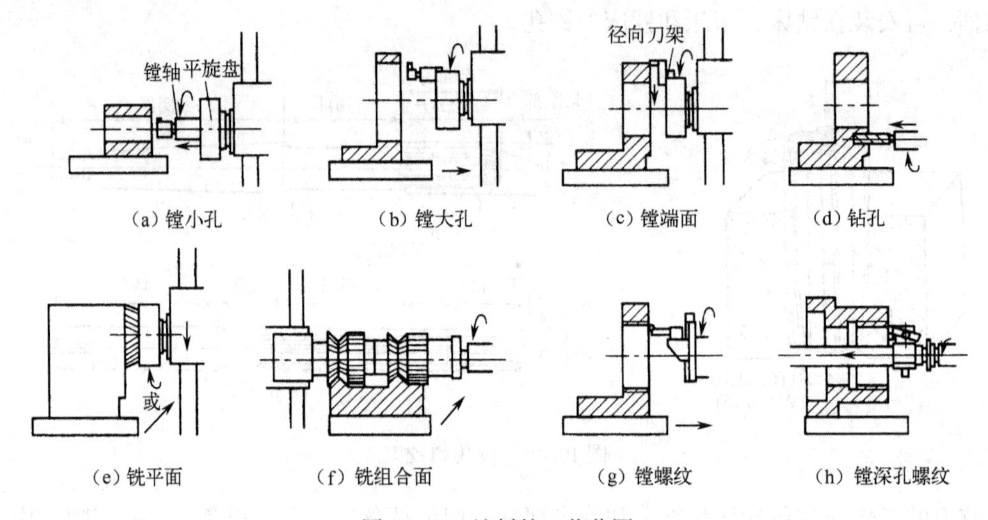

图 10.41　镗削的工艺范围

3. 镗刀

镗刀有多种类型，按镗刀的切削刃数量，分为单刃、双刃和多刃镗刀；按工件的加工表面，分为用于加工内孔（其中又分为通孔、阶梯孔和盲孔）和加工端面的镗刀；按刀具的结构，分为整体式、装配式和可调式镗刀。

如图 10.42 所示为单刃盲孔镗刀和通孔镗刀。车床上用的单刃镗刀常把镗刀头和刀杆制成一体。镗杆的截面（圆形或方形）尺寸和长度取决于孔的直径和长度，可从有关手册或技术标准中选取。

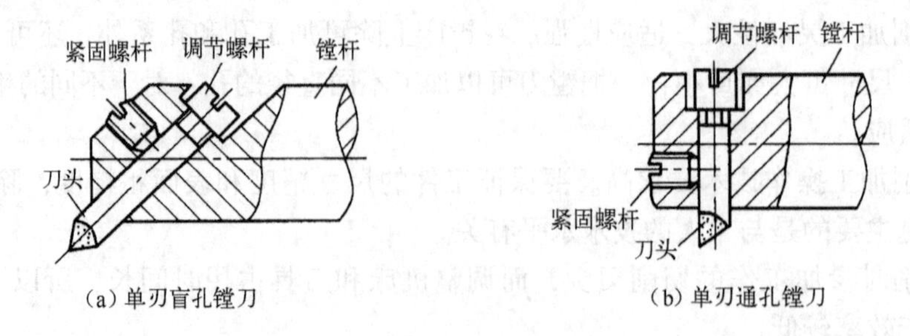

图 10.42　单刃镗刀

图 10.43 所示即为一常用的装配式双刃浮动镗刀。其镗刀块以间隙配合装入镗杆的方孔中，无需夹紧，而是靠切削时作用于两侧切削刃上的切削力来自动平衡定位，因而能自动补偿由于镗刀块安装误差和镗杆径向圆跳动所产生的加工误差。用该镗刀加工出的孔径精度可达 1T7 ~ IT6，表面粗糙度 R_a 为 1.6 ~ 0.4μm。

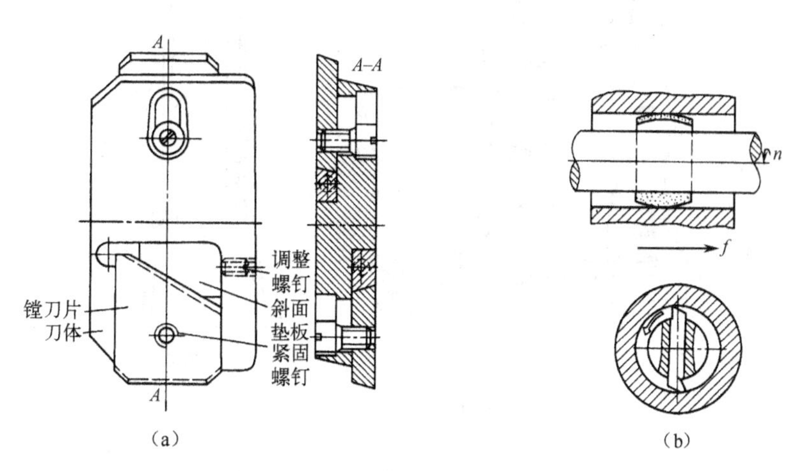

图 10.43 装配式浮动镗刀及其使用

10.3.4 钻床和镗床

1. 钻床

钻床的主要类型有台式钻床、立式钻床、摇臂钻床以及专门化钻床等。钻床的主参数是最大钻孔直径。下面介绍两种应用最广泛的钻床。

(1) 立式钻床。立式钻床又分为圆柱立式钻床、方柱立式钻床和可调多轴立式钻床三个系列。图 10.44 所示为一方柱立式钻床，其主轴是垂直布置的，在水平方向上的位置固定不动，必须通过工件的移动，找正被加工孔的位置。

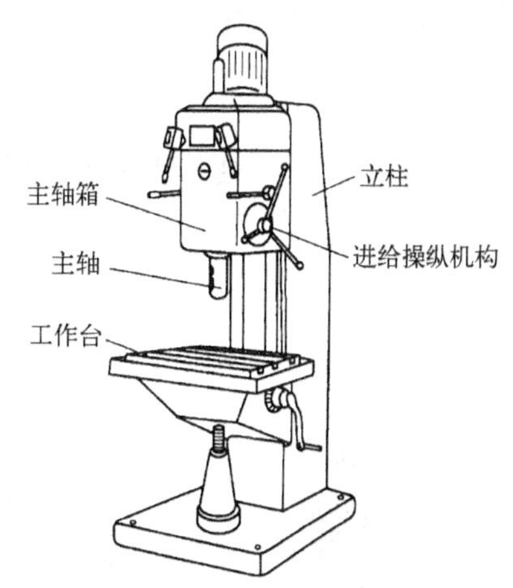

图 10.44 方柱立式钻床

此种类型的钻床生产率不高，大多用于单件小批量生产加工中小型工件，常用型号有 Z5125A、Z5132A、Z5140A 等。

(2) 摇臂钻床。在大型工件上钻孔，希望工件不动，钻床主轴能任意调整其位置，这就需用摇臂钻床。图 10.45 所示为摇臂钻床的外形和立柱结构。底座上装有立柱，立柱分为内外两层，内立柱固定在底座上，外立柱由滚动轴承支承，可绕内立柱转动。

摇臂钻床广泛地用于大、中型工件的加工。

2. 镗床

镗床适合镗削大、中型工件上已有的孔，特别适于加工分布在同一或不同表面上、孔距和位置精度要求较严格的孔系。加工时刀具旋转为主运动，进给运动则根据机床类型和加工条件不同，可由刀具或工件完成。

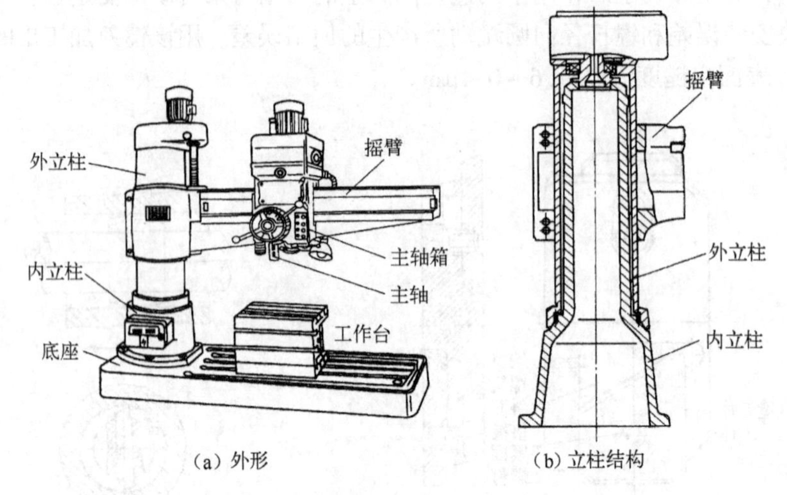

图 10.45 摇臂钻床

镗床可分为卧式镗床、坐标镗床和精镗床等。

(1) 卧式镗床。卧式镗床由床身、主轴箱、工作台、平旋盘和前、后立柱等组成，见图 10.46 所示。主轴箱安装在前立柱垂直导轨上，可沿导轨上下移动。主轴箱装有主轴部件、平旋盘、主运动和进给运动的变速机构及操纵机构等。卧式镗床的工艺范围非常广泛。

(2) 坐标镗床。坐标镗床是一种高精度机床，刚性和抗振性很好，还具有工作台、主轴箱等运动部件的精密坐标测量装置，能实现工件和刀具的精密定位。所以，坐标镗床加工的尺寸精度和形位精度都很高。主要用于单件小批生产条件下对夹具的精密孔、孔系和模具零件的加工，也可用于成批生产时对各类箱体、缸体和机体的精密孔系进行加工。

坐标镗床按其结构形式分为单柱（见图 10.47）、双柱（见图 10.48）和卧式（见图 10.49）三种形式。

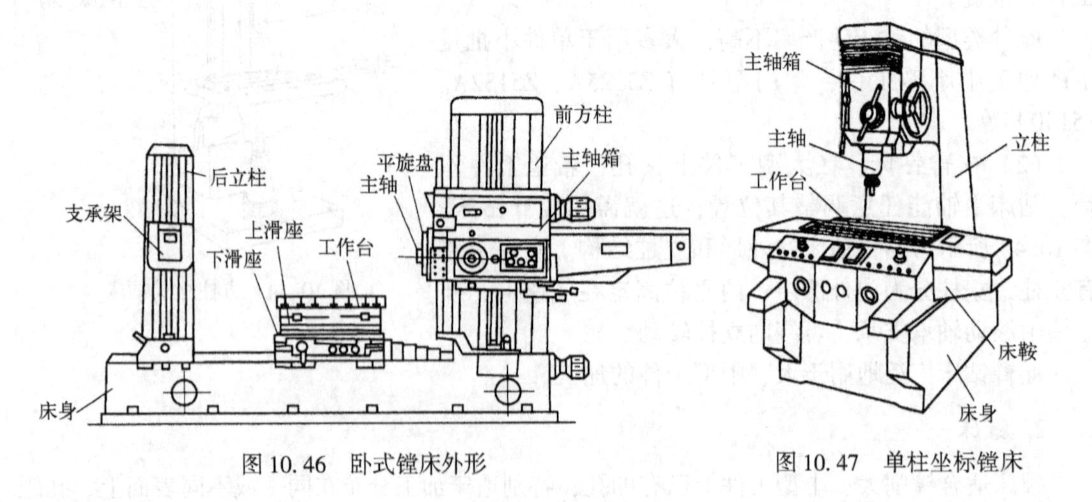

图 10.46 卧式镗床外形

图 10.47 单柱坐标镗床

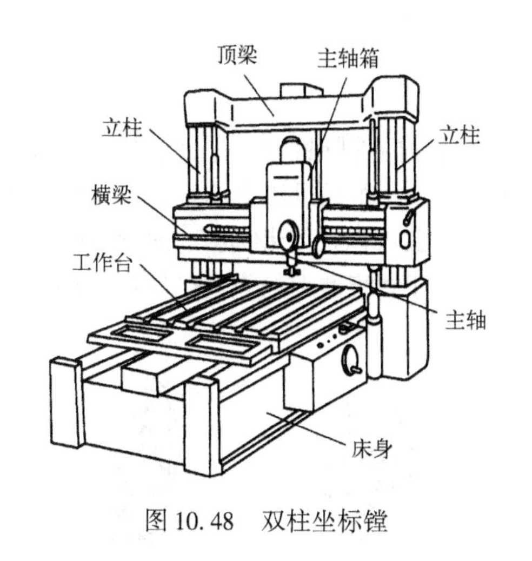

图 10.48　双柱坐标镗

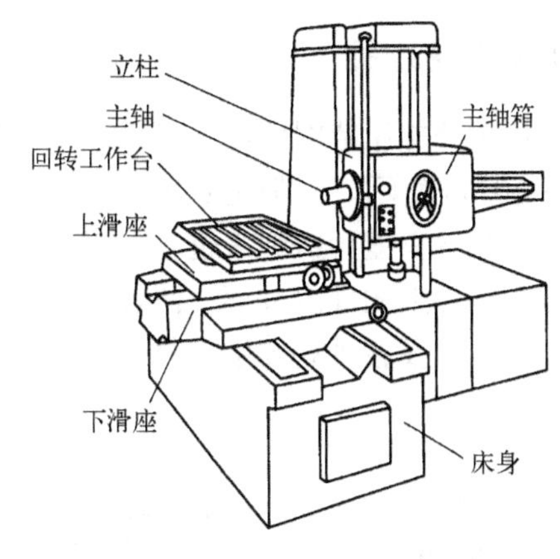

图 10.49　卧式坐标镗床

10.4　磨削加工

所有以磨料、磨具（如砂轮、砂带、油石和研磨料等）作为工具对工件进行切削加工的机床统称为磨床。凡是在磨床上利用砂轮等磨料、磨具对工件进行切削，使其在尺寸形状和表面质量等方面满足预定要求的加工方法均称为磨削加工。

10.4.1　磨削加工特点与工艺范围

1. 磨削加工特点

（1）切削刃不规则。切削刃的形状、大小和分布均处于不规则的随机状态，通常切削时有很大的负前角和小后角。

（2）切削深度小，加工质量高。一般情况下，磨削时的切削深度较小，在一次行程中所能切除的金属层较薄。磨削加工精度为 IT7 ~ IT5，表面粗糙度 R_a 为 0.8 ~ 0.2μm。采用高精度磨削方法，R_a 为 0.1 ~ 0.006μm。

（3）磨削速度快，温度高。一般磨削速度为 35m/s 左右，高速磨削时可达 60m/s，目前，磨削速度已发展到 120m/s。磨削过程中，砂轮对工件有强烈的挤压和摩擦作用，产生大量的切削热，在磨削区域瞬时温度可达 1000℃ 左右。在生产实践中，降低磨削时切削温度的措施是加注大量的切削液，减小背吃刀量，适当减小砂轮转速及提高工件的速度。

（4）适应性强。就工件材料而言，不论软硬材料均能磨削；就工件表面而言，很多表面都能加工。

（5）砂轮具有自锐性。在磨削过程中，砂轮的磨粒逐渐变钝，作用在磨粒上的切削抗力就会增大，致使磨钝的磨粒破碎并脱落，露出下层磨粒的锋利刃口继续切削，这就是砂轮的自锐性，它能使砂轮保持良好的切削性能。

（6）径向磨削分力大。磨削时由于同时参加磨削的磨粒多，磨粒又以负前角切削，所以径向磨削分力很大，一般为切向分力的 1.5 ~ 3 倍。因此磨削轴类零件时，通常用中心架支承，以提高工艺系统的刚性，减少因变形而引起的加工误差，在磨削加工的最后阶段，通常进行一定次数的无径向进给光磨。

2. 磨削工艺范围

磨削加工的应用范围广泛，可以加工内外圆柱面、内外圆锥面、平面、成形面和组合面等，如图 10.50 所示。磨削主要用于对工件进行精加工，而经过淬火的工件及其他高硬度的特殊材料，几乎只能用磨削来进行加工。另外，磨削也可以用于粗加工，如粗磨工件表面，切除钢锭和铸件上的硬皮表面，清理锻件上的毛边，打磨铸件上的浇口、冒口，还可用薄片砂轮切断管料以及各种高硬度的材料。

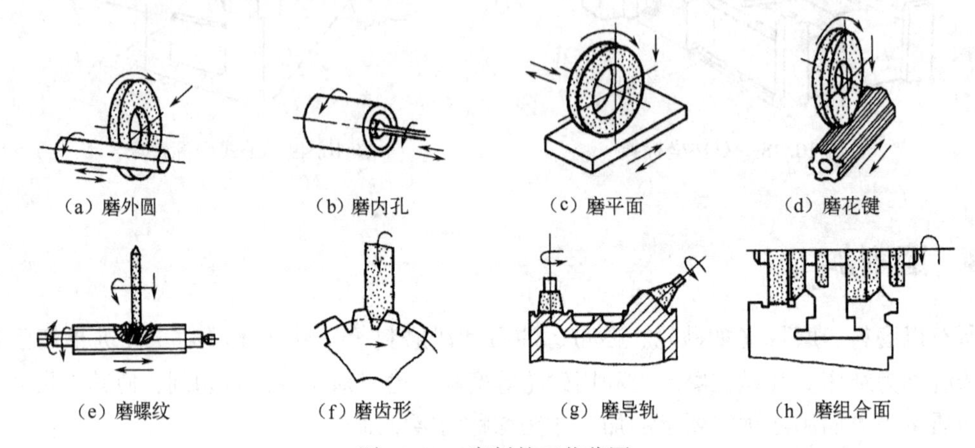

图 10.50 磨削的工艺范围

由于现代机器上高精度、淬硬零件的数量日益增多，磨削在现代机器制造业中占的比重日益增加。而且随着精密毛坯制造技术的发展和高生产率磨削方法的应用，使某些零件有可能不经其他切削加工，而直接由磨削加工完成，这将使磨削加工的应用更为广泛。

10.4.2 磨具

磨具是带有磨粒的切削工具，有砂轮、砂带、油石等。磨削加工最常用砂轮对工件进行切削加工。砂轮是一种特殊工具，砂轮表面的磨粒形状、大小是不规则的，其外露部分形似参差分布的棱角，这些棱角相对于具有负前角的微小刀刃，有的尖锐有的圆钝。磨削时，凸出的且具有尖锐棱角的磨粒从工件表面切下细微的切屑；磨钝了或不太凸出的磨粒只能在工件表面上刻划出细小的沟纹；比较凹下的磨粒则与工件表面产生滑动摩擦，后两种磨粒在磨削时产生微尘。因此，磨削加工和一般切削加工不同，除具有切削作用外，还具有刻划和磨光作用。

1. 砂轮的特性要素与选择

砂轮是用各种类型的结合剂把磨料黏合起来，经压坯、干燥、焙烧及车整而成的磨削工具，因此，砂轮由磨料、结合剂及气孔三要素组成。它的性能主要由磨料、粒度、结合剂、硬度和组织五个方面的因素所决定。

(1) 磨料。普通砂轮所用的磨料主要有刚玉类和碳化硅类，按照其纯度和添加的元素不同，每一类又分为不同的品种。常用磨料的名称、代号、主要性能和适用磨削范围见表 10-1。

表 10-1　常用磨料的性能及适用磨削范围

材料名称		代号	主要成分	颜色	力学性能	热稳定性	适用磨削范围
刚玉类	棕刚玉	A	$Al_2O_3$95% TiO_2 2% ~3%	褐色	韧性好 硬度大	2 100℃ 熔融	碳钢、合金钢、铸铁
	白刚玉	WA	Al_2O_3 >99%				淬火钢、高速钢
碳化硅类	黑碳化硅	C	SiC >95%	黑色		>1 500℃ 氧化	铸铁、黄铜、非金属材料
	绿碳化硅	GC	SiC >99%	绿色			硬质合金等
高硬磨料类	氮化硼	CBN	立方氮化硼	黑色	高硬度 高强度	<1 300℃ 稳定	硬质合金、高速钢
	人造金刚石	D	碳结晶体	乳白色		>700℃ 石墨化	硬质合金、宝石

（2）粒度。粒度是指砂轮中磨粒尺寸的大小。粒度有两种表示方法：对于用机械筛分法来区分的较大磨粒，以其通过筛网上每英寸长度上的孔数来表示粒度，粒度号为 4 ~ 240，共 27 个号，粒度号越大，颗粒尺寸越小。对于用显微镜测量来确定粒度号的微细磨粒（又称微粉），以实测到的最大尺寸，并在前面冠以“W”的符号来表示，其粒度号为 W63 ~ W0. 5，共 14 个，如 W7，即表示此种微粉的最大尺寸为 7 ~ 5μm，粒度号越小，则微粉的颗粒越细。

磨粒粒度选择的原则是：

① 粗磨时，应选用磨粒较粗大的砂轮，以提高生产效率。

② 精磨时，应选用磨粒较细小的砂轮，以获得较细的表面粗糙度。

③ 砂轮速度较高时，或砂轮与工件接触面积较大时选用磨粒较粗大的砂轮，以减少同时参加切削的磨粒数，避免发热过多而引起工件表面烧伤。

④ 磨削软而韧的金属时选用磨粒较粗大的砂轮，以免砂轮过早堵塞；磨削硬而脆的金属时，选用磨粒较细小的砂轮，以增加同时参加磨削的磨粒数，提高生产效率。

磨料常用的粒度号、尺寸及应用范围见表 10-2。

表 10-2　常用磨粒的粒度、尺寸及应用范围

类　别	粒 度 号	颗粒尺寸（μm）	应 用 范 围
磨粒	12 ~ 36	2000 ~ 1600 500 ~ 400	荒磨 打毛刺
	46 ~ 80	400 ~ 315 200 ~ 160	粗磨 半精磨、精磨
	100 ~ 280	160 ~ 125 50 ~ 40	半精磨、精磨、珩磨
微粉	W40 ~ W28	40 ~ 28 28 ~ 20	珩磨 研磨
	W20 ~ W14	20 ~ 14 14 ~ 10	研磨 超精磨削
	W10 ~ W5	10 ~ 7 5 ~ 3. 5	研磨、超精加工、镜面磨削

（3）结合剂。砂轮结合剂的作用是将磨粒黏合起来，使砂轮具有一定的强度、硬度和抗腐蚀、抗潮湿等性能。常用结合剂的名称、代号、性能和适用范围见表 10-3。

表 10-3 常用结合剂的性能及适用范围

结合剂	代号	性能	适用范围
陶瓷	V	耐热、耐蚀，易保持廓形，弹性差	最常用，适用于高速磨削、切断
树脂	B	强度较 V 高，弹性好，耐热性差	开槽等于各类磨削加工
橡胶	R	强度较 B 高，更富有弹性，耐热性差	适用于切断、开槽
金属	M	强度最高，导电性好，磨耗少，自锐性差	适用于金刚石砂轮

（4）硬度。砂轮的硬度是指磨粒在外力作用下从其表面脱落的难易程度，也反映磨粒与结合剂的粘固程度。砂轮硬表示磨粒难以脱落，砂轮软则与之相反。可见，砂轮的硬度主要由结合剂的黏结强度决定，而与磨粒的硬度无关。砂轮的硬度等级及代号见表 10-4。

表 10-4 砂轮的硬度等级及代号

大级名称	超软			软			中软		中		中硬			硬		硬
小级名称	超软 1	超软 2	超软 3	软 1	软 2	软 3	中软 1	中软 2	中 1	中 2	中硬 1	中硬 2	中硬 3	硬 1	硬 2	超硬
代号	D	E	F	G	H	J	K	L	M	N	P	Q	R	S	T	Y

磨削时，如砂轮硬度过高，则磨钝了的磨粒不能及时脱落，会使磨削力和磨削热增加，使切削效率和工件表面质量降低，甚至造成工件表面的烧伤；若砂轮过软，则磨粒脱落过快不能充分发挥磨粒的磨削效能，砂轮损耗大，形状不易保持，是工件的精度难以控制，加工表面也容易被脱落的磨粒划伤。

砂轮硬度的选用一般原则是：工件材料越硬，应选用越软的砂轮。这是因为硬材料易使磨粒磨损，需用较软的砂轮以使磨钝的磨粒及时脱落。工件材料越软，砂轮的硬度应越硬，以使磨粒脱落慢些，发挥其磨削作用。但在磨削铜、铝、橡胶、树脂等软材料时，要用较软砂轮，以便使堵塞的磨粒及时脱落，露出锋锐的新磨粒。

磨削过程中砂轮与工件的接触面积较大时，磨粒较易磨损，应选用较软的砂轮。磨削薄壁工件及导热性差的工件，应选用较软的砂轮。

半精磨与粗磨相比，需用较软的砂轮；但精磨和成形磨削时，为了较长时间保持砂轮轮廓，需用较硬的砂轮。

机械加工常用的砂轮硬度等级一般为 H 至 N（软 2～中 2）。

（5）组织。砂轮的组织系指磨粒、结合剂和气孔三者体积的比例关系，用来表示结构紧密和疏松程度。砂轮的组织用组织号表示。砂轮的组织号及使用范围见表 10-5，表中的磨粒率即磨粒在磨具中占有的体积百分率。

表 10-5 砂轮的组织号

组织号	0	1	2	3	4	5	6	7	8	9	10	11	12	13	14
磨粒率（%）	62	60	58	56	54	52	50	48	46	44	42	40	38	36	34
疏密程度	紧密				中等				疏密					大气孔	
适用范围	重负载、成形、精密磨削，加工脆硬材料				外圆、内圆、无心磨及工具磨削，淬硬工件磨削及刀具刃磨等				粗磨及磨削韧性大、硬度低的工件，适合磨削薄壁、细长工件或砂轮与工件接触面大以及平面磨削等					有色金属及塑料、橡胶等非金属以及热敏合金磨削	

2. 砂轮的形状及代号

为了适应在不同类型的磨床上磨削各种形状工件的需要，砂轮有多种形状和尺寸。常见的砂轮形状、代号及用途见表 10-6。

表 10-6 常用砂轮的形状、代号及用途

砂轮名称	代号	断面形状	主要用途
平形砂轮	1		磨内孔、外圆，磨工具，无心磨
薄片砂轮	41		切断及切槽
筒形砂轮	2		端面平面
碗形砂轮	11		刃磨刀具，磨导轨
碟形 1 号砂轮	12a		磨铣刀、铰刀、拉刀，磨齿轮齿面
双斜边砂轮	4		磨齿轮齿面及螺纹
杯形砂轮	6		磨平面、内圆，刃磨刀具

砂轮的标记印在砂轮的端面上，其顺序是：形状代号、尺寸、磨料代号、粒度号、硬度代号、组织号、结合剂代号、最高工作线速度。例如，外径 300mm、厚度 50mm、孔径 75mm、棕刚玉磨料（A）、粒度 60、硬度 L、5 号组织、陶瓷结合剂（V）、最高工作线速度 35m/s 的平形砂轮，其标记为：砂轮 1 - 300 × 50 × 75 - A60L5V - 35m/s GB/T 2484—1994。

10.4.3 磨床

磨床是种类较为繁多的一种机床，在机械制造业中占有非常重要的地位。除能对淬火及其他高硬度材料进行加工外，在磨床上加工高于 7 级以上精度的零件时，比在其他机床上加工要容易得多，而且也很经济。这是由于磨具在进行精加工时，能切下非常薄的切削余量；磨床的主轴采用动压或静压滑动轴承，有很高的旋转精度和抗振性；磨床的进给运动往往采用平稳的液压传动，并和电气相结合实现半自动化和自动化工作。随着自动测量装置在磨床上的应用，磨削加工质量的可靠性大为增加，废品减少。

1. 磨床的种类

磨床的种类很多，其中主要类型有以下几种：

（1）外圆磨床。包括万能外圆磨床、普通外圆磨床、无心外圆磨床等。

（2）内圆磨床。包括普通内圆磨床、行星内圆磨床、无心内圆磨床等。

（3）平面磨床。包括卧轴矩台平面磨床、立轴矩台平面磨床、卧轴圆台平面磨床、立轴圆台平面磨床等。

（4）工具磨床。包括工具曲线磨床、钻头沟槽磨床等。

（5）刀具刃磨磨床。包括万能工具磨床、拉刀刃磨床、滚刀刃磨床等。

（6）专门化磨床。包括花键轴磨床、曲轴磨床、齿轮磨床、螺纹磨床等。

（7）其他磨床。包括珩磨机、研磨机、砂带磨床、砂轮机等。

2. M1432A 型万能外圆磨床

M1432A 型万能外圆磨床是普通精度级，并经一次重大改进的万能外圆磨床。它主要用于磨削 IT7 ~ IT6 级精度的圆柱形或圆锥形的外圆和内孔，最大磨削外圆直径为 320mm，最大磨削内孔直径为 100mm，也可以用于磨削阶梯轴的轴肩、端面、圆角等，表面粗糙度 R_a 值在 1. 25 ~0. 08μm 之间。这种机床的工艺范围广，但生产效率低，适用于单件、小批量生产。

（1）磨床的组成。图 10. 51 所示为 M1432A 型万能外圆磨床，它由下列主要部件组成。

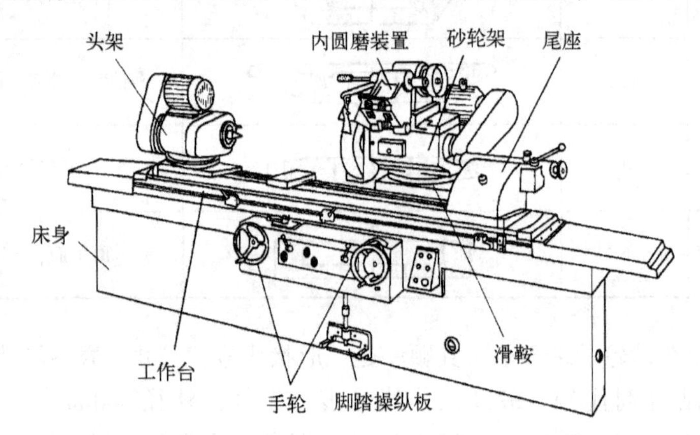

图 10. 51　M1432A 型万能外圆磨床外形图

① 床身。是磨床的支承部件，在其上装有头架、砂轮架、尾座及工作台等部件。床身内部装有液压缸及其他液压元件，用来驱动工作台和滑鞍的移动。

② 头架。用于装夹工件，并带动其旋转，可在水平面内逆时针方向转动 90°。头架主轴通过顶尖或卡盘装夹工件，它的回转精度和刚度直接影响工件的加工精度。

③ 内圆磨装置。用于支承磨内孔的砂轮主轴部件，由单独的电动机驱动。

④ 砂轮架。用于支承并传动砂轮主轴高速旋转。砂轮架装在滑鞍上，当需磨削短圆锥时，砂轮架可在±30°内调整位置。

⑤ 尾座。尾座的功用是利用安装在尾座套筒上的顶尖（后顶尖），与头架主轴上的前顶尖一起支承工件，使工件实现准确定位。尾座利用弹簧力顶紧工件，以实现磨削过程中工件因热膨胀而伸长时的自动补偿，避免引起工件的弯曲变形和顶尖孔的过度磨损。尾座套筒的退回可以手动，也可以液压驱动。

⑥ 滑鞍及横向进给机构。转动横向进给手轮，通过横向进给机构带动滑鞍及砂轮架作横向移动。也可利用液压装置使砂轮架作快速进退或周期性自动切入进给。

⑦ 工作台。由上下两层组成，上工作台可相对于下工作台在水平面内转动很小的角度

（±10°），用以磨削锥度不大的长圆锥面。上工作台顶面装有头架和尾座，它们随工作台一起沿床身导轨作纵向往复运动。

（2）磨床的运动与传动。磨削加工以砂轮的高速旋转作为主运动，进给运动则取决于加工的工件表面形状以及采用的磨削方法，可由工件或砂轮来完成，也可以由两者共同完成。

图 10.52 所示是在万能外圆磨床上采用的几种典型磨削加工方法，其中 10.52（a）、（b）与（d）是采用纵磨法磨削外圆柱面和内、外圆锥面，这时机床需要三个表面成形运动：砂轮的旋转运动 n_0、工件纵向进给运动 f_a 以及工件的圆周进给运动 n_w；图 10.52（c）是切入法磨削短圆锥面，这时除砂轮的旋转运动和工件的圆周进给运动外，为满足一定尺寸要求，还需要有砂轮的横向进给运动 f_p（往复纵磨时，为周期性间歇进给；切入磨削时，为连续进给）。此外，机床还有两个辅助运动：砂轮横向快速进退和尾座套筒退回，以便装卸工件。

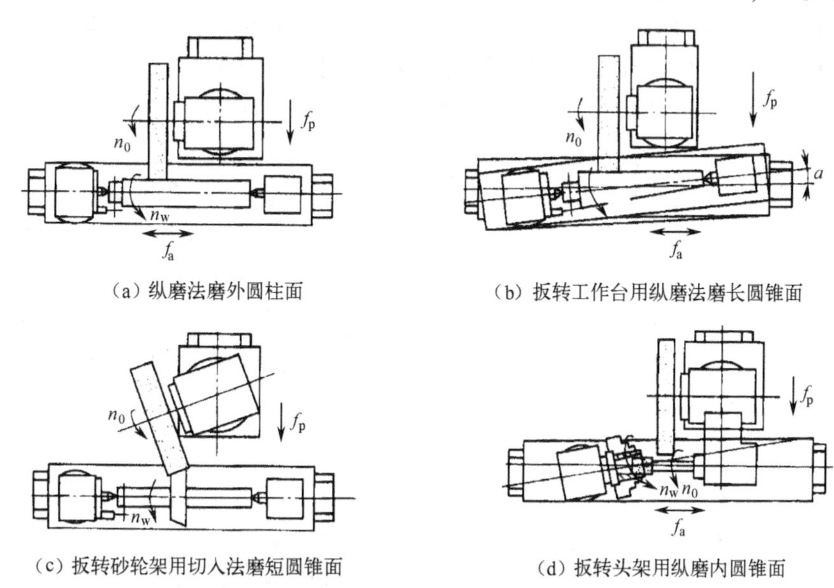

图 10.52　万能外圆磨床上的典型磨削加工方法示意图

10.4.4　常用磨削方法

1. 外圆磨削

外圆磨削是用砂轮外圆周面来磨削工件和外回转表面。它不仅能加工圆柱面、端面（台阶部分），还能加工球面和特殊形状的外表面等。外圆磨削一般在外圆磨床或无心外圆磨床上进行，也可采用砂带磨床磨削。

（1）在外圆磨床上磨削外圆。

① 纵磨法。如图 10.53（a）所示。磨削时，工件一方面作圆周进给运动，同时随工作台作纵向进给运动，横向进给运动为周期性间歇进给，当每次纵向行程或往复行程结束后，砂轮作一次横向进给，磨削余量经多次进给后被磨去。纵磨法磨削效率低，但能获得较高的精度和较细的表面粗糙度。

② 横磨法。又称切入磨法，如图 10.53（b）所示。磨削时，工件作圆周进给运动，工作台不作纵向进给运动，横向进给运动为连续进给。砂轮的宽度大于磨削表面，并作慢速横向进给，直至磨到要求的尺寸。横磨法磨削效率高，但磨削力大，磨削温度高，必须供给充

足的切削液冷却。

③ 复合磨削法。是纵磨法和横磨法的综合运用，即先用横磨法将工件分段粗磨，各段留精磨余量，相邻两段有一定量的重叠，最后，再用纵磨法进行精磨。复合磨削法兼有横磨法效率高、纵磨法质量好的优点。

（2）在无心外圆磨床上磨削外圆。在无心外圆磨床上磨削外圆，如图 10.53（c）所示。工件置于砂轮和导轮之间的托板上，以待加工表面为定位基准，不需要定位中心孔。磨削时，工件由导轮（摩擦系数较大的树脂或橡胶结合剂砂轮、没有切削能力）推向砂轮并靠导轮与工件之间的摩擦力使工件旋转，改变导轮的转速，便可调节工件的圆周进给速度。

无心磨削的方法有两种：贯穿法（纵磨法）和切入法（横磨法）。

贯穿法磨削时，需使导轮轴线在垂直平面内倾斜一个角度 α，将导轮轴向截面轮廓修整成双曲线。工件由机床前面推入到砂轮与导轮之间，一边旋转作圆周进给运动，一边在导轮和工件间水平摩擦分力的作用下沿轴向移动作纵向进给。工件穿过磨削区，从机床后部离去，便完成了一次进给。贯穿法适于磨削无台阶的圆柱形工件。

切入法（图 10.53（d））磨削时，工件从上面放下，搁在托板上，一端紧靠定程挡板。磨削时，导轮带动工件边旋转边向砂轮作连续横向进给，直至工件磨到要求的尺寸为止。然后导轮快速退回原位，取出工件。切入法适于磨削带凸台的圆柱体和阶梯轴以及外圆锥表面和成形旋转体。

无心磨削的生产效率高，容易实现工艺过程的自动化；但所能加工的零件具有一定的局限性，不能磨削带长键槽和平面的圆柱表面，也不能用于磨削同轴度要求较高的阶梯轴外圆表面。

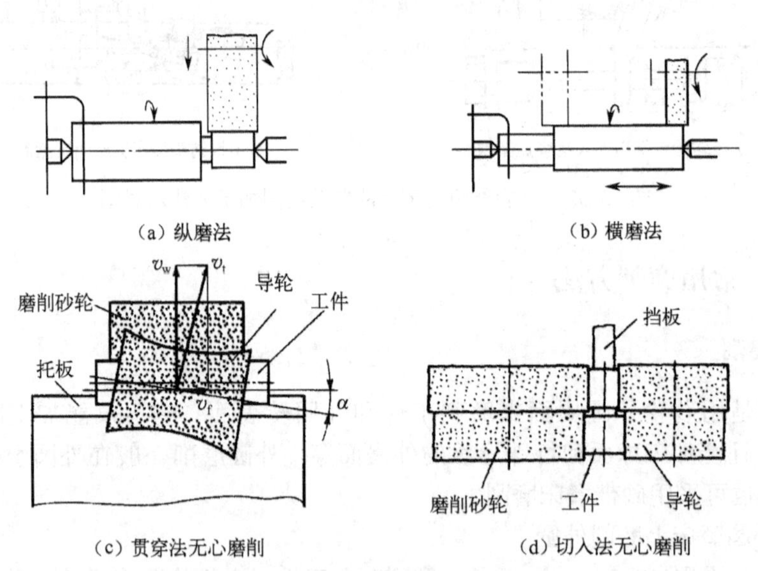

图 10.53　常用外圆磨削方法

2. 内圆磨削

内圆磨削可以在专用的内圆磨床上进行，也能够在具备内圆磨头的万能外圆磨床上实现。内圆磨削方式分为普通内圆磨削、无心内圆磨削和行星内圆磨削。

在普通内圆磨床上的磨削加工如图 10.54 所示，砂轮高速旋转作主运动 n_0，工件旋转作

圆周进给运动 n_w，砂轮还作径向进给运动 f_p，采用纵磨法磨长孔时，砂轮或工件还要沿轴往复移动作纵向进给运动 f_a。

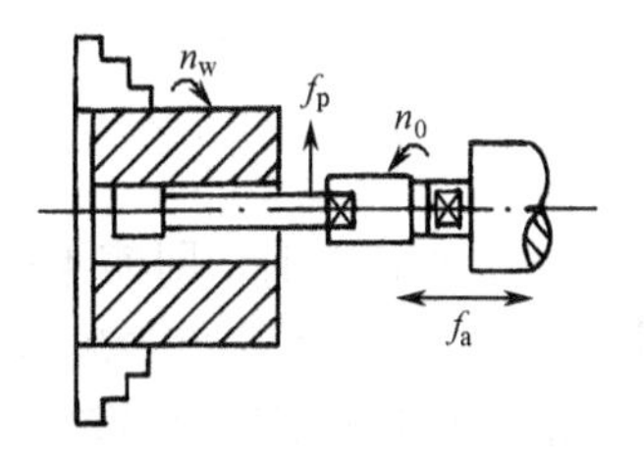

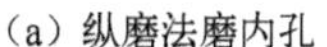
（a）纵磨法磨内孔

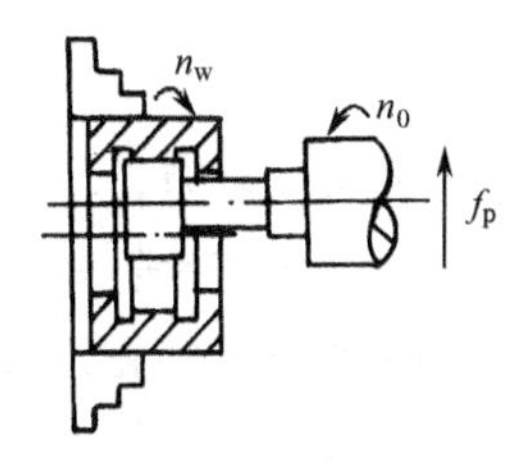

（b）切入法磨内孔

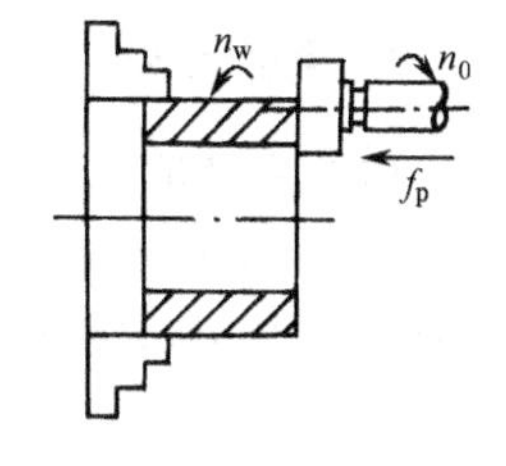

（c）磨端面

图 10.54　普通内圆磨床的磨削方法

3. 平面磨削

常见的平面磨削方式有四种，如图 10.54 所示。工件装夹在具有电磁吸盘的矩形或圆形工作台上作纵向往复直线进给运动 f_w 或圆周进给运动 n_w。砂轮除作旋转主运动 n_o 外，还要沿轴线方向作横向进给运动 f_a，为了逐步地切除全部余量，砂轮还需周期性地沿垂直于工件被磨削表面的方向作进给运动 f_p。

图 10.55（a）、（b）属于圆周磨削。这时砂轮与工件的接触面积小，磨削力小，排屑及冷却条件好，工件受热变形小，且砂轮磨损均匀，所以加工精度较高。但是，砂轮主轴呈悬臂状态，刚性差，不能采用较大的磨削用量，生产率较低。

图 10.55（c）、（d）属于端面磨削。砂轮与工件的接触面积大，同时参加磨削的磨粒多，另外磨削时主轴受轴向压力，刚性较好，允许采用较大的磨削用量，故生产率高。但是，在磨削过程中，磨削力大，发热量大，冷却条件差，排屑不畅，造成工件的热变形较大，且砂轮端面沿径向各点的线速度不等，使砂轮磨损不均匀，所以这种磨削方法的加工精度不高。

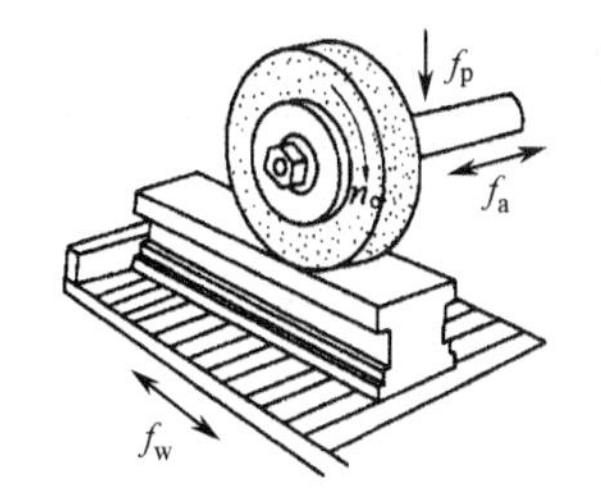

（a）卧轴矩台平面磨床磨削

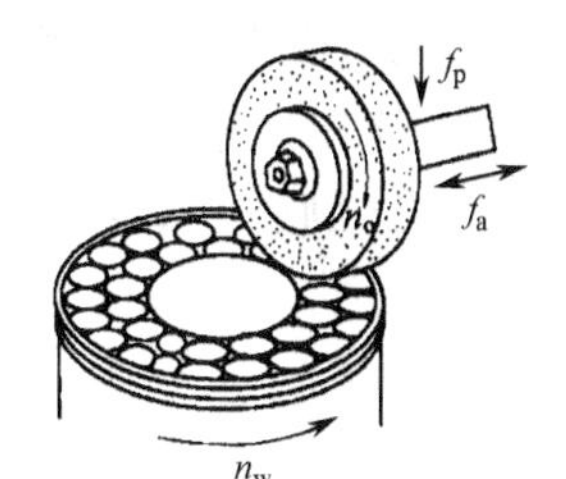

（b）卧轴圆台平面磨床磨削

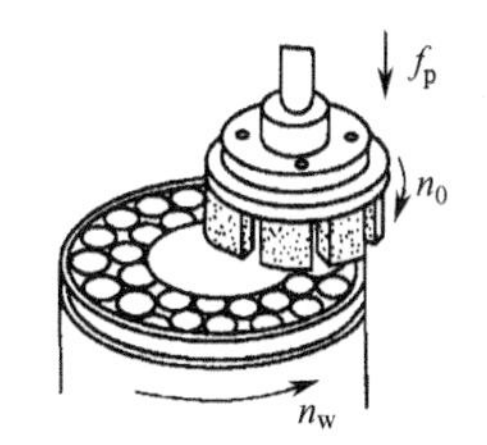

（c）立轴圆台平面磨床磨削

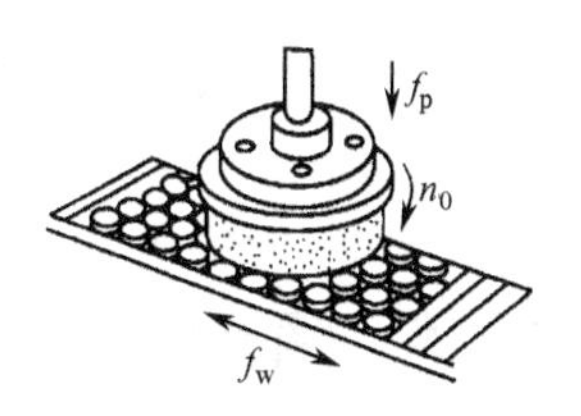

（d）立轴矩台平面磨床磨削

图 10.55　平面磨削方式

10.4.5　先进磨削技术简介

近年来，磨削正朝着两个方向发展：一是高精度、小粗糙度磨削，二是高效磨削。

1. 高精度、小粗糙度磨削

它包括精密磨削（R_a 为 0.05 ~ 0.1μm）、超精磨削（R_a 为 0.012 ~ 0.025μm）和镜面磨削（R_a 为 0.008μm 以下），可以代替研磨加工，以便节省工时和减轻劳动强度。

进行高精度、小粗糙度磨削时，除对磨床精度和运动平稳性有较高要求外，还要合理地选用工艺参数，对所用砂轮要经过精细修整，以保证砂轮表面的磨粒具有等高性很好的微刃。磨削时，磨粒的微刃在工件表面上切下微细切屑，同时在适当的磨削压力下，借助半钝状态的微刃，对工件表面产生摩擦抛光作用，从而获得高的精度和小的表面粗糙度。

2. 高效磨削

包括高速磨削、强力磨削和砂带磨削，主要目标是提高生产效率。

（1）高速磨削。是指磨削速度 v_c（即砂轮线速度 v_s）≥50m/s 的磨削加工。即使维持与普通磨削相同的进给量，也会因相应地提高砂轮速度而增加金属切除率，使生产率提高。由于磨削速度高，单位时间内通过磨削区的磨粒数增多，每个磨粒的切削层厚度将变薄，切削负荷减小，砂轮的耐用度可显著提高。由于每个磨粒的切削层厚度小，工件表面残留面积的高度小，并且高速磨削时磨粒刻划作用所形成的隆起高度也小，因此磨削表面的粗糙度较小。高速磨削的背向力将相应减小，有利于保证工件（特别是刚度差的工件）的加工精度。

（2）强力磨削。就是以大的背吃刀量（可达十几毫米）和小的纵向进给速度（相当于普通磨削的1/100～1/10）进行磨削，又称缓进深切磨削或深磨。强力磨削适用于加工各种成形面和沟槽，特别能有效地磨削难加工材料（如耐热合金等）。并且，它可以从铸、锻件毛坯直接磨出合乎要求的零件，生产率大大提高。

高速磨削和强力磨削都对机床、砂轮及冷却方式提出了较高的要求。

（3）砂带磨削（见图10.56）。是20世纪60年代以来发展极为迅速的一种高效磨削方法。砂带磨削的设备一般都比较简单。砂带回转为主运动，工件由传送带带动作进给运动，工件经过支承板上方的磨削区完成加工。砂带磨削的生产效率高，加工质量好，能较方便地磨削复杂形面，因而成为磨削加工的发展方向之一，其应用范围越来越广。目前，工业发达国家的磨削加工中，估计约有1/3左右为砂带磨削，今后它所占的比例还会增大。

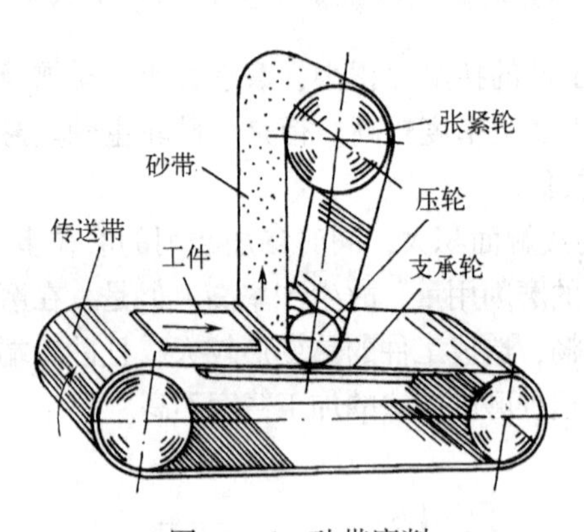

图10.56　砂带磨削

10.5　齿形加工

齿轮是机械传动中的重要传动元件之一。由于它具有传动比准确、传递动力大、效率高、结构紧凑、可靠性好和耐用等优点，应用极为广泛。

10.5.1　齿形加工方法

齿轮加工的关键是齿形的加工，可以用铸造或辗压（热轧、冷轧）等方法。铸造齿轮的精度低，表面粗糙；辗轧齿轮生产率高，力学性能好，但精度不高，未被广泛采用。由于刀具切削加工所能达到的齿形精度和齿面粗糙度能够满足一般齿轮的技术要求，因此，它是目前齿轮加工的主要方法。

1. 齿形加工原理

齿轮的切削加工方法很多，但就其加工原理来说，只有成形法原理和展成法原理两种。

（1）成形法。按成形法原理加工齿轮是利用与被加工齿轮齿槽法面截形相一致的成形刀具，在毛坯上加工出齿轮的齿形。这种成形刀具有单齿廓成形铣刀和多齿廓齿轮推刀、齿轮拉刀等几种。

① 单齿廓成形铣刀。常用的单齿廓齿轮铣刀有盘形齿轮铣刀和指形齿轮铣刀，如图 10.57所示。盘形齿轮铣刀适于加工模数小于 8mm 的直齿圆柱齿轮和斜齿圆柱齿轮。指形齿轮铣刀适于加工模数为 8 ~40mm 的直齿圆柱齿轮、斜齿圆柱齿轮，特别是人字形齿轮。这种方法的优点是所用刀具和夹具都比较简单，用普通万能铣床即可加工，生产成本低。但是，由于齿轮的齿廓为渐开线，对同一模数的齿轮，只要齿数不同，其渐开线齿廓形状就不相同，就应采用不同的成形刀具。但在实际生产中，每种模数的齿轮加工，通常只配有 8 把一套或 15 把一套的成形铣刀，每把刀具用于加工一定齿数范围的齿形，这样加工出来的齿廓是近似的。因此，这种方法加工的齿轮精度低，辅助时间长，生产率较低。所以，单齿廓成形刀具只适于在单件、小批量生产的条件下加工 9 级精度以下的齿轮或修配工作中精度不高的齿轮。

② 用多齿廓成形刀具。如齿轮推刀或齿轮拉刀，其刀具的渐开线齿形可按工件齿廓的精度制造。加工时，在机床的一个工作循环中就可完成一个或几个齿轮的齿形加工，精度和生产率均较高。但齿轮推刀和齿轮拉刀为专用刀具，结构复杂，制造困难，成本较高，每套刀具只能加工一种模数和一种齿数的齿轮，所用设备也必须是专用的，因而仅适用于大量生产。

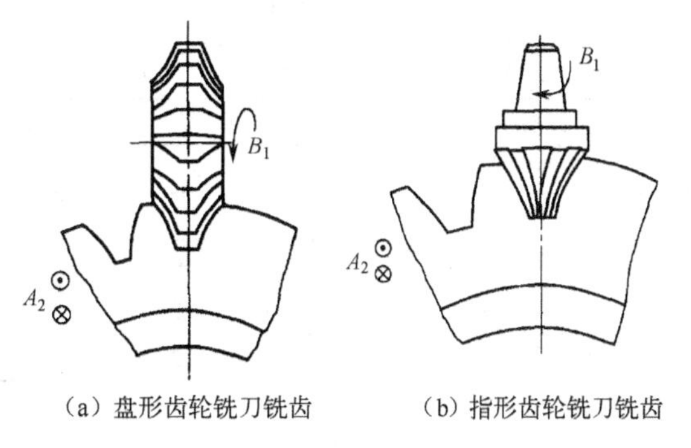

（a）盘形齿轮铣刀铣齿　　（b）指形齿轮铣刀铣齿

图 10.57　成形法加工齿轮

（2）展成法。按展成法原理加工齿轮是建立在齿轮啮合原理的基础上，就是把齿轮啮合副中的一个转化成刀具，把另一个作为工件，并强制刀具与工件作严格地啮合运动，从而在工件上切削出齿形。现以滚齿加工为例加以说明。滚齿加工过程相当于交错轴斜齿轮副啮合运动的过程，如图 10.58 所示，只是其中一个斜齿轮的齿数很少，其分度圆上的螺旋升角也很小，所以它便成为蜗杆形状，将此“蜗杆”开槽、铲背、淬火、刃磨等，便成为齿轮滚刀。当齿轮滚刀按给定的切削速度旋转时，便在工件上逐渐切出渐开线的齿形。齿形的形成是由滚刀在连续旋转中依次对工件切削的若干条刀刃线包络而成。

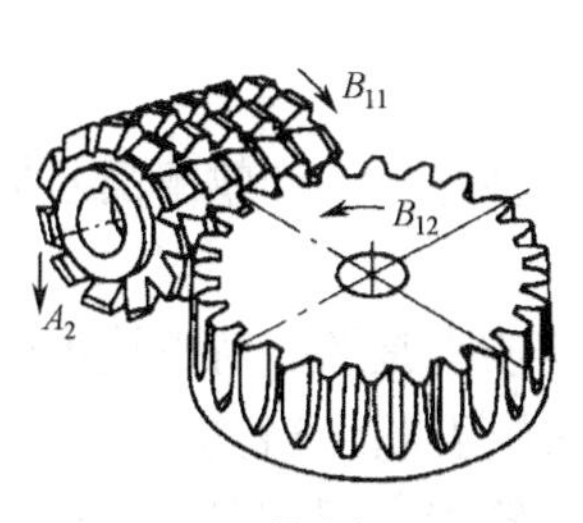

（a）滚齿加工

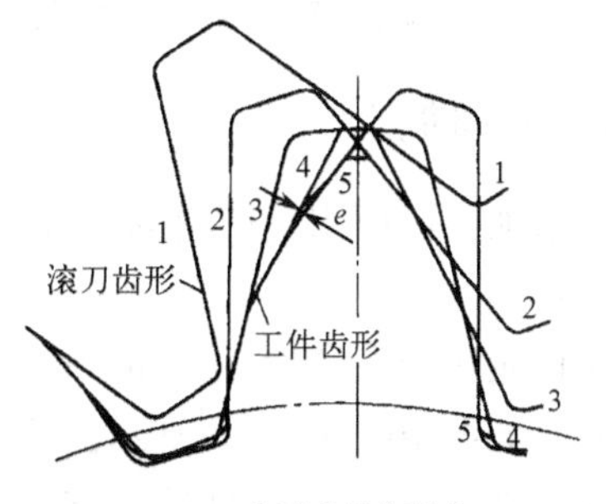

（b）齿形曲线的形成

图 10.58　滚齿加工示意图

按展成法原理加工齿轮时，刀具切削刃的形状与被加工齿轮齿槽的截面形状并不相同，而其切削刃渐开线廓形仅与刀具本身的齿数有关，与被加工齿轮的齿数无关。因此，每一种模数，只需用一把刀具就可以加工各种不同齿数的齿轮。此外，还可以用改变刀具与工件的中心距来加工变位齿轮。展成法加工齿轮的精度和生产率都较高，但是需要有专用机床设备和专用齿轮刀具。一般加工齿轮的专用机床构造较复杂，传动系统较多，设备费用高。

用展成法原理加工齿轮的方法很多，最常见的有滚齿和插齿，齿轮的精加工常用剃齿、珩齿和磨齿。

2. 齿轮齿形加工方法的选择

齿形加工方法的选择要取决于齿轮精度、齿面粗糙度的要求及齿轮的结构、形状、尺寸、材料和热处理状态等。表10-7所列出的4~9级精度圆柱齿轮常用的最终加工方法，可作为选择齿形加工方法的依据和参考。具体加工方法见表10-7。

表10-7　4~9级精度圆柱齿轮的最终加工方法

精度等级	齿面粗糙度 R_a（μm）	齿面最终加工方法
4（特别精密）	≤0.2	精密磨齿，对于大齿轮，精密滚齿后研齿或剃齿
5（高精密）	≤0.2	同上
6（高精密）	≤0.4	磨齿，精密剃齿，精密滚齿、插齿
7（精密）	0.8~1.6	滚齿、剃齿或插齿。对于淬硬齿面，磨齿、珩齿或研齿
8（中等精密）	1.6~3.2	滚齿、插齿
9（低精密）	3.2~6.3	铣齿、粗滚齿

3. 齿轮加工机床的类型

按照被加工齿轮种类的不同，齿轮加工机床可分为圆柱齿轮加工机床和圆锥齿轮加工机床两大类。

圆柱齿轮加工机床主要有滚齿机、插齿机、剃齿机、珩齿机和磨齿机等。滚齿机用于加工外啮合直齿圆柱齿轮、斜齿圆柱齿轮和蜗轮。插齿机用于加工内、外啮合的单联及多联直齿圆柱齿轮。剃齿机用于淬火前的外啮合直齿圆柱齿轮和斜齿圆柱齿轮的精加工。珩齿机用于热处理后的齿轮精加工。磨齿机用于淬火后的齿轮和高精度齿轮的精加工。

锥齿轮加工机床有直齿锥齿轮加工机床和弧齿锥齿轮加工机床两类，前者有刨齿机、铣齿机和磨齿机等，后者有铣齿机、磨齿机等。

10.5.2　滚齿加工

滚齿是齿形加工中应用最广泛的一种方法，具有通用性好、生产效率高、加工质量好等优点。

滚齿是用齿轮滚刀在滚齿机上加工齿轮的轮齿，它实质上是按一对螺旋齿轮相啮合的原理进行加工的。如图10.59（a）所示，相啮合的一对螺旋齿轮，当其中一个螺旋角很大、齿数很少（一个或几个）时，如图10.59（b）所示，其轮齿变得很长，因而变成了蜗杆。若这个蜗杆用高速钢等刀具材料制造，并在其螺纹的垂直方向（或轴向）开出若干个容屑槽，形成刀齿及切削刃，它就变成了齿轮滚刀，见图10.59（c）所示，再加上必要的切削运动，即可在工件上滚切出轮齿来。滚刀容屑槽的一个侧面是刀齿的前刀面，它与蜗杆螺纹表面的交线即是切削刃（一个顶刃和两个侧刃）。为了获得必要的后角，并保证在重磨前刀面后齿形不变，刀齿的后刀面应当是铲背面。

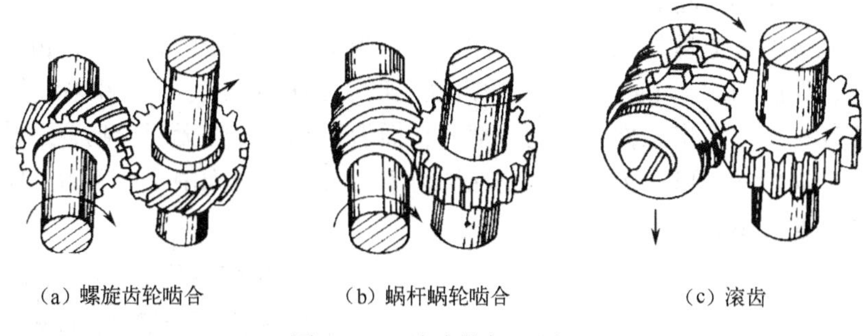

（a）螺旋齿轮啮合　　（b）蜗杆蜗轮啮合　　（c）滚齿

图 10.59　滚齿的加工原理

滚切直齿圆柱齿轮时，其运动可分为以下几种（见图 10.60（b）所示）。

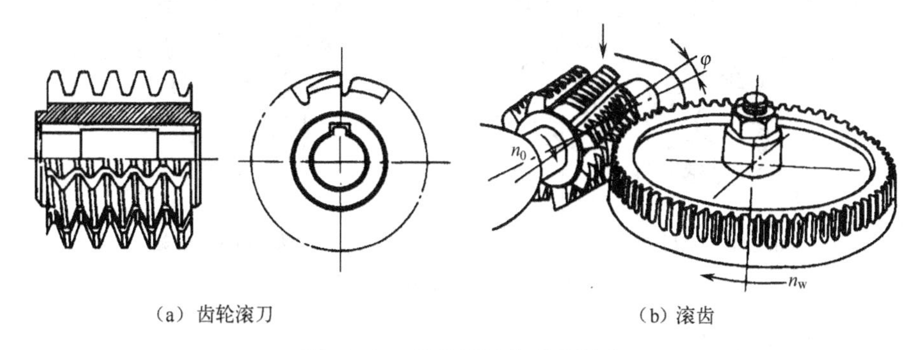

（a）齿轮滚刀　　（b）滚齿

图 10.60　齿轮滚刀和滚齿运动

1. 主运动

即滚刀的旋转，其转速以 n_0 表示。

2. 分齿运动（展成运动）

即维持滚刀与被切齿轮之间啮合关系的运动。在这一运动中，滚刀刀齿的切削刃包络形成齿轮的轮齿，并连续地进行分度。如果滚刀的头数为 k，被切齿轮的齿数为 z_w，滚刀转速 n_0 与被切齿轮转速 n_w 之间应严格保证如下关系：

$$\frac{n_w}{n_0}=\frac{k}{z_w}$$

3. 轴向进给运动

为了要在齿轮的全齿宽上切出齿形，滚刀需要沿工件的轴向作进给运动。工件每转一转滚刀移动的距离称为轴向进给量。当全部轮齿沿齿宽方向都滚切完毕后，轴向进给停止，加工完成。

加工斜齿圆柱齿轮时，除上述三个运动外，在滚切的过程中工件还需要有一个附加的转动，以便切出倾斜的轮齿。

10.5.3 插齿加工

插齿主要用于加工直齿圆柱齿轮，尤其适用于加工滚齿机不能加工的内齿轮和多联齿轮或其中直径尺寸较小的齿轮。

插齿加工是按展成原理加工齿轮的。插齿刀相当于一个端面磨有前角，齿顶及齿侧均磨有后角的齿轮，如图 10.61（a）所示。插齿加工时，插齿刀平行于工件轴线作直线往复运动，刀具每往复一次仅切出工件齿槽的一部分，插齿刀和工件作无间隙啮合运动过程中，在工件上逐渐切出齿轮的齿形。齿形曲线是在插齿刀刀刃多次切削中，由刀刃各瞬时位置的包络线所形成的，如图 10.61（b）所示。

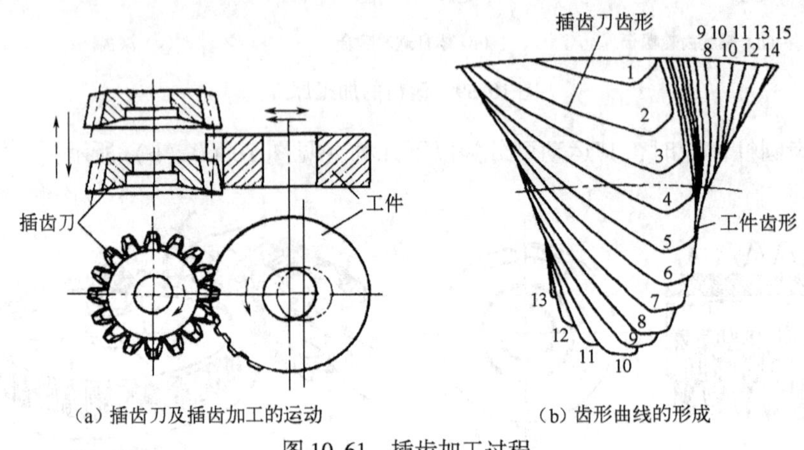

（a）插齿刀及插齿加工的运动　　（b）齿形曲线的形成

图 10.61　插齿加工过程

10.5.4 齿轮精加工

对于 6 级精度以上的齿轮，往往先用滚齿或插齿进行粗加工，再进行齿面的精加工。对于硬齿面齿轮的加工，往往是在滚齿或插齿后进行热处理，再进行齿面的精加工。常用的齿面精加工方法有剃齿、珩齿和磨齿等方法。

1. 剃齿加工

剃齿常用于未淬火圆柱齿轮的精加工，生产效率很高，在成批、大量生产中得到广泛的应用，是软齿面最常用的精加工方法之一。剃齿加工的原理也是展成法。剃齿加工的展成运动相当于一对交错轴斜齿圆柱齿轮啮合，剃齿刀相当于一个高精度的斜齿轮，在它的齿面上沿渐开线方向开出一些小槽，这些小槽的侧面与齿面的交棱形成了剃齿刀的切削刃，如图 10.62所示。

2. 珩齿加工

珩齿加工是对淬硬齿形进行精加工的方法之一，主要用于去除热处理后齿面上的氧化皮，减小轮齿表面粗糙度值，从而降低齿轮传动的噪声。

珩齿所用刀具为珩磨轮，也称珩轮，由轮芯及齿圈构成，如图 10.63（a）所示。轮芯由钢材制成，齿圈部分用磨料（氧化铝、碳化硅）、结合剂（环氧树脂）和固化剂（乙二胺）浇注或热压成形，其结构与磨具相似。珩齿的运动与剃削的运动基本相同。珩齿加工时，珩轮与工件在自由啮合中，靠齿面间的压力和相对滑动，由磨料进行切削，如图 10.63（b）所示。由于一般珩轮的弹性较大，所以修正误差的能力不强。

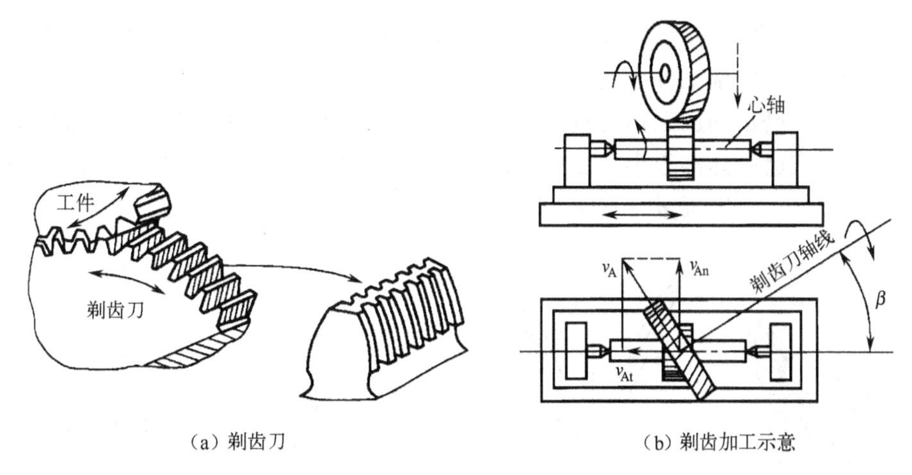

图 10.62　剃齿刀及剃齿加工示意

近年来，在大批量生产中，广泛应用蜗杆形珩轮珩齿，如图 10.63（c）所示。珩轮为一大直径蜗杆，其直径可达 200～500mm，齿形可在螺纹磨床上精磨到 5 级精度以上。由于其齿形精度高，所以对工件误差的修正能力增强，特别是对工件的齿形误差、基节偏差及齿圈的径向圆跳动误差都能有一定的修正，可将 9～8 级精度的齿轮直接珩到 6 级精度。

3. 磨齿加工

磨齿加工主要用于对高精度齿轮或淬硬的齿轮进行齿形的精加工，齿轮的精度可达 6 级或更高。按齿形的形成方法，磨齿加工原理也有成形法和展成法两种，由于成形法原理磨齿轮的精度较低，因此，大多数磨齿均以展成法原理来加工齿轮。

（1）连续分度展成法磨齿。连续分度展成法磨齿是利用蜗杆形砂轮的刀具磨削齿轮的轮齿，其加工过程和滚齿类似，如图 10.64 所示。这种磨齿方法的缺点是蜗杆形砂轮修磨困难，往往不易达到较高的精度；磨削不同模数的齿轮时，需更换蜗杆形砂轮；所用设备的各传动件转速很高，机械传动易产生噪声，传动件磨损较快。这种磨齿方法适用于中小模数齿轮的成批和大量生产。

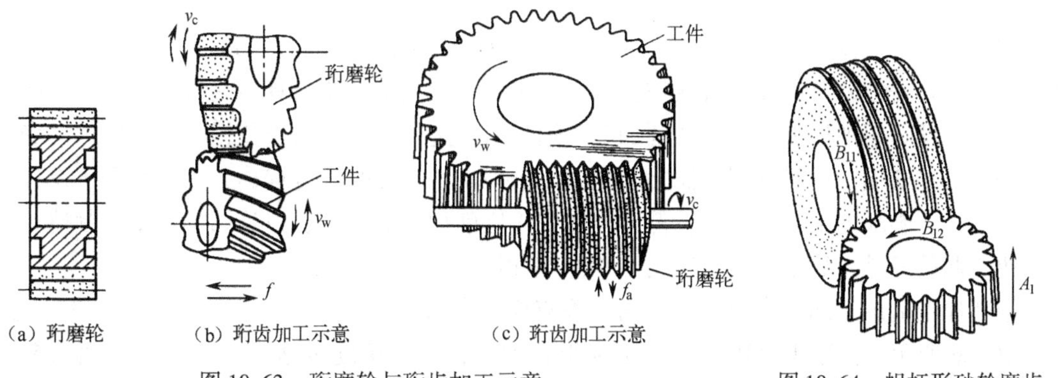

图 10.63　珩磨轮与珩齿加工示意

图 10.64　蜗杆形砂轮磨齿

（2）单齿分度展成法磨齿。单齿分度展成法磨齿根据使用砂轮形状不同有蝶形砂轮磨齿、锥形砂轮磨齿等几种方法，它们都是利用齿条与齿轮的啮合原理来磨削齿轮的。

① 双片蝶形砂轮磨齿。双片蝶形砂轮磨齿是用两个蝶形砂轮的端平面来形成假想齿条的两个齿侧面，同时磨削工件齿槽的左右齿面，如图10.65（a）所示。

双片蝶形砂轮磨齿的加工精度较高。这是由于蝶形砂轮的工件棱边很窄，磨削时接触面积很小，磨削力和磨削热都很小，变形小，磨齿精度最高可达4级。但是，蝶形砂轮的刚性较差，极容易损坏，磨削用量受到限制，生产效率较低，生产成本较高。

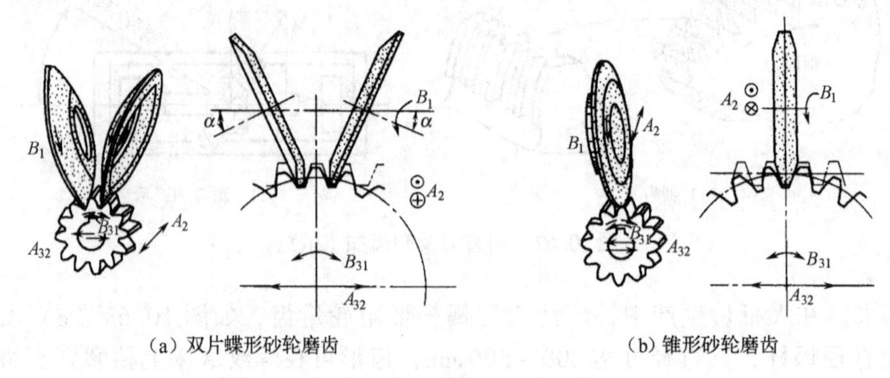

（a）双片蝶形砂轮磨齿　　（b）锥形砂轮磨齿

图10.65　单齿分度展成法磨齿

② 锥形砂轮磨齿。锥形砂轮磨齿加工的方法是用锥形砂轮的两侧面形成假想齿条的一个齿的两侧面，磨削齿轮的一个齿槽，如图10.65（b）所示。

锥形砂轮刚性较好，可选用较大的磨削用量，因此，生产率比蝶形砂轮磨齿要高，但是锥形砂轮形状不易修整得准确，磨损较快且磨损不均匀，因而锥形砂轮磨削加工的齿轮精度不及蝶形砂轮磨削。

10.6　刨削与拉削加工

10.6.1　刨削加工

1. 刨削加工的特点

刨削加工是在刨床上利用刨刀（或工件）的直线往复运动进行切削加工的一种方法。刨削的主运动是刨刀或工件的直线往复运动，进给运动是工件或刀具沿垂直于主运动方向所作的间歇运动。刨削加工是单程切削加工，返程时不进行切削。为避免损伤工件已加工表面和减缓刀具的磨损，返程时刨刀需抬起让刀。刨刀切削工件时的行程称为工作行程，返程时称为空行程。刨削加工的生产率较低，但是由于刨削加工的机床、刀具结构简单，制造、安装方便，调整容易，故刨削加工应用于单件小批量生产中比较经济。

刨削加工适用于加工平面、平行面、垂直面、台阶、沟槽、斜面、曲面和成形表面等，如图10.66所示。刨削主要用于粗加工和半精加工，加工精度可达IT9～IT8，表面粗糙度R_a可达6.3～1.6μm。由于刨削加工可以保证一定的相互位置精度，所以刨削加工非常适合于加工箱体、导轨等平面，尤其在精度高、刚性好的龙门刨床上，利用宽刃刨刀以精刨代替刮研，可以大大提高加工精度和生产率。此外，在刨床上加工窄长平面或多件同时加工，其生产率并不低于铣削加工。

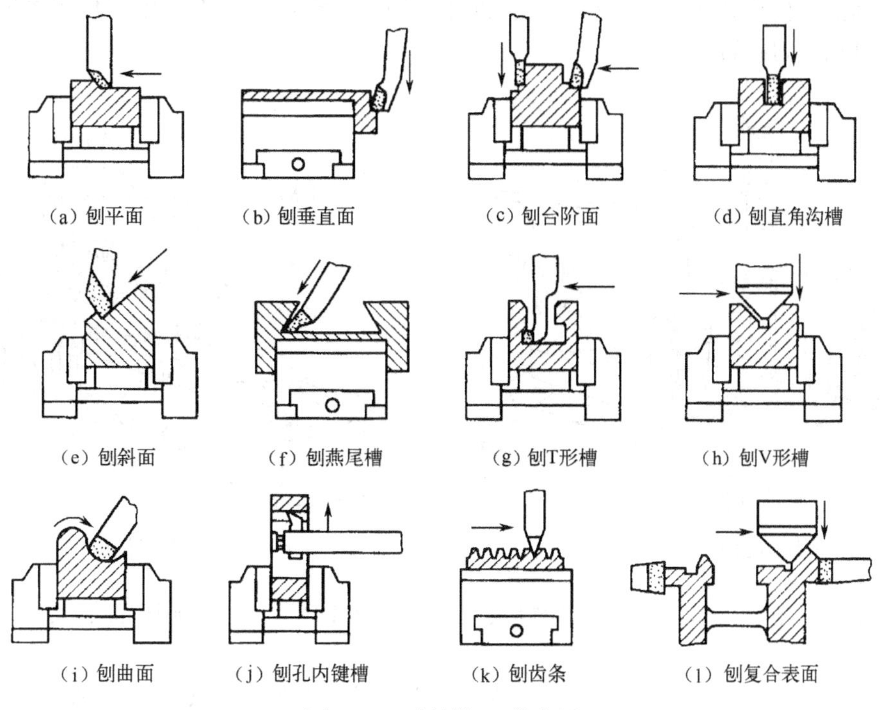

图 10.66　刨削加工的应用

2. 刨床

刨床类机床主要有牛头刨床、龙门刨床和插床三种类型。

(1) 牛头刨床。牛头刨床适用于刨削长度不超过 1000mm 的中、小型工件的平面、沟槽或成形表面，其外形如图 10.67 所示。牛头刨床的主运动是装有刀具的滑枕在床身顶部的水平导轨中作的直线往复运动。滑枕由床身内部的曲柄摇杆机构传动。刀架可沿刀架座的导轨上下移动来调整刨削深度，还可以在加工垂直平面和斜面时作进给运动。根据加工需要，可以调整刀架座，使刀架作 ±60°的回转，以便加工斜面或斜槽。加工过程中，工作台带动工件沿横梁作间歇的横向进给运动，横梁可沿床身的垂直导轨上下移动，以调整工件与刨刀的相对位置。

牛头刨床的主参数是最大刨削长度。例如，型号 B6068 是最大刨削长度为 680mm 的牛头刨床。

(2) 龙门刨床。龙门刨床主要用于加工大型或重型工件上的各种平面、沟槽和导轨面，或在工作台上同时装夹数个相同的中、小型工件进行多件加工，可以同时用多把刨刀刨削，生产率较高。大型龙门刨床往往还附有铣头和磨头等部件，以便使工件在一次装夹中完成更多的加工内容，这时就称该机床为龙门刨铣床或龙门刨铣磨床。龙门刨床与普通牛头刨床相比，形体大，结构复杂，刚性好，行程长，加工精度也比较高。

图 10.68 所示为龙门刨床的外形。工件装夹在工作台上，工作台沿床身的水平导轨作直线往复的主运动；床身的两侧固定有左右立柱，两立柱顶端用顶梁连接，形成结构刚性较好的龙门框架；横梁上装有两个垂直刀架，可沿横梁导轨作水平方向的进给运动；横梁可沿立

柱的导轨移动至一定高度，以调整工件和刀具的相对位置；左右立柱上分别装有左右侧刀架，可分别沿立柱导轨作垂直进给运动，以加工侧面；空行程时为避免刀具碰伤工件表面，设有返程自动让刀装置。

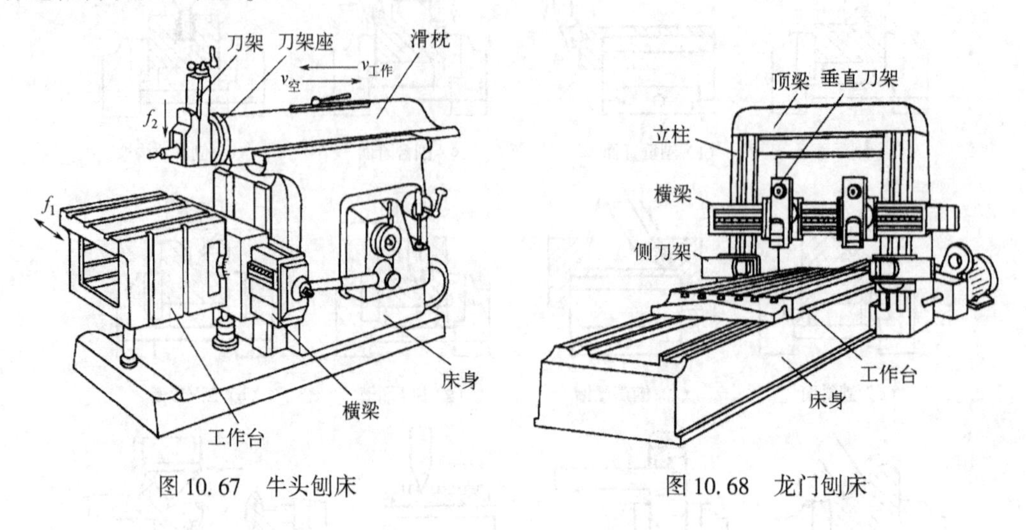

图 10.67　牛头刨床　　图 10.68　龙门刨床

龙门刨床的主参数是最大刨削宽度，例如，B2010A 型龙门刨床的最大刨削宽度为 1000mm。

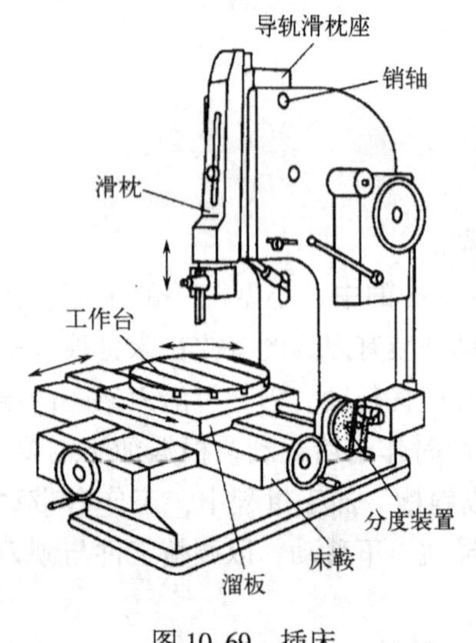

图 10.69　插床

（3）插床。插床的外形如图 10.69 所示。插床实质上是立式牛头刨床，其主运动是滑枕带动插刀所作的上下往复直线运动，其中向下是工作行程，向上是空行程；滑枕导轨座可以绕销轴在小范围内调整角度，以便加工倾斜的内外表面；床鞍和溜板可以分别带动工件实现横向和纵向的进给运动，圆工作台可绕垂直轴线旋转，实现圆周进给运动或分度运动，圆工作台在各个方向上的间歇进给运动是在滑枕空行程结束后的短时间内进行的，圆工作台的分度运动由分度装置实现。

插床加工范围较广，加工费用也比较低，但其生产率不高，对工人的技术要求较高。插床一般适用于单件、小批生产，完成工件内部表面，如方孔、多边形孔或孔内键槽等的插削。

插床的主参数是最大插削长度。例如，B5032 型插床的最大插削长度是 320mm。

3. 刨刀

刨刀可以按照加工表面的形状和刀具的用途分类，也可以按照刀具的形状和结构特征分类。如图 10.70 所示，按加工表面的形状和用途分类，刨刀可分为平面刨刀、偏刀、角度刀、切刀、弯切刀、切槽刀和样板刀等，其中平面刨刀用于刨削水平面，偏刀用于刨削垂直面、台阶面和外斜面等，角度刀用于刨削燕尾槽和内斜面等，切刀用于切断、切槽和刨削垂直面等，弯切刀用于刨削 T 形槽，样板刀用于刨削 V 形槽和特殊形状的表面等。

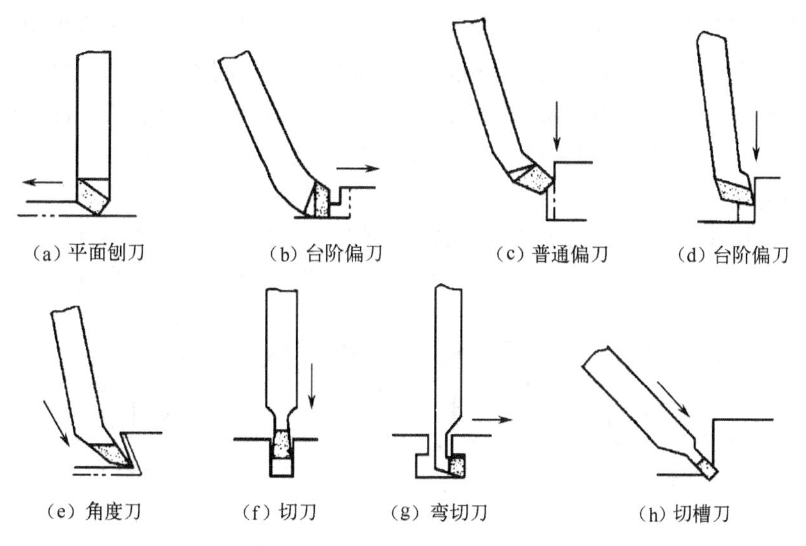

图 10.70　常用刨刀种类和应用

按刀具的形状和结构特征，刨刀可分为左刨刀和右刨刀、直头刨刀和弯头刨刀、整体刨刀和组合刨刀等。弯头刨刀（见图 10.71）在受到较大的切削阻力时，刀杆会产生弯曲变形，使刀尖向后上方弹起，而不会像直头刨刀那样扎入工件，破坏工件表面和损坏刀具，因此刨刀一般多为弯头刨刀。

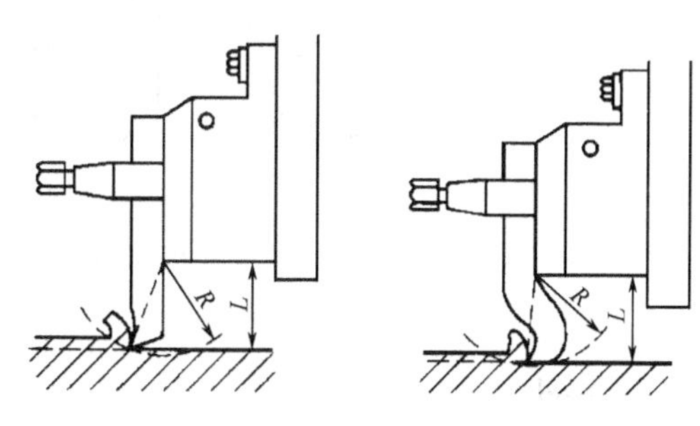

图 10.71　直头刨刀和弯头刨刀

10.6.2　拉削加工

1. 拉削加工的特点

拉削加工是一种只有主运动而没有专门的进给运动的加工方式。拉削时，拉刀与工件之间的相对运动是主运动，一般为直线运动。拉刀是多齿刀具，后一刀齿比前一刀齿高，其齿形与工件的加工表面形状吻合，进给运动靠刀齿的齿升量（前后刀齿高度差）来实现（见图 10.72）。在拉床上经过一次行程，即可完成工件表面的粗、精加工，获得要求的加工精度和表面质量。如果刀具在切削时不是受拉力而是受压力，则这种加工方法叫推削加工，推削加工主要用于修光孔和校正孔的变形。

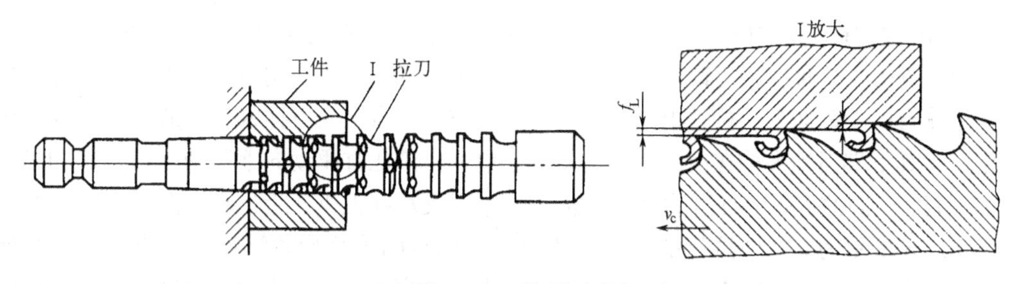

图 10.72　拉削过程

拉刀的工作部分有粗切齿、精切齿和校准齿，工件加工表面在一次行程中经过粗切、精切和校准加工，因此拉削加工的生产率较高。拉削加工的拉削速度较低，每一刀齿只切除很薄的金属层，所以切削负荷小，而且拉刀的制造精度很高，因此拉削的工件可以获得较高的精度。拉削的加工精度可达 IT7 ~ IT6，表面粗糙度 R_a 可达 3.2 ~ 0.4μm。

拉刀耐用度高，但是结构复杂，制造成本高，而且一把拉刀只能加工一种尺寸的工件，所以拉削主要应用于成批、大量生产的场合。拉削可以加工各种形状的直通孔、平面及成形表面等，特别适于成形内表面的加工。图 10.73 所示为适于拉削的典型表面形状。

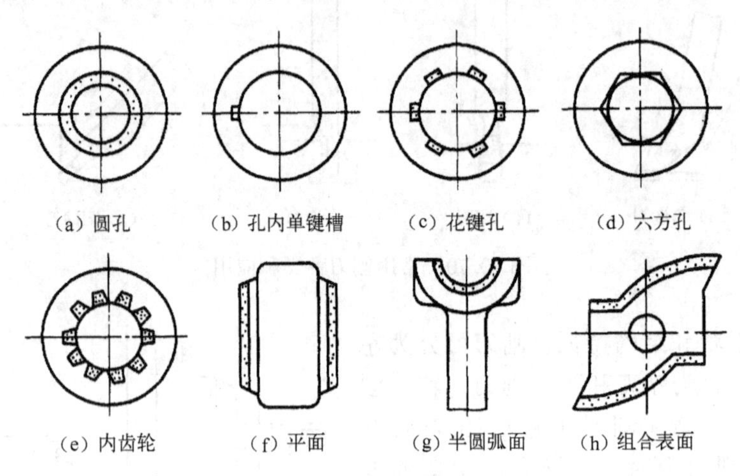

图 10.73　拉削的典型表面形状

2. 拉床

常用的拉床按加工表面可分为内表面拉床和外表面拉床，按结构和布局形式可分为立式拉床、卧式拉床和连续式拉床等。

拉床的主参数是机床最大额定拉力，如型号 L6120 为卧式内拉床，最大额定拉力为 2×10^5N。拉床所需的拉力较大，同时为了获得平稳的且能无级调速的运动速度，拉床一般采用液压传动。

(1) 卧式内拉床。图 10.74 所示为卧式内拉床的外形。在床身的内部有水平安装的液压缸，通过活塞杆带动拉刀作水平移动，实现拉削的主运动。拉削时，工件可直接以其端面紧靠在支承座的端面上定位（或用夹具装夹）。护送夹头及滚柱用以支承拉刀。开始拉削前，护送夹头和滚柱向左移动，使拉刀通过工件预制孔，并将拉刀左端柄部插入活塞杆前端的拉刀夹头内。拉削时滚柱下降不起作用。

(2) 立式拉床。立式拉床根据其用途分为立式内拉床和立式外拉床两类。图 10.75 所示为立式内拉床外形。这种拉床可以用拉刀或推刀加工工件的内表面。用拉刀加工时，工件以端面紧靠在工作台的上表面上，拉刀由滑座上的上支架支承，自上向下插入工件的预制孔及工作台的孔中，将其下端刀柄夹持在滑座的下支架上，滑座由液压缸驱动向下移动进行拉削加工。用推刀加工时，工件也是装在工作台的上表面上，推刀支承在上支架上，自上向下进行加工。

图 10.76 所示为立式外拉床的外形。滑块可沿床身的垂直导轨移动，滑块上固定有外拉刀，工件装夹在工作台上的夹具中。滑块垂直向下移动完成工件外表面的拉削加工。工作台可作横向移动，以调整背吃刀量，并用于刀具空行程时退出工件。

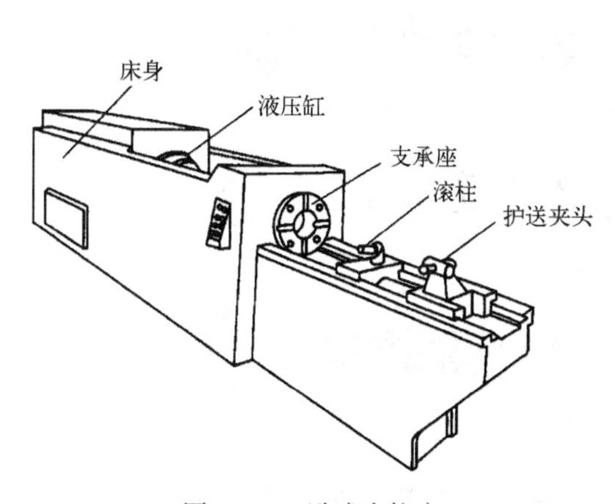

图 10.74　卧式内拉床

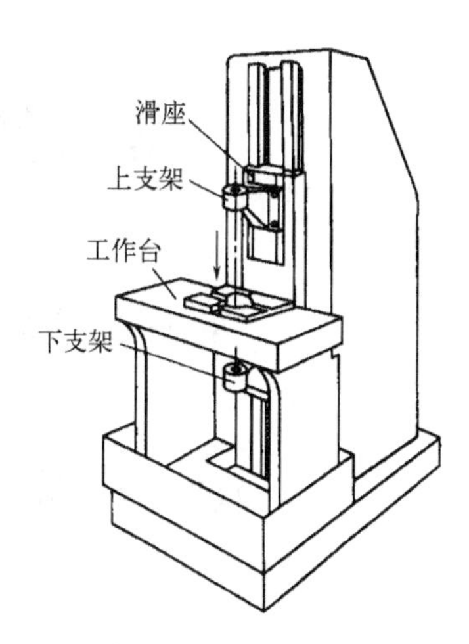

图 10.75　立式内拉床

（3）连续式拉床（链条式拉床）。连续式拉床是一种连续工作的外拉床，其工作原理如图 10.77 所示。链条被链轮带动按拉削速度移动，链条上装有多个夹具。工件在位置 A 被装夹在夹具中，经过固定在上方的拉刀时进行拉削加工，此时夹具沿床身上的导轨滑动，夹具移至 B 处即自动松开，工件落入成品收集箱内。这种拉床由于连续进行加工，因而生产率较高，常用于大批大量生产中加工小型工件的外表面，如汽车、拖拉机上连杆的连接平面及半圆凹面等的加工。

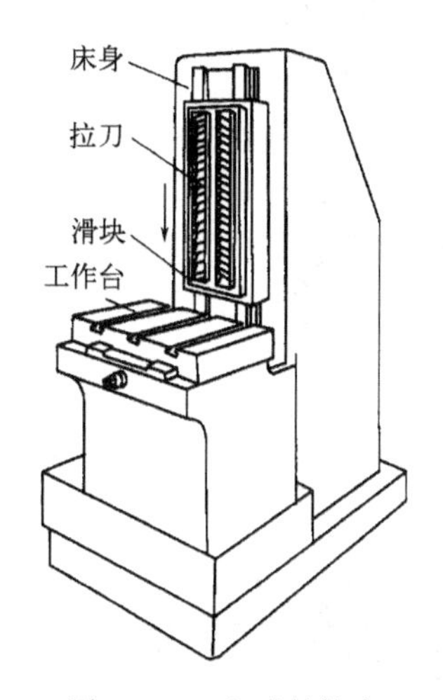

图 10.76　立式外拉床

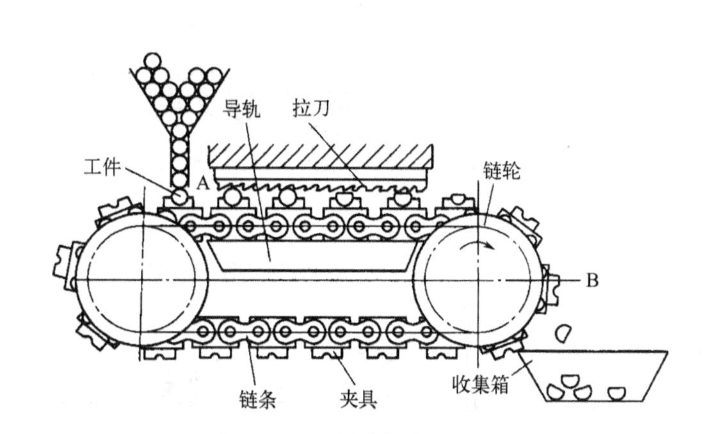

图 10.77　连续式拉床工作原理

3. 拉刀

（1）拉刀的种类。根据加工表面位置不同，拉刀分为内拉刀与外拉刀两种。常用的内拉刀和外拉刀如图 10.78 所示。

（2）拉刀的结构。拉刀的种类虽然很多，但其组成部分基本相同，下面以图 10.79 所示的圆孔拉刀为例，说明其组成部分及作用。

① 柄部：是拉刀的夹持部分，用于传递拉力。

② 颈部：是柄部与过渡锥的连接部分，也是打标记的地方。

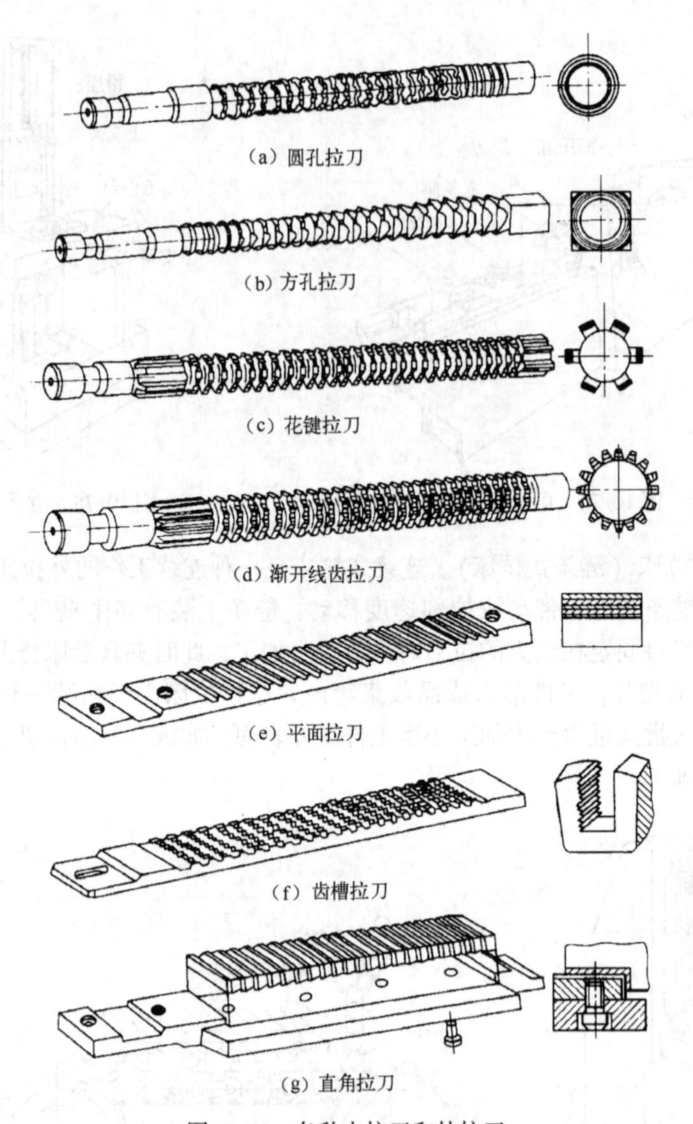

（a）圆孔拉刀

（b）方孔拉刀

（c）花键拉刀

（d）渐开线齿拉刀

（e）平面拉刀

（f）齿槽拉刀

（g）直角拉刀

图 10.78　各种内拉刀和外拉刀

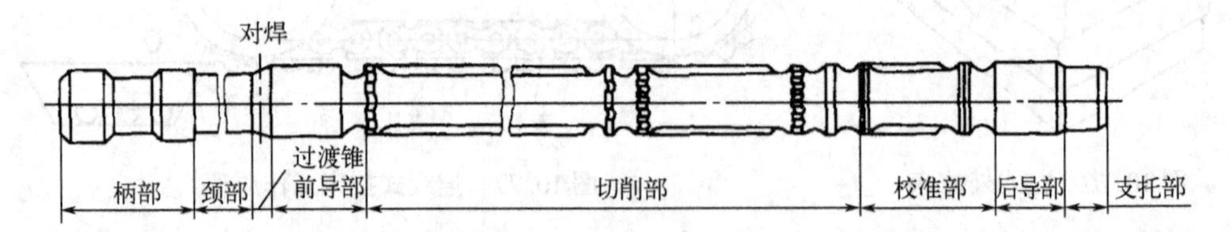

图 10.79　圆孔拉刀结构

③ 过渡锥：用于引导拉刀逐渐进入工件孔中，起对准中心的作用。

④ 前导部：起导向作用，防止拉刀歪斜。

⑤ 切削部：担负全部余量的切削工作，由粗切齿、过渡齿和精切齿三部分组成，各齿尺寸依次逐渐增大。

⑥ 校准部：起修光和校准作用，也起提高加工精度和表面质量的作用，并可作为精切齿的后备齿，各齿形状及尺寸完全一致。

⑦ 后导部：用于保持拉刀最后的正确位置，防止拉刀的刀齿在切离后因下垂而损坏已

加工表面或刀齿。

⑧ 支托部：用以支承拉刀，并防止拉刀下垂。一般只有又长又重的拉刀才有支托部。

10.7 精密和超精密加工简介

精密加工是指在一定的发展时期，加工精度与表面质量达到较高程度的加工工艺。超精密加工是指在一定的发展时期，加工精度与表面质量达到最高程度的加工工艺。显然在不同的发展时期，精密与超精密加工有不同的标准，其划分只是相对的，会随着科学技术的发展而不断更新。在当今科学技术的条件下，精密加工技术是指加工的尺寸、形状精度在0.1～1μm，表面粗糙度 $R_a \leq 30$nm；超精密加工技术是指加工的尺寸、形状精度在0.1～100nm，表面粗糙度 $R_a \leq 10$nm 的所有加工技术总称。

10.7.1 精密加工

精密加工分为精整加工和光整加工。

精整加工是生产中常用的精密加工，它是指在精加工之后从工件上切除很薄的材料层，以提高工件精度和减小表面粗糙度为目的的加工方法，如研磨和珩磨等。光整加工是指不切除或从工件上切除极薄材料层，以减小工件表面粗糙度为目的的加工方法，如超级光磨和抛光等。

1. 研磨

研磨是在研具与工件之间置以研磨剂，对工件表面进行精整加工的方法。研磨时，研具在一定压力作用下与工件表面之间作复杂的相对运动，通过研磨剂的机械及化学作用，从工件表面上切除很薄的一层材料，从而达到很高的精度和很小的表面粗糙度。

研具的材料应比工件材料软，以便部分磨粒在研磨过程中能嵌入研具表面，对工件表面进行擦磨。研具可以用铸铁、软钢、黄铜、塑料或硬木制造，但最常用的是铸铁研具。因为它适于加工各种材料，并能较好地保证研磨质量和生产效率，成本也比较低。

研具与工件之间作复杂的相对运动，使每颗磨粒几乎都不会在工件表面上重复自己的轨迹，这就有可能保证均匀地切除工件表面上的凸峰，获得很小的表面粗糙度。

研磨方法分手工研磨和机械研磨两种。

手工研磨是人手持研具或工件进行研磨，例如，研磨外圆面时，工件一般装夹在车床卡盘或顶尖上，由主轴带动作低速回转，研具套在工件上，用手推动作往复运动。机械研磨在研磨机上进行。

在现代工业中，常采用研磨作为精密零件的最终加工。例如，在机械制造业中，用研磨精加工精密量块、量规、齿轮、钢球、喷油嘴等零件；在光学仪器制造业中，用研磨精加工镜头、棱镜等零件；在电子工业中，用研磨精加工石英晶体、半导体晶体、陶瓷元件等。

2. 珩磨

珩磨是利用带有油石的珩磨头对孔进行精整加工的方法。图10.80（a）为珩磨加工示意图，珩磨时，珩磨头上的油石以一定的压力压在被加工表面上，由机床主轴带动珩磨头旋转并沿轴向作往复运动（工件固定不动）。在相对运动的过程中，油石从工件表面切除一层极薄的金属，加之油石在工件表面上的切削轨迹是交叉而不重复的网纹，见图 10.80（b）所示，故可获得很高的精度和很小的表面粗糙度。

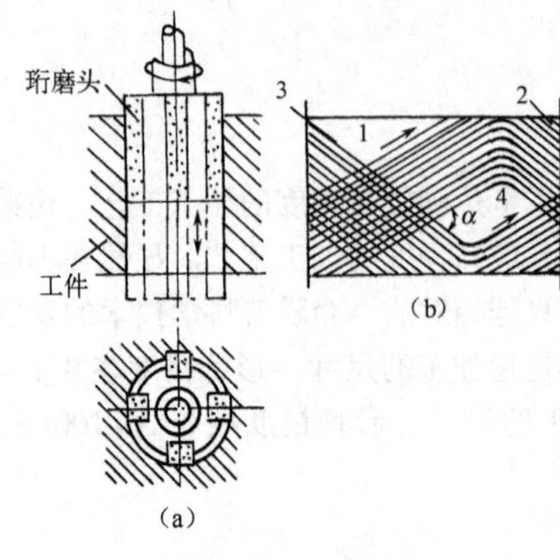

图 10.80 珩磨

为了及时地排出切屑和切削热，降低切削温度和减小表面粗糙度，珩磨时要浇注充分的珩磨液。珩磨铸铁和钢件时，通常用煤油加少量（10% ~ 20%）机油或锭子油作为珩磨液；珩磨青铜等脆性材料时，可以用水剂珩磨液。

在大批量生产中，珩磨在专门的珩磨机上进行。机床的工作循环通常是自动化的，主轴旋转是机械传动，而其轴向往复运动是液压传动。珩磨头油石与孔壁之间的工作压力由机床液压装置调节。在单件小批生产中，常将立式钻床或卧式车床进行适当改装，来完成珩磨加工。

珩磨不仅在大批量生产中应用极为普遍，而且在单件小批生产中应用也较广泛。对于某些零件的孔，珩磨已成为典型的精整加工方法，例如，飞机、汽车、拖拉机等发动机的汽缸、缸套、连杆以及液压油缸、炮筒等的孔均使用珩磨方法。

3. 超级光磨

超级光磨是用装有细磨粒、低硬度油石的磨头，在一定压力下对工件表面进行光整加工的方法。图 10.81 为超级光磨外圆的示意图。加工时，工件旋转（一般工件圆周线速度为 6 ~30m/min），油石以恒力轻压于工件表面，在作轴向进给的同时作轴向微小振动（一般振幅为 1 ~6mm，频率为 5 ~50Hz），从而对工件微观不平的表面进行光磨。

加工过程中，在油石和工件之间注入光磨液（一般为煤油加锭子油），一方面为了冷却、润滑及清除切屑等，另一方面为了形成油膜，以便自动终止切削作用。当油石最初与比较粗糙的工件表面接触时，虽然压力不大，但由于实际接触面积小，压强较大，油石与工件表面之间不能形成完整的油膜，见图 10.82（a），加之切削方向经常变化，油石的自锐作用较好，切削作用较强。随着工件表面被逐渐磨平，以及细微切屑等嵌入油石空隙，使油石表面逐渐平滑，油石与工件接触面积逐渐增大，压强逐渐减小，油石和工件表面之间逐渐形成完整的润滑油膜，见图 10.82（b），切削作用逐渐减弱，经过光整抛光阶段，最后便自动停止切削作用。

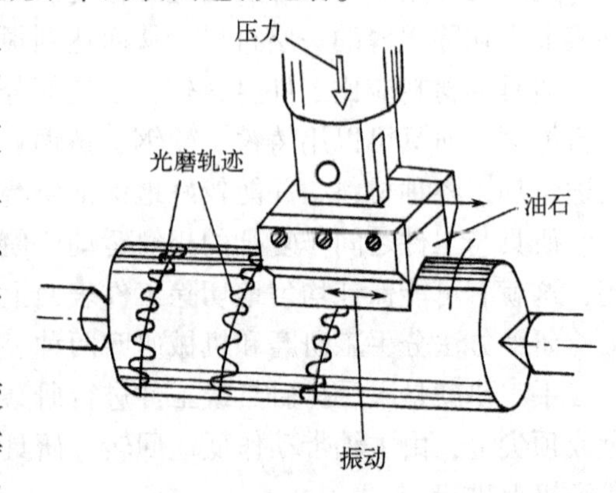

图 10.81 超级光磨外圆

当平滑的油石表面再一次与待加工的工件表面接触时，较粗糙的工件表面将破坏油石表面平滑而完整的油膜，使光磨过程再一次进行。

超级光磨的应用也很广泛，如汽车和内燃机零件、轴承、精密量具等小粗糙度表面常用超级光磨作光整加工，它不仅能加工轴类零件的外圆柱面，而且还能加工圆锥面、孔、平面和球面等。

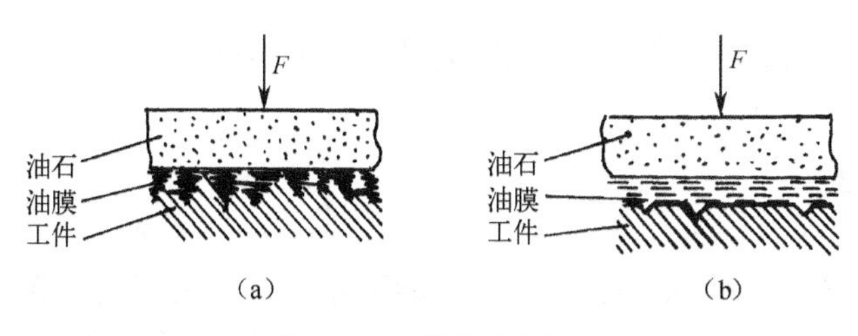

图 10.82　超级光磨过程

4. 抛光

抛光是在高速旋转的抛光轮上涂以磨膏，对工件表面进行光整加工的方法。抛光轮一般是用毛毡、橡胶、皮革、布或压制纸板做成的，磨膏由磨料（氧化铬、氧化铁等）和油酸、软脂等配制而成。

抛光时，将工件压于高速旋转的抛光轮上，在磨膏介质的作用下，金属表面产生的一层极薄的软膜，可以用比工件材料软的磨料切除，而不会在工件表面留下划痕。加之高速摩擦，使工件表面出现高温，表层材料被挤压而发生塑性流动，这样可填平表面原来的微观不平，获得很光亮的表面（呈镜面状）。

综上所述，研磨、珩磨、超级光磨和抛光所起的作用是不同的，抛光仅能提高工件表面的光亮程度，而对工件表面粗糙度的改善并无益处。超级光磨仅能减小工件的表面粗糙度，而不能提高其尺寸和形状精度。研磨和珩磨则不但可以减小工件表面的粗糙度，也可以在一定程度上提高其尺寸和形状精度。

从应用范围来看，研磨、珩磨、超级光磨和抛光都可以用来加工各种各样的表面，但珩磨则主要用于孔的精整加工。

从所用工具和设备来看，抛光最简单，研磨和超级光磨稍复杂，而珩磨则较为复杂。

从生产效率来看，抛光和超级光磨最高，珩磨次之，研磨最低。

实际生产中常根据工件的形状、尺寸和表面的要求，以及批量大小和生产条件等，选用合适的精整或光整加工方法。

10.7.2　超精密加工

根据加工所用的工具不同，超精密加工可以分为超精密切削、超精密磨削和游离磨料抛光等。

超精密切削是指用单晶金刚石刀具进行的超精密加工。因为很多精密零件是用有色金属制成的，难以采用超精密磨削加工，所以只能运用超精密切削加工。

超精密磨削是指用精细修整过的砂轮或砂带进行的超精密加工。它是利用大量等高的磨粒微刃，从工件表面切除一层极微薄的材料来达到超精密加工的。它的生产率比一般超精密切削高，尤其是砂带磨削，生产率更高。

游离磨料抛光是利用一个抛光工具作为参考表画，与被加工表画形成一定大小的间隙，并用一定粒度的磨料和抛光液来加工工件表画。如果加工设备精度较高，加工工具运用恰当，则加工精度可达0.01μm，表画粗糙度 R_a 可达0.005μm，平面度可达0.1μm。游离磨料抛光加工方法有弹性发射加工、液体动力抛光、机械化学抛光、化学机械抛光等。超精密游离磨料抛光的机理是微切削和微塑性流动作用，抛光工具要与被加工表画形成一定大小的间隙，它不但提高被加工表面的质量，而且能提高其几何精度。

10.8 机床夹具

在现代生产中，机床夹具是一种不可缺少的工艺装备，它直接影响着加工的精度、劳动生产率和产品的制造成本等，所以机床夹具在企业的产品设计制造以及生产技术准备中占有极其重要的地位。

10.8.1 夹具的分类

根据夹具的应用范围，大致可分为四类。

1. 通用夹具

通用夹具指已标准化、系列化，可用于加工同一类型不同尺寸工件的夹具。如三爪或四爪卡盘、平口钳、回转工作台、万能分度头、电磁吸盘等。通常这类夹具作为机床附件，由专业工厂制造供应。通用夹具广泛应用于单件小批量生产中。

2. 专用夹具

系指专为某一工件的某道加工工序而设计制造的夹具。当产品更换或工序内容变动后，往往不能再使用。因此，专用夹具适用于产品固定、工艺相对稳定、批量大的加工。

3. 可调夹具

可调夹具指当加工完一种工件后，经过调整或更换个别元件，即可用于另一种工件加工的夹具。其主要用于形状相似、尺寸相近的工件。这类夹具及其相应部件可按加工对象和工艺要求的范围预先制造备存起来，到需用时更换、添置一些零件或略加补充加工即可使用，如滑柱式钻模、带各种钳口的虎钳等，多用于中小批量生产。

4. 组合夹具

在夹具零件、部件完全标准化的基础上，根据积木化原理，针对不同的工件对象和加工要求拼装组合而成的夹具称为组合夹具。此类夹具使用完毕后可拆散并重新装成其他夹具。这种夹具对单件小批量生产和新产品试制尤为适用。

10.8.2 夹具的组成

图 10.83 所示为一简单的钻床夹具（钻模）。图中工件通过内孔和左端面与销柱的外圆及凸肩紧密接触来实现其在夹具上的定位；钻头通过钻套引导获得正确的进给方向，并在工件上钻孔；为使工件在加工过程中不移动，用螺母和开口垫圈把工件压紧；夹具的各个零件都装在夹具体上，形成一个整体。

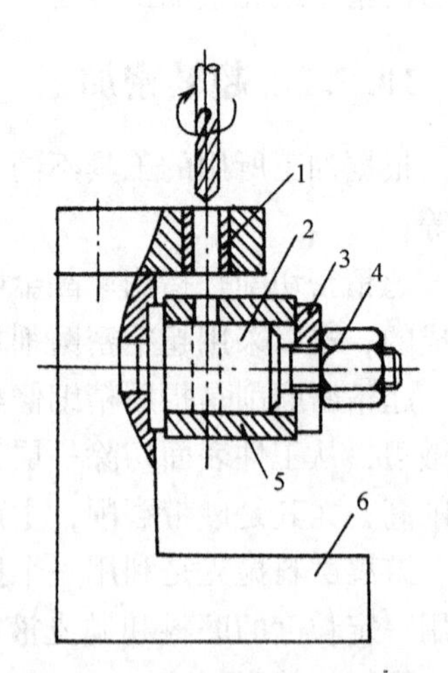

1—钻套；2—销轴；3—开口垫圈；
4—螺母；5—工件；6—夹具体

图 10.83 夹具的组成部分

尽管夹具有不同的种类，结构各异，但其主要组成相似。一副夹具通常由定位元件、夹紧装置、导向装置、夹具体等部分组成。

1. 定位元件

夹具上用来确定工件正确位置的元件称为定位元件。与定位元件相接触的工件表面称为定位表面。图 10.83 中的销轴即为定位元件。

2. 夹紧元件

工件定位后，夹紧元件将其夹紧，以承受切削力等作用的零件。如图 10.83 中的螺母、开口垫圈。

3. 导向元件

用来对刀或引导刀具进入正确加工位置的零件。如图 10.83 中的钻套就是常用的导向元件，其他导向元件还有导向套、对刀块等，钻套用于钻夹具，导向套用于镗床夹具，对刀块主要用于铣床夹具。

4. 夹具体

夹具体是夹具的基础零件，用它来连接定位元件、夹紧元件和导向元件等，使之成为一个整体，通过它将夹具安装在机床上。

根据加工工件的要求，有时还在夹具上设有分度机构、导向键、平衡铁和操作件等。

10.8.3 常用定位元件

夹具上用来定位的常用元件有：

（1）支承钉（见图 10.84）和支承板（见图 10.85）：用于工件以平面定位。

（2）定位销：用于工件以内孔定位（见图 10.86）。

（3）定位套：用于工件以外圆面定位（见图 10.87）。

（4）V 形块：也是用于工件以外圆面定位（见图 10.88）。

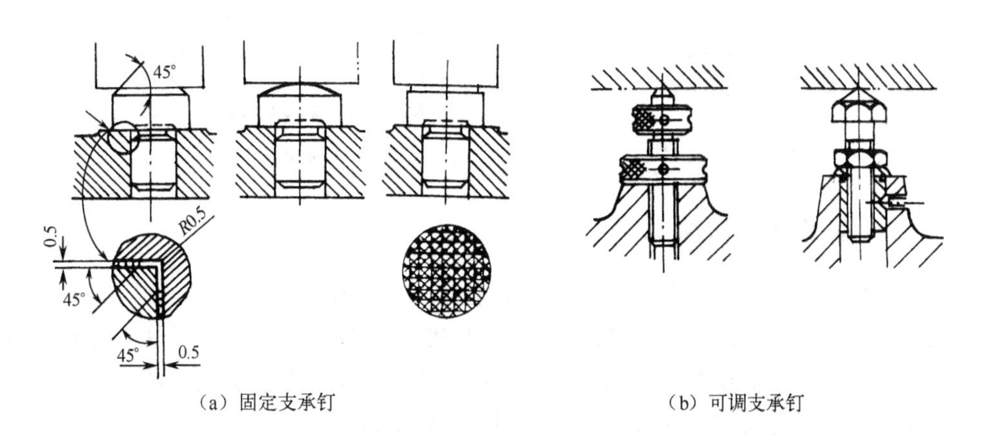

（a）固定支承钉　　（b）可调支承钉

图 10.84　支承钉

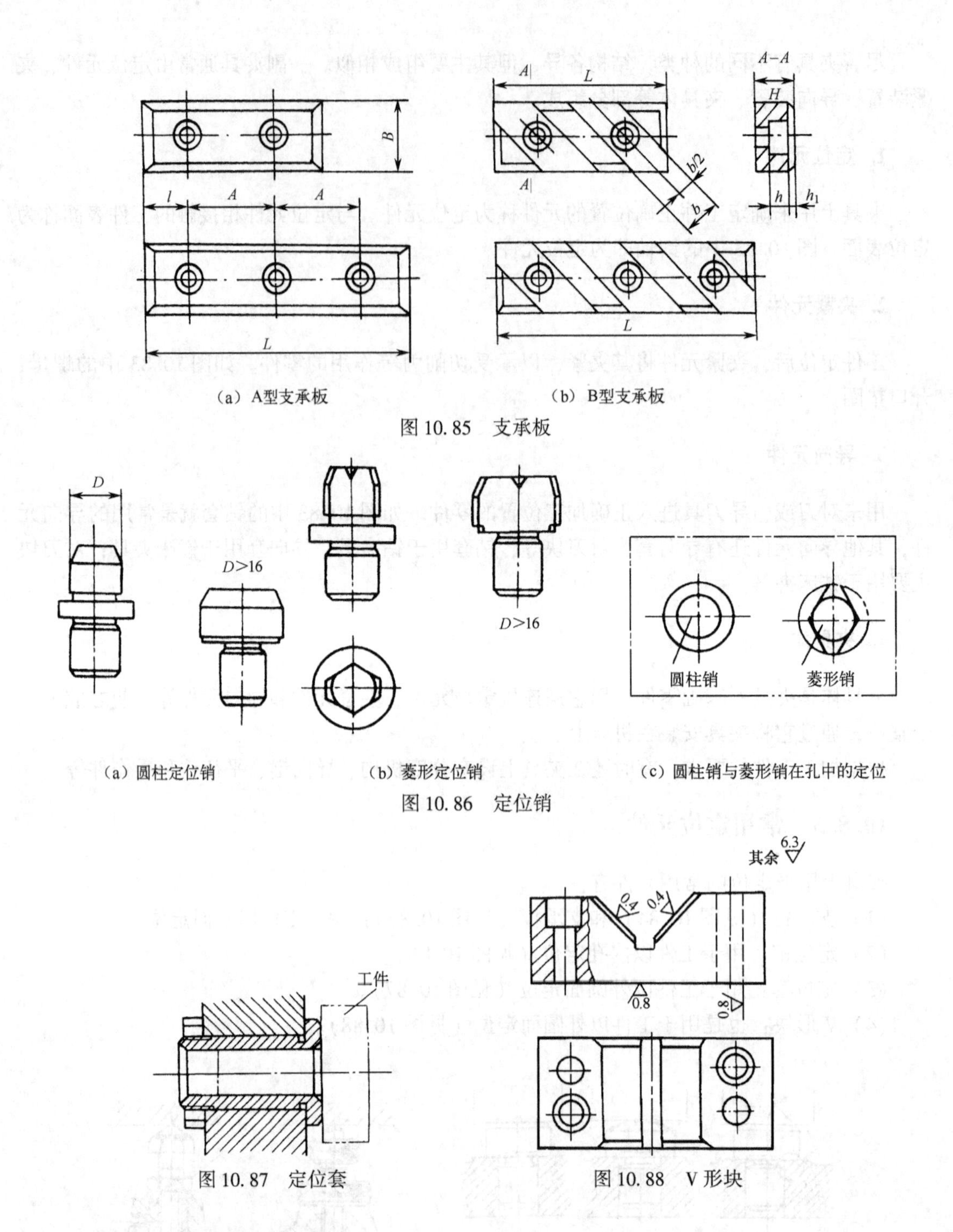

（a）A型支承板　（b）B型支承板

图 10.85　支承板

（a）圆柱定位销　（b）菱形定位销　（c）圆柱销与菱形销在孔中的定位

图 10.86　定位销

图 10.87　定位套

图 10.88　V 形块

10.8.4　常见夹紧机构

常见夹紧机构有机械夹紧装置、动力夹紧装置，如图 10.89 所示。

图 10.89（a）所示为最常见的螺纹压板夹紧机构。螺旋夹紧结构简单，夹紧力大，自锁性好，夹紧可靠，不需要其他辅助装置，制造、使用及维护较为方便，所以在夹具中得到最广泛的应用。但是螺旋夹紧装卸工件的时间长，效率低。

图 10.89（b）所示是偏心轮夹紧机构，它是一种方便、快速的夹紧机构，是利用压紧轮

的工件旋转中心与其几何中心不重合形成的曲边楔形进行夹紧的。偏心轮夹紧机构简单，制造成本低，操作方便，但其夹紧力小，可靠性较低，一般用于无切削振动、切削力小的场合。

机械夹紧装置采用手动夹紧，为了改善劳动条件和提高生产率，在大批量生产中采用气动、液压、电磁等动力夹紧装置代替人力夹紧。图 10.89（b）所示为气动夹紧装置，压缩空气进入汽缸推动活塞向上运动，活塞挺杆端部推动增力杠杆，使其另一端压紧工件。气动夹紧动作迅速，操作方便，但气动夹紧需要有压缩空气气源。液压夹紧靠压力油产生动力，工作原理与气动夹紧相似。与气动夹紧相比，液压夹紧结构紧凑，夹紧力大，工作稳定，噪声小。

电磁夹紧采用电磁吸盘吸附工件实现夹紧。图 10.89（d）所示为电磁卡盘，线圈通电后将导磁工件吸附在吸盘上。电磁夹紧力不大，只宜用于切削力较小的场合。

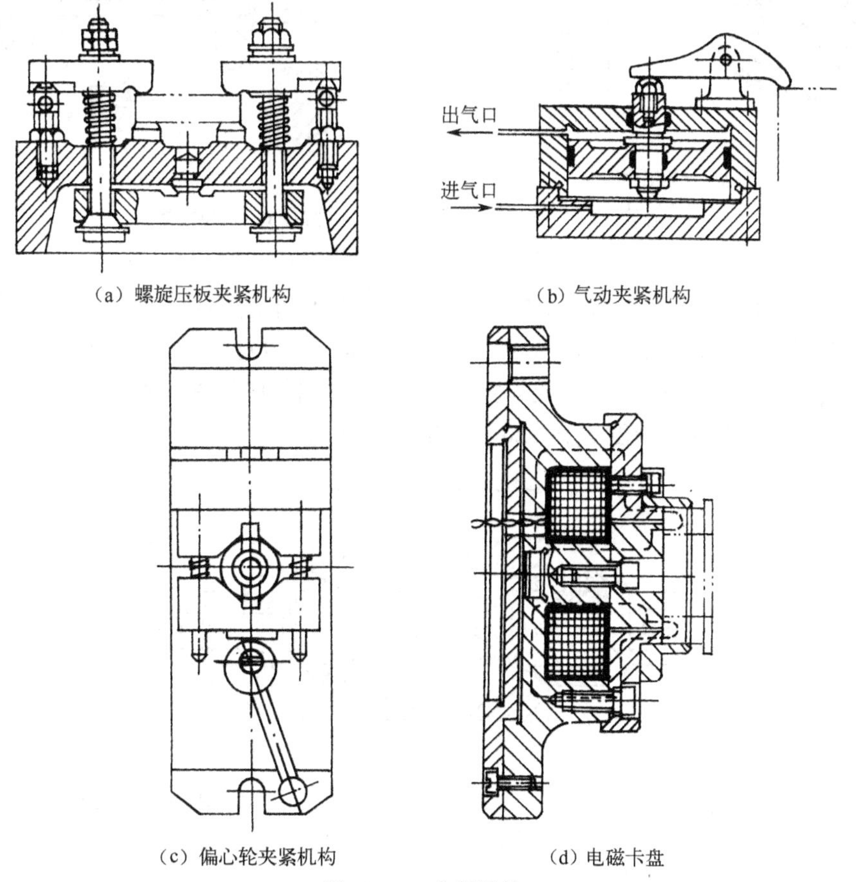

（a）螺旋压板夹紧机构　（b）气动夹紧机构

（c）偏心轮夹紧机构　（d）电磁卡盘

图 10.89　夹紧机构

机床夹具的夹紧机构形式很多，设计夹具时应根据工件的结构形状、加工方法、生产类型等因素确定。

10.8.5　典型机床夹具

1. 车床夹具

车床夹具一般都安装在车床主轴上，加工时夹具随机床主轴一起旋转，切削刀具作进给运动。

车床夹具分为心轴类、角铁式、圆盘式。下面以心轴类车床夹具为例进行介绍。

心轴类车床夹具多用于工件以内孔作为定位基准，加工外圆柱面的情况。常见的车床心轴有圆柱心轴、弹簧心轴、顶尖式心轴等。

图 10.90（a）所示为飞球保持架工序图。本工序的加工要求是车外圆 $\phi 92^{0}_{-0.5}$mm 及两端倒角。图 10.90（b）所示为加工时所使用的圆柱心轴，心轴上装有定位键 3，工件以 ϕ33mm孔、一端面及槽的侧面作为定位基准定位，每次装夹 22 件，每隔一件装一垫套，以便加工倒角 0.5°～45°。旋转螺母 7，通过快换垫圈 6 和压板 5 将工件夹紧。

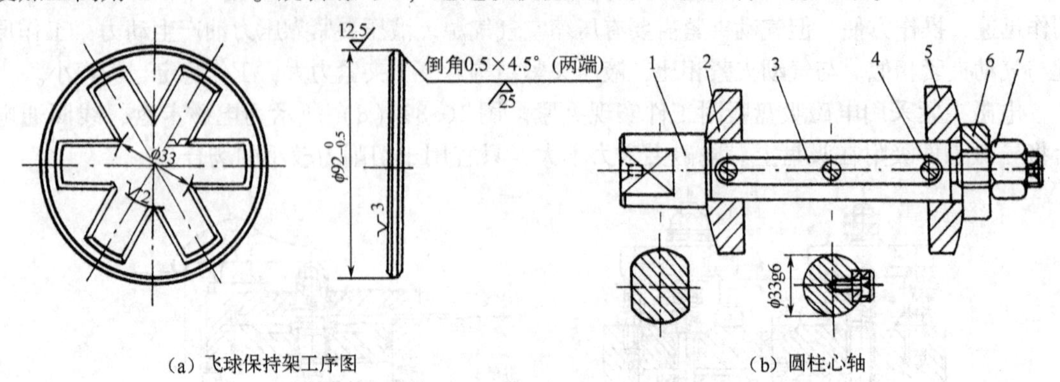

（a）飞球保持架工序图　　（b）圆柱心轴

1—心轴；2、5—压板；3—定位键；4—螺钉；6—快换垫圈

图 10.90　飞球保持架工序图及其心轴

图 10.91 所示为顶尖式心轴，工件以孔口 60°角定位车削外圆表面。当旋转螺母 6，活动顶尖套 4 左移，从而使工件定心夹紧。顶尖式心轴的结构简单，夹紧可靠，操作方便，适用于加工内、外圆无同轴度要求，或只需加工外圆的套筒类零件。被加工工件的内径 d_s 一般在 32～110mm 范围内，长度 L_s 在 120～780mm 范围内。

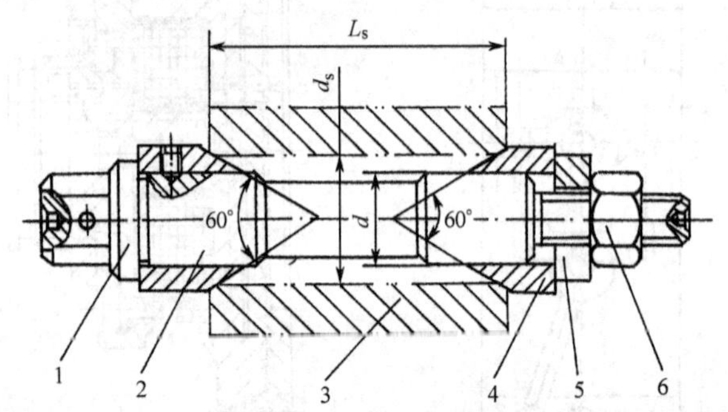

1—心轴；2—固定顶尖套；3—工件；4—活动顶尖套；5—快换垫圈；6—螺母

图 10.91　顶尖式心轴

2. 铣床夹具

铣床夹具主要用于加工零件上的平面、沟槽、缺口、花键以及成形面等。按照铣削时进给方式，通常将铣床夹具分为三类：直线进给式、圆周进给式及靠模铣床夹具。其中直线进给式铣床夹具用得最多。

以直线进给式为例，这类夹具安装在铣床工作台上，随工作台一起作直线进给运动。按照在夹具上装夹工件的数目，它可分为单件夹具和多件夹具。多件夹具广泛用于成批生产或大量生产的中、小零件加工，它可按先后加工、平行加工，或平行—先后加工等方式设计铣床夹具，以节省切削的基本时间或使切削的基本时间重合。

图 10.92 所示为轴端铣方头夹具，采用平行对向式多位联动夹紧结构，旋转夹紧螺母

6，通过球面垫圈及压板 7 将工件压在 V 形块上。四把三面刃铣刀同时铣完两侧面后，取下楔块 5，将回转座 4 转过 90°，再用楔块 5 将回转座定位并锁紧，即可铣工件的另两个侧面。该夹具在一次安装中完成两个工位的加工，在设计中采用了平行 - 先后加工方式，既节省切削基本时间，又使铣削两排工件表面的基本时间重合。

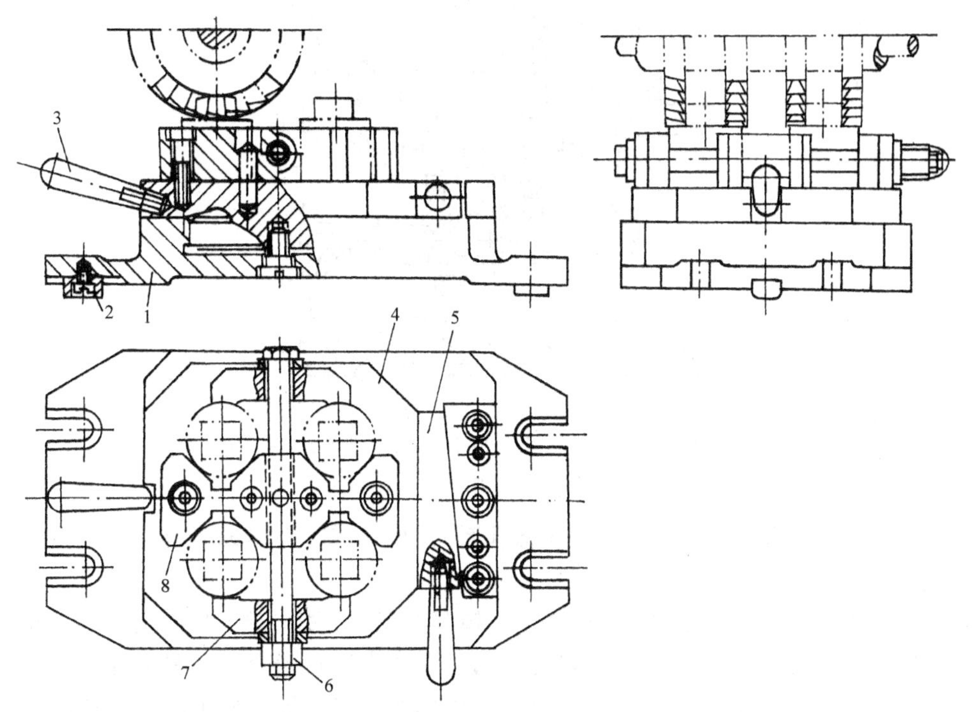

1—夹具体；2—定位键；3—手柄；4—回转座；5—楔块；6—螺母；7—压板；8—V 形块

图 10.92　轴端铣方头夹具

3. 钻削夹具

在钻床上进行孔的钻、扩、铰、锪、攻螺纹加工所用的夹具，称为钻床夹具。钻床夹具用钻套引导刀具进行加工，有利于保证被加工孔对其定位基准和各孔之间的尺寸精度和位置精度，并可显著提高劳动生产率。

钻床夹具的种类繁多，一般分为固定式、回转式、移动式、翻转式、盖板式和滑柱式等几种类型。

以回转式钻模为例。在钻削加工中，回转式钻模使用较多，它用于加工同一圆周上的平行孔系，或分布在圆周上的径向孔。它包括立轴回转、卧轴回转和斜轴回转三种基本型式。由于回转台已经标准化，并有专业化工厂进行生产，故回转式夹具的设计，在一般情况下可设计专用的工作夹具和标准回转台联合使用，但必要时应设计专用的回转式钻模。图 10.93 所示为一套专用回转式钻模，用其可加工工件上均布的径向孔。该钻模各组成部分的结构可自行分析。

4. 镗床夹具

镗床夹具又称镗模，主要用于加工箱体、支座等零件上的孔或孔系。在镗床夹具上，通常布置镗套以引导镗杆进行镗孔。采用镗模，可以加工出有较高精度要求的孔或孔系。因此，镗模不仅广泛用于一般镗床和组合机床上，也可通过使用镗床夹具来扩大车床、摇臂钻床的工艺范围而进行镗孔。

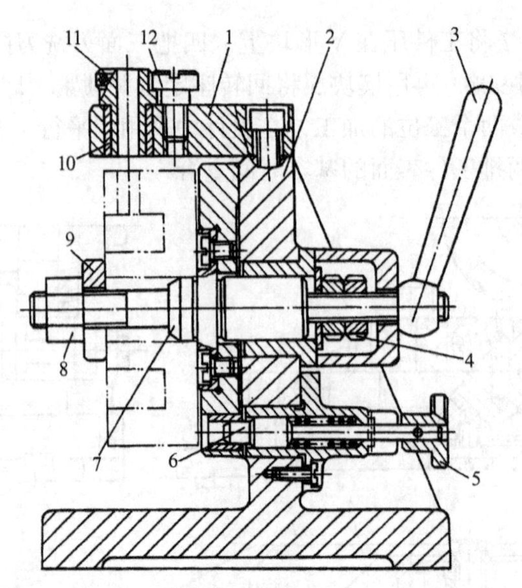

1—钻模板；2—夹具体；3—手柄；4、8—螺母；5—把手；6—对定销；7—圆柱销；9—快换垫圈；10—衬套；11—钻套；12—螺钉

图 10.93　专用回转式钻模

镗模虽与钻模有相同之处，但由于箱体孔系的加工精度一般要求较高，因此镗模本身的制造精度比钻模高得多。

图 10.94 所示为镗削车床尾座孔的镗模。镗模上有两个引导镗刀杆的支承，并分别设置在刀具的前方和后方，镗刀杆 10 和主轴之间通过浮动接头 11 连接。工件以底面、槽及侧面在定位板 3、4 及可调支承 7 上定位，限制了工件的 6 个自由度。采用联动夹紧机构，拧紧夹紧螺钉 6，压扳 5、8 便同时将工件夹紧。镗模支架 1 上装有滚动回转镗套 2，用以支承和引导镗杆。镗模以底面 *A* 安装在机床工作台上，其位置用 *B* 面找正。

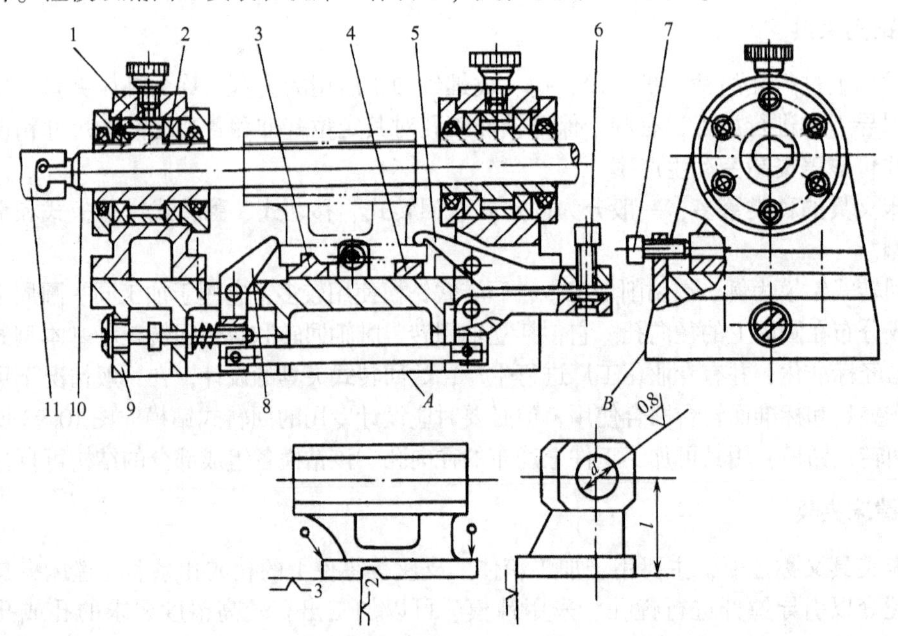

1—支架；2—镗套；3、4—定位板；5、8—压板；6—夹紧螺钉；7—可调支承；9—镗模底座；10—镗刀杆；11—浮动接头

图 10.94　车床尾座孔镗模

由图10.94可知，一般镗模由下列四部分组成：

（1）定位元件。

（2）夹紧装置。

（3）导向装置（镗套和镗模支架等）。

（4）镗模底座。

习　题　10

一、填空题

10.1　车削加工主要用来加工________的零件，还可进行________、________、________、________、________、________等工作。

10.2　铣削加工是对________、________加工的最基本方法。铣削加工时，________是主运动，________沿坐标方向的________运动或________运动是进给运动。

10.3　铰孔适用于孔的________及________，铰削不适合加工________和________的材料。

10.4　砂轮的特性由________、________、________、________、________五个参数决定。

10.5　用展成法原理加工齿轮的方法有________、________、________、________、________、________。

10.6　拉削加工是一种只有________运动而没有________运动的加工方式，在拉床上经过________行程，可完成工件表面的粗精加工。

二、选择题

10.7　切断车刀主要用来切断工件或车削外圆表面上的圆环形沟槽，有________主切削刃，________副切削刃。

A. 1个，1个　　B. 1个，2个　　C. 2个，1个　　D. 2个，2个

10.8　贯穿法无心外圆磨削适于加工________的工件。

A. 没有中心　　B. 阶梯轴　　C. 无阶梯的圆柱形　　D. 圆锥形

10.9　________时，铣刀刀齿容易磨损，会增大工件表面粗糙度值，易引起振动，需较大夹紧力。

A. 顺铣　　B. 逆铣　　C. 对称铣　　D. 不对称铣

10.10　四爪卡盘的四个爪是________运动的。

A. 先后________　　B. 同步________　　C. 连续________　　D. 独立

10.11　在龙门刨床上刨削时________的运动是主运动。

A. 滑枕　　B. 刀具　　C. 工作台　　D. 工件

10.12　组合夹具尤其适用于________。

A. 单件小批生产　　B. 大批量生产

C. 中小批量生产　　D. 单件小批生产和新产品试制

三、综合题

10.13　卧式车床、立式车床、转塔车床和自动车床各适用于什么场合？加工何种零件？

10.14　车床镗孔与镗床镗孔在使用方面有什么不同？

10.15　用标准麻花钻钻孔，为什么精度低且表面粗糙？比较麻花钻、扩孔钻、铰刀其结构上有何异同？扩孔和铰孔为什么能达到较高的精度和较小的表面粗糙度？

10.16　台式钻床、立式钻床和摇臂钻床各适用于什么场合？

10.17　镗孔与钻、扩、铰孔比较，有何特点？

10.18　一般情况下，刨削的生产率为什么比铣削低？

10.19　用周铣法铣平面时，从理论上分析，顺铣比逆铣有哪些优点？实际生产中，目前多采用哪种铣

削方式？为什么？

10.20　成批和大量生产中，铣削平面常采用端铣法还是周铣法？为什么？

10.21　铣削为什么比其他加工方法容易产生振动？

10.22　既然砂轮在磨削过程中有自锐作用，为什么还要进行修整？

10.23　为何磨削加工一般作为工件的终加工？磨削为何能够达到较高的精度和较小的表面粗糙度？

10.24　加注切削液，对于磨削比对一般切削加工更为重要，为什么？

10.25　磨孔远不如磨外圆应用广泛，为什么？

10.26　加工要求精度高、表面粗糙度小的紫铜或铝合金轴件外圆时，应选用哪种加工方法？为什么？

10.27　在车床上钻孔或在钻床上钻孔，由于钻头弯曲都会产生“引偏”，它们对所加工的孔有何不同影响？在随后的精加工中，哪一种比较容易纠正？为什么？

10.28　若用周铣法铣削带黑皮铸件或锻件上的平面，为减少刀具磨损，应采用顺铣还是逆铣？为什么？

10.29　拉削加工的质量好，生产率高，为什么在单件小批生产中却不宜采用？

10.30　齿轮的齿形加工有成形铣削、插齿、滚齿等形式，试比较这些方法的应用。

10.31　对于提高加工精度来说，研磨、珩磨、超级光磨和抛光的作用有何不同？为什么？

10.32　特种加工有哪些方法？各有何特点？下列结构采用哪种方式加工较为合适？

硅晶体片 冲裁模内腔 塑料成形模内腔 化纤喷丝嘴小孔

10.33　铣床夹具分为哪几种类型？各有何特点？

10.34　钻套分为哪几种？各用于什么场合？

10.35　简述常用车床夹具的结构特点。

第四篇　机械制造工艺设计

第 11 章　机械制造过程概述

11.1　机械制造过程

11.1.1　生产过程和工艺过程

1. 生产过程

机械产品的生产过程是将原料转变为成品的全过程，它一般包括原材料的运输和保管、生产技术准备、毛坯制造、机械加工、热处理、产品的装配、机器的质量检验和调试、喷漆包装等工作。这些环节之间的相互关系可由图 11.1 来表示。

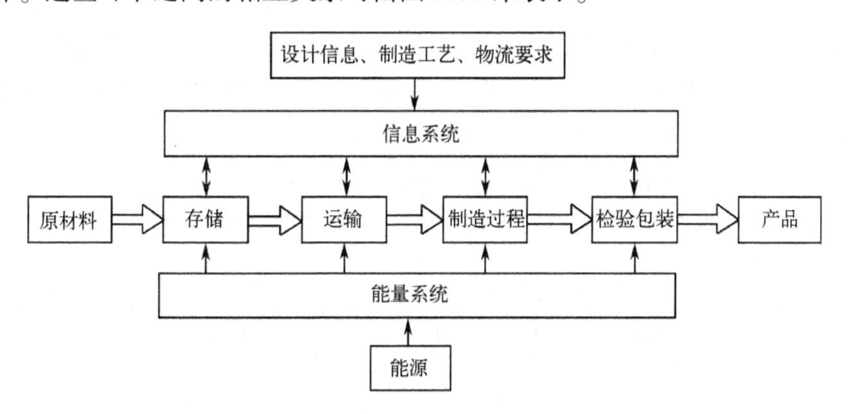

图 11.1　机械制造生产过程的构成

2. 工艺过程

工艺过程是指生产过程中直接改变生产对象的形状、尺寸、相对位置和性质等，使其成为成品或半成品的过程。例如，毛坯的制造成形（铸造、锻压、焊接等）、零件的机械加工、热处理、表面处理、部件和产品的装配等均为机械制造工艺过程，简称工艺过程。

工艺过程是生产过程的主要组成部分，其中零件的机械加工是采用合理有序安排的各种加工方法逐步地改变毛坯的形状、尺寸和表面质量使其成为合格零件的过程，这一过程称为机械加工工艺过程。部件和产品的装配是采用按一定顺序布置的各种装配工艺方法，把组成产品的全部零部件按设计要求正确地结合在一起、形成产品的过程，这就是机械装配工艺过程。

对于同一个零件或产品，其加工工艺过程或装配工艺过程可以是各种各样的，但对于确定的条件，可以有一个最为合理的工艺过程。在企业生产中，把合理的工艺过程以文件的形式规定下来，作为指导生产过程的依据，这一文件称为工艺规程。根据工艺的内容不同，工艺规程可有机械加工工艺规程、机械装配工艺规程等多种形式。

11.1.2 机械加工工艺过程的组成

机械加工工艺过程是由一个或若干个顺序排列的工序组成，而工序又可分为安装、工位、工步和行程。

1. 工序

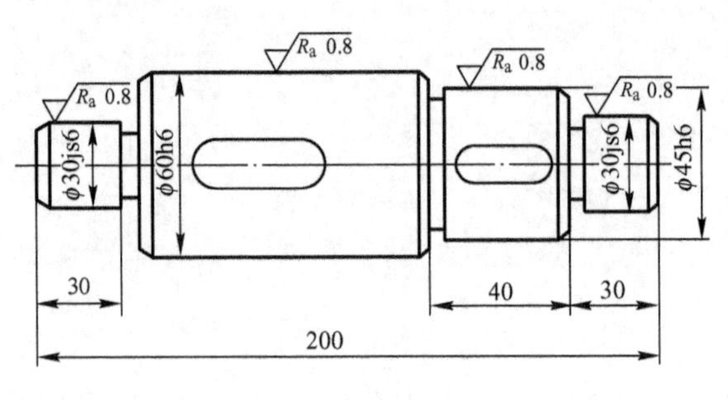

图 11.2 阶梯轴简图

一个或一组工人，在一个工作地点对同一个或同时对几个工件所连续完成的那一部分工艺过程，称为工序。工序是构成工艺过程和制定生产计划的基本单元。划分工序的主要依据是设备（或工作地点）是否变动和加工是否连续，若改变其中任意一个就构成另一个工序。例如，图 11.2 所示的阶梯轴，当单件小批量生产时，其加工工艺及工序划分如表 11–1 所示。当中批量生产时，其工序划分如表 11 – 2 所示。按表 11–1 的工序 2，如先车一个工件的一端，然后调头装夹，再车另一端，其工作地未变，而工件也没有停放，加工是连续完成，所以说是一个工序。而表 11–2 工序 2 和 3，先车好一批工件的一端，然后调头再车这批工件的另一端，这时对每个工件来说两端加工已不连续，所以即使在同一台车床上加工也应算作两道工序。

表 11–1 阶梯轴加工工艺过程（单件小批量生产）

工 序 号	工序内容	设 备
1	车端面打中心孔，调头车另一端面打中心孔	车床
2	车大端外圆、车槽和倒角，调头车小端外圆、车槽和倒角	车床
3	铣键槽、去毛刺	铣床
4	磨外圆	磨床
5	终检	

表 11–2 阶梯轴加工工艺过程(中批量生产)

工序号	工序内容	设 备	工序号	工序内容	设 备
1	两边同时铣端面、钻中心孔	铣端面、钻中心孔机床	5	去毛刺	钳工台
2	车一端外圆、车槽、倒角	车床	6	磨外圆	磨床
3	车另一端外圆、车槽、倒角	车床	7	终检	
4	铣键槽	铣床			

工序是组成工艺过程的基本单位，也是生产计划的基本单元。由工序数知道工作面积的大小、工人人数和设备数量，所以工序是非常重要的，是工厂设计中的重要资料。

2. 安装

在一个加工工序中，有时需要对零件进行一次或多次装夹才能完成加工，工件经一次装夹后所完成的那一部分工序称为安装。如表 11 – 1 工序 2，要进行两次装夹，先装夹工件一端，车大端外圆、车槽及倒角，称为安装 1；再调头装夹工件，车另一端外圆、车槽及倒角，称为安装 2。

在部分生产中，应尽量减少安装次数，因为多一次安装，不仅会增加安装的时间，还会增加安装误差。

3. 工位

为了减少工件的安装次数，常采用各种回转工作台、回转夹具或移动夹具，使工件在一次安装中，先后处于几个不同的位置进行加工，这样，不仅缩短了装夹工件的时间，而且提高了生产效率。为完成一定的工序内容，一次装夹工件后，工件与夹具或机床的可动部分相对刀具或机床的固定部分所占据的每一个位置，称为工位。如图 11.3 所示，利用回转工作台在一次安装中顺次完成装卸工件、钻孔、扩孔和铰孔四工位加工实例。

4. 工步

在加工表面和加工刀具都不变的情况下，所连续完成的那一部分工序称为工步。一个工序可以包括一个或多个工步。如表 11–1 中的工序 1，每个安装中都有车端面、钻中心孔两个工步。

为简化工艺过程，习惯上将那些一次安装中连续进行的若干相同的工步看作是一个工步。例如，图 11.4 所示的零件，在同一工序中连续钻四个 ϕ15mm 的孔，就可看作一个工步。

为了提高生产率，用几把刀具同时加工几个表面的工步，称为复合工步，如图 11.5 所示。在工艺文件中，复合工步应视为一个工步。

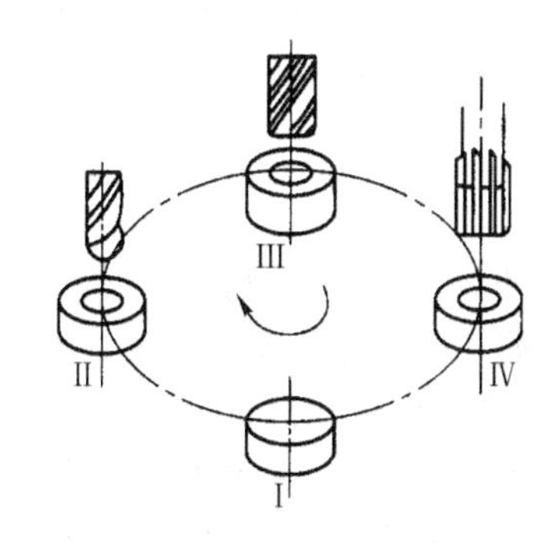

图 11.3　多工位加工

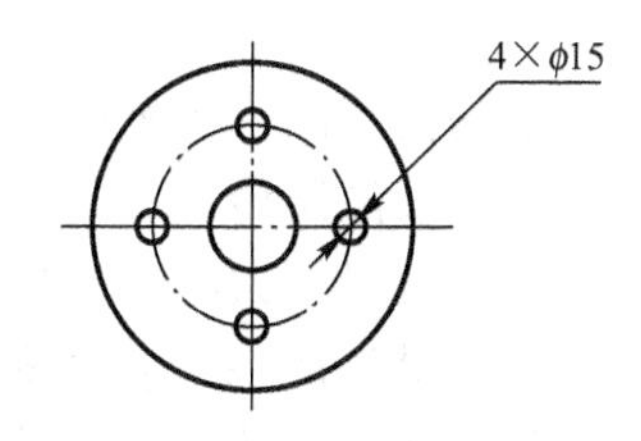

图 11.4　简化相同工步的实例

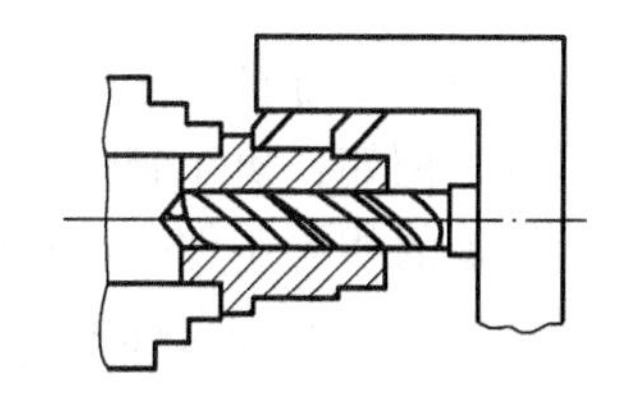
图 11.5　复合工步实例

5. 行程（走刀）

在一个工步中，由于余量较大或其他原因，需要用同一把刀具对同一表面进行多次切削，这样，刀具对工件每切削一次就称为一次行程（走刀）。如表 11–2 工序 4，铣键槽余量很大，宜分成二次行程完成。

11.2 生产纲领、生产类型及其工艺特征

各种机械产品的结构、技术要求不同，但其制造工艺则存在着很多共同的特征，这些共同的特征取决于企业的生产类型，而生产类型又由生产纲领决定。

11.2.1 生产纲领

生产纲领是指企业在计划期内应当生产的产品产量和进度计划。计划期常定为一年，所以生产纲领也称为年产量。

零件的生产纲领要计入备品和废品的数量，可按下式计算：

$$N = Qn(1+\alpha)(1+\beta)$$

式中，N——零件的年产量（件/年）；

Q——产品的年产量（台/年）；

n——每台产品中该零件数量（件/台）；

α——备品的百分率，一般为3%～5%；

β——废品的百分率，一般为1%～5%。

11.2.2 生产类型

根据生产钢领的大小和产品品种的多少，一般生产类型分为三种类型。

1. 单件生产

产品的品种繁多，而每个品种数量较少，各工作地加工对象很少有重复生产。例如，新产品试制、专用设备制造、重型机械制造、大型船舶制造等，都属于单件生产。

2. 大量生产

产品的品种少，产量大，大多数工作地点长期进行某种零件的某道工序的重复加工。例如，汽车、拖拉机、手表、轴承的制造，常属于大量生产。

3. 成批生产

一年中分批轮流地制造若干种不同的产品，每种产品有一定的数量，生产对象周期性地重复，例如，机床制造、一般光学仪器及液压传动装置等的生产属于成批生产类型。而每批所制造的相同零件的数量称为批量。按批量的大小和产品的特征，成批生产又可分为小批生产、中批生产和大批生产三种情况。小批生产在工艺方面接近单件生产，二者常相提并论，称为单件小批生产；大批生产在工艺特征方面接近于大量生产，常合称为大批大量生产；中批生产的工艺特征介于单件生产和大批生产之间。

生产类型不同，其零件的加工工艺、所用设备及工艺装备、对工人的技术要求等工艺特点也有所不同。

随着技术进步和市场需求的变化，生产类型的划分正在发生着深刻的变化，传统的大批大量生产，往往不能适应产品及时更新换代的需要，而单件小批生产的生产效率又跟不上市场需求，因此，各种生产类型的企业既要适应多品种生产的要求，又要提高经济效益。因

而，推行成组技术，采用数控机床、柔性制造系统和计算机集成制造系统等现代化的生产手段和方式，实现机械产品多品种、中小批量生产的自动化，是当前机械制造工艺的重要发展方向。

各种生产类型的生产纲领及工艺特点如表 11–3 所示。表 11–3 中轻型、中型和重型零件划分可参考表 11–4 确定。

表 11–3 各种生产类型的生产纲领及工艺特点 单位：件

纲领及特点＼生产类型		单件生产	成批生产			大量生产
			小批	中批	大批	
产品类型	重型零件	<5	5～100	100～300	300～1000	>1000
	中型零件	<20	20～200	200～500	500～5000	>5000
	轻型零件	<100	100～500	500～5000	5000～50000	>50000
工艺特点	毛坯的制造方法及加工余量	自由锻造，木模手工造型；毛坯精度低，余量大		部分采用模锻、金属模造型；毛坯精度及余量中等	广泛采用模锻、机器造型等高效方法；毛坯精度高、余量小	
	机床设备及机床布置	通用机床按机群式排列；部分采用数控机床及柔性制造单元		通用机床和部分专用机床及高效自动机床；机床按类别分工段排列	广泛采用自动机床、专用机床，采用自动线或专用机床流水线排列	
	夹具及尺寸保证	通用夹具，标准附件或组合夹具；划线试切保证尺寸		通用夹具，专用或成组夹具；定程法保证尺寸	高效专用夹具；定程及自动测量控制尺寸	
	刀具、量具	通用刀具，标准量具		专用或标准刀具、量具	专用工具、量具，自动测量	
	零件的互换性	配对制造，互换性低，多采用钳工修配		多数互换，部分试配或修配	全部互换，高精度偶件采用分组装配、配磨	
	工艺文件的要求	编制简单的工艺过程卡片		编制详细的工艺规程及关键工序的工序卡片	编制详细的工艺规程、工序卡片、调整	
	生产率	采用传统加工方法，生产率低，用数控机床可提高生产率		中等	高	
	成本	较高		中等	低	
	对工人的技术要求	需要熟练的技术工人		需要一定熟练程度的技术工人	对操作工人的技术要求较低，对调整工人的技术要求较高	
	发展趋势	采用成组工艺、数控机床、加工中心及柔性制造单元		采用成组技术，用柔性制造系统或柔性自动线	用计算机控制的自动化制造系统、车间或无人工厂，实现自适应控制	

表 11–4 不同机械产品的零件质量型别

机械产品类别	零件的质量（kg）		
	轻型零件	中型零件	重型零件
电子机械	≤4	>4～30	>30
机床	≤15	>15～50	>50
重型机械	≤100	100～2000	>2000

目前，我国机械工业中单件小批生产的零件占多数，随着科学技术的发展和市场需求的变化及竞争的加剧，产品更新换代的周期越来越短，多品种小批生产的趋势还会不断增长。

11.3 工件的定位、安装与基准

11.3.1 工件的定位

工件在加工之前，相对于机床或刀具需占有准确的位置，这个过程称为定位。

1. 六点定位原理

众所周知，一个自由刚体在空间直角坐标系中，有六个自由度，即沿三个坐标轴的移动，记作$\overset{\leftrightarrow}{x}$、$\overset{\leftrightarrow}{y}$、$\overset{\leftrightarrow}{z}$；绕三个坐标轴的转动，记作$\overset{\frown}{x}$、$\overset{\frown}{y}$、$\overset{\frown}{z}$。要使工件在空间处于相对固定不变的位置，就必须限制其六个自由度。限制方法如图 11.6 所示，用相当于六个支承点的定位元件与工件的定位基面接触来限制。此时：

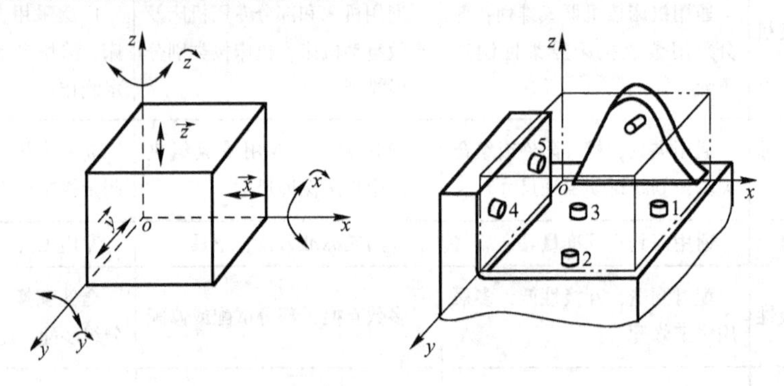

图 11.6 工件在空间的自由度与六点定位原理

在 XOY 平面内，用三个支承点限制了$\overset{\frown}{x}$、$\overset{\frown}{y}$、$\overset{\leftrightarrow}{z}$三个自由度，该平面也称为支承面。

在 YOZ 平面内，用两个支承点限制了$\overset{\leftrightarrow}{x}$、$\overset{\frown}{z}$两个自由度，该平面称为导向面。

在 XOZ 平面内，用一个支承点限制了$\overset{\leftrightarrow}{y}$一个自由度，该平面称为承挡面。

上述用六个支承点限制工件六个自由度的方法，称为六点定位原理。

2. 完全定位与不完全定位

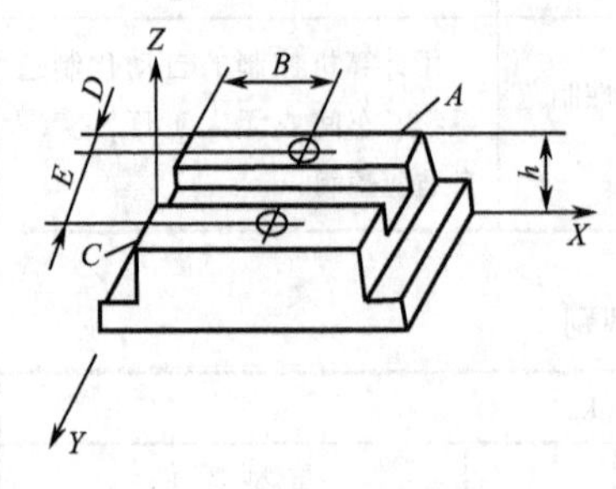

图 11.7 工件的定位要求

工件定位时应限制的自由度数，完全由工件在该工序的加工要求所决定。如图 11.7 所示的工件，要求其顶面加工后与底面的距离为 h，则按此要求只须限制$\overset{\frown}{x}$、$\overset{\frown}{y}$、$\overset{\leftrightarrow}{z}$三个自由度。如果要求在顶面铣一个槽，要求其侧面和底面平行于工件的侧面和底面，且此槽与侧面和底面还有一定的距离要求，那么除了消除以上三个自由度外，还须限制$\overset{\leftrightarrow}{y}$、$\overset{\frown}{z}$两个自由度。若在工件上钻如图 11.7 所示的两个孔，就必须限制工件的六个自由度。

当工件的六个自由度全部被限制时，该定位称为完全定位；当限制的自由度数少于六个时，则称为不完全定位。

表 11–5　常见典型定位方式及定位元件所限制的自由度

定位面		夹具的定位元件			
工件的平面	支承钉	定位情况	一个支承钉	两个支承钉	三个支承钉
		图示	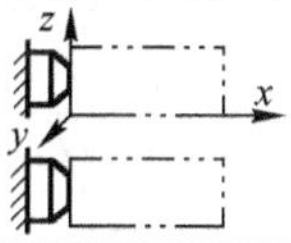	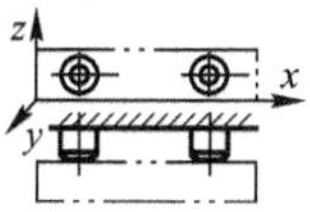	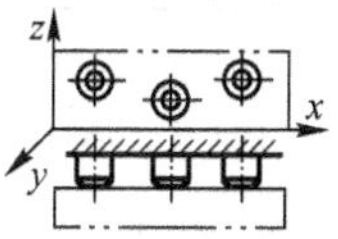
		限制的自由度	$\vec{X}$	$\vec{Y}$　$\overset{\frown}{Z}$	$\vec{Y}$　$\overset{\frown}{Z}$　$\overset{\frown}{Y}$
	支承板	定位情况	一块条形支承板	两块条形支承板	矩形支承平板
		图示	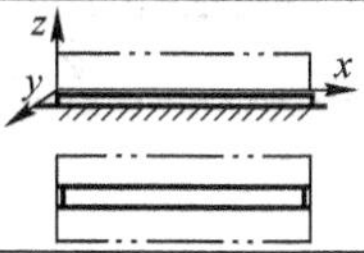	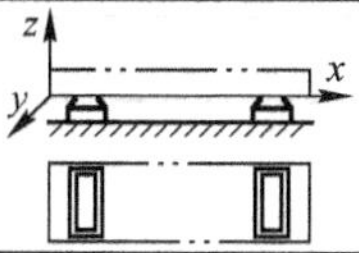	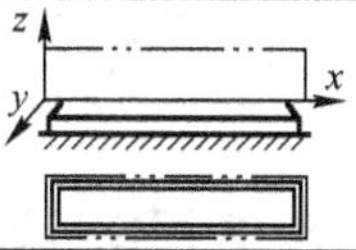
		限制的自由度	$\vec{Z}$　$\overset{\frown}{Y}$	$\vec{Z}$　$\overset{\frown}{X}$　$\overset{\frown}{Y}$	$\vec{Z}$　$\overset{\frown}{X}$　$\overset{\frown}{Y}$
工件的内孔	柱销	定位情况	短圆柱销	长圆柱销	菱形销
		图示	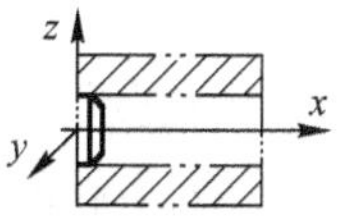	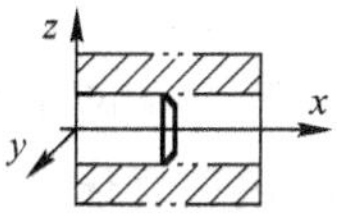	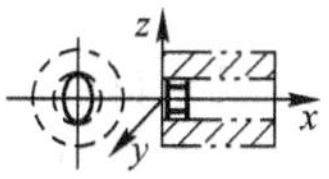
		限制的自由度	$\vec{Y}$　$\vec{Z}$	$\vec{Y}$　$\vec{Z}$　$\overset{\frown}{Y}$　$\overset{\frown}{Z}$	$\vec{Z}$
	心轴	定位情况	短圆柱心轴	长圆柱心轴	圆锥心轴
		图示	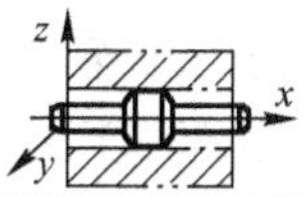	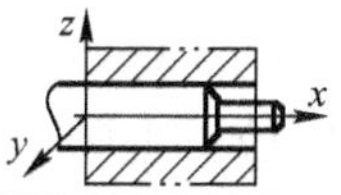	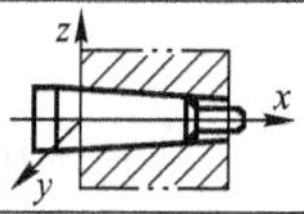
		限制的自由度	$\vec{Y}$　$\vec{Z}$	$\vec{Y}$　$\vec{Z}$　$\overset{\frown}{Y}$　$\overset{\frown}{Z}$	$\vec{X}$　$\vec{Y}$　$\vec{Z}$　$\overset{\frown}{Y}$　$\overset{\frown}{Z}$
	圆锥销	定位情况	圆锥销	单顶尖	双顶尖
		图示	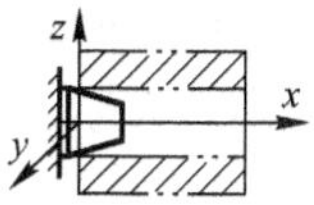	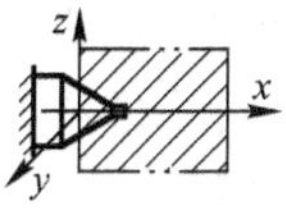	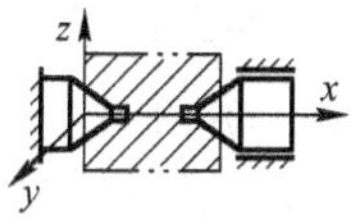
		限制的自由度	$\vec{X}$　$\vec{Y}$　$\vec{Z}$	$\vec{X}$　$\vec{Y}$　$\vec{Z}$	$\vec{X}$　$\vec{Y}$　$\vec{Z}$　$\overset{\frown}{Y}$　$\overset{\frown}{Z}$
工件的外圆柱面	V 型块	定位情况	短 V 型块	长 V 型块	
		图示	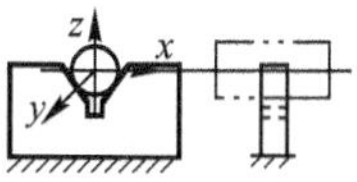	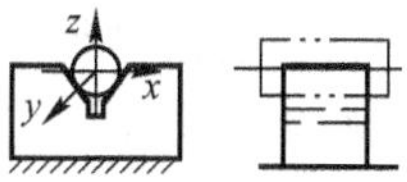	
		限制的自由度	$\vec{Y}$　$\vec{Z}$	$\vec{Y}$　$\vec{Z}$　$\overset{\frown}{Y}$　$\overset{\frown}{Z}$	
	圆套	定位情况	短圆套	长圆套	
		图示	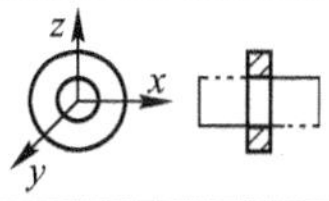	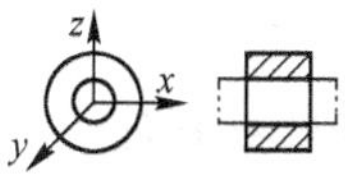	
		限制的自由度	$\vec{Y}$　$\vec{Z}$	$\vec{Y}$　$\vec{Z}$　$\overset{\frown}{Y}$　$\overset{\frown}{Z}$	
	锥套	定位情况	单圆锥套	双圆锥套	
		图示	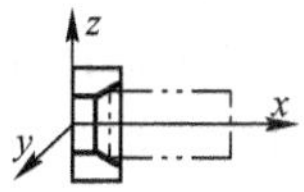	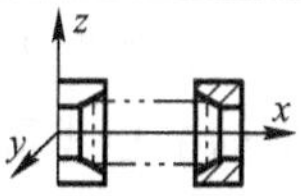	
		限制的自由度	$\vec{X}$　$\vec{Y}$　$\vec{Z}$	$\vec{X}$　$\vec{Y}$　$\vec{Z}$　$\overset{\frown}{Y}$　$\overset{\frown}{Z}$	

续表

定位面			夹具的定位元件
工件的一面两孔	一面两销	定位情况	一平面、一圆柱销、一菱形销（削边销）
		图示	
		限制的自由度	$\vec{X}$ $\vec{Y}$ $\vec{Z}$ $\widehat{X}$ $\widehat{Y}$ $\widehat{Z}$

3. 欠定位与过定位

根据工件加工要求必须限制的自由度没有得到限制的定位，称为欠定位。欠定位是不允许的。

如果工件的某一自由度同时被两个或两个以上的支承点限制的定位，称为过定位或重复定位。过定位是否允许，应根据具体情况分析。一般情况下，以毛坯面作为定位面时，过定位是不允许的；如果工件的定位面经过了机械加工，并且定位面和定位元件的尺寸、形状和位置都较准确，则过定位不但对工件加工面的位置尺寸影响不大，反而可以增加加工时的刚性，这时出现过定位是允许的。例如，在车床上加工长轴时，为了减少因工件的自重而引起的变形，通常采用中心架定位，也属于过定位，这是生产中允许的。

11.3.2 工件的安装

工件定位以后，为保持加工过程中工件正确定位，防止切削力和工件或夹具的离心力破坏工件的准确定位，还需要将工件压紧，此过程称为夹紧。工件从定位到夹紧的过程称为安装，定位和夹紧是同时进行的。

工件安装好以后，也就确定了工件加工表面相对于机床或刀具的位置，因此，工件加工表面的加工精度与安装的准确程度有直接关系，换句话说，工件的安装精度是影响加工精度的重要因素，所以必须给予足够重视。

不同的生产类型，工件的结构与尺寸不同，工件的安装方式也不相同，也必然影响到工件的加工精度及劳动生产率。

一般把工件的安装方式概括为以下三种形式，即直接找正法、划线找正法和使用专用夹具法。

1. 直接找正法

如图 11.8（a）所示，在车床上加工偏心轴上与小外圆 A 同轴的孔。因工件安装以偏心轴的大外圆 B 定位，加工孔时，必须保证加工出孔的中心线与小外圆 A 的中心线同轴。这样，在定位时，如图 11.8（b）所示，要用划线盘或百分表直接找正，使偏心轴小外圆 A 的中心线与主轴中心线重合，以保证加工孔与偏心轴小外圆 A 的同轴度要求。

对图 11.8 所示的偏心轴孔加工时，使用四爪单动卡盘，以工件外圆 B 定位，以便直接找正。

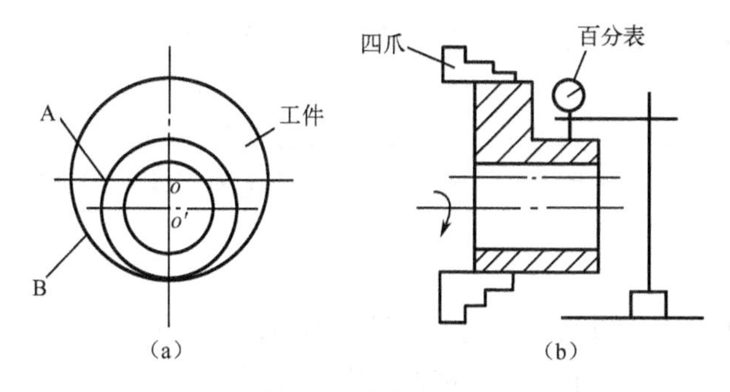

图 11.8　直接找正法

应用直接找正法时，如使用精密的量具，技术熟练的工人，安装精度可达 0.01 ~ 0.005mm。但要求工件上有可供直接找正且精度较高的加工表面，同时又受工人经验及技术水平的影响，故直接找正法一般安装精度不高（0.1 ~ 0.5mm），且找正时间比加工时间长，生产效率不高，此种方法只适用于单件小批生产中。

2. 划线找正法

划线找正法是指工件安装时依据事先在工件上划好的找正线进行找正的方法。如图 11.9 所示，在立式车床上加工电机壳的内孔。当工件安装时，在刀架（或刀具）上固定一个指针，使工作台低速旋转，如图 11.9（b）所示；或指针对准工件上事先划好的加工线（一般还有备用线），如图 11.9（a）所示，凭工人的经验认定找正精度，即安装完毕。

这种找正方法需要事先在工件上划线，即增加了划线工序，安装精度不高，且受工人技术熟练程度影响；另外，由于线条具有一定宽度，一般安装精度仅在 0.3 ~ lmm 左右，所以划线找正只适用单件小批生产。在成批生产中，对形状复杂或尺寸较大的工件，也常采用划线法找正。

3. 专用夹具法

以上介绍的两种安装方法共同的缺点是安装精度不高，所以在成批生产或大量生产中广泛采用专用夹具进行安装，如图 11.10 所示。

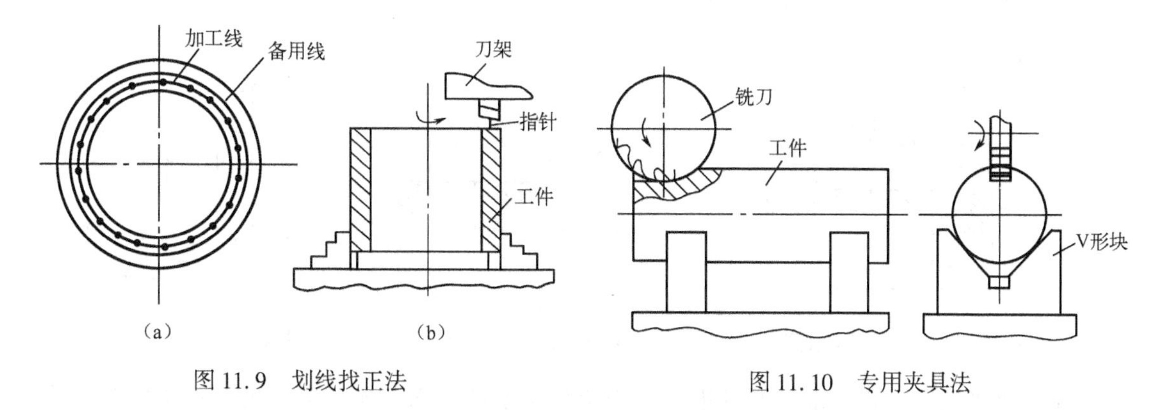

图 11.9　划线找正法

图 11.10　专用夹具法

使用专用夹具时，由于采用了专用的定位元件和夹紧装置，可以快速定位和夹紧，且保证安装精度。

如图 11.10 所示，加工轴上的键槽时，因有较高的对称度要求，此时用 V 形块具，以工件外圆定位，只要事先调整好铣刀与 V 形块的位置精度，就可以实现工件的快速安装，且保证加工精度。

综上所述，在不同的生产条件下，工件的安装方式是不同的，因此，必须认真分析工件的结构、尺寸及加工精度，选用与不同生产条件相适应的工件安装方法。

11.3.3 基准

所谓基准是指零件上用以确定其他点、线、面的位置所依据的那些点、线、面。基准按其作用的不同可分为设计基准和工艺基准两大类，前者用在产品零件的设计图上，后者用在机械制造的工艺过程中。基准的分类如下：

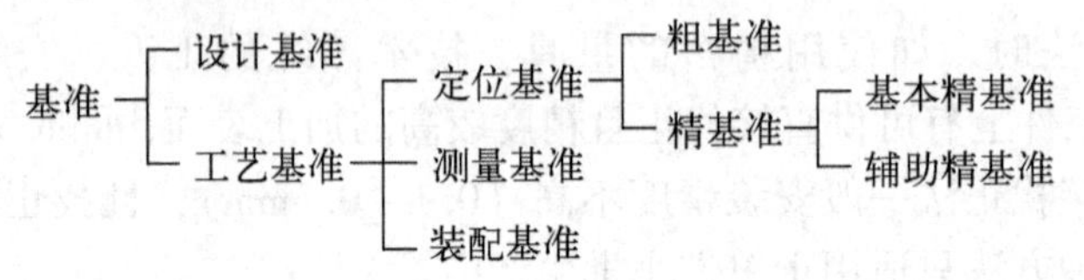

1. 设计基准

设计基准是在零件设计图纸上，用以确定其他点、线、面位置所依据的基准。如图 11.11 所示的轴套类零件，其端面 B 和 C 的位置是根据端面 A 来确定的，所以端面 A 就是端面 B 和端面 C 的设计基准；孔的轴线是 ϕ40h6 外圆柱面的径向圆跳动的设计基准。

2. 工艺基准

工艺基准是在工艺过程中所采用的基准。工艺基准按其作用的不同又可分为工序基准、定位基准、测量基准和装配基准。现分别说明如下。

(1) 工序基准。在工序图上用来确定本工序所加工表面加工后的尺寸、形状、位置的基准，称为工序基准。所标注的被加工表面位置尺寸称为工序尺寸。图 11.12 所示为钻孔工序的工序基准和工序尺寸。

(2) 定位基准。在加工中用于工件定位的基准，称为定位基准。图 11.13 所示，在车床上车削阶梯轴，用三爪自定心卡盘装夹，则大端外圆的轴线为径向的定位基准，A 面为加工端面保证轴向尺寸 B、C 的定位基准。

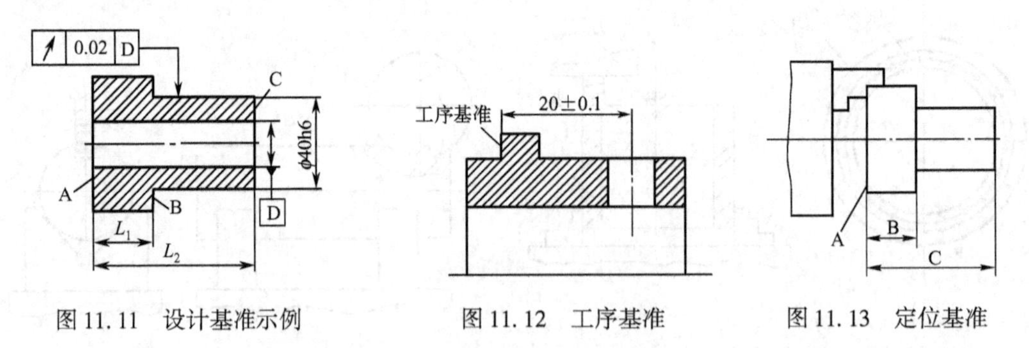

图 11.11 设计基准示例　　图 11.12 工序基准　　图 11.13 定位基准

定位基准还分为粗基准和精基准。作为定位基准的表面，如是未经机械加工的毛坯表面，则称为粗基准；如是经过机械加工的表面则称为精基准。在零件上没有合适的表面可作为定位基准时，为了装夹方便，特意在零件上加工出专供定位用的表面作基准，这种定位基准称为辅助基准。例如，轴类零件的顶尖孔就是一种辅助基准。

(3) 测量基准。在加工中或加工后用来测量工件的形状、位置和尺寸误差，测量时所采用的基准，称为测量基准。图 11.14 所示是两种测量平面 A 的方案。图 11.14 (a) 所示的是检验面 A 时以小圆柱面的上母线为测量基准；图 11.14 (b) 所示的是以大圆柱面的下母线为测量基准。

(4) 装配基准。在机器装配时，用来确定零件或部件在产品中的相对位置所采用的基准，称为装配基准。图 11.15 所示齿轮和轴的装配关系中，齿轮内孔 A 及端面 B 即为装配基准。

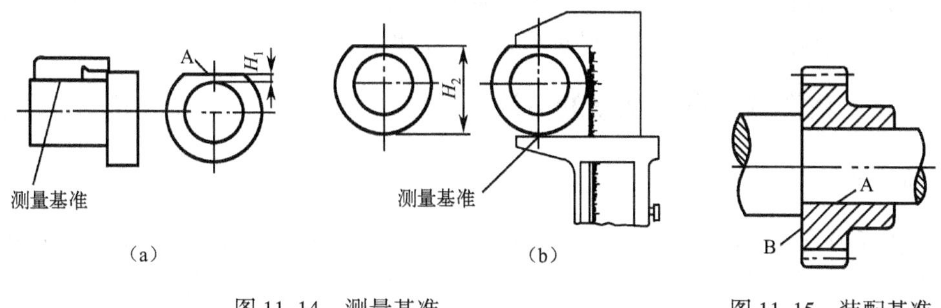

图 11.14　测量基准

图 11.15　装配基准

11.4　获得加工精度的方法

机械零件的加工精度包括尺寸精度、形状精度、位置精度和表面质量。在实际生产中获得加工精度的方法不仅由生产类型决定，同时也受到生产条件和工人技术水平的影响。下面介绍获得加工精度的一般方法。

11.4.1　获得零件尺寸精度的方法

获得零件尺寸精度的方法有以下四种。

1. 试切法

它是在机床上通过试切—测量—调整—再试切这样反复进行的过程来获得尺寸精度的方法。这种方法的生产效率低，加工精度取决于操作工人的技术水平和计量器具精度，故常用于单件小批量生产。

2. 定尺寸刀具法

用刀具的相应尺寸来保证被加工零件尺寸精度的方法。例如，钻孔、铰孔、拉孔和攻螺纹等。加工精度除与机床的精度有关外，主要取决于刀具本身的制造精度。

3. 调整法

在加工前按工件规定的尺寸要求，预先调整好机床、夹具、刀具与工件的相对位置，并保证在此位置不变的条件下，对一批工件进行机械加工的方法。工件的尺寸是在加工过程中自动获得的。采用这种加工方法，工件的加工精度在很大程度上取决于调整精度。此法广泛应用于各类半自动机床、自动机床和自动线上，适用于成批及大量生产。

4. 自动控制法

在加工过程中，用测量装置、送给装置和控制系统组成一个自动加工的循环过程，使该加工过程中的尺寸测量、刀具补偿调整和切削加工等一系列工作自动完成，从而自动获得尺寸精度的方法。

数控机床的发展和应用，使获得所规定的零件精度变得更加方便，特别适合于零件的加工精度要求高、形状比较复杂的单件小批量生产中。在数控法加工时，将有关操作程序的各种指令以数字形式记录在纸带上，送入数控装置，然后发出指令信号，通过伺服驱动机构使机床动作来完成零件的加工，以达到规定的尺寸精度。

11.4.2 获得零件形状精度的方法

1. 轨迹法

它是依靠刀具与工件的相对运动轨迹获得工件加工表面形状精度的方法。这种方法所能达到的形状精度，主要取决于成形运动的精度。例如，车削加工、刨削加工就是轨迹法在加工中的应用。

2. 展成法

它是指刀具的切削刃与工件加工表面连续保持一定的相互位置和相对运动关系时，刀刃的一系列包络线构成加工表面形状的方法。这种方法所能达到的形状精度，主要取决于机床作展成运动的传动链精度与刀具的制造精度。例如，滚齿、插齿加工就属于展成法加工。

3. 成形法

它是采用成形刀具相对工件加工表面的运动，直接获得加工表面轮廓的方法。这种方法所能达到的形状精度，主要取决于刀具刀刃的形状精度与刀具的安装精度。例如，曲面成形车刀加工曲面；用螺纹车刀车削螺纹；用花键拉刀拉花键槽等都属于成形法加工。

4. 仿形法

它是刀具按照仿形装置进给对工件进行加工的方法。仿形法所得到的形状精度取决于仿形装置的精度及其成形运动精度。例如，仿形车、仿形铣均属于仿形法加工。

5. 数控法

它是将有关操作程序的各种指令，以数控代码形式记录在控制介质上，送入数控装置，然后发出指令信号，通过伺服系统操作机床完成零件加工的方法。数控法使获得形状精度变得更加方便、简单，特别适合于形状比较复杂的多品种、单件小批量生产。例如，螺旋桨叶片加工、复杂曲面加工目前都采用数控法加工。

11.4.3 获得零件相互位置精度的方法

零件表面的相互位置精度，主要由机床精度、夹具精度和工件的安装精度来保证。例如，在车床上车削工件端面时，其端面与轴心线的垂直度决定于横向溜板送进方向与主轴轴心线的垂直度。又如，在平面上钻孔，孔中心线对于底平面的垂直度，决定于钻头送进方向与工作台或夹具定位面的垂直度。因此在机床上对工件进行加工时，要使工件在加工后其加工表面的尺寸及位置符合设计要求，在切削前就必须将工件正确地安装在机床上或夹具上。而安装质量的高与低，将直接影响零件的加工精度。获得零件相互位置精度的方法有下面两种。

1. 同次安装获得法

零件上有相互位置精度要求的相关表面的加工，安排在工件的一次装夹中进行。从而保证其相互位置精度。

2. 多次安装获得法

当工件需要经过多次装夹加工时，有关表面的位置精度可采用适当的装夹方法（如找正法或用夹具）获得，即通过加工表面与定位基准面的位置精度，来保证工件的位置精度。

习　题　11

一、填空题

11.1　用机械加工方法直接改变毛坯的________、________、________和________等，使之成为合格零件的工艺过程称为________。

11.2　基准就其一般意义来讲，就是________用以确定其他________的位置所依据的________。

11.3　当________、________和切削用量中的________与________均不变时，所完成的那部分________称为工步。

11.4　用________限制工件________的方法，称为六点定位原理。

二、选择题

11.5　编制零件机械加工工艺规程、生产计划和进行成本核算最基本的单元是：(　　)。

A. 工步　　B. 工位　　C. 工序　　D. 走刀

11.6　如图11.16所示用两锥销定位安装工件时，它的定位是：(　　)。

A. 六点定位　　B. 五点定位　　C. 四点定位　　D. 三点定位

11.7　如图11.17所示用圆柱销与V形块定位安装工件时，共限制的自由度是：(　　)。

A. 6个　　B. 5个　　C. 4个　　D. 3个

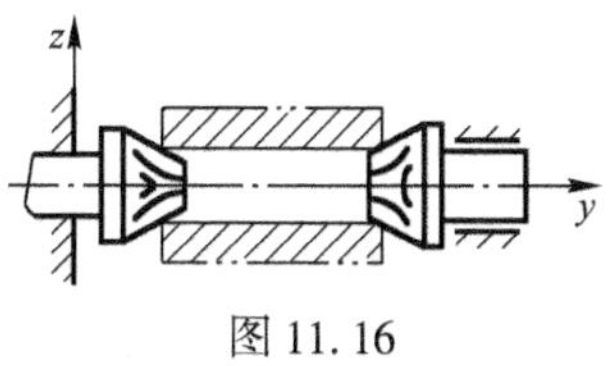

z
y

图11.16

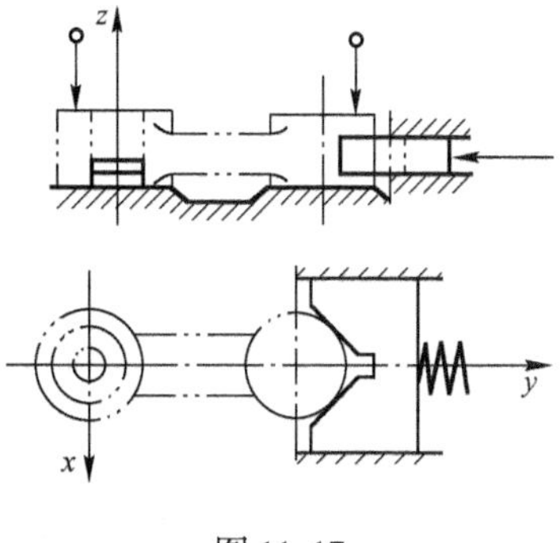

z
y
x

图11.17

11.8　工件在夹具中安装时，绝对不允许采用：(　　)

A. 完全定位　　B. 不完全定位　　C. 过定位　　D. 欠定位

11.9　轴类零件定位用的顶尖孔是属于：(　　)

A. 精基准　　B. 粗基准　　C. 辅助基准　　D. 自为基准

三、综合题

11.10　何谓生产纲领？根据生产纲领不同可以分为哪些生产类型？它们的工艺特点是什么？

11.11　工件的安装方式有几种？简述它们的特点及应用场合。

11.12　某轴承厂试制新品种轴承，一次投入35套；另一机床厂每年生产中心高200 mm的车床4000台，试划分各属于哪种生产类型？

11.13　如图11.18所示的齿轮零件，其内孔键槽是在插床上采用自定心三爪卡盘装夹外圆d进行插削加工的，试分别确定此键槽的设计基准、定位基准和测量基准。

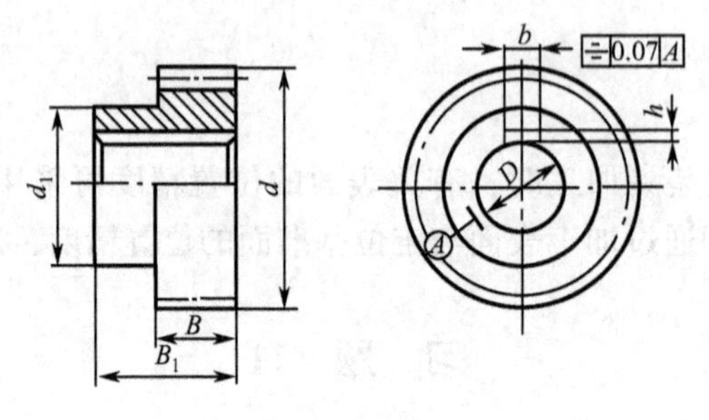

图11.18

第12章　机械制造工艺规程设计

12.1　机械制造工艺规程概述

12.1.1　工艺规程的内容与作用

工艺规程是在具体的生产条件下说明并规定工艺过程的工艺文件。根据生产过程工艺性质的不同，有毛坯制造、零件机械加工、热处理、表面处理以及装配等不同的工艺规程。其中规定零件制造工艺过程和操作方法等的工艺文件称为机械加工工艺规程；用于规定产品或部件的装配工艺过程和装配方法的工艺文件称为机械装配工艺规程。它们是在具体的生产条件下，确定的最合理或较合理的制造过程、方法，并按规定的形式书写成工艺文件，指导制造过程。

工艺规程是制造过程的纪律性文件。其中机械加工工艺规程包括：工件加工工艺路线及所经过的车间和工段、各工序的内容及所采用的机床和工艺装备、工件的检验项目及检验方法、切削用量、工时定额及工人技术等级等内容。机械装配工艺规程包括装配工艺路线、装配方法、各工序的具体装配内容和所用的工艺装备、技术要求及检验方法等内容。

机械制造工艺规程的作用主要有以下几点。

1. 工艺规程是指导生产的主要技术文件

合理的工艺规程是依据工艺理论和必要的工艺试验而制定的，是理论与实践相结合的产物，体现了一个企业或部门的技术水平。按照工艺规程组织生产，可以保证产品的质量和较高的生产效率与经济效益。生产中一般应严格地执行既定的工艺规程。但是，工艺规程也不是固定不变的，工艺人员在不断总结工人的革新创造，及时地吸取国内外先进工艺技术的基础上，可以按规定的程序对现行工艺不断地予以改进和完善，以便更好地指导生产。

2. 工艺规程是生产组织和管理工作的基本依据

在生产管理中，产品投产前原材料及毛坯的供应、通用工艺装备的准备、机械负荷的调整、专用工艺装备的设计和制造、作业计划的编排、劳动力的组织，以及生产成本的核算等，都是以工艺规程作为基本依据的。

3. 工艺规程是新建或扩建工厂或车间的基本资料

在新建或扩建工厂或车间时，只有依据工艺规程和生产纲领才能正确确定生产所需要的机床和其他设备的种类、规格和数量，确定车间的面积、机床的布置、生产工人的工种、等级及数量以及辅助部门的安排等。

12.1.2　机械制造工艺规程的格式

通常，机械加工工艺规程被填写成表格（卡片）的形式。为了适应工业发展的需要，加强科学管理和便于交流，我国有关部门还制定了指导性技术文件 JB/Z187.3—1988《工艺规程格式》，要求各机械制造厂按统一规定的格式填写。

按照规定，属于机械加工工艺规程的有：

（1）机械加工工艺过程卡片。

（2）机械加工工序卡片。

（3）标准零件或典型零件工艺过程卡片。

（4）单轴自动车床调整卡片。

（5）多轴自动车床调整卡片。

（6）机械加工工序操作指导卡片。

（7）检验卡片等。

属于装配工艺规程的有：

（1）装配工艺过程卡片。

（2）装配工序卡片。

（3）装配工艺系统图。

最常用的机械加工工艺过程卡片和机械加工工序卡片的格式如表 12-1 和表 12-2 所示。

表 12-1　机械加工工艺过程卡片格式

		机械加工工艺过程卡片	产品型号			零(部)件图号			
			产品名称			零(部)件名称		共( )页	第( )页
材料牌号		毛坯种类	毛坯外形尺寸			每个毛坯可制件数	每台件数	备注	
工序号	工序名称	工序内容	车间	工段	设备	工艺装备	工时		
							准终	单件	

描图														
描校														
底图号														
装订号											设计(日期)	审核(日期)	标准化(日期)	会签(日期)
	标记	处数	更改文件号	签字	日期	标记	处数	更改文件号	签字	日期				

表 12-1 所示的机械加工工艺过程卡片是简要说明零件机械加工过程以工序为单位的一种工艺文件，主要用于单件小批生产和中批生产的零件，大批大量生产可酌情自定。本卡片是生产管理方面的文件。

表 12-2 所示的机械加工工序卡片是在工艺过程卡片的基础上，进一步按照每道工序所编制的一种工艺文件。一般具有工序简图（图上应标明定位基准、工序尺寸及公差、形位公差和表面粗糙度要求，用粗实线表示加工部位等），并详细说明该工序中每个工步的加工内容、工艺参数、操作要求以及所用设备和工艺装备等。工序卡片主要用于大批大量生产中所有的零件，中批生产的复杂产品的关键零件以及单件小批生产中的关键工序。

表 12-2　机械加工工序卡片格式

		机械加工工序卡片	产品型号		零(部)件图号					
			产品名称		零(部)件名称		共( )页		第( )页	
	工序简图				车间	工序号	工序名称		材料牌号	
					毛坯种类	毛坯外形尺寸	每个毛坯可制件数		每台件数	
					设备名称	设备型号	设备编号		同时加工件数	
					夹具编号	夹具名称	切削液			
					工位器具编号	工位器具名称	工序工时			
							准终		单件	
	工步号	工步内容	工艺装备	主轴转速 (r/min)	切削速度 (m/min)	进给量 (mm/r)	切削深度 (mm)	进给次数	工步工时	
									机动	辅助
描图										
描校										
底图号										
装订号										
						设计(日期)	审核(日期)	标准化(日期)	会签(日期)	
	标记	处数	更改文件号	签字	日期	标记	处数	更改文件号	签字	日期

实际生产中并不需要各种文件俱全，标准中允许结合具体情况作适当增减。未规定的其他工艺文件格式，可根据需要自定。

12.1.3　制定工艺规程的原则与步骤

工艺规程设计的原则是：在保证产品质量的前提下，尽量提高生产率和降低成本。应在充分利用本企业现有生产条件的基础上，尽可能采用国内外先进技术和经验，并保证有良好的劳动条件。工艺规程应做到正确、完整、统一和清晰，所用术语、符号、计量单位、编号等都要符合相应标准。

在制定机械加工工艺规程时，必须有下列原始资料作为依据，这些原始资料有的是有关部门下达的，有的是自己精心收集和调查了解的。它包括以下内容：

（1）产品的全套装配图和零件图。

（2）产品质量的验收标准。

（3）产品的生产纲领和生产类型。

（4）生产条件。如果是现有工厂，则应了解工厂的设备、刀具、夹具、量具、生产面积、工人的技术水平等情况，了解辅助车间制造专用设备、工装及改造设备的能力，以及科研和技术资料等方面的情况。如果是新建工厂，则应对国内外现有的生产技术、加工设备和工装的性能规格有所了解。

（5）有关手册、标准及指导性文件。

在获得上述原始资料的基础上，可按下列步骤进行工艺规程的编制：

（1）对零件进行工艺分析，结合零件图和装配图，了解零件在产品中的功用、工作条件，熟悉其结构、形状和技术要求；对零件进行结构工艺性审查。

（2）确定毛坯。

（3）拟订工艺路线。

（4）确定各工序的加工余量，计算工序尺寸及公差。

（5）确定各工序所采用的工艺装备及工艺设备。

（6）确定各主要工序的切削用量和工时定额。

（7）确定各主要工序的技术要求及检验方法。

（8）工艺方案的技术经济分析。

（9）填写工艺文件。

拟订零件的机械加工工艺路线主要包括：选择定位基准、确定各表面加工方法、安排各表面加工顺序等。这是制定工艺规程的关键，应提出几个方案，择优选择。

12.2 零件的结构工艺性

制定工艺规程时，首先必须对零件进行工艺分析，分析的内容包括：分析相关部件或总成的装配图，了解该零件的位置及其功用，找出技术关键；审查零件图的尺寸、公差和技术要求的完整性和正确性，材料选择是否合理，加工要求的合理性等；特别应对零件的结构工艺性进行分析。

零件的结构工艺性是指零件在满足使用要求的前提下，制造和维修的可行性与经济性。

零件结构工艺性受零件制造过程中各种因素的影响，涉及的问题很多很复杂。在此仅从毛坯制造、零件加工等方面加以简要说明。

12.2.1 毛坯制造工艺性

零件的毛坯种类很多，不同种类的毛坯，制造的方法不同，零件设计工艺性应考虑的问题也有很大差异。现以铸造毛坯和锻造毛坯为例说明零件设计时应遵循的一些原则。

1. 铸造毛坯工艺性

在铸造毛坯设计中，除考虑铸件材料的选择对工艺性影响外，必须考虑铸造工艺过程对铸件结构工艺性的影响。

以常用的砂型铸造为例，在铸件结构设计上应注意其外形要便于拉模，其内腔尽可能少用型芯，如采用型芯时，应使其稳定安放。此外铸件结构设计应尽可能避免产生各种铸造缺陷，如避免采用厚大截面结构以免产生缩孔和缩松，也要避免采用过分细薄的截面，以免产生浇不足和冷隔等缺陷。有关砂型铸造外形设计应考虑的问题举例见表 12-3。有关砂型铸造内腔设计应考虑的问题举例见表 12-4。

表 12-3　铸件外形设计示例

结构设计要求	图　例		说　明
	改　进　前	改　进　后	
外形尽量简单，以便造型	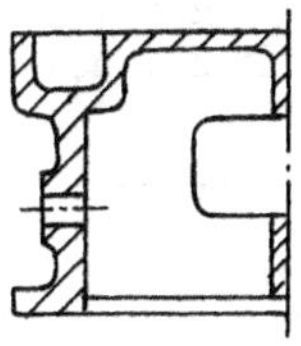	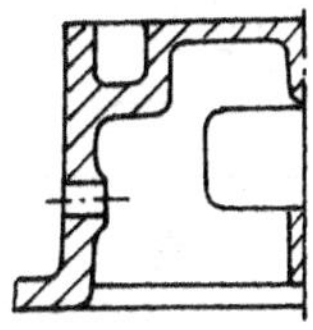	尽量减少外形上的凹凸部分
外形上应有结构斜度，以便于起模	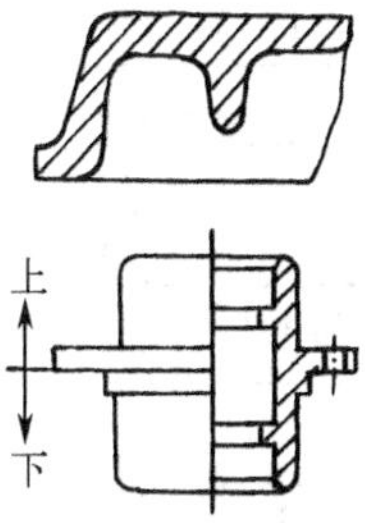	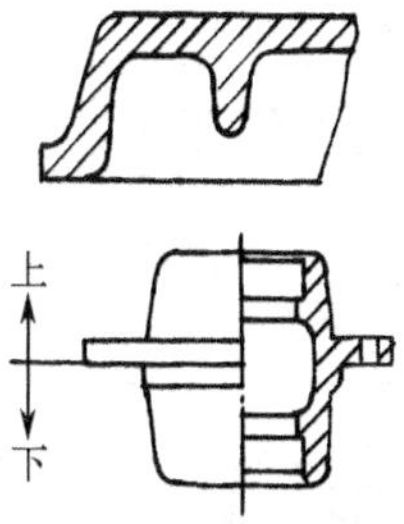	在内外形于起模方向上设计出结构斜度，当为两件装配时，应注意使两件在装配面上的结构斜度一致
外形上应使分型面力求简单	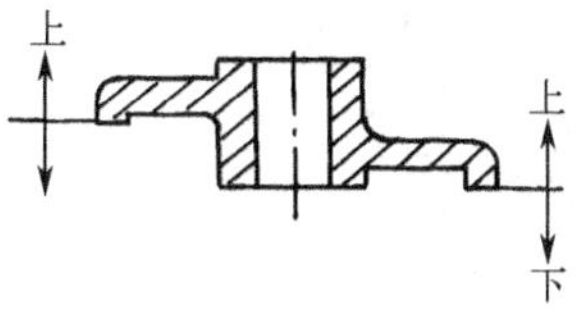	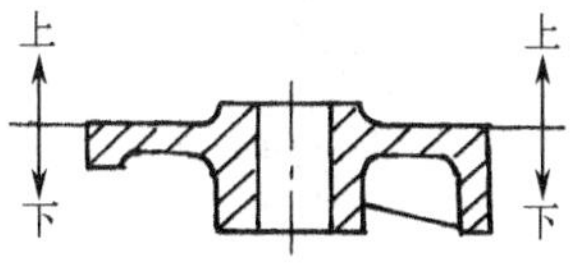	尽量设计在同一平面内，以使分型面的形状简单
设计应使分型面数量减少	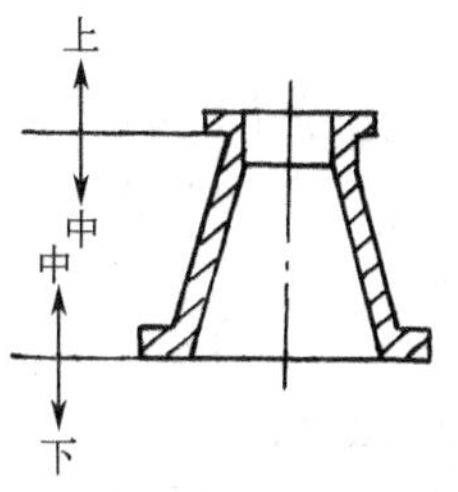	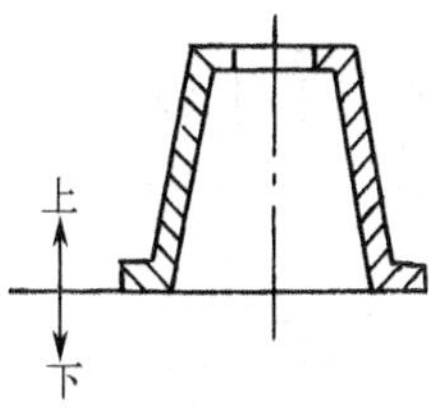	改进后由三箱造型变为两箱造型，简化操作
外形上的凸台应不使砂层厚度太小，而易于掉砂	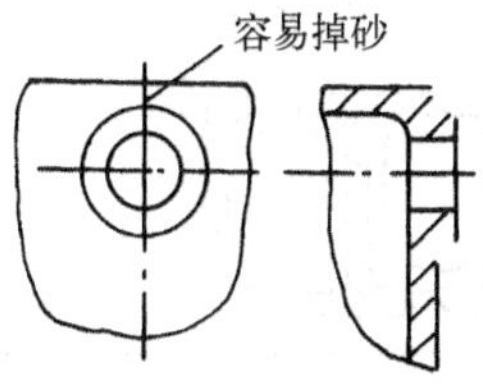 容易掉砂	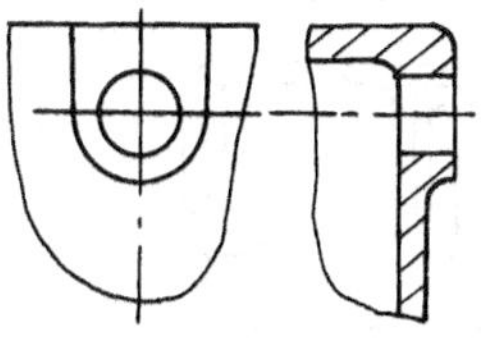	因为高平面距离边缘很近或相切的圆凸台砂型强度差改为直圆台

续表

结构设计要求	图例		说明
	改进前	改进后	
外形上的凸台应不使砂层厚度太小，而易于掉砂	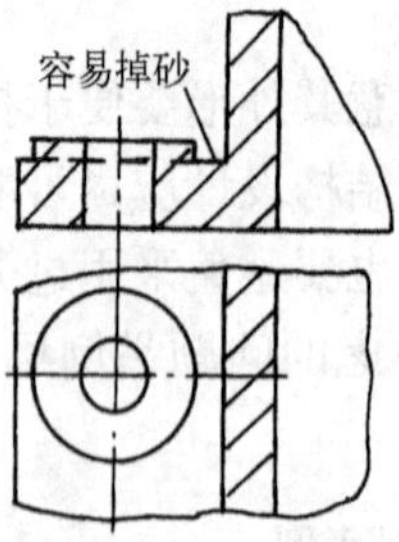 容易掉砂	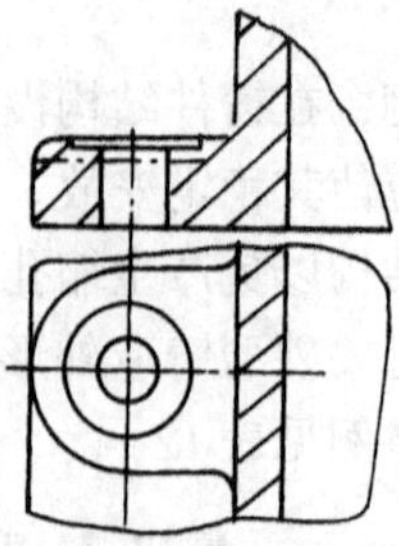	圆凸台侧壁沟缝处容易掉砂，可改为机械加工平面
相距很近的凸台可将其连接起来	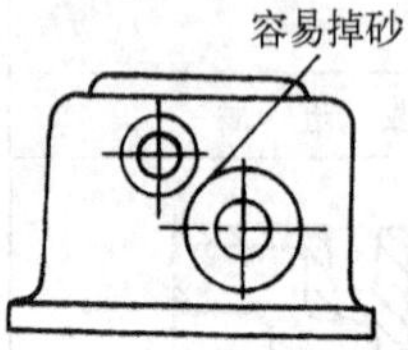 容易掉砂	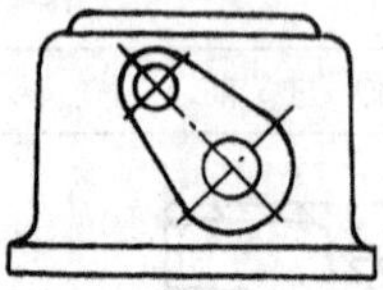	外壁上的局部凸台可连成一片

表 12–4　铸件内腔设计示例

结构设计要求	图例		说明
	改进前	改进后	
尽可能简化内腔形状，少用型芯	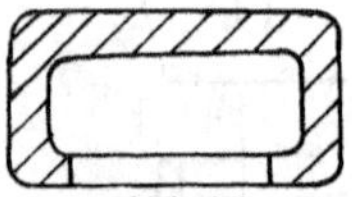 需用型芯	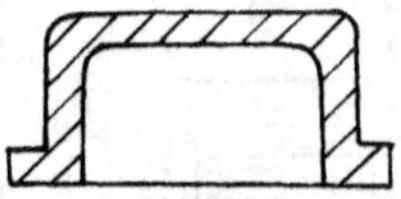 不需用型芯	改进后结构将内腔做成开式，可不用型芯
	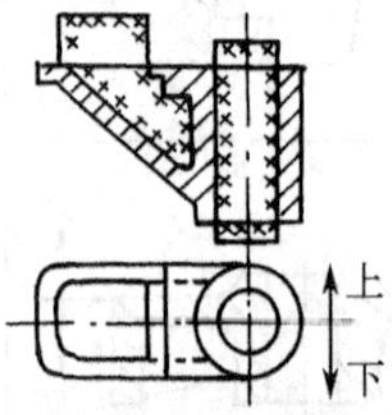 上 下	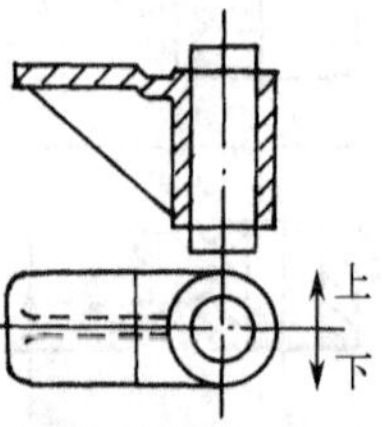 上 下	改进后的型芯结构简单
	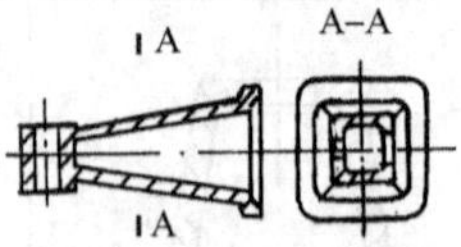 A A A–A	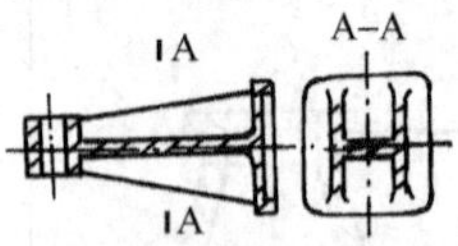 A A A–A	在强度和刚度允许的情况下，将箱形结构改为筋肌结构，可减少或不用型芯
内腔设计应避免狭长窄小	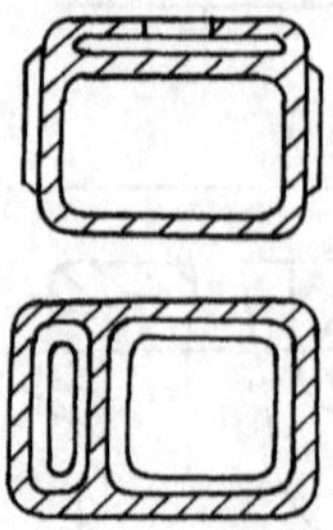	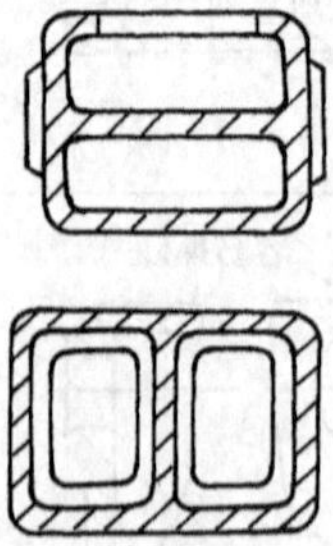	细长、窄小的内腔型芯不易打制，且型砂易烧结，可能情况下尽量采用对称结构，以减少芯盒数量

续表

结构设计要求	图例		说明
	改进前	改进后	
设计内腔时还需考虑出砂方便，便于清理	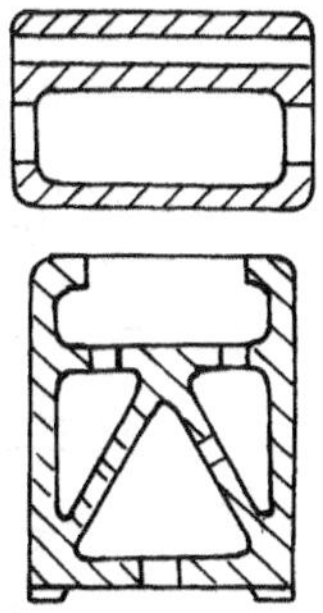	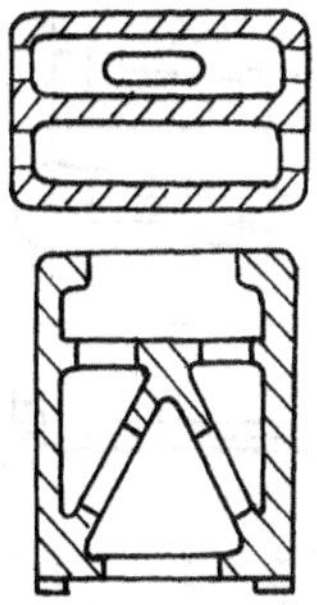	改进后的结构均增大了出砂孔，便于清铲

2. 锻造毛坯工艺性

锻造属于金属压力加工。在进行锻件的结构设计时，应充分考虑到锻件的材料、锻造设备与工装、生产批量、零件的使用要求、零件的形状和尺寸特征等因素。

对于自由锻件在结构设计时应注意的主要问题是尽量简化锻件外形，避免采用带有锥形或楔形结构，避免两个圆柱形表面或一个圆柱形表面与棱柱形表面交接，以及不允许在基体上或在叉形体内部有凸台等。自由锻件结构设计应注意的主要问题举例见表12–5。

表12–5　自由锻件结构设计应注意问题示例

设计原则	图例	
	改进前	改进后
避免有锥体和斜度	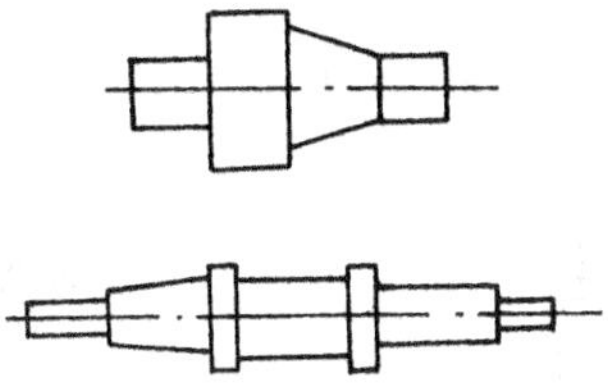	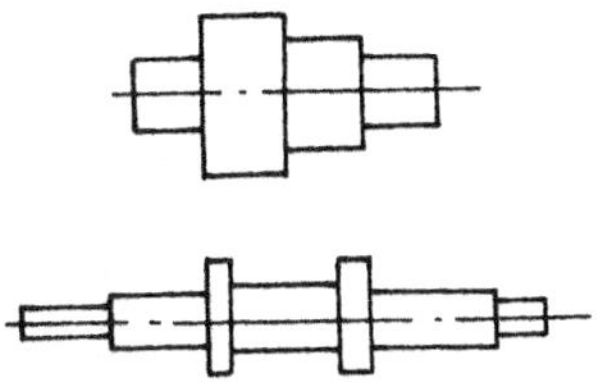
相邻两部分的交界面避免曲面交接，应力求简化为平面交接	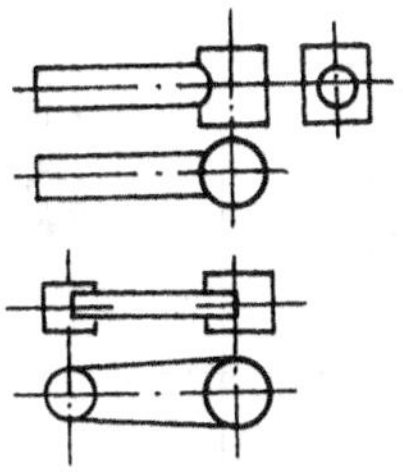	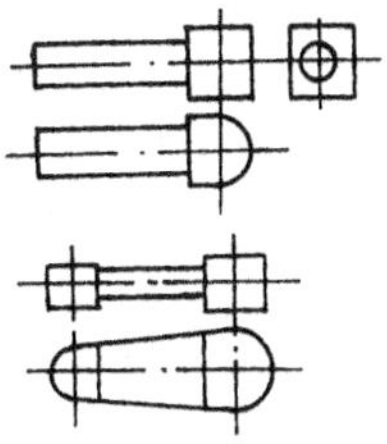
避免表面凸台	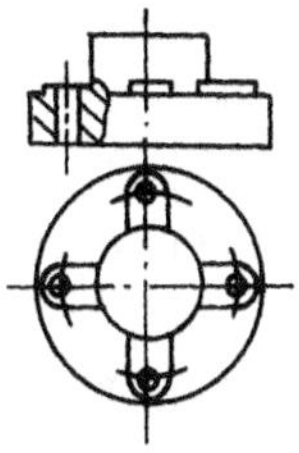	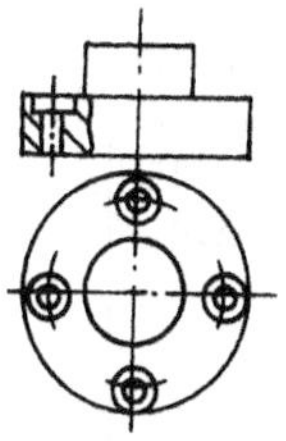

续表

设计原则	图例	
	改进前	改进后
避免锻件上的加强筋，以及工字形截面、椭圆形截面、弧线和曲线表面等复杂结构	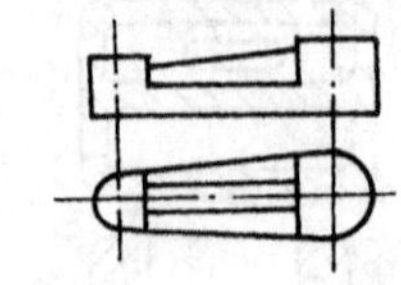	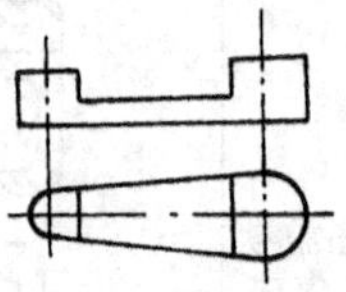
避免横截面急剧变化的复杂结构，可采用锻焊组合结构	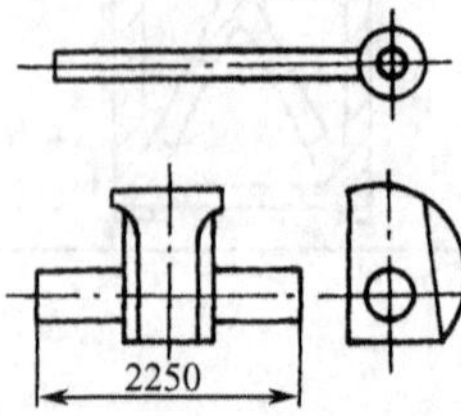 2250	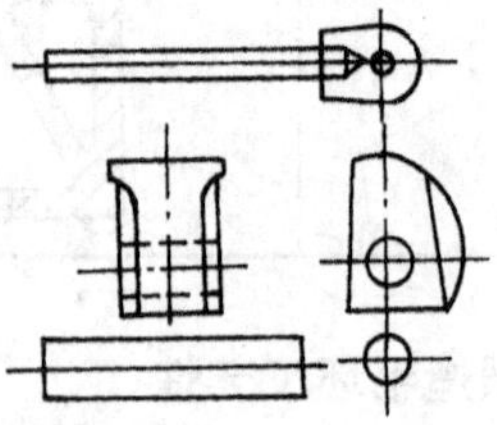

对于模锻件在结构设计上应注意的主要问题是零件应尽量设计成对称形状，正确选定分模线的位置与形状，尽量减少型槽深度。模锻件结构设计应注意的主要问题举例见表12–6。

表12–6　模锻件结构设计应注意问题示例

类别	设计原则	图例	
		改进前	改进后
分模面的选择	分模面为曲面时应注意侧向力的平衡，减小锻造时模具的错移	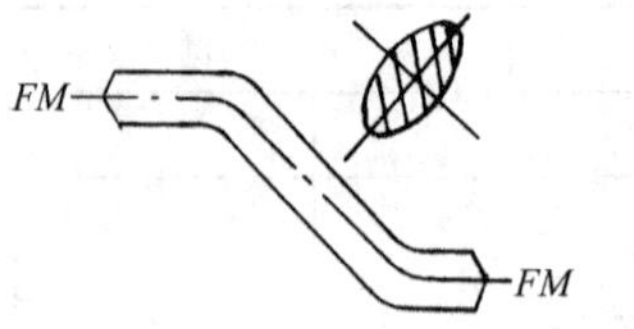 FM　FM	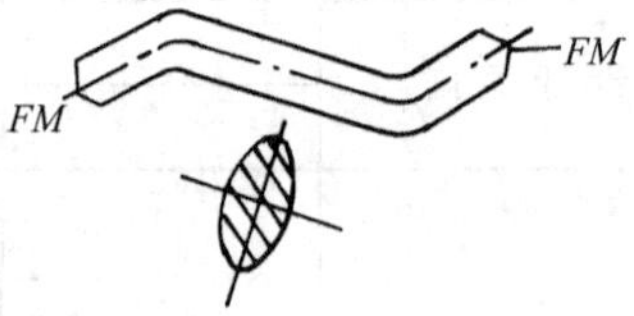 FM　FM
外形设计	外形近似的锻件应尽量设计成对称结构	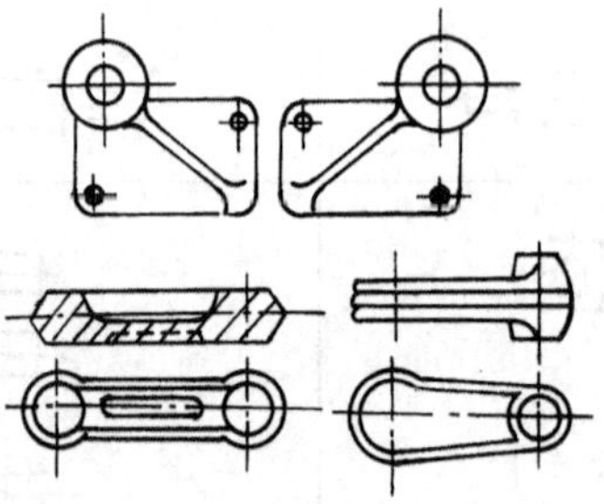	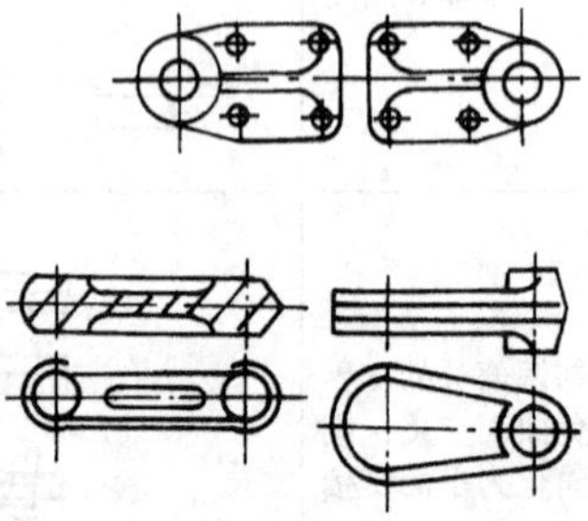
外形设计	锻件上的圆角半径应适当，如过小，模具易产生裂纹；如过大，则加工余量大	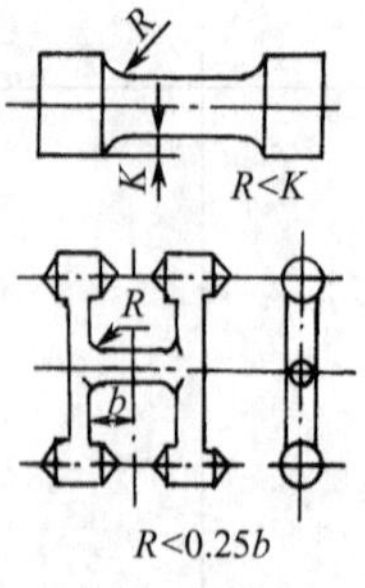 R　K　R<K　R　b　R<0.25b	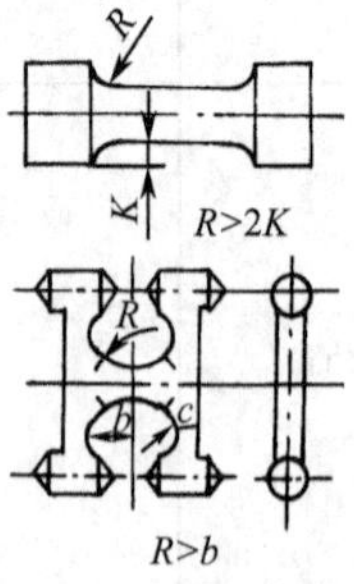 R　K　R>2K　R　b　c　R>b

续表

类别	设计原则	图例	
		改进前	改进后
工艺方法的选择	形状复杂的锻件、特长叉杆锻件，应采用锻焊组合结构，降低成形难度和金属的损耗	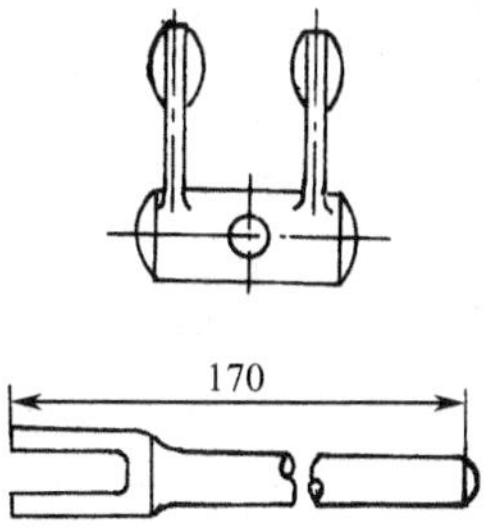 170	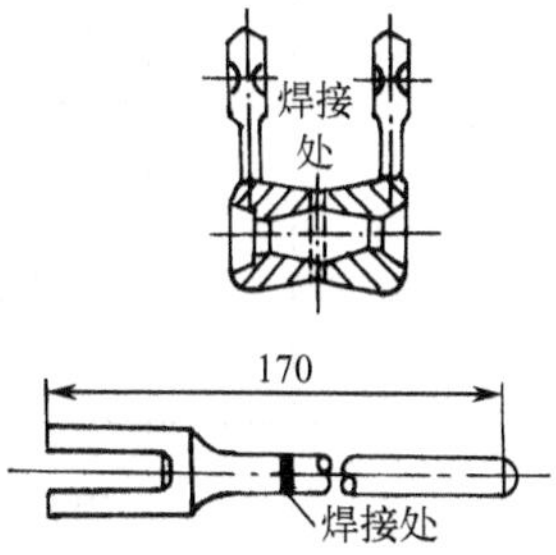 焊接处 170 焊接处
	单拐曲轴两件合锻、连杆与连杆盖合锻，有利于成形，亦有利于分割后的配合	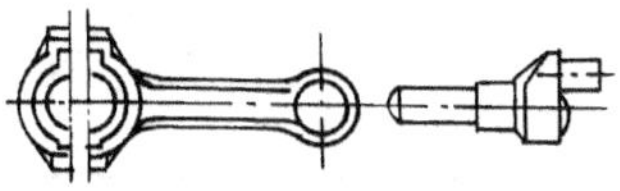	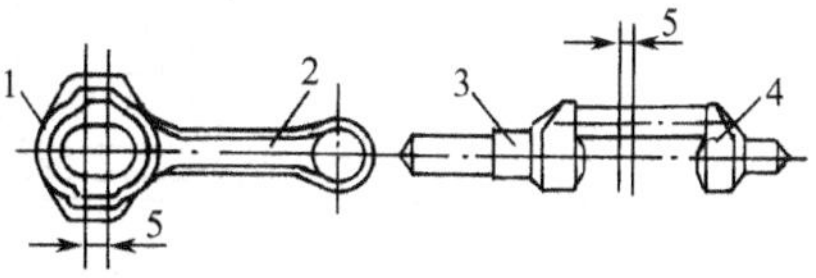 1—连杆盖；2—连杆；3—曲轴左拐；4—曲轴右拐；5—切口

12.2.2 零件结构的加工工艺性

零件的结构对于切削加工工艺性的影响主要反映在以下几个方面：加工精度和表面质量、切削加工量、切削加工效率、生产准备时间和辅助时间。

1. 主要考虑加工质量的零件结构

合理的零件结构是保证加工质量的必要条件之一。在结构设计时应注意合理选择基准、有利于提高工艺系统的刚度和抗振性以及与加工方法和设备相适应。考虑加工质量的零件结构设计举例见表12-7。

2. 主要考虑切削加工量的零件结构

为了减少切削加工量，设计结构时应注意：

（1）减少切削加工表面。如螺钉头允许外露处不必设计沉头孔，如无必要，不接触表面可不进行切削加工。

（2）减少切削加工表面的面积。如合理设计凹坑和凸台，减少结合面面积等。

（3）减少加工余量。如缩小台阶差、直径差等。

表12-7　保证加工精度和表面质量的零件结构举例

注意事项	图例		说明
	改进前	改进后	
避免切削振动和冲击	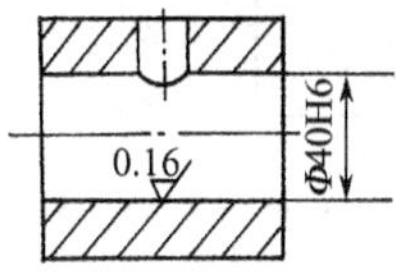 0.16 Φ40H6	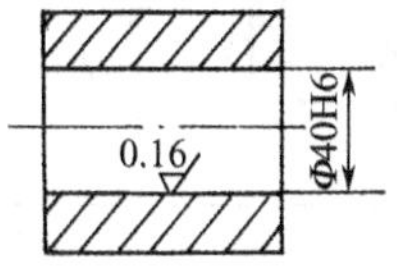 0.16 Φ40H6	精密镗削孔表面应连续

续表

注意事项	图例		说明
	改进前	改进后	
避免切削振动和冲击	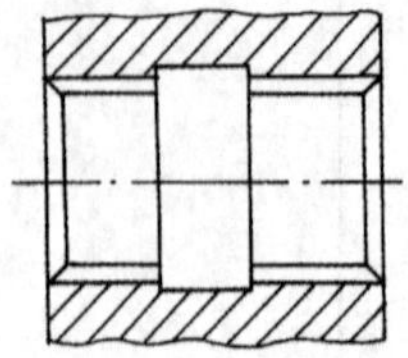	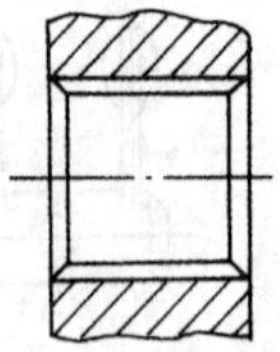	均匀连续的花键孔容易获得较高精度
避免难加工结构	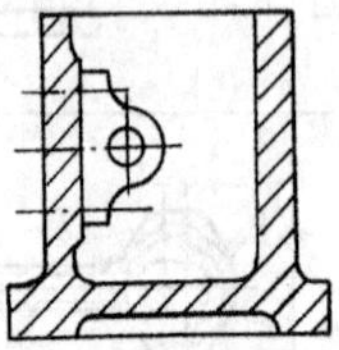	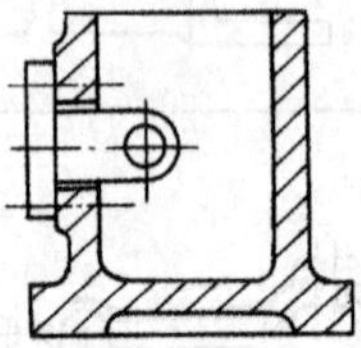	内端面加工不易获得高精度和低粗糙度
	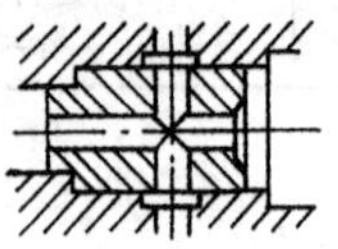	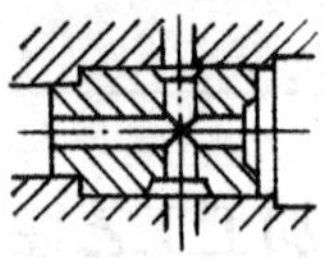	外表面沟槽加工比内沟槽加工方便，容易保证加工精度
避免难加工结构	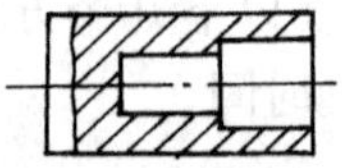	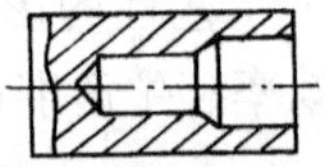	平底孔加工应予避免
	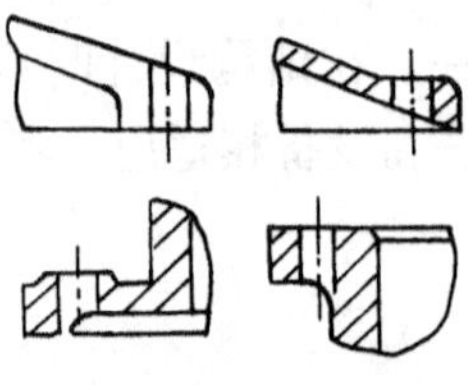	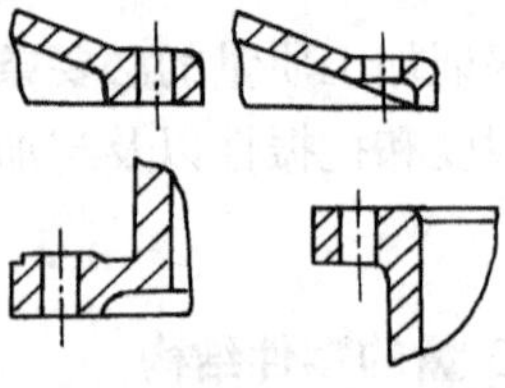	钻削孔的出入端均不宜为斜面
	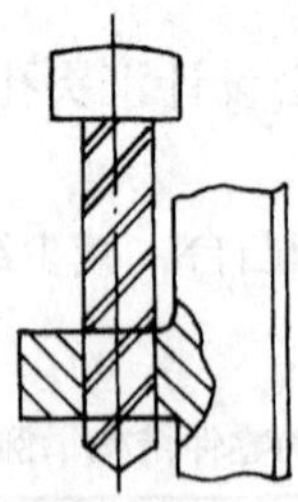	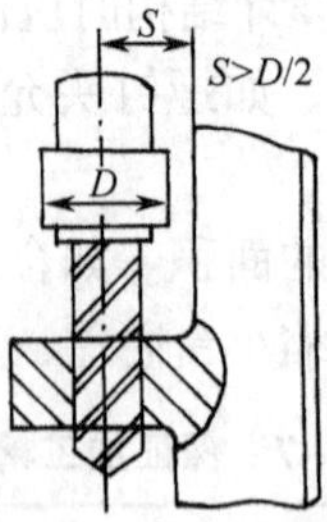	孔位不宜紧靠侧壁
	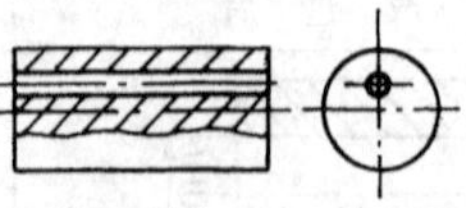	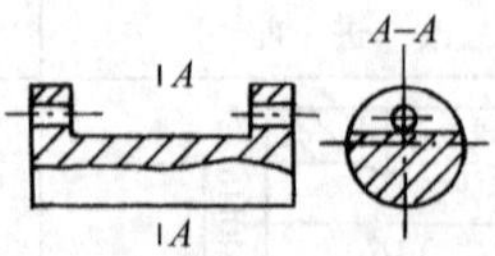	细长孔不容易进行切削加工

续表

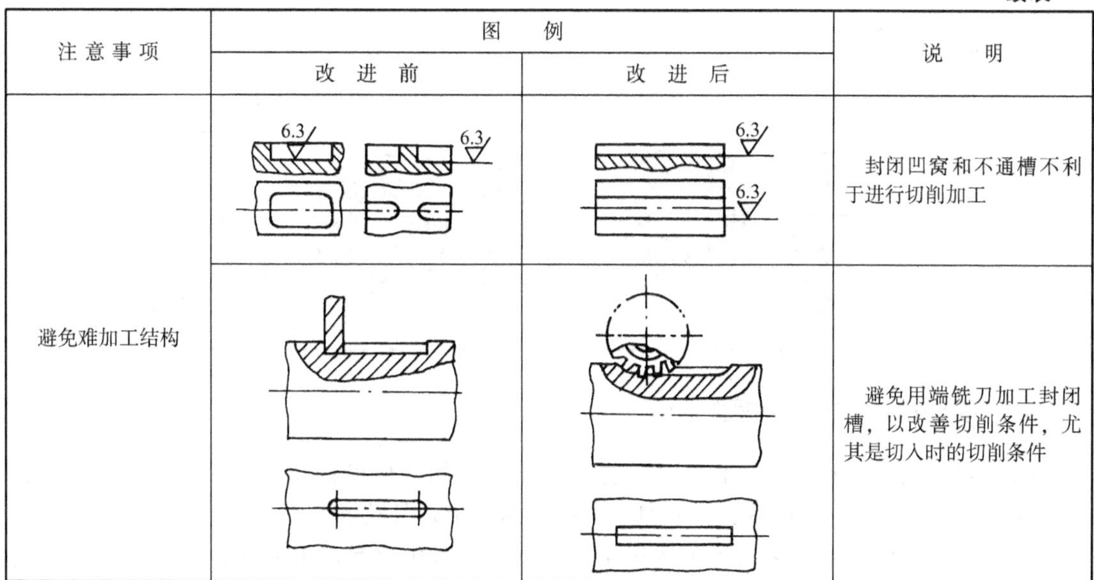

注意事项	图例		说明
	改进前	改进后	
避免难加工结构			封闭凹窝和不通槽不利于进行切削加工
			避免用端铣刀加工封闭槽，以改善切削条件，尤其是切入时的切削条件

考虑切削加工量的零件结构设计举例见表12–8。

表12–8 减少切削加工量的零件结构举例

注意事项	图例		说明
	改进前	改进后	
减少材料切除量			某些车床主轴可用热压组合件代替大台阶整体件(在成批生产中采用模锻件)
			改为台阶面后减少了加工面积
减少材料切除量			减少大面积铣、刨、磨削表面面积
			减少精车面积
			减少磨削面积

续表

注意事项	图例		说明
	改进前	改进后	
减少材料切除量	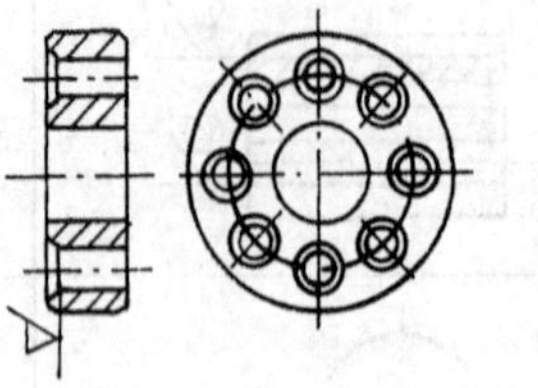	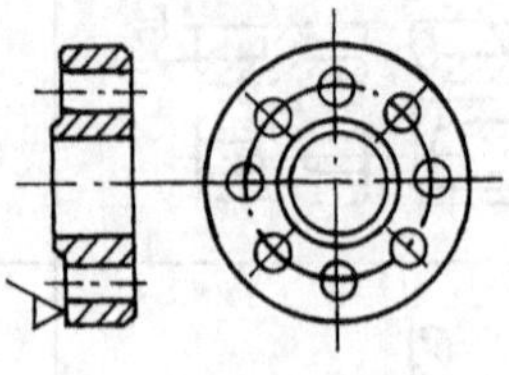	减少切削加工表面数

3. 主要考虑加工效率的零件结构

（1）零件结构有利于使用高效加工方法和设备，如结构设计应兼顾多刀、多轴或多面机床加工要求，齿轮结构能够以滚代插，内孔结构能够以拉代镗、代车等。

（2）压缩零件结构要素的种类和规格，以减少刀具辅具种类和换刀时间，减少量具种类和测量时间，减少机床调整时间。

（3）尽可能便于刀具到达、进入和退出加工表面。

（4）零件结构便于多件合并加工。

有关考虑加工效率的零件结构设计举例见表12–9。

表12–9　提高加工效率的零件结构设计举例

注意事项	图例		说明
	改进前	改进后	
减少走刀次数和行程	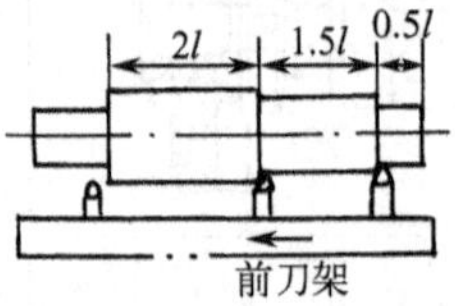 2*l*　1.5*l*　0.5*l*　前刀架	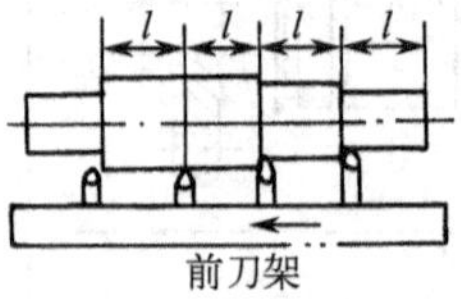 *l*　*l*　*l*　*l*　前刀架	可多刀车削件，各段长度 *l* 应相等或为 *l* 的整数倍
减少机床调整次数	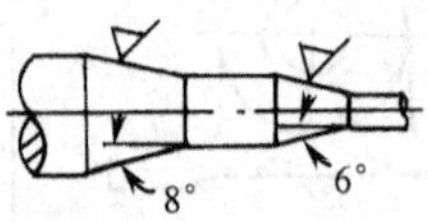 8°　6°	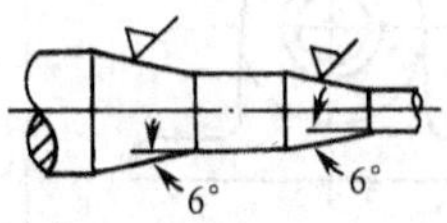 6°　6°	
减少结构要素的种类和规格	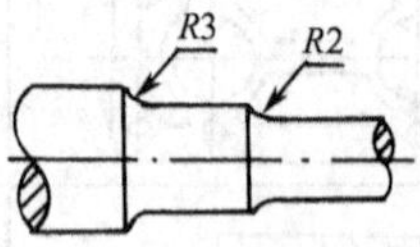 R3　R2	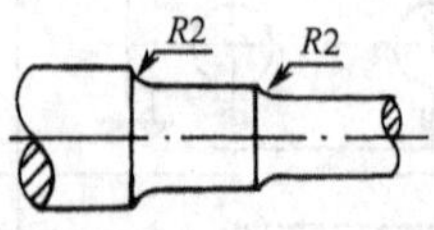 R2　R2	统一圆弧半径
	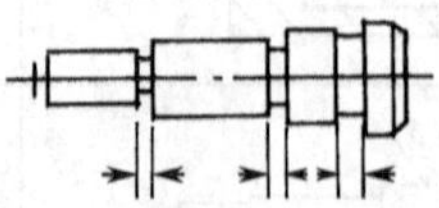	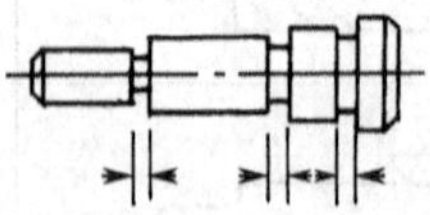	统一沉割槽形状和尺寸

续表

注意事项	图例		说明
	改进前	改进后	
刀具或砂轮能顺利进入和退出加工表面	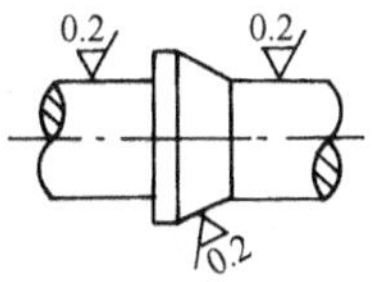 0.2 0.2 0.2	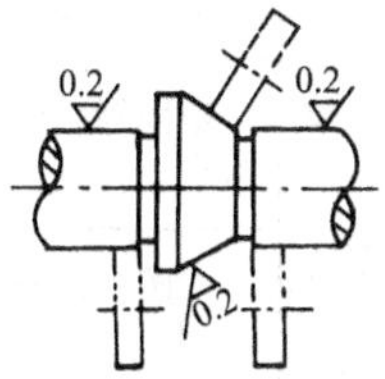 0.2 0.2 0.2	设计磨削砂轮越程槽
减少装夹次数	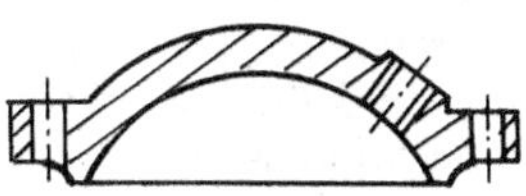	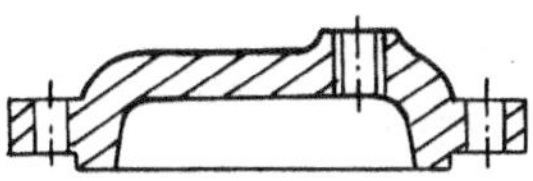	倾斜加工表面和斜孔会增加装夹次数
便于多件合并加工	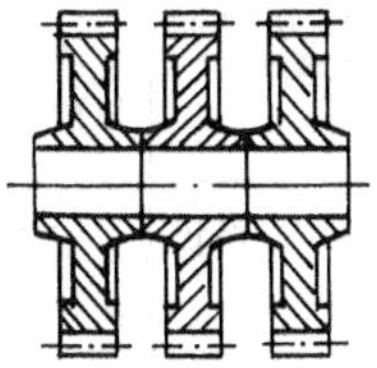	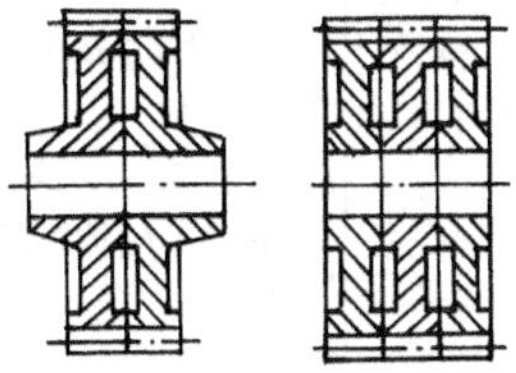	改进后减少了切削行程

12.3 机械加工工艺规程设计

12.3.1 毛坯的选择

毛坯制造是零件生产过程的一部分。根据零件的技术要求、结构特点、材料、生产纲领等方面的情况，合理地确定毛坯的种类、毛坯的制造方法、毛坯的形状和尺寸等，不仅影响到毛坯制造的经济性，而且影响到机械加工的经济性。所以在确定毛坯的时候，既要考虑热加工方面的因素，也要兼顾冷加工方面的要求，以便从确定毛坯这一环节中，降低零件的制造成本。

1. 毛坯的种类确定

毛坯的种类和质量对零件加工质量、生产率、材料消耗以及加工成本有密切关系。提高毛坯质量，可以减少机械加工劳动量，提高材料利用率，降低机械加工成本，但却提高了毛坯的制造成本，两者是相互矛盾的，需根据生产类型和毛坯车间的具体情况综合考虑。为了提高毛坯质量并降低其制造成本，我国目前正在由本厂供应毛坯向专业化工厂供应毛坯发展。应当指出，目前我国的材料利用率是不高的，因此，通过采用新工艺、新技术来提高毛坯的制造质量具有重大的技术经济意义。例如，采用精密铸造、精密锻造、冷冲压、冷轧、工程塑料、异形钢材、粉末冶金等方法制造的毛坯，只需经过少量的机械加工，有时甚至无需加工，就能制造出合乎图纸规定的零件，材料利用率可大大提高。

毛坯的种类很多，各类毛坯制造方法及其主要特点的比较见表12-10。

表 12-10　常用毛坯制造方法及其主要特点的比较

比较内容＼毛坯类型	铸　件	锻　件	冲 压 件	焊 接 件	轧　材
成形特点	液态下成形	固态下塑性变形	同锻件	永久性连接	同锻件
对原材料工艺性能要求	流动性好，收缩率低	塑性好，变形抗力小	同锻件	强度高，塑性好，液态下化学稳定性好	同锻件
常用材料	灰铸铁、球墨铸铁、中碳钢及铝合金、铜合金等	中碳钢及合金结构钢	低碳钢及有色金属薄板	低碳钢、低合金钢、不锈钢及铝合金等	低、中碳钢，合金结构钢、铝合金、铜合金等
金属组织特征	晶粒粗大、疏松、杂质无方向性	晶粒细小、致密	拉深加工后沿拉深方向形成新的流线组织，其他工序加工后原组织基本不变	焊缝区为铸造组织，熔合区和过热区有粗大晶粒	同锻件
力学性能	灰铸铁件力学性能差，球墨铸铁、可锻铸铁及铸钢件较好	比相同成分的铸钢件好	变形部分的强度、硬度提高，结构刚度好	接头的力学性能可达到或接近母材	同锻件
结构特征	形状一般不受限制，可以相当复杂	形状一般较铸件简单	结构轻巧，形状可以较复杂	尺寸、形状一般不受限制，结构较轻	形状简单，横向尺寸变化小
零件材料利用率	高	低	较高	较高	较低
生产周期	长	自由锻短，模锻长	长	较短	短
生产成本	较低	较高	批量越大，成本越低	较高	低
主要适用范围	灰铸铁件用于受力不大或承压为主的零件，或要求有减震、耐磨性能的零件；其他铁碳合金铸件用于承受重载或复杂载荷的零件；机架、箱体等形状复杂的零件	用于对力学性能、尤其是强度和韧性要求较高的传动零件和工具、模具	用于以薄板成形的各种零件	主要用于制造各种金属结构，部分用于制造零件毛坯	形状简单的零件
应用举例	机架、床身、底座、工作台、导轨、变速箱、泵体、阀体、带轮、轴承座、曲轴、齿轮等	机床主轴、传动轴、曲轴、连杆、齿轮、凸轮、螺栓、弹簧、锻模、冲模等	汽车车身覆盖件、电器及仪器、仪表壳及零件、油箱、水箱、各种薄金属件	锅炉，压力容器，化工容器，管道，厂房构架，吊车构架，桥梁，车身，船体，飞机构件，重型机械的机架、立柱、工作台等	光轴、丝杠、螺栓、螺母、销子等

在具体选择毛坯类型时要综合考虑零件所用材料的工艺性（可塑性、锻造性）及零件对材料所提出的力学性能要求，同时考虑零件的形状及尺寸大小、生产批量、毛坯车间现有的生产条件及采用先进毛坯制造方法的可能性等多方面的因素影响。改进毛坯制造方法以提高毛坯精度，采用净型和准净型毛坯，实现少、无切削加工是毛坯生产的发展方向。

2. 毛坯尺寸和形状的确定

在确定毛坯的类型及制造方法后，要确定毛坯的形状和尺寸，其步骤是：

（1）根据毛坯类型及制造方法估计加工表面工序数目。

（2）确定每道工序加工余量并计算总余量。

（3）将原工件尺寸加上各表面的总加工余量即构成毛坯的雏形。毛坯尺寸的制造公差可查阅有关手册。精密毛坯还需根据需要给出相应的形位公差。

有了毛坯的雏形后，即可绘制毛坯图，但还应根据结构工艺性进行修改。例如，铸件和锻件要考虑分型面、预制孔、拔模斜度、圆角等，另外对有些毛坯还要考虑工艺孔、工艺凸台等的设置。

12.3.2　定位基准的选择

在编制工艺规程时，正确地选择各道工序的定位基准，对保证零件的加工质量，提高生产率，改善劳动条件和简化夹具结构等都有重大的影响。定位基准有粗基准和精基准之分，在工件加工的第一道工序中，只能用毛坯上未加工过的表面作为定位基准，这种定位基准称为粗基准；用加工过的表面作为定位基准，这种定位基准称为精基准。下面讨论定位基准的选择原则。

1. 粗基准的选择

粗基准的选择，一般情况下也就是第一道工序定位基准的选择，往往是为了加工后续工序的精基准。在选择粗基准时，重点考虑两方面：一是加工表面的余量分配；二是保证加工面与不加工面间的相互位置精度。因此，粗基准选择要遵循下列原则。

（1）选不加工面为粗基准。对于同时具有加工表面与不加工表面的工件，为了保证加工面与不加工面间的相互位置要求，则应以不加工表面为粗基准。

如图 12.1 所示的毛坯零件，毛坯在铸造时内外圆有偏心，若加工后的内孔与外圆 *A* 有同轴度要求，则选不需加工的外圆 *A* 作为粗基准镗削内孔 *B*，这样镗孔时，虽加工余量不均匀，但可使镗孔后的内孔和外圆具有较好的同轴度，即壁厚均匀，外形对称。

（2）选余量最小的面为粗基准。若工件上有几个不需加工的表面，则应以其中与加工表面间的位置精度要求较高者作为粗基准。若工件上每个表面都要加工，则应以余量最小者为粗基准，以保证该表面在后续工序中不会因余量不足而报废。例如，图 12.2 所示阶梯轴，ϕ50mm 外圆的余量比 ϕ100mm 外圆的余量小，所以应选余量小的小端外圆为粗基准，先加工 ϕ100mm 外圆，然后再以 ϕ100mm 外圆为精基准加工出 ϕ50mm 外圆，这样可使小端外圆有足够而均匀的余量。反之，则可能使小端外圆余量不足。

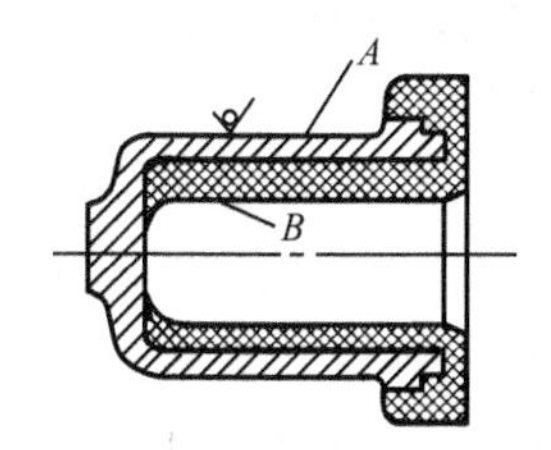

图 12.1　粗基准选择的实例

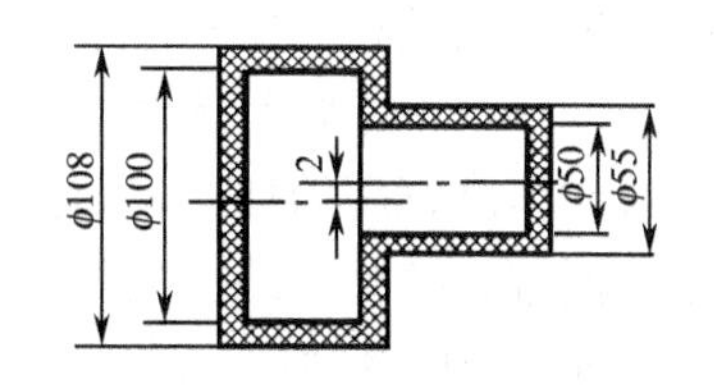

图 12.2　阶梯轴加工的粗基准选择

（3）选重要表面为粗基准。若首先保证重要表面的加工余量均匀，则应以该表面为粗基准。例如，图 12.3 所示床身导轨加工，铸造床身毛坯时，导轨面向下放置，使其表层金属组织细致均匀，没有气孔、夹砂等缺陷。因此，希望在加工时只切去一层薄而均匀的余量，保留组织细密耐磨的表层，且达到较高的加工精度，故而应先以导轨面为粗基准加工床脚平面，然后再以床脚平面为精基准加工导轨面，如图 12.3（a）所示，这时床脚平面加工余量可能不均匀，但加工后的床脚底面与床身导轨的毛坯表面基本平行，所以以其为精基准可保证导轨面加工余量的均匀。反之如图 12.3（b）所示，由于这两个毛坯平面误差很大，将导致导轨面的余量很不均匀甚至余量不够。

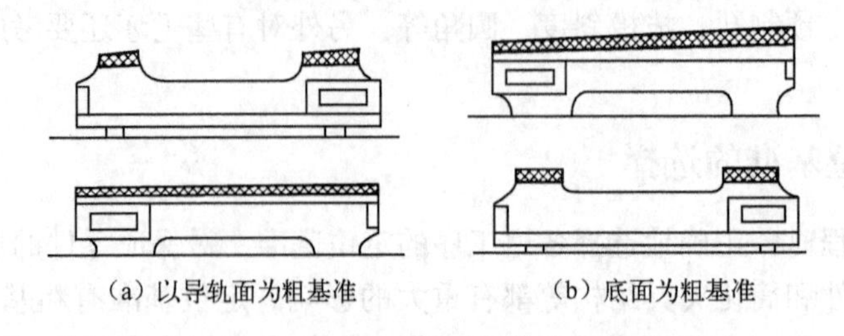

图 12.3　床身导轨面的两种定位方案的比较

（4）尽量选用位置可靠、平整光洁的表面作粗基准。应避免选用有飞边、浇口、冒口或其他缺陷的表面作粗基准，以保证定位准确，夹紧可靠。

（5）粗基准一般不重复使用。因为粗基准比较粗糙，重复使用会产生很大的基准位置误差，影响加工精度。但是若采用精化毛坯，而相应的加工要求不高，重复安装的定位误差在允许范围内，则粗基准可灵活使用。

2. 精基准的选择

选择精基准应考虑的主要问题是保证加工精度，特别是加工表面的相互位置精度，以及实现装夹的方便、可靠、准确。其选择的原则如下。

（1）基准重合原则。应尽量选用零件上的设计基准作为定位基准，称为基准重合原则。采用基准重合原则可以避免由定位基准与设计基准不重合引起的定位误差（称为基准不重合误差），尺寸精度和位置精度能可靠地得到保证。

（2）基准统一原则。同一零件的多道工序尽可能选择同一个定位基准，称为基准统一原则。这样可保证各加工表面间的相互位置精度，避免或减少因基准转换而引起的误差，并且简化了夹具的设计和制造工作，降低了成本，缩短了生产准备周期。如加工轴类零件时，采用两个顶尖孔作为统一的精基准来加工轴类零件上的各外圆表面和端面，这样可保证各外圆表面之间的同轴度和端面对轴线的垂直度；机床主轴箱的箱体多采用底面和导向面为统一的定位基准加工各轴孔、前端面和侧面；一般箱形零件常采用一个大平面和两个距离较远的孔为统一的精基准；圆盘和齿轮零件常用内孔和一端面为精基准。

基准重合和基准统一原则是选择精基准的两个重要原则，但有时会遇到两者相互矛盾的情况。这时对尺寸精度较高的加工表面应服从基准重合原则，以免使工序尺寸的实际公差减小，给加工带来困难。除此以外，主要考虑基准统一原则。

（3）自为基准原则。精加工或光整加工工序要求余量小而均匀，用加工表面本身作为精基准，称为自为基准原则，该加工表面与其他表面之间的相互位置精度则由先行工序保证。如图 12.4 所示，在导轨磨床上磨削床身导轨。工件安装后用百分表对其导轨表面找正，此时的床身底面仅起支承作用。此外，用浮动铰刀铰孔，用圆拉刀拉孔，用无心磨床磨外圆，研磨等都是自为基准的例子。

（4）互为基准原则。为使各加工表面间有较高的位置精度，或为使加工表面具有均匀的加工余量，有时可采取两个加工表面互为基准反复加工的方法，称为互为基准原则。例如，车床主轴为保证主轴轴颈与前端锥孔的同轴度要求，常以主轴颈表面和锥孔表面互为基准反复加工。又如，加工精密齿轮时，当把齿面淬硬后，需要进行磨齿，因其淬硬层较薄，故磨削余量要小而均匀。为此，就需先以齿面分度圆为基准磨内孔，再以内孔为基准磨齿面，这样加工不仅可以使磨齿余量小而均匀，而且还能保证齿轮分度圆对内孔有较小的同轴度误差。

（5）便于装夹原则。所选精基准应能保证工件定位准确、稳定，装夹方便可靠，夹具结构简单适用。定位基准应有足够大的接触面及分布面积，才能承受较大的切削力，使定位稳定可靠。

3. 辅助基准的应用

如图 12.5 所示零件上的工艺搭子、轴加工用的顶尖孔、活塞加工用的止口和中心孔都是典型的辅助基准，这些结构在零件工作时没有用处，只是出于工艺上的需要而设计的，有些可在加工完毕后从零件上切除。

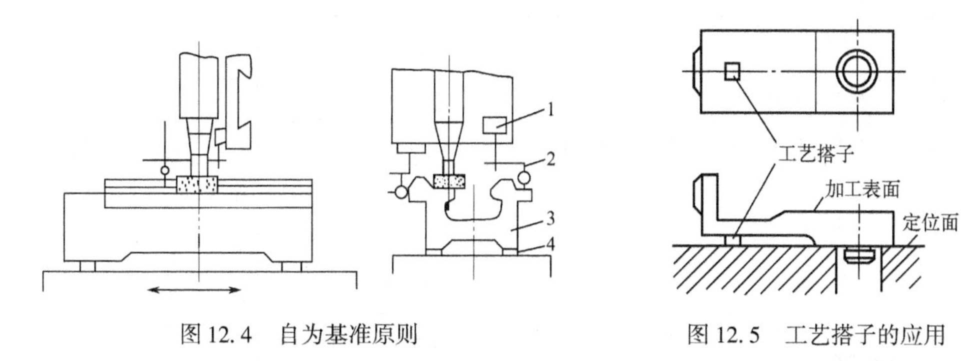

图 12.4　自为基准原则　　　　图 12.5　工艺搭子的应用

定位基准的选择原则是从生产实践中总结出来的。上述每一个原则往往只说明了一个方面的问题，实际工作中应根据具体的加工对象和加工条件，全面考虑，灵活运用。

12.3.3　工艺路线的拟订

工艺路线的拟订是制定工艺规程的关键，其主要任务是选择各个表面的加工方法和加工方案，确定各个表面的加工顺序以及工序集中与分散等。关于工艺路线的拟订，目前还没有一套普遍而完善的方法，而多是采取经过生产实践总结出的一些综合性原则。在应用这些原则时，要结合具体的生产类型及生产条件灵活处理。

1. 加工方法的选择

加工方法选择的原则是保证加工质量和生产率与经济性。为了正确选择加工方法，应了解各种加工方法的特点和掌握加工经济精度及经济粗糙度的概念。

（1）经济精度与经济粗糙度。加工过程中，影响精度的因素很多。每种加工方法在不同的工作条件下所能达到的精度是不同的。例如，在一定的设备条件下，操作精细，选择较低的进给量和切削深度，就能获得较高的加工精度和较细的表面粗糙度。但是这必然会使生产率降低，生产成本增加。反之，提高了生产率，虽然成本降低，但会增大加工误差，降低加工精度。

加工经济精度是指在正常的加工条件下（采用符合质量的标准设备、工艺装备和标准技术等级的工人，不延长加工时间）所能保证的加工精度。

经济粗糙度的概念类同于经济精度的概念。

各种加工方法所能达到的经济精度和经济粗糙度等级，以及各种典型的加工方案均已制成表格，在机械加工的各种手册中均能查到。表12-11、表12-12、表12-13中分别摘录了外圆、内孔和平面等典型表面的加工方法和加工方案以及所能达到的加工经济精度和经济粗糙度（经济精度以公差等级表示），供选用时参考。

必须指出，经济精度的数值不是一成不变的。随着科学技术的发展，工艺技术的改进，加工经济精度会逐步提高。

表12-11　外圆表面加工方案

序号	加工方案	经济精度等级	表面粗糙度值 R_a（μm）	适用范围
1	粗车 -	IT11 以下	50 ~ 12.5	适用于淬火钢以外的各种金属
2	粗车 - 半精车	IT10 ~ IT8	6.3 ~ 3.2	
3	粗车 - 半精车 - 精车	IT8 ~ IT7	1.6 ~ 0.8	
4	粗车 - 半精车 - 精车 - 滚压（或抛光）	IT8 ~ IT7	0.2 ~ 0.025	
5	粗车 - 半精车 - 磨削	IT8 ~ IT7	0.8 ~ 0.4	主要用于淬火钢，也可用于未淬火钢，但不宜加工有色金属
6	粗车 - 半精车 - 粗磨 - 精磨	IT7 ~ IT6	0.4 ~ 0.1	
7	粗车 - 半精车 - 粗磨 - 精磨 - 超精加工（或轮式超精磨）	IT5	0.1 ~ 0.012	
8	粗车 - 半精车 - 精车 - 金刚石车	IT7 ~ IT6	0.4 ~ 0.025	主要用于要求较高的有色金属的加工
9	粗车 - 半精车 - 粗磨 - 精磨 - 超精磨或镜面磨	IT5 以上	0.025 ~ 0.006	极高精度的外圆加工
10	粗车 - 半精车 - 粗磨 - 精磨 - 研磨	IT5 以上	0.1 ~ 0.006	

表12-12　孔加工方案

序号	加工方案	经济精度等级	表面粗糙度值 R_a（μm）	适用范围
1	钻	IT13 ~ IT11	12.5	加工未淬火钢及铸铁的实心毛坯，也可用于加工有色金属（但表面粗糙度稍大，孔径小于15 ~ 20 mm）
2	钻 - 铰	IT10 ~ IT8	6.3 ~ 1.6	
3	钻 - 粗铰 - 精铰	IT8 ~ IT7	1.6 ~ 0.8	
4	钻 - 扩	IT11 ~ IT10	12.5 ~ 6.3	同上，但孔径大于15 ~ 20 mm
5	钻 - 扩 - 铰	IT9 ~ IT8	3.2 ~ 1.6	
6	钻 - 扩 - 粗铰 - 精铰	IT7	1.6 ~ 0.8	
7	钻 - 扩 - 机铰 - 手铰	IT7 ~ IT6	0.4 ~ 0.1	
8	钻 - 扩 - 拉	IT9 ~ IT7	1.6 ~ 0.1	大批大量生产（精度由拉刀的精度而定）
9	粗镗（或扩孔）	IT13 ~ IT11	12.5 ~ 6.3	除淬火钢外各种材料，毛坯有铸出孔或锻出孔
10	粗镗（粗扩） - 半精镗（精扩）	IT10 ~ IT8	3.2 ~ 1.6	
11	粗镗（扩） - 半精镗（精扩） - 精镗（铰）	IT8 ~ IT7	1.6 ~ 0.8	
12	粗镗（扩） - 半精镗（精扩） - 精镗 - 浮动镗 - 刀精镗	IT7 ~ IT6	0.8 ~ 0.4	

续表

序号	加 工 方 案	经济精度等级	表面粗糙度值 R_a（μm）	适 用 范 围
13	粗镗（扩）－半精镗－磨孔	IT8～IT7	0.8～0.4	主要用于淬火钢，也用于未淬火钢，但不宜用于有色金属加工
14	粗镗（扩）－半精镗－粗磨－精磨	IT7～IT6	0.2～0.1	
15	粗镗－半精镗－精镗－金刚镗	IT7～IT6	0.4～0.05	主要用于精度要求高的有色金属加工
16	钻－（扩）－粗铰－精铰－珩磨 钻－（扩）－拉－珩磨 粗镗－半精镗－精镗－珩磨	IT7～IT6	0.2～0.025	精度要求很高的孔
17	以研磨代替上述方案中的珩磨	IT6 以上	0.1～0.006	

表 12-13　平面加工方案

序号	加 工 方 案	经济精度等级	表面粗糙度值 R_a（μm）	适 用 范 围
1	粗车－半精车	IT10～IT8	6.3～3.2	
2	粗车－半精车－精车	IT8～IT7	1.6～0.8	
3	粗车－半精车－磨削	IT8～IT6	0.8～0.2	
4	粗刨（或粗铣）－精刨（或精铣）	IT10～IT8	6.3～1.6	一般不淬硬平面（端铣的表面粗糙度值可较小）
5	粗刨（或粗铣）－精刨（或精铣）－刮研	IT7～IT6	0.8～0.1	精度要求较高的不淬硬平面，批量较大时宜采用宽刃粗刨方案
6	粗刨（或粗铣）－精刨（或精铣）－宽刃精刨	IT7	0.8～0.2	
7	粗刨（或粗铣）－精刨（或精铣）－磨削	IT7	0.8～0.2	精度要求较高的淬硬平面或不淬硬平面
8	粗刨（或粗铣）－精刨（或精铣）－粗磨精磨	IT6～IT5	0.4～0.025	
9	粗刨－拉	IT9～IT7	0.8～0.2	大量生产，较小的平面（精度视拉刀的精度而定）
10	粗铣－精铣－磨削－研磨	IT5 以上	0.1～0.006	高精度平面

（2）选择加工方法应考虑的因素。从以上各表中可以看出满足同样精度要求的加工方法有几种，所以在选择加工方法时，还应注意以下几个问题。

① 零件的结构形状和尺寸。例如，对于加工精度要求为 IT7 级的孔，采用镗削、铰削、拉削和磨削均可达到要求。但箱体上的孔，一般不宜选用拉孔和磨孔，而宜选择镗孔（大孔）或铰孔（小孔）。

② 生产类型。不同的加工方法和加工方案采用的设备和刀具不同，生产率和经济性也大不相同。大批大量生产时，应选用高效率和质量稳定的加工方法。例如，平面和孔可采用拉削加工；采用组合铣、镗等进行几个表面的同时加工。在单件小批生产中，对于平面和孔多采用通用机床、通用工艺装备及常规的加工方法。

由于大批大量生产能选用精密毛坯（如用粉末冶金制造的油泵齿轮、精锻锥齿轮等），故可以简化机械加工。毛坯制造后，直接进入磨削加工。

③ 零件材料可加工性。硬度很低而韧性较大的金属材料（如有色金属）用磨削加工很困难，一般都采用金刚镗或高速精密车削的方法进行加工；而淬火钢、耐热钢等因硬度很高，必须用磨削的方法加工。

④ 现有设备与技术条件。应该充分利用现有设备和工艺手段，挖掘企业潜力，发挥工程技术人员和工人的积极性与创造性。同时，积极应用新工艺和新技术，不断提高工艺水平。

⑤ 特殊要求。如表面纹路方向的要求，铰削及镗削的纹路方向与拉削的纹路方向不同，应根据设计的特定要求选择相应的加工方法。

2. 加工阶段的划分

为保证零件加工质量及合理地使用设备、人力，机械加工工艺过程一般可分为粗加工、半精加工和精加工三个阶段。

(1) 粗加工阶段。主要任务是切除毛坯的大部分加工余量，使毛坯在形状和尺寸上尽可能接近成品。因此，此阶段应采取措施尽可能提高生产率。

(2) 半精加工阶段。减小粗加工后留下的误差和表面缺陷层，使被加工表面达到一定的精度，为主要表面的精加工做好准备，同时完成一些次要表面的加工。

(3) 精加工阶段。保证各主要表面达到图样的全部技术要求，此阶段的主要目标是保证加工质量。

(4) 光整加工阶段。对于零件上精度和表面粗糙度要求很高（IT6 级以上，表面粗糙度 R_a 为 0.2μm 以下）的表面，应安排光整加工阶段。此阶段的主要目标是减小表面粗糙度或进一步提高尺寸精度，一般不用以纠正形状误差和位置误差。

通过划分加工阶段，首先可以逐步消除粗加工中由于切削热和内应力引起的变形，消除或减少已产生的误差，减小表面粗糙度。其次，可以合理使用机床设备。粗加工时余量大，切削用量大，可在功率大、刚性好、效率高而精度一般的机床上进行，充分发挥机床的潜力。精加工时在较为精密的机床上进行，既可以保证加工精度，也可延长机床的使用寿命。

此外，通过划分加工阶段，便于安排热处理工序，充分发挥每一次热处理的作用，消除粗加工时产生的内应力，改变材料的力学、物理性能，还可以及时发现毛坯的缺陷，及时报废或修补，以免因继续盲目加工而造成工时浪费。

工艺过程划分阶段随加工对象和加工方法的不同而变。对于刚性好的重型零件，可在同一工作地点，一次安装完成表面的粗、精加工。为减少夹紧变形对加工精度的影响，可在粗加工后松开夹紧机构，然后用较小的力重新夹紧工件，继续进行精加工。对批量较小、形状简单及毛坯精度高而加工要求低的零件，也可不必划分加工阶段。

3. 加工顺序的安排

机械加工工艺规程是由一系列有序安排的加工方法所组成的。在加工方法选定后，工艺规程设计的主要内容就是合理地安排这些加工方法的顺序及其与热处理、表面处理（如镀铬、镀铜、磷化等）工序间以及与辅助工序（如清洗、检验等）的相互顺序。

(1) 机械加工顺序的安排。机械加工顺序的安排主要取决于基准的选择与转换。在设计时遵循以下原则：

① 基面先行。精基准选定后，机械加工首先要选定粗基准把精基准面加工出来。例如，在加工轴类零件时，一般是以外圆为粗基准来加工中心孔，再以中心孔为精基准来加工外圆、端面等。

② 先主后次。零件的主要工作表面、装配基面应先加工，从而能及早发现毛坯中主要

表面可能出现的缺陷。次要表面的加工可穿插进行，放在主要表面加工到一定的精度之后，最终精加工之前进行。

③ 先粗后精。通过划分加工阶段，各个表面先进行粗加工，再进行半精加工，最后进行精加工和光整加工。从而逐步提高表面的加工精度与表面质量。

④ 先面后孔。对于箱体、支架等类零件，平面的轮廓尺寸较大，一般先加工平面以作精基准，再加工孔和其他表面。

有些表面的最后精加工安排在部装或总装过程中进行，以保证较高的配合精度。

（2）热处理工序的安排。热处理工序在工艺路线中的安排主要取决于零件的材料及热处理的目的。

① 预备热处理。主要目的是改善切削加工性能，消除毛坯制造时的残余应力。常用的方法有退火、正火和调质。预备热处理一般安排在粗加工之前，但调质通常安排在粗加工之后。

② 消除残余应力处理。主要是消除毛坯制造或机械加工过程中产生的残余应力。常用的方法有时效和退火，最好安排在粗加工之后精加工之前。对精度要求一般的零件，在粗加工之后安排一次时效或退火，可同时消除毛坯制造和粗加工的残余应力，减小后续工序的变形。对精度要求较高的复杂铸件，在加工过程中通常安排两次时效处理：铸造—粗加工—时效—半精加工—时效—精加工。对于高精度的零件，如精密丝杠、精密主轴等，应安排多次时效处理，甚至采用冰冷处理稳定尺寸。

③ 最终热处理。主要目的是提高零件的强度、表面硬度和耐磨性。常用淬火—回火以及各种化学处理（渗碳淬火、渗氮、液体碳氮共渗等）。最终热处理一般安排在半精加工之后、精加工工序（磨削加工）之前进行，氮化处理由于氮化层硬度很高，变形很小，因此安排在粗磨和精磨之间。

（3）辅助工序的安排。辅助工序主要包括：检验、清洗、去毛刺，去磁、倒棱边、涂防锈油及平衡等。其中检验工序是主要的辅助工序，是保证产品质量的主要措施。它一般安排在：粗加工全部结束以后精加工开始以前、零件在不同车间之间转移前后、重要工序之后和零件全部加工结束之后。

有些重要零件，不仅要进行几何精度和表面粗糙度的检验，还要进行如 X 射线、超声波探伤等材料内部质量的检验以及荧光检验、磁力探伤等材料表面质量的检验。此外，清洗、去毛刺等辅助工序也必须引起高度重视，否则将会给最终的产品质量造成不良的甚至严重的后果。

4. 工序的集中与分散

在选定了零件上各个表面的加工方法及其加工顺序以后，制定工艺路线可以采用工序集中原则或工序分散原则，把各表面的各次加工组合成若干工序。

（1）工序集中及其特点。工序集中就是将工件的加工集中在少数几道工序内完成，每道工序的加工内容较多。工序集中可采用技术上的措施集中，如多刃、多刀加工和多轴机床、自动机床、数控机床加工等，也可采用人为的组织措施集中，称为组织集中，如普通车床的顺序加工。工序集中有以下特点：

① 工件装夹次数少，易于保证各个加工表面间的相互位置精度，还能减少辅助时间，缩短生产周期。

② 工序数目少，可减少机床设备数量、操作工人数及生产所需的面积，还可简化生产计划工作和生产组织工作。

③ 有利于采用高效的先进设备或专用设备、工艺装备，提高加工精度和生产率。

④ 设备的一次性投资大、工艺装备复杂。

(2) 工序分散及其特点。工序分散就是将工件的加工分散在较多的工序内进行，每道工序的加工内容很少，最少时即每道工序仅完成一个简单的工步。工序分散的特点是：

① 设备、工装比较简单，调整、维护方便，对工人的技术水平要求低，生产准备工作量少。

② 每道工序的加工内容少，便于选择更合理的切削用量，减少基本时间。

③ 所需设备及工人人数多，生产周期长，生产所需面积大，运输量也较大。

工序集中和工序分散的程度，应根据生产纲领、零件本身的结构和技术要求、机床设备等进行综合考虑。单件小批生产采用工序集中，以简化生产组织工作。大批大量生产时，若使用多刀、多轴的自动或半自动高效机床、加工中心，可按工序集中原则组织生产；对一些结构较简单的产品，如轴承生产，也可采用分散原则。对于重型零件，为了减少工件装卸和运输的劳动量，工序应适当集中；对于刚性差且精度高的精密工件，则工序应适当分散。

随着数控机床的普及应用，尤其是自动化程度很高的五面体数控加工中心的应用，工艺路线的安排将更多地趋向于工序集中。

12.4 加工余量和工序尺寸的确定

12.4.1 加工余量的概念

在机械加工工序中，每一工序加工质量的标准是各个加工表面的工序加工尺寸及其公差。确定工序尺寸，首先要确定加工余量。

加工余量是指加工过程中从加工表面切除的金属层厚度。

1. 总加工余量和工序加工余量

在零件从毛坯到成品的切削加工过程中，某一表面被切除的金属层总厚度，即某一表面的毛坯尺寸与零件设计尺寸之差，称为该表面的加工总余量。某一表面在一道工序中被切除的金属层厚度，即相邻工序的工序尺寸之差，称为该表面的工序余量。显然，某一表面的加工总余量等于该表面各工序余量的总和，即

$$Z_o = \sum_{i=1}^{n} Z_i$$

式中，Z_o——加工总余量（毛坯余量）；

Z_i——各工序余量；

n——工序数。

2. 公称加工余量、最大加工余量和最小加工余量

由于工序尺寸有公差，故实际切除的余量会在一定的范围内变动。因此，加工余量又可分为公称加工余量、最大加工余量、最小加工余量。通常所说的加工余量是指公称加工余

量，其值等于前后工序的基本尺寸之差见图 12.6 所示，有如下公式：

$$Z_b = |a - b|$$

式中，Z_b——本工序的加工余量；

a——前工序的工序尺寸；

b——本工序的工序尺寸。

根据零件的不同结构，加工余量有单边和双边之分。对于平面等非回转表面的加工余量指单边余量，它等于实际切削的金属层厚度。对于外圆和内孔等回转表面，加工余量指双边余量，即以直径方向计算，实际切削的金属层厚度为加工余量的一半。

图 12.6 表示工序余量与工序尺寸的关系。

对于被包容面：　$Z_b = a - b$　（见图 12.6（a））

对于包容面：　$Z_b = b - a$　（见图 12.6（b））

对于外圆表面：　$2Z_b = d_a - d_b$　（见图 12.6（c））

对于内孔表面：　$2Z_b = d_b - d_a$　（见图 12.6（d））

对于最大余量和最小余量的计算，因加工内外表面的不同而计算方法也不同。

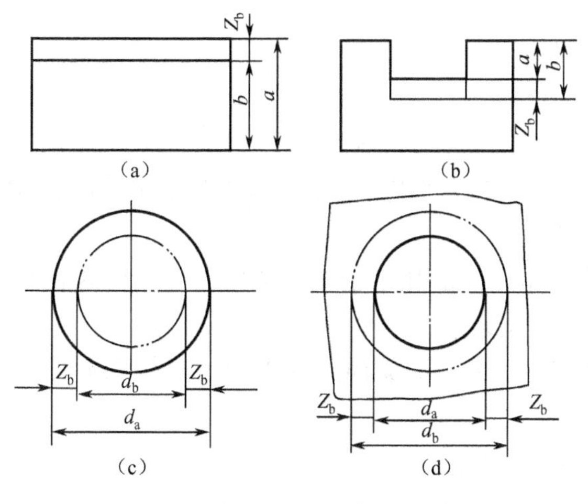

图 12.6　加工余量

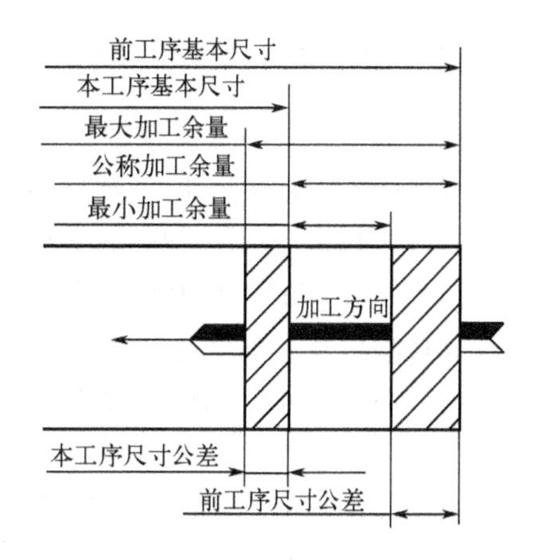

图 12.7　加工余量及其公差

对于外表面：

$$Z_{max} = a_{max} - b_{min}$$

$$Z_{min} = a_{min} - b_{max}$$

$$T_z = Z_{max} - Z_{min} = T_b + T_a$$

式中，Z_{max}——最大工序余量；

Z_{min}——最小工序余量；

T_z——本工序余量公差；

T_b——本工序尺寸公差；

T_a——上工序尺寸公差。

工序尺寸的公差带一般规定在零件的“入体”方向。即：对于被包容面（轴）的工序尺寸取上偏差为零（h），工序基本尺寸等于最大极限尺寸；对于包容面（孔）的工序尺寸取下偏差为零（H），工序基本尺寸等于最小极限尺寸。毛坯尺寸的公差一般采用双向标注

$\mathrm{Js}\left(\pm\frac{T}{2}\right)$。图 12.8 分别表示被包容面和包容面的工序余量与毛坯余量（加工总余量）及其公差带之间的关系。

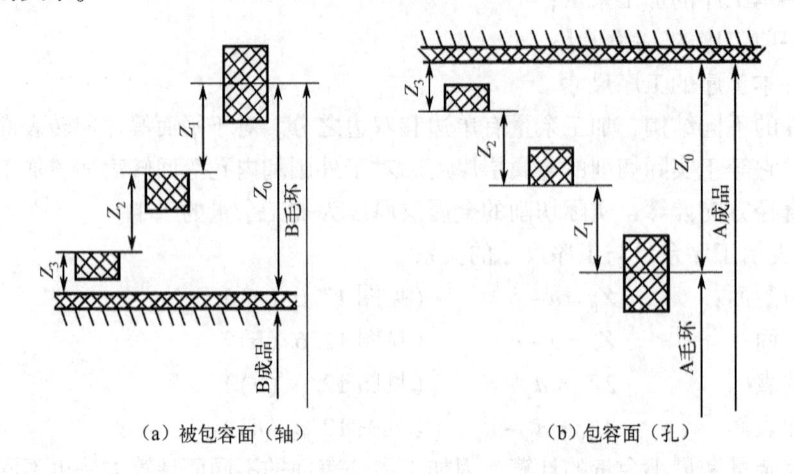

图 12.8　加工总余量（毛坯余量）与工序余量的关系

12.4.2　加工余量的确定

加工余量的大小对工件的加工质量和生产率有较大的影响。余量过大，会造成浪费工时，增加成本；余量过小，会造成废品。确定加工余量的基本原则是在保证加工质量的前提下，尽可能减小余量。在确定时应考虑以下因素：

（1）上工序的各种表面缺陷和误差因素。本工序的加工余量应能修正上工序的表面粗糙度和缺陷层及上工序的尺寸公差和上工序的形位误差。

（2）本工序加工时的装夹误差。它包括定位误差、夹紧误差（夹紧变形）和夹具本身的误差。

在实际生产中，确定加工余量的方法有以下几种：

（1）经验估计法。此法是根据工艺人员的实际经验确定加工余量的。为了防止因余量不够而产生废品，所估计的加工余量一般偏大。此法常用于单件小批量生产。

（2）查表法。此法是以工厂生产实践和试验研究积累的有关加工余量的资料数据为基础，先制成表格，再汇集成手册。确定加工余量时，查阅这些手册，再结合工厂的实际情况进行适当的修改后确定。目前，这种方法用得比较广泛。

在查表时应注意表中数据是公称值，对称表面的加工余量是双边的，非对称表面的加工余量是单边的。

（3）分析计算法。此法是根据一定的试验资料和计算公式，对影响加工余量的各项因素进行综合分析和计算来确定加工余量，这种方法确定的加工余量最经济合理，但必须有比较全面和可靠的试验资料。目前，只在材料十分贵重，以及军工生产或少数大量生产中采用。

在确定加工余量时，要分别确定加工总余量（毛坯余量）和工序余量。加工总余量的大小与毛坯制造精度有关。用查表法确定工序余量时，粗加工工序余量不能用查表法得到，而是由总余量减去其他各工序余量之和而得。

12.4.3 确定工序尺寸及其公差

生产上绝大部分加工面都是在基准重合（工艺基准和设计基准重合）的情况下进行加工的，基准重合情况下工序尺寸与公差的确定过程如下：

（1）确定各加工工序的加工余量。

（2）从最后一道工序开始向前推算，直到第一道工序，逐次加上（或减去）工序余量，可分别得到各工序基本尺寸（包括毛坯尺寸）。

（3）除终加工工序以外，其他各工序按各自所采用加工方法的经济精度确定工序尺寸公差（终加工工序的公差按设计要求确定）。

（4）填写工序尺寸并按“入体原则”标注工序尺寸公差。

例如，某轴直径为 ϕ60mm，其尺寸精度要求为 IT5，表面粗糙度要求为 R_a0.04μm，并要求高频淬火，毛坯为锻件。其工艺路线为：粗车→半精车→高频淬火→粗磨→精磨→研磨。现在来计算各工序的工序尺寸及公差。

先用查表法确定加工余量。由工艺手册查得：研磨余量为 0.01mm，精磨余量为 0.1mm，粗磨余量为0.3mm，半精车余量为1.1mm，粗车余量为4.5mm，可得加工总余量为 6.01mm，取加工总余量为 6mm，则粗车余量应修正为 4.49mm。

计算各加工工序基本尺寸。研磨后工序基本尺寸为 ϕ60 mm（设计尺寸），其他各工序基本尺寸依次为：

精磨：60 + 0.01 = 60.01mm

粗磨：60.01 + 0.1 = 60.11mm

半精车：60.11 + 0.3 = 60.41mm

粗车：60.41 + 1.1 = 61.51mm

毛坯：61.51 + 4.49 = 66mm

确定各工序的加工经济精度和表面粗糙度。由有关手册可查得：研磨后为 IT5，R_a 0.04μm（零件的设计要求）；精磨后选定为 IT6，R_a0.16μm；粗磨后选定为 IT8，R_a 1.25μm；半精车后选定为 IT11，R_a2.5μm；粗车后选定为 IT13，R_a16μm。

根据上述经济精度查公差表，将查得的公差数值按“入体原则”标注在工序基本尺寸上。查工艺手册可得锻造毛坯公差为 ±2mm。

为清楚起见，把上述计算和查表结果汇总于表 12-14 中，供参考。

表 12-14 工序尺寸及其公差的计算

工序名称	工序间余量（mm）	经济精度	工序间尺寸（mm）	工序间	
				尺寸、公差（mm）	表面粗糙度（（m）
研磨	0.01	h5	60	$\phi60_{-0.013}^{0}$	R_a 0.04
精磨	0.1	h6	60.01	$\phi60.01_{-0.019}^{0}$	R_a 0.16
粗磨	0.3	h8	60.01	$\phi60.11_{-0.046}^{0}$	R_a 1.25
半精车	1.1	h11	60.41	$\phi60.41_{-0.190}^{0}$	R_a 2.5
粗车	4.49	h13	61.51	$\phi61.51_{-0.460}^{0}$	R_a 16
锻造		±2	66	ϕ66 ±2	

在工艺基准无法同设计基准重合的情况下，确定了工序余量之后，需通过工艺尺寸链进行工序尺寸和公差的换算。具体换算方法将在工艺尺寸链中介绍。

12.4.4　工艺尺寸链的概念及计算

1. 工艺尺寸链的概念

（1）尺寸链的定义。在机器装配或零件加工过程中，由相互连接的尺寸形成的封闭链环，称为尺寸链。如图 12.9 所示，用零件的表面 1 来定位加工表面 2，得尺寸 A_1。仍以表面 1 定位加工表面 3，保证尺寸 A_2，于是 A_1—A_2—A_0连接成了一个封闭的尺寸链。

在机械加工过程中，同一工件的各有关工艺尺寸所组成的尺寸链，称为工艺尺寸链。

（2）工艺尺寸链的组成。组成工艺尺寸链的各个尺寸称为尺寸链的环。图 12.9 中的 A_1、A_2、A_0都是尺寸链的环，它们可分为：

① 封闭环。加工（或测量）过程中最后自然形成（或间接获得）的一环称为封闭环，如图 12.9 中的 A_0。每个尺寸链只有一个封闭环。

② 组成环。加工（或测量）过程中直接获得的环称为组成环。尺寸链中，除封闭环外的其他的环都是组成环。组成环按其对封闭环的影响又可分为：

a. 增环。尺寸链的组成环中。由于该环的变动引起封闭环的同向变动，则该组成环称为增环（如图 12.9 中的 A_1），用 $\overrightarrow{A}$ 表示。

b. 减环。尺寸链的组成环中。由于该环的变动引起封闭环的反向变动，则该组成环称为减环（如图 12.9 中的 A_2），用$\overleftarrow{A}$表示。

同向变动是指该组成环增大时封闭环也增大，该组成环减小时封闭环也减小；反向变动是指该组成环增大时封闭环减小，该组成环减小时封闭环增大。

c. 增、减环的判定方法。为了正确地判定增环与减环，可在尺寸链图上，先给封闭环任意定出方向并画出箭头，然后沿此方向环绕尺寸链回路，顺次给每一个组成环画出箭头。此时，凡箭头方向与封闭环相反的组成环为增环，方向相同的则为减环，见图 12.10 所示。

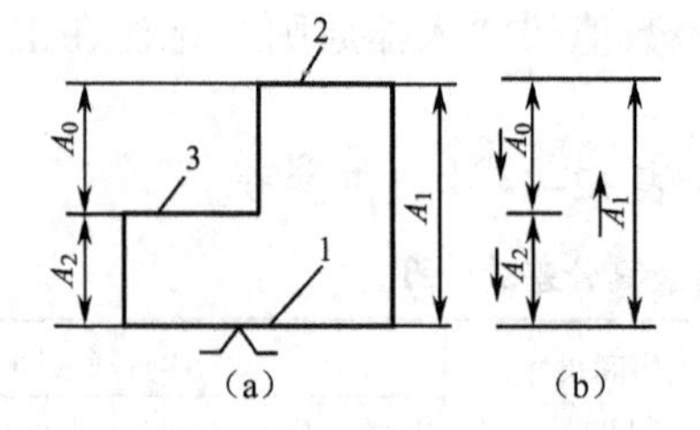

图 12.9　工艺尺寸链示例

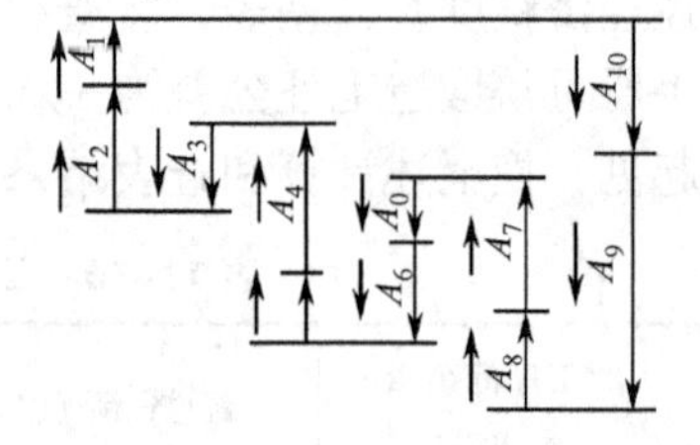

图 12.10　增减环的简易判别图

2. 工艺尺寸链的建立

工艺尺寸链的计算并不复杂，但在工艺尺寸链的建立中，封闭环的判定和组成环的查找却应引起初学者的足够重视。因为封闭环判定错了，整个尺寸链的解算将得出错误的结果；组成环查找不对，将得不到最少链环的尺寸链，解算出来的结果也是错误的。下面分别予以讨论。

（1）封闭环的判定。在工艺尺寸链中，封闭环是加工过程中自然形成（或间接获得）的尺寸，如图 12.9 中的 A_0。但是，在同一零件加工的工艺尺寸链中，封闭环是随着零件加工方案的变化而变化的。仍以图 12.9 为例，若以 1 面定位加工 2 面得尺寸 A_1，然后以 2 面定位加工 3 面，则 A_0为直接获得的尺寸。而 A_2为自然形成的尺寸，即为封闭环。又如图 12.11 所示零件，当以表面 3 定位加工表面 1 而获得尺寸 A_1，然后以表面 1 为测量基准加工表面 2 而直接获得尺寸 A_2，则自然形成的尺寸 A_0即为封闭环。但是，如果以加工过的表面 1 作为测量基准加工表面 2，直接获得尺寸 A_2，再以 2 面为定位基准加工 3 面，直接获得尺寸 A_0，此时，尺寸 A_1便为自然形成而成为封闭环。

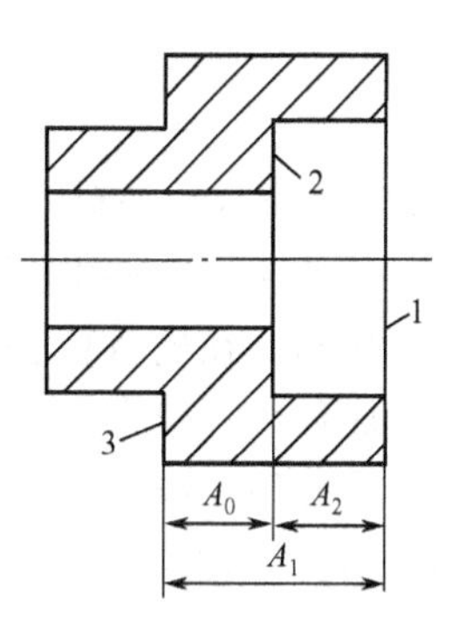

图 12.11　封闭环的判别示例

所以，封闭环的判定必须根据零件加工的具体方案，紧紧抓住"自然形成（或间接获得）"这一要领。

（2）组成环的查找。组成环的查找方法是：从构成封闭环的两表面开始，同步地按照工艺过程的顺序，分别向前查找各该表面最近一次加工的加工尺寸，之后再进一步向前查找此加工尺寸的工序基准的最近一次加工时的加工尺寸，如此继续向前查找，直到两条路线最后得到的加工尺寸的工序基准重合（即两者的工序基准为同一表面），至此上述尺寸系统即形成封闭的尺寸链，从而构成了工艺尺寸链。

查找组成环必须掌握的基本特点为：组成环是加工过程中"直接获得"的，而且对封闭环有影响。

3. 工艺尺寸链计算的基本公式

工艺尺寸链的计算方法有两种：极值法和概率法。目前生产中多采用极值法计算。

下面介绍用极值法计算工艺尺寸链的基本公式。

（1）封闭环基本尺寸。封闭环的基本尺寸等于所有组成环基本尺寸的代数和，即：

$$A_0 = \sum_{i=1}^{m} \overrightarrow{A}_{\mathrm{i}} - \sum_{j=m+1}^{n-1} \overleftarrow{A}_{\mathrm{j}} \tag{12-1}$$

式中，A_0——封闭环的基本尺寸；

$\overrightarrow{A}_{\mathrm{i}}$——增环的基本尺寸；

$\overleftarrow{A}_{\mathrm{j}}$——减环的基本尺寸；

m——增环的数目；

n——尺寸链的总环数。

（2）封闭环的极限尺寸。

$$A_{0\max} = \sum_{i=1}^{m} \overrightarrow{A}_{\mathrm{imax}} - \sum_{j=m+1}^{n-1} \overleftarrow{A}_{\mathrm{jmin}} \tag{12-2}$$

$$A_{0\min} = \sum_{i=1}^{m} \overrightarrow{A}_{\mathrm{imin}} - \sum_{j=m+1}^{n-1} \overleftarrow{A}_{\mathrm{jmax}} \tag{12-3}$$

（3）封闭环的极限偏差。

$$\text{上偏差:} ES(A_0) = \sum_{i=1}^{m} ES(\overrightarrow{A}_{\mathrm{i}}) - \sum_{j=m+1}^{n-1} EI(\overleftarrow{A}_{\mathrm{j}}) \tag{12-4}$$

$$\text{下偏差:} EI(A_0) = \sum_{i=1}^{m} EI(\overrightarrow{A}_{\mathrm{i}}) - \sum_{j=m+1}^{n-1} ES(\overleftarrow{A}_{\mathrm{j}}) \tag{12-5}$$

（4）封闭环公差。封闭环的公差等于其上偏差减去下偏差，即等于各组成环公差之和。

$$T(A_0) = \sum_{i=1}^{n-1} T(A_i) \tag{12-6}$$

式中，$T(A_0)$——封闭环的公差；

$T(A_i)$——组成环的公差。

显然，在极值算法中，封闭环的公差大于任一组成环的公差。当封闭环的公差一定时，若组成环数目较多，各组成环的公差就会过小，造成工序加工困难。因此，在分析尺寸链时，应使尺寸链的组成环数为最少，即遵循尺寸链最短原则。在大批量生产或封闭环公差较小、组成环较多的情况下，可采用概率算法，其计算公式为：

$$T(A_0) = \sqrt{\sum_{i=1}^{n-1} T(A_i)^2} \tag{12-7}$$

12.4.5 工艺尺寸链的应用

工艺尺寸链是揭示零件加工过程中加工尺寸间内在联系的重要手段，而应用尺寸链公式确定工序尺寸和公差是工艺尺寸链应解决的主要问题。解尺寸链的步骤是：

（1）画尺寸链图。

（2）确定封闭环、增环和减环。

（3）进行尺寸链计算。

下面讨论工艺尺寸链的具体应用。

1. 基准不重合时工艺尺寸链的计算

（1）定位基准与设计基准不重合。如图 12.12（a）所示零件，设 1 面已加工好，现以 1 面定位加工 3 面和 2 面，其工序简图如图 12.12（b）所示，试求工序尺寸 A_1 与 A_2。

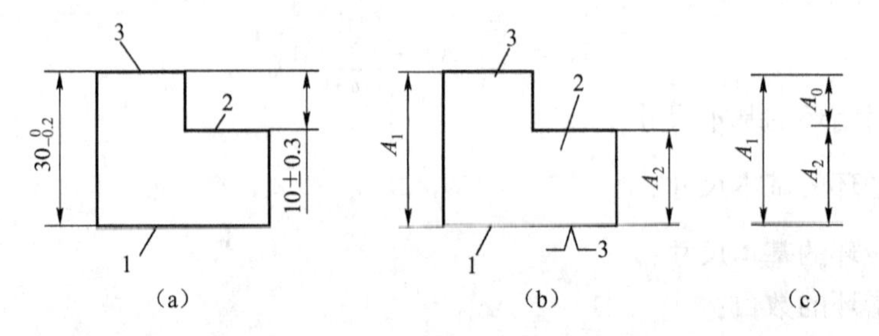

图 12.12　定位基准与设计基准不重合

由于加工 3 面时定位基准与设计基准重合，因此工序尺寸 A_1 就等于设计尺寸，$A_1 = 30^{0}_{-0.2}$mm。工序尺寸 A_2 由图 12.12（c）所列尺寸链计算，其中 A_0 是封闭环，A_1、A_2 为组成环，A_1 为增环，A_2 为减环。应用尺寸链计算公式可得：

$$A_0 = A_1 - A_2$$

$$A_2 = A_1 - A_0 = 30 - 10 = 20(\text{mm})$$

$$ES(A_0) = ES(A_1) - EI(A_2)$$

$$EI(A_2) = ES(A_1) - ES(A_0) = 0 - 0.3 = -0.3(\text{mm})$$

$$EI(A_0) = EI(A_1) - ES(A_2)$$

$$ES(A_2) = EI(A_1) - EI(A_0) = -0.2 - (-0.3) = 0.1(\text{mm})$$

所以，

$$A_2 = 20^{+0.1}_{-0.3} = 20.1^{\ 0}_{-0.4}(\text{mm})$$

（2）设计基准与测量基准不重合。如图 12.13（a）所示的套筒零件，设计图上根据装配要求标注尺寸 $50^{\ 0}_{-0.17}$mm 和 $10^{\ 0}_{-0.36}$mm。加工时，由于尺寸 $10^{\ 0}_{-0.36}$mm 不便测量，因此只有通过测量大孔深度来保证。求大孔深度尺寸 A_2。

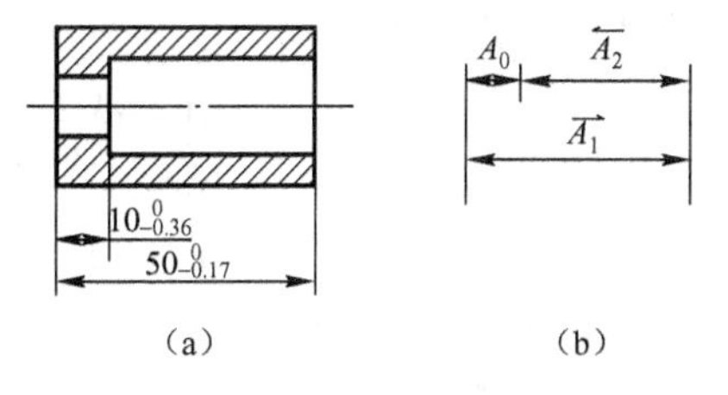

图 12.13　测量基准与设计基准不重合

由于 $10^{\ 0}_{-0.36}$mm 是由 A_2 和 $50^{\ 0}_{-0.17}$mm 间接保证的，故 $10^{\ 0}_{-0.36}$mm 是封闭环，A_1 是增环，A_2 是减环。由尺寸链计算公式可得：

$$A_0 = A_1 - A_2$$

$$A_2 = A_1 - A_0 = 50 - 10 = 40(\text{mm})$$

$$ES(A_0) = ES(A_1) - EI(A_2)$$

$$EI(A_2) = ES(A_1) - ES(A_0) = 0 - 0 = 0$$

$$EI(A_0) = EI(A_1) - ES(A_2)$$

$$ES(A_2) = EI(A_1) - EI(A_0) = -0.17 - (-0.36) = 0.19(\text{mm})$$

由此求得工序测量尺寸为：$40^{+0.19}_{\ 0}$mm。

2. 工序尺寸的基准有加工余量时工艺尺寸链的计算

如图 12.14 所示零件的内孔与键槽，其加工顺序是：

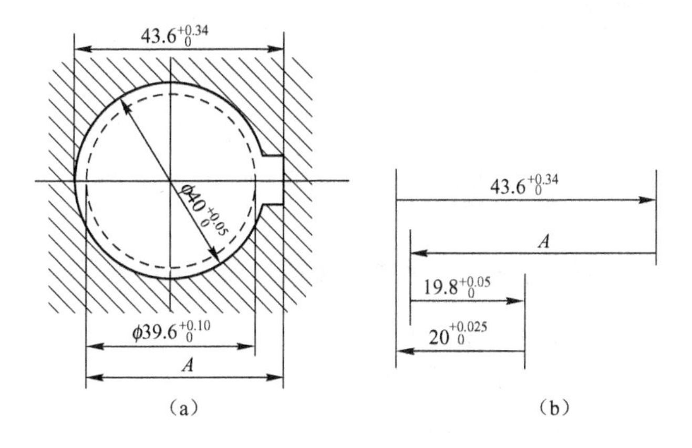

图 12.14　加工孔和键槽时的工艺尺寸链

（1）镗孔至 $\phi39.6^{+0.1}_{\ 0}$mm。

（2）插键槽至尺寸 A。

（3）热处理：淬火。

（4）磨内孔至 $\phi40^{+0.05}_{\ 0}$mm，同时间接保证键槽深度 $43.6^{+0.34}_{\ 0}$mm。

要求确定工序尺寸 A 及其偏差（假定热处理后内孔没有胀缩）。

从以上加工顺序可以看出，键槽深度尺寸 $43.6^{+0.34}_{\ 0}$mm 是间接保证的。所以 $43.6^{+0.34}_{\ 0}$mm 是封闭环，而 $\phi39.6^{+0.1}_{\ 0}$mm 和 $\phi40^{+0.05}_{\ 0}$mm 及工序尺寸 A 是加工时直接获得的尺寸，为组成

环。其工艺尺寸链如图 12.14（b）所示（由于内孔直径尺寸的基准是中心线，孔磨削前后的尺寸均用半径尺寸）。在尺寸链中，A、$20^{+0.025}_{0}$ mm 是增环，$19.8^{+0.05}_{0}$ mm 是减环，由尺寸链的计算公式可得：

$$A = 43.6 - 20 + 19 = 43.4 (\mathrm{mm})$$
$$ES(A) = 0.34 - 0.025 + 0 = 0.315 (\mathrm{mm})$$
$$EI(A) = 0 - 0 + 0.05 = 0.05 (\mathrm{mm})$$

所以，$A = 43.4^{+0.315}_{+0.050}$ mm。

按“入体”原则标注尺寸，并对第三位小数进行四舍五入，可得工序尺寸：

$$A = 43.45^{+0.27}_{0}\ \mathrm{mm}$$

3. 一次加工后要保证多个设计尺寸时的工艺尺寸链的计算

如图 12.15（a）所示阶梯轴，两段轴径的长度设计为$40^{+0.1}_{0}$和 80 ±0.15。加工时，首先以精车后的 A 面为基准，车削 ϕd 和 B 面，保证工序尺寸 A_1（留磨量），再以 B 面为基准，精车 C 面，保证工序尺寸 A_2；然后磨削 ϕD 外圆和端面 A，保证尺寸$40^{+0.1}_{0}$，同时间接保证尺寸 80 ±0.15。显然，工序尺寸 A_2 将影响最终工序对间接获得的尺寸 80 ±0.15 的保证。分析后得工艺尺寸链如图 12.15（b）所示。应用尺寸链计算公式可以求得：$A_2 = 40^{+0.05}_{-0.15}$ mm。

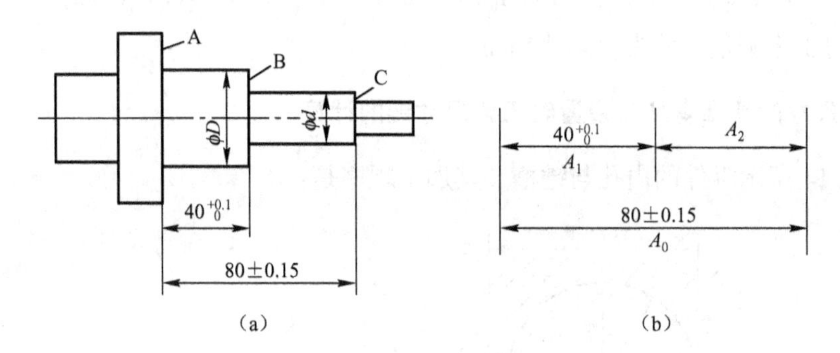

图 12.15　同时保证多个设计尺寸时的工艺尺寸链

4. 为保证表面处理（淬火、渗碳、渗氮、电镀）层深度而进行的工艺尺寸链计算

如图 12.16（a）所示轴的外圆加工顺序为：

（1）精车 P 面，保证尺寸 $\phi 38.4^{0}_{-0.1}$ mm。

（2）表面渗碳处理，渗层深度为 L_2。

（3）精磨 P 面，保证尺寸 $\phi 38^{0}_{-0.016}$ mm，同时保证渗碳层深度为 0.5 ~0.8mm。

试求渗碳时的渗碳层深度 L_2。

由加工顺序可以得到如图 12.16（b）所示的工艺尺寸链，因为在精磨外圆后渗碳层深度是间接保证的尺寸，所以是封闭环 L_0；L_2、L_3 为增环，L_1 为减环。各环尺寸如下：

$L_0 = 0.5^{+0.3}_{0}$ mm；$L_1 = 19.2^{0}_{-0.05}$ mm；L_2 为磨前渗碳层深度（待求）；$L_3 = 19^{0}_{-0.008}$ mm。应用尺寸链计算公式可以求得渗碳时的渗碳层深度为：$L_2 = 0.7^{+0.25}_{+0.008}$ mm。

由上述应用示例可以看出，工艺尺寸链对合理制定加工工艺，提高生产效率，保证加工精度具有重要的意义。在实际应用中，工艺尺寸链的计算多数是为保证间接获得的设计尺寸而求解工序尺寸，这一类计算一般是已知封闭环和部分组成环的尺寸，求其他组成环的尺

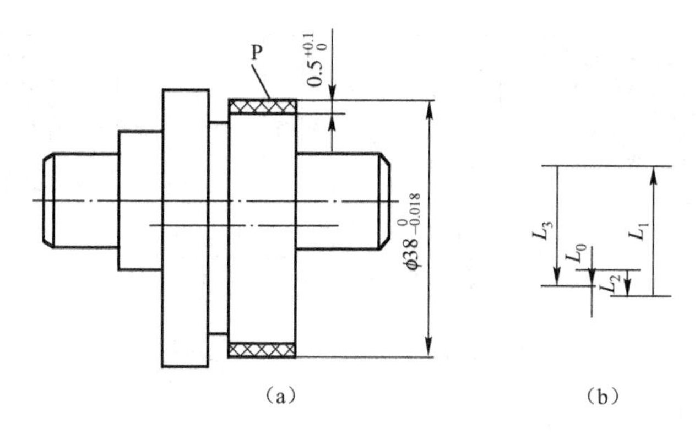

图 12.16　保证渗碳层深度的工艺尺寸链

寸。值得注意的问题是：根据工艺过程正确地分析尺寸链、正确地确定封闭环和增、减环是工艺尺寸链计算的前提。

12.5　典型零件加工工艺

12.5.1　轴类零件的加工工艺

1. 轴类零件的功能和技术要求

（1）功能与结构。轴类零件主要用于传递运动和转矩。根据结构形状可分为光轴、台阶轴、花键轴、空心轴、曲轴等。其长度大于直径，主要组成部分有外圆柱面、轴肩、螺纹和沟槽。

（2）轴类零件的技术要求。轴类零件的主要技术要求为：轴颈、安装传动件的外圆、装配定位用的轴肩等的尺寸精度、形位精度、表面粗糙度。

2. 轴类零件的毛坯制造

轴类零件的毛坯通常采用圆钢和锻件，台阶轴上各外圆相差较大时，多采用锻件，以节省材料；台阶轴上各外圆相差较小时，可直接采用圆钢。由于毛坯经过锻造后，能使金属内部纤维组织沿表面均匀分布，从而可以得到较高的强度，因此，重要的轴类零件应选用锻件，并进行调质处理。对于某些大型结构复杂的轴，可采用铸钢件，曲轴常采用球墨铸铁件。

3. 轴类零件的定位基准与装夹方法

轴类零件加工时常以两端中心孔或外圆面定位，以顶尖或卡盘装夹。普通车床上常用顶尖、拨盘、鸡心夹头、三爪自定心卡盘、四爪单动卡盘、中心架、跟刀架和心轴等，以适应装夹各种工件的需要。

4. 轴类零件的基本工艺过程

典型的台阶轴的基本工艺过程如图 12.17 所示。

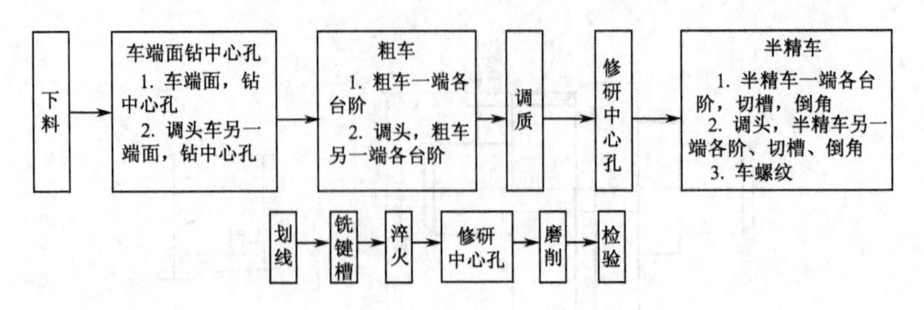

图 12.17　台阶轴的基本工艺过程

5. 轴类零件加工工艺实例

图 12.18 所示为挂轮架轴零件，下面介绍该轴小批量生产时的加工工艺工程。

（1）零件图样分析。由图 12.18 可知，该轴为台阶轴，由圆柱面、轴肩、螺纹、四方等组成。

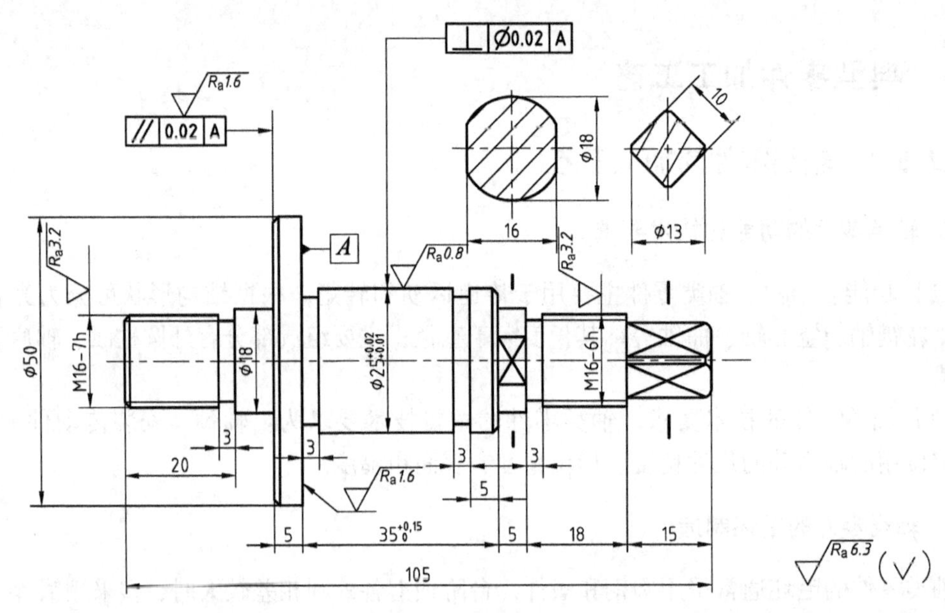

热处理要求：ϕ25mm × 35mm 及方头处 5213，50 ~ 54HCR 材料 45 钢

图 12.18　挂轮架轴

（2）材料与毛坯制造。挂轮架轴材料为 45 钢，批量虽小，但轴颈尺寸变化较大（最大为 ϕ50mm，最小为 ϕ13mm），为节省材料，采用锻件为毛坯，锻件进行正火处理。

（3）主要技术要求。该轴的 ϕ25mm 轴颈的尺寸精度为 IT7 级，表面粗糙度为 R_a 0.8μm。以轴肩 ϕ50mm 为基准，ϕ25mm 轴线垂直度误差为 ϕ0.02mm，轴肩的两端面平行度误差为 0.02mm。

（4）定位基准选择。为保证各轴颈的同轴度，精基准采用两端中心孔定位，车、铣、磨加工的定位基准不变。粗车时，为提高工艺系统的刚度，分别采用夹外圆或一夹一顶的装夹方法。

（5）确定主要表面的加工方法。该轴大都是回转表面，主要采用车削与磨削成形。由于 ϕ25mm 轴颈和 ϕ50mm 轴肩两侧面除尺寸要求外，还有形位误差要求，故车削后还需磨削。外圆表面的加工方案可为：粗车→半精车→磨削。

（6）划分加工阶段。对精度要求高的零件，其粗、精加工应分开，以保证零件的加工质量。该轴加工划分为三个阶段：粗车→半精车→磨削。

（7）热处理工序的安排。该轴要求将由 $\phi25\text{mm}\times35\text{mm}$ 及方头处表面淬硬，安排在半精加工工序后、磨削加工前进行。正火处理安排在毛坯制造之后进行，以利消除内应力，细化晶粒，改善切削加工性。

综上分析，该轴的工艺路线如下：

锻造→正火→车端面钻中心孔→车各外圆→半精车各外圆、车槽、侧面→车螺纹→铣四方→表面淬火→磨削→检验。

挂轮架轴小批生产时的机械加工工艺过程如表 12-15 所示。

表 12-15　挂轮架轴加工工艺过程

序号	工序内容	定位及夹紧
1	自由锻造	
2	正火	
3	车左端面，钻中心孔，车外圆 $\phi50$ mm 至尺寸，车外圆 $\phi18\text{ mm}\times26\text{ mm}$，调头，车右端面保持总长 105 mm，钻中心孔，车外圆 $\phi27\text{ mm}\times77\text{ mm}$	三爪卡盘 外圆、顶尖
4	车外圆 $\phi25^{+0.02}_{+0.01}\text{ mm}\times77.8\text{ mm}$，外圆留加工余量 0.3 mm，车外圆 $\phi18\text{ mm}\times38\text{ mm}$ 至尺寸，车外圆 $\phi16^{-0.1}_{-0.2}\text{ mm}\times33\text{ mm}$，车外圆 $\phi13\text{ mm}\times15\text{ mm}$，车槽，倒角，车螺纹 调头，车外圆 $\phi16^{-0.1}_{-0.2}\text{ mm}\times26.8\text{ mm}$，车槽，倒角，车螺纹	两顶尖 两顶尖
5	铣四方 10 mm × 10 mm 铣扁 16 mm 去毛刺	外圆、顶尖、分度头
6	外圆 $\phi25\text{ mm}\times35\text{ mm}$ 及方头处表面淬硬	
7	磨外圆 $\phi25^{+0.02}_{+0.01}$ 及 $\phi50$ mm 侧面至图样要求 调头，磨 $\phi50$ mm 另一侧面	两顶尖 两顶尖
8	检验	

12.5.2　齿轮类零件的加工工艺

1. 圆柱齿轮的功用及结构

圆柱齿轮在机器和仪器中应用极为广泛，其功用是按一定的速比传递运动和动力。

圆柱齿轮的结构形式直接影响齿轮的加工工艺过程。单齿圈盘类齿轮的结构工艺性最好，可采用任何一种齿形加工方法加工轮齿；双联或三联等多齿圈齿轮的小齿圈的加工受其轮缘间的轴向距离的限制，其齿形加工方法的选择就受到限制，加工工艺性较差。

2. 齿轮的毛坯制造

齿轮的毛坯制造方法主要是锻造和铸造，传递动力的齿轮在成批生产时采用模锻生产，锻后须正火或退火，以消除内应力，改善组织，改善材料的切削加工性能。对于尺寸小、形状复杂的齿轮，可用精密铸造、精密锻造、粉末冶金、冷轧、冷挤等新工艺制造齿坯，以提高生产效率和节约原材料。

3. 齿轮的技术要求

齿轮的主要技术要求是：

(1) 齿轮精度和齿侧间隙。

齿轮精度包括：传递运动准确性、传动平稳性、载荷分布均匀性，国标规定12个精度等级。

齿侧间隙：标准以齿厚的上、下偏差表示，共14种字母代号。

(2) 齿坯基准面（包括定位基面、测量基面、装配基面等）的尺寸精度和相互位置精度。

(3) 表面粗糙度。

(4) 热处理技术要求。

4. 齿轮的定位基准与装夹方法

(1) 齿轮的定位基准。齿轮加工分为齿坯加工和齿形加工两个阶段，齿坯加工常采用外圆和端面或内孔和端面定位，齿形加工时常采用内孔和端面定位。

(2) 齿轮的装夹方法。齿坯加工采用三爪自定心卡盘装夹，齿坯精加工和齿形加工时采用专用心轴装夹。

5. 齿轮的加工工艺过程

齿轮的加工工艺过程是根据齿轮结构、产量、精度要求、材料和现有设备条件而确定的。应用较多的圆柱齿轮的工艺路线如下：

毛坯制造→热处理→齿坯加工→齿形粗加工、齿端加工→齿面热处理→齿轮定位面精加工→齿形精加工。

(1) 齿坯加工。一般圆盘类齿轮齿坯的加工方法有两种；

① 钻扩孔→拉孔→以孔定位，粗精车齿坯外圆和端面。

② 在车床上车孔、端面和一部分外圆→精车孔，车另一端面和一部分外圆。

在以前的批量生产中常采用第①种方案，有较高的生产率，但用此方案加工的齿坯，定位端面对内孔的圆跳动只能稳定达到0. lrnm，孔的尺寸精度达到IT7级。

现代先进的齿坯加工，采用数控机床，按第②种方案加工，用一台数控车床保证高精度的孔，孔对定位端面的圆跳动要求，使孔的尺寸精度稳定达到IT7级，定位端面对孔的圆跳动也能稳定达到IT7级。

(2) 齿形加工。圆柱齿轮齿形加工方案主要取决于齿轮精度等级、生产批量和热处理方法等。

对于8级精度以下的调质齿轮，用滚齿或插齿就能满足要求。对淬火齿轮可采用：滚（或插）齿→齿端加工→齿面热处理→修正内孔的加工方案。热处理前的齿形加工精度应比图样要求提高一级。

对于6~7级精度的齿轮，有两种方案：

① 剃-珩齿方案：滚（或插）齿→齿端加工→剃齿→表面淬火→修正基准→珩齿。

② 磨齿方案：滚（或插）齿→齿端加工→渗碳淬火→修正基准→磨齿。

剃-珩齿方案生产率高，广泛用于7级精度齿轮的成批生产中。磨齿方案生产率较低，一般用于6级精度以上或虽低于6级但淬火变形较大的齿轮。

6. 圆柱齿轮加工工艺实例

图12.19所示为一高精度圆柱齿轮，材料为40Cr，精度为655FL，齿部经高频淬火，硬度为50～55HRC。单件小批生产时的加工工艺分析如下。

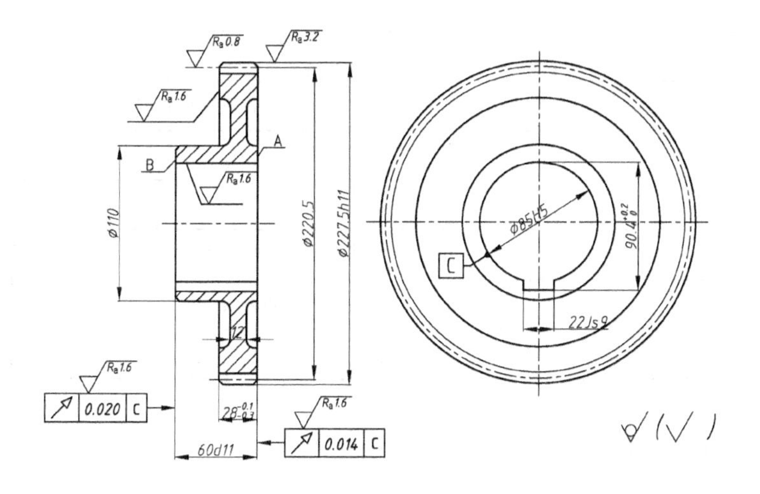

模数	3.5
齿数	63
压力角	20°
精度等级	6-5-5-FL
基节极限偏差	±0.0065
圆节积累公差	0.045
公法线平均长度	$80.58^{-0.14}_{-0.22}$
跨齿数	8
齿向公差	0.007
齿形公差	0.007

图12.19　高精度圆柱齿轮

（1）齿坯加工工艺方案。该齿轮的结构为盘形，生产类型为单件小批，因此齿坯的孔、端面及外圆的加工，可选择C6132车床，粗精车分开，为了保证端面跳动的要求，内孔和基准面的精加工在一次装夹内完成。故齿坯加工的工艺方案为：粗车→精车。

（2）齿轮热处理。

① 齿轮坯的热处理。该齿轮坯的材料为40Cr，在自由锻后安排正火处理，目的是改善材料的切削加工性能，减少锻造引起的内应力，并使晶粒细化。

② 齿面热处理。该齿轮安排齿面高频淬火，硬度为50～55HRC。

（3）齿形加工方案。该齿轮的精度为655FL，齿面经高频淬火，硬度为50～55HRC，因此采用滚齿→磨齿的加工方案。

由于齿面高频淬火，虽然齿面的变形较小，但内孔直径会缩小0.01～0.05mm，因此，在磨齿前内孔须磨削加工。键槽加工安排在高频淬火后进行。

为保证图样要求，该齿轮的两端面安排磨削加工。综上所述，该齿轮的加工工艺过程如表12-16所示。

表12-16　高精度齿轮加工工艺过程

序号	工序内容	定位基准
	毛坯锻造	
	正火	
1	粗车外形，各部留加工余量2mm	外圆和端面
2	精车各部，内孔至φ84.8H7，总长留加工余量0.2 mm，其余至尺寸	外圆和端面

续表

序号	工序内容	定位基准
3	滚齿（齿厚留磨齿加工余量0.25～0.35 mm）	内孔和端面A
4	倒角	内孔和端面A
5	钳工除毛刺	
6	热处理：齿部5212HRC 48～52	
7	插键槽	内孔（找正用）和端面A
8	靠磨大端面A	内孔
9	平面磨削B面，总长至尺寸	端面A
10	磨内孔 ϕ85H6 至尺寸	内孔和端面A（找正用）
11	磨齿	内孔和端面A
12	终结检验	

12.5.3 箱体类零件的加工工艺

1. 箱体类零件的功用与结构

（1）功用。箱体类零件是机器（或部件）的基础零件。它将轴、套、轴承、齿轮及其他零部件连成一个整体，使其保持正确的位置关系，并按照一定的传动关系工作。

（2）结构。箱体类零件通常尺寸较大，形状复杂，壁薄而不均匀，在箱壁上具有许多精度较高的轴承孔、轴孔和平面，还有许多精度较低的紧固孔，图12.20所示为减速器箱体。

2. 箱体类零件的技术要求

箱体类零件的主要技术要求有：

（1）支承孔的尺寸精度和表面粗糙度。

（2）支承孔的形状精度和支承孔之间的位置精度。

（3）支承孔与主要安装平面间的相互位置精度。

（4）平面的形状精度、相互位置精度、表面粗糙度。

3. 箱体类零件的毛坯

箱体类零件常用材料有普通灰口铸铁、合金铸铁、承载较大的箱体可用球墨铸铁或铸钢件作为毛坯。单件小批生产时也可采用钢板焊接结构作为毛坯。由于箱体内部呈空腔，其壁厚较薄，一般都有加强筋，所以箱体毛坯采用铸造方法生产。

4. 箱体加工工艺过程

表12-17为图12.20减速箱箱体单件、小批生产时的机械加工工艺过程。

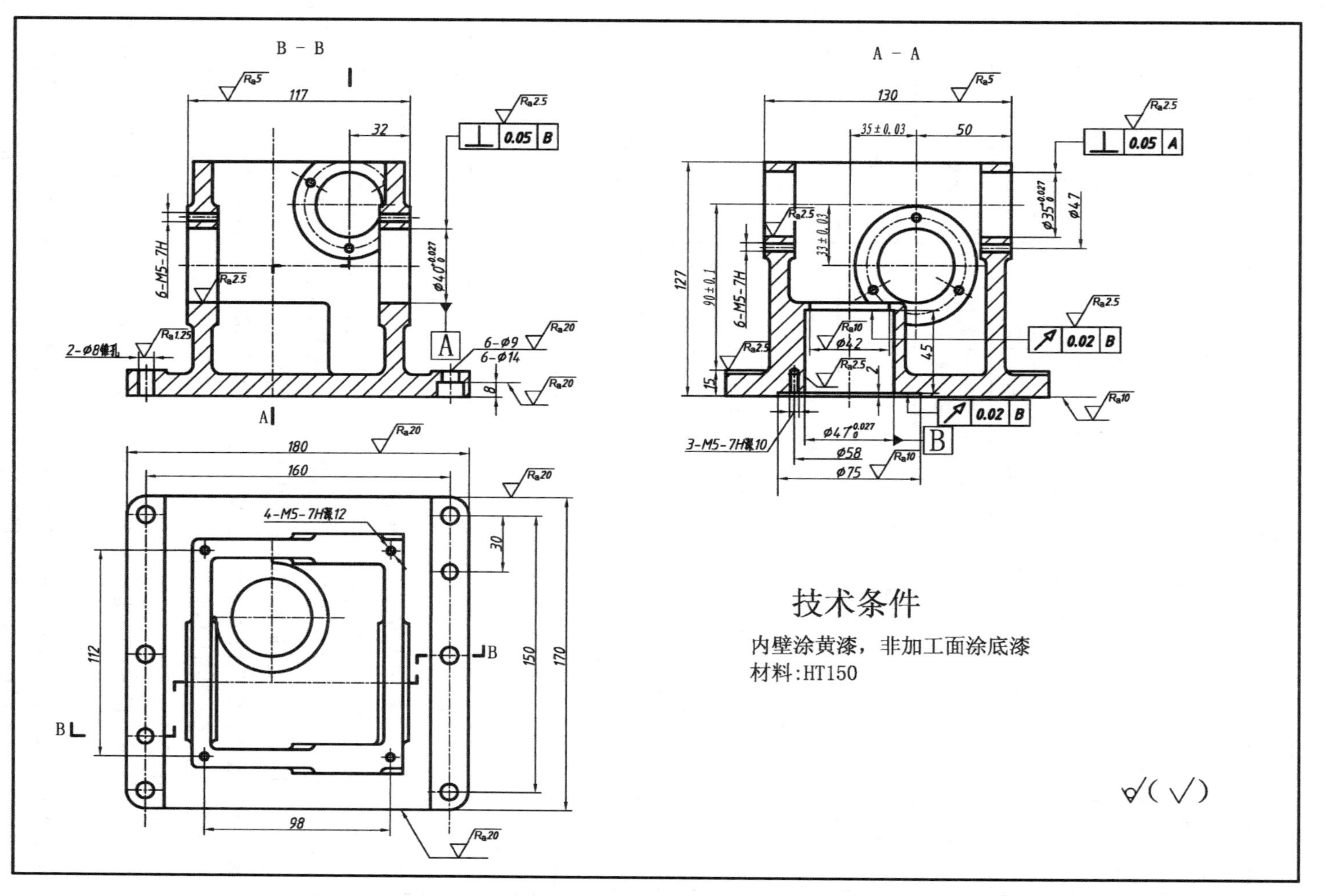
B - B
A - A
技术条件
内壁涂黄漆，非加工面涂底漆
材料:HT150
6-M5-7H
2-Φ8锥孔
6-Φ9
6-Φ14
4-M5-7H深12
3-M5-7H深10

图12.20 减速箱箱体

表 12-17　减速器箱体加工工艺过程

工序号	工序名称	工 序 内 容	定位及夹紧
1	铸		
2	清理	清除浇冒口、型砂、飞边、毛刺等	
3	热处理	时效	
4	油漆	内壁涂黄漆，非加工表面涂底漆	
5	钳	划各外表面加工线	顶面及两主要孔
6	铣	粗、精铣底面，粗糙度 R_a2.5 μm（工艺用）	顶面按线找正
7	铣	粗、精铣顶面，高 127 mm，粗糙度 R_a5 μm	底面
8	铣	铣底座四侧面 180 mm×170 mm（工艺用），粗糙度 R_a20 μm	顶面并校正
9	铣	粗铣四侧凸缘端面，均留加工余量 0.5 mm，铣底座两侧上平面，高 15 mm 至（15±0.03）mm（工艺用），表面粗糙度 R_a2.5 μm	底面及一侧面
10	镗	粗、精镗孔 $\phi 47^{+0.027}_{0}$ mm，镗孔 ϕ42 mm，镗孔 ϕ75 mm 并刮端面至图样要求	高 15 mm 台面及一侧面
11	镗	粗、精镗直径 $\phi 35^{+0.027}_{0}$ mm 两孔并刮端面，保证尺寸 130 mm 至图样要求	底面直径 $\phi 47^{+0.027}_{0}$ mm 孔及一侧面
12	镗	粗、精镗直径 $\phi 40^{+0.027}_{0}$ mm 两孔并刮端面，保证尺寸 117 mm 至图样要求	
13	钻	钻孔 6－ϕ9 mm，锪孔 6－ϕ14 mm	顶面
14	钻	钻各面螺纹 M5－7H 小径孔	底面、顶面、侧面
15	钳	攻各面螺纹 M5－7H	底面、顶面、侧面
16	钳	修底面四角锐边及去毛刺	
17	检验		

（1）定位基准的选择。

① 粗基准的选择。箱体类零件粗基准的选择基本要求是：保证各加工面都有加工余量，且主要孔的加工余量应均匀；保证装入箱体内的运动件与箱壁有足够的间隙。

箱体类零件通常是以箱体上的主要孔作为粗基准。如果毛坯精度较高，可直接用夹具以毛坯孔定位；在小批生产时，通常先以主要孔为划线基准。

② 精基准的选择。选择精基准时，主要考虑保证加工精度和工件的装夹方便，通常从基准统一原则出发，选择装配基准面作为精基准；或者以一个平面和该平面上的两个孔定位，称为一面两孔定位。

（2）加工工艺过程的安排。机械加工顺序的安排。箱体类零件安排加工顺序时应遵循下列原则：

① 基面先行。用作精基准的表面（装配基准面或底面及该面上的两个孔）优先加工。

② 先粗后精。先安排粗加工，后安排精加工，有利于消除加工过程中的内应力和热变形，也有利于及时发现毛坯缺陷，避免更大浪费。

③ 先面后孔。加工顺序为先加工平面，以加工好的平面定位，再加工孔。这样可先以

孔为粗基准加工好平面，再以平面为精基准加工孔，既为孔的加工提供稳定可靠的精基准，又可使孔的加工余量均匀。同时，先加工平面后加工孔，在钻孔时钻头不易引偏，扩孔或铰孔时刀具不易崩刃。

（3）加工阶段的划分。箱体类零件机械加工工艺过程可分为两个阶段：

① 基准加工、平面加工及主要孔的粗加工。

② 主要孔的精加工。

至于一些次要工序，如油孔、螺纹孔、孔口倒角等分别穿插在此两阶段中适当的时候进行。

单件小批生产时，为了减少安装次数，有时也往往将粗、精加工放在一道工序内完成，但是从工步上讲，粗、精还是分开的。且应采取相应的工艺措施，如粗加工后松开工件，然后再用较小的夹紧力夹紧工件，使工件因夹紧而产生的变形在精加工之前得以恢复；粗加工后待工件充分冷却后再精加工；减少切削用量等；以保证加工精度。

（4）热处理工序的安排。箱体结构复杂，壁厚不均匀，铸造时的残余应力较大。为了减少加工后的变形，保证其加工后的精度稳定性，毛坯铸造之后要安排一次人工时效处理，以消除内应力。对于一些高精度箱体或形状特别复杂的箱体，在粗加工之后还要安排一次人工时效处理，以消除粗加工造成的残余应力。有些要求不高的箱体，有时不安排时效处理，而是利用粗、精加工工序间的停放或运输时间，使之自然时效。

12.6 工艺方案技术经济分析

在制定零件工艺规程时，既要保证产品的质量，又要注意其经济性，采取措施提高劳动生产率和降低产品成本。经济性是指用最少的费用制造出合格的产品；生产率是指每个工人在单位时间内所能生产的合格品的数量，或者是指用于制造单件产品所消耗的劳动时间。提高生产率意味着有计划、大规模推进技术改造，采用新技术，合理利用机床和工艺装备，科学的生产管理，努力缩减各个工序单件时间。

12.6.1 加工成本核算

零件加工成本不仅要计算工人直接参加产品生产所消耗的劳动，而且还要计算设备、工具、材料、动力的消耗等，而占有各种生产资料，生产要素的时间越长，消耗的资源越多，某种产品或零件的生产成本就越高，反之则不然。

1. 时间定额

时间定额是指在一定的生产条件下，规定生产一件产品或完成一道工序所需消耗的时间。时间定额不仅是衡量劳动生产率的指标，也是安排生产计划，计算生产成本的重要依据，还是新建或扩建工厂（或车间）时计算设备和工人数量的依据。一般采取实测与计算结合的方法来确定时间定额，并随生产水平的提高及时予以修订，使之有利于生产率的提高。

为了正确地确定时间定额，通常把工序消耗的单件时间分为基本时间 T_b、辅助时间 T_a、布置工作地时间 T_s、休息和生理需要时间 T_r 及准备和终结时间 T_e 等。

（1）基本时间 T_b。基本时间是直接改变生产对象的尺寸、形状、相对位置、表面状态或材料性质等的工艺过程所消耗的时间。对机械加工而言，应是直接切除工序余量所消耗的时间（包括刀具的切入和切出时间）。

(2) 辅助时间 T_a。辅助时间是为实现工艺过程所必须进行的各种辅助动作所消耗的时间。它包括：装卸工件、开停机床、引进或退出刀具、改变切削用量、试切和测量工件等所消耗的时间。

基本时间和辅助时间的总和称为作业时间 T_B，它是直接用于制造产品或零、部件所消耗的时间。

(3) 布置工作地时间 T_s。布置工作地时间是为使加工正常进行，工人照管工作地（如调整和更换刀具、修整砂轮、润滑和擦拭机床、清理切屑等）所耗的时间。T_s不是直接消耗在每个工件上的，而是消耗在一个工作班内的时间再折算到每个工件上的。一般按作业时间的2%～7%计算。

(4) 休息与生理需要时间 T_r。休息与生理需要时间是工人在工作班内为恢复体力和满足生理上的需要所消耗的时间。T_r也是按一个工作班为计算单位再折算到每个工件上的。对由工人操作的机械加工工序，一般按作业时间的2%～4%计算。

以上四部分时间的总和称为单件时间 T_p，即：

$$T_p = T_b + T_a + T_s + T_r = T_B + T_s + T_r$$

(5) 准备和终结时间 T_e（简称准终时间）。准终时间是工人为了生产一批产品或零、部件，进行准备和结束工作所消耗的时间。例如，在单件或成批生产中，每当开始加工一批工件时，工人需要熟悉工艺文件，领取毛坯、材料、工艺装备、安装刀具和夹具、调整机床和其他工艺装备等所消耗的时间；加工一批工件结束后，需拆下和归还工艺装备，送交成品等消耗的时间。T_e既不是直接消耗在每个工件上，也不是消耗在一个工作班内的时间，而是消耗在一批工件上的时间。因而分摊到每个工件上的时间为 T_e/n，其中 n 为批量。

故单件和成批生产的单件计算时间 T_c应为：

$$T_c = T_p + \frac{T_e}{n} = T_b + T_a + T_s + T_r + \frac{T_e}{n}$$

在大量生产中，由于 n 的数值很大，$T_e/n \approx 0$，故可不计入 T_e/n。

2. 降低加工成本的措施

降低加工成本涉及到产品本身设计、生产组织和管理等诸多方面的因素。这里仅就机械加工工艺技术有关的措施作一些主要介绍。

(1) 缩短单件时间。缩短单件时间，主要是要压缩占单件时间比重较大的那部分时间。不同的生产类型，占比重较大的时间项目也有所不同。在单件小批生产中，T_b和 T_a所占比重大。如在卧式车床上对某工件进行小批量生产时，T_b约占26%，而 T_a约占50%，此时就应着重缩减辅助时间。在大批大量生产中，T_b所占比重大。例如，在多轴自动车床上加工某工件时，T_b约占69.5%，而 T_a仅占21%，此时应着重采取措施缩减基本时间。下面简要分析缩短单件时间的几种途径。

① 缩减基本时间 T_b。基本时间 T_b可按有关公式计算，以外圆车削为例：

$$T_b = \frac{\pi DLZ}{1000 v_c f a_p}$$

式中，D——切削直径，mm；

L——切削行程长度，包括加工表面的长度、刀具切入和切出长度，mm；

Z——工序余量（此处为单边余量），mm；

v_c——切削速度，m/min；

f——进给量，mm/r；

a_p——背吃刀量（吃刀深度），mm。

上式说明，增大切削用量 v_c、进给量 f 及背吃刀量 a_p，减少切削行程长度 L 都可以缩减基本时间。

a. 提高切削用量。近年来随着刀具（砂轮）材料的迅速改进，刀具（砂轮）的切削性能已有很大的提高，高速切削和强力切削已成为切削加工的主要发展方向。目前，硬质合金车刀的切削速度一般可达到200m/min，而陶瓷刀具的切削速度可达500m/min。近年来出现的聚晶金刚石和聚晶立方氮化硼刀具在切削普通钢材时，其切削速度可达900m/min；加工60HRC以上的淬火钢或高镍合金钢时，切削速度可在90m/min以上。

磨削的发展趋势是高速磨削和强力磨削。目前采用的磨削速度达60m/s，国外已生产出全封闭的磨削速度达到90m/s～120m/s的高速磨床。采用缓进给强力磨削，切削深度可达6～12mm，最大可达37mm，国外已用磨削代替铣削和刨削来进行粗加工。

b. 减少或重合切削行程长度。利用多把刀具或复合刀具对工件的同一表面或多个表面同时进行加工，或者用宽刀具作横向进给同时加工多个表面，实现复合工步，都能减少每把刀具的切削行程长度或使切削行程长度部分或全部复合，减少基本时间。图12.21所示为多刀车削实例，每把车刀的切削长度只有工件长度的1/3。

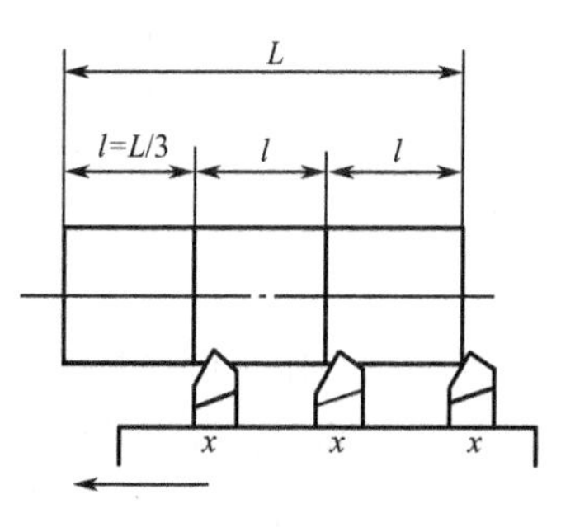

图12.21　多刀加工

c. 多件加工。多件加工有三种形式：图12.22（a）所示为顺序多件加工，减少了刀具的切入和切出时间，从而减少基本时间，这种形式的加工常见于滚齿、插齿、龙门刨、平面磨削和铣削的加工中。图12.22（b）所示为平行多件加工，这种形式常见于平面磨削和铣削中。图12.22（c）所示为平行顺序加工，常用于工件较小、批量较大的场合，如立轴圆台平面磨和铣削加工中，缩减基本时间的效果十分显著。

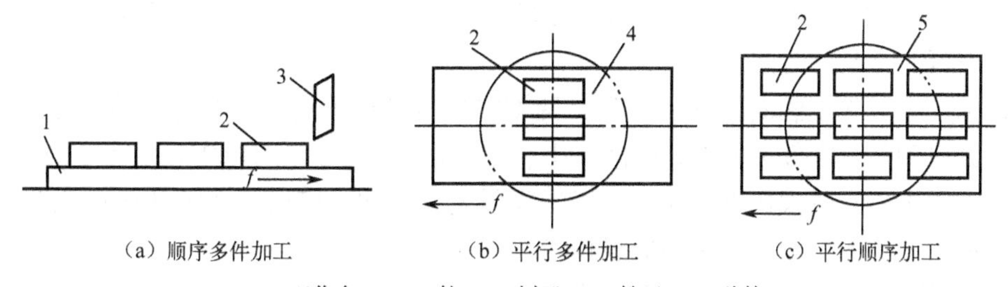

（a）顺序多件加工　（b）平行多件加工　（c）平行顺序加工

1—工作台；2—工件；3—刨刀；4—铣刀；5—砂轮

图12.22　多件加工示意图

① 缩短辅助时间。在单件小批生产中，辅助时间在单件时间中占有较大的比重，尤其是在大幅度提高切削用量之后，辅助时间所占的比重就更高。在这种情况下，如何缩减辅助时间就成为提高生产率的关键。

缩减辅助时间有两种方法：直接缩减辅助时间和间接缩减辅助时间。

a. 直接缩减辅助时间。采用先进的高效夹具可缩减工件的装卸时间。在大批大量生产中采用先进夹具，如气动、液动夹具，不仅减轻了工人的劳动强度，而且可大大缩减装卸工件时间。在单件小批生产中采用成组夹具或通用夹具，能大大节省工件的装卸找正时间。

采用主动测量法可大大减少加工中的测量时间。主动测量装置能在加工过程中测量工件加工表面的实际尺寸，并可根据测量结果，对加工过程进行主动控制。目前在内外圆磨床上应用较普遍。

目前，在各类机床上配置的数字显示装置，都是以光栅、感应同步器为检测元件，连续显示工件在加工过程中的尺寸变化。采用该装置后能很直观地显示出刀具的位移量，节省停机测量的时间。

b. 间接缩减辅助时间。即使辅助时间与基本时间重合，从而减少辅助时间。例如，图 12.23 所示为立式连续回转工作台铣床加工的实例。机床有两根主轴顺次进行粗、精铣削，装卸工件时机床不停机，因此辅助时间和基本时间重合。

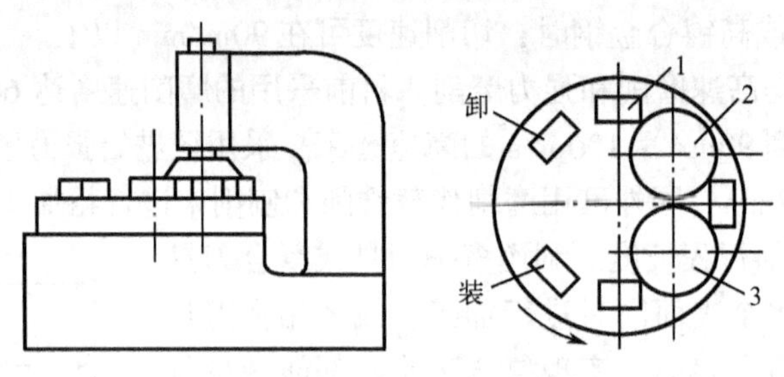

1—工件；2—精铣刀；3—精铣刀

图 12.23　立式连续回转工作台铣床加工

又如，采用转位夹具或转位工作台以及几根心轴（夹具）等，可在加工时间内对另一工件进行装卸。这样可使辅助时间中的装卸工件时间与基本时间重合。

前面提到的主动测量或数字显示装置也能起到同样的作用。

③ 缩短布置工作地时间。布置工作地时间大部分消耗在更换刀具和调整刀具上，因此，缩短布置工作地时间就要从这两方面入手。此外，还要考虑提高刀具或砂轮的耐用度。换刀时间的减少，主要是通过改进刀具的安装方法和采用装刀夹具来实现。例如，采用各种快换刀夹、刀具微调机构、专用对刀样板或对刀块等，以减少刀具的调整和对刀时间。

④ 缩短准备和终结时间。缩短准备和终结时间的主要方法是扩大零件的批量，减少调整机床、刀具和夹具的时间。

成批生产中，除设法缩短安装刀具、调整机床等的时间外，应尽量扩大制造零件的批量，减少分摊到每个零件上的准终时间。中、小批量生产中，由于批量小，品种多，准终时间在单件时间中占有较大比重，使生产率受到限制。因此，应设法使零件通用化和标准化，以增加被加工零件的批量，或采用成组技术。

（2）采用先进制造工艺方法。采用先进的工艺方法能有效地提高生产率，降低生产成本，常有以下几种方法。

① 先进的毛坯制造方法。在毛坯制造中采用粉末冶金、压力铸造、精密铸造、精密锻造、冷挤压、热挤压和快速成形等新工艺，能有效地提高毛坯的精度，减少机械加工量并节约原材料。

② 采用高效特种加工方法。对于一些特殊性能材料和一些复杂型面，采用特种加工能

大大提高生产率。例如，电磁加工模具，线切割加工淬硬材料等；在大批量生产中用拉削、滚压等工艺方法能有效地缩减加工时间，降低加工成本。

（3）进行高效、自动化加工。随着机械制造中属于大批大量生产产品种类的减少，多品种中小批量生产将是机械加工工业的主流，广泛采用加工中心、数控机床、流水线、非强制节拍自动线等自动化程度高的机床，能快速适应零件加工品种变化，又能大大提高生产率，将对制造业具有重要意义。

12.6.2 工艺方案的经济性评价

在对某一零件加工时，通常可有几种不同的工艺方案，这些方案虽然都能满足该零件的技术要求，但经济性却不同。为选出技术上较先进、经济上又较合理的工艺方案，就要在给定的条件下从技术和经济两方面对不同方案进行分析，比较，评价。

工艺过程的技术经济分析方法有两种：一是对不同的工艺过程进行工艺成本的分析和评比；二是按某种相对技术经济指标进行宏观比较。

1. 工艺成本的分析和评比

零件的实际生产成本是制造零件所必需的一切费用的总和。工艺成本是指生产成本中与工艺过程有关的那一部分成本，占生产成本的70% ~75%，如毛坯或原材料费用、生产工人的工资、机床电费（设备的使用费）、折旧费和维修费、工艺装备的折旧费和修理费以及车间和工厂的管理费用等。与工艺过程无关的那部分成本，如行政后勤人员的工资、厂房折旧费和维修费、照明取暖费等在不同方案的分析和评比中均是相等的，因而可以略去。

工艺成本按照与年产量的关系，分为可变费用 V 和不变费用 S 两部分。

可变费用 V 是与年产量直接有关，随年产量的增减而成比例变化的费用。它包括：材料或毛坯费、操作工人的工资、机床电费、通用机床的折旧费和维修费，以及通用工装的折旧费和维修费等。可变费用的单位是元/件。

不可变费用 S 是与年产量无直接关系，不随年产量的增减而变化的费用。它包括：调整工人的工资、专用机床的折旧费和维修费，以及专用工装的折旧费和维修费等。不变费用的单位是元/年。

由以上分析，不难知道，零件全年工艺成本 E 及单件工艺成本 E_d 可分别用式表示：

$$E = VN + S$$

$$E_d = V + S/N$$

式中，E——零件全年工艺成本，元/年。

E_d——单件工艺成本，元/件。

N——生产纲领，件/年。

以上两式也可用于计算单个工序的成本。

图12.24表示全年工艺成本 E 与年产量 N 的关系。由图可知，E 与 N 是线性关系，即全年工艺成本与年产量成正比；直线的斜率为零件的可变费用 V，直线的起点为零件的不可变费用 S。

图12.25表示单件工艺成本 E_d 与年产量 N 的关系，由图可知，E_d 与 N 呈双曲线关系。当 N 增大时，E_d 逐渐减小，极限接近于可变费用 V。对不同方案的工艺过程进行评比时，常用零件的全年工艺成本进行比较，这是因为全年工艺成本与年产量成线性关系，容易比较。

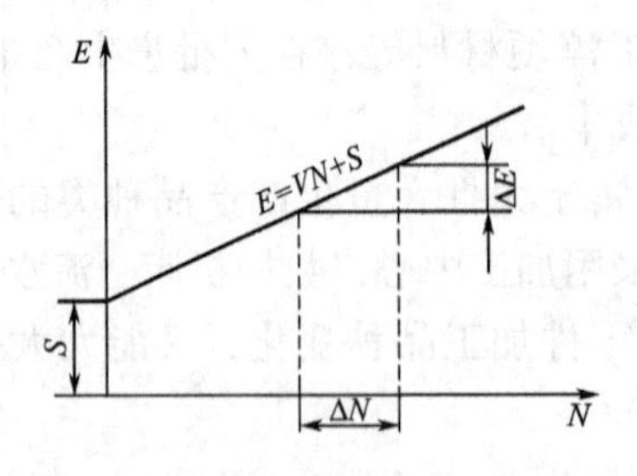

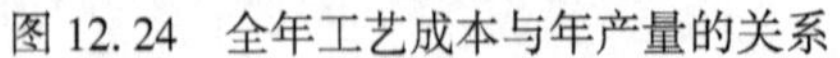
图 12. 24　全年工艺成本与年产量的关系

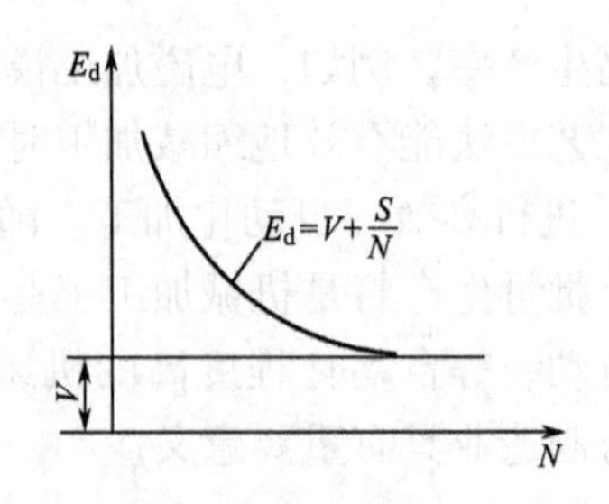

图 12. 25　单件工艺成本与年产量的关系

设两种不同工艺方案分别为Ⅰ和Ⅱ。它们的全年工艺成本分别为：

$$E_1 = V_1 N + S_1$$

$$E_2 = V_2 N + S_2$$

两种方案评比时，往往是一种方案的可变费用较大的话，另一种方案的不可变费用就会较大。如果某方案的可变费用与不可变费用都较大，那么该方案在经济上是不可取的。

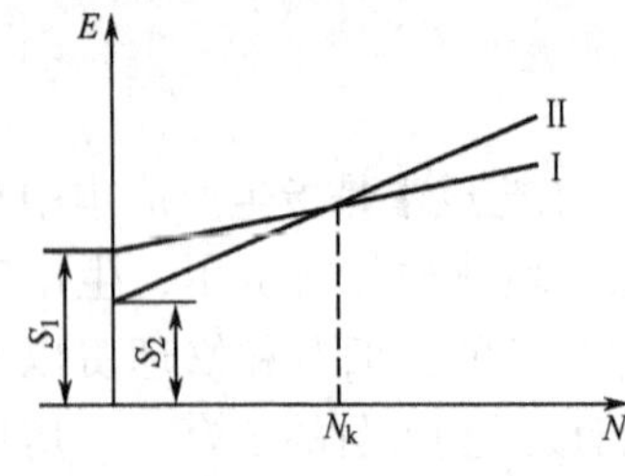

图 12. 26　两种方案全年工艺成本的评比

如图 12. 26 所示，在同一坐标图上，分别画出了方案Ⅰ和方案Ⅱ的全年工艺成本与年产量的关系。由图可知，两条直线相交于 $N = N_K$ 处，该年产量 N_K 称为临界年产量，此时，两种工艺方案的全年工艺成本相等。

由

$$V_1 N_K + S_1 = V_2 N_K + S_2$$

可得：

$$N_K = (S_1 - S_2)/(V_1 - V_2)$$

当 $N < N_K$ 时，宜采用方案Ⅱ；当 $N > N_K$ 时，宜采用方案Ⅰ。

用工艺成本评比的方法比较科学，因而对一些关键零件或关键工序常用工艺成本进行评比。

2. 相对技术经济指标的评比

当对工艺过程的不同方案进行宏观比较时，常用相对技术经济指标进行评比。

技术经济指标反映工艺过程中劳动的耗费、设备的特征和利用程度、工艺装备需要量以及各种材料和电力的消耗等情况。常用的技术经济指标有：每个生产工人的平均年产量（件/人），每台机床的平均年产量（件/台），每平方米生产面积的平均年产量（件/平方米），以及设备利用率、材料利用率和工艺装备系数等。利用这些指标能概略和方便地进行技术经济评比。

12. 7　成组工艺和计算机辅助工艺设计（CAPP）

12. 7. 1　成组技术

由于工艺技术的飞速发展和社会需求的多样化，产品更新周期日益缩短。多品种和小批量生产是现代机械制造业的基本特征。面对这种状况，若仍使用传统的生产方式制造产品，其缺点显而易见，如工艺手段落后，制造周期长，生产率很低及成本很高等。

成组技术 GT（Group Technology）就是首先为解决这一问题而发明的高效的生产技术。成组技术发展至今，已突破了工艺的范畴，扩展成为综合性的成组技术，被系统地运用到产品设计、制造工艺、生产管理及企业的其他领域，并成为现代数控技术、柔性制造系统和高度自动化集成制造系统的基础。

1. 成组技术的基本概念

成组技术虽然是一门涉及多学科和多部门的综合性技术，然而其核心仍然是成组工艺。因此，在介绍成组技术的概念时，仍然以成组工艺为基础。

从广义讲，成组技术充分利用事物之间的相似性，将许多具有相似信息的研究对象归并成组，并用大致相同的方法去解决相似组中的生产技术问题，以期达到规模生产的效果，这种技术统称为成组技术。而成组工艺就是把相似的零件组成一个零件组（族），按零件组制定统一的加工方案，从而扩大了批量，可以采用高效率的生产方法。所谓相似零件是指一些几何形状相似，尺寸相近，因而加工工艺也相似的零件。加工工艺的相似又表现在三个方面，即采用相同的加工方法进行加工，采用相似的夹具进行安装和采用相似的测量工具进行测量。成组工艺的基本原理如图 12. 27 所示。

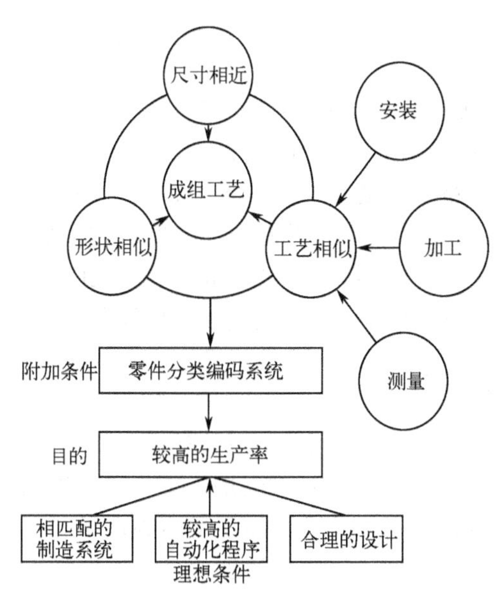

图 12. 27　成组工艺的基本原理

2. 零件组的划分

目前零件组划分方法有目测法、生产流程分析法、编码分类法等几种。

（1）目测法。目测法是根据零件的结构特征和工艺特征，直观地凭经验判断零件的相似性。对零件进行分类成组。如把零件划分成轮盘类、轴类、异形件类等。目测法用于粗分类是有效的，但要做较细的分组就较困难，目前已很少应用。

（2）生产流程分析法。生产流程分析法是一种按工艺特征相似性划分的方法。首先可根据每种零件现正采用的工艺路线卡，列出工艺路线表，然后通过对生产流程的分析、归纳、整理，将工艺路线相似的编为一组。这种方法应用很普遍。

（3）编码分类法。编码分类法就是在根据零件编码法对零件进行编码之后，再按照一定的相似性准则将零件进行分组。零件的分类编码是用来标识零件相似性的手段。所谓分类，是指把零件分配到预先制定的类别的等级中去。编码就是用数字来描述零件的几何形状、尺寸大小和工艺特征，也就是零件特征的数字化。这种分类编码的规则和方法称为零件分类编码系统。我国于 1984 年制定了机械零件分类编码系统（简称 JLBM－1 系统）。该系统由名称类别、形状及加工码、辅助码三部分共 15 个码位组成，详细的编码规则可查询有关工艺手册。

零件经过编码，实现了很细的分类，但仅仅把代码完全相同的零件分为一组，则每组零件的数量往往很少，达不到采用成组工艺增大成组批量的目的。因此，在零件组划分时，对零件结构特征的相似性的要求要适度，应主要依据工艺相似性，并考虑其加工经济性，以使其组数和成组批量适当。

3. 成组工艺规程

零件分类成组后，就可以制定适合于组内各零件的成组工艺规程。编制成组工艺的方法有两种：综合零件法和综合路线法。

（1）综合零件法。综合零件又称主样件，它包含一组零件的全部形状要素，有一定的尺寸范围，它可能是组内的一个实际零件，而当组内无任何零件可充当样件时，也可以把组内零件的全部形状要素叠加成一个假想的零件。制定综合零件的工艺过程，并将之作为该零件组的成组工艺过程，可加工组内的每一个零件。

（2）综合路线法。综合路线法是通过分析零件组的全部工艺路线，从中选出一个工序最多，加工过程安排合理并有代表性的工艺路线，然后以它为基础，再把组内其他零件特有的工序按合理顺序加到代表性工艺路线上，使其成为一个工序齐全、安排合理、适用于组内每一个零件的加工的工艺过程。综合路线法适用于结构复杂的零件。

4. 成组工艺的生产组织形式

成组工艺的生产组织形式基本上可以分为三大类。

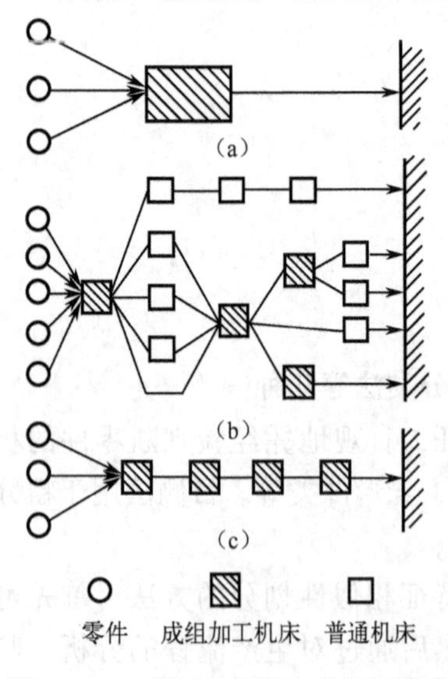

图 12.28　成组工艺的生产组织形式

（1）成组加工单机。成组加工单机是独立的成组加工机床或成组加工柔性制造单元，主要用于形状较简单、相似程度较高的零件。它能把零件组内全部零件的加工在一台机床上完成，是成组加工的初级组织形式。如图 12.28（a）所示。

（2）成组生产单元。成组生产单元是成组加工和一般加工的混合生产线，主要用于形状较复杂、相似程度较低的零件。它需要多台机床才能完成零件组的全部工序，在这些机床中，既有进行成组加工的成组加工机床，也有通用机床，甚至还有专用机床。这种生产系统是工厂充分利用现有设备进行技术改造的一种有效的组织形式，是目前国内应用成组工艺最多的一种形式。如图 12.28（b）所示。

（3）成组加工生产线或成组加工柔性制造系统。成组加工生产线或成组加工柔性制造系统是严格按照零件组的工艺过程组织起来的，零件组的工序全部由成组加工机床完成，其自动化程度和生产效率大大提高，是成组工艺的最高形式。如图 12.28（c）所示。

12.7.2 计算机辅助工艺规程设计（CAPP）及其功能

工艺设计是机械产品制造过程中技术准备工作的一项重要内容，是联系产品设计与车间实际生产的纽带，是具有很强的经验性且受多种因素影响而多变的决策过程。在人工进行工艺规程设计过程中，由于大量的设计决策是由工艺人员根据工件的结构工艺信息、加工条件、工艺技术现状等多方面因素依个人经验主观决定的，因此难免或多或少地偏离最优方案，而且设计效率低，规范性差，工艺人员重复性劳动量大。为解决这一问题，利用计算机辅助编制工艺规程（CAPP）就成为一种先进的工艺规程设计手段。

特别是在计算机集成制造系统（CIMS）中，CAPP 占有非常重要的地位。CIMS 的核心思想是利用计算机及网络技术，通过信息集成、信息共享、信息协调来获得高效率、高效益和高自动化，把设计信息转化为制造信息的 CAPP 是计算机辅助设计（CAD）与计算机辅助制造（CAM）集成的桥梁，是 CAD 与 CAM 信息的交汇点。所以，CAD/CAPP/CAM 的集成是 CIMS 的技术核心。CAPP 也是 CIMS 各子系统的信息源之一。

CIMS 包括管理信息分集成系统（简称 MIS）、工程信息分集成系统（简称 CAD/CAM）、质量信息分集成系统（简称 QIS）、生产自动化信息分集成系统（简称 PA）。在 CIMS 环境下，CAPP 与 CIMS 各信息分集成系统间的信息流关系如图 12.29 所示。

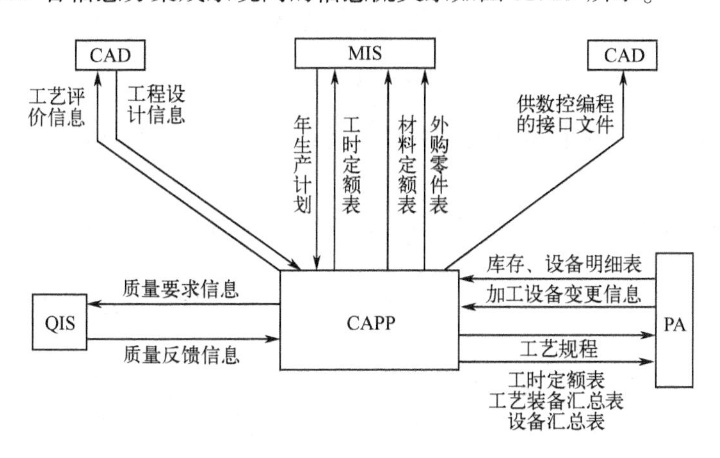

图 12.29 CIMS 环境下 CAPP 与各信息分集成系统的信息流图

一般，CAPP 应具有如下功能：

CAPP 由人工输入或接收来自 CAD 的产品几何信息、材料精度等工艺信息，建立关键信息模型。CAPP 系统根据零件信息模型，按照预定的规则进行工序和工步的组合和排序，确定工艺尺寸，选择机床和刀、夹、量具，确定切削用量，计算工时定额，最后生成需要的技术文件和数据。CAPP 生成的信息以表格和文件输出，分别有：工艺路线表、工艺装备汇总表、外协零件表、工艺规程、材料定额表、工时定额表等表格，以及工艺实施方案、设备需求计划、工装申请计划等文件。在 CIMS 环境下的 CAPP 的生成数据还要传送给各信息分集成系统。由此可见，CAPP 对于保证 CIMS 系统信息流的通畅，从而实现真正的集成是非常关键的。

12.7.3 CAPP 系统组成及其分类

1. CAPP 的基本构成

CAPP 系统的构成，视其工作原理、产品对象、规模大小不同而有较大的差异。图 12.30 示出的系统构成是根据 CAD/CAPP/CAM 集成要求而拟定的，其基本的模块如下。

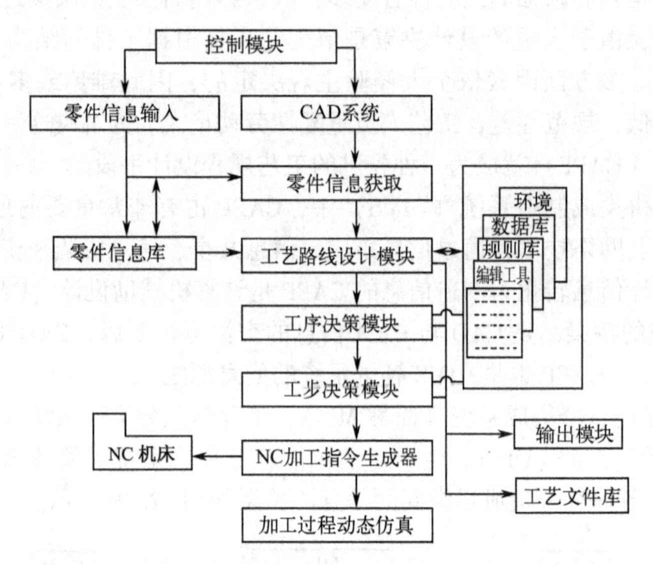

图 12.30 CAPP 系统构成

(1) 控制模块。其主要任务是协调各模块的运行，是人机交互窗口，实现人机之间的信息交流，控制零件信息获取方式。

(2) 零件信息输入模块。当零件信息不能从 CAD 系统直接获取时，用此模块实现零件信息的输入。

(3) 工艺过程设计模块。进行加工工艺流程的决策，产生工艺过程卡，供加工及生产管理部门使用。

(4) 工序决策模块。其主要任务是生成工序卡，对工序间尺寸进行计算，生成工序图。

(5) 工步决策模块。对工步内容进行设计，确定切削用量，提供形成 NC 加工控制指令所需的刀位文件。

(6) NC 加工指令生成模块。依据工步决策模块所提供的刀位文件，调用 NC 代码库中适应于具体机床的 NC 指令系统代码，产生 NC 加工控制指令。

(7) 输出模块。可输出工艺流程卡，工序、工步卡，工序图及其他文档，输出亦可从现有工艺文件库中调出各类工艺文件，利用编辑工具对现有工艺文件进行修改得到所需的工艺文件。

(8) 加工过程动态仿真。对所产生的加工过程进行模拟，检查工艺的正确性。

系统中其他模块就不一一叙述了。

2. CAPP 的基本类型

CAPP 系统就其工作原理可以分为六大类。

（1）检索式 CAPP 系统。这种 CAPP 系统常应用于大批大量生产模式，工件的种类很少，零件变化不大且相似程度很高。检索式 CAPP 系统不需要进行零件的编码，在建立系统时，只需要将各类零件的工艺规程输入计算机。一般情况下，只需要对已建立的工艺规程进行管理即可。如果需要编制新零件的工艺规程，将同类零件的工艺规程调出并进行修改即可。这是最简单的 CAPP 系统。

（2）派生式 CAPP 系统。它是利用成组技术原理将零件按几何形状及工艺相似性分类、归族，每一族有一个典型样件，并为此样件设计出相应的典型工艺文件，存入在工艺文件库中。当需要设计一个零件工艺规程时，输入零件信息，对零件进行分类编码，按此编码由计算机检索出相应的零件族的典型工艺，并根据零件结构及工艺要求，对典型工艺进行修改，从而得到所需的工艺规程。派生式 CAPP 系统具有结构简单，系统容易建立，便于维护和使用，系统性能可靠、成熟等优点，所以应用比较广泛。目前大多数实用型 CAPP 系统都属于这种类型。

（3）创成型 CAPP 系统。与派生式 CAPP 系统不同，创成式 CAPP 系统中不存在标准工艺规程，但是有一个收集有大量工艺数据的数据库和一个存储工艺专家知识的知识库。当输入零件的有关信息后，系统可以模仿工艺专家，应用各种工艺决策规则，在没有人工干预的条件下，从无到有，自动生成该零件的工艺规程。创成式 CAPP 系统理论目前尚不完善，因此还未出现一个纯粹的创成式 CAPP 系统。创成式 CAPP 系统的核心是工艺决策逻辑，这是人工智能、专家系统发挥作用的大好领域。所以，应用专家系统原理的创成式 CAPP 系统将是今后研究的重点。

（4）综合型 CAPP 系统（半创成型 CAPP）。半创成型 CAPP 系统是派生式和创成式 CAPP 原理的综合。也就是说，这种系统是在派生式 CAPP 的基础上，增加若干创成功能而形成的系统。这种系统既有派生式的可靠成熟、结构简单、便于使用和维护的优点，又有创成式的能够存储、积累、应用工艺专家知识的优点。这种系统非常灵活，便于结合企业的具体情况进行开发，是一种实用性很强，很有发展前途的 CAPP 模式。

（5）交互型 CAPP 系统。它以人机对话的方式完成工艺规程的设计，工艺规程设计的质量对人的依赖性很大。

（5）智能型 CAPP 系统。它是将人工智能技术应用在 CAPP 系统中所形成的 CAPP 专家系统。然而，它与创成型 CAPP 系统是有一定区别的，正如人们所知，创成型 CAPP 及 CAPP 专家系统都可自动地生成工艺规程。创成型 CAPP 是以逻辑算法加决策表为其特征；而智能型 CAPP 系统则以推理加知识为其特征。

习　题　12

一、填空题

12.1　零件的结构工艺性是指零件在满足________的前提下，制造和维修的________与________。

12.2　加工经济精度是指在 的加工条件下所能________的加工精度。

12.3　安排零件切削加工顺序的一般原则是________、________、________和________等。

12.4　在零件从________到________的切削加工过程中；某一表面被切除的________，称为该表面的加工总余量；某一表面在________中被切除的________，称为该表面的工序余量。

二、选择题

12.5　退火处理一般安排在（　　）。

A. 毛坯制造之后　　B. 粗加工后　　C. 半精加工之后　　D. 精加工之后

12.6　轴类零件定位用的顶尖孔属于（　　）。

A. 精基准　　B. 粗基准　　C. 辅助基准　　D. 自为基准

12.7　精密齿轮高频淬火后需磨削齿面和内孔，以提高齿面和内孔的位置精度，常采用以下原则来保证（　　）。

A. 基准重合　　B. 基准统一　　C. 自为基准　　D. 互为基准

12.8　编制零件机械加工工艺规程、生产计划和进行成本核算最基本的单元是（　　）。

A. 工步　　B. 工位　　C. 工序　　D. 走刀

12.9　淬火处理一般安排在（　　）。

A. 毛坯制造之后　　B. 粗加工后　　C. 半精加工之后　　D. 精加工之后

12.10　在拟定零件机械加工工艺过程、安排加工顺序时首先要考虑的问题是（　　）。

A. 尽可能减少工序数　　B. 精度要求高的主要表面的加工问题

C. 尽可能避免使用专用机床　　D. 尽可能增加一次安装中的加工内容

三、综合题

12.11　毛坯的选择与机械加工有何关系？试说明选择不同的毛坯种类以及毛坯精度对零件的加工工艺、加工质量及生产率有何影响？

12.12　根据什么原则选择粗基准和精基准。

12.13　制定工艺规程时，为什么要划分加工阶段？什么情况下可以不划分或不严格划分加工阶段？

12.14　何谓“工序集中”、“工序分散”？什么情况下采用“工序集中”？什么情况下采用“工序分散”？影响工序集中和工序分散的主要原因是什么？

12.15　试分析下列加工情况的定位基准：

（1）拉齿坯内孔。

（2）无心磨削外圆。

（3）用浮动镗刀块精镗内孔。

（4）用与主轴浮动连接的铰刀铰孔。

12.16　有一小轴，毛坯为热轧棒料，大量生产的工艺路线为：粗车→半精车→淬火→粗磨→精磨，外圆设计尺寸为 $\phi30_{-0.013}^{\ 0}$ mm，已知各工序的加工余量和经济精度，试确定各工序尺寸及其偏差、毛坯尺寸及粗车余量，并填入表12-18（余量为双边余量）。

表 12-18

工序名称	工序余量	经济精度	工序尺寸及偏差	R_a
精磨	0.1	0.013（IT6）		
粗磨	0.4	0.033（IT8）		
半精车	1.1	0.084（IT10）	粗车	0.021（IT12）
毛坯尺寸	4（总余量）			

12.17　试述机械加工过程中安排热处理工序的目的及安排顺序。

12.18　如图12.31所示零件，内外圆及端面已加工，现需铣出右端槽，并保证尺寸 $5_{-0.06}^{\ 0}$ mm 及 26 ±0.2mm，求试切调刀的测量尺寸 H、A 及其上下偏差。

12.19　如图12.32所示零件，除 ϕ16H7 孔外各表面均已加工，现以 K 面定位加工 ϕ16H7 孔。试计算其工序尺寸及上下偏差。

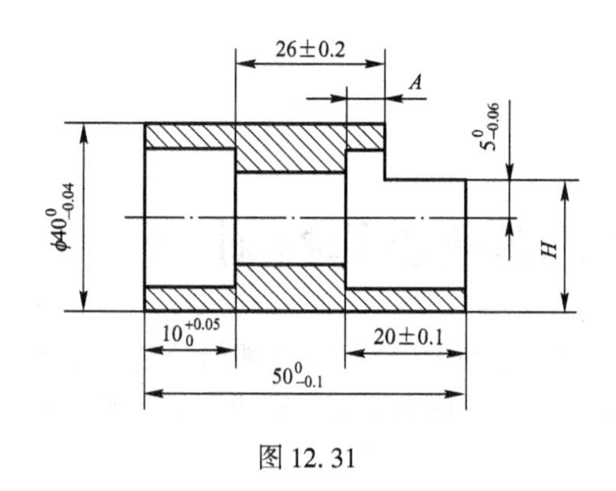

图 12.31

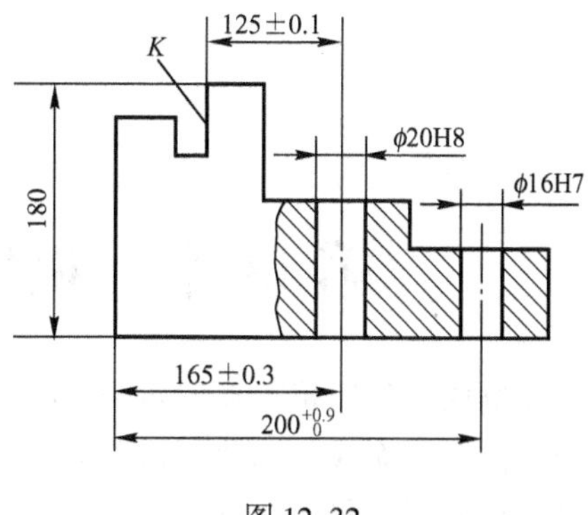

图 12.32

12.20 成组技术的实质是什么？进行成组加工要做哪些生产准备工作？

12.21 叙述 CAPP 的基本类型及其特点。

12.22 提高机械加工生产率的工艺措施有哪些？

第13章　机械加工质量及其控制

保证机械产品质量，是对每个机械制造企业的基本要求。由于各种机械都是由若干相互关联的零件装配而成，因此，机器的最终制造质量与零件的加工质量密切相关，零件的加工质量是整台机器质量的基础。

机器零件的加工质量指标有加工精度和表面质量两大类。

13.1　机械加工精度概述

1. 机械加工精度

机械加工精度是指零件加工后的实际几何参数（尺寸、形状、表面相互位置）与理想几何参数的符合程度。符合程度愈高，则加工精度愈高。

零件的加工精度包括三方面的内容：尺寸精度、几何形状精度和相互位置精度。

在机械加工中，由于工艺系统中各种因素影响，使加工出的零件不可能与理想的要求完全符合。零件加工后的实际几何参数对理想几何参数的偏离程度，称为加工误差。其偏离程度愈大，加工误差愈大，即加工精度愈低；反之偏离程度愈小，加工误差愈小，即加工精度愈高；由此可见，加工精度和加工误差是从两个不同的角度来评定加工零件的几何参数。

从保证机器使用性能出发，机械零件应具有足够的加工精度，但没有必要把每个零件都做得绝对准确。设计时应根据零件在机器上的功用，将加工精度规定在一定范围内是完全允许的。即加工精度的规定均以相应的标准公差数值标注在零件图上，加工时只要零件的加工误差未超过其公差范围，就能保证零件的加工精度要求和工作要求。

2. 影响机械加工精度的因素

零件加工精度主要取决于工件和刀具在切削过程中相互位置的准确程度。由于多种因素的影响，由机床、夹具、刀具和工件构成的工艺系统中的各种误差，在不同的条件下，以不同的方式反映为加工误差。工艺系统的误差是“因”，是根源；加工误差是“果”，是表现。因此，把工艺系统的误差称之为原始误差。

加工中可能产生的原始误差综合如图13.1所示。

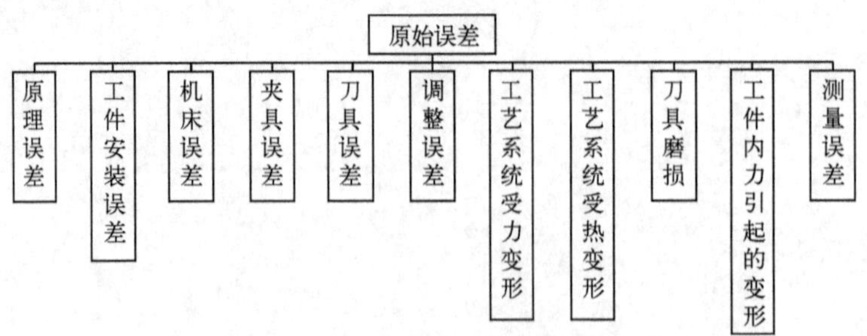

图13.1　原始误差的组成

13.2 原始误差对加工精度的影响

13.2.1 原理误差

加工原理误差是因采用了近似的加工运动或近似的切削刃轮廓而产生的。例如，滚切渐开线齿轮有两种原始误差：

（1）用阿基米德基本蜗杆滚刀或法向直廓基本蜗杆滚刀，代替渐开线基本蜗杆滚刀，由于滚刀切削刃形状误差引起的加工误差。

（2）由于滚刀切削刃数有限，滚切出的齿形不是连续光滑的渐开线，而是由若干短线组成的折线。

在生产实际中，采用近似的加工方法，可以简化机床结构和刀具的形状，并能提高生产率，降低加工成本。因此，只要把原理误差限制在规定的范围内，采用近似的加工方法是完全允许的。

13.2.2 机床误差

机床误差是由机床的制造误差、安装误差和磨损等引起的，它是影响工件加工精度的重要因素之一。机床误差的项目很多，下面着重分析对工件加工精度影响较大的误差，如：导轨导向误差、主轴回转误差和传动链误差等。

1. 机床导轨导向误差

机床导轨是机床各主要部件相对位置和运动的基准，它的精度直接影响工件的加工精度，现以车床导轨误差为例来分析其对加工精度的影响。

（1）车床导轨在水平面内的直线度误差。它使刀具在水平面内产生位移 Δy（见图 13.2），造成工件在半径方向上的误差 $\Delta R=\Delta y$。当车削长工件时，还会使工件表面产生圆柱度误差。

（2）车床导轨在垂直面内的直线度误差。此项误差使刀具在垂直平面内产生位移 Δz（见图 13.3），会引起工件在半径方向的误差 ΔR，运用三角几何关系（略去高阶微量）可得：$\Delta R\approx\Delta z^2/(2R)$。由于 Δz 很小，Δz^2 则更小，一般可忽略不计。

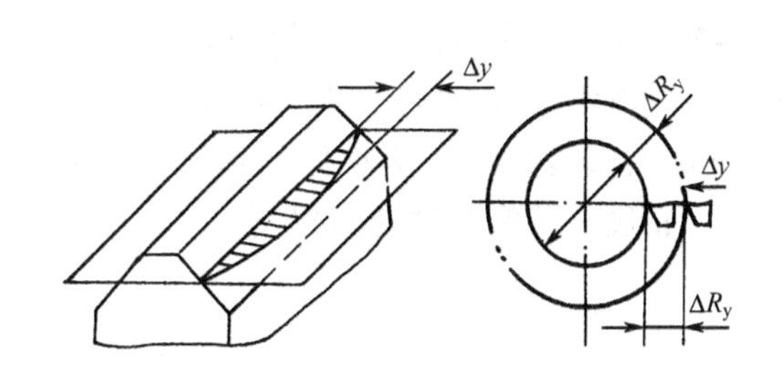

图 13.2 车床导轨在水平面内的直线度

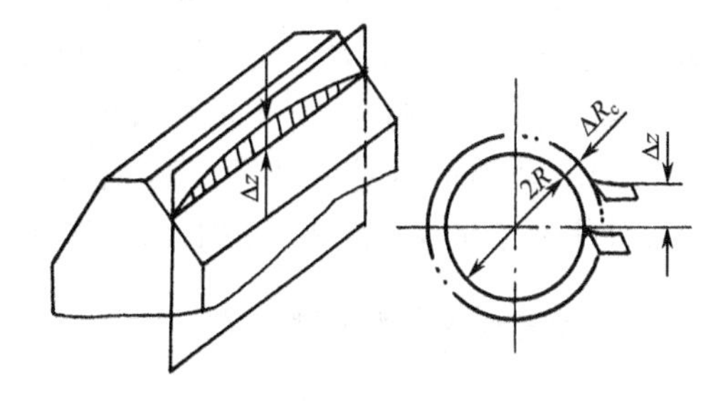

图 13.3 车床导轨在垂直面内的直线度

由此可见：原始误差所引起的切削刃与工件间的相对位移，若产生在加工表面的法线方向，则对加工精度有直接影响；若产生在切线方向，就可以忽略不计。因此，一般把通过切削点的已加工表面的法线方向称为误差敏感方向，切线方向为非敏感方向。这个概念在分析加工精度问题时经常要用到它。

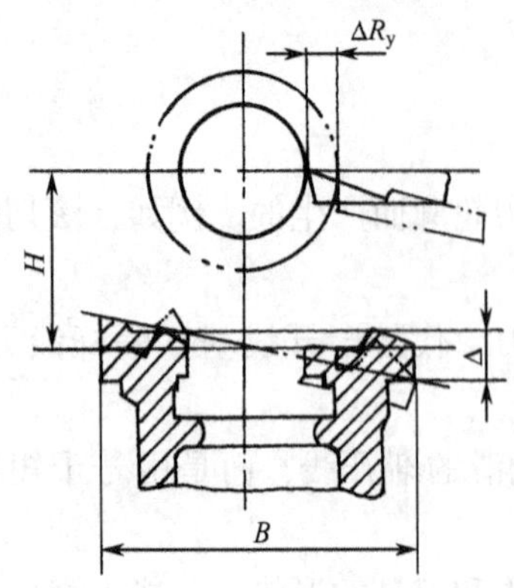

图 13.4　导轨扭曲产生的误差

（3）车床前后导轨的平行度（扭曲度）误差。平行度（扭曲度）误差，会使导轨产生扭曲（见图 13.4），使刀尖相对于工件在水平和垂直两个方向上产生偏移。设车床中心高为 H，导轨宽度为 B，则导轨扭曲量 Δ 引起工件半径的变化量 ΔR 为：$\Delta R/H \approx \Delta/B$；$\Delta R \approx \Delta H/B$。一般车床 $H \approx (2/3)B$，外圆磨床 $H = B$，可见此项误差对加工精度影响很大。

2. 机床主轴回转误差

（1）机床主轴回转误差的概念。机床主轴是用来装夹工件或刀具，并传递主切削运动的关键零件。它的误差直接影响着工件的加工精度。理论上，当主轴转动时，其回转轴线的空间位置应该固定不变，但实际上，由于主轴系统本身存在各种误差，会使主轴回转轴线的空间位置每一瞬间都在变动。

机床主轴的回转精度是机床主要精度指标之一。其在很大程度上决定着工件加工表面的形状精度。主轴的回转误差主要包括径向跳动、轴向窜动和角度摆动三种基本形式。

（2）主轴回转误差对加工精度的影响。对于不同的加工方法，不同形式的主轴回转误差对加工精度的影响是不同的。

① 主轴的纯径向跳动。它会使工件产生圆度误差，但加工方法不同（如车削和镗削），影响程度也不尽相同。

② 主轴的纯轴向窜动。它对内外圆加工没有影响，但当加工端面时，会使车出的端面与圆柱面不垂直，端面对轴线的垂直度误差随切削半径的减小而增大。加工螺纹时，轴向窜动会产生螺距的周期性误差。

③ 主轴的纯角度摆动。车削外圆时仍然能够得到一个圆的工件，但工件成锥形；镗削内孔时，由于主轴的纯角度摆动使回转轴线与工作台导轨不平行，镗出的孔将成椭圆形。

3. 影响主轴回转误差的主要因素

引起主轴回转误差的主要原因是轴承误差及其间隙、与轴承配合的轴颈（或孔径）误差及切削过程中主轴受力、受热后的变形等。当主轴采用滑动轴承时，主轴回转精度主要是受到主轴颈和轴承内孔的圆度误差和波度的影响。当主轴采用滚动轴承时，主轴回转精度不仅取决于滚动轴承本身的精度（包括内、外圈滚道的圆度误差，滚动体的形状、尺寸误差），而且还与轴承配合件（主轴颈、轴承座孔）的精度和装配精度密切相关。

4. 提高主轴回转精度的措施

（1）提高主轴部件的制造精度和装配精度。首先应提高轴承的回转精度，如选用高精度的滚动轴承，或采用高精度动压滑动轴承（多油楔）和静压轴承等。其次是提高配合表面（如箱体支承孔、主轴轴颈）的加工精度。实际生产中，常采用分组选配和定向装配方法，使误差相互补偿或部分抵消，以减小轴承误差对主轴回转精度的影响。

（2）对滚动轴承进行预紧。适当预紧可以消除间隙，并产生微量过盈，提高轴承的接触刚度，并对轴承内外圈滚道和滚动体的误差起均化作用，从而提高主轴的回转精度。

（3）使主轴的回转误差不反映到工件上。直接使工件在加工过程中的回转精度不依赖于主轴，是保证工件形状精度的最简单而又有效的方法。如在外圆磨床上磨削外圆柱面时，为避免工件头架主轴回转误差的影响，工件由头架和尾架的两个固定顶尖支承，头架主轴只起传动作用（见图13.5），工件的回转精度完全取决于顶尖和中心孔的形状精度、同轴度。在镗床上加工箱体类零件上的孔时，可采用镗模（如图13.6中的前、后导向套）加工，刀杆与主轴为浮动连接，则刀杆的回转精度与机床主轴回转精度无关，工件的加工精度仅由刀杆和导套的配合质量决定。

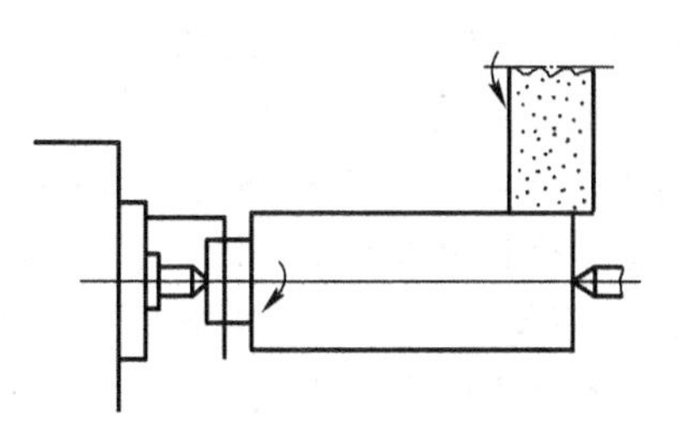
图13.5　用固定顶尖支承磨外圆

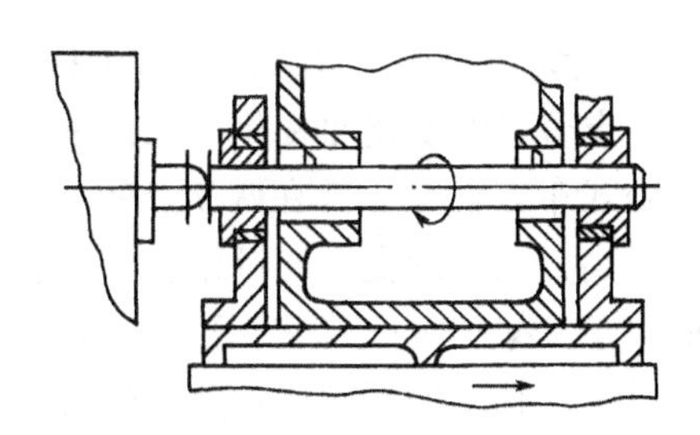
图13.6　用镗模镗孔

13.2.3　工艺系统的受力变形

切削加工中，由于工艺系统在各种力（如切削力、夹紧力、传动力、重力、惯性力等）的作用下会发生变形，破坏刀具和工件间在静态下（调整好）的正确位置，从而产生加工误差。例如，在车削细长轴时，在切削力的作用下工件会发生变形，使加工出的轴出现中间粗两头细的情况（见图13.7）。工艺系统受力变形，不仅影响加工精度，而且还会影响加工表面质量和生产率。工艺系统在外力作用下产生变形的大小，不仅取决于外力的大小，而且和工艺系统抵抗外力的能力，即工艺系统的刚度有关。

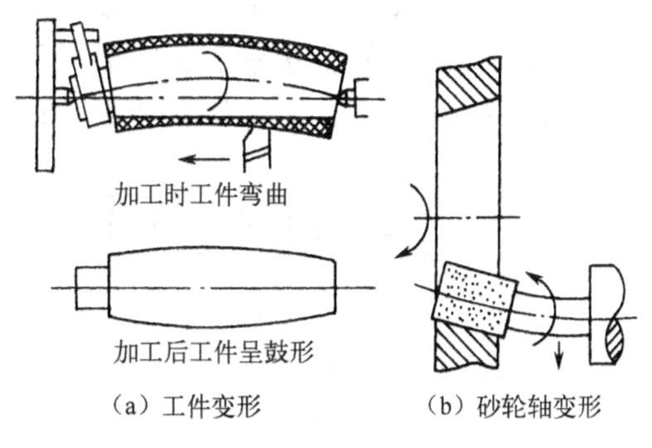

图13.7　工艺系统的受力变形引起的加工误差

1. 工艺系统的刚度

（1）工艺系统的刚度k_{xt}的概念。工艺系统的刚度是指加工表面法向切削分力F_P（单位为N）与在该力的方向上工件与刀具之间相对位移y_{xt}（单位为mm）的比值（单位为N/mm）。即

$$k_{xt}=F_p/y_{xt} \qquad (13-1)$$

以上所指的k_{xt}是在静态条件下力与位移的关系，则称k_{xt}为静刚度，简称刚度。切削加工时，机床的有关部件、刀具、夹具和工件在各种外力作用下，都会产生程度不同的变形。

因此，工艺系统在某处的法向总变形 y_{xt} 必然是工艺系统中各个环节在同一处的法向变形的叠加。因此，整个工艺系统的刚度则为：

$$k_{xt}=\frac{1}{\frac{1}{k_{机床}}+\frac{1}{k_{刀具}}+\frac{1}{k_{夹具}}+\frac{1}{k_{工件}}} \tag{13-2}$$

显然，只要知道工艺系统各组成环节的刚度，就可以求出工艺系统的总刚度。

（2）机床部件刚度的特点。在工艺系统中，工件、刀具一般为简单构件，其刚度可用材料力学的有关公式进行计算。而机床、夹具的结构复杂，其刚度难以用公式表达，目前主要用实验方法进行测定。

2. 工艺系统受力变形对加工精度的影响

（1）切削力作用点位置变化对加工精度的影响。切削过程中，工艺系统的刚度会随着切削力作用点位置的变化而变化，工艺系统的受力变形亦随之变化，而引起工件形状误差。例如，在卧式车床上（工件在两顶点间）车削短而粗的光轴，见图 13.8（a）所示，由于工件的刚度很高，工件的变形比机床、夹具、刀具的变形小到可以忽略不计，工艺系统的总位移完全取决于头架、尾座（包括顶尖）和刀架（包括刀具）的位移。由此可见，工艺系统的刚度在沿工件轴向的不同位置是不同的，即工件在各个截面上的直径尺寸也不相同，因而加工后必然会反映出工件的形状误差（圆柱度误差），该情况下，加工出的工件呈马鞍形，见图 13.8（c）所示。

又如，车削细长轴，由于工件刚度很低，机床、夹具、刀具在受力下的变形可以忽略不计，则工艺系统的位移完全取决于工件的变形，工件在切削力作用下会发生弯曲变形，如图 13.8（b）所示，在此情况下，加工出的工件呈腰鼓形，见图 13.8（d）所示。

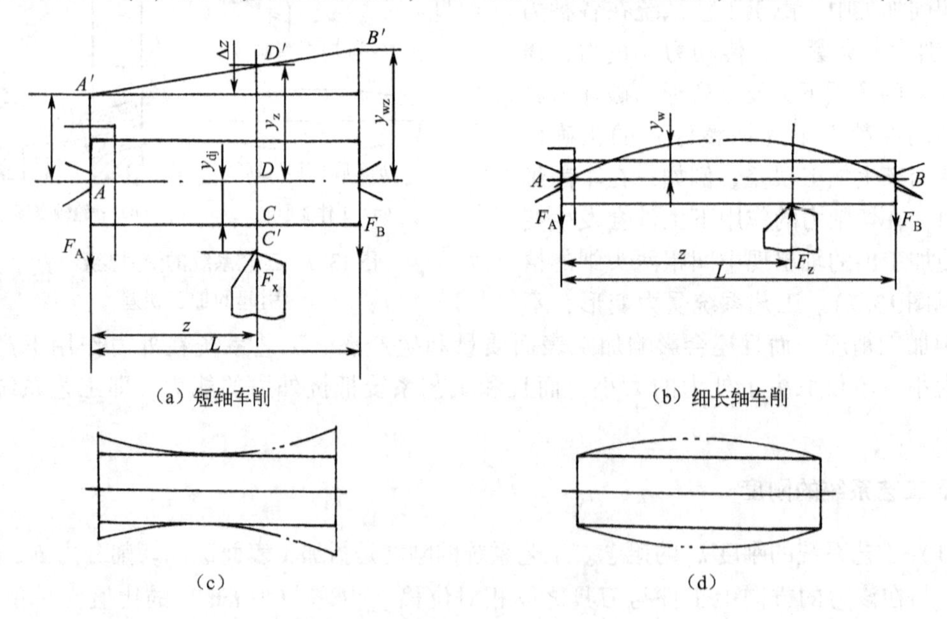

图 13.8　受力点变化引起的变形

（2）误差复映。当毛坯加工余量和材料硬度不均匀时，会引起切削力的变化，进而会引起工艺系统受力变形的变化而产生加工误差。

图 13.9 为车削某一有较大圆度误差的毛坯，当刀尖调整到要求尺寸的虚线位置时，在工件转一转过程中，背吃刀量在 a_{p1} 与 a_{p2} 之间变化，切削力也相应地在 F_{max} 到 F_{min} 之间变化，工艺系统的变形也在最大值 y_1 到最小值 y_2 之间变化。由于工艺系统受力变形的变化，会使工件产生与毛坯形状误差（$\Delta_m = a_{p1} - a_{p2}$）相似的形状误差（$\Delta_{gj} = y_1 - y_2$），这种现象称为误差复映规律。

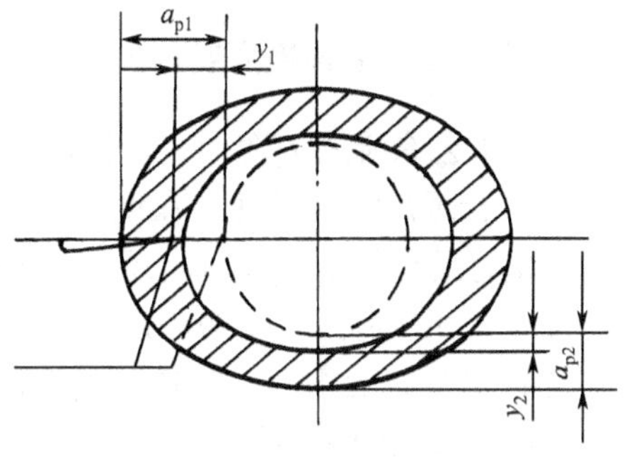

图 13.9　毛坯误差的复映

令：

$$\Delta_{gj}/\Delta_m = \varepsilon$$

得：

$$\Delta_{gj} = \varepsilon\Delta_m$$

式中，ε 为误差复映系数。它定量地反映了毛坯误差经加工后减小的程度。当工艺系统刚度越高，ε 越小，毛坯复映到工件上的误差也越小。

当毛坯的误差较大，一次走刀不能满足加工精度要求时，需要多次走刀来消除 Δ_m 复映到工件上的误差。多次走刀总 ε 值计算如下：

$$\varepsilon_\Sigma = \varepsilon_1\varepsilon_2\varepsilon_3\cdots\varepsilon_n$$

由于 ε 是远小于 1 的系数，所以经过多次加工后，ε 已降到很小的数值，加工误差也可得到逐渐减小而达到零件的加工精度要求（一般经过 2 ~ 3 次走刀即可达到 IT7 的精度要求）。

（3）夹紧力和重力的影响。当加工刚性较差的工件时，若夹紧不当，会引起工件变形而产生形状误差。例如，用三爪卡盘夹紧薄壁筒车孔（见图 13.10（a）），夹紧后工件呈三棱形（见图 13.10（b）），车出的孔为圆（见图 13.10（c）），但松夹后套筒的弹性变形恢复，孔就形成了三棱形（见图 13.10（d））。所以，生产实践中，常在套筒外面加上一个厚壁的开口过渡套（见图 13.10（e））或采用专用夹盘（见图 13.10（f）），使夹紧力均匀地分布在套筒上。

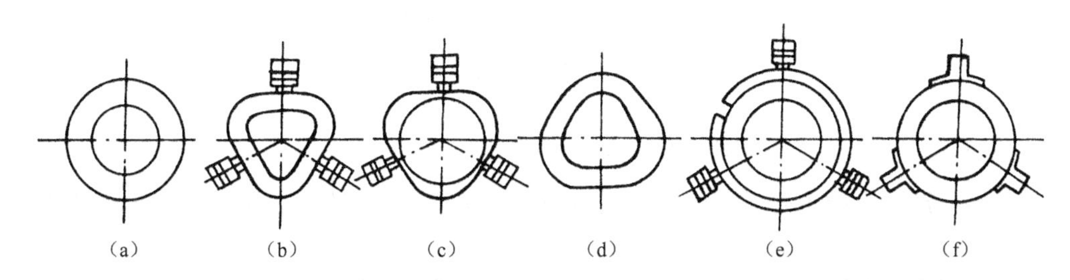

图 13.10　夹紧力引起的变形

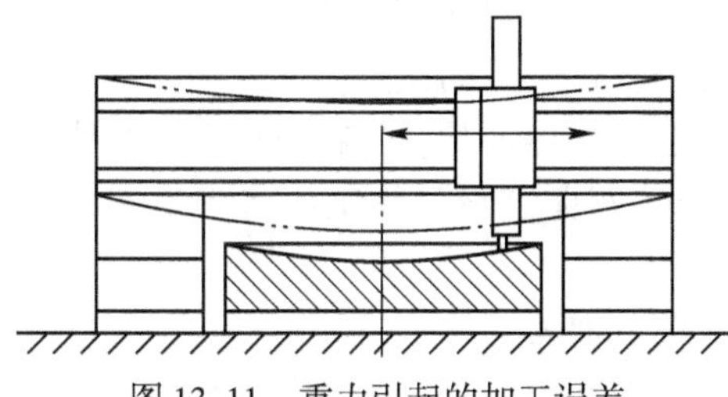
图 13.11　重力引起的加工误差

工艺系统有关零部件的重力所引起的变形也会造成加工误差。图 13.11 表示龙门刨床在刀架自重作用下引起的横梁变形，造成了工件加工表面的平面度误差。通过提高横梁的刚度可减小这种影响。

3. 减小工艺系统受力变形的主要措施

减小工艺系统受力变形，是保证加工精度的有效途径之一。生产中常采取以下措施。

（1）合理的结构设计。在设计工艺装备时，应尽量减少连接面的数量，并注意刚度匹配，防止有局部低刚度环节出现。在设计基础件、支承件时，应合理选择零件结构和截面形状、尺寸，并在适当部位增添加强肋都会有良好的效果。

（2）提高接触刚度。影响连接表面接触刚度的因素，除连接表面材料的性质外，最关键的是连接表面的表面粗糙度、接触情况和形状误差。通常可通过铲、刮、研等方法来提高零件接触面的配合质量，增大实际接触面积，并在连接面间施加适当预紧力，能有效提高接触刚度。

（3）采用合理的装夹方式。在夹具设计或工件装夹时，都必须尽量减少弯曲力矩。此外，常用增加辅助支承的方法来提高工件的刚度。

（4）采取适当的工艺措施。合理选择刀具几何参数（如增大前角，让主偏角接近90°等）和切削用量（适当减少进给量和背吃刀量）以减小切削力（特别是 F_P），有利于减少受力变形。提高毛坯精度或将毛坯分组，使一次调整加工中的毛坯余量比较一致，以减少误差复映。

13.2.4　工艺系统的热变形

在机械加工中，工艺系统受到各种热的作用而引起的变形叫热变形。这种变形同样会破坏刀具与工件间相对位置和相对运动的准确性，造成工件的加工误差。

热变形对加工精度影响较大，特别是在精密加工中，由热变形引起的加工误差约占总加工误差的40%～70%。

引起工艺系统热变形的热源可分为内部热源和外部热源两大类。

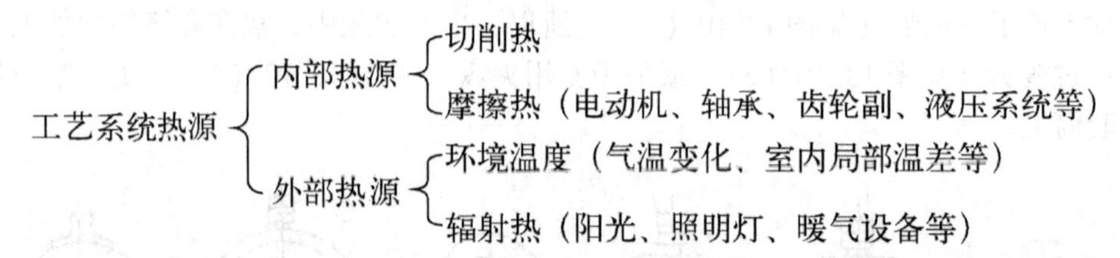

1. 工件热变形对加工精度的影响

工件热变形的热源主要是切削热，在热膨胀的状态下达到的加工尺寸，冷却后会收缩变小，甚至超过公差范围。

工件热变形对加工精度的影响，与加工方式、工件的结构尺寸及工件是否均匀受热等因素有关。轴类零件在车削或磨削时，一般是均匀受热，温度逐渐升高，其直径也逐渐胀大，胀大部分将被刀具切去，待工件冷却后则形成圆柱度和直径尺寸的误差。

一般轴类零件在长度上的精度要求不高，常不考虑其受热伸长，但在车床上两顶尖间车削细长轴时，其受热伸长较大，两端受顶尖限位而导致弯曲变形，加工后将产生圆柱度误差。这时，可采用弹性或液压尾顶尖。

精密丝杠磨削时，工件的受热伸长会引起螺距的积累误差。

在铣、刨、磨平面时，工件都是单面受热，由于上下两表面受热不均匀而使工件向上凸起，中间切去的材料较多。冷却后被加工表面呈凹形。这种现象对于加工薄片类零件尤为突出。

2. 刀具热变形对加工精度的影响

刀具热变形主要也是由切削热引起的。虽然传入刀具的热量不多，但因刀具体积小，热容量小，故仍会有很高的温升。连续切削时，刀具热变形开始比较快，随后变得较缓慢，经过不长的时间便趋于热平衡状态。间断切削时，由于刀具有短时间的冷却，故其热变形量比连续切削时要小一些。最后趋于稳定在较小范围内波动。

为了减小工件、刀具的热变形，可通过合理选择刀具角度、切削用量，并使粗、精加工分开，采用切削液等方法，降低切削热，保证加工精度。

3. 机床热变形对加工精度的影响

机床在工作过程中，受到内外热源的影响，各部分的温度将逐渐升高。由于各部件的热源不同，机床结构不同，使各部分的温升和变形均有较大的差别，从而破坏机床在静态时的几何精度，造成加工误差。由于各类机床的结构、加工方式和热源精度影响程度也不同，应对具体情况做具体分析。例如，车床热变形引起的加工误差，如图 13. 12 所示，它主要表现在主轴系统和导轨这两大部件上。因主轴发热使主轴箱在垂直面和水平面内发生偏移和倾斜；而主轴箱的热量传给床身，床身导轨将向上凸起，更加剧了主轴的倾斜。

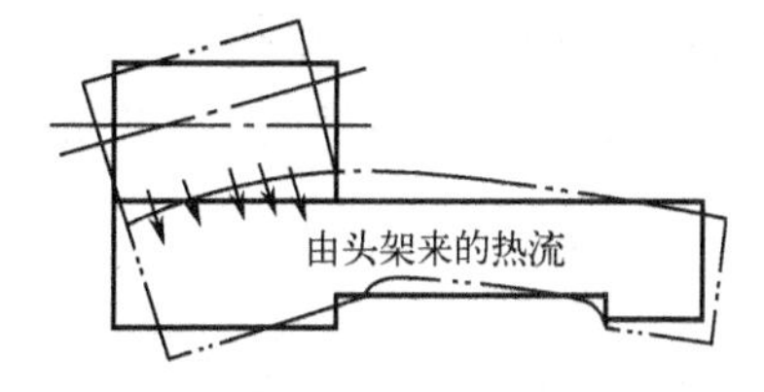

图 13. 12　车床的热变形

机床运转一定时间后，各部件达到热平衡状态，变形趋于稳定。但在此之前机床的几何精度变化不定。因此，为减小机床热变形对加工精度的影响，应在机床处于热平衡状态之后进行加工。

4. 减小热变形的主要措施

（1）减少工艺系统热源的发热。为了减少机床的热变形，凡是可能分离出去的热源，如电动机、变速箱、液压系统等应尽可能移出。对于不能分离的热源，如主轴轴承、高速运动的导轨副等可从结构、润滑等方面改善其摩擦特性，减少发热。例如，采用静压轴承、低黏度润滑油等。

对发热大的热源，若既不能从机床中移出，又不便隔热，则可采用有效的冷却措施，如增加散热面积，采用强制的风冷、水冷等。

目前，大型数控机床、加工中心机床普遍采用冷冻机，对润滑油、切削液进行强制冷却，以提高冷却效果。

（2）保持工艺系统的热平衡。工艺系统受各种热源的影响，其温度会逐渐升高。与此同时，它们也通过各种传热方式向周围散发热量。当单位时间内传入和散发的热量相等时，则认为工艺系统达到了热平衡。机床开动后，其温度将缓慢升高，经过一段时间温度便趋于稳定，当机床温度达到稳定值后，则被认为处于热平衡阶段，此时温度场处于稳定，其热变形也趋于稳定。由开始升温至达到热平衡之前的这一段时间称为预热阶段，预热阶段热变形较大。因此，对于精密机床，特别是大型机床，可预先高速空转一段时间，达到热平衡后再进行加工。或设置控制热源，人为地给机床加热，使之较快达到热平衡状态，然后再进行加工。基于同样原因，加工过程中应尽量避免中途停车。

(3) 控制环境温度。如车间安装的供暖设备和加热器，要保证其热流在各个方向上均匀散发，不要使精密机床受到阳光的直接照射，以免引起不均匀受热。

对于精密零件的加工及装配，一般在恒温室进行。恒温室温度一般取为20℃，冬季可取17℃，夏季可取23℃，对恒温精度应严格控制，一般控制在±1℃内，精密级为±0.5℃，超精密级为±0.01℃，这样不但可以减小加工及装配中的热变形，还可以减少恒温设备的能源消耗。

13.2.5 工件内应力引起的变形

在外部载荷去除后，仍残留在工件内部的应力称为内应力（或残余应力）。具有内应力的零件处于不稳定的状态，其内部组织有强烈地要恢复到一个稳定的、没有内应力状态的倾向。在常温下、特别是在外界条件发生变化，例如，环境温度变化、继续进行切削加工、受到撞击等，内应力的暂时平衡就会被打破而进行重新分布，这时工件将产生变形，甚至造成裂纹等现象，使原有的加工精度丧失。

1. 内应力产生的原因

(1) 毛坯制造和热处理过程中产生的内应力。在铸、锻、焊、热处理等加工过程中，由于各部分热胀冷缩不均匀以及金相组织转变时的体积变化，使工件内部产生很大的内应力。毛坯结构越复杂，壁厚越不均匀，散热条件相差越大，产生的内应力就越大。

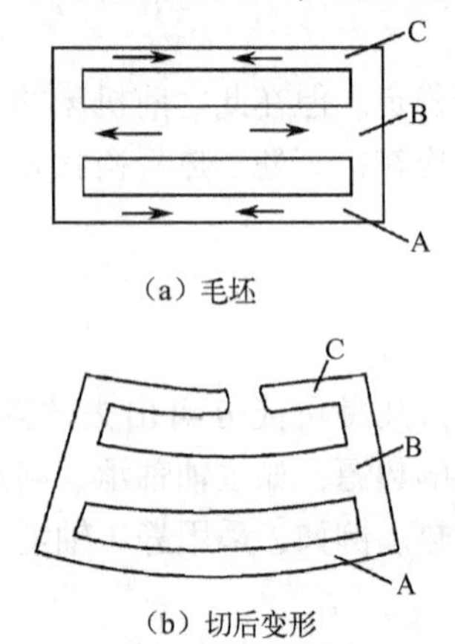

图 13.13 铸件内应力引起的变形

如图13.13 (a) 所示，铸件在浇注后由于壁A、C比较薄，散热容易，冷却快；壁B较厚，冷却慢。当壁A、C从塑性状态冷却到低温弹性状态时（约620℃左右），壁B尚处于高温塑性状态，故壁A、C冷却收缩，不受壁B阻碍。但当B亦冷却到低温弹性状态时，A、C的温度已降低很多，收缩速度变得很慢，但这时B收缩较快，因而受到了A，C的阻碍，结果使B产生拉应力，而A、C就产生压应力，形成了相对平衡的状态。

如果在铸件壁C上切开一个缺口，如图13.13 (b) 所示，则C的压应力消失。铸件在B、A的内应力的作用下，B收缩，A膨胀，铸件发生弯曲变形，直至内应力重新分布，达到新的平衡为止。推广到一般情况，各种热加工铸件都难免发生冷却不均匀而产生内应力。如铸造后的机床床身，其导轨面和冷却快的地方都会出现压应力，带有压应力的导轨表面在粗加工中被切除一层后，内应力就重新分布，结果使导轨中部下凹。

(2) 冷校直产生的内应力。薄板类、细长轴类零件加工后常发生弯曲变形，图13.14所示弯曲的工件需要校直，必须使工件产生反向弯曲，并使其产生一定的塑性变形。在外力F的作用下，工件的应力分布如图13.14 (b) 所示，在轴心线的两条虚线之间为弹性变形区，虚线之外为塑性变形区。当外力F去除后，内层弹性变形后要恢复，但会受到外层塑性变形的阻碍，其结果使上部外层产生残余拉应力，上部里层产生残余压应力，下部外层产生残余压应力，下部里层产生残余拉应力，见图 13.14（c）所示。冷校直虽然减小了弯曲变形，但内部组织处于不稳定状态，如再进行加工，又会引起新的弯曲变形。

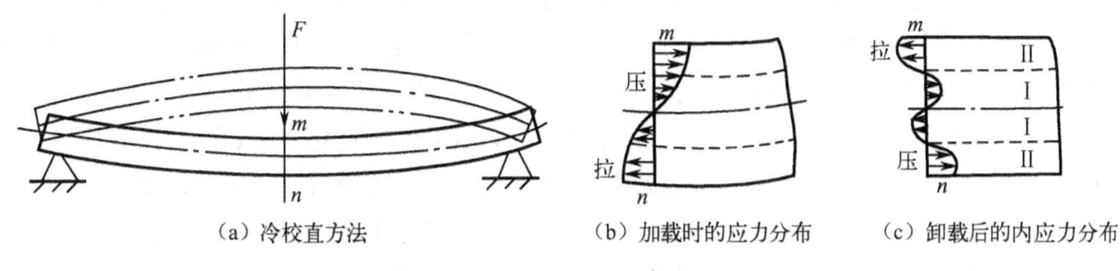

图 13.14　冷校直引起的内应力

（3）切削加工带来的残余应力。切削加工中产生的力和热，也会使被加工工件的表面层产生残余应力（详见 13.4 节）。

2. 减少和消除内应力的工艺措施

（1）合理设计零件结构。在设计零件的结构时，尽量简化零件结构，减小壁厚差，使壁厚均匀，提高零件的刚度等，均可减少毛坯在制造中产生的内应力。

（2）合理安排工艺过程。例如，将粗、精加工分开，使粗加工后有充足时间让内应力重新分布，保证工件充分变形，再经精加工后，就可减少变形误差。又如，在加工大件时，如果粗、精加工在一个工序内完成，这时应在粗加工后松开工件，使其消除部分应力，然后以较小的夹紧力夹紧工件后再对其进行精加工。

（3）对工件进行热处理和时效处理。例如，对铸、锻、焊件进行退火和回火；零件淬火后进行回火；粗加工后进行时效处理；对精度要求高的零件，如床身、丝杠、主轴等，往往在加工过程中多次进行时效处理。

13.3　加工误差的性质及提高加工精度的措施

前面对引起零件加工误差的各种因素进行了深入分析。但在实际加工中所出现的加工误差，往往是多种因素共同作用的结果。透过现象看本质，抓住事物的主要矛盾是解决问题的关键。

13.3.1　加工误差的性质

区分加工误差的性质是研究和解决加工精度问题的关键。各种加工误差从产生的规律上来看，大体可以分为两类：系统误差和随机误差。

1. 系统误差

系统误差可分为常值系统误差与变值系统误差。

（1）常值系统误差。是指在顺次加工一批工件后，其大小和方向保持不变的误差。造成常值系统误差的主要原因是原理误差；机床、刀具、夹具和量具的制造误差；调整误差。

（2）变值系统误差。是指在顺次加工一批工件中其大小和方向按一定规律变化的加工误差。造成这种误差的主要原因有机床、刀具等在热平衡前的热变形；刀具的磨损等因素。

2. 随机误差

随机误差的大小和方向在加工一批零件过程中的变化是无规律的，但在某一确定范围内的变化具有统计规律。如由于毛坯误差复映规律的作用、定位间隙的影响，夹紧误差、多次调整的误差、内应力引起的变形误差，以及操作者的失误而产生的误差等，都是随机误差。

对于常值系统性误差可以在查明原因后通过采取相应的调整、修改工艺、工装等方法予以解决。而对于变值系统误差则只能通过摸索规律，采用相应的补偿办法来减小其影响。

对于随机误差，由于受到目前监测手段和仪器的限制，所以尚无良策消除。但随着新技术、新设备、新工艺的应用，劳动者技能和责任心的提高和理论研究的深入，随机误差将会渐渐减小。

13.3.2 提高加工精度的措施

提高加工精度的措施大致可归纳为以下几个方面。

1. 直接减少原始误差法

这是生产中应用很广的一种方法。即是在查明影响加工精度的主要原始误差因素之后，设法对其直接进行消除和减少。例如，车削细长轴时，采用跟刀架、中心架可以消除或减少工件弯曲变形所引起的加工误差。采用大进给量反向切削法，基本上消除了轴向切削力引起的弯曲变形。若辅以弹性顶尖，可进一步消除热变形所引起的加工误差。又如，在加工薄壁套筒内孔时，采用过渡圆环以使夹紧力均匀分布，避免夹紧变形所引起的加工误差。

2. 误差补偿法

误差补偿法就是通过人为地制造出一种新的原始误差去抵消工艺系统中某些关键性原始误差或利用原有的一种原始误差去抵消另一种误差的做法。如大型龙门铣床的横梁在制造过程中就有意将其导轨做成向上凸起的几何形状，目的是在横梁安装后，在其自重和铣头重量的作用下，使横梁整体向下弯曲，将原来向上凸起的导轨也随之向下变形而成为直线。

再如精密丝杠车床中采用的校正尺也是一种误差补偿装置。

3. 误差分组法

误差分组法常用于减小或消除以下两类由于上一工序毛坯制造精度而造成本工序加工超差的问题。选用这种方法保证本工序加工后的精度，比采取直接提高本工序的加工精度或通过提高上一工序的加工精度更简便易行。

其一是由于毛坯尺寸或上一工序的加工误差范围较大。根据误差复映规律，若该批工件在加工过程中工艺系统保持不变的话，就会造成超差，故将毛坯按其实际尺寸进行分组，各组在加工时分别调整刀具与工件间的相对位置，这样使得各组工件的尺寸分散范围中心基本一致，则整批工件加工后的尺寸分散范围大为缩小，从而无需提高上一工序的制造精度或在本工序中选用高精度机床。

其二就是由于毛坯定位误差的作用而使得本工序加工超差。将毛坯定位基准按其实际尺寸进行分组，各组在加工时分别选用不同的定位元件与之相配，使得各组工件的定位配合尺寸精度范围基本一致，减小或消除了由于定位间隙而造成的加工质量问题，从而保证整批工件加工后的尺寸分散范围不会超差，因此也不必将上一工序的定位基准加工精度制定得过高。

误差分组法的实质是：把毛坯按照误差的大小分为 n 组，这样每组毛坯误差的范围就缩小为原来的 $1/n$，则大大减小了由于误差复映规律或定位间隙而造成的加工后尺寸超差的问题。

此方法选用时应注意：第一是本工序的工艺系统精度应该稳定；第二是加工批量应比较大。

4. 误差转移法

误差转移法是在由于工件很精密或机床精度达不到要求但又要保证加工精度时常采用的一种加工方法，其通常不是靠提高机床设备的精度来保证加工质量的，而是在加工工艺和夹具使用上想办法，使得机床上的原始误差转移到不影响加工精度的方面上去。

数控车床的刀架，其结构布局通常采用的是水平转动的自动刀架结构，这种结构在刀具转位后定位误差对加工精度影响最小。若刀具转位后定位误差一定，而将刀具的转动轴垂直布置，这时刀具转位后定位误差对加工精度影响较大。这很类似于解决本章13.2节中所提到的误差敏感方向的问题。

当然，除了上述四种方法外，在实际工作中还可采用许多方法来减小或消除各种误差对本工序加工精度的影响，如所谓“就地加工”、“平均误差”、“主动测量”和“偶件配制”等。

13.4 机械加工表面质量

机器零件的加工质量，除加工精度外，表面质量也是极其重要的一方面。产品的工作性能，尤其是它的可靠性和寿命，在很大程度上取决于其主要零件的表面质量。

13.4.1 机械加工表面质量的含义

机械加工后的表面不可能是理想的光滑表面，总存在一定的微观几何形状偏差，表面层的物理力学性能也发生变化。因此，机械加工表面质量包括表面几何形状和表面层的物理、力学性能两个方面的内容。

1. 表面几何形状特征

表面粗糙度：是加工表面的微观几何形状误差。

表面波度：是介于宏观几何形状与表面粗糙度之间的周期性几何形状误差。

2. 表面层的物理、力学性能

(1) 冷作硬化：表面层因加工中塑性变形而引起的表层硬度提高的现象。

(2) 残余应力：表面层中的内应力。按应力性质分为拉应力和压应力。

(3) 显微组织的变化：表面层因切削加工时切削热而引起的金相组织的变化。

经切削加工后的表面，由于切削力和切削热的作用，在一定深度的表层金属里常存在着残余应力和裂纹，这将会影响零件表面质量和使用性能。若残余应力不均匀，将会导致零件发生变形，影响尺寸和形位精度；若应力性质为拉应力，将易使裂纹扩大，导致零件过早损坏。因此，对于重要零件，不仅要规定表面粗糙度，而且还要控制表面层的冷作硬化、残余应力的程度、深度和性质、大小。而对一般零件来说，通常只规定表面粗糙度的数值。

在一般情况下，零件表面的尺寸精度愈高，其对应的形状和位置精度也愈高，表面粗糙度数值愈小。但也有出于外观或清洁的考虑，如手柄、面板等要求光亮的表面，其表面粗糙度的数值较小而精度不高。

13.4.2 表面质量对产品使用性能的影响

表面质量在很大程度上对产品的使用性能构成直接的影响，特别是对寿命和可靠性性能影响极大，表面上的任何缺陷，都会在以后的使用中引发应力集中、应力腐蚀而导致零件或产品的损坏。表面质量对产品使用性能的影响主要表现在以下三个方面。

1. 表面质量对产品耐磨性的影响

产品都是由零件装配而成的。当两个零件相互接触时，实质上只是两个零件接触表面上一些凸起的顶部相互接触，由这些相互接触的顶部所构成的实际接触面积明显要比名义接触面积小得多。由此可以看出：

（1）两零件相互接触的表面愈粗糙，实际接触面积也就愈少。

（2）当两零件间有力传递时，相互接触的凸起顶部就会产生相应的压强，表面愈粗糙压强也就愈大，使得接触面间出现变形和位移。

（3）当两零件间有相对运动时，由于凸起部分如同刀具切削一样，相互之间产生弹性变形、塑形变性及剪切现象，使得相互接触的表面之间出现磨损。表面愈粗糙，磨损就愈快。即使在有润滑油润滑的情况下，因接触点处压强超过润滑油膜存在的临界值，而形成干摩擦，同样会加剧接触面间的磨损。

但并不是表面粗糙度值越小，耐磨性就越好。因为表面粗糙度值过小，紧密接触的两个光滑表面间的储油能力很差，接触面间产生分子的亲和力，甚至产生分子黏合，使摩擦阻力增大，磨损量也会增加。

因此，一对相互接触的表面在一定的工作条件下通常有一最佳粗糙度配合，过大或过小都会对产品耐磨性构成不良影响。另外，一对相互接触的表面间加工纹路方向的一致和表面冷作硬化均可提高产品的耐磨性。

2. 表面质量对产品配合质量的影响

由以上分析可知，对于动配合零件的表面，如果粗糙度值较大，初期磨损量也相应较大，配合性质已经改变。对于静配合或过渡配合零件的表面，也会由于表面粗糙度值较大而使得在装配后仅部分凸峰被挤平，而使实际过盈量比预定的要小，影响了静配合的可靠性。所以，对有配合要求的表面，也应标注对应的表面粗糙度值。

3. 表面质量对产品零件疲劳强度的影响

表面层的残余应力性质对疲劳强度的影响极大。当残余应力为拉应力时，在拉应力作用下，会使表面的裂纹扩大，而降低零件的疲劳强度，减少了产品的使用寿命。相反，残余压应力可以延缓疲劳裂纹的扩展，可提高零件的疲劳强度。

同时表面冷作硬化层的存在以及加工纹路方向与载荷方向的一致，都可以提高产品零件的疲劳强度。

13.4.3 影响表面粗糙度的工艺因素及改善措施

影响表面粗糙度的因素主要有刀具几何因素、切削用量、工件材料性能、切削液、工艺系统刚度和抗振性等。

刀具的几何因素中对表面粗糙度影响最大的是切削层的残留面积。如图 13.15 所示，在实际切削过程中，切削层的金属并未被完全切除掉，而仍有部分残留在工件表面上，这部分面积称为残留面积。

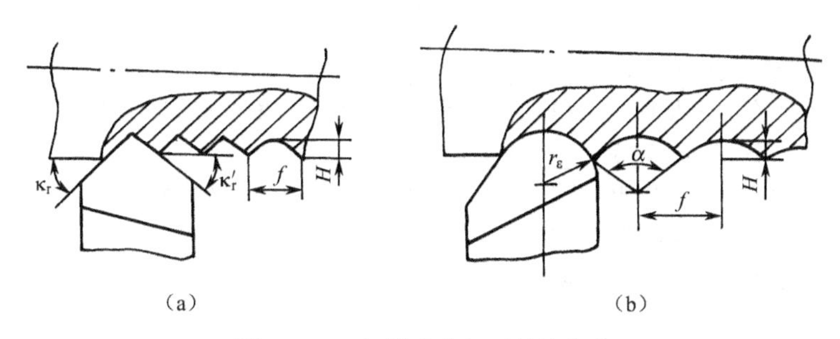

图 13.15 车削时残留面积的高度

从图 13.15 中可以清楚地看出：在进给量一定的情况下，减小主偏角 κ_r 和副偏角 κ'_r 或增大刀尖圆弧半径 r_ε，可降低表面粗糙度值。

从图 13.15 中还可知，减小进给量可有效地降低表面粗糙度值。切削速度对表面粗糙度的影响也很大。通常切削速度越高，切削过程中的塑性变形程度就越小，相应的粗糙度值也就越小。

在一定的切削速度范围内，切削塑性材料时容易产生积屑瘤和鳞刺，使表面粗糙度增大。因此，在精加工钢件时，常用低速（如铰孔、拉孔）或高速（精车、精镗）切削。

对于韧性较大的塑性材料，加工后粗糙度较大；而脆性材料由于其切屑为碎粒状，加工后粗糙度也较大。对于同样的材料，晶粒组织愈粗大，加工后的粗糙度也愈大。通常在切削加工前进行预备热处理，使晶粒组织均匀细致，材料硬度适中，以减小表面粗糙度。

此外，合理选择刀具角度和切削液，可以减小切削过程中材料的变形与摩擦，并抑制积屑瘤和鳞刺的生成，有利于减小表面粗糙度。

磨削加工中，影响表面粗糙度的因素主要有：砂轮几何参数、磨削用量等，因此，应选择适当粒度的砂轮，砂轮硬度应适当，并及时修整砂轮；提高砂轮的速度、降低工件速度、减小磨削深度均有利于减小表面粗糙度。此外，工件材料的性质、切削液的选用等，对磨削表面的粗糙度也有明显影响。

13.4.4 磨削烧伤

在磨削加工中，由于磨削速度高及磨粒的刮擦、挤压作用，而产生大量的磨削热，使磨削表面层的温度超过材料的相变温度，从而使加工表面的金相组织发生变化，表面层的显微硬度也相应变化，并伴随产生表面残余应力，甚至出现显微裂纹，这种现象称为磨削烧伤。

磨削烧伤时，表面层会出现黄、褐、紫、青等烧伤色。这是工件表面在瞬时高温下产生的氧化膜颜色。不同的烧伤色表明烧伤的程度不同，但无色并不代表没有烧伤。较深的烧伤层虽然在最后的光磨时磨去了烧伤色，但烧伤层并未完全去除，这会给工件带来隐患。

磨削烧伤大大降低了零件的使用性能及寿命，甚至造成废品。磨削烧伤的主要原因是磨削温度过高。为减少或避免发生烧伤，一般可采用减少磨削热量的产生及尽量使产生的磨削热少传入工件两方面措施。例如，选用硬度较软的砂轮、控制磨削用量来减少磨削热的产生；采用高压、大流量的切削液，加装空气挡板或采用内冷却等方法来提高冷却效果。

习 题 13

一、填空题

13.1　主轴的回转误差可分解为________、________和________三种基本形式。

13.2　由于毛坯存在形状误差，工件加工后（调整法）加工表面的形状误差与毛坯________，其比值 $\varepsilon = \Delta_{gj}/\Delta_m$ ________1，这一现象称为________。

13.3　根据工件加工时误差出现的规律，加工误差可分为________误差和________误差，其中________误差的大小、方向基本不变或有规律的变化。

13.4　加工表面层的物理、力学性能的变化主要有以下三个方面的内容：________、________和________。

二、单项选择题

13.5　机床和刀具达到热平衡前的热变形所引起的加工误差属于（　　）。

A. 常值系统误差　　B. 形位误差　　C. 随机误差　　D. 变值系统误差

13.6　内应力引起的变形误差属于（　　）。

A. 常值系统误差　　B. 形位误差　　C. 变值系统误差　　D. 随机误差

13.7　误差的敏感方向指产生加工误差的工艺系统的原始误差处于加工表面的（　　）。

A. 切线方向　　B. 轴线方向　　C. 法线方向　　D. 倾斜方向

三、多项选择题

13.8　指出下列哪些情况产生的误差属于加工原理误差（　　）。

A. 加工丝杠时机床丝杠螺距有误差　　B. 用模数铣刀加工渐开线齿轮

C. 工件残余应力引起的变形　　D. 用阿基米德滚刀加工渐开线齿轮

E. 夹具在机床上的安装误差

13.9　机械加工中达到尺寸精度的方法有（　　）。

A. 试切法　　B. 定尺寸刀具法　　C. 调整法　　D. 选配法

E. 自动控制法

13.10　主轴的纯轴向窜动对哪些加工有影响（　　）。

A. 车削螺纹　　B. 车削外圆　　C. 车削端面　　D. 车削内孔

四、综合题

13.11　何谓加工精度、加工误差、公差？它们之间有什么区别？

13.12　车床床身导轨在垂直平面内及水平平面内的直线度对车削轴类零件的加工误差有什么影响？影响程度各有何不同？

13.13　试分析在车床上加工时产生下述误差的原因：

（1）在卧式车床上镗孔时，引起被加工孔圆度误差和圆柱度误差。

（2）在卧式车床上（用三爪自定心卡盘）镗孔时，引起内孔与外圆的不同轴度、端面与外圆的不垂直度。

13.14　已知某工艺系统的误差复映系数为 0.25，工件在本工序前有圆度（椭圆度）误差 0.45mm。若本工序形状精度规定公差0.01mm，问至少要走刀几次方能使形状精度合格？

13.15　车削加工时，工件的热变形对加工精度有何影响？如何减小热变形的影响？

13.16　工件产生内应力的主要原因有哪几个方面？为了减小内应力的影响，在工艺方面采取哪些措施？

13.17　一长方形薄板工件（假设加工前工件的上、下面是平直的），当磨削平面 A 后，工件产生弯曲变形如图13.16所示，试分析工件产生中凹变形的原因。

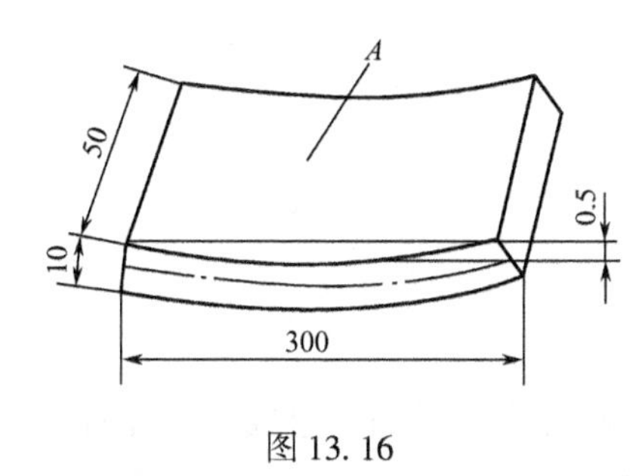

图13.16

13.18　机械加工表面质量包括哪几方面内容？表面质量对机器使用性能有哪些影响？

13.19　试述影响表面粗糙度的工艺因素？

13.20　在磨削加工中，造成磨削烧伤的原因是什么？应如何防止？

第14章　装配工艺基础

14.1　概述

14.1.1　装配的概念

任何机器都是由许多零件和部件组成的。组成的过程通常是根据规定的技术要求，将若干个零件装配成不同复杂程度的装配单元，再由若干个装配单元与零件装配成产品。机械产品中能独立装配的部分称为装配单元。这些装配单元按复杂程度和功能分别称为合件、组件和部件。

合件：在一个基准零件上，装上一个或若干个零件就构成一个合件，它是最小的装配单元。

组件：是一个或几个合件与若干个零件的组合。

部件：由一个基准件和若干个组件、合件和零件组成。

由零件装配成合件、组件、部件的工艺过程统称为部件装配或分装配。由若干个零件和部件装配成机械产品的工艺过程称为总装配。

机器装配过程是机械制造全过程的最后一个环节。它包括装配、调整、检验和试验工作。装配工作对机械产品质量影响很大。若装配不当，即使所有零件加工都合格，也不一定能够装配出合格的高质量的机械；反之，当零件制造质量并不十分良好时，只要在装配中采用适当的工艺方法，也能使机械达到规定的要求，即装配质量对保证机械质量起了很重要的作用。因此，制定合理的装配工艺规程，采用先进的装配工艺，提高装配质量和装配劳动生产率，是机械制造工艺的一项重要任务。

14.1.2　装配工作基本内容及组织形式

1. 装配工作的基本内容

各种产品由于其结构和性能的不同，其具体装配工艺也不一样，但装配工作的基本内容和方法大致相同。常见的装配工作有以下几项。

（1）清洗。清洗的目的是去除零件表面的或部件中的油污及机械杂质。清洗方法有擦洗、浸洗、喷洗和超声波清洗等。

（2）连接。连接的方式一般有两种：可拆卸连接和不可拆卸连接。常见的可拆卸连接有螺纹连接、键连接和销连接等；常见的不可拆卸连接有焊接、铆接和过盈连接等。

（3）校正与配作。校正是指产品中相关零、部件间相互位置的找正、找平并通过各种调整方法以保证达到装配精度要求；配作是指配钻、配铰、配刮及配磨等。配作是和校正结合进行的。

（4）平衡。对于转速较高、运转平稳性要求高的机械，为防止使用中出现振动，装配时应对其旋转零、部件进行平衡。平衡有静平衡和动平衡两种方法。对于直径较大、长度较小的零件（如带轮和飞轮等），一般只需进行静平衡；对于长度较大的零件（如电机转子和机床主轴等），则需进行动平衡。

对旋转体的不平衡量可采用下述方法校正：

① 用钻、铣、磨、挫、刮等方法去除质量。

② 用补焊、铆接、胶接、喷涂、螺纹连接等方式加配质量。

③ 在预设的平衡槽内改变平衡块的位置和数量（如砂轮的静平衡）。

（5）验收试验。机械产品装配完后，应根据有关技术标准和规定，对产品进行较全面的检验和试验工作，合格后才准出厂。

除上述装配工作外，油漆、包装等也属于装配工作。

2. 装配的组织形式

按照产品在装配过程中移动与否，装配组织形式可分为固定式和移动式两种，主要根据产品特点（如重量、尺寸和结构复杂性等）、生产批量和现有生产条件（如工作场地、设备及工人技术条件）等进行选择。装配的组织形式影响装配效率和装配的工艺过程。

（1）固定式装配。固定式装配是将机器或部件安排在固定的工作地点进行装配，装配过程中产品位置不变，需要装配的零件集中在工作地点附近。根据装配地点的集中程度与装配工人流动与否，又可将固定式装配细分为以下三种：

① 集中固定式装配。

② 分散固定式装配（又称多组固定式装配）。

③ 固定流水式装配。这种产品不动、工人流动的组织形式是固定式装配的高级形式。

固定式装配适用于单件、中小批生产，特别是重量重、尺寸大、不便移动的重型产品，或因刚性差、移动会影响装配精度的产品。

（2）移动式装配。将零、部件按装配顺序从一个装配地点移动到下一个装配地点，各装配地点的工人分别完成各自承担的装配工序，直至最后一个装配地点完成全部装配工作。移动式装配有自由移动式和强制移动式之分。

移动式装配常组成流水作业线或自动装配线，适用于大批大量生产，如汽车、拖拉机、仪器、仪表和家用电器等产品的装配线。

14.1.3 机械产品的装配精度

1. 装配精度

机械产品的装配精度对产品的质量及经济性能都有很大的影响，所以在装配工作中应合理地规定装配精度。

装配精度一般包括：零件间的相互距离精度、相互位置精度和相对运动精度，配合质量和接触质量等。

（1）相互距离精度。距离精度是指相关零、部件间的距离尺寸的精度，包括间隙、配合要求。例如，CA6140 车床的主轴锥孔中心线和尾座顶尖套锥孔中心线对导轨的等高度为 0 ~ 0.06mm（只允许尾座高）。

（2）相互位置精度。装配中的相互位置精度指相关零件的平行度、垂直度、同轴度及各种跳动等。例如，车床主轴中心线与床身导轨的平行度。

（3）相对运动精度。相对运动精度是以相互位置精度为基础的，是指产品中有相对运动的零、部件间在运动方向上和相对速度上的精度。它包括回转运动精度、直线运动精度和传动链精度等。例如，滚齿机滚刀与工作台的传动精度。

（4）配合表面的配合质量和接触质量。配合质量是指零、部件配合表面之间的配合与规定的配合性质和精度的符合程度。接触质量是指两个配合或连接表面达到规定的接触面积和接触点的分布情况，如机床主轴箱与床身之间的安装连接面的接触精度、导轨副的接触精度等。

2. 零件精度和装配精度的关系

装配是产品制造的最后一个阶段。但装配并不只是将合格零件简单地连接起来的过程，它要通过对零、部件的连接、调整、校正、修配、配作以及反复检验来达到总装的技术要求。因此，零件的精度是保证装配精度的基础，特别是关键零件的加工精度对装配精度有很大的影响。另一方面装配精度不仅取决于零件的精度，而且还取决于装配方法。有了精度合格的零件，若装配方法不当也可能装配不出合格的机器。反之，当零件制造精度不高时，若采用恰当的装配方法（如选配、修配、调整等）也可装配出具有较高装配精度的产品。所以，为保证机械的装配精度，应选择适当的装配方法并合理地确定零件的加工精度。利用装配尺寸链的原理可以帮助我们找到以较低的零件精度和较少的装配劳动量来达到较高的装配精度的方法。

14.2 装配尺寸链

14.2.1 装配尺寸链的概念

产品或部件的装配精度与有关零件的精度有着密切的关系。为了定量分析这种关系，将尺寸链的基本原理应用到装配中，使装在一起的零、部件的相关尺寸及其公差，与装配后要保证的技术要求，构成一个尺寸链，即装配尺寸链。如图 14.1 所示。

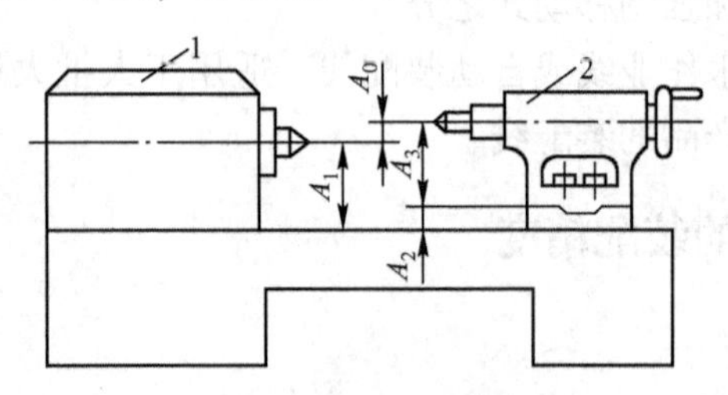

1—主轴箱；2—尾座

图 14.1 车床主轴与尾座的等高性示意图

14.2.2 装配尺寸链的组成及查找法

1. 装配尺寸链的组成

装配尺寸链的基本特征依然是尺寸组合的封闭性，即由一个封闭环和若干个组成环构成的封闭尺寸链，如图 14.1 所示。其中封闭环是装配后间接形成的，多为产品或部件的装配精度，通常指装配后间隙或过盈的大小、同轴度、垂直度等。如图 14.2 中的头尾座中心线的等高性要求（A_0）即为该装配尺寸链的封闭环。组成环是指那些对装配精度有直接影响的零、部件的有关尺寸（表面或轴线间距离）或相互位置关系（平行度、垂直度或同轴度等）。同样，在装配尺寸链中，根据组成环对封闭环的影响不同，组成环也可分为增环和减环。如图 14.2 中所示的 A_1、A_2、A_3。显然，A_2和A_3是增环，A_1是减环。

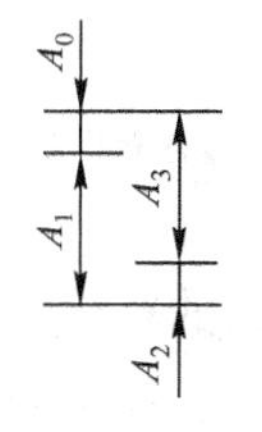

图 14.2 主轴孔与尾座锥孔等高性尺寸链

2. 各环的查找法

要正确地确定封闭环，必须深入了解产品的使用要求及各部件的作用，明确设计人员对产品及部件提出的装配技术要求。为了迅速而正确地查明各组成环，需要仔细分析产品或部件的结构，了解零件之间的连接情况。查找组成环的一般方法是：从封闭环两边的零件或部件开始，沿着装配精度要求的方向，以相邻零件装配基准间的联系为线索，分别由近及远去查找装配关系中影响装配精度的有关零件上的尺寸或位置关系，直至两边会合封闭为止，这些尺寸或位置关系即为组成环。

3. 装配尺寸链组成的最短路线原则

根据尺寸链的基本理论，封闭环公差等于各组成环公差之和，当封闭环公差一定时，组成环愈少，分配到各组成环的公差愈大。同样，在一定的装配精度要求下，组成环少，则各组成环零件的公差可大些，便于加工。因此，建立装配尺寸链要符合最短路线（即组成环最少）原则：

（1）结构设计时应尽可能使影响封闭环精度的零件数最少，以简化结构。

（2）在结构确定的条件下，使每一个零件仅以一个组成环（尺寸）列入尺寸链。该尺寸不论是在零件上或组件上，装配前均能独立检查。

如图 14.3（a）所示，车床尾座套筒装配时，要求后盖 3 装入后，螺母 2 在尾座套筒内的轴向窜动不大于某一数值。由于后盖尺寸标注不同，可建立两个装配尺寸链，图（c）较图（b）多了一个组成环。显然后盖上的尺寸只有A_3才是影响装配精度的相关尺寸，以A_3列入装配尺寸链，组成环的环数就可以减少，因而，图（b）的尺寸链是正确的。

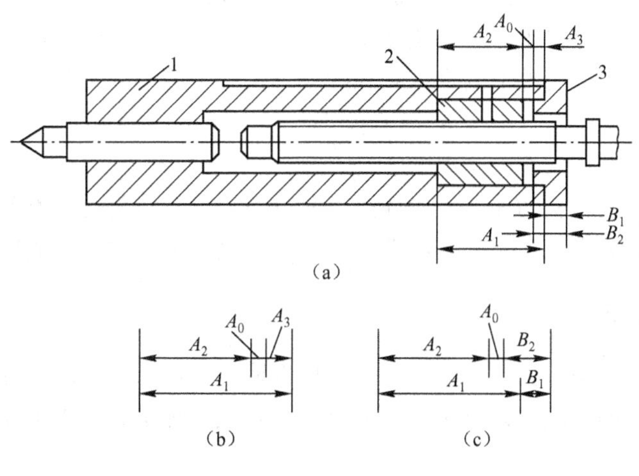

1—顶尖；2—螺母；3—后盖

图 14.3 车床尾座顶尖套装配图

14.3 机械产品装配工艺方法

产品的精度要求最终是靠装配实现的。生产中常用的产品装配工艺方法有；互换法、分组装配法、修配装配法和调整装配法等。

14.3.1 互换法

互换法是在装配过程中，零件互换后仍能达到装配精度要求的一种方法。互换法的实质是用控制零件的加工误差来保证产品的装配精度。根据互换程度的不同，互换法又可分为完全互换法和不完全互换法两种。

1. 完全互换法

在产品装配中，装配尺寸链各组成环不需挑选或改变其大小或位置，装入后就能达到封闭环的公差要求，即零件按图样公差加工，装配时不需要进行任何选择、修配和调节，就能达到装配精度和技术要求，这种装配方法称为完全互换装配法。

采用完全互换法装配时，装配尺寸链一般用极值法进行计算。为保证装配精度要求，尺寸链各组成环公差之和应小于或等于封闭环公差（装配精度要求），即：

$$\sum_{i=1}^{n-1} T_{\mathrm{i}} \leqslant T_0$$

完全互换法可使装配过程简单，质量稳定，生产率高，工人技术要求低，装配工时易确定，便于组织流水作业或自动化装配，零件可组织专业化生产，以降低成本，机器维修方便，因此，应优先考虑完全互换法。但当装配精度要求较高，尤其是组成环较多时，零件难以按经济精度加工。因此完全互换法多用于大批量生产中高精度的少环尺寸链或低精度的多环尺寸链。

2. 不完全互换装配法

不完全互换装配法是指装配时各组成环不需挑选或改变其大小或位置，装配后绝大多数产品能达到封闭环的公差要求。不完全互换装配法一般采用概率法进行装配尺寸链计算。采用概率法时，各有关零件公差值的平方之和的平方根小于或等于装配公差，即：

$$\sqrt{\sum_{i=1}^{n-1} T_{\mathrm{i}}^2} \leqslant T_0$$

当生产条件较稳定，从而使各组成环的尺寸分布也比较稳定时，也能达到完全互换的效果。否则将有极少部分产品达不到装配精度的要求。这种装配法主要适用于大批量生产。

14.3.2 选配法

选配法是将零件的制造公差适当放宽，然后选取其中尺寸相当的零件进行装配，以保证达到规定的配合要求的装配工艺方法，它又可分为直接选配法和分组选配法两种。

1. 直接选配法

它是由装配工人直接从一批零件中选择“合格”的零件进行装配的。这种方法比较简单，其装配质量凭工人的经验和感觉来确定，因此装配效率不高。

2. 分组选配法

先将各组成环按经济加工精度制造，再逐个测量零件大小，并按一定的尺寸间隔分组，然后各对应组零件进行装配，达到装配精度的方法。由于同组零件可以互换，故又叫分组互换法。

分组选配法的优点是：

（1）因零件制造公差放大，加工成本低。

（2）经分组选择后零件配合精度高。

但这种方法由于需要测量、分组，所以增加了装配时间和量具的损耗，并造成半成品和零件的堆积。因此它只适用于成批或大量生产、装配精度较高、配合组成件数很少、又不便于采用调整装置的情况。例如，滚动轴承的装配即采用分组互换法。

14.3.3 修配法

修配法是在装配过程中，修去某配合件的预留量，以消除其积累误差，使配合零件达到规定的装配精度的方法。尺寸链中各组成环按经济加工精度制造，装配时，通过改变尺寸链中某一预定的组成环（修配环）尺寸的方法来保证装配精度。由于对这一组成环的修配是为补偿其他各组成环的累积误差，故又称补偿环。这种方法的关键问题是确定修配环及修配环在加工时的实际尺寸，使修配时有足够的、而且是最小的修配量。通过极值法解算装配尺寸链可以求出修配环的尺寸。

当修配环被修配后封闭环变小时，应保证修配后封闭环的实际尺寸最小值不小于规定的最小尺寸，这时可由

$$A_{0\min} = \sum_{i=1}^{m} \overrightarrow{A}_{\mathrm{imin}} - \sum_{j=m+1}^{n-1} \overleftarrow{A}_{\mathrm{jmax}}$$

求出修配环的一个极限尺寸。反之，当修配环被修配后封闭环变大时，应保证修配后封闭环的实际尺寸最大值不大于规定的最大尺寸，这时可由

$$A_{0\max} = \sum_{i=1}^{m} \overrightarrow{A}_{\mathrm{imax}} - \sum_{j=m+1}^{n-1} \overleftarrow{A}_{\mathrm{jmin}}$$

求出修配环的一个极限尺寸，然后按照经济加工精度确定修配环的公差即可。

修配环的修配量等于各组成环公差放大后封闭环的实际误差与封闭环的规定公差之差。

14.3.4 调整法

调整法与修配法实质相同，各组成环均按经济加工精度制造，区别在于调整法是选择一个组成环作为调整环，在装配时通过改变调整环的尺寸或位置来满足装配精度的要求。因此调整法和修配法的区别在于：调整法不靠去除金属的方法，而是靠改变调整件的位置或更换调整件的方法来保证装配精度。

1. 可动调整法

采用改变调整件的位置来保证装配精度方法称为可动调整法。常用的调整件有螺栓、挡圈、斜面件等。可动调整法能获得较理想的装配精度。在产品使用中，由于零件磨损而使装

配精度下降时，可重新调整以恢复原有精度。可动调整法适用于装配精度要求高、在工作中容易磨损或变化的产品装配。

2. 固定调整法

在装配尺寸链中，选择某一组成环为调节环，将该环的零件按一定尺寸间隔级别制成一组专门零件。装配时，根据各组成环所形成累积误差的大小，在调节环中选定一个尺寸等级合适的调节件进行装配，以保证装配精度的方法称为固定调整法。通常用的调节件有轴套、垫圈、垫片等。这种调整方法简便，它在汽车、拖拉机等生产中得到广泛应用。

3. 误差抵消调整法

产品或部件装配时，根据尺寸链中某些组成环误差的方向作定向装配，使其误差互相抵消一部分，以提高装配精度，这种方法叫误差抵消调整法，其实质与可动调整法类似。这种方法在机床装配时应用较多。如车床主轴装配时，通过调整主轴前后轴承的径向圆跳动方向来控制主轴的径向圆跳动，在滚齿机工作台分度蜗轮装配中，采用调整二者偏心方向以抵消误差提高二者的同轴度精度。

14.4 装配工艺规程制定

装配工艺规程是用文件、图表等形式规定的装配工艺过程。它是装配生产的指导性技术文件，又是进行装配生产计划及技术准备的主要依据，也是设计装配工装、设计装配车间的主要依据。

装配工艺规程对保证产品的装配质量，提高装配生产效率，缩短装配周期，减轻工人的劳动强度，缩小装配车间面积，降低生产成本等方面都有重要作用。

14.4.1 制定装配工艺规程的方法与步骤

1. 研究产品装配图和验收技术标准

制定装配工艺时，要仔细地研究产品的装配图及验收技术标准。通过对它们的研究，要深入了解产品及部件的具体结构，装配技术要求和检查验收的内容及方法；审查产品的结构工艺性。

2. 确定装配方法

根据生产纲领和现有生产条件，综合考虑加工和装配间的关系，确定装配方法，使整个产品获得最佳技术经济效果。

这里所指的装配方法，其含义包含两个方面：一方面是指手工装配还是机械装配；另一方面是指保证装配精度的工艺方法和装配尺寸链的计算方法。对前者的选择，主要取决于生产纲领和产品的装配工艺性，但也要考虑产品尺寸和质量的大小以及结构的复杂程度；对后者的选择则主要取决于生产纲领和装配精度，但也与装配尺寸链中组成环数的多少有关。表 14-1 综合了各种装配方法的适用范围，并举出了一些实例。

表 14-1　各种装配方法适用范围和应用实例

装配方法	适用范围	应用举例
完全互换法	适用于零件数较少、批量很大、零件可用经济精度加工时	汽车、拖拉机、缝纫机及小型电机的部分部件
不完全互换法	适用于零件数稍多、批量大、零件加工精度需适当放宽时	机床、仪器仪表中某些部件
分组法	适用于成批或大量生产中，装配精度很高、零件数很少、又不便于采用调整装置时	中小型柴油机的活塞与缸套、活塞与活塞销、滚动轴承的内外圈与滚子
修配法	单件小批生产中，装配精度要求高且零件数较多的场合	车床尾座垫板、滚齿机分度蜗轮与工作台装配后精加工齿形、平面磨床砂轮（架）对工作台台面自磨
调整法	除必须采用分组法选配的精密配件外，调整法可用于各种装配场合	机床导轨的楔形镶条，内燃机气门间隙的调整螺钉，滚动轴承调整间隙的间隔套、垫圈，锥齿轮调整间隙的垫片

3. 确定装配组织形式

根据产品的生产纲领和结构特点，并结合现场的生产设备和条件，确定装配的生产类型和组织形式。根据装配工作生产批量的大小，机器装配的生产类型可分为大批量生产、成批生产和单件小批生产。生产类型不同，装配工作在组织形式、装配方法、工艺装备等方面有很大区别。各种生产类型装配工作的特点见表 14-2。

表 14-2　各种生产类型装配工作的特点

生产类型	大批量生产	成批生产	单件小批生产
基本特征 / 项目	产品固定，生产活动长期重复，生产周期一般较短	产品在系列化范围内活动，分批交替投产或多品种同时投产，生产活动在一定时期内重复	产品经常变换，不定期重复生产，生产周期一般较长
组织形式	多采用流水装配线：有连续移动、间歇移动及可变节奏等移动方式，还可以采用自动装配机或自动装配线	笨重、批量不大的产品多采用固定流水装配，批量较大时采用流水装配，多品种平行投产时采用多品种可变节奏流水装配	多采用固定装配或固定式流水装配进行总装，同时对批量较大的部件亦可采用流水装配
装配工艺方法	按互换法装配，允许有少量简单的调整，精密偶件成对供应或分组供应装配，无任何修配工作	主要采用互换法，但应灵活运用其他保证装配精度的装配工艺方法，如调整法、修配法及合并法以节约加工费用	以修配法及调整法为主，互换件比例较少
工艺过程	工艺过程划分很细，力求达到高度的均衡性	工艺过程的划分须适合于批量的大小，尽量使生产均衡	一般不订详细的工艺文件，工序可适当调整，工艺也可灵活掌握
工艺装备	专业化程度高，宜采用专用、高效工艺装备，易于实现机械化、自动化	通用设备较多但也采用一定数量的专用工、夹、量具，以保证装配质量和提高工效	一般为通用设备及通用工、夹、量具
手工操作要求	手工操作比重小，熟练程度容易提高，便于培养新工人	手工操作比重大，技术水平要求较高	手工操作比重大，要求工人有高的技术水平和多方面的工艺知识
应用实例	汽车、拖拉机、内燃机、滚动轴承、手表、缝纫机、电器开关	机床，机车车辆，中、小型锅炉，矿山采掘机械	重型机床、重型机器、汽轮机、大型内燃机、大型锅炉

4. 划分装配单元，确定装配顺序

将产品划分为可进行独立装配的单元是制定装配工艺规程中最重要的一个步骤。产品或机器一般是由零件、合件、组件和部件等装配单元组成。零件是组成机器的基本单元，零件一般都预先装成合件、组件和部件后再安装到机器上。合件是由若干个零件永久连接（铆和焊）而成，或连接后再经加工而成，如装配式齿轮，发动机连杆小头孔压入衬套后再精镗。组件是指一个或几个合件与零件的组合，没有显著完整的功用，如主轴箱中轴与其上的齿轮、套、垫片、键和轴承的组合体。部件是若干组件、合件及零件的组合体，并在机器中能完成一定的完整的功用，如车床的主轴箱、进给箱等。机器是由上述各装配单元结合而成的整体，具有独立的、完整的功能。

无论哪一级的装配单元都要选定某一零件或比它低一级的装配单元作为装配基准件。装配基准件通常应为产品的基体或主干零、部件。基准件应有较大的体积和质量，有足够的支承面，能够满足陆续装入零件或部件时的作业要求。例如，床身零件是床身组件的装配基准零件；床身组件是床身部件的装配基准组件；床身部件是机床产品的装配基准部件。

划分好装配单元并确定装配基准件后，就可安排装配顺序。确定装配顺序的要求是：保证装配精度；保证装配连接、调整、校正和检验工作能方便顺利地进行。确定装配顺序的一般原则是：

（1）预处理工序先行。如零件的倒角，去毛刺与飞边，清洗，防锈和防腐处理，油漆和干燥等工序要安排在前。

（2）先基准件、重大件的装配。以便保证装配过程的稳定性。

（3）先复杂件、精密件和难装配件的装配。以保证装配顺利进行。

（4）先进行易破坏以后装配质量的工作。如冲击性质的装配、压力装配和加热装配。

（5）集中安排使用相同设备及工艺装备的装配和有共同特殊装配环境的装配。

（6）处于基准件同一方位的装配应尽可能集中进行。

（7）电线、油气管路的安装应与相应工序同时进行。

（8）易燃、易爆、易碎、有毒物质的零、部件的安装，尽可能放在最后。以减少安全防护工作量，保证装配工作顺利完成。

为了清晰表示装配顺序，常用装配单元系统图来表示。例如，图 14.4（a）所示是产品的装配单元系统图；图 14.4（b）所示是部件的装配单元系统图。在装配单元系统图上加注所需的工艺说明（如焊接、配钻、配刮、冷压、热压、攻螺纹、铰孔及检验等），就形成装配工艺系统图。

5. 划分装配工序

装配顺序确定后，还要将装配工艺过程划分为若干工序，并确定工序内容、设备、工装及时间定额；制定各工序装配操作范围和规范（如过盈配合的压入方法，变温装配的温度值，紧固螺栓连接的预紧扭矩，配作要求等）；制定各工序装配质量要求及检测方法、检测项目等。

6. 制定装配工艺卡片

在单件小批生产时，通常不制定工艺卡片，工人按装配图和装配工艺系统图进行装配。

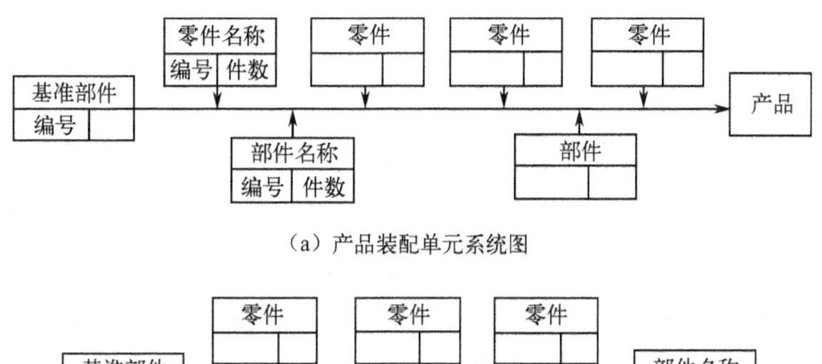

（a）产品装配单元系统图

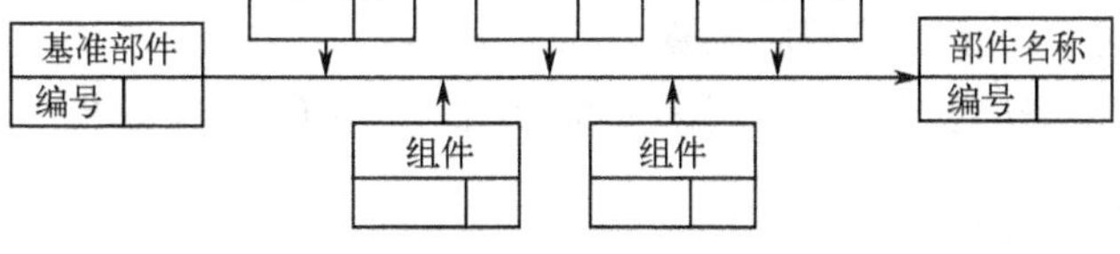

（b）部件装配单元系统图

图 14.4　装配单元系统

成批生产时，应根据装配工艺系统图分别制定总装和部装的装配工艺卡片，卡片的每一工序内应简要地说明工序的工作内容，所需设备和工夹具的名称及编号、工人技术等级、时间定额等。大批量生产时，应为每一工序单独制定工序卡片，详细说明该工序的工艺内容。工序卡片能直接指导工人进行装配。

14.4.2　减速器装配工艺编制实例

图 14.5 为蜗轮与圆锥齿轮减速器装配简图。它具有结构紧凑、工作平稳、噪声小、传动比大等特点。

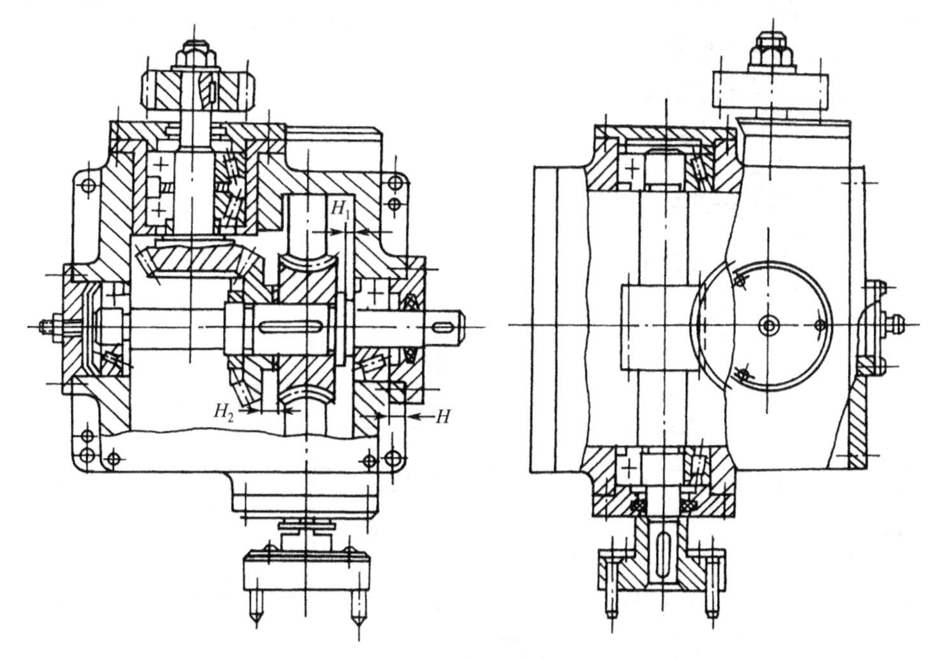

图 14.5　减速器装配简图

减速器的运动由联轴器传来，经蜗杆轴传至蜗轮。蜗轮安装在装有圆锥齿轮、调整垫圈的轴上。蜗轮的运动借助于轴上的平键传给圆锥齿轮副，最后由安装在圆锥齿轮轴上的圆柱齿轮传出。

1. 减速器装配技术要求

（1）零件和组件必须正确安装在规定位置上，不得装入图样未规定的垫圈、衬套之类的零件。

（2）固定连接必须保证将零件或组件牢固地连接在一起。

（3）旋转机构必须能灵活地转动，轴承间隙合适，润滑良好，润滑油不得有渗漏现象。

（4）各轴线之间应有正确的相对位置。

（5）啮合零件，如蜗轮副、齿轮副必须符合图样规定的技术要求。

2. 减速器的装配工艺过程

（1）零件清洗、整形和补充加工（配钻，配攻，配铰等）。

（2）零件预装。指相配零件应先试装。

（3）组件装配。

（4）减速器总装配及调整。

3. 减速器装配工艺规程

轴承套组件装配工艺卡见表14-3。减速器总装配工艺卡见表14-4。

表14-3 轴承套组件装配工艺卡

<table>
<tr><td colspan="4" rowspan="2">φ35k6
φ80J7
φ95H7</td><td colspan="5">装配技术要求</td></tr>
<tr><td colspan="5">（1）组装时，各装入零件应符合图样要求
（2）组装后圆锥齿轮应转动灵活，无轴向窜动</td></tr>
<tr><td colspan="2" rowspan="2">工厂名称</td><td colspan="2" rowspan="2">装配工艺卡</td><td>产品型号</td><td colspan="2">部件名称</td><td colspan="2">装配图号</td></tr>
<tr><td></td><td colspan="2">轴承套</td><td colspan="2"></td></tr>
<tr><td colspan="2">车间名称</td><td>工段</td><td>班组</td><td>工序数量</td><td colspan="2">部件数</td><td colspan="2">净重</td></tr>
<tr><td colspan="2">装配车间</td><td></td><td></td><td>4</td><td colspan="2">1</td><td colspan="2"></td></tr>
<tr><td rowspan="2">工序号</td><td rowspan="2">工步号</td><td colspan="2" rowspan="2">装配内容</td><td rowspan="2">设备</td><td colspan="2">工艺装备</td><td rowspan="2">工人等级</td><td rowspan="2">工序时间</td></tr>
<tr><td>名称</td><td>编号</td></tr>
<tr><td>Ⅰ</td><td>1</td><td colspan="2">分组件装配：圆锥齿轮与衬垫的装配以锥齿轮为准，将衬套套装在轴上</td><td></td><td></td><td></td><td></td><td></td></tr>
<tr><td>Ⅱ</td><td>1</td><td colspan="2">分组件装配，轴承盖与毛毡的装配将已剪好的毛毡塞入轴承盖槽内</td><td></td><td></td><td></td><td></td><td></td></tr>
</table>

续表

工序号	工步号	装配内容	设备	名称	编号	工人等级	工序时间
Ⅲ	 1 2 3	分组装配： 轴承套与轴承外圈的装配用专用量具分别检查轴承套孔及轴承外圈尺寸 在配合面上涂润滑油 以轴承套为基准，将轴承外圈压入孔内至底面	压力机	塞规卡板			
Ⅳ	 1 2 3 4 5 6 7	轴承套组件装配： 以圆锥齿轮组件为准，将轴承套分件套装在轴上 在配合面上加油，将轴承内圈压装在轴上，并紧贴衬垫 套上隔圈，将另一轴承内圈压入装在轴上，直至与隔圈接触 将另一轴承外圈涂上油，轻压至轴承套内 装入轴承盖分组件，调整端面的高度，使轴承间隙符合要求后，拧紧三个螺钉 安装平键，套装齿轮，垫圈，拧紧螺母，注意配合面加油 检查锥齿轮转动的灵活性及轴向窜动	压力机				

									共　张
编号	日期	签章	编号	日期	签章	编制	移交	批准	第　张

表 14-4　减速器总装配工艺卡

<table>
<tr><td colspan="3" rowspan="2">（示意图见图 14.5）</td><td colspan="5">零件装配要求</td></tr>
<tr><td colspan="5">1. 零、组件必须正确安装，不得装入图样未规定垫圈
2. 固定连接件必须保证零、组件紧固在一起
3. 旋转机构必须转动灵活，轴承间隙合适
4. 啮合零件的啮合必须符合图样要求
5. 各轴线之间应有正确的相对位置</td></tr>
<tr><td colspan="2" rowspan="2">工厂名称</td><td rowspan="2">装配工艺卡</td><td>产品型号</td><td colspan="2">产品名称</td><td colspan="2">装配图号</td></tr>
<tr><td></td><td colspan="2">减速器</td><td colspan="2"></td></tr>
<tr><td colspan="2">车间名称</td><td>工　段　|　班　组</td><td>工序数量</td><td colspan="2">部件数</td><td colspan="2">净　重</td></tr>
<tr><td colspan="2">装配车间</td><td></td><td>5</td><td colspan="2">1</td><td colspan="2"></td></tr>
<tr><td rowspan="2">工序号</td><td rowspan="2">工步号</td><td rowspan="2">装配内容</td><td rowspan="2">设备</td><td colspan="2">工艺装备</td><td rowspan="2">工人等级</td><td rowspan="2">工序时间</td></tr>
<tr><td>名称</td><td>编号</td></tr>
<tr><td>Ⅰ</td><td>1
2

3
4

5</td><td>将蜗杆组件装入箱体
用专用量具分别检查箱体孔和轴承外圈尺寸
从箱体孔两端装入轴承外圈
装入调整垫圈和左端轴承盖，并用螺钉拧紧，调整蜗杆轴端，使右端轴承消除间隙
装入调整垫圈和左端轴承盖，并用百分表测量间隙确定垫圈厚度，最后将上述零件装入，用螺钉拧紧。保证蜗杆轴向间隙为 0.01 ~0.02 mm</td><td>压力机</td><td>卡规塞尺百分表表座</td><td></td><td></td><td></td></tr>
</table>

续表

<table>
<tr><td>Ⅱ</td><td>1

2
3

4

5

6</td><td colspan="3">试装：用专用量具测量轴承、轴等相配零件的外圈及孔尺寸
将轴承装入蜗轮轴两端
将蜗轮轴通过箱体孔，装上蜗轮、锥齿轮、轴承外圈、轴承套、轴承盖组件
移动蜗轮轴，调整蜗杆与蜗轮正确啮合位置，测量轴承端面至箱体孔端面的距离 H，并调整轴承盖台肩尺寸
装上轴承套组件，调整两锥齿轮啮合的位置（使齿背齐平）
分别测量肩面与孔端的距离 H_1，以及锥齿轮端面与蜗轮端面的距离 H_2，并调好垫圈尺寸，然后卸下各零件</td><td>压力机</td><td>卡规塞尺
深度游标
尺内径千
分尺塞尺</td><td></td><td></td><td></td></tr>
<tr><td>Ⅲ</td><td>1

2</td><td colspan="3">最后装配：
从大轴孔方向装入蜗轮轴，同时依次将键、蜗轮、垫圈、锥齿轮、带翅垫圈和圆螺母装在轴上。然后在箱体轴承孔两端分别装入滚动轴承及轴承盖，用螺钉拧紧并调好间隙，装好后，用手转动蜗杆时，应灵活无阻
将轴承套组件与调整垫圈一起装入箱体，并用螺钉紧固</td><td>压力机</td><td></td><td></td><td></td><td></td></tr>
<tr><td>Ⅳ</td><td></td><td colspan="3">装配联轴器及箱盖零件</td><td></td><td></td><td></td><td></td><td></td></tr>
<tr><td>Ⅴ</td><td></td><td colspan="3">运转试验：
清理内腔，注入润滑，连上电动机，接上电源，进行空转试车。运转 30min 左右后，要求齿轮无明显噪声，轴承温度不超过规定要求以及符合装配后各项技术要求</td><td></td><td></td><td></td><td></td><td></td></tr>
<tr><td></td><td></td><td></td><td></td><td></td><td></td><td></td><td></td><td></td><td>共　张</td></tr>
<tr><td>编号</td><td>日期</td><td>签章</td><td>编号</td><td>日期</td><td>签章</td><td>编制</td><td>移交</td><td>批准</td><td>第　张</td></tr>
</table>

习　题　14

一、填空题

14.1　根据产品和生产类型的不同，达到装配精度的工艺方法有________、________、________和________等。

14.2　一般情况下应优先选择________法装配，若装配精度高组成环少（3 环）大批量生产时应选________法装配。单件小批生产装配精度高组成环多应选________法装配。

14.3　装配的组织形式通常有________、________。

14.4　装配尺寸链的基本特征依然是尺寸组合的________，装配尺寸链中的封闭环是________的，多为产品或部件的________。

二、问答题

14.5　装配工作的基本内容有哪些？

14.6　什么叫装配精度？它与零件精度有什么关系？

14.7　保证产品装配精度的方法有哪些？如何选择装配方法？

14.8　举例说明各种生产类型下装配工作的特点。

14.9　什么叫装配工艺规程？它包括的内容是什么？有什么作用？

附录A 实训指导

实训1 金属材料的硬度试验

1. 实训目的

（1）掌握布氏硬度与洛氏硬度的正确选择方法。

（2）熟悉布氏硬度计与洛氏硬度计的操作方法。

2. 实训原理

（1）实训原理参见教材1.1节布氏硬度与洛氏硬度试验法的内容。

（2）HB-3000型布氏硬度计的操作步骤。

① 根据试样性质选择压头和载荷。

② 将试样放在工作台上，顺时针转动手轮，使压头压向试样表面直至手轮对下面螺母产生相对运动为止。

③ 选定载荷保持时间，将紧压螺钉拧松，把圆盘上的时间定位器（红色指示点）转到与保持时间相符的位置。

④ 接通电源，按动加载按钮加载。当红色指示灯闪亮时，迅速拧紧紧压螺钉，使圆盘转动，达要求的保持时间后，转动停止。

⑤ 逆时针转动手轮降下工作台，取下试样，用读数放大镜测出压痕直径 d 值，查表即可得HB值。

（3）HR-150型洛氏硬度计的操作步骤。

① 根据试样预期硬度确定压头和载荷。

② 将试样放在试样台上，顺时针转动手轮，使试样与压头缓慢接触，直至表盘小指针指到“0”为止，此时已预加初载荷，然后将表盘大指针调整到零点。

③ 将操纵手柄向后推倒，平稳地加上主载荷，至指示器大指针停止后，保持10 s，卸除主载荷，由指示器表盘上直接读出洛氏硬度值。

④ 逆时针转动手轮，取下试样。

3. 实训设备及材料

（1）HB-3000型布氏硬度计和HR-150型洛氏硬度计。

（2）读数放大镜。

（3）试样：正火及淬火状态的20钢、45钢、T12钢。

4. 实训方法和步骤

（1）学生分两大组，分别进行布氏硬度与洛氏硬度试验，并相互轮换。

（2）进行试验操作前先阅读并清楚布氏硬度计与洛氏硬度计的结构和使用注意事项。

（3）按照规定的操作顺序测定试样硬度值。

5. 注意事项

（1）试样表面应平整光滑，无氧化皮及污物。

（2）根据试样的形状和尺寸选用合适的工作台。

（3）试样上压痕中心至试样边缘的距离不得小于2.5～3mm，布氏硬度测定时压痕中心距离不小于压痕直径的4倍，洛氏硬度测定时压痕中心距离不小于3mm。

（4）加载时应仔细操作，以免损坏压头。

（5）测完硬度值，卸掉载荷，必须使压头完全离开试样后再取下试样。

6. 实训报告内容

（1）实训目的。

（2）整理实训记录并分析实训结果。

实训2　铁碳合金平衡组织观察

1. 实训目的

（1）观察和识别铁碳合金平衡状态下的组织形态及分布特征。

（2）了解铁碳合金的成分－组织－性能之间的关系。

2. 实训原理

利用显微分析法观察和分析各种铁碳合金在平衡状态下的显微组织。铁碳合金是工业上应用最广的金属材料。从Fe-Fe_3C相图可知，所有的铁碳合金在室温下的组织都是由铁素体（F）和渗碳体（Fe_3C）两个基本相组成。由于合金中含碳量的不同，铁素体和渗碳体的数量、形状及分布情况也各不相同，因而合金呈现不同的组织和性能。

各种不同成分的铁碳合金用3～4%的硝酸酒精溶液浸蚀后，在金相显微镜下具有以下几种基本组织组成物：

（1）铁素体（F）。在显微镜下呈现白亮色晶粒。铁素体量多时呈块状分布，当含碳量接近共析成分时，铁素体在珠光体边界呈断续网状分布。

（2）渗碳体（Fe_3C）。在显微镜下呈亮白色，按成分和形成条件的不同，渗碳体呈片状、网状和球状。

（3）珠光体（P）。由铁素体和渗碳体交替排列形成的层片状组织。放大倍数高时能清楚看到珠光体中平行相间的宽条铁素体和窄条渗碳体，均呈亮白色，相界呈黑色；放大倍数较低时，渗碳体只能看到一条黑线，此时呈片层状；放大倍数更低时，珠光体的片层不能分辨，呈一片黑色。

（4）莱氏体（L'_d）。在显微镜下观察，白色的渗碳体上分布着黑色点状或条状的珠光体。一次渗碳体和二次渗碳体连在一起，无法分辨。

3. 实训设备及材料

（1）金相显微镜及金相图片。

（2）铁碳合金的金相试样。包括：退火状态的工业纯铁、20 钢、45 钢、T8 钢、T12 钢，铸态的亚共晶白口铁、共晶白口铁、过共晶白口铁。浸蚀剂为 4% 硝酸酒精溶液。

4. 实训方法和步骤

（1）各组学生在显微镜下对各种试样进行观察和分析，确定其所属类型。在观察显微组织时，先用低倍全面观察，找出典型组织，再用高倍放大，对典型组织进行详细观察。

（2）绘出所观察试样的显微组织图。

（3）观察一个未知试样，确定它属于何种材料，大致估计其含碳量。

5. 实训报告

（1）实训目的。

（2）画出所观察的组织示意图，用箭头标明组织组成物名称，并注明材料名称、含碳量、浸蚀剂和放大倍数。

（3）根据所观察的显微组织，说明含碳量与合金组织、性能之间的关系。

实训 3　碳钢的热处理操作

1. 实训目的

（1）了解退火、正火、淬火和回火的工艺方法。

（2）分析含碳量、加热温度、冷却速度、回火温度与碳钢性能的关系。

（3）观察碳钢经不同热处理后的显微组织。

2. 实训原理（见 2.1 节、2.2 节）

3. 实训设备及材料

（1）箱式电阻炉及控温测温仪。

（2）淬火水槽和油槽，钢字头、夹钳、砂纸。

（3）金相显微镜及放大金相图片。

（4）洛氏硬度计。

（5）试样：试样为 $\phi 20 \times 20$ 标准试样，在侧面用钢字头打上序号，见附表 A-1。

4. 实训方法和步骤

（1）学生分两组，按附表 A 的要求准备好试样。

（2）按附表 A-1 工艺进行热处理操作，使加热炉温度预先升到选定温度。

（3）将打上序号的试样分别放入不同温度的炉内，加热及保温后（可按 1min/mm 直径计），打开炉门，用夹钳夹持试样迅速在水槽或油槽中冷却。空冷试样最后出炉，炉冷试样留炉中，随炉缓冷至600℃左右，即可出炉空冷。

（4）用砂纸打磨热处理后的试样表面，并测出硬度值，填入附表A中。

（5）将正常淬火并测出硬度的试样放入200℃、450℃、600℃的炉内进行回火60 min，然后出炉空冷。

（6）砂纸打磨回火试样表面并测定硬度值，填入附表A中。

（7）将热处理后的试样做成金相试样，观察金相组织。

（8）出几种典型的金相组织示意图，并注明材料、热处理工艺、组织名称、放大倍数、浸蚀剂等。

5. 注意事项

（1）电炉要接地，放、取试样时必须先切断电源。

（2）放、取试样的夹钳必须擦干，不得沾有油和水。开、关炉门要迅速。

（3）试样从炉中取出淬火时动作要迅速，以免温度下降。试样在淬火液中应不断搅动。

（4）淬火水温度应保持在20℃～30℃左右，水温过高要及时换水。

6. 实训报告内容

（1）实训日的。

（2）把实训数据填入表A–1。

（3）分析加热温度与冷却速度对碳钢性能的影响，含碳量与硬度的关系。

表A–1　实训内容及显微组织

材料	编　号	热处理工艺			硬　度　值				显微组织
		加热温度（℃）	冷却方法	回火温度（℃）	1	2	3	平均	
45钢	45-1	840	炉冷						
	45-2		空冷						
	45-3		油冷						
	45-4		水冷						
	45-5		水冷	200					
	45-6		水冷	450					
	45-7		水冷	600					
	45-8	750	水冷						
	45-9	1000	水冷						
T12钢	T12-1	770	炉冷						
	T12-2		空冷						
	T12-3		油冷						
	T12-4		水冷						
	T12-5		水冷	200					
	T12-6		水冷	450					
	T12-7		水冷	600					
	T12-8	900	水冷						

实训 4　工件尺寸基本测量

1. 实训目的

（1）了解各种基本测量方法。
（2）熟练掌握各种游标卡尺和千分尺的用法及读数。

2. 实训内容

（1）测量光滑工件的内径和外径。
（2）测量工件的高度和深度。

3. 计量器具及其测量原理

（1）计量器具。游标卡尺、游标深度卡尺、游标高度卡尺、千分尺。
（2）测量原理。见 7.2 节中游标卡尺和千分尺相关内容。

4. 测量步骤

参考 7.2 节内容。

实训 5　用内径百分表测量内径

1. 实训目的

（1）了解测量内径常用的计量器具、测量原理及使用方法。
（2）加深对内尺寸测量特点的了解。

2. 实训内容

用内径百分表测量内径。

3. 计量器具及其测量原理

内径可用内径千分尺直接测量。但对深孔或公差等级较高的孔，则常用内径百分表作比较测量。

国产的内径百分表，常由活动测头工作行程不同的七种规格组成一套，用以测量 10 ~ 450 mm 的内径，特别适用于测量深孔，其典型结构如图 A.1 所示。

内径百分表是用它的可换测头 3（测量中固定不动）和活动测头 2 与被测孔壁接触进行测量的。仪器盒内有几个长短不同的可换测头，使用时可按被测尺寸的大小来选择。测量时，活动测头 2 受到一定的压力，向内推动镶在等臂直角杠杆 1 上的钢球 4，使杠杆 1 绕支轴 6 回转，并通过长接杆 5 推动百分表的测杆进行读数。

在活动测头的两侧有对称的定位板 8，装上测头 2 后，即与定位板连成一个整体。定位板在弹簧 9 的作用下，对称地压靠在被测孔壁上，以保证测头的轴线处于被测孔的直径截面内。

4. 测量步骤

(1) 按被测孔的基本尺寸组合量块。选取相应的可换测头并拧入仪器的相应螺孔内。

(2) 将选用的量块组和专用侧块（见图 A.2 中 1 和 2）一起放人量块夹内夹紧（见图 A.2），以便仪器对零位。在大批量生产中，也常按照与被测孔径基本尺寸相同的标准环的实际尺寸对准仪器的零位。

(3) 将仪器对好零位。一手握着隔热手柄（见图 A.1 中 7），另一只手的食指和中指轻轻压按定位板，将活动测头压靠在侧块上（或标准环内）使活动测头内缩，以保证放入可换测头时不与侧块（或标准环内壁）摩擦而避免磨损。然后松开定位板和活动测头，使可换测头与侧块接触，就可在垂直和水平两个方向上摆动内径百分表找最小值。反复摆动几次，并相应地旋转表盘，使百分表的零刻度正好对准示值变化的最小值。零位对好后，用手轻压定位板使活动测头内缩，当可换测头脱离接触时，缓缓地将内径百分表从侧块（或标准环）内取出。

(4) 进行测量。将内径百分表插入被测孔中，沿被测孔的轴线方向测几个截面，每个截面要在相互垂直的两个部位上各测一次，测量时轻轻摆动百分表，如图 A.3 所示。记下示值变化的最小值，将测量结果与被测孔的要求公差进行比较，判断被测孔是否合格。

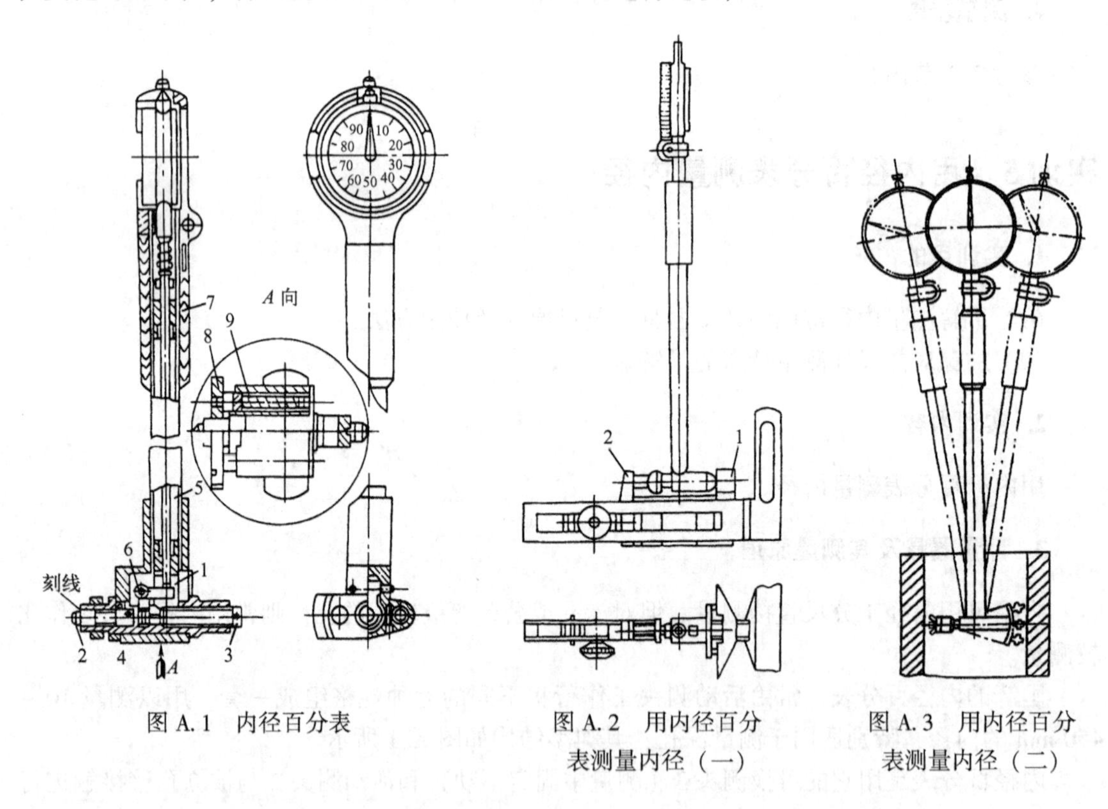

图 A.1　内径百分表

图 A.2　用内径百分表测量内径（一）

图 A.3　用内径百分表测量内径（二）

实训 6　平行度与垂直度误差的测量

1. 实训目的

(1) 了解平行度与垂直度误差的测量原理及方法。

（2）熟悉通用量具的使用。
（3）加深对位置误差的理解。

2. 实训内容

工件——角座（如图 A.4 所示），图样上提出四个位置公差要求。
（1）顶面对底面的平行度公差 0.15mm。
（2）两孔的轴线对底面的平行度公差 0.05mm。

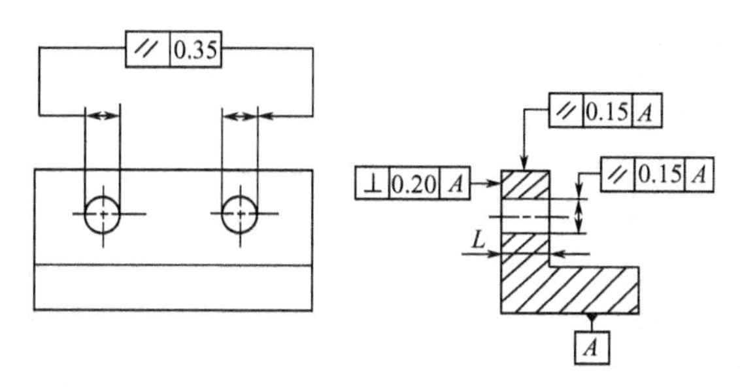

图 A.4　角座零件图

（3）两孔轴线之间的平行度公差 0.35mm。
（4）侧面对底面的垂直度公差 0.20mm。

3. 量具

测量平板、心轴、精密直角尺、塞尺、百分表、表架、外径游标卡尺等。

4. 实训步骤

（1）测量顶面对底面的平行度误差（见图 A.5）。将被测件放在测量平板上，以平板面作为模拟基准；调整百分表在支架上的高度，将百分表测量头与被测面接触，使百分表指针倒转 1 ~2 圈，固定百分表，然后在整个被测表面上沿规定的各测量线上移动百分表支架，取百分表的最大与最小读数之差作为被测表面的平行度误差。

（2）测量两孔轴线对底面的平行度误差。用心轴模拟被测孔的轴线（见图 A.6），以平板模拟基准，按心轴上的素线调整百分表的高度，并固定之，调整方法同步骤（1），在距离为 L_1 的两个位置上测得两个读数 M_1 和 M_2，被测轴线的平行度误差应为：

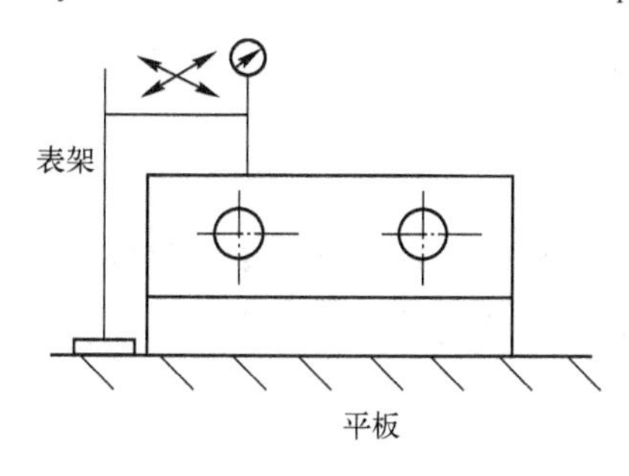

图 A.5　测量顶面对底面的平行度误差

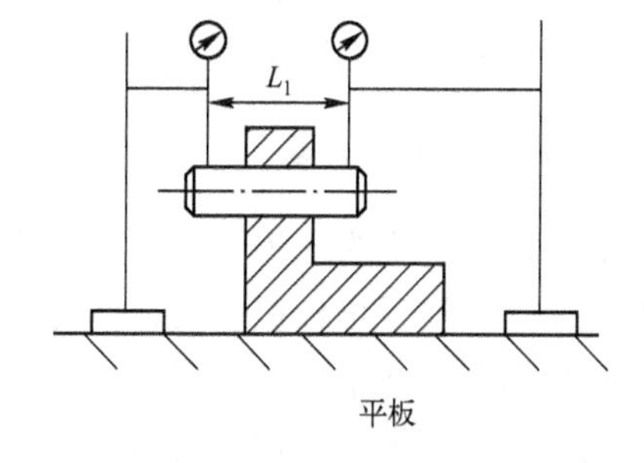

图 A.6　测量两孔轴线对底面的平行度误差

$$f = \frac{L}{L_1} | M_1 - M_2 |$$

式中，L——被测轴线的长度。

(3) 测量两孔轴线之间的平行度误差（见图 A.7）。用心轴模拟两孔轴线，用游标卡尺在靠近孔口端面处测量尺寸 a_1 及 a_2，差值 a_1-a_2 为所求平行度误差。

(4) 测量侧面对底面的垂直度误差（见图 A.8）。用平板模拟基准，将精密直角尺的短边置于平板上，长边靠在被测侧面上，此时长边即为理想要素。用塞尺测量直角尺长边与被测侧面之间的最大间隙，测得值即为该位置的垂直度误差。移动直角尺，在不同位置重复上述测量，取最大误差值为该被测面的垂直度误差。

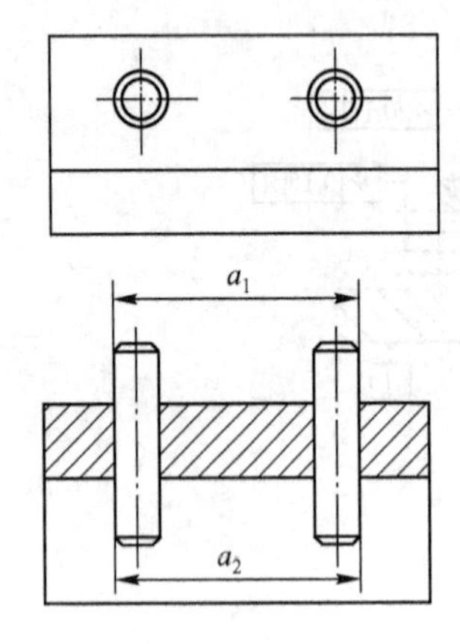

图 A.7　测量两孔轴线之间的平行度误差

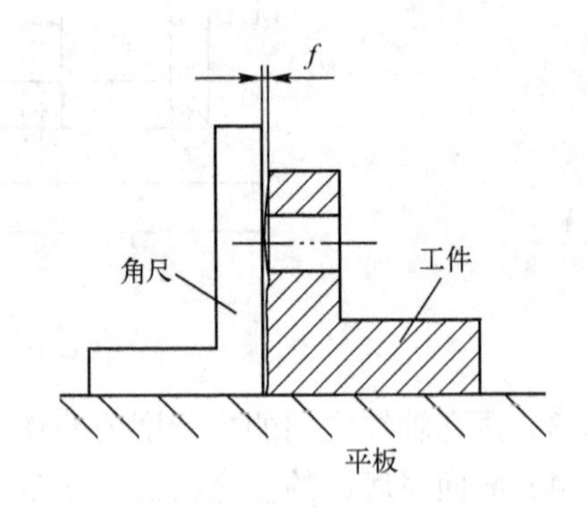

图 A.8　测量侧面对底面的垂直度误差

注：各学校可根据本校的实际条件来安排实训，无条件的学校可通过收看实训录像，或是实训仿真录像等手段来进一步加强基本技能的培养。

实训 7　机械加工工艺规程设计

1. 任务

机械加工工艺规程的设计是机械类职业岗位能力中的主要专业能力之一，本实训的任务是通过完成一个中等复杂程度零件的机械加工工艺规程设计，达到以下目的：

(1) 培养学生综合应用工艺设计知识及其他相关知识的能力。

(2) 培养学生分析和解决一般工艺技术问题的初步能力。

(3) 培养学生运用工艺图表及查阅相关资料的能力。

2. 设计课题的选取

课题复杂程度为中等，零件类型应具有典型性并具有实际生产意义，生产纲领最好为中批生产。具体题目可根据各校具体情况及实训条件选取。在进行课程设计之前必须安排一定量的教学实习，让学生了解现实生产中有关零件的加工工艺过程。例如：

例如：设计轴类零件的机械加工工艺规程。

设计套筒零件的机械加工工艺规程。

设计齿轮零件的机械加工工艺规程。

设计箱体零件的机械加工工艺规程等等。

3. 设计内容及工作量

（1）零件的工艺分析。

（2）选择毛坯。

（3）拟定工艺过程（选择定位基准、选择加工方法、安排加工顺序）。

（4）工序设计（机床及工装选择、加工余量的确定、工序尺寸及公差的确定、切削用量及工时定额的计算）。

（5）填写工艺文件（填写工艺过程卡、填写重要工序的工序卡）。

（6）编写设计说明书。

4. 设计方法及步骤

根据给定课题的零件图和所属的产品装配图、生产纲领和工厂的具体条件，设计零件的机械加工工艺过程，以符合优质、高产和低消耗的总要求。其大体步骤如下。

（1）机械加工工艺规程制定。机械加工工艺规程的制定，可以按以下设计步骤进行：

① 计算零件生产纲领，确定机械加工的生产类型。

② 研究、分析被加工零件图和被加工零件的原始资料，审查、改善零件的结构工艺性。

③ 确定毛坯类型、结构及尺寸。

④ 拟定工艺路线，选择定位基准、夹紧部位和各加工表面的加工方法。

⑤ 选择加工设备及工艺装备。对单件小批生产多选用通用机床，对大批生产则选择高生产率的专用机床或自动化机床。

⑥ 确定工序尺寸及其公差。

⑦ 确定切削用量及工时定额。

⑧ 填写工艺卡片，绘制工序图。

其中，拟订被加工零件工艺路线是制定工艺规程中的一项重要工作。工艺路线的拟订是指确定零件从毛坯开始到加工最后阶段为止的主要加工步骤。主要是选择定位基准，选择每一道工序的加工方法，确定各工序的加工顺序以及工序的划分等，并标出顺序号。

将确定的工序和工步填写在工艺卡片上，并在工序卡片上绘制工序图。

（2）毛坯种类选择和绘制毛坯图。毛坯制造是零件生产过程的一部分，零件所用的毛坯种类选择得是否合适，将影响工艺过程是否优质、高产和低消耗。

① 毛坯种类选择。正确地选择毛坯主要应考虑以下几个因素；

a. 零件的材料及其力学性能。

b. 零件的结构形状和尺寸大小。

c. 零件的生产批量和精度要求。

d. 工厂毛坯车间的现有设备和技术水平。

② 确定毛坯的加工余量。确定毛坯加工余量的基本原则是，在保证加工质量的前提下，尽量减少加工余量。目前，工厂中一般依靠现场工人经验或查阅有关余量表格（或手册）来具体确定余量值，并应考虑下列几条原则：

a. 零件尺寸精度或表面粗糙度要求高的加工表面，应有较大的加工余量。

b. 加工面积大的表面，加工余量应加大。

c. 距基准较远的加工表面，加工余量应相应增加。

d. 出现缺陷或开设浇冒口位置应留工艺余量。

e. 由各工序的加工余量之和确定毛坯的总余量。

③ 绘制毛坯图。对型材毛坯，只需选择其型号和直径、长度等，无需画毛坯图；对铸、锻件，则应在零件图的基础上，确定毛坯的分型（模）面、毛坯的加工余量、铸造（或模锻）斜度及毛坯圆角。

绘制毛坯图时以实线表示毛坯表面轮廓，以双点划线表示成品零件的表面轮廓，在剖面图上用交叉剖面线表示加工余量。图上要标注出毛坯的主要尺寸及其公差。

（3）拟订机械加工工艺路线。设计机械加工工艺过程又称为拟订机械加工工艺路线，主要包括以下几方面内容：

① 选择零件表面的加工方法。零件的加工表面一般有平面、外圆、内孔、螺纹、齿形、花键和成形表面等。对应这些典型表面能达到一定经济精度的加工方法很多，在具体选择确定时应从零件的结构特点、技术要求、材料和热处理、生产批量和现有生产条件来考虑，以满足机械加工工艺要求。

② 工序定位基准的选择。在将毛坯加工成成品零件的全部过程中，应根据粗基准选择原则和精基准选择原则来选择加工阶段中的定位基准，以确保加工表面的位置精度。

③ 工序数目和顺序的确定。根据每个加工表面的结构形状和技术要求，确定采用何种加工方法和分几次加工。一般零件的机械加工工艺过程大致可分为粗加工阶段工序、半精加工阶段工序、精加工阶段工序和光整加工阶段工序。具体安排工序内容时，要把粗、精加工分开，但加工阶段划分不应过细，否则会使工序数目增加，加工过程复杂，影响生产率和成本。因此，在满足质量要求的情况下，划分的工序数应尽量少。

具体决定工序数目时，应根据零件结构特点、生产类型和工厂具体条件，适当采用工序集中和工序分散原则。

机械加工工序顺序安排原则是：先粗后精、先主后次、先面后孔、先基准后其他。还应考虑热处理工序、检验工序和辅助工序的安排。

④ 确定工序尺寸及其公差。一般采用查表法确定每道工序的加工余量，然后按工序顺序由后向前推的计算方法，根据选定的余量计算前一道工序的尺寸（详见第 12.4 节）。

工序尺寸的公差和表面粗糙度应按该工序的加工方法的经济精度来确定。工序尺寸的公差一般规定为按工件的“入体”方向标注。

（4）机床和工艺装备的选择与设计。拟订了零件的工艺路线后，对其中用机床加工的工序来说还要选择或设计专用机床与工艺装备，它将影响零件的加工精度和生产率。

① 机床的选择。机床选择的原则是：机床的生产率应与零件的生产类型相适应；应考虑到生产的经济性；机床的加工范围应满足零件的加工要求；机床的精度应与零件的加工精度相适应；机床的加工以及尺寸范围应与零件毛坯的外形尺寸相适应；机床的主轴转数范围、走刀量的等级、机床功率应基本符合切削用量的要求。

在选择机床时应尽可能利用工厂现有设备，或对现有机床进行改装。

② 刀具的选择。选择刀具时，应考虑工序的种类、生产率、工件材料、加工精度和所采用机床的性能，刀具的尺寸规格尽可能采用标准的。具体选择时应考虑：与生产性质相适应；符合工件材料的加工要求；满足加工精度要求；与所使用的机床相适应。

在成批或大量生产中，若特殊需要，可采用成形刀具、组合刀具、非标准尺寸的钻头、铰刀等来提高生产率，但需自行设计。

③ 量具的选择。在小批量生产中尽量采用标准的通用量具。在成批或大量生产中，一般应根据所检验尺寸设计专用量具和各种专门检验夹具。

在选择量具时，除应考虑零件的生产类型外，还应考虑被测零件的精度要求，考虑测量工具和测量方法的经济指标。

④ 夹具的选择和设计。在小批量生产中尽量采用通用夹具。当被加工工件的表面精度要求较高或在成批大量生产时，一般应设计专用夹具，以保证加工表面的位置精度。在设计工艺规程时，设计者应对要采用的夹具有一初步考虑和选择，在工序图上应表示出定位、夹紧方式，以及同时加工的工件数等。夹具设计是工艺规程设计中的一个重要部分，内容较多，详见第10.8节。

（5）切削用量的选择。应根据不同加工阶段的特点采用不同的原则。

① 粗加工切削用量的选择原则。粗加工时工件加工表面的精度要求不高，表面粗糙度值较大，工件毛坯的余量也较大，故选择粗加工切削用量时，应尽可能保证较高的金属切除率和必要的刀具耐用度。因此，应首先考虑选用大的切削深度，其次选择一个较大的进给量，最后确定一个合适的切削速度。

② 半精加工和精加工切削用量的选择原则。半精加工和精加工时，加工精度和表面质量要求较高，加工余量较小且较均匀。因此，应首先考虑选择一个较高的切削速度，其次选择较小的进给量，最后确定切削深度。

③ 在组合机床上加工时切削用量的选择原则。由于组合机床是多轴、多刀同时加工，所以选择的切削用量比一般通用机床单刀加工时要低一些。这是因为刀具如果迅速磨损，将使换刀时间增多，刀具消耗增加，影响机床生产率及生产成本。

确定组合机床的切削用量还应注意下列问题：尽可能达到合理利用所有刀具，充分发挥其性能；复合刀具的切削深度、进给量按复合刀具的最小直径选择，切削速度按复合刀具的最大直径选择；应注意工件生产批量的大小；必须考虑通用部件的性能；有对刀要求的镗孔主轴转速的选择，除应考虑加工表面粗糙度、加工精度、镗刀寿命等问题外，各镗孔主轴的转速一定要相等或者成整数倍。

（6）工时定额的估算。根据加工表面的尺寸大小计算出基本时间。单件工时定额应根据工厂的生产经验并参照其他先进工厂同类零件的工时来制定。应具有平均先进水平，过高或过低的定额都不利于提高生产积极性和生产水平。

单件工时定额包括基本时间、辅助时间、布置工作地时间、休息及生理需要时间，准备与终结时间。

（7）填写机械加工工艺文件。根据生产类型和工厂习惯选择工艺规程格式并填写好。

附录B 热处理工艺标准代号

表B-1 热处理工艺分类及代号（GB/T12603—1990）

工艺总称	代号	工艺类型	代号	工 艺 名 称	代号	加热方法	代号
热处理	5	整体热处理	1	退火	1	加热炉	1
				正火	2		
				淬火	3		
				淬火回火	4	感应	2
				调质	5		
				稳定化处理	6	火焰	3
				固溶处理、水韧处理	7		
				固溶处理和时效	8		
		表面热处理	2	表面淬火和回火	1	电阻	4
				物理气相沉积	2		
				化学气相沉积	3	激光	5
				等离子体化学气相沉积	4		
		化学热处理	3	渗碳	1	电子束	6
				碳氮共渗	2		
				渗氮	3		
				氮碳共渗	4	等离子体	7
				渗其他非金属	5		
				渗金属	6		
				多元共渗	7	其他	8
				熔渗	8		

附加分类工艺代号（GB/T12603—1990）见表B-2～表B-5。

表B-2 加热介质及代号

加热介质	固体	液体	气体	真空	保护气体	可控气氛	液态床
代号	S	L	G	V	P	C	F

表B-3 退火工艺及代号

退火工艺	去应力退火	扩散退火	再结晶退火	石墨化退火	去氢退火	球化退火	等温退火
代号	e	d	r	g	h	s	n

表 B–4　淬火冷却介质和冷却方法及代号

冷却介质和方法	空气	油	水	盐水	有机水溶液	盐浴	压力淬火	双液淬火	分级淬火	等温淬火	形变淬火	冷处理
代号	a	e	w	b	y	s	p	d	m	n	f	z

表 B–5　渗碳、碳氮共渗后冷却方法及代号

冷 却 方 法	直 接 淬 火	一次加热淬火	二次加热淬火	表 面 淬 火
代号	g	r	t	h

附录C 公差与

表C-1 尺寸至500mm轴的基本偏差数值

基本偏差	上偏差 es（μm）											js②	下				
代号	a①	b①	c	cd	d	e	ef	f	fg	g	h		j			k	
标准公差等级 / 公称尺寸（mm）	所有的标准公差等级												IT5和IT6	IT7	IT8	IT4至IT7	≤IT3 >IT7
≤3	−270	−140	−60	−34	−20	−14	−10	−6	−4	−2	0		−2	−4	−6	0	0
>3～6	−270	−140	−70	−46	−30	−20	−14	−10	−6	−4	0		−2	−4	—	+1	0
>6～10	−280	−150	−80	−56	−40	−25	−18	−13	−8	−5	0		−2	−5	—	+1	0
>10～14	−290	−150	−95	—	−50	−32	—	−16	—	−6	0		−3	−6	—	+1	0
>14～18	−290	−150	−95	—	−50	−32	—	−16	—	−6	0		−3	−6	—	+1	0
>18～24	−300	−160	−110	—	−65	−40	—	−20	—	−7	0		−4	−8	—	+2	0
>24～30	−300	−160	−110	—	−65	−40	—	−20	—	−7	0		−4	−8	—	+2	0
>30～40	−310	−170	−120	—	−80	−50	—	−25	—	−9	0		−5	−10	—	+2	0
>40～50	−320	−180	−130	—	−80	−50	—	−25	—	−9	0		−5	−10	—	+2	0
>50～65	−340	−190	−140	—	−100	−60	—	−30	—	−10	0		−7	−12	—	+2	0
>65～80	−360	−200	−150	—	−100	−60	—	−30	—	−10	0		−7	−12	—	+2	0
>80～100	−380	−220	−170	—	−120	−72	—	−36	—	−12	0	偏差 = $\pm\frac{ITn}{2}$	−9	−15	—	+3	0
>100～120	−410	−240	−180	—	−120	−72	—	−36	—	−12	0		−9	−15	—	+3	0
>120～140	−460	−260	−200	—	−145	−85	—	−43	—	−14	0		−11	−18	—	+3	0
>140～160	−520	−280	−210	—	−145	−85	—	−43	—	−14	0		−11	−18	—	+3	0
>160～180	−580	−310	−230	—	−145	−85	—	−43	—	−14	0		−11	−18	—	+3	0
>180～200	−660	−340	−240	—	−170	−100	—	−50	—	−15	0		−13	−21	—	+4	0
>200～225	−740	−380	−260	—	−170	−100	—	−50	—	−15	0		−13	−21	—	+4	0
>225～250	−820	−420	−280	—	−170	−100	—	−50	—	−15	0		−13	−21	—	+4	0
>250～280	−920	−480	−300	—	−190	−110	—	−56	—	−17	0		−16	−26	—	+4	0
>280～315	−1050	−540	−330	—	−190	−110	—	−56	—	−17	0		−16	−26	—	+4	0
>315～355	−1200	−600	−360	—	−210	−125	—	−62	—	−18	0		−18	−28	—	+4	0
>355～400	−1350	−680	−400	—	−210	−125	—	−62	—	−18	0		−18	−28	—	+4	0
>400～450	−1500	−760	−440	—	−230	−135	—	−68	—	−20	0		−20	−32	—	+5	0
>450～500	−1650	−840	−480	—	−230	−135	—	−68	—	−20	0		−20	−32	—	+5	0

注：① 公称尺寸小于或等于1mm时，各级a和b均不采用。

② js的数值中，对IT7至IT11，若ITn的数值（μm）为奇数，则取偏差 = $\pm\frac{ITn-1}{2}$。

配合国家标准

（摘自 GB/T 1800.1—2009）

偏差 ei（μm）													
m	n	p	r	s	t	u	v	x	y	z	za	zb	zc
所有的标准公差等级													
+2	+4	+6	+10	+14	—	+18	—	+20	—	+26	+32	+40	+60
+4	+8	+12	+15	+19	—	+23	—	+28	—	+35	+42	+50	+80
+6	+10	+15	+19	+23	—	+28	—	+34	—	+42	+52	+67	+97
+7	+12	+18	+23	+28	—	+33	—	+40	—	+50	+64	+90	+130
+7	+12	+18	+23	+28	—	+33	+39	+45	—	+60	+77	+108	+150
+8	+15	+22	+28	+35	—	+41	+47	+54	+63	+73	+98	+136	+188
+8	+15	+22	+28	+35	+41	+48	+55	+64	+75	+88	+118	+160	+218
+9	+17	+26	+34	+43	+48	+60	+68	+80	+94	+112	+148	+200	+274
+9	+17	+26	+34	+43	+54	+70	+81	+97	+114	+136	+180	+242	+325
+11	+20	+32	+41	+53	+66	+87	+102	+122	+144	+172	+226	+300	+405
+11	+20	+32	+43	+59	+75	+102	+120	+146	+174	+210	+274	+360	+480
+13	+23	+37	+51	+71	+91	+124	+146	+178	+214	+258	+335	+445	+585
+13	+23	+37	+54	+79	+104	+144	+172	+210	+254	+310	+400	+525	+690
+15	+27	+43	+63	+92	+122	+170	+202	+248	+300	+365	+470	+620	+800
+15	+27	+43	+65	+100	+134	+190	+228	+280	+340	+415	+535	+700	+900
+15	+27	+43	+68	+108	+146	+210	+252	+310	+380	+465	+600	+780	+1000
+17	+31	+50	+77	+122	+166	+236	+284	+350	+425	+520	+670	+880	+1150
+17	+31	+50	+80	+130	+180	+258	+310	+385	+470	+575	+740	+960	+1250
+17	+31	+50	+84	+140	+196	+284	+340	+425	+520	+640	+820	+1050	+1350
+20	+34	+56	+94	+158	+218	+315	+385	+475	+580	+710	+920	+1200	+1500
+20	+34	+56	+98	+170	+240	+350	+425	+525	+650	+790	+1000	+1300	+1700
+21	+37	+62	+108	+190	+268	+390	+475	+590	+730	+900	+1150	+1500	+1900
+21	+37	+62	+114	+208	+294	+435	+530	+660	+820	+1000	+1300	+1650	+2100
+23	+40	+68	+126	+232	+330	+490	+595	+740	+920	+1100	+1450	+1850	+2400
+23	+40	+68	+132	+252	+360	+540	+660	+820	+1000	+1250	+1600	+2100	+2600

表 C-2　尺寸至 500mm 孔的基本偏差数值

基本偏差	下偏差 EI（μm）											JS②
代号	A①	B①	C	CD	D	E	EF	F	FG	G	H	
标准公差等级 / 公称尺寸（mm）	所有的公差等级											
≤3	+270	+140	+60	+34	+20	+14	+10	+6	+4	+2	0	偏差 = $\pm\frac{ITn}{2}$
>3～6	+270	+140	+70	+46	+30	+20	+14	+10	+6	+4	0	
>6～10	+280	+150	+80	+56	+40	+25	+18	+13	+8	+5	0	
>10～14	+290	+150	+95	—	+50	+32	—	+16	—	+6	0	
>14～18												
>18～24	+300	+160	+110	—	+65	+40	—	+20	—	+7	0	
>24～30												
>30～40	+310	+170	+120	—	+80	+50	—	+25	—	+9	0	
>40～50	+320	+180	+130									
>50～65	+340	+190	+140	—	+100	+60	—	+30	—	+10	0	
>65～80	+360	+200	+150									
>80～100	+380	+220	+170	—	+100	+72	—	+36	—	+12	0	
>100～120	+410	+240	+180									
>120～140	+460	+260	+200	—	+145	+85	—	+43	—	+14	0	
>140～160	+520	+280	+210									
>160～180	+580	+310	+230									
>180～200	+660	+340	+240	—	+170	+100	—	+50	—	+15	0	
>200～225	+740	+380	+260									
>225～250	+820	+420	+280									
>250～280	+920	+480	+300	—	+190	+110	—	+56	—	+17	0	
>280～315	+1050	+540	+330									
>315～355	+1200	+600	+360	—	+210	+125	—	+62	—	+18	0	
>355～400	+1350	+680	+400									
>400～450	+1500	+760	+440	—	+230	+135	—	+68	—	+20	0	
>450～500	+1650	+840	+480									

注：① 公称尺寸小于或等于 1mm 时，A 和 B 及低于 8 级的 N 均不采用。

② JS 的数值中，对 IT7 至 IT11，若 ITn 的数值（μm）为奇数，则取偏差 = $\pm\frac{ITn-1}{2}$。

③ 特殊情况，当公称尺寸大于 250 至 315mm 时，m6 的 ES 等于 -9（代替 -11）。

（摘自 GB/T 1800.1—2009）

基本偏差	上偏差 ES（μm）												
代号	J			K		M		N		P ~ ZC	P	R	S
标准公差等级 / 公称尺寸（mm）	IT6	IT7	IT8	≤IT8[4]	>IT8	≤IT8[3,4]	>IT8	≤IT8[4]	>IT8[1]	≤IT7[4]	IT8 ~ IT18		
≤3	+2	+4	+6	0	0	-2	-2	-4	-4	在低于IT7的相应数值上增加一个Δ值	-6	-10	-14
>3 ~ 6	+5	+6	+10	-1 +Δ	—	-4 +Δ	-4	-8 +Δ	0		-12	-15	-19
>6 ~ 10	+5	+8	+12	-1 +Δ	—	-6 +Δ	-6	-10 +Δ	0		-15	-19	-23
>10 ~ 14	+6	+10	+15	-1 +Δ	—	-7 +Δ	-7	-12 +Δ	0		-18	-23	-28
>14 ~ 18													
>18 ~ 24	+8	+12	+20	-2 +Δ	—	-8 +Δ	-8	-15 +Δ	0		-22	-28	-35
>24 ~ 30													
>30 ~ 40	+10	+14	+24	-2 +Δ	—	-9 +Δ	-9	-17 +Δ	0		-26	-34	-43
>40 ~ 50													
>50 ~ 65	+13	+18	+28	-2 +Δ	—	-11 +Δ	-11	-20 +Δ	0		-32	-41	-53
>65 ~ 80												-43	-59
>80 ~ 100	+16	+22	+34	-3 +Δ	—	-13 +Δ	-13	-23 +Δ	0		-37	-51	-71
>100 ~ 120												-54	-79
>120 ~ 140	+18	+26	+41	-3 +Δ	—	-15 +Δ	-15	-27 +Δ	0		-43	-63	-92
>140 ~ 160												-65	-100
>160 ~ 180												-68	-108
>180 ~ 200	+22	+30	+47	-4 +Δ	—	-17 +Δ	-17	-31 +Δ	0		-50	-77	-122
>200 ~ 225												-80	-130
>225 ~ 250												-84	-140
>250 ~ 280	+25	+36	+55	-4 +Δ	—	-20 +Δ	-20	-34 +Δ	0		-56	-94	-158
>280 ~ 315												-98	-170
>315 ~ 355	+29	+39	+60	-4 +Δ	—	-21 +Δ	-21	-37 +Δ	0		-62	-108	-190
>355 ~ 400												-114	-208
>400 ~ 450	+33	+43	+66	-5 +Δ	—	-23 +Δ	-23	-40 +Δ	0		-68	-126	-232
>450 ~ 500												-132	-252

续表

基本偏差	上偏差 ES（μm）									Δ = ITn − IT(n − 1)（μm）					
代号	T	U	V	X	Y	Z	ZA	ZB	ZC						
公称尺寸（mm）＼标准公差等级	>IT7（标准公差等级为 IT8、IT9、…、IT18）									孔的标准公差等级					
										3	4	5	6	7	8
≤3	—	−18	—	−20	—	−26	−32	−40	−60	Δ = 0					
>3 ~ 6	—	−23	—	−28	—	−35	−42	−50	−80	1	1.5	1	3	4	6
>6 ~ 10	—	−28	—	−34	—	−42	−52	−67	−97	1	1.5	2	3	6	7
>10 ~ 14	—	−33	—	−40	—	−50	−64	−90	−130	1	2	3	3	7	9
>14 ~ 18			−39	−45	—	−60	−77	−108	−150						
>18 ~ 24	—	−41	−47	−54	−63	−73	−98	−136	−188	1.5	2	3	4	8	12
>24 ~ 30	−41	−48	−55	−64	−75	−88	−118	−160	−218						
>30 ~ 40	−48	−60	−68	−80	−94	−112	−148	−200	−274	1.5	3	4	5	9	14
>40 ~ 50	−54	−70	−81	−97	−114	−136	−180	−242	−325						
>50 ~ 65	−66	−87	−102	−122	−144	−172	−226	−300	−405	2	3	5	6	11	16
>65 ~ 80	−75	−102	−120	−146	−174	−210	−274	−360	−480						
>80 ~ 100	−91	−124	−146	−178	−214	−258	−335	−445	−585	2	4	5	7	13	19
>100 ~ 120	−104	−144	−172	−210	−254	−310	−400	−525	−690						
>120 ~ 140	−122	−170	−202	−248	−300	−365	−470	−620	−800	3	4	6	7	15	23
>140 ~ 160	−134	−190	−228	−280	−340	−415	−535	−700	−900						
>160 ~ 180	−146	−210	−252	−310	−380	−465	−600	−780	−1000						
>180 ~ 200	−166	−236	−284	−350	−425	−520	−670	−880	−1150	3	4	6	9	17	26
>200 ~ 225	−180	−258	−310	−385	−470	−575	−740	−960	−1250						
>225 ~ 250	−196	−284	−340	−425	−520	−640	−820	−1050	−1350						
>250 ~ 280	−218	−315	−385	−475	−580	−710	−920	−1200	−1550	4	4	7	9	20	29
>280 ~ 315	−240	−350	−425	−525	−650	−790	−1000	−1300	−1700						
>315 ~ 355	−268	−390	−475	−590	−730	−900	−1150	−1500	−1900	4	5	7	11	21	32
>355 ~ 400	−294	−435	−530	−660	−820	−1000	−1300	−1650	−2100						
>400 ~ 450	−330	−490	−595	−740	−920	−1100	−1450	−1850	−2400	5	5	7	13	23	34
>450 ~ 500	−360	−540	−660	−820	−1000	−1250	−1600	−2100	−2600						

注：④ 对 IT8 及 IT8 以上的 K、M、N 和 IT7 及 IT7 以上的 P 至 ZC，所需 Δ 值从表内右侧栏选取。例如：大于 6 ~ 10mm 的 P6，Δ = 3，所以 ES = −15 + 3 = −12μm。

表 C-3　公称尺寸大于 500 到 3150mm 的孔、轴的基本偏差数值

（摘自 GB/T 1800.1—2009）

基本公差（μm） 公称尺寸（mm）	上偏差 es（负值）					下偏差 ei（正值）								
	d	e	f	g	h	js	k	m	n	p	r	s	t	u
>500～560	260	145	76	22	0	偏差 = ±ITn/2	0	26	44	78	150	280	400	600
>560～630											155	310	450	660
>630～710	290	160	80	24	0		0	30	50	88	175	340	500	740
>710～800											185	380	560	840
>800～900	320	170	86	26	0		0	34	56	100	210	430	620	940
>900～1000											220	470	680	1050
>1000～1120	350	195	98	28	0		0	40	66	120	250	520	780	1150
>1120～1250											260	580	840	1300
>1250～1400	390	220	110	30	0		0	48	78	140	300	640	960	1450
>1400～1600											330	720	1050	1600
>1600～1800	430	240	120	32	0		0	58	92	170	370	820	1200	1850
>1800～2000											400	920	1350	2000
>2000～2240	480	260	130	34	0		0	68	110	195	440	1000	1500	2300
>2240～2500											460	1100	1650	2500
>2500～2800	520	290	145	38	0		0	76	135	240	550	1250	1900	2900
>2800～3150											580	1400	2100	3200
公称尺寸（mm） 基本偏差（μm）	D	E	F	G	H	JS	K	M	N	P	R	S	T	U
	下偏差 EI（正值）					上偏差 ES（负值）								

注：对于公差带 js7 至 js11（JS7 至 JS11），若 ITn 的数值为奇数，则取偏差 = ±(ITn - 1)/2。

参考文献

[1] 许德珠．机械工程材料［M］. 北京：高等教育出版社，2001
[2] 孙康宁等．现代工程材料成形与制造工艺基础［M］. 北京：机械工业出版社，2001
[3] 盛善权．机械制造基础［M］. 北京：高等教育出版社，1993
[4] 王雅然．金属工艺学第二版［M］. 北京：机械工业出版社，2001
[5] 赵祥．机械基础［M］. 北京：高等教育出版社，1993
[6] 薛彦成．公差配合与技术测量［M］. 北京：机械工业出版社，1997
[7] 双元制培训机械专业理论教材编委会．机械工人专业工艺［M］. 北京：机械工业出版社，1998
[8] 黄云清．公差配合与测量技术［M］. 北京：机械工业出版社，1999
[9] 王伯平．互换性与测量技术基础［M］. 北京：机械工业出版社，2002
[10] 徐茂功，桂定一．公差配合与测量技术［M］. 北京：机械工业出版社，2000
[11] 陈于萍，高晓康．互换性与测量技术［M］. 北京：高等教育出版社，2000
[12] 机械工业部．公差配合与测量［M］. 北京：机械工业出版社，2000
[13] 何兆风．公差配合与技术测量［M］. 北京：中国劳动社会保障出版社，2001
[14] 王槐德．机械制图新旧国标代换教程［M］. 中国标准化出版社，2004
[15] 邓文英．金属工艺学［M］. 北京：高等教育出版社，2000
[16] 王茂元．金属切削加工方法与设备［M］. 北京：高等教育出版社，2003
[17] 王贵成．机械制造学［M］. 北京：机械工业出版社，2001
[18] 吴林禅．金属切削原理与刀具［M］. 北京：机械工业出版社，1998
[19] 周伟平．机械制造技术［M］. 武汉：华中科技大学出版社，2002
[20] 朱焕池．机械制造工艺学［M］. 北京：机械工业出版社，2000
[21] 曾淑畅．机械制造工艺及计算机辅助工艺设计［M］. 北京：高等教育出版社，2003
[22] 李华．机械制造技术［M］. 北京：高等教育出版社，2000
[23] 谢家瀛．机械制造技术概论［M］. 北京：机械工业出版社，2001
[24] 赵志修．机械制造工艺学［M］. 北京：机械工业出版社，1990
[25] 王俊昌．工程材料及机械制造基础［M］. 北京：机械工业出版社，1998
[26] 杨慧智．工程材料及成形工艺基础［M］. 北京：机械工业出版社，1999
[27] 甘永立．几何量公差与检测［M］第九版．上海：上海科学技术出版社，2010